- 怎样科学地实施胎教
- 用考普氏指数判断营养状况
- 营养对身高的影响
- 培养幼儿良好记忆的方法
- 情感和社交能力训练
- 3岁的孩子应会什么

Yuer Zhishi
Baike

# 育儿知识百科

主编／韩跃辉

科学·全面·实用的孕育指南

中国人口出版社

# 育儿知识百科

YUER ZHISHI BAIKE

主　编　韩跃辉

副主编　卢　娜

编　委　张春改　夏　丽　闫　利
　　　　张佩云　吴晓波　李　云
　　　　郭　健　郑　军　田　立
　　　　陈亚军　王云珍　吴　静

中国人口出版社

图书在版编目(CIP)数据

育儿知识百科/韩跃辉主编. －2 版 －北京：中国人口出版社，2003.10
ISBN 7－80079－866－6
Ⅰ. 育… Ⅱ. 韩… Ⅲ. 婴幼儿—哺育—基本知识 Ⅳ. TS976.31

中国版本图书馆 CIP 数据核字(2003)第 088921 号

## 育儿知识百科
主编　韩跃辉

| | |
|---|---|
| 出版发行 | 中国人口出版社 |
| 印　　刷 | 北京市金马印刷厂 |
| 开　　本 | 850×1168　1/32 |
| 印　　张 | 23.25 |
| 字　　数 | 667 千字 |
| 版　　次 | 2003 年 10 月第 2 版 |
| 印　　次 | 2005 年 5 月第 2 次印刷 |
| 印　　数 | 5 001～15 000 册 |
| 书　　号 | ISBN 7－80079－866－6/R·338 |
| 定　　价 | 32.00 元(赠 VCD) |

| | |
|---|---|
| 社　　长 | 陶庆军 |
| 电子信箱 | chinapphouse@163.net |
| 电　　话 | (010)83519390 |
| 传　　真 | (010)83519401 |
| 地　　址 | 北京市宣武区广安门南街 80 号中加大厦 |
| 邮　　编 | 100054 |

版权所有　侵权必究　质量问题　随时退换

# 目 录

## 上卷 胎儿期

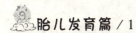

### 胎儿发育篇 / 1

胎儿第1个月 / 3
- 一、新生命的开始 / 3
- 二、受精和受精卵的发育 / 4
- 三、胎儿发育的附属物 / 7
- 四、丈夫该为妻子做点什么 / 9

胎儿第2个月 / 10
- 一、胎儿发育情况 / 10
- 二、母体的变化 / 11
- 三、准父亲必读 / 12

胎儿第3个月 / 16
- 一、胎儿发育情况 / 16
- 二、母体的变化 / 16
- 三、准父亲必读 / 17

胎儿第4个月 / 22
- 一、胎儿发育情况 / 22
- 二、母体的变化 / 23
- 三、准父亲必读 / 23

胎儿第5个月 / 25
- 一、胎儿发育情况 / 25
- 二、母体的变化 / 26
- 三、准父亲必读 / 27

胎儿第6个月 / 28
- 一、胎儿发育情况 / 28
- 二、母体的变化 / 29
- 三、准父亲必读 / 29

胎儿第7个月 / 30
- 一、胎儿发育情况 / 30
- 二、母体的变化 / 30
- 三、准父亲必读 / 31

胎儿第8个月 / 34
- 一、胎儿发育情况 / 34
- 二、母体的变化 / 34
- 三、准父亲必读 / 35

胎儿第9个月 / 35
- 一、胎儿发育情况 / 35
- 二、母体的变化 / 36
- 三、准父亲必读 / 36

婴儿第10个月 / 38
- 一、胎儿发育情况 / 38
- 二、母体的变化 / 38
- 三、准父亲必读 / 39
- 附：十月怀胎的主要变化 / 41

### 优生营养篇 / 45

胎儿第1个月 / 47
- 一、中医论养胎 / 47
- 二、怀孕第1个月的食谱 / 49

胎儿第 2 个月 / 50
　　一、为防畸形需补充叶酸 / 50
　　二、怀孕第 2 个月的食谱 / 51
胎儿第 3 个月 / 54
　　一、水果蔬菜与胎儿发育 / 54
　　二、碘与优生 / 54
　　三、怀孕第 3 个月的食谱 / 55
胎儿第 4 个月 / 56
　　一、怀孕 4 个月的营养特点 / 56
　　二、怀孕第 4 个月的食谱 / 58
胎儿第 5 个月 / 60
　　一、胎儿的营养 / 60
　　二、怀孕 5 个月的营养特点 / 63
　　三、避免孕期肥胖 / 64
　　四、怀孕第 5 个月的食谱 / 65
胎儿第 6 个月 / 67
　　一、胎儿的营养 / 67
　　二、孕妇营养不良对胎儿的影响 / 69
　　三、妊娠期吃鱼的好处 / 69
　　四、孕妇要注意缺铁性贫血 / 70
　　五、怀孕第 6 个月的食谱 / 70
胎儿第 7 个月 / 72
　　一、孕妇食用加碘盐的好处 / 72
　　二、吃海带应注意什么 / 72
　　三、孕妇营养过剩对胎儿的影响 / 73
　　四、孕妇身体浮肿 / 74
　　五、科学饮水有利于健康 / 74
　　六、怀孕第 7 个月的食谱 / 75
胎儿第 8 个月 / 76
　　一、中医论妊娠饮食 / 77

　　二、怀孕第 8 个月的食谱 / 77
胎儿第 9 个月 / 79
　　一、中医论养胎 / 79
　　二、怀孕第 9 个月的食谱 / 81
胎儿第 10 个月 / 83
　　一、中医论分娩 / 83
　　二、怀孕第 10 个月的食谱 / 85

 优生保健篇 / 87

胎儿第 1 个月 / 89
　　一、早孕母亲饮酒吸烟对胎儿有害 / 89
　　二、孕妇的情绪和外界噪声可影响优生 / 89
　　三、早孕期疾病、药物与优生 / 90
胎儿第 2 个月 / 90
　　一、妊娠体操 / 90
　　二、孩子应该哪天降生 / 91
　　三、妊娠的生物致畸因素 / 92
　　四、孕妇做 X 线检查对胎儿有害 / 94
　　五、孕妇能接受免疫接种吗 / 94
　　六、黄体酮和维生素 E 能否保胎 / 95
　　七、早期流产要不要保胎 / 95
　　八、孕妇冬春应防感冒 / 96
　　九、孕妇服中药要小心 / 97
　　十、影响优生的环境因素 / 97
　　十一、孕妇常见的心理症状对胎儿的影响 / 99
胎儿第 3 个月 / 100
　　一、妊娠体操 / 100

二、妊娠早期要节制房事／100
三、什么是多胎妊娠／101
四、为什么胎死宫中／101
五、孕期要防肾结石／102
六、O型血孕妇应注意什么／103
七、做过剖宫产再次妊娠有危险吗／104
八、妊娠期感冒了怎么办／104
九、女工妊娠期的劳动保护／105

**胎儿第4个月／106**
一、妊娠体操／106
二、孕妇外出旅行注意什么／106
三、怎样防止便秘／107
四、妊娠期应如何穿戴／107
五、甲状腺功能亢进患者的保健／108
六、孕期妇女勿肥胖／108
七、子宫肌瘤会影响胎儿吗／109
八、做羊膜穿刺对母胎有害吗／109
九、妊娠期预防接种／110
十、孕妇不宜睡电热毯和使用手机／111

**胎儿第5个月／111**
一、妊娠体操／111
二、妊娠期运动应注意什么／112
三、哪些人需要做产前诊断／113
四、妊娠与头发健康／114
五、产前诊断有哪些方法／115
六、孕妇患了阑尾炎怎么办／116

**胎儿第6个月／116**
一、妊娠体操／116

二、孕妇怎样添美感／117
三、糖尿病与妊娠／118
四、肺结核患者的孕期保健／119
五、孕妇要预防妊娠高血压综合征／120
六、警惕高危妊娠／121
七、妊娠与肝脏／122

**胎儿第7个月／123**
一、妊娠体操／123
二、孕妇的产前训练／123
三、及时治疗胎儿宫内发育迟缓／125
四、为什么早产／126
五、要预防娩出巨大胎儿／127
六、孕妇要防贫血／128
七、什么是先兆子痫，什么是子痫／129

**胎儿第8个月／130**
一、妊娠体操／130
二、妊娠晚期也要节制房事／131
三、羊水过多与过少／131
四、妊娠期要防痔／132
五、为何测孕妇尿中的雌三醇／132
六、胎儿臀位怎么办／133
七、妊娠8个月的孩子能活吗／135
八、药物成瘾与胎儿发育／136

**胎儿第9个月／137**
一、妊娠体操／137
二、应为宝宝准备些什么／138
三、小腿抽筋怎么办／140

四、什么是前置胎盘 / 141
五、产前要学会护理乳头 / 142
六、要预防低体重儿的降生 / 142
七、什么情况应立即去医院 / 144
八、吸毒与胎儿 / 145

**胎儿第 10 个月 / 145**
一、是谁努力使胎儿娩出 / 145
二、什么是产道 / 147
三、什么是产力 / 148
四、影响胎儿通过产道的三个因素 / 149
五、什么是过期妊娠 / 150
六、剖宫产好不好 / 150
七、临产前的先兆 / 151
八、临产不要紧张 / 152
九、全身心地迎接宝宝 / 153
十、婴儿的降临 / 155

**科学胎教篇 / 159**

**胎儿第 1 个月 / 161**
一、怎样科学地实施胎教 / 161
二、胎教与优生 / 162
三、胎教要点 / 165

**胎儿第 2 个月 / 165**
一、电视与胎教 / 165
二、电脑与胎教 / 165
三、胎儿的听力训练与运动训练 / 166
四、中医论胎教 / 167
五、胎教要点 / 168

**胎儿第 3 个月 / 169**
一、家庭和谐与胎教 / 169
二、胎教是爱 / 169
三、胎儿情商的培养 / 170
四、中医论胎教胎养 / 171
五、胎教要点 / 173

**胎儿第 4 个月 / 174**
一、胎儿听觉发育与胎教 / 174
二、胎儿的视觉训练 / 175
三、胎儿的性格训练 / 175
四、胎儿的行为训练与语言训练 / 176
五、中医论胎教 / 178
六、胎教要点 / 178

**胎儿第 5 个月 / 179**
一、科学实施胎教 / 179
二、中医论胎教 / 182
三、胎教要点 / 183

**胎儿第 6 个月 / 183**
一、运动与胎教 / 183
二、旅游与胎教 / 184
三、胎儿运动 / 184
四、进行语言胎教的内容 / 185
五、父亲与胎儿对话进行胎教 / 186
六、诗歌与胎教 / 186
七、父母的情绪与胎教 / 187
八、胎教要点 / 188

**胎儿第 7 个月 / 188**
一、对话与胎教 / 188
二、音乐与胎教 / 189
三、胎儿的记忆训练与游戏训练 / 189
四、中医论胎养 / 190

五、胎教要点 / 193
**胎儿第 8 个月 / 193**
　　一、抚摩胎儿与胎教 / 193
　　二、音乐与胎教 / 194
　　三、运动锻炼与胎教 / 194
　　四、胎儿的性格培养 / 197
　　五、中医论胎教 / 197
　　六、胎教要点 / 200
**胎儿第 9 个月 / 200**
　　一、运动与胎教 / 200
　　二、胎儿的美育 / 201
　　三、胎教要点 / 203
**胎儿第 10 个月 / 204**
　　一、母亲的分娩情绪与胎教 / 204
　　二、胎教要点 / 204

## 下卷　婴幼儿期

## 生长发育篇 / 205
**婴儿第 1 个月 / 207**
**婴儿第 2 个月 / 210**
**婴儿第 3 个月 / 213**
**婴儿第 4 个月 / 214**
**婴儿第 5 个月 / 216**
**婴儿第 6 个月 / 217**
**婴儿第 7 个月 / 223**
**婴儿第 8 个月 / 224**
**婴儿第 9 个月 / 227**
**婴儿第 10 个月 / 229**
**婴儿第 11 个月 / 232**
**婴儿第 12 个月 / 233**

孩子第 13～14 个月 / 236
孩子第 15～17 个月 / 238
孩子第 18～21 个月 / 239
孩子第 22～24 个月 / 241
孩子第 25～27 个月 / 243
孩子第 28～30 个月 / 244
孩子第 31～33 个月 / 245
孩子第 34～36 个月 / 247

## 饮食营养篇 / 249
**孩子第 1 个月 / 251**
　　一、母乳喂养好在哪里 / 251
　　二、纯母乳喂养能满足婴儿吗 / 252
　　三、为什么给孩子喂初乳 / 252
　　四、哪些母亲不宜哺乳 / 254
　　五、影响母乳分泌的因素 / 254
　　六、哪些药物影响哺乳 / 255
　　七、母乳不足 / 255
　　八、母乳喂养应注意什么 / 256
　　九、孩子是否吃饱了 / 256
　　十、母乳不足时的哺喂方法 / 257
　　十一、人工喂养 / 257
　　十二、人工喂养要注意的问题 / 257
　　十三、新生儿可以吃什么 / 258
　　十四、早产儿的喂养 / 259
**孩子第 2 个月 / 260**
　　一、孩子常吐奶是怎么回事 / 260
　　二、婴儿的饮食 / 260
　　三、乳母的饮食 / 262
　　四、不会抱孩子哺乳怎么办 / 262

五、乳母生病怎么办 / 263
孩子第 3 个月 / 264
　　一、不要滥服鱼肝油 / 264
　　二、要给孩子多喂水 / 264
　　三、婴儿拒哺的原因 / 265
　　四、注意给孩子补充维生素 C / 265
　　五、糕干粉、米粉等淀粉制品不能代乳 / 266
　　六、鲜果汁和蔬菜汁的制作 / 266
　　七、用考普氏指数判断营养状况 / 267
孩子第 4 个月 / 267
　　一、如何添加蛋黄 / 268
　　二、乳母多吃健脑食品 / 268
　　三、添加辅食的原则 / 268
　　四、辅食的制作方法 / 269
孩子第 5 个月 / 270
　　一、4～6 个月婴儿的喂养特点 / 270
　　二、添加辅食应注意的问题 / 271
　　三、婴儿食品的制作 / 272
　　四、人工喂养的问题 / 273
　　五、怎样用奶粉配制奶 / 273
　　六、如果婴儿早期肥胖 / 274
　　七、不给婴儿吃什么 / 275
孩子第 6 个月 / 275
　　一、给孩子添加辅食应注意什么 / 276
　　二、小儿每日需要多少热量 / 276
　　三、小儿饮水要科学 / 277
孩子第 7 个月 / 277
　　一、婴儿小食品制作 / 278
　　二、给婴儿做食物应注意什么 / 278
　　三、缺铁性贫血小儿的喂养 / 279
孩子第 8 个月 / 280
　　一、婴儿小食品制作 / 281
　　二、学做几样菜泥 / 281
　　三、给孩子吃什么 / 282
　　四、要防止孩子吃盐过多 / 283
孩子第 9 个月 / 284
　　一、婴儿小食品制作 / 284
　　二、上桌吃饭 / 285
　　三、一日食谱 / 285
　　四、9～11 个月婴儿一日营养量 / 285
孩子第 10 个月 / 286
　　一、9 个多月婴儿的喂养特点 / 286
　　二、婴儿小食品制作 / 286
　　三、两餐之间应该吃点心 / 287
孩子第 11 个月 / 287
　　一、婴儿小食品制作 / 288
　　二、婴儿忌食什么 / 288
　　三、一日食谱 / 288
　　四、学做几种果汁 / 289
孩子第 12 个月 / 290
　　一、婴儿小食品制作 / 290
　　二、分餐是科学的饮食方式 / 291
　　三、儿童要多吃点蛋 / 291
孩子第 13 个月 / 294
　　一、1 岁幼儿的喂养特点 / 294
　　二、幼儿膳食制作 / 294

三、宝宝断奶后的食谱特点／295

四、怎样摄入蛋白质／296

五、碳水化合物对人体有哪些作用／296

六、各种维生素的作用／296

七、缺钙的因素有哪些／297

**孩子第14个月／297**

一、健脑食品／297

二、不适于婴幼儿食用的食物／298

三、常吃山楂有好处／299

**孩子第15个月／299**

一、15～17个月幼儿的喂养特点／299

二、哪些食品含钙多／300

三、营养与智力发育／300

四、小儿食物的烧切方法／300

五、孩子要多吃水果／301

**孩子第16个月／301**

一、给孩子吃水果要适度／301

二、怎样算吃的又饱又好／302

三、营养对身高的影响／302

四、营养与健康／302

五、防止误食中毒／303

**孩子第17个月／303**

一、要给孩子多喝白开水／303

二、水果能代替蔬菜吗／304

三、怎样补充微量元素／305

四、孩子缺锌怎么办／305

**孩子第18个月／306**

一、18个月幼儿的喂养特点／306

二、如果孩子不爱喝牛奶／306

三、孩子吃多少蛋白质合适／307

四、孩子不要多吃冷饮／307

五、汤泡饭不好消化／307

六、幼儿食品的制作／308

七、孩子一日三餐的配餐原则／308

**孩子第19个月／309**

一、化积粥谱／309

二、营养好智商就会高吗／310

三、多吃粗粮有好处／311

四、小儿异食癖的原因／311

五、不要强迫孩子多吃／311

**孩子第20个月／312**

一、如果孩子不爱吃菜／312

二、边吃饭边看电视好不好／313

三、孩子边吃边玩怎么办／313

四、学做几种饮料／314

**孩子第21个月／317**

一、挑食、偏食是坏习惯／317

二、孩子要少吃零食／318

三、我国膳食与西方膳食比较／318

四、孩子可常吃猪血／319

**孩子第22个月／319**

一、孩子患胃肠炎能吃什么／319

二、不要让孩子一边走一边吃／320

三、学做几样面条／321

**孩子第23个月／322**

一、学做几样小吃／322

二、维生素A中毒／324

三、维生素D中毒／325

四、维生素缺乏的食疗 / 325

孩子第24个月 / 328
一、一周食谱 / 328
二、孩子不爱吃菜怎么办 / 332
三、孩子可多吃豆制品 / 332

孩子第25个月 / 334
一、两岁多幼儿的喂养特点 / 334
二、幼儿小食品制作 / 335
三、孩子为什么忽然不爱吃饭 / 336
四、小儿厌食症的原因有哪些 / 336

孩子第26个月 / 337
一、狼吞虎咽有何不好 / 337
二、孩子患厌食症怎么办 / 337
三、怎样培养良好的饮食习惯 / 339
四、学做几样水果羹 / 341

孩子第27个月 / 342
一、2岁3个月幼儿的喂养特点 / 342
二、饮食举例 / 343
三、幼儿食品制作 / 343
四、学做几样蛋菜 / 344

孩子第28个月 / 346
一、学做几种小点心 / 346
二、常给孩子吃些紫菜 / 349

孩子第30个月 / 350
一、两岁半幼儿的喂养特点 / 350
二、一天食物参考 / 350
三、学做几样西点 / 351

孩子第31个月 / 353

一、2岁7个月幼儿的喂养特点 / 353
二、一日饮食举例 / 353
三、给孩子多吃芝麻酱 / 354

孩子第32个月 / 354
一、可给孩子吃猪肝 / 354
二、给孩子吃些粗粮 / 355

孩子第34个月 / 357
学做几样小点心 / 357

孩子第35个月 / 359
学做几样饮料 / 359

孩子第36个月 / 360
一、3岁幼儿的喂养特点 / 360
二、学做几手鸡蛋菜 / 361
三、食谱举例 / 363

## 疾病防治篇 / 365

新生儿疾病 / 367
一、新生儿重病的常见症状 / 367
二、为什么给新生儿使用维生素K / 367
三、预防新生儿脱水热 / 368
四、新生儿也会患乳腺炎 / 368
五、新生儿化脓性脑膜炎很危险 / 369
六、新生儿易患败血症 / 369
七、预防新生儿肺炎 / 370
八、新生儿不爱患传染病 / 370
九、新生儿黄疸怎样处理 / 371
十、ABO溶血是怎么回事 / 371
十一、鹅口疮的护理方法 / 371
十二、新生儿脓疱病 / 372

十三、"马牙"不需要处理／372

十四、新生儿肝炎综合征／372

十五、新生儿特发性低血糖的病因与治疗／373

十六、早产儿要注意防感染／373

**内科疾病**／374

一、孩子发烧时应注意观察／374

二、小儿发烧与体温的测量／375

三、小儿高烧与抽风／375

四、什么是发热的热型／376

五、发热对孩子有什么影响／378

六、发热时孩子的小便颜色为什么较深／378

七、你会给孩子试体温吗／379

八、为什么不能乱用退热药／379

九、儿童慎用阿司匹林／380

十、小儿上呼吸道感染／380

十一、不要轻视扁桃体炎／383

十二、感冒是大病之源／384

十三、小儿感冒与腹痛的关系／386

十四、怎样及时发现孩子得了肺炎／386

十五、小儿肺炎／386

十六、支气管炎／391

十七、引起支气管哮喘的诱因／393

十八、急性支气管炎的中医治疗／394

十九、气管炎、肺炎的家庭护理方法／395

二十、几种常见小儿心律失常现象／396

二十一、先天性心脏病／397

二十二、心脏杂音／399

二十三、心脏功能性杂音的判断／401

二十四、怎样检查孩子的脉搏／401

二十五、心肌炎／403

二十六、病毒性心肌炎的治疗方法／405

二十七、克山病／405

二十八、要预防婴儿脑震荡／406

二十九、化脓性脑炎／407

三十、癫痫／407

三十一、婴儿腹泻的家庭护理方法／408

三十二、小儿腹泻的原因与预防／409

三十三、短期禁食是治疗腹泻的一种方法／409

三十四、小儿消化不良／410

三十五、小儿消化不良的中医治疗／411

三十六、疳积的常用药膳／412

三十七、孩子大便有血怎么办／417

三十八、婴儿便秘的护理方法／418

三十九、小儿贫血／418

四十、小儿营养不良性贫血／419

四十一、预防缺铁性贫血的办法／420

四十二、急性白血病 / 421

四十三、特发性血小板减少性紫癜 / 422

四十四、如果孩子尿中有血 / 422

四十五、尿路感染 / 423

四十六、急性链球菌感染后肾炎 / 424

四十七、肾病综合征 / 426

四十八、儿童排便习惯障碍——遗尿症 / 426

四十九、小儿惊厥的原因 / 428

五十、只吃钙片不能预防佝偻病 / 429

五十一、要给孩子做日光浴 / 429

五十二、孩子是不是缺钙 / 429

五十三、小儿佝偻病的中医疗法 / 430

五十四、克汀病要早期预防 / 432

五十五、不要常给孩子吃小中药 / 433

五十六、孩子智力有没有问题 / 433

五十七、婴儿发育健康的重要指标 / 434

五十八、要注意观察孩子的囟门 / 435

五十九、判断孩子健康的三项标准 / 435

六十、怎样观察病中的孩子 / 435

六十一、及早预防蛔虫 / 438

六十二、小儿腹痛的诊断 / 438

六十三、不要轻视腹膜炎 / 439

六十四、蛔虫病 / 439

六十五、什么时候需要去看医生 / 440

六十六、怎样观察孩子的呼吸 / 440

六十七、荨麻疹 / 441

六十八、打针是不是比吃药好 / 442

六十九、如何预防小儿缺锌 / 443

七十、不要滥用抗生素 / 443

七十一、孩子肝大是不是病 / 443

七十二、胖孩子不一定健康 / 444

七十三、要给孩子检查身体 / 444

七十四、出皮疹是什么病 / 445

七十五、捏　积 / 446

七十六、幼儿说话的心理卫生 / 447

七十七、带孩子看病的学问 / 449

七十八、营养不良症 / 451

七十九、什么是多动症 / 452

八十、患多动症的原因是什么 / 453

八十一、儿童的行为障碍 / 454

八十二、儿童的情绪障碍——惧怕 / 455

**传染病 / 456**

一、水　痘 / 456

二、要预防水痘 / 458

三、流行性脑脊髓膜炎 / 458

四、要预防脊髓灰质炎 / 463

五、风　疹 / 463

六、要预防风疹 / 464

七、要预防幼儿急疹／465

八、麻　疹／466

九、麻疹患儿的护理／469

十、麻疹的药膳／470

十一、流行性感冒／471

十二、预防流行性感冒／473

十三、预防各种传染病／474

十四、要预防流行性乙型脑炎／474

十五、要预防百日咳／475

十六、百日咳患儿的护理／475

十七、流行性腮腺炎／476

十八、猩红热／480

十九、细菌性痢疾／482

**外科及皮肤疾病**／485

一、尿布皮炎／485

二、婴儿脂溢出性皮炎／486

三、重视小儿皮肤保健／486

四、接触性皮炎／487

五、摩擦红斑／488

六、奶　癣／488

七、长了瘊子怎么办／489

八、黄水疮要早治／490

九、玩猫狗的孩子容易长癣／491

十、湿疹的食疗／492

十一、孩子患湿疹怎么办／493

十二、婴儿湿疹的护理方法／494

十三、脐疝可以治疗／494

十四、要注意观察男孩子的阴囊／495

十五、胎记不需要治疗／495

十六、患肠套叠要及时看医生／495

十七、家里应准备外用药／495

十八、预防小儿肘部脱位／496

**五官科疾病**／497

一、斜视是怎么回事／497

二、内斜视儿童必须手术吗／497

三、斜视能预防吗／498

四、保护婴儿的眼睛／498

五、哪些疾病会影响孩子的眼睛／499

六、尽量不让孩子看电视／500

七、什么叫色盲和色弱／500

八、"对眼"如何治疗／501

九、"对眼"的原因是什么／501

十、"对眼"需要治疗吗／502

十一、沙眼的预防与治疗／502

十二、红眼病的预防与治疗／503

十三、"针眼"的预防与治疗／504

十四、弱视是怎么回事／505

十五、弱视的治疗／505

十六、治疗弱视时患儿要与家长配合／506

十七、婴儿是不是耳聋／507

十八、孩子说话"大舌头"要及时治疗／507

十九、口角炎是孩子的常见病／507

二十、乳牙晚出／507

二十一、乳牙早脱／508

二十二、牙病能引起其他疾病吗／508

二十三、怎样预防龋齿／509

二十四、牙齿排列不齐 / 510
二十五、预防乳牙龋 / 512
**急症处理** / 512
一、孩子发生急症时的处理原则 / 512
二、如果孩子吃错了药 / 513
三、触电的处理 / 514
四、蚂蟥蜇伤的处理 / 514
五、毒蛇咬伤的处理 / 514
六、口腔出血的处理 / 515
七、一氧化碳中毒的处理 / 515
**预防接种** / 516
一、新生儿要注射卡介苗 / 516
二、新生儿要注射乙肝疫苗 / 516
三、注射脊髓灰质炎疫苗 / 517
四、注射三联针(一) / 518
五、注射三联针(二) / 518
六、注射麻疹预防针 / 519
附:预防接种程序参考表 / 519

**照料护理篇** / 521

**孩子第1个月** / 523
一、给新生儿洗澡的方法 / 523
二、小婴儿要注意保暖 / 523
三、孩子爱哭怎么办 / 523
四、夜哭郎怎样颠倒 / 524
五、安排一个睡眠的良好环境 / 525
六、新生儿睡觉不要捆 / 525
七、初做父亲应注意什么 / 525
八、要注意新生儿房间的环境卫生 / 526
九、注意护理好新生儿脐带 / 526
十、新生儿发热的处理方法 / 527
十一、早产儿的特殊护理 / 527

**孩子第2个月** / 528
一、剪指甲 / 528
二、防窒息 / 528
三、换尿布 / 529
四、良好的睡眠习惯 / 529
五、小婴儿的排便习惯 / 530
六、孩子为什么哭 / 530

**孩子第3个月** / 531
一、怎样给孩子按摩 / 531
二、抚摸对孩子的好处 / 531
三、妈妈怎样抚摸孩子 / 531
四、怎样给孩子称体重 / 532
五、怎样给婴儿穿脱衣服 / 532
六、怎样抱孩子 / 533
七、怎样摘掉婴儿头上的"脏帽子" / 533
八、怎样给婴儿洗脸 / 534
九、怎样给男婴清洗会阴 / 534
十、怎样给女婴清洁会阴 / 534

**孩子第4个月** / 535
一、婴儿流口水是怎么回事 / 535
二、孩子的排便习惯 / 535
三、预防孩子睡偏了头 / 536
四、为婴幼儿选择合适的枕头 / 536
五、孩子睡觉什么姿势好 / 536
六、温水擦身 / 537
七、婴儿的床 / 537
八、婴儿的房间 / 537

孩子第 5 个月 / 538
　一、要注意预防臀红 / 538
　二、不要强行制止孩子哭 / 538
　三、不能用茶水喂药 / 538
　四、不要用电风扇直吹小儿 / 539
　五、擤鼻涕 / 539
孩子第 6 个月 / 539
　一、不必担心婴儿口水多 / 539
　二、培养良好的生活习惯 / 540
　三、磨牙床 / 540
　四、长　牙 / 540
　五、坐婴儿车 / 541
　六、认　生 / 541
孩子第 7 个月 / 541
　一、妈妈照看孩子要仔细 / 541
　二、学　爬 / 542
　三、乳牙萌出前 / 542
孩子第 8 个月 / 543
　一、用洗发液类物品时应注意什么 / 543
　二、要细心观察孩子的眼睛 / 543
　三、孩子大便干燥的护理方法 / 544
　四、怎样使孩子睡得好 / 544
　五、训练孩子坐盆的注意事项 / 544
　六、防止意外事故 / 544
　七、生活习惯的培养 / 545
　八、玩小鸡鸡没什么 / 545
孩子第 9 个月 / 546
　一、室内要注意安全 / 546
　二、坐盆的注意事项 / 546
　三、婴儿勃起是自然的 / 547
孩子第 10 个月 / 548
　一、孩子的睡眠 / 548
　二、培养良好的生活习惯 / 548
　三、注意护理女童的生殖器官 / 548
孩子第 11 个月 / 549
　一、婴儿能不能看电视 / 549
　二、预防意外事故的发生 / 550
　三、不要让孩子噙空奶头 / 550
　四、婴儿不宜过早学走 / 550
　五、气管异物的处理 / 550
　六、吞咽异物的处理 / 551
　七、咽部异物的处理 / 552
孩子第 12 个月 / 552
　一、如何给孩子喂药 / 552
　二、不要常抱孩子在路旁玩 / 553
孩子第 13 个月 / 553
　一、孩子特别缠人怎么办 / 553
　二、日光浴 / 554
　三、水　浴 / 554
孩子第 14 个月 / 555
　一、开裆裤与死裆裤 / 555
　二、扎刺的处理方法 / 555
　三、割破手指的处理方法 / 555
孩子第 15 个月 / 556
　一、眼外伤的处理 / 556
　二、电焊晃眼后怎么办 / 557
　三、游泳后眼睛充血怎么办 / 557
孩子第 16 个月 / 557
　一、怎样护理哮喘发作的孩子 / 557

二、哮喘缓解后可否参加运动 / 558

**孩子第17个月** / 558
一、怎样给孩子点眼药及滴鼻药 / 558
二、怎样给孩子喂药 / 559
三、鼻出血的处理 / 560

**孩子第18个月** / 560
一、孩子学会骂人怎么办 / 560
二、孩子呼吸不顺畅是怎么回事 / 560
三、孩子啃指甲怎么办 / 561

**孩子第19个月** / 561
一、怎样给孩子选择衣帽 / 561
二、防止孩子烫伤 / 562
三、小烫伤的处理方法 / 562

**孩子第20个月** / 563
一、要注意观察孩子的大便 / 563
二、化学烧伤的处理 / 563
三、孩子碰头后昏睡正常吗 / 564

**孩子第21个月** / 564
一、孩子为什么爱抱枕头睡觉 / 564
二、眼入异物的处理 / 565
三、孩子语言滞涩,说话困难怎么办 / 565

**孩子第22个月** / 566
一、什么样的孩子容易晕车 / 566
二、耳内异物的处理 / 567
三、鼻孔内异物的处理 / 567

**孩子第23个月** / 568
一、游乐场所的安全 / 568

二、选择安全的玩具 / 568
三、中暑的处理 / 568

**孩子第24个月** / 569
一、多给孩子一些父爱 / 569
二、防止失火和烧、烫伤 / 569
三、失火时的紧急措施 / 570
四、防止孩子从高处摔落 / 570

**孩子第25个月** / 570
一、外伤的一般处理 / 570
二、孩子摔倒时门牙碰破了嘴唇怎么办 / 571
三、孩子吞进了一只没打开的别针有害吗 / 571

**孩子第26个月** / 572
一、孩子的卧具有讲究 / 572
二、沙发对小儿不宜 / 573
三、头皮出血的处理 / 573

**孩子第27个月** / 574
一、天热时孩子要长痱子怎么办 / 574
二、孩子不用刻意装扮 / 576
三、耳出血的处理 / 576

**孩子第28个月** / 577
一、孩子的衣服 / 577
二、孩子的鞋 / 577
三、三种危险的服药方法 / 578

**孩子第29个月** / 578
一、肌肉注射后的硬块怎么办 / 578
二、要保护孩子的听力 / 579
三、孩子包皮过长或包茎怎么办 / 580

**孩子第 30 个月 / 580**
　一、学习刷牙 / 580
　二、严重内出血的处理 / 581
**孩子第 31 个月 / 582**
　一、纠正孩子用口呼吸 / 582
　二、怎样教孩子上厕所 / 583
　三、手掌外伤的处理 / 584
**孩子第 32 个月 / 584**
　一、给孩子找什么样的幼儿园 / 584
　二、保护皮肤,从小做起 / 585
　三、狗咬伤的处理 / 586
　四、蝎子蜇伤的处理 / 586
　五、蜂蜇伤的处理 / 587
**孩子第 33 个月 / 587**
　一、看电视时应注意什么 / 587
　二、学龄前儿童的正常视力是多少 / 588
　三、预防异物吸入 / 588
**孩子第 34 个月 / 589**
　一、冬天要不要给孩子戴口罩 / 589
　二、放手让孩子多活动 / 589
　三、孩子怕晒太阳怎么办 / 590
　四、小儿鼻出血的常见原因及处理 / 590
**孩子第 35 个月 / 591**
　一、孩子为什么睡觉爱出汗 / 591
　二、孩子不要睡软床 / 591
　三、给孩子一个广阔的天地 / 591
　四、手指戳伤的处理 / 592
　五、脚扭伤的处理 / 592
　六、冷敷法 / 593
**孩子第 36 个月 / 593**
　一、给孩子检查视力 / 593
　二、怎样预防痱子和痱毒 / 593

 **智能训练篇 / 595**

**孩子第 1 个月 / 597**
　一、帮孩子练"行走" / 597
　二、新生儿的能力训练 / 597
　三、认妈妈 / 598
　四、游乐园 / 599
**孩子第 2 个月 / 601**
　一、婴儿操(2~6 个月婴儿使用) / 601
　二、游乐园 / 606
**孩子第 3 个月 / 609**
　一、室内布置与综合感官训练 / 609
　二、抓在手里的是什么 / 609
　三、游乐园 / 610
**孩子第 4 个月 / 613**
　一、为小婴儿选择玩具注意什么 / 614
　二、怎样按孩子的年龄选玩具 / 614
　三、游乐园 / 615
**孩子第 5 个月 / 617**
　一、翻　身 / 618
　二、发　声 / 618
　三、看　图 / 619
　四、坐着玩 / 619
　五、游乐园 / 620

孩子第6个月 / 622
　一、翻身可以看到更广阔的世界 / 623
　二、往前爬 / 623
　三、要学说话 / 624
　四、游乐园 / 625

孩子第7个月 / 627
　一、游戏训练 / 627
　二、动作训练 / 627
　三、语言训练 / 628
　四、婴儿操(7～12个月时使用) / 628
　五、游乐园 / 633

孩子第8个月 / 634
　一、动作训练 / 635
　二、挑选自己喜欢的 / 635
　三、来，往这边走 / 635
　四、游乐园 / 636

孩子第9个月 / 638
　一、动作训练 / 638
　二、感知能力的训练 / 638
　三、语言训练 / 638
　四、走来走去真快乐 / 639
　五、游乐园 / 639

孩子第10个月 / 640
　一、动作训练 / 640
　二、语言训练 / 640
　三、培养良好的品质 / 641
　四、游乐园 / 641

孩子第11个月 / 643
　一、动作训练 / 643
　二、感官功能的训练 / 643
　三、语言训练 / 643
　四、帮助孩子学用工具 / 644
　五、撕纸训练手巧 / 644
　六、游乐园 / 645

孩子第12个月 / 646
　一、动作训练 / 646
　二、认识训练 / 647
　三、语言训练 / 647
　四、游乐园 / 647

孩子第13个月 / 649
　一、模仿训练 / 649
　二、滑梯运动 / 650
　三、学走路 / 650
　四、户外游戏 / 651
　五、游乐园 / 651

孩子第14个月 / 652
　一、发音训练 / 652
　二、一起来玩大皮球 / 653
　三、游乐园 / 653

孩子第15个月 / 654
　一、增加孩子玩的内容 / 654
　二、语言训练 / 654
　三、培养幼儿良好记忆的方法 / 655
　四、认识自己 / 655
　五、学说话 / 656
　六、游乐园 / 656

孩子第16个月 / 657
　一、左撇子 / 657
　二、朗诵儿歌 / 658
　三、以兴趣引导孩子 / 658
　四、哪个大 / 659

五、游乐园／659
六、学画画／660
**孩子第17个月／661**
一、家长怎样和孩子一起做游戏／661
二、学脱鞋袜,脱衣裤／661
三、游乐园／662
**孩子第18个月／663**
一、语言训练／663
二、动作训练／664
三、自己吃饭／664
四、搭积木／664
五、游乐园／665
**孩子第19个月／666**
一、运动游戏／666
二、涂涂画画／667
三、好玩的不一定是买来的玩具／668
**孩子第20个月／668**
一、玩起来有输有赢／668
二、认识颜色／669
三、认识身体／669
**孩子第21个月／670**
一、旁观游戏／670
二、教孩子计算要准备"教具"／671
三、教孩子认识"1"和"许多"／672
**孩子第22个月／673**
一、语言训练／673
二、空间知觉训练／673
三、认知能力训练／674

四、培养小儿数学的概念／674
五、动作训练／675
六、教孩子比较"多"、"少"和"一样"／675
**孩子第23个月／675**
一、训练孩子思维的游戏／675
二、在日常生活中学计数／676
三、游乐园／677
**孩子第24个月／678**
一、语言是孩子智慧发展的金钥匙／678
二、学泥工／679
**孩子第25个月／681**
一、大动作训练／681
二、精细动作训练／682
三、语言能力训练／682
四、认知能力训练／683
五、情感和社交能力训练／684
六、生活自理能力训练／684
七、游乐园／685
**孩子第26个月／686**
一、角色游戏和建筑游戏／686
二、学计算在于理解／688
三、游乐园／689
**孩子第27个月／690**
一、学儿歌／690
二、仔细看／690
三、游乐园／691
**孩子第28个月／693**
一、大动作训练／693
二、精细动作训练／693
三、言语能力训练／694

四、认知能力训练 / 694
　五、情绪和社交能力训练 / 695
　六、生活自理能力训练 / 696
　七、游乐园 / 696
孩子第29个月 / 698
　一、幼儿独立能力的发展 / 698
　二、游乐园 / 699
孩子第30个月 / 700
　一、对孩子口语表达能力的要求 / 700
　二、游乐园 / 700
孩子第31个月 / 702
　一、大动作能力训练 / 702
　二、精细动作训练 / 703
　三、认知能力训练 / 704
　四、情绪和社交能力训练 / 705
　五、生活自理能力训练 / 705
　六、幼儿的语言训练 / 706
　七、游乐园 / 707
孩子第32个月 / 708
　一、讲故事 / 708
　二、游乐园 / 709
孩子第33个月 / 711
　一、看图说话 / 711
　二、游乐园 / 711
孩子第34个月 / 713
　一、大动作训练 / 713
　二、精细动作训练 / 713
　三、言语能力训练 / 714
　四、认知能力训练 / 715
　五、情感和社交能力训练 / 715
　六、生活自理能力训练 / 716
　七、游乐园 / 716
孩子第35个月 / 717
　一、幼儿情感的发展及培养 / 717
　二、游乐园 / 719
孩子第36个月 / 719
　一、3岁孩子智力的检验 / 719
　二、3岁的孩子应会什么 / 720
　三、游乐园 / 724

## 上卷 胎儿期

# 胎儿发育篇
## TAI ER FAYUPIAN

# 胎儿 第1个月

## 一、新生命的开始

新生命开始的第一步,就是父亲的精子和母亲的卵子接成一体,成为受精卵。受精卵是单细胞,但是不久就开始进行细胞分裂,成了多细胞的胚胎,在羊水世界中生长。从卵细胞受精的那一瞬间起,人的生命就开始了,所以从受精卵开始,就应该被当作人来看待。父亲和母亲各取一份自己的遗传因子,使他们结合在一起,组成新的遗传因子,形成身体的各种各样的因素都来自于遗传因子。从受精卵发育成胎儿的过程中,所有的变化现象都是由遗传因子决定的。

在输卵管中形成的受精卵,按照遗传因子的指令开始分裂。为了日后的发育所必需的营养,开始分裂的受精卵必须进入子宫里,此时受精卵产生出分解蛋白质的溶酶,溶解与他接触的子宫内膜,使子宫内膜出现缺口,这样受精卵就进入子宫腔前壁或后壁的内膜中开始着床。

经过细胞反反复复的分裂,当细胞的数目达到 150 个左右时,细胞就开始分化,各自发挥自己不同的作用。随着时间的推移,这些细胞有的像个袋子,专门积存羊水;有的专门储存发育必需的营养;有些细胞发育成必不可少的婴儿身体的各个部分。胎盘、脐带就是这样形成的,胎儿是自己从一个受精卵发育成胚胎而后形成的。

母亲的身体既为胎儿生长提供了养料,又是胎儿安睡的温床,也是保护他的安全岛,还是他运动的体育场,也是他外出的交通工具,母亲的身体是胎儿一切活动的场所。母亲身体的状况,精神状态,都会影响他的身体健康,也直接关系到孩子的健康。母亲的心情愉快是和父亲有直接关系的,因为培育下一代是夫妻双方的责任。

女子体内的卵子在输卵管壶腹部与精子相结合,也就是受精的过程。受精的卵子渐渐向子宫移动,经过4~5天的时间到达子宫腔。此时受精卵分泌出一种酶,叫分解蛋白质酶,有破坏子宫内膜的作用,在内膜表面造成一个缺口并逐渐向内层侵蚀植入,而内膜上的缺口很快得到修复,把受精卵包裹在子宫内膜之中,这就是受精卵的着床过程。这时大约已是受精后的一周左右(7~8天),也就是囊胚的形成过程。囊胚植入后发育很迅速,到第一月末时,胚胎就会长到约5毫米左右。

## 二、受精和受精卵的发育

一个生命的特殊发展道路,是从卵子(卵细胞)和精子(精子)的结合产生受精卵(或者叫合子)开始的。合子进行迅速的细胞分裂和繁殖,发展成未来的胎儿。

### 1. 合子的形成

人体是由两类构造和功能不同的细胞构成的。一类是生殖细胞,即女性的卵细胞和男性的精子,它们含有胎儿的全部遗传物质。另一类是体细胞,构成身体的各器官,如骨骼、肌肉、消化、呼吸、循环、神经系统等组织。一个新生女孩儿的卵巢,约有40万个不成熟的卵子即卵细胞,卵细胞是人体内最大的细胞,相当于一个句号的1/4,一个性成熟的女子约每隔28天排卵一次,排卵通常在月经周期的中间。排卵过程是:一个成熟的滤泡破裂,排出一个卵细胞,卵细胞沿着输卵管向子宫方向移动,受精常发生在卵细胞沿着输卵管移动的时候。

精子是蝌蚪状,是人体最小的细胞之一,一个卵细胞的重量约是精细胞的900倍,虽然两者体积悬殊,但两种细胞对后代的遗传作用几乎相等。精子在睾丸中产生,一个成熟的健康男子每天可产生几亿个精子,精子在性欲高峰期随着精液一起排出体外。虽然卵细胞受精只需要一个精子,但要想使卵细胞受精,一次至少要2000万个精子进入女性体内,精子进入阴道向前游动,奋力游过通向子宫的通道子宫颈,进入输卵管才能使卵细胞受精。几亿精子只有小部分能游那么远,能穿入卵细胞的精子不止一个,但是只有一个能使卵细胞受精,创造出一个生命。

精子在女性生殖器内能存活48小时,未受精的卵细胞能存活12小时,因此每次月经周期中能够受孕时间约为60个小时,如果不发生受精,精子和卵子都会死去,精子被女性体内的白细胞吞噬,卵子通过子宫从阴道内排出。

人的生殖细胞和体细胞一样,每一个细胞核内有被称为染色体的线状物。染色体的主要成分是脱氧核糖核酸(DNA),每个染色体上有一个个有遗传功能的片段,叫基因,是脱氧核糖核酸的片段,含有指导一个人的发展的遗传密码,载负着一代代传递下去的遗传信息。

人类细胞都含有23对染色体,每一对染色体的两条染色单体,其大小形状和结构相同,叫同源染色体,其中一条来自母方,一条来自父方,在23对染色体中,其中22对为常染色体,两性是共同的,1对是决定性别的染色体,称性染色体。女性的染色体是两条XX,而男性的染色体是一个X和一个Y染色体。

### 2. 性别的确定

生殖细胞在减速分裂中,性染色体也只剩下一个,女性细胞中的性染色体是XX,因此分裂后所形成的两个卵细胞都是只有一个X染色体。男性的生殖细胞中的性染色体是XY,所形成的精细胞就有两种,一种含X染色体,一种含Y染色体,在受精过程中,如果含X染色体的精子与卵细胞结合,受精卵中的性别就是XX,将来发育成为女性。如果含Y染色体的精细胞和含X染色体的卵细胞结合,受精卵的染色体就是XY,将来发育成男性,因此胎儿的性别由精子决定。

受精卵成为男性或者女性的机遇是相等的,因为含X染色体和含Y染色体的精子细胞数是相等的,但是生男孩的机遇稍大于生女孩的机遇,男女出生比率是106∶100,这种生男较多的原因还不清楚,一般认为由于含Y染色体的精子比较轻,使它比含X染色体的精子能更快地接触和穿入卵细胞。在实践中,男孩在出生前和出生后都更易发生死亡,也更易发生异常,可能也是由于Y染色体所含的基因相对比X染色体少的缘故。

### 3. 双胎和多胎的形成

单个受精卵逐步的形成单个胎儿,但有时合子会分成两个细胞团,出现两个性别相同并有同样遗传基因的个体,通常称同卵双胎。也可由于两个不同卵子和两个不同精子几乎在同一时间结合成受精卵,即出现了异卵双生,遗传上的差异可以跟同一父母时期的其他同胞兄弟一样。

### 4. 受精卵的发育

受精卵形成后,马上开始细胞的有丝分裂,每次细胞分裂都伴有染色体的复制,将遗传基因传递人体的全部细胞,通过细胞的不断增殖,经过细胞的生物化学过程的不断进行分化成种种性质各不相同的细胞,形成许多器官,构造出许多性状。受精卵有丝分裂的同时,开始从输卵管向子宫移动,移进子宫嫩时,已成为好几千个细胞的空心细胞团,空心细胞团又形成里外层,外层叫滋养层,附着在子宫壁上,为胚胎提供营养,内层形成胚胎,这个发育过程大约需要两周左右。

### 5. 胚胎的发育

生命在子宫内发育,可分为 3 个阶段,即胚种(又叫桑椹胚),胚胎,胎儿。由于身体各部分成长速度不同而引起体型的变化,对胚胎的确切年龄由于没有准确的受精时间,因此在断定怀孕的日期时常采用从受孕前的最后一次月经算起,或从最后一次月经后的两个星期算期,因为这是假定的排卵期,也叫受精期,因为排卵常发生在月经周期的中间。

(1)桑椹胚。从受精至两周,在受精后 36 小时内,受精卵进入细胞快速分裂的阶段,一天后已分裂成 72 个细胞,72 小时内分裂成 132 个细胞。胎儿从单细胞开始,细胞不断分裂,直至发育成为一个共有 8000 亿个或更多的特殊细胞,而成为有很强生命力的胎儿。每个人都是由这样的细胞构成的,受精卵一边不断分裂一边沿输卵管向下移动,约三四天后到达子宫,到达子宫后变成一个充满液体的圆球,成为胚泡,然后在子宫里漂移一两天,胚泡边缘是一些细胞聚集在一起,组成胎盘,胎儿要在这里发育长大,细胞群这个时候已经分成两层,上面一层即外胚层,最终将成为胎儿的表皮、指甲、毛发、牙齿、感觉器官和神经系统(包括脑和脊髓)。下面一层即内胚层,将成为消化系统、肝脏、胰腺、唾液腺和呼吸系统,然后再逐步形成中间层称中胚层,它将分化为真皮、肌肉、骨骼,以及排泄和循环系统。

　　胚泡的其余部分将变成为滋养和保护胎儿在子宫内生存的器官。即胎盘脐带和羊膜囊。胎盘是个奇妙的多功能器官,有脐带把它和胚胎连在一起,胎盘通过脐带输送来自母体的氧气和营养物质,并吸收胎儿排出的废物,胎盘还能抵御内部的感染,使未出世的胎儿对许多疾病具有抵抗免疫力,胎盘还产生有助于妊娠的激素,并使母体的乳房准备分泌乳汁,最后在分娩时,胎盘刺激子宫使之收缩使胎儿脱离母体。

　　羊膜囊是一个充满液体的薄膜,包裹着正在成长的胎儿,保护并为胎儿提供活动场所,这个保护性的水袋的外层称为绒毛膜,内层称为羊膜。胚泡的外侧称为滋养层,他产生一种像线一样结构的绒毛,能穿入子宫内膜,在绒毛的帮助下,胚泡能有力地侵入子宫内膜,直到它植入一个温暖的、有营养的栖息之地,此称为着床或植入,此时的胚泡约有150个细胞,中间是空腔,当它完全植入子宫后,这个细胞群就称为胚胎,将继续发育。

　　(2)胚胎期。胚胎期的发育非常迅速,在第18天时,胚泡已开始形成一个长轴形,已经能分辨出前后左右头和尾,第三周末时,一个初级心脏已经形成并开始搏动,第四周时,心脏发展得很好,头和脑更清楚的分化了。此期胚胎是初始的有机体,没有手和脚,没有体型,只是最初级的身体系统。

## 三、胎儿发育的附属物

### 1. 胎盘

　　胎儿通过胎盘从母血中获得营养和氧气,排出代谢产物和二氧化碳。胎盘是胎儿与母体间进行物质交换的场所。胎盘内有母体部和胎儿部两套血液循环,两者在各自封闭的血管内循环,即母血与胎儿血进行物质交换必须通过一个屏障,称胎盘屏障,物质分子的大小和种类是决定能否扩散和扩散速度的主要因素。一些大分子物质如蛋白质、脂类、糖及抗体等则不能通过简单的扩散过程进行,而必须经过滋养层细胞的活动和吞饮作用。滋养层细胞还能对某些物质进行分解合成和暂时贮存。有些细菌、螺旋体、原虫和病毒也可通过屏障进入胚体,大分子病毒和一些细菌不能通过胎盘。大多数药物能通过屏障,相对分子量小于500的药物或脂溶性较高的药物均较易通过,其中少数药物可由此影响胎儿发育甚至导致先天性畸形。可见胎盘有一定的屏障作用。

此外,胎盘还有内分泌功能,它可产生绒毛膜促性腺激素,胎盘生乳素、雌激素、孕激素、绒毛膜促甲状腺素以及多种酶类。这些物质产生相应作用,以保证胎儿的正常生长和发育。

2. 胎膜

胎膜是受精卵分裂分化形成胚体以外的附属结构,包括羊膜、卵黄囊、绒毛膜、尿囊、脐带。胎膜对胚胎起保护和营养等作用。胚胎发育至第3个月时,羊膜腔不断扩大,约第20周,羊膜与绒毛之间的胚外体腔消失,约第22周,随着胚胎的发育生长及羊膜腔的扩大,平滑绒毛膜与包蜕膜一起凸向子宫腔,并逐渐与壁蜕膜相融合,子宫腔由此消失。此时,胚外体腔和子宫腔均消失。只有一个大的羊膜腔,使羊膜、平滑绒毛膜、包蜕膜、壁蜕膜都紧贴在一起,并与胎盘共同构成一个大囊,胎儿被包在囊内,分娩时,这个大囊随胎儿一并娩出,临床上总称为衣胞。

3. 脐带

第4周时,胚体在卷折形成圆柱形过程中,体蒂及其中的尿囊、尿囊血管和卵黄囊等随着包卷都挤到胚体腹侧,形成一个圆柱状结构,称为脐带。脐血管的一端与胚胎的血管相连,另一端与胎盘绒毛内的血管相连。脐动脉有2条,将胚胎的血液送至胎盘绒毛内的毛细血管,胎儿血与母体血在此进行物质交换,脐静脉只有一条,将胎盘绒毛血管内的血液输入胚胎体内。

4. 羊水

充满羊膜腔内的液体叫羊水,整个胚体浸润于羊水之中。羊水不断更新,由羊膜细胞不断分泌产生,又不断被羊膜细胞吸收和被胎儿吞饮入消化管。羊水约3小时更新一次。内有大量脱落的上皮细胞等物。在妊娠第15~17周进行羊膜囊穿刺抽取羊水,进行细胞染色体检查或测定羊水中某些物质容量,可早期诊断某些先天畸形。

## 四、丈夫该为妻子做点什么

妊娠与胎教不仅是做母亲的事,和做父亲的关系也很大,夫妻二人接触最多,最亲密,做丈夫的一举一动,情感态度,都直接影响到妻子,也影响到妻子腹中的胎儿。做丈夫的为怀孕的妻子应注意以下几方面:

1. 为妻子做好后勤工作

妻子孕期需要大量的、全面均衡的营养物质,以保证胎儿的健康发育。营养不足可直接影响胚胎的发育,可使胚胎的细胞数目以及胚胎的核糖核酸的含量减少,从而影响胎儿的生长发育及胎儿的智力,要关心体贴怀孕的妻子,多陪伴妻子,帮助和分担部分家务使妻子能有充足的睡眠和休息时间。

2. 适宜地调节妻子的情绪

胎儿的发育需要适宜的环境,还需要各种良性的刺激和锻炼,胎儿除生理上需要各种营养物质供给外,还需要与神经精神活动有关的刺激和锻炼,丈夫对妻子可适度的开开玩笑,幽默风趣的会话,使妻子感情更丰富,陪伴妻子看戏剧片,与久别的亲人重逢,尽可能地让妻子情绪愉快,使妻子身体的内环境稳定,有利于胎儿的发育。

3. 激发妻子的爱子之情

丈夫要多与妻子谈论胎儿的情况,多关心妻子妊娠反应的情况,与妻子谈论胎儿在母亲子宫宝殿中安详舒适、自由自在的形象。要经常和妻子猜想宝宝的脸蛋长的多么漂亮,眼睛多么明亮,增加母子生理心理上的联系,增进母子的感情,消除妻子因妊娠反应所引起的不愉快而怨恨腹中的胎儿。实验证明,母亲对胎儿有着密切的心理联系,母亲对胎儿有任何厌恶的情绪或流产的念头,都不利于胎儿的身心健康。有个科学家发现,胎儿出生后,拒吃母乳,但不拒绝奶瓶喂乳和其他母亲的母乳喂养,经过追问究竟,其母怀孕时,多次厌恶胎儿,想要流产,直至出生时,这种情绪使得胎儿在腹中对母亲产生拒绝的态度,出生后仍对母亲有警惕性,不肯吃她的奶,使新生儿心理造成了损伤。

做丈夫的对妻子要保持良好的情绪,孕妇情绪不安,除影响胎儿身心健康外,还可导致胎儿发育畸形,引起脑积水、腭裂、唇裂等。

### 4. 协助妻子进行胎教

怀孕第一周,胎儿教育已经开始,主要表现在母亲怀孕期间心情要平和,情绪要愉快,尽量避免抑郁、悲伤、烦躁、惊恐和愤怒,生活要有规律,环境清洁卫生,多欣赏自然风景。孕期第一个月的胎教重点是使母亲精神和心理愉快,身体健康,可对胎儿产生微妙的良性影响。

怀孕的1~3个月为孕早期,是胎儿大脑神经系统形成的关键期,神经系统是智能的物质基础,此期胎儿脑细胞快速分化和增长,因此神经系统的营养需要高质量的营养,尤其是对优质蛋白质特别敏感,早孕母亲应摄取足够的蛋白质、脂肪、碳水化合物、维生素和矿物质,营养种类要齐全,若孕妇营养不足,或有营养不良,不仅胎儿身体受影响,体重偏低,还容易造成胎儿脑细胞数量减少,分化不全,使孩子智能落后或终生低智,有时还容易造成流产、早产、胎儿畸形或死胎。要特别注意孕早期的营养。孕早期孕妇每天需要热能较多,可以少吃多餐,应该进食水果蔬菜、鱼、鸡、瘦肉、豆制品等食物。

## 胎儿 第2个月

### 一、胎儿发育情况

这个时期的胚胎已长到3至4厘米,重量约4克,脸嘴眼耳相当确定,手臂和腿、手和脚甚至手指和脚趾也已出现,肌肉和软骨也开始发育,内脏器官如肠、肝、胰形成了一定的形状,到8周末,胚胎期结束,人胚外貌五官俱全,头大而圆,占身体全长的1/2,四肢弯曲成型,手指脚趾分明,上下牙床也已出现8颗乳牙的胚基,骨骼刚开始钙化,外生殖器尚难分辨,腹腔内脏器官生长太快而突出其外,纵隔横膈及分腔即心胸腹腔已基本形成,胃肠道、唾液腺,肺芽左右大叶,甲状腺及肝胆胰等均已形成。4个腔的心脏早在第三周末已能波动,推动着血液循环,孕四周出现了前肾器官消退,第五周开始就被迅速发展的永久性后肾所代替,此时的肾排尿功能还不行,但膀胱中已储存尿液。

胚胎期中枢神经系统各主要部分包括脊髓及各阶段神经均已具备,脑室、脉络膜、大脑、间脑、小脑、垂体、乳头隆起、松果体、视丘和下视丘均已形成,但是大脑表面平滑,仅有主要沟回及其他较大的沟回存在,胚胎期内分泌系统的原基也已形成并发育,部分腺体出现内分泌,此阶段某些因素如放射线、药物、感染及代谢毒性产物对胚胎发育产生不利影响,甚至有危害性的损伤,严重可引起整个胚胎死亡,出现流产。胚胎组织细胞的分化取决于"胚胎决定"的各自特殊发展方向,"胚胎决定"即对胚胎的整个发展过程,胚胎的形成是决定性的。胎儿的畸形的发生,常先在异常化学性诱导作用下引起代谢变化,随后是形态变化,在胚胎发育期最敏感,因此将此期称为关键性阶段。

## 二、母体的变化

孕妇在怀孕 40 天起到 3 个月,常出现恶心,厌食,呕吐,挑食,乏力等症状,这就是妊娠反应。这是胎儿在体内向母亲发出的信息,这是由于受精卵在子宫内膜着床后,孕妇体内血液中,绒毛膜促性腺激素水平的升高,还分泌溶蛋白酶溶解子宫内膜,受精卵囊胚由此植入子宫内膜即称着床,这些激素和子宫内膜溶解后,使母体内对这些新物质的出现引起的反应,妊娠反映属于正常生理现象,一般不需要治疗,有些孕妇晨起刷牙,饮水,进食时都引起恶心呕吐,呕吐频繁,丈夫应该帮助妻子,使她心理上得到安慰,帮助妻子做些清淡可口、营养丰富的食物,少吃多餐,可以有效的克服孕吐。此阶段胎儿正处于脑神经系统优先发育的阶段,是神经系统发育的关键期,需要优质营养和充足的氧气,决不要因为孕吐而听之任之一点不吃,以至于使胎儿大脑发育缺乏营养而造成终身低智,如果孕吐确实厉害,妊娠反映严重,体重减轻,可能属于病理现象,称为"妊娠恶阻",曾有孕妇稍进水后严重呕吐,体重迅速下降,丈夫一直安慰她,为了宝宝尽量忍耐,但是仍呕吐严重,甚至胃出血,去医院检查发现是葡萄胎而引起了恶性妊娠反应,及时手术避免了不幸。因为正常妊娠反应是能够忍耐的,用心理感受进行调整,夫妻共同合作,可以度过早期妊娠反应。早期妊娠反应时,胎儿正处在胚胎期,需要母亲的营养,全面均衡,在质量上要求高,但不需要增加很多量。在饮食习惯和口味上可能发生变化,要想方设法地更换花样和变换口味,随时做到想吃随时吃,少吃多餐,哪怕只吃一口也行,不吐就会把食物的营养吸收进去,这样可以从为孩子不能不吃的感受中,变为想吃什么吃什么的欲望,可增加很多营养,在食物的选择上要注意,咖啡、红茶不宜饮用,因为咖啡因等对胚胎发育有不良影响。

有些孕妇从第二个月开始直至分娩,经常感到胃部不适,有烧灼感,出现"心口窝"痛,并在胸骨后向上放射,有时烧灼感加重,变成烧灼样痛,病痛的部位在剑突下方,医学上称妊娠期胃灼热症。这是由于孕妇血液中孕激素的水平逐渐上升,高浓度的孕激素可促使食道下段的括约肌松弛,以至胃液返流到食道下段,含有胃酸的胃液刺激的食道下段的痛觉感受器,于是出现了烧灼感。一般轻微的为灼热,多数孕妇能够耐受,不需要药物治疗,如果胃烧灼加重,可在医生指导下用药,药物除能在食道下段及胃内形成保护层外,还可在胃内散发气体,降低胃内压力,减少胃液返流。为预防胃灼热症,孕妇在生活中应注意少吃多餐,若进食量多,或饮大量的液体积聚在胃肠,可使胃内压力增加,胃酸易返流到食道;禁烟戒酒,烟酒可影响胎儿的生长发育,而发生胃烧灼感的机会增多;避免肥胖,肥胖者食道下段括约肌功能减退,比一般孕妇更容易发生胃灼热,孕妇补充营养要适度,不可以过多而导致孕妇的肥胖;孕妇要适当地进行体育活动;谨慎服药,某些药物具有增加食道下段平滑肌的作用,可诱发胃灼热症,如抗胆碱药和茶碱类药阿托品、胃复安等。

## 三、准父亲必读

⊙ 应该注意的问题

妻子怀孕以后,家庭中会充满欢乐和希望,夫妻共同盼望着小生命诞生。但欢乐伴着甜酸苦辣,十月怀胎,伴着夫妻二人的艰辛。作为丈夫,应该为妻子做些什么?应该为可爱的宝宝做些什么呢?

### 1. 理解与更多的爱

妇女在怀孕以后,性情往往发生变化。本来是温柔娴静的,此时会焦躁不安,喜怒无常;原来开朗好动的,此时会忧郁懒散。这是因为妇女怀孕后,大脑皮层功能出现暂时的失调,兴奋和抑制不平衡,自制力减弱。所以她们或是趋向于抑制状态,表现为怠倦、嗜睡、对外界事物缺乏兴趣;或是趋向于兴奋状态,表现为易怒、激动、烦躁。总之,妊娠妇女在家中常常表现得特别挑剔,精神上更加脆弱。做丈夫的此时要理解妻子心理上的这种变化,不仅要避免与妻子发生冲突,而且要尽量迁就一些。在妻子与家庭其他成员之间发生矛盾。在她感到身体不适时多加照顾,使她感到体贴与爱。在她懒散时动员她出去散散心。丈夫要尽可能多地抽时间和妻子在一起,和她一起谈谈孩子的相貌和孩子的未来。一起去散散步,看看轻松愉快的电影,使妻子得到更多的爱,使她因怀孕带来心理负担得到平衡。

### 2. 帮助妻子料理生活

妇女怀孕以后,可以做较轻的家务事,但她往往照顾不了自己,需要别人的照顾。在妊娠早期,孕妇的口味十分怪,原来爱吃的,现在一看见就恶心;原来不爱吃的,现在却爱吃得不行。她可以忽然被什么味道所刺激而哇哇大吐,也可以吃起爱吃的东西没完没了。这时做丈夫的要理解妻子的这种生理反应,想方设法满足她的要求,帮助她寻找爱吃的东西,不要责怪她挑剔、娇气。

在妊娠早期,最好是丈夫下厨做饭,要选择清淡爽口,营养丰富,易于消化的食品,并注意少量多餐。有时可能千方百计为妻子搞来的食物,端到前面却被不屑一顾,这也不要灰心。要尽可能多准备几种小吃小菜,供妻子任意选择。

妊娠反应在怀孕三个月以后可自行缓解消失,这时妻子的胃口很好,食量大增,要注意给妻子增加营养,以满足孕妇和胎儿需要。所谓注意营养,不是在量上,主要是在质上;主要在于多种营养素的平衡摄入,而不在于高级与否。吃什么有利于孕妇和胎儿,做丈夫的还要找些书籍认真学习。

### 3. 注意事项

不要让妻子做过重的家务,如洗大件的衣物、搬重物、登高等。在妊娠早、晚期干重活易引起流产和早产。在妊娠早期,孕妇食欲不好,这时应尽量不让她做饭,以免烟熏呛后更加重厌食。妊娠5

个月后孕妇腹部明显膨隆,身体沉重,不爱活动。这时,除应帮她多做家务外,要伴她出去散步活动。在秋冬季,更要抽些时间,多在室外活动、晒太阳,以利吸收紫外线,帮助皮肤合成维生素 D,促进钙的吸收。另外,在妊娠期尽量避免性生活,特别是妊娠早期和妊娠晚期,更要小心谨慎。

⊙ 在生活细节上多操点心

1. 衣着方面

衣着上不宜穿紧身衣服,如牛仔裤、紧身裤、因为可以影响子宫的血液循环,应以宽大为宜,内衣内裤也不能过紧,应选用全棉制品,以保持舒适透气性强,乳罩应采用软的非定型式样,这样既能起到保护和固定乳房的作用,又不至压迫和束缚乳房的发育。早孕不宜穿高跟鞋。

2. 饮食方面

怀孕第二个月出现早孕反应,因此不必在早孕期强迫孕妇增加营养,应保证热量和蛋白质的供应,以清淡为主。主食馒头稀饭,副食青菜豆腐和其他豆制品、鸡蛋等。如果反应不重可进食一点鱼。适当地吃些水果和冷饮,尽量避免选用带防腐和添加剂的食品。

3. 居住环境

居住环境应清洁卫生无噪音,有充足的新鲜空气,光线充足,早孕应适当增加睡眠时间,最低要每天保持 8 小时,睡眠不安、烦躁是会影响胎儿发育的。要平心静气,要坚持午睡,孕妇行走活动时,要时刻留意腹中的胎儿,不要一只手提重物,避免因剧烈运动和不平均的用力而造成流产,少去公共场所,不要接触猫狗等宠物,以免患传染病而流产,早孕两个月要禁房事以免流产。

4. 行走

切忌急速奔跑,可以慢慢走以免身体受到振动,可以用散步的方式适度的运动,注意安排活动和休息,不适宜作长途旅行,因为长途旅行的衣食住行等条件改变,会使身体的外环境改变而影响了内环境。精神上的过度兴奋,体力上的过度消耗都会诱发流产。散步有利于优生,早孕散步是最佳的运动方式。散步时应选风和日丽的天气,有风有雨不要外出,以免感冒,要选择平坦的道路和环境优美的地方散步,散步最好有家人陪伴,也可以带个小收音机听听轻音乐。孕妇的心情愉快,头脑清晰,有利于解除疲劳,有利于胎儿健康发育。

5. 洗浴

早孕要注意个人卫生,当然要多洗澡,但是洗澡时水温切忌过高。孕妇怀孕早期若接触过热的蒸汽浴、桑拿浴和盆浴可出现极大危害。专家研究证明,怀孕初期的孕妇若暴露在高温状况下,或经常洗热水浴,最易引起胎儿神经管发育缺陷。如无脑儿、脊柱裂、神经管发育异常等畸形,美国科学家对三万孕妇进行了调查发现,怀孕头两个月内,洗盆浴热水澡,其婴儿发生脑与脊髓缺陷的可能是其他孕妇的三倍,怀孕的最初两个月内,曾暴露在高温下达三次以上的孕妇,其胎儿易患神经管缺陷的可能性是其他孕妇的六倍以上,流产则更多。所以受害的实际数值是很高的,实验证明,发育中的神经系统最易受高温的损害,高温可造成细胞死亡,限制了细胞的正常发育,损害了微血管。美国科学家提出,在怀孕的头三个月,一定要避免泡热水澡,怀孕早期,任何促成孕妇体温升高,血循环过热,以及盆腔局部升温的因素,都对胎儿不利,主要是对胎儿的神经系统发育有害。怀孕早期的孕妇一定要避免发热、洗热水澡、腹部透热疗法、热水坐浴、高温作业和其他促使盆腔充血升温的一切不利因素,以确保胎儿正常发育。孕妇经常洗澡可保持身体清洁,促进身体的血循环,可消除疲劳,但是,洗澡时千万注意不要滑倒。孕妇洗淋浴最好,避免盆腔感染,洗澡时间不可过长,以免引起疲劳。由于洗澡时空气较差,容易出现头晕现象,水温过热过冷都有造成流产的危险,要注意水温要适宜,防止洗澡后着凉感冒。

6. **孕妇避免养猫狗等小宠物**

世界上养猫狗等宠物成风,在美国约 1/6 的家庭养猫,俄罗斯 1/3 的家庭养狗,我国城乡群众宠物热也有增无减,但是这些宠物带给人类有欢乐也有悲伤。

英国曾报道一妇女,婚后五年才怀孕,丈夫喜出望外,为孕妇在家中娱乐养了几只各类的波斯猫,夫人与猫朝夕相处,亲密无间,光阴流逝,夫人怀胎十月,一朝分娩,结果生下一个先天畸形的胎儿。经专家研究后发现,是波期猫身上寄生的弓型体原虫作怪。弓型体原虫又叫毒浆原虫,是人畜共患的寄生虫传染病,严重的危害人畜健康,有这种寄生虫寄生于猫体内,随猫粪便排出,污染了食物、饮水、用具,人吃了受感染的食物可引起患病,出现高热,淋巴结肿,肌肉和关节疼痛,严重者可引起脑炎和失明,孕妇感染后可引起流产、死胎,或引起弓型病原虫血症,通过受损的胎盘进入到胎儿体内,使胎儿神经损害,出现脑积水,脑钙化,小头畸形,精神发育障碍和智力障碍,肝脾肿大等。美国报道,每年出生的新生儿中,大约有3000名婴儿患有先天性弓型体病,这是由于人猫共卧,猫舔孕妇手脸所至。由于猫能传染此病,孕妇受感染后传染给下一代,为了胎儿的健康和优生,孕妇要远离宠物。

## 胎儿 第3个月

### 一、胎儿发育情况

从怀孕第三个月即第九周开始,从胚胎期升为胎儿期,胎儿期与胚胎期两者之间并无绝对的界限,前者是后者的继续,此时胎儿身体的各个系统已相当发展,生殖系统开始发育,到12周末胎儿躯体迅速增长,胎儿长约7到9厘米,重21到22克,完全形成了一个小人形,但是头部圆大,占身体全长的1/2,9周时,两眼闭合,外生殖器男女不分,有脐疝,10周肠管内移腹腔,指甲开始出现,12周性别分明,头颈分明,刺激后有吸吮样动作,眼皮也可有反应,现在可以有呼吸,能把羊水吞进肺里又吐出来,有时还排尿,还可做出各种特殊的反应,能移动腿脚手指和头,嘴能张开、闭拢和吞咽,碰碰他的眼睑,会眯一下眼睛,碰脚趾,会把脚趾张开,此期胎盘已形成,胎儿可以从母体吸取足够的营养,通过脐带直接输送到胎儿身体。

### 二、母体的变化

妊娠期母体除满足自身的营养需要外,还需要供给胎儿生长需要的营养,因此在母亲体内引起了一系列生理改变。

母亲的子宫建成温暖舒适的"水晶宫",有充足的氧气和营养供给,还可将胎儿不需要的废物及时清除出去,营造了能供给胎儿居住、游玩、运动的小天地,为建筑这个安乐窝,母亲每天要增加热能的供给,每天要多增给 627~1254 千焦(150~300 千卡)热量,由于激素分泌的改变,体内合成代谢增强,在消化系统功能上也有改变,孕早期消化液的分泌减少,胃肠道的活动和肌肉的紧张性降低,常出现恶心、呕吐、消化不良和便秘。由于胎儿生长发育的需要,母体对某些营养素的需求增强,如对铁、钙、维生素 $B_{12}$、叶酸的吸收都较怀孕前高。为了排出胎儿的废物,母亲的肾脏功能也发生了改变,肾小球的滤过功能增强,尤其对尿酸、尿素、肌酸、肌酐等的排泄功能增强,母亲体内水含量约增加了 7 升,这些水分主要分布于胎儿体内、胎盘、羊水、子宫、乳房和母体血循环中,母体血容量也发生改变,血浆容量约增加 10%,妊娠期母体出现生理上和器官系统的改变特点,特别要重视营养物质的供给,除要供给充足的蛋白质、脂肪、碳水化合物、钙、铁、碘、矿物质,及各种维生素 A、B、C、D 及叶酸,还要注意全面均衡的营养,对蛋白质的供给,尤为重要,早期胚胎缺乏合成氨基酸的酶类,胎儿首先需要的氨基酸不能自己合成,全部需要母体供给胎儿,构成细胞和组织,以及中枢神经系统的发育和功能。

## 三、准父亲必读

### ⊙ 孕期用药与优生

过去认为胎盘具有天然的屏障作用,可以保护胎儿不受药物的影响,但是上世纪 60 年代初期,孕妇为了治疗早孕反应,在妊娠早期使用一种镇静安眠剂反应停,发生严重的致畸作用以后,否定了人们对胎盘的"天然屏障"的认识。对孕妇妊娠期生病用药,准父亲要有清醒的认识,帮助她慎重选择。

**1. 孕妇用药对胎儿的影响**

某些药物可通过胎盘屏障,进入胎儿体内及羊水中,对胎儿产生不利影响,胎儿经胎盘吸收和排泄药物,大多数属于被动转移。孕妇患病可危及胎儿,孕妇用药不当就可能影响胎儿发育。孕妇用药是否对胎儿产生不良影响,主要根据用药时的胎龄、药物的毒性、理化性质及剂量,用药的时间长短等因素。

(1) 用药时的胎龄:胎儿各器官对药物的敏感性在妊娠不同时期有很大的差别。胚胎期(妊娠8周内)各个器官都在迅速发育,大多数细胞处于分裂过程中,对毒性物质的影响极为脆弱。胎儿的血脑屏障功能较差,药物易进入中枢神经系统。胎儿的血浆蛋白含量较母体低,使进入组织的自由型药物增多。胎儿的肾小球滤过率较低,排泄药物的功能差,药物及其代谢产物在胎儿体内停滞时间长,以致在胎儿体内积蓄。这些均能造成组织和器官的损害,使开始生长的器官发育停滞以致畸形。

妊娠12周后,药物对胎儿的影响仅使全身发育减慢。

(2) 药物的剂量:药物的剂量方对胎儿有无不良影响关系密切,小剂量的药物有时也会对胎儿产生机体损害,但多为暂时的,而大量的有害药物可致胚胎死亡。用药持续时间长和重复使用,都会加重对胎儿的损害。

### 2. 已知的致畸药物及对胎儿的有害药物

(1) 已知的致畸药物:现已明确证明为致畸的药物有:反应停、酒精、叶酸拮抗剂、维生素A同质异构物及几种甾体激素,例如乙烯雌酚、炔诺酮。另有几种被列为妊娠期忌用及对胎儿有害的药物:口服避孕药,某些活菌疫苗,放射性碘,三美沙酮(治疗小癫痫发作的抗惊厥药)以及一些合成的甾体激素。

(2) 对胎儿的有害药物:有些药物已明确知道妊娠期应用对胎儿有不良影响,这些对胎儿肯定有害的药物,必须引为注意,不用于妊娠期。

表1 对胎儿有害的药物

| 药物 | 用药时间 | 对胎儿不良影响 |
| --- | --- | --- |
| 氨甲喋呤 | 早期妊娠 | 多发性畸形 |
| 巴比妥 | 全妊娠期 | 长期应用,新生儿对药物有依赖性 |
| 氯霉素 | 晚期妊娠 | 有发生灰婴综合征的危险 |
| 氯磺丙脲 | 全妊娠期 | 新生儿低血糖 |
| 可的松 | 早期妊娠 | 增加发生腭裂的危险 |

续 表

| 药物 | 用药时间 | 对胎儿不良影响 |
|---|---|---|
| 安定 | 妊娠期 | 易透过胎盘,新生儿血中水平是母血的3倍,早孕服药,增加畸形率 |
| 卡那霉素 | 妊娠期 | 听力丧失、肾损害 |
| 乙烯雌酚 | 妊娠期 | 女婴阴道腺癌、生殖道发育缺陷、男婴生育功能异常 |
| 乙醇 | 妊娠期 | 增加胎儿酒精综合征的危险 |
| 海洛因 | 妊娠期 | 长期应用,新生儿产生药物依赖性 |
| 碘 | 妊娠期 | 先天甲状腺肿大,甲状腺机能低下 |
| 美沙酮 | 妊娠期 | 长期应用,新生儿低体重,并对药物有依赖性 |
| 甲基睾丸素 | 妊娠期 | 女婴胎儿男性化 |
| 炔诺酮 | 妊娠期 | 男婴胎儿女性化 |
| 丙硫氧嘧啶 | 妊娠期 | 先天甲状腺肿大 |
| 四环素 | 妊娠期 | 牙齿黄染、肝功能障碍,新生儿高胆血红素症 |
| 三美沙酮 | 妊娠期 | 先天多发畸形 |
| 丙酮苄羟香豆素 | 早期妊娠 | 鼻梁骨形成不全,软骨发育不全 |

**3. 妊娠期常用药物对胎儿的影响**

(1)抗生素类:绝大多数抗生素都经胎盘到胎儿体内。多数未发现不良影响。已明确对胎儿有较大危害的抗生素有卡那霉素、链霉素、四环素、氯霉素。

(2)抗病毒药:尚无用药后致畸的报道。

(3)抗结核药:异烟肼、利福平、乙胺丁醇三药均可透过胎盘屏障,无致畸作用,但长期服用应注意。

(4)抗寄生虫药:奎宁对胎儿有多种毒性,可引起第八对脑神经损害、流产、死胎等,大剂量可引起脑积水、先天性心脏病、四肢畸形等。灭滴灵及其代谢产物对细胞有诱变作用,孕早期应避免使用,中晚期应慎用。

(5)抗肿瘤药:抗肿瘤药物抑制细胞快速分裂,而胎儿的细胞有快速分裂的特征,因此,这些药物是致畸的物质,早孕要禁止使用。

为了治疗的需要权衡利弊。

(6)中枢神经系统药物：

镇静催眠药。长期使用鲁米那，可引起新生儿肝功能障碍，凝血酶原过低，易出血等。临产前使用过多，可使新生儿呈抑制状态，速可眠、水合氯醛、溴化物等在产前使用均能对新生儿产生不同程度的抑制。

安定药。孕妇长期使用冬眠灵、眠尔通、利眠宁、安定，对胎儿可有影响或有致畸可能。其他如奋乃近、泰尔登、三氟拉嗪、氟奋乃近均未见明显致畸作用。

镇痛药。度冷丁的代谢产物可对新生儿的呼吸造成抑制。母亲对海洛因成瘾，胎儿可产生戒断综合征，此药不致畸，但可导致发育迟缓。镇痛新及美散痛均可造成新生儿戒断综合征。

解热镇痛药。大剂量阿司匹林可致胎儿畸形，还可造成出血倾向，水杨酸钠可致流产、死胎、新生儿出血等，致畸作用不强。消炎痛可使胎儿动脉导管早闭，增加肺部动脉高压，损害肾功能，导致尿的生成减少。

抗癫痫药。长期使用苯妥英钠，可致胎儿畸形。扑癫酮可引起畸形，胎儿窒息，新生儿易出血。丙戊酸钠在孕早期使用可使胎儿面、指、趾、骨骼等方面畸形，发育迟缓。

中枢兴奋药与抗抑郁药。大剂量使用丙米嗪、阿米替林均有致畸作用，异烟肼、苯乙肼可致流产，为慎重起见，孕妇应少饮咖啡。

(7)心血管系统药物：

治疗心脏病的药物。地高辛不致畸，可治疗胎儿心衰及心动过速。心得安可致胎儿心动过缓，生长迟缓，流产，高胆红素症，低血压，新生儿呼吸抑制，低血糖，小肠麻痹。

抗高血压药。β-肾上腺素阻滞剂如心得安、美托洛尔、阿替洛尔，钙拮抗剂如硝苯吡啶，血管舒张剂肼苯达嗪，中枢性降压药甲基多巴、可乐宁，均可用于治疗妊娠高血压，对母婴均无不良影响。利尿药双氢克噻嗪及氯噻嗪用于妊娠早期可能会增加畸形的发生率，巯甲丙脯酸孕早期应避免使用。

(8)呼吸系统用药：舒喘灵、氨茶碱、麻黄碱、氯化铵等在孕期尽量不使用。

(9)消化系统用药:思密达不吸收,对胎儿无影响,是较理想的消化系统用药,西米替丁不致畸,但可使新生儿黄疸加重,灭吐灵增加胃蠕动,对胎儿无不良影响。

(10)止血药:临产前注射维生素 $K_3$ 是安全的,肝素通过胎盘的量不大,对胎儿无不良影响;华法令可致畸,晚期可致胎儿脑出血。

(11)泌尿系统药物:双克和速尿均可致畸、发生死胎。

(12)抗过敏药:苯海拉明可引起震颤、腹泻、呼吸抑制、戒断症状;西米替丁动物实验可引起性机能异常;敏可静可致新生儿脐突出、缺肢畸形,甚至胎儿死亡。

(13)内分泌系统药物:治疗甲状腺的药物和肾上腺皮质激素类药物要在医生指导下使用。

(14)降糖药:胰岛素能造成动物畸形,但因不易通过人胎盘,故对人不致畸。

(15)维生素类药物:

维生素 A:孕妇服用过多的维生素 A 可引起胎儿多发畸形,允许的服用剂量为每日 5000U。

维生素 $B_6$:孕妇早期服用大量维生素 $B_6$ 可造成胎儿短肢畸形。孕妇摄入维生素 $B_6$ 过多,分娩出的新生儿可发生吡多醇依赖症,主要表现呈惊厥。

维生素 C:合理的给孕妇补充维生素 C 可预防先天性畸形,但过多的给予则可能致畸。每日 100 毫克维生素 C 可满足孕妇的需要。

维生素 D:孕妇服用维生素 D 过量,可引起胎儿血钙过高,主动脉、肾动脉狭窄,高血压,智力发育迟缓。

维生素 E:维生素 E 过量可引起新生儿腹泻、腹痛、乏力。

叶酸:孕期缺乏叶酸可引起胎儿神经管缺陷增加,因此近年有人建议凡是有过神经管缺损胎儿的家庭,给予孕妇补充叶酸是必要的。

(16)妇产科用药:

雌激素:孕妇使用雌激素后可造成女婴男性化。

黄体酮:可使女婴男性化。

炔诺酮:可引起女婴男性化。

克罗米芬:可增加流产率(23.6%),多胎发生率增加(6%)以男性为多,体重低。

杀精剂壬苯醇醚:使用失败而妊娠也不会致畸,无论是新生儿体重及出生后智力随访和正常妊娠所生的孩子一样。

催产素:静脉应用催产素引产,胎儿窒息发生率较高。

#  胎儿 第4个月

## 一、胎儿发育情况

妊娠4个月(16周),胎儿身长可达15～18厘米,体重120克左右,胎儿皮肤颜色更红,也加厚了,有利于保护胎儿的内部,脸上长出细细的毫毛,由于骨骼和肌肉均已发达,胎儿的胳膊、腿能活动,胎动使母亲感觉逐渐明显,心脏搏动更加活跃,内脏发育也完成,消化器官与泌尿器官已开始发生功能,并有尿意,从由肝脏制造血液而转移到脾脏制造血液,中枢神经发育趋向完善,大脑产生最初的意识,面部五官端正,嘴型已完成,牙龈已出现雏形。

发育完善的胎盘,通过脐带将孕妇和胎儿紧密连成一体,形成支撑胎儿发育的系统,母体内各种营养物质均可透过胎盘移至胎儿体内,母体日常生活中的各种变化,经由血管而影响胎儿,母体患病时对胎儿也会有影响,同理,胎儿体内所产生的各种物质也可反应在母体内,母子间生命息息相关。

胎儿在此期已有各种运动,在宽广的羊水腔中可以慢慢地游动,重复做相同的动作,可移动位置和改变位置,并可做全身上下的运动,像游泳健将似的在羊水中游动,胎儿的手指、脚趾、手腕等细小动作相当发达,同时手可移动到身体的各个部位,如摸摸腿或将手插到大腿当中,或摸摸膝盖、胎盘或脐带,把两手放在脸部前面做有节奏的移动,偶尔也可做跳跃似的运动,还可用手挠头挠脸等,常喜欢做踢腿运动,用脚踢子宫壁是胎儿最熟练的动作。

对于外来的刺激,身体反应不够灵敏,这是因为脊髓延髓上方的中脑部位未开始支配动作。胎儿开始练习喝羊水的动作是由游动下颌做开口运动开始,或是从舌头部位做咽下运动开始,如此动作反复进行,即可使胃部逐渐变大。手、脐带或胎盘等,触摸口部时,即反射性的做开口运动。呼吸运动也发达起来,此时胸部可出现规律性的节奏来收缩,同时横膈膜也发生移动,但肺部组织尚未发生功能,气管及覆盖在气管上的纤毛上皮已经形成。母亲的情感与胎儿的运动两者之间的联系已经开始,科学家用声音来观察胎儿的行为时,发现胎儿有趣的反应。首先让母亲坐着听音乐,然后播放母亲喜欢的音乐,渐渐的母亲即朗朗地唱起来了,同时使气氛非常愉快,由于三四个月的胎儿已能感受到愉快的气氛而活泼快乐地动起来,在播放的旋律中,胎儿一次又一次的移动,但是若播放母亲不喜欢的音乐,或难学的曲子,母亲根本无意欣赏,此时腹中的胎儿也停止活动。由此可知,母亲情感变化引起母体内分泌激素变化,由于内环境改变而影响到胎儿。这些反应与音乐种类并无直接的关系,而是与母亲的情绪,喜恶等紧密相关,间接地影响胎儿,而并非是直接让胎儿听这些音乐而改变的。

## 二、母体的变化

此期母亲的腹部微微突起,但还不是很明显,子宫变大,多尿,骨盆腔充血,并影响结肠,大肠,经常发生便秘,乳房明显增大,应该随时保持乳头的清洁,若如发生乳头凹陷,要特别注意卫生,必要时请医生处理,不要过于按摩乳房,以免诱发子宫收缩而流产。

## 三、准父亲必读

⊙ 妻子妊娠期的心理变化

妇女具有相对明显的特征性心理或个性倾向,主观因素对女性有较为明显的影响,较易缺乏逻辑性的感知,容易表现出情绪上的纷乱和困惑。妇女的情绪活动具有较高的兴奋性,易于激动或对刺激易于产生反应,多富于情绪性的表达及容易接受暗示,好表现出对自己健康的关注,因此,心绪不佳时,经常过多地表述躯体性不适。妊娠期的神经内分泌的改变及躯体变化使女性的特征性心理表现得更为明显。作为丈夫,应能理解妻子生理心理上的改变,帮助她调整心态。

目前的研究初步了解,绝大部分孕妇的肾上腺皮质激素将随着妊娠期进程逐渐增高,在分娩前达到峰值,这是机体生理性应激的结果,妊娠期中,妇女体内雌激素水平将低于非孕期,由此形成雄激素水平的相对偏高现象,同时前列腺素不平是相对升高,催乳素的分泌在妊娠期亦是逐渐升高的趋势。有研究指出,妊娠期体内儿茶酚胺的活性可呈相对降低,其中主要是去甲肾上腺素,这就是供了孕妇情绪及行为改变的生物学基础,从心理学角度观察,孕妇的情绪较为脆弱、易激动、易出现紧张焦虑不安,对异性的兴趣明显降低,而对自己的身体以及对与孕育胎儿的关注却明显增加。

图1 站立姿势

随着妊娠月份的增加,孕妇体态曲线发生变化,体重逐月增加,使其在日常生活与工作受到限制,加重了心理压力。孕妇的内分泌变化使其面部及躯体部皮肤色素加深或出现色素沉着斑块,毛发增多或出现痤疮样皮炎,面部失去光泽并表现浮肿,在孕妇的自我审视和外界反应中,产生自卑,忧虑和紧张烦躁,担心形体不能恢复到原有状态,担心在今后的工作中失去自己的位置。随着妊娠的进程,负重和胎儿的发育,孕妇的心肺功能负荷增加,心率增速及呼吸加快加深等生理应激问题也加重了原有的焦虑情绪,此时,孕妇的忍耐力受到了严峻考验。

同时,在妊娠中后期也可表现出情绪的相对平淡,这是一种自我保护性心理状态,此时她对周围事物表现相对迟钝,较少关心他人活动,以一种看似漠然的姿态出现在人们面前,她注意力减低,甚至动作迟缓、懒惰。她经常将主要精力集中于留心周围可能潜在的危险,尽量不受外界干扰,以保护胎儿的健康成长,她对异性的兴趣明显降低,性欲减弱,性生活减少。

漫长的妊娠期对妇女来说是一段艰难的历程,她始终忍受着躯体变化的负担和种种心理压力,及至分娩,她将渴望在最后的痛苦中获得解脱,于是,随之产生的焦虑、紧张与疑惧又将出现新的高峰。

# 胎儿 第5个月

## 一、胎儿发育情况

这个月胎儿身高20~25厘米,体重250~300克,全身长出细毛(毳毛),开始长头发,眉毛、指甲等也出齐。头的大小像个鸡蛋,头重脚轻的身体分成三部分,身体比例终于显得匀称,皮肤渐渐显现出红色,皮下脂肪开始沉着,皮肤不透明了,皮肤的触觉已发育完全,耳廓外突成外耳形状,骨骼钙化逐渐扩展,骨骼肌肉发育健壮,胳膊腿的活动开始活跃。此期明显感到胎动。心脏的活动也活跃,可以听到强有力的胎心,胃部出现制造黏液的细胞,大脑还会出现沟回。体内基本构造已是最后完成阶段。延髓的呼吸中枢也开始活动,肺泡上皮开始分化。在B超下观察胎儿,已能做些细小的动作。两手在脸部前面相握,手指一指指地动,做抓的动作,跳跃动作,踢脚力量大,偶尔可踢到子宫壁,动作频繁地在羊水腔内改变身体姿势和玩耍。呼吸不规则也不多,开口动作,眼珠运动则非常清楚而明显。不时的摇头、抚摩自己的脸,手指触摸嘴唇而产生反射动作即张口动作,渐渐地由反射动作转为自然动作,或许呼吸,或许不呼吸。由于胎儿的动态,已涉及中枢神经使得母体的日常生活和胎儿之间的联系更加复杂而密切。母体接收到的刺激直接反映到胎儿的动作,此期胎儿动作是缓慢地动,一个动作做完再做另一个动作,如若受到不良刺激,胎儿有可能有过激的反应。妊娠5个月,大脑皮质机能尚未成熟,间脑机能也未发挥。当母亲兴奋激动时,体内的激素分泌发生变化,促使中脑发生信息,透过血液、胎盘而传至胎儿,母亲血压升高,心跳加快,胎儿不一定马上有所行动。这是因为外部虽然可影响子宫腔内的胎儿,但是胎儿本身的中枢神经作用将抑制胎儿的运动,不过胎儿仍然能感应到母体环境、心态等的变化。

## 二、母体的变化

从这个月开始母体可明显感到胎儿的活动,随着胎儿各部分的肌肉、骨骼运动的形成,胎儿便在子宫内伸手、踢腿、冲击子宫壁,这就是胎动。胎动的次数多少、快慢强弱等常表示胎儿的安危。据妇产科专家观测,正常明显胎动1小时不少于3~5次,12小时明显胎动次数为30~40次以上。但由于胎儿个体差异大,有的胎儿12小时可动100次左右,只要胎动有规律,有节奏,变化不大,即证明胎儿发育是正常的。胎动正常,表示胎盘功能良好,输送给胎儿的氧气充足,胎儿在子宫内生长发育健全,很愉快地活动着。

当孕妇发现胎动12小时少于20次,或每小时少于3次,则预示着胎儿缺氧。小生命可能受到严重威胁,胎盘功能不全,胎盘发育不良,大片钙化灶或纤维化、坏死灶形成等,均可导致胎儿营养障碍、缺氧甚至无氧供给。在缺氧初期,胎动次数增多,由于缺氧,胎儿烦躁不安。当胎儿宫内缺氧继续加重时,胎动逐渐衰弱,次数减少,此时为胎儿危险先兆。若此时不采取相应抢救措施,胎儿会出现胎动消失,乃至胎心消失,心跳停止而死亡。此过程约12~48小时,大多发生在24小时左右。因此孕妇一旦发现胎动异常,决不可掉以轻心,应立即去妇产科求治,及时治疗,常可转危为安。

胎动次数的观察和计算:

孕妇观测胎动最好每天早晨、中午、晚上各测一次,每次连续计数1小时,再将3次计数之和乘以4便可推算12小时的胎动次数。测胎动时最好取左侧卧位,全神贯注,平心静气地体会胎动次数。每动一下就在纸上画上一道,胎动可能只动一下,也可能连续动数十下,均只算胎动一次。正常情况下应每小时3~5次,24小时不少于20次。在产前检查时将胎动记录提供医生参考。孕妇注意观测胎动,可监护胎儿安危,发现异常,及时得到合理治疗。

## 三、准父亲必读

⊙ 孕妇日常应注意的事项

### 1. 日常生活要规律

保证8小时睡眠,坚持散步、锻炼,摄取足够营养。

### 2. 保护皮肤

孕妇由于内分泌改变,体内促黑色素增加,部分孕妇面颊、额、上唇处会出现蝴蝶形的棕色斑点,俗称妊娠斑,这种色素斑在分娩后逐渐消退甚至消失。此期间要避免在阳光下长时间的照射,因为紫外线会促使黄褐斑、雀斑的形成和发展,适当用一些保护皮肤的防晒露及奶液,多吃含维生素多的食物,为了使皮肤保持柔软和良好的弹性,应经常涂上一层优质的护肤香脂,以润滑皮肤。对脸部保护采用自然保护法,干性皮肤用油脂和冷霜,油性皮肤用蜜类化妆品,粉底类的化妆品对皮肤是有害的,不要使用。

### 3. 孕妇的衣着

孕5个月肚子明显突出,腰围、臀围增大,一般衣服已不合适,需要准备适合季节的服装。除注意花色式样外,要购买脱穿方便的衣服为好。目前有的专家认为孕中期还可用腹带,可起到防止腹壁过度伸展,预防腹部尖状、悬垂状,并具有保护腹部、固定腹部的作用,使妊娠行动轻便自由,同时也能固定胎盘、保护胎盘。可用漂白布撕成一半,一半约5米,束绑时取交叠的方式,松度约是三只手指可插入的程度。妊娠5个月肚子还小,由上向下绑,若是中期以后肚子大了,则采用由下向上束绑的方式,有些专家认为,束绑腹带可让孕妇有安全感,不妨试试。为了不使乳房下垂,孕妇必须带上乳罩,尺寸要合适,以免影响乳房发育。最好买前开口的乳罩,产后哺乳方便。孕妇的鞋应购买后跟低平,底部有凹凸的纹路,走路平稳。不要穿高跟鞋,拖式凉鞋、胶底鞋容易摔跤,也不合适。

### 4. 孕妇的性生活

妊娠中期胎盘已形成,胎儿在子宫内稳定,流产的可能性比早期减少。孕妇早孕反应已消失,是性感较高时期,性器官分泌物也增多,可以适当过性生活,但是要注意节制。妊娠期孕妇阴道和子宫黏膜血管粗大,充血,容易受伤出血,容易造成细菌感染。性生活时动作要小心谨慎,不能采用不合理的体位,或粗暴进行性生活,房事过多,容易使胎膜破裂,羊水流出,造成子宫壁紧裹胎儿,可使胎儿缺氧而死于宫内。为了适当地进行妊娠性生活,夫妻双方必须怀着体谅对方的心情,掌握妊娠性生活的原则和技巧,达到安全快乐的目的。妊娠期性生活原则是,不要压迫孕妇的腹壁,不要给予子宫以直接强烈的刺激,不要刺激乳头,禁忌在孕期用不合理的体位进行性交,或粗暴地进行性交。要注意外阴部清洁,性交前决不能将手指插入阴道。有下列情况要停止性生活:如有流产史、早产史的孕妇要停止性交;有阴道出血及腹痛时,或孕妇有严重合并症,有心脏病、重度贫血要停止性交。

##  胎儿 第 6 个月

### 一、胎儿发育情况

6个月胎儿身长约28~34厘米,体重约600~800克。

外表面目清楚、骨骼健全、体瘦、皮肤红而皱,这是由于皮下脂肪缺乏的缘故。

这个月的胎儿已经长出浓浓的头发、眉毛和睫毛等,骨骼已相当的结实了。如在X光下,胎儿的头盖骨、脊椎、肋骨、四肢的骨骼都能清楚的显示出来,骨关节也在开始发育了,身体逐渐匀称,皮下脂肪少,皮肤呈黄色。开始有胎脂附着。胎脂的作用给胎儿皮肤提供足够的营养保护皮肤,并且为出生分娩时做好准备,到时可起到润滑作用,使胎儿能顺利通过产道。

脑神经发育:大脑继续发育,大脑皮层已有六层结构,沟回明显增多。

胎儿经常处于睡眠状态,睡觉姿势已经与出生后的姿势相似,或者下巴贴着胸膛或者脑袋向后仰。

手足的活动逐渐增多,身体的位置常在羊中水变动,如果出现臀位也不必害怕,因为胎位没固定。此时如果胎儿出生可有浅表的呼吸能存活几小时。

## 二、母体的变化

此时子宫底高 18~21 厘米,下腹明显隆起,体重增长快,容易感到疲劳,腰部疼痛,乳房也有明显变化,偶有淡初乳溢出。另外,由于母体的钙质被胎儿摄取利用,有时孕妇会感到轻微的牙痛或患口腔炎。

此期可明显地感到胎动。

日常生活应注意的事项:

随着怀孕月份增加,肚子越来越大,在日常生活中,要特别注意安全。特别是体育锻炼时或上下楼梯时,都要格外小心。除此之外,还应注意以下事项:

(1)睡眠要充足,有条件的可以午睡 1~2 小时;

(2)要注意保护牙齿,如有病牙需要治疗,在这个时期较为适宜;

(3)注意保护腹部,不能弯腰,不能让腹部长时间受压迫;

(4)要保持良好的情绪,可对胎儿进行美好的想像,加强母子情感沟通;

(5)做好产前检查。

## 三、准父亲必读

⊙ 父亲吸烟对胎儿的影响

### 1. 胎儿畸形率增加

不但孕妇吸烟对胎儿危害巨大,父亲吸烟对胎儿也同样有危害。据调查,父亲不吸烟,孩子严重先天性畸形仅 0.8%,每天吸烟 1~10 支为 1.4%,10 支以上竟达 2.1%。可见随着父亲吸烟量的增加,婴儿畸形率上升。

### 2. 影响精子的质量

男性吸烟主要是引起精子的变化危及胎儿。有人观察 100 例吸烟一年以上和 50 例不吸烟对照组的精液,发现异常精子的比率与每天吸烟量有关。每天吸烟 30 支以上者,产生精子形态异常的危险性几乎成倍增加;而且精子数目减少,活动能力下降。精子的质量降低,说明吸烟已使睾丸受侵害。精子的形态异常,质量下降,先天性的造成受精卵的质量低劣,甚至产生畸形胎儿。

### 3. 遗传病发病率高

长期吸烟能引起人体内染色体畸变和基因突变,使遗传物质缺损、重复或重排。不同性质和不同程度的染色体畸变或基因突变,对表现形状将产生不同程度的遗传效应,并遗传给子代,使后代产生形态、结构或功能异常性的遗传性疾病。

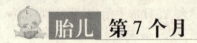

## 胎儿 第7个月

### 一、胎儿发育情况

7个月胎儿身长约35~38厘米,体重1000~1200克。

外表:头发5厘米左右,全身被毳毛覆盖着,皮肤由暗红转为深红,皮下脂肪较前增多,皮肤皱纹很多,眼睑的轮廓较清楚,眼睛能睁开了,胎儿的内脏器官发育除心脏外已趋向成熟,大脑的知觉已开始发达起来,听觉有了反应的能力,出现了记忆意识萌芽开始出现。随着胎儿骨骼及肌肉系统的发育成熟,胎动增强。如通过检查,可以发现,男孩的睾丸没有降至阴囊,女孩的大小阴唇已可显见。

### 二、母体的变化

孕妇的腹部变得更大,下腹部与上腹部都变的更为膨隆。子宫底上升至脐上三横指处,子宫底的高度为21~24厘米。子宫也越来越大,可压迫到下腔静脉的回流,出现静脉曲张,有的孕妇还会出现便秘和痔疮、腰酸、背痛等症状。

**日常生活注意事项:**

(1)日常运动要适当,不要做过度激烈的运动,上下楼梯的次数应尽量减少,以防早产;

(2)不要长时间站立,以防静脉回流受阻,加重静脉曲张。为防止出现静脉曲张,还可以注意,睡觉时尽量放宽内衣的尺寸,双足可轻度抬高。如静脉曲张严重,可在曲张部位使用紧筒袜加以保护;

(3)做好乳房保健卫生准备;

(4)为防止便秘,每天早上喝牛奶,多吃水果和蔬菜;

(5)做好产前检查。

## 三、准父亲必读

### ⊙ 饮酒对胎儿的影响

近几年来,女性饮酒无论是人数还是饮酒量都普遍增加,男性饮酒更为普遍。平时适量饮些葡萄酒、啤酒等,有利增加唾液、胃液的分泌,增强消化液中淀粉酶、蛋白酶的活性,促进胃的蠕动,以提高食欲,增强身体素质。节假日饮酒会增添节日气氛。但大量饮酒,会给人体带来很大危害。饮酒入口,通过食道、胃等消化道时,少量酒精会被胃黏膜吸收进入血液,大部分酒精则在小肠、大肠经肠壁渗入血液,并进一步渗入机体含有水分的任何部分。血液中酒精含量比其他组织高20%,其次是大脑。由于酒精有亲水性,酒精深入组织后,把细胞中水分吸出,因而饮酒后感到口渴。肝脏有解毒功能,酒精在肝内进行去氢反应,变成有毒的乙醛,进一步分解成乙酸,最后分解成二氧化碳和水排出体外。一部分乙酸可能转化为胆固醇和脂肪酸。如饮酒过多,分解过程将在其他组织中同时进行,如这些组织没有解毒功能,可引起这些组织细胞的损伤。

### 1. 酒精对人体的影响

乙醇对女性生殖机能的影响。乙醇是常见致畸物质,能自由通过胎盘。据调查孕期妇女酗酒,其孕期合并症如胎盘早剥、羊水感染、胎粪污染等比非酒精者高。流产、围产期死产(死胎或死产)、低体重儿及或过熟儿及智低儿的发生率增加。早孕第三个月末是胎儿生长发育的关键时期,这个时期接受高浓度乙醇时可以改变胎儿激素合成类型,或释放一种引起胎儿形态异常的物质,妊娠末三个月酗酒者,其下一代可出现生长缺陷和智力低下。慢性酗酒者尿锌排出量增加,导致胎儿锌缺乏。

乙醇对男性生殖系统的影响。据统计男性酗酒者并发睾丸萎缩、不育、性欲降低和阳痿者占 70%~80%。人和动物实验均见酗酒后精子形态变化，精子活动能力降低，以及无精子。慢性酗酒男性常产生高雌激素状态（如出现女性盾形阴毛分布，女性型乳房），还易并发维生素 A 和锌缺乏，导致睾丸萎缩。

妊娠不同阶段酗酒对胎儿影响。酒精是导致胎儿先天性畸形的一种化学因素，孕妇饮酒，酒精通过胎盘会使胎儿"酩酊"，酒精在体内代谢过程中所产生的有毒物质，会使胎儿发育不良，导致胎儿中枢神经系统受损害，促进畸形的发生。孕妇在怀孕后期饮酒，会使胎儿的中枢神经系统的损害更为严重。妊娠早期饮酒可能有细胞毒和致突变作用，同样也是有害的。

### 2. 胎儿酒精综合征

胎儿酒精中毒综合征的特点如下：

（1）发育迟缓：身长、体重比均值低两个标准差，体重下降更明显。

（2）中枢神经系统机能障碍：脑生长发育落后，80% 为小头，兼有各种程度智力低下，学习困难和精神疾患发生率增加。

（3）颅面形态异常：睑裂狭小、中面部和下颌骨缺陷（如上唇发育不全、人中缺陷等）凹鼻梁小头、小眼、近视、斜视、上睑下垂，双耳倾斜合并附着点低下等。

（4）其他缺陷：心血管系统；泌尿生殖系统；皮肤；肌肉系统；骨骼系统出现畸形。

总之，孕妇饮酒是危险的，但过分夸大它的作用也不必要。少量应酬性的"沾"一下，应该说是安全的，但不能过多饮酒。如果你的妻子贪杯，你应该劝一劝。

⊙ 孕产妇常见的心理症状

### 1. 焦虑性症状

焦虑是一种过分担心发生威胁自身安全或其他不良后果的心境。孕妇出现的焦虑通常较轻，主要是对其自身的健康、胎儿状况、可能流产或分娩疼痛等问题流露出忧虑不安、恐惧紧张。在面临复杂情况难以应付与承受而顾虑重重或懊恼过早怀孕，在即将分娩的时期，孕妇产生的焦虑紧张情绪达到高峰。此时，孕妇焦虑的情绪可表现在以下几个方面：

(1) 产痛的顾虑及对自身耐受力的估价,这主要是在耳濡目染中得知分娩将是很痛苦与难熬的时期。

(2) 对剖宫产手术的副作用及安全性产生怀疑或矛盾心理。

(3) 胎儿是否健康或畸形,性别是男是女,尤其是几代单传盼男孩心切更感困惑。

(4) 分娩时是否有亲人陪伴,对医务人员的态度、技术水平等的顾虑。

2. 抑郁性症状

孕妇的抑郁表现一般程度较轻,通常发生于妊娠的中后期,持续的时间可能较长。妊娠期中常见的抑郁情绪有对自身状况或今后环境的过分忧虑与信心不足,易伤感自卑,由于对怀孕缺乏充分的思想准备而懊丧自责,或对可能出现的不利、不便有失落感。一般情况下,怀孕之后由于体态与体重的改变使以往积极好动的妇女或注重自己形体外表的妇女感到自己受到限制或挫折,常是她们产生抑郁的主要的心理基础。同时,孕吐时间过长,亲人的过分期待或关心不够常会使孕妇的抑郁心境加重。

3. 强迫性症状

孕妇常见的表现为过分担心胎儿是否畸形而穷思竭虑,不能摆脱;或害怕感染其他疾病危及胎儿,而过分讲究卫生,不敢去医院,不敢去公共场所,甚至不敢串门;办事犹豫不决,时时处处谨小慎微,生怕可能出现或遇到对自己的伤害等。孕妇的强迫性症状多发生于妊娠初期与中期,且多见于有个性倾向或特殊职业者。

妊娠期出现上述各种症状,考虑到胎儿的安全问题,一般不主张药物治疗而宜采用心理治疗。如倾听、支持、保证及解释、教育、鼓励、暗示等一般性心理治疗妇产科医师均能应用。如孕妇的情绪与行为障碍较重,可到精神科或心理咨询门诊去进行特殊的心理治疗。专科医师会根据孕妇的具体情况给予不同的心理治疗,如精神分析法、行为疗法、咨客中心疗法、森田疗法及认知疗法等。

孕期出现心理问题对胎教十分不利,因此你要及时发现并帮助她疏导与治疗。

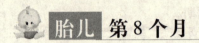

# 胎儿 第8个月

## 一、胎儿发育情况

8个月胎儿身长约40～44厘米,重约1500～1700克。

外貌:皮肤皱纹仍然很多,面部像个小老头。器官:大脑、肺、肾、胃等重要器官已发育完成,但各脏器的功能还不健全。

8个月的胎儿期,羊水量增加迅速减慢了,胎儿成长较迅速,身体紧贴着子宫壁,胎儿位置相对较固定了,不像以前一直是自由转动的胎儿,现在胎头较重,自然趋向头朝下的位置。

这时由于胎儿长大,母亲的腹壁和子宫壁都撑得很薄,外界的声音很容易传到胎儿耳中,因而可以多与胎儿对话,让胎儿多听听母亲的声音,待出生后,婴儿很快就可以辨认出妈妈的声音了。

另外,此期胎儿的味觉、嗅觉和视觉功能已具备,如果此时降生是属于早产,给予适当的良好护理,部分婴儿是可以存活的。

## 二、母体的变化

怀孕8个月的母亲,腹部已经相当大了,行动起来也不太方便。子宫底上升到肚脐与心口的中间,高达约25～27厘米。随着子宫的增大,腹部、肠、胃、膀胱,受到轻度压迫,孕妇常感到胃口不适,有尿欲的感觉。由于激素的影响,很多孕妇常在面部皮肤上出现色素沉着,如黄褐斑。以嘴、面颊、额头部最明显。还有乳头的乳晕,下腹部,外阴部颜色也逐日加深。部分人已在腹部长出妊娠纹,显浅红色。这些外表的变化都属于正常的范围。

日常生活注意的事项:

8个月的妊娠孕妇身体比较笨重,在活动时要注意安全,由其是走路要注意脚下,千万不要摔倒绊倒。要量力而行,不要过于疲劳。

在饮食上除了营养要丰富外,口味上不要吃的太咸。要定期到医院接受产前的检查。偶有孕妇出现阴道血性分泌物。要预防早产及胎盘前置的可能。

睡眠上孕妇一定要充足,一般母亲睡觉胎儿也在睡觉。胎儿生长所需要的荷尔蒙激素是通过下丘脑垂体部位制造的,只有在充足的睡眠情况下,才能促使胎儿的正常生长过程。

孕妇适当的运动,轻度劳动也是不可缺少的。这对胎儿的身心发育是有促进作用的。

## 三、准父亲必读

### ⊙ 孕晚期丈夫应帮妻子做点什么

妊娠晚期,做妻子的从精神上、体力上更需要丈夫的支持和关心。这也是做丈夫的义不容辞的责任。即将做爸爸的丈夫应做好这些事情:

(1)妻子面临分娩,可能有些思想压力,有些烦躁不安的情绪,丈夫除了给予宽容、理解外,还要给予关心和照顾;

(2)帮助妻子学习有关分娩的知识,了解分娩也是一个自然生理的过程。不必过分担忧;

(3)为妻子分娩、为小宝贝的到来做好经济上、物质上、环境上的准备。可以和妻子共同学点哺育抚养婴儿的知识,检查宝宝出生后用具是否准备齐全,主动操心补充齐全;

(4)从生活上多关心妻子,保证妻子的营养和休息,让妻子为分娩积蓄能量。注意保护好妻子的安全;

(5)进行胎教。做好家庭自我监护,以防早产。

# 胎儿 第9个月

## 一、胎儿发育情况

9个月的胎儿身长约45~48厘米,体重约2000~2800克。皮下脂肪较前丰满,周身呈圆形,皮肤的皱纹、毳毛均减少许多，皮肤颜色为淡红色，指甲长至指尖部位。男孩的睾丸已降至阴囊中，女孩的大阴唇已隆起，左右紧贴在一起，性器官内脏已发育齐全。

大脑发育良好。听觉发育已健全，对外界的声音已有反应。而且能够表现出喜欢或厌烦的表情。此期的早产儿较易存活，因为各系统发育较完善，生存能力较强。

## 二、母体的变化

9个月的时候，宫底已升至心窝正下方，子宫高约28~30厘米，胃和心脏受压迫感更为明显有时感到气喘、呼吸困难、胃饱感。由于子宫压迫膀胱，排尿次数增加，尿频明显。有的人会感到有时有轻度子宫收缩。这些都是正常的生理过程。

日常生活注意事项：

怀孕9个月时，妊高征的危险系数加大，应注意控制体重的快速增长。同时还要注意，如出现突然出血，羊水流出的情况应立即上医院。

另外，在日常生活中要继续注意外生殖器卫生，此期分泌物多，容易污染，每日清洗后，要注意勤换内衣裤。

家务劳动量力而行，不要做重体力劳动，不要长时间洗澡淋浴，按计划进行各项产前检查，以防早产。

## 三、准父亲必读

⊙ 心理保健有助于优生

### 1. 产前的心理准备

分娩前的心理准备远远胜过了纯粹生理机制的知识和身体放松练习治疗以及呼吸练习。综合的出生准备必须研究问题、冲突、情感焦虑、无理性的担忧和幻想，并扩展到与妊娠和分娩相关的所有问题。许多准父母没有意识到他们应该准备面对的问题，因此一旦面对这些问题时很无助。但是，当在医生的指导下，作过妊娠和分娩相关内容的心理准备后，他们立即去面对一些困难，所做的准备提供了更大范围的心理保护。

## 2. 产程中的心理支持

产痛是分娩过程中受注意的中心。在进行长时间的分娩心理准备时,应该让妇女真正了解产痛是有意义的,不危险的,是促进分娩的生理必须事件。消除对母子的负面影响,并让产妇在分娩过程中得到充分的体验,有利于调整随后的母子关系。药物方法不应该代替分娩的心理准备。两种方法在许多病例中可以相互补充。从心身学观点,分娩体验看起来特别重要,因为它对母子关系有积极的影响。

分娩过程中,配偶的参与亦是来源于心理学考虑。配偶不再作为一个旁观者,而作为分娩的一个助手,他能帮助妻子保持合适的呼吸方法,提供安全和舒适给妻子。他能作为信息中间人,特别是在产妇受抑制、恐惧的病例中。这种分娩过程加固了家庭的情感结构。即使经历了一个消极的分娩过程,亦不会导致男性的任何性功能失调。

## 3. 产后的心理支持

许多学者把早期的母子关系称为"二合一"、"两个自我"、"母子二重性"。学者如此描述母子间的这种共生联系:孩子作为一个不成熟个体,始终处于不能想像的忧虑的边缘。母亲必须行使"支持功能",母亲的功能像一个鞘,保护孩子免受过分的外部和内部的压力。新生儿散发出的起始的幼稚情感,如高兴或不高兴,只有在情感表达得到母亲的接受和复制后,其情感才能发展。母亲起到一面镜子的功能。如果母亲没有理解孩子的信号,母子间的对话就扰乱了。这个过程让孩子很不高兴,很迷惑。如果让孩子反复处于这些负面的、受激惹的印象中,最基本的信任就不能发展。这种信任是形成进一步健康发育的重要基础。

来自母亲的充足的照料意味对着孩子自我的支持。因此,孩子作为人的连续性得到发展。这形成了强烈的自我的基础,使人能面对未来的压力和阻挠。如果在人的第一周和第一月没有母性的照料,"自我"发展的整个过程的失调就会出现。婴儿自身不能补偿母性的缺乏。

早期的母子联合将面对许多危险。儿童早期,母爱被掠夺将导致消极结果。导致焦虑,对爱过分的渴求,以及强烈的憎恨情感,这些问题能导致犯罪和抑郁并毁坏人际交流的能力。综合研究证实,在儿童早期只有来自一个人的持续母爱支持,才能保证成功的自我的发展。集体照料的儿童被认为缺乏人际交流的情感深度,因为他们没有体验过来自个别母亲的爱。

分娩后有一段敏感时期,这对母儿产生特别的影响。必须创造条件帮助激发母子间的这段宝贵的敏感期,母婴同室,母亲和婴儿可以整天呆在一起,这有利于成功的母子关系的发展。母乳喂养对发展母子情感是非常重要的。母乳喂养的皮肤接触形成了母子宫外脐带式的联系,帮助母亲去理解孩子的非语言信号,同时,母亲的所作所为得到尊重,她会发现接受母亲角色是容易的事。母乳提供了孩子完善的营养,同时皮肤接触给婴儿一种温暖、舒适的感觉。

## 婴儿 第10个月

### 一、胎儿发育情况

10个月胎儿身长约48~50厘米,体重约3000~3500克。

胎儿外表皮肤呈淡红色,皮下脂肪组织发育良好,无皱褶,胖而圆。手、脚的肌肉已发达,骨骼已变硬。头发已长3~4厘米。

胎儿的内脏系统,心、肝、肺、胃、双肾的循环的系统已建立。呼吸、消化、泌尿器官已全部发育成熟可工作。胎儿的发育已具备了在母体外存活的能力(如出生后会吸吮但较弱,哭的有力,四肢动作活泼)。这个时期的胎儿很安静,很少剧烈活动。

### 二、母体的变化

子宫底比9个月时有所下降,心脏、胃受影响的程度减轻,此时感到呼吸也畅通些了,食欲也变好了。

由于子宫下降入盆部,对膀胱的压迫增加,尿频、便秘会变得明显,肚脐眼成了平平的一片,感到腹部皮肤发胀。子宫出现收缩现象,这种情况反复出现就是临产的前兆。阴道分泌物增多,产道变得柔软有弹性而有利于胎儿的分娩。

**日常生活注意的事项：**

这个月继续每周体检一次，由于行动不便，走路要小心。做好准备入院分娩的准备工作，并注意如下事项。

（1）注意身体卫生，淋浴和擦洗都可以，但要特别注意外阴的清洁。头发也要整理好。

（2）避免对母体不利的动作。避免压迫腹部的姿势。

（3）保证充足的营养和睡眠，以积蓄体力。

（4）严禁性生活，以免引起胎膜早破和早产。

（5）不要一个人独自外出。

（6）尽量抽时间思考一下美好的未来，抛弃不安的顾虑情绪。

## 三、准父亲必读

⊙ **临产之前**

将要做爸爸妈妈的年轻夫妇，随着产期的临近而激动不安。临产之前，有好多事要做，可是又从何做起呢？

**1. 要重新算一下预产期**

预产前后两周临产分娩都是正常的，提前两周（即妊娠38周前）或推迟两周（即妊娠42周后）分娩，为早产或过期产。超过预产期10天没有"动静"，应该入院准备引产。

**2. 在有些情况下，虽然没有临产征兆，也要提前入院**

包括有：妊娠合并其他疾病（如心脏病、糖尿病、肾脏病等），骨盆狭窄，胎位不正，妊娠高血压综合征，曾有过难产、急产、剖宫产的，有过新生儿溶血症历史的，做过子宫手术（如畸形矫正、肌瘤剔除、宫颈缝合）的，多胎，年龄超过35岁的以及有其他异常情况的孕妇。

**3. 什么是临产**

所谓临产，是指子宫有规律的宫缩并伴有子宫颈的张开。宫颈是子宫张开的主要标志，还有其他一些表现，临产的征兆，可记住三个字：痛、血、水。"痛"指宫缩，妊娠晚期子宫比较敏感，容易被激惹，有些不规则的收缩，真正临产的宫缩较强、较频，持续时间较长，这才是临产的宫缩。这以前的宫缩可称为"假阵缩"和"前驱期"。

"血"是指少许阴道流血,俗称"见红",是带有黏液性血迹,为宫颈稍有扩张的表示。过多的出血是不正常的,要警惕前置胎盘。"水"指破水,破水通常发生在宫口升张为六七厘米时,但也有临产破水的,称早破水。水应是汪亮的,若羊水浑浊,或草绿色,或混有胎粪(暗褐),则说明胎儿有宫内窘迫。破水后孕妇不要再起立活动,要平仰,送往医院。

### 4. 预产期后随时都可能临产

所以,应该把需用的东西准备好,做到"(临产)来之能走",免得手忙脚乱,丢东落西。

### 5. 做好准备

孕妇要准备好换穿的内衣,产后用的消毒过的卫生纸和月经带,腰带要加长。准备些鸡蛋、红糖,洗漱用具要放在一起,随时可拿,钱也要专门预备一些。婴儿的衣服要待出院时才用,但要整理放好,并向家人交代清楚。

### 6. 孕妇临产应去产前检查的医院

不要临时变动,否则,别的医院对情况不甚了解,不利于处理。准备在家生的,要请好接生员,居室要温暖,要准备毛巾、肥皂、开水、一块大方塑料单,以及一个干净的煮锅、一双干净的竹筷或木筷,以备临时用作消毒接生器械。

临产后,不要惊慌失措。当然,多掌握一些知识,充分做好准备,才会应付自如。

⊙ 分娩期的心理变化

分娩不仅是妊娠的生理终结,而且是一个心身事件——妇女的包括身体和精神的一种伴随着不安的期待的体验。人的一生中几乎没有其他的事件能像分娩一样带有那么多秘密和各种各样的意义。

关于分娩的心理研究指出,妇女产出孩子的过程,不同的个体有不同的心理过程,母亲必须最终产出体内的婴儿。临产前,产妇的依赖性增加,被动性加强,行为相对幼稚化,过多地要求别人关心自己,主观感觉异常的体验明显增多,对体内的胎儿活动尤其关注。多数初产妇没有分娩的经验,对微小的变化过于焦虑与担忧,胆小及怕孤独。对即将来临的分娩感到紧张及恐惧不安、害怕分娩疼痛,害怕胎儿出生缺陷,害怕暴露身体,害怕分娩时失去控制,害怕宫颈不扩张,害怕阴道试产失败后改为剖宫产,害怕分娩时产道裂伤或胎儿损伤,少数产妇害怕生女孩而受歧视。其中主要的心理机制是对自己如何耐受产痛的揣测。

孕晚期分娩心理的压力,影响着胎儿个性的发育。

⊙ 产后的心理变化

临产前胎盘类固醇如雌激素、孕激素的释放达到最高值,肾上腺皮质激素、甲状腺素也有不同程度的增加,孕妇表现情绪兴奋紧张。分娩后,胎儿、胎盘排出体外,胎盘类固醇突然迅速撤退,可导致神经介质 5-羟色胺的合成减少,并有 β-内啡肽、儿茶酚胺、多巴胺、产后垂体及甲状腺功能的改变,从而影响高级脑活动。另个,产妇经过妊娠分娩,机体疲惫,分娩带来的疼痛与不适、产前产后的并发症,难产、滞产、手术产导致其躯体和心理应激增强。

因此,产褥期妇女情感处于更脆弱阶段,特别是产后 1 周情绪变化更为明显,心理处于严重不稳定状态。对婴儿的期待,对即将承担的母亲角色的不适应,有关照料婴儿的一切事情都需从头学起等等现实,对产妇造成心理压力,导致情绪紊乱、抑郁、焦虑、人际关系的敏感,甚至形成了心理障碍,导致抑郁症的发生。产后的情绪紊乱与遗传因素及产妇的个性特征相关。如有家族抑郁症病史的产妇,产后抑郁的发病率高。产后抑郁亦多见于以自我为中心、成熟度不够、敏感、情绪不稳定、好强求全、固执、保守、社交能力不良、内倾性格等个性特点的产妇中。

## 附:十月怀胎的主要变化

### 1. 一月末体形建立

第 3 周,三胚层胚盘形成,发育至第 4 周,胚盘各部分生长速度不等,并发生左右、前后卷折。使扁薄胚盘形成圆柱形胚并头尾两端变弯,中部隆起,形成"C"字形,凸入至羊膜腔内。26 天见上肢芽,28 天可见下肢芽。

第 4 对体节以上的神经管发育成脑,第 5 对体节以下的神经管发育为脊髓。神经管早期的前、后神经孔分别于 25 天和 27 天左右封闭。4 周末脑部已形成前、中、菱(后)脑泡。

第22天~23天二心管融合成一条心管,心管出现舒缩,4周末胚体血液循环初步建立。脐带,胎盘形成,肝脏发生,眼、鼻、耳原基出现。

第3周末原肠形成,26天口咽膜破裂,前肠与原口相通。

### 2. 二月末初具人形

二月末的胎儿已具有了人的特征,内部器官大部已形成雏形。头特大(占胚全长1/2),8周初手指明显,有蹼。8周末脚趾明显,尾芽消失。尿生殖膜、肛膜破裂,外阴可见,性别不辨。

心脏分隔完毕,主要血管形成,原始淋巴囊出现。

第6周肝内开始造血。小肠在脐带内盘曲。

胸腹腔分隔完成。

### 3. 三月末可分性别

胎头特大(占胚胎全长1/3),颈明显,手指甲出现,外生殖器官已分化,可分男女。

骨髓开始造血,肾脏开始分泌尿液,胆汁开始分泌。男性胎儿睾丸、附睾、输精管已出现。

大部分骨骼已见骨化中心,并开始骨化为硬骨。

### 4. 四月胎动出现

肌肉发育,胎动出现,第14周可用听筒诊察到。脾造血活跃。

耳竖起,皮肤薄,胎脂出现,睾丸内间质细胞形成,开始分泌雄性激素。女性胎儿卵巢内原始卵泡形成,输卵管、子宫、阴道形成。

### 5. 五月胎毛明显

胎毛分布全身,头发盖满头皮,头渐减小(为胎儿长的1/4)。

胎儿发育至第18周末可听到胎心音。骨髓中血细胞生长增快,肝内造血功能下降。睾丸开始下降,胰腺开始分泌胰岛素。

### 6. 六月皮肤红皱

眉毛、睫毛生长,无皮下脂肪,胎体瘦,皮肤红皱,23周开始出现呼吸样运动、能啼哭。若此时出生可存活数小时。

### 7. 七月皮脂出现

7月末皮下脂肪增多,皮肤皱纹消失,皮脂形成,眼睑重新睁开,外耳道开通,视网膜分化完成,有轻度视觉能力。睾丸达腹股沟管。重要的神经中枢,如呼吸、吞咽、体温调节等中枢已发育完备。肺表面活性物质开始分泌,可进行呼吸,如此时出生可存活,但死亡率极高。

## 第一篇 胎儿发育
DIYIPIAN TAIERFAYU

### 8. 八月皮肤浅红平滑
胎儿体脂较多,皮肤由暗红色转变为浅红色,且皱纹渐变平滑,胎毛开始退化,睾丸降入阴囊。

### 9. 九、十月体胖娩出
胎体丰满,胎毛脱落,胎儿的各器官均已充分发育。头骨骨化,但有4个囟门。

36周时头围与腹围相等。

# 优生营养篇
## YOUSHENG YINGYANGPIAN

# 胎儿 第1个月

## 一、中医论养胎

### ⊙ 徐之才逐月养胎方

妊娠一月，名始胚。饮食精熟酸美，受御宜食大麦，无食腥辛，是谓才正。

妊娠一月，足厥阴脉养，不可针灸其经。足厥阴内属于肝，肝主筋及血。一月之时，血行否涩，不为力事，寝必安静，无令恐畏。

……

妊娠二月，名始膏。无食辛臊，居必静处，男子勿劳，百节皆痛，是为胎始结。

妊娠二月，足少阳脉养，不可针灸其经。足少阳内属于胆，主精。二月之时，儿精成于胞里，当慎护之，勿惊动也。

……

妊娠三月，名始胎。当此之时，未有定义，见物而化。欲生男者，操弓矢；欲生女者，弄珠玑；欲子美好，数视璧玉；欲子贤良，端坐清虚，是谓外象而内感者也。

妊娠三月，手心主脉养，不可针灸其经。手心主内属于心，无悲哀、思虑、惊动。

……

妊娠四月，始受水精，以成血脉。食宜稻粳羹，宜鱼雁，是谓盛血气以通耳目，而行经络。

妊娠四月，手少阳脉养，不可针灸其经。手少阳内输三焦。四月之时，儿六腑顺成。当静形体，和心志，节饮食。

……

妊娠五月，始受水精，以成其气。卧必晏起，沐浴浣衣，深其居处，厚其衣裳，朝吸天光，以避寒殃，其食稻麦，其羹牛羊。和以茱萸，调以五味，是谓养气，以定五脏。

妊娠五月,足太阴脉养,不可针灸其经。足太阴内输于脾。五月之时,儿四肢皆成,无大饥,无甚饱,无食干燥,无自灸热,无劳倦。

……

妊娠六月,始受金精,以成其筋。身欲微劳,无得静处。出游于野,数观走犬,及视走马。食宜鸷鸟猛兽之肉,是谓变腠理纫筋。以养其力,以坚背膂①。

妊娠六月,足阳明脉养,不可针灸其经。足阳明内属于胃,主其口目。六月之时,儿目皆成,调五味,食甘美,无大饱。

……

妊娠七月,始受木精,以成其骨。劳身摇肢,无使定止。动作屈伸,以运血气。居处必燥,饮食避寒。常食稻粳,以密腠理,是谓养骨而坚齿。

妊娠七月,手太阴脉养,不可针灸其经,手太阴内属于肺,主皮毛。七月之时,儿皮毛已成,无大言,无号哭,无薄衣,无洗浴,无寒饮。

……

妊娠八月,始受土精,以成肤革。和心静息,无使气极,是谓密腠理而光泽颜色。

妊娠八月,手阳明脉养,不可针灸其经。手阳明内属于大肠,主九窍。八月之时,儿九窍皆成。无食燥物,无辄失食,无忍大起。

……

妊娠九月,始受石精,以成皮毛,六腑百节,莫不毕备。饮醴食甘缓带自持而待之。是谓养毛发,致才力。

妊娠九月,足少阴脉养,不可针灸其经,足少阴内属于肾,肾主续缕。九月之时,儿脉续缕皆成。无处湿冷,无著灸衣。

……

妊娠十月,五脏俱备,六脏齐通,纳天地气于丹田,故使关节人神皆备,但俟时而生。

妊娠一月始胚,二月始膏,三月始胞,四月形体成,五月能动,六月筋骨立,七月毛发生,八月脏腑具,九月谷气入胃,十月诸神备,日满即产矣。

〔唐〕孙思邈:《千金要方》卷2《养胎》

---

① 膂(lǚ 旅):脊骨。

## 二、怀孕第1个月的食谱

孕妇的食谱应注意合理而全面的营养,包括蛋白质、脂肪、碳水化合物、矿物质、维生素和水。

蛋白质主要包括:肉类、奶类、蛋类和鱼类。适当增加热能的摄入量,本月的食品中应比未孕时略有增加就可满足需要。热能主要来源于脂肪和碳水化合物。无机盐与维生素的供给来源为:奶类、豆类、海产品、肉类、芝麻、木耳、动物肝脏、花生、核桃等。维生素食品包括:玉米胚芽、瘦猪肉、肝、蛋、蔬菜、水果类。

介绍几种菜的制作方法:

### 清蒸鲤鱼

【原料】活鲤鱼一条,重500克以上。

【制作】将鱼去鳞、肠、肚、腮洗净放于盘中。在锅中放水蒸鱼15~20分钟,取出即可食用。

【特点】禁用一切油盐调料。妊娠呕吐者愈吃愈感咸甜可口。对治疗恶阻,尤有良效。

### 花仁蹄花汤

【原料】花生米200克,猪蹄1000克,老姜30克,盐25克,葱10克,胡椒粉0.15克,味精0.1克

【制作】将猪蹄镊毛、燎焦皮、浸泡后刮洗干净;对剖后砍成3厘米见方小块。花生米在湿水中浸泡后去皮;葱、姜切碎。把大锅置旺火上,加清水(2.5千克),下猪蹄,烧沸后捞尽浮沫,放进花生米、生姜。猪蹄半熟时,将锅移至小火上,加盐继续煨炖。待猪蹄炖烂后,起锅盛入汤盆,撒上胡椒粉、味精、葱花即可。

【特点】汤白肉烂,富于营养。

### 西红柿烧豆腐

【主料】番茄250克,豆腐两块。

【调料】油75克,白糖少许,酱油少许。

此菜有两种作法:

(1)先用开水把番茄烫一下,去皮,切成厚片。把豆腐切成3厘米左右的长方块。锅上火油热后放番茄片小炒片刻,放入豆腐,加酱油、白糖、待豆腐炒透即出锅。

(2)在炒完番茄片后,加适量清水烧开。放入豆腐、酱油适量,放糖,盐少许,开锅后放些绿色蔬菜,即可上盘。

此菜红、白、绿相间,色美而味鲜,可增加食欲,番茄含有大量的维生素C,它对于骨、齿、血管、肌肉组织极为重要,可增加抵抗疾病的能力。

## 胎儿 第2个月

### 一、为防畸形需补充叶酸

叶酸是一种水溶性的维生素,能够溶于水中,对热不稳定,见了光线就被破坏,食物中的叶酸在烹调中和储存中,都容易遭到破坏。食物中的叶酸被人体吸收后,对细胞分裂与生长,对核酸蛋白质的生物合成均有重要作用,人体红细胞的生长合成中需要叶酸参与,如果缺乏叶酸时,可影响红细胞核酸的合成,红细胞发育和成熟受阻,并发生巨细胞性贫血,怀孕早期的妇女尤其需要足够的叶酸才能保证胎儿的正常发育,叶酸摄入不足,引起缺乏,是最常见的维生素缺乏症之一,妊娠各种原因引起的贫血(多为溶血性的)、恶性肿瘤、寄生虫感染、传染病、无菌脓肿等均可增加叶酸的需要量。世界卫生组织建议,一岁内婴儿,每日需叶酸60微克,一岁以上的幼儿及儿童,每日100～200微克。美国推荐量,成人每天400微克,孕妇每天800微克,乳母每天600微克,在各种疾病状况时要适当增加供给量,早期怀孕时要增加叶酸的摄入量,孕妇要多吃含叶酸的食物,如新鲜蔬菜、水果、豆类、坚果类叶酸含量较丰富,酵母中叶酸含量也较高,要改变饮食习惯,过度加热或长期储存,叶酸都会被破坏,在卫生条件下提倡多吃新鲜的凉拌蔬菜。孕妇食品中摄入叶酸不足,可以用叶酸制剂补充。

## 二、怀孕第 2 个月的食谱

孕妇在此期间应进食适量的含有蛋白质、脂肪、钙、铁、锌、磷、维生素(A、B、C、D、E)和叶酸的食物,这样才能使胎儿正常地生长、发育。否则,就很容易发生流产、早产、死胎和畸形等情况。有些孕妇妊娠反应厉害,没有食欲。下面分别介绍一些止吐食品、安胎食品和日常营养食品的制作。

1. 止吐食品

**橙子煎**:取橙子一个用水泡去酸味,加蜜煎汤服用。

**甘蔗姜汁**:取甘蔗汁加少量姜汁,频频缓饮。

**葡萄藤煎**:取干葡萄藤用水煎服,连服数天。

**柚子皮煎**:取柚子皮用水煎服,连服数天。

**枇杷叶蜜**:取枇杷叶洗净,在火上稍烤,抹去绒毛,加水煎取汁,兑入蜂蜜服用。

**生姜米汤**:取生姜汁数滴,放入米汤内,频服。

**牛奶韭菜末**:牛奶煮开,调入少量韭菜末服用。

**紫苏姜桔饮**:苏梗 9 克,生姜 6 克,大枣 10 枚,陈皮 6 克,红糖 5 克,煎水取汁当茶饮,每日 3 次。

**益胃汤**:取沙参、玉竹、麦冬、生地等适量,用水煎取汁,加冰糖,每日一次饮服。

**竹菇蜜**:将竹菇 15 克煎水取汁,兑入蜂蜜 30 克服用。

**生地黄粥**:用白米煮粥,临熟时,取地黄汁,搅匀食用。

**白术鲫鱼粥**:鲫鱼 30~60 克,去鳞及内脏,白述 10 克洗净,煎汁 1000 毫升,再将鱼和粳米 30 克煮粥,粥熟后加药汁和匀,每日一次,连服 3~5 天。

2. 安胎食谱

鸡子粥

【原料】鸡蛋、阿胶、糯米、精盐、熟猪油。

【制作】将鸡蛋打烂搅散,糯米用清水浸泡 1 小时。锅内放清水,烧开后加入糯米,待开后,改用文火熬煮成粥,放入阿胶,淋入鸡蛋,开后,再加入猪油、精盐、搅匀即成。

【特点】养血安胎。适用于妊娠胎动不安,小腹痛,胎漏下血,先兆流产。

### 大艾生姜煲鸡蛋

【原料】艾叶、生姜、鸡蛋。

【制作】鸡蛋煮熟后去壳。艾叶、生姜与鸡蛋同煮。煲好后,饮汁吃蛋。

【特点】温经止血,调经安胎。

### 乌贼鱼粥

【原料】干乌贼鱼、粳米、精盐、葱段、姜片、花生油、清水。

【制作】将乌贼鱼用水泡发,冲洗干净,切成丁块,粳米淘洗干净。炒锅放入花生油烧热、下葱、姜煸香,加入清水、乌贼鱼肉,煮至熟烂,加入粳米,继续煮至粥成,再放精盐即可。

【特点】滋补养血,调经止带,养胎利产,适用于妇女血虚经闭、崩漏、带下、孕妇虚弱,产生亏虚,是妇女调经、止带、养胎、得产的养生保健佳品。

3. 营养食品

### 白菜奶汁汤

【原料】白菜心 500 克,牛奶 50 克,精盐 5 克,味精 0.5 克,鸡汤(肉汤亦可)150 克,湿淀粉少许,食油、鸡油各少许。

【制法】白菜去筋洗净,切成 4.5 厘米长,1.5 厘米宽的条,放入水中煮热捞出,沥去水分。热锅,放入食油烧热,烹入汤,再加入味精、精盐、白菜、烧一两分钟,放入牛奶,开锅后,勾入淀粉,淋上鸡油,盛入盘中即可。

【特点】色泽乳白,奶味浓郁,食欲大开。

### 萝卜炖羊肉

【原料】羊肉 500 克,萝卜 300 克,生姜少许,香菜、食盐、胡椒、醋适量。

【制作】将羊肉洗净,切成 2 厘米见方的小块;萝卜洗净,切成 3 厘米见方的小块;香菜洗净,切断。将羊肉、生姜、食盐放入锅内,加入适量水,置武火烧开后,改用文火煎熬 1 小时,再放入萝卜块煮熟。放入香菜、胡椒,即可食用。食用时,加入少许食醋,味道更佳。

【特点】适用于消化不良等症,且味道鲜美,可增加食欲。

猪肝凉拌瓜片

【原料】黄瓜 200 克、熟猪肝 150 克、香菜 50 克、海米 25 克。酱油、醋、精盐、花椒油适量。

制料:黄瓜洗净,切成 3 厘米长的瓜条,熟猪肝去筋,切成 4 厘米长、0.9 厘米宽、0.3 厘米厚的片,放在黄瓜上。香菜洗净去根,切成 1.5 厘米的段,撒在肝片上。海米用开水发好,倒入盆内。调料搅匀浇在肝片上即成。

【特点】猪肝含有大量的铁,与新鲜嫩黄瓜配菜清点味美,增进食欲。

### 豆腐馅饼

【原料】豆腐 250 克,面粉 250 克,白菜 1000 克,肉米 100 克,虾米 25 克,麻油 25 克。笋、姜、葱、味精、盐少许。

【制作】豆腐抓碎。白菜切碎,挤出水分。加入调料调成馅。将面粉和成面团,分成 10 等分,擀成皮,将馅放入包成馅饼,用平底锅放油,将馅饼煎成两面金黄即可。

### 砂仁鲫鱼汤

【原料】砂仁 3 克,鲜鲫鱼 150 克。葱、姜、食盐少许。

【制作】将鲜鲫鱼去鳞、鳃、剖腹去内脏,洗净,将砂仁放入鱼腹中,投入锅内,加水适量,用文火烧开。放入生姜、葱、食盐,即可食用。

【特点】醒脾开胃,利湿止呕,适用于恶心呕吐、不思饮食或病后食欲不振。

### 豆腐皮粥

【原料】豆腐皮2张,粳米100克,冰糖150克,清水1000克。

【制作】豆腐皮用水洗净,切成小丁块。粳米淘洗干净,下锅,加清水,上火烧开加入豆腐皮丁、冰糖,慢火煮成粥。

【特点】主治肺热咳嗽、妊娠热咳、自汗等。

##  胎儿 第3个月

### 一、水果蔬菜与胎儿发育

蔬菜和水果都含有水溶性的维生素、无机盐及微量元素。膳食纤维和碳水化合物,常归为一大类,其实它们之间不能等同,蔬菜中的碳水化合物含量约2%左右,如扁豆、胡萝卜、豌豆、马铃薯等含量较多,而水果中碳水化合物约10%左右,如香蕉、枣类含量高些,西瓜含量低些,水果中的碳水化合物不仅高于蔬菜,而且还含有能直接被吸收到消化道的单糖,通常一次进食量比蔬菜多,使体内糖吸收量增加,孕期活动量减少,进食的水果多,使过多的糖储蓄于体内,增加体重,出现肥胖,多余的糖也可通过胎盘进入胎儿体内储存,使胎儿也偏胖,促成体重增加,导致难产、产伤、手术等。水果中的无机盐含量比蔬菜低,因此不能代替蔬菜。从优生的角度考虑,提倡孕妇每天吃500克的绿色蔬菜,再根据主食量的多少再进食水果,但不要以水果代替主食和蔬菜,选择水果要选含碳水化合物较少的水果为好,早孕期膳食可清淡些,不要偏食,要考虑全面均衡的营养素,才有利于胎儿正常生长发育。

### 二、碘与优生

碘的主要功能是人体用以合成甲状腺素,可促进蛋白质、糖、脂肪、维生素、水、盐等的合成和代谢,促进生长发育,促进胎儿脑细胞DNA含量及脑细胞数目的快速增长,在胎儿期和出生后的两年都是脑细胞增殖期,对胎儿尤为重要。孕期缺碘可使胎儿造成不可逆转的脑损伤,因此每日母亲应用碘175微克,孕妇补碘可通过含碘丰富的食品,如海带,海鱼虾及碘盐(每1000克盐含碘30毫克),孕妇每天约6克碘盐即可,食用碘盐要注意,碘易挥发,故碘盐不可贮存过久,保存碘盐要加盖,放置干燥阴凉处,不要受潮,不要受热或烘烤,购买碘盐应做到小包装,随吃随买,在食品即将做好时才加入碘盐。碘盐不宜暴锅,久煮或久炖。碘在体内代谢的特点是:"多吃多排,少吃少排,不吃也排",所以补充碘必须逐日定量进行。

## 三、怀孕第3个月的食谱

孕妇受孕第3个月,胚胎迅速成长,人体的主要系统和器官逐渐分化出来,由于胎儿迅速成长和发育,受子宫内环境的影响最大。所有的先天发育缺陷,如腭裂,四肢不全或没有四肢,以及耳聋等,几乎都在这个关键性的时期内发生。而那些缺欠最严重的胎儿,又往往在头3个月自然流产。这个时期虽然是关键时期,但由于胎儿体积尚小,所需的营养不是量的多少,而是质的好坏,尤其需要含蛋白质、糖和维生素较多的食物。如果孕妇胃口好转,可适当加重饭菜滋味,但忌辛辣、过咸、过冷的食物,以清淡、营养的食物为主。

### 软烧子鸡

【原料】仔公鸡2只(2千克左右)、猪肉150克(瘦7肥3),生菜叶数片。葱、姜、盐、料酒、桂皮、八角、花椒、酱油、香油、花生油、白糖、普通汤、味精。

【制作】鸡由腋下开膛,从下腿关节处剁去足爪,斩下头脖,翅扭向背别上;猪肉切成丝。生菜叶消毒洗净;葱、姜切片。水烧开,用钩钩住鸡的脖根骨,在开水内涮几下,取出擦去水分,趁热用料酒加少许盐在鸡肉上抹遍,挂于通风处,晒干皮面。

在晾鸡的同时,烧热锅,放入花生油50克,油热时下入肉丝、姜、葱、干炒、待肉丝断生时,加酱油、料酒、盐、桂皮、八角、花椒、白糖、味精、汤(以能灌两只鸡腹的一半为度),开后倒入容器内晾凉。用一节高粱秆堵住鸡的肛门,由腋下开膛处灌入炒好的肉丝和汤汁,挂于烤炉内烤热刷上黄油。烧菜时,在鸡的两大腿部顺拉一刀,将汁和肉丝流入碗内,剔下腿、脯、剁成块、摆入盘内,围上生菜叶,浇上汁即可。

【特点】色泽红亮、肉嫩酥香。

### 咖喱牛肉土豆丝

【原料】牛肉500克,土豆150克,咖喱粉5克,食油10克,酱油15克,盐、淀粉、葱、姜少许。

【制作】将牛肉自横断面切成丝,将淀粉、酱油、料酒调汁浸泡牛肉丝,土豆洗净去皮,切成丝。将油热好,先干炒葱、姜,再将牛肉丝下锅干炒后,将土豆丝放入,再加入酱油、盐及咖喱粉,用旺火炒几下即成。

【特点】富含铁、维生素$B_2$、烟酸等,适合孕妇食用。

# 胎儿 第4个月

## 一、怀孕4个月的营养特点

妊娠4个月时,由于胎盘血循环的建立,血容量增加,需要供给造血原料铁元素,否则会出现妊娠期贫血,每日应补充铁元素28毫克,可以从食物中补给,尽量利用动物肉中的血红素铁,以便于吸收和利用。肉类的铁可吸收22%,血类的铁可吸收12%,鱼肉的铁可吸收11%,黄豆类的铁可吸收7%,蛋黄类铁只吸收3%,蔬菜中的铁只吸收1%,因此孕妇不要多吃各种瘦肉,各种肝类的铁含量虽高,但维生素A含量也高,胎儿对维生素A过量,可引起致畸(胎儿维生素A致畸量为850国际单位),因此孕妇不要多吃肝脏类。单靠动物肉补充铁也有困难,因为动物肉中含铁量如牛肉100克才含2.8毫克铁,每天至少吃1千克牛肉才能达到需要量,猪肉100克含1.5克铁,每天至少要吃下2.9千克才能达要需要量,使孕妇难以吃下这么多的肉,因此孕妇必须用含铁的奶粉补充一部分,或者用药物来补充一部分才能满足需要量,若服硫酸亚铁,含铁20%,每片相当于铁离子60毫克。或用富马酸铁,每片0.2克,含铁33%,相当于含铁元素66毫克,服用铁剂时,应在两餐之间用开水服下,最好加一片维生素C可促进吸收,补血药刺激胃部引起不适,可引起恶心,也可选用其他含铁及维生素C的制剂。在大量补铁的时期,应增加蛋白质的饮食,可供给孕妇足够造血原料,使血液形成增多,满足胎盘循环的需要,当孕妇贫血时,可出现心跳气喘头晕乏力等,因此,补铁要坚持到妊娠末期胎儿娩出。胎儿得到铁才能通过含铁的酶类,促进髓磷脂形成,它是构成胎儿脑细胞膜和神经细胞突起的重要物质,缺乏铁的供给,胎儿细胞迟分裂,轴突和树突不能形成,会影响胎儿的智力发育,胎儿在母体内发育过程中,缓慢地将铁储存在肝脾脏和骨髓等造血器官内,储备后为分娩后哺乳期内造血所需,婴儿在哺乳期内,虽然母乳中铁可吸收50%,但母乳中含铁量极少,每100毫升母乳仅含0.1毫克铁,是不能够满足婴儿生长发育的需要,由于胎儿期储备铁充足,出生4~6个月之内,婴儿不会发生贫血,否则出生后2~3个月就会出现缺铁性贫血。由于婴儿6个月内,脑细胞处于快速增殖期,神经细胞的轴突和树突互相交结成网状,或构成树状的神经纤维,此期出现缺铁会对婴儿智力发育造成难以弥补的影响,因此妊娠时期,补铁元素至关重要。

妊娠4个月需加大优质蛋白量。胎儿开始迅速生长,孕妇每日需要多增加8克蛋白质,其中优质蛋白,即动物蛋白应占2/3或1/2,早孕反应消失,食欲逐渐旺盛,可将鱼、肉、蛋、奶、豆制品和粗细粮互相搭配,蛋白质可供给胎儿各器官细胞增长利用,也供给造血,血红蛋白除含铁外还需要蛋白质,才能成为血红蛋白,起到携带氧气的作用,蛋白质供应不足会使胎儿生长减慢,体重下降,脑细胞生长分裂减少,与蛋白质供给充足的胎儿相比,脑细胞数量减少60%以上,造成难以弥补的智力低下。

母体本身也需要蛋白质供给,以满足胎盘的增长,子宫的增大,及乳房内储存,为泌乳做准备,母亲热能每天应2500~2800千卡(10460千焦~11715千焦),其中蛋白质应占热能的15%~20%,即每天膳食应含蛋白质95~140克,脂肪应占总热量的20%到25%,即为55~77克,其余热量由粮食补充,此期不宜多吃的食物有:酸性食物吃的过多,可改变母体血液酸碱度,影响胎儿生长发育,酸性食物包括粮食类和肉类;山楂可刺激子宫收缩,有自然流产和先兆流产的孕妇不宜多吃;菠菜可影响孕妇对钙、锌的吸收;茶会影响铁元素的吸收;油条中的明矾含铝,对胎儿大脑发育不利;咖啡、可乐类饮料,酒,辛辣、生冷食品,咸菜等不宜多吃。

孕妇膳食中的营养素要全面均衡,应适当选用酸性食物和碱性食物,使人体内环境维持体液 pH 在 7.35~7.45 之间。食物的酸性和碱性作用,是指摄入的某些食物,经过消化、吸收、代谢,最后变成酸性或碱性"残渣",成酸性食物通常含有丰富的蛋白质、脂肪、碳水化合物类,它们含有成酸性元素如氯、硫、磷元素较多,在体内代谢后,形成酸性物质,如肉类鱼类蛋类粮食类等,即可生成成酸性元素,食用过多可导致体内酸性物质过多,引起酸过甚,并大量消耗体内的固定碱,使体液 pH 值降低。成碱性食物蔬菜水果类食品含有丰富的钾、钠、钙、镁、铁、锌等,在体内代谢后形成碱性物质,如常吃的各种蔬菜,甘薯,马铃薯,柑橘之类的水果等,均由于它们的成碱性作用,可消除机体中过剩的酸,可阻止血液向酸性方面变化,还可降低尿的酸度,增加尿酸的溶解度,减少尿酸有膀胱中形成结石的可能,成酸性和成碱性食物合理搭配,有利于维持机体正常的酸碱平衡,稳定内环境,使胎儿能得到健康的生长发育。因此要求孕妇注意均衡膳食。

## 二、怀孕第 4 个月的食谱

妊娠 4 个月时呕吐基本消失。孕妇此时应多摄取蛋白质、植物性脂肪、钙、维生素等营养物质,要求质量高,数量多,以满足胎儿生长发育的需要。

### 1. 要增加热能

妊娠中期起孕妇机体代谢加速,胎儿、胎盘等附属物能量及代谢的增加,热能需要量每日要比妊娠早期增加约 300 千卡(注:1 千卡 = 4.184 千焦耳),妊娠中期和后期体重增加不少于每周 0.3 千克,不多于 0.5 千克。为增加能量代谢,应增加维生素 $B_1$、$B_2$ 的摄入量。

## 2. 要摄入足够的蛋白质

孕妇每日蛋白质摄入不应低于 80~90 克,比妊娠早期多摄入 15~25 克。其中优质蛋白质占 50%,另 50% 为植物性蛋白(包括大豆蛋白质)。所以,除了面粉、大米等主食外,肉类、鱼类、奶类等食品及大豆蛋白质都是蛋白质的重要来源。

## 3. 要保证适量脂肪补充

脂肪是提供能量的重要物质,妊娠中期孕妇的腹壁、背部、大腿及乳房部分是积存脂肪的重要部位,为分娩和产后哺乳做必要的能量贮备。孕 24 周时的胎儿体内也开始贮备脂肪。孕妇在饮食上对植物油与动物油的摄入量要有适当比例,植物油中所含的必需脂肪酸更为丰富,动物性食品如肉类、奶类、蛋类均含有较高的动物性油脂,孕妇可不再额外摄入动物油,在烹调食品时用植物油就可以了。

## 4. 多吃矿物质和含微量元素的食品

由于胎儿的迅速发育,需要大量的钙、铁等矿物质,豆制品、乳制品、鱼类、虾皮、海带,这些富有微量元素的食品应多吃。肉类、豆类、鱼类、蛋类、蔬菜中都会有铁,尤其是动物血含铁丰富,可以常吃。妊娠中期,甲状腺功能活跃,需要碘的增加,各种海产品中都含有丰富的碘,可以增加摄取量。

## 5. 要增加维生素的摄入量

妊娠中期,孕妇对各种维生素的需要量不断增加,维生素 $A_1$、$B_1$、$B_2$、叶酸、维生素 C、D 等广泛存在于各种食物中,尤其是肉类、谷类、新鲜蔬菜和水果,含有较多的维生素 A、B 族和 C 族,动物内脏中含维生素 A、D 也很丰富。在饮食上要调节好,以便各种维生素的摄取。

## 6. 介绍几种营养食品的制作方法

为了配合胎儿骨骼发育和胎教的需要,孕妇应多吃鸡蛋、胡萝卜、菠菜、海带、牛奶等营养品。

### 核桃仁炒韭菜

【原料】核桃仁 50 克、韭菜 250 克、鲜虾 150 克,芝麻油 150 克,食盐宜量。葱、姜少许。

【制作】将韭菜洗净,切成3厘米长的节;鲜虾剥去皮,洗净;葱、姜切片。将锅烧热,放入植物物油,烧沸后,先将葱下锅煸烹,再放虾和韭菜,烹黄酒,连续翻炒,至虾熟透,放入盐,起锅盘即可。

【特点】清香味美,补血养血。

牡蛎粥

【原料】鲜牡蛎肉100克,糯米100克,大蒜末50克,五花肉50克,料酒10克,葱头末25克,胡椒粉1.5克,精盐10克,熟猪油2.5克。

【制作】糯米淘洗干净备用,鲜牡蛎肉清洗干净,五花肉切成丝。糯米下锅,加清水烧开,待米稍煮至开花时,加入猪肉、牡蛎肉、料酒、精盐、熟猪油,一同煮成粥,然后加入大蒜末、葱头末、胡椒粉调匀,即可食用。

【特点】牡蛎肉味鲜美,是很好的营养品,可补充维生素D的缺乏。

# 胎儿 第5个月

## 一、胎儿的营养

### 1. 热能

孕期的能量需要是以母亲和胎儿体内蛋白质和脂肪的积累以及由母亲体重增长带来的能量消耗为基础估计的。国外有人估计,足月妊娠时,母体增重12.5kg,胎儿体重3.3kg,以妊娠期250天计(不算第1个月),平均每天1255千焦(300千卡)。这一数值可能过高地估计了妊娠期间的能量需要,因为孕妇活动量减少可以节省能量消耗。

美国专家认为第一个3个月里不必增加热能,第二三个3个月,每天增加300千卡热能。日本在妊娠前半期每日增加150千卡,后半期每日增加350千卡。我国营养学会推荐从妊娠4个月起,每日增强200千卡热能。

### 2. 蛋白质

妊娠期蛋白质供给充分则妊娠成功率高。妊娠时孕妇体内蛋白质代谢增强,分解代谢和合成代谢均增强,蛋白质的需要量由于估算方法不同,推荐的量也有所不同。蛋白质在妊娠的3个阶段的储留量是不同的。美国推荐整个孕期每天增加10克蛋白质。由于我国居民的膳食是以植物性蛋白质为主,蛋白质净利用率按50%计算,第一、二、三阶段的蛋白质需要量分别为1.75克、8.5克和15克。

除了考虑孕妇体内的蛋白质储留之外,孕妇本身的体重增长也需要代谢消耗蛋白质,我国推荐的蛋白质供给量为1.2克/千克体重。推荐在孕中期每天增加15克,孕后期每天增加25克。

### 3. 脂肪

妊娠期血脂升高以满足胎儿生长的能量需要和构成胎儿组织的需要。孕期孕妇需要积累3.0~4.0千克脂肪。脂肪积累是从妊娠中期开始。摄入过多的动物脂肪将成为妊娠毒血症的原因,因此需要提供适量的植物脂肪。孕妇的脂肪供给占总量20%~25%。

### 4. 钙

钙是孕妇最容易缺乏的营养素之一。新生儿体内含钙约30克,主要在妊娠7~9个月储存(7月蓄积120毫克/天,8月蓄积260毫克/天,9月蓄积450毫克/天),平均每天的钙沉积量为280毫克,按钙的吸收率50%计,孕中期需要每日补充220毫克,孕后期需要每日补充700毫克。这个数量是一般食物不容易提供的。据估计胎儿钙约有30%来自孕妇骨钙,为防止发生骨质软化,需要在孕前和孕期膳食中供给充分的钙,使孕妇有充分的钙储备,以备孕后期需要。

膳食钙可以满足孕中期1000毫克的需要量,但是不能满足孕后期1500毫克的需要量。如果不能从食物中得到充分的乳制品,需要从食物以外补充钙。补钙首选含钙的食物如奶制品。强化钙的食物是获得补充钙摄入的第二个措施。适当的维生素是钙吸收的重要因素。

### 5. 铁

据估计整个孕期需要 1000 毫克铁,其中 350 毫克用于满足胎儿和胎盘的需要,450 毫克用于增加血容量的需要,其余 200 毫克贮存起来以便作为分娩时血容量减少的铁库。

妊娠期孕妇对铁的吸收率可以增加 2~3 倍,并且停止月经可以减少铁的损失。日本在妊娠前半期加 3 毫克,后半期加 8 毫克;美国不分前后期每日加 15 毫克,总量达 30 毫克/天。这一水平通常不能从食物中获得,建议孕妇在怀孕 12 周起开始补充 30 毫克铁/天。我国的营养素供给量为妊娠中后期每天加 10 毫克,达到 28 毫克/天。

### 6. 锌

成年妇女体内锌总量约 1.3 克,妊娠期可增加 0.4 克锌储备,其中 60 毫克留存于胎儿。胎儿在前两个 10 周对锌的需要量分别为 0.1 毫克/天和 0.2/天,后 20 周每天需要 0.6 毫克。孕妇锌缺乏可以导致胎儿先天畸形,如无脑水、脑积水、脑膨出、先天性心脏病、骨骼发育不良、小眼和无眼等。妊娠高血压综合征的孕妇血清锌浓度也较低,有报道补锌可以降低妊高征发生率。发生流产、死胎的孕妇,血清锌更低。孕妇可以适当增加锌含量高的食物,如海产品和畜禽肉,但没有必要从膳食之外补充锌。

### 7. 铜

铜是人体的必需营养素,它是构成细胞色素氧化酶的重要物质,铜也参与铜蓝蛋白酶、酪氨酸氧化酶、抗坏血酸氧化酶、单胺氧化酶与赖氨酸氧化酶的合成。缺铜可以引起细胞呼吸和电子传递障碍及结缔组织功能失调。正常妊娠时,铜蓝蛋白具有保护胎儿生长发育,提高母体免疫作用。

缺铜时可以导致婴儿贫血。由于对铜的吸收和需要量研究不多,目前尚未制定铜的供给量,根据每日膳食中微量元素和电解质的安全和适宜摄入量,成年妇女和孕妇的需要量为 2~3 毫克,国内调查发现妇女膳食中缺铜也比较多,50% 的妇女膳食中铜未达到 2 毫克。

### 8. 碘

碘是合成甲状腺素的原料,甲状腺素可以促进蛋白质的合成和

第二篇 优生营养
DIERPIAN YOUSHENGYINGYANG

胎儿生长发育。甲状腺激素对大脑的正常发育和成熟非常重要。

过多的碘也是有害的,有报道孕妇长期服用碘化钾,产后可引起甲状腺肿,有的还合并有甲状腺机能低下。

以孕妇体重增加 12.25 千克计,我国和美国都在孕期每日增加 25μg,碘的供给量定为 175μg/天。

### 9. 钠

钠是细胞外液的主要阳离子。妊娠时母体细胞外液容量增加,胎儿和羊水中也需要钠,钠的需要量增加。由于妊娠期总的食物摄入量增加,钠的摄入也增加,可以满足孕妇的需要。有报道妊娠期间细胞外液的钠浓度上升。限制盐的摄入和利尿对预防妊高征没有效果,现在已经不再推荐。

### 10. 钾

钾是细胞内的主要阳离子。一般情况下不会因膳食原因而发生缺钾。目前尚无证据表明孕期钾需要量增加。虽然胎儿生长需要钾,日常的钾摄入可以满足生理需要。膳食中钾充分有助于高血压的预防,水果和蔬菜是含钾丰富的食物,因此推荐孕妇增加水果和蔬菜的摄入。

孕期的营养问题是个重要而复杂的问题,不是孕妇自己能够照料的,做丈夫的要学习这方面的知识,把妻子和未来宝宝的饮食调节好。

## 二、怀孕 5 个月的营养特点

此期胎儿生长发育迅速,需要的营养增多,母体血容量增加到原来的 140%,急需制造血红蛋白的铁元素和蛋白质。胎儿每天平均要增加 10 克蛋白质,因此孕妇的各种营养素需要多少应按孕妇的身体状况和活动作出安排。

### 1. 增加热能

此期总热量应比孕早期增加 1255 千焦(即 300 千卡),也可根据孕妇体重指定热能的需要。谷物类应占总热量的 60%~65%。

### 2. 摄入足量的蛋白质

孕妇每日蛋白质的应供给量为 95~140 克,要注意到蛋白质的利用,优质蛋白应供给占 2/3,热能占总热量的 15%。

### 3. 适量的脂肪补充

脂肪是提高热能的重要物质,以不饱和脂肪酸为好,脂肪供给量约 50～70 克,脂肪占总热量的 30% 左右。

### 4. 维生素和矿物质钙、铁、锌等的摄入量要增加

各种维生素的摄入按需要,如蔬菜、水果。适当增加动物内脏,此期营养素的供给仍是增加铁元素的供给,每日约 28 毫克。适当注意钙的补充,可用奶制品,即含钙高的食物补充,每日需钙 1.2 克。

孕妇中期每日可进餐 4～5 次,每次量要适度,不要吃得过多,以免造成营养过剩。

## 三、避免孕期肥胖

早孕期由于妊娠反应,孕妇进食少,随着早孕反应消失,孕妇食欲增加,对营养的摄取要注意全面均衡的原则,由于怀孕期身体内许多内分泌激素的分泌和新陈代谢发生了变化,这种变化有使体内脂肪积聚的作用,导致孕妇肥胖。怀孕后加强营养,只偏重于认为多吃鱼、肉、荤腥油腻食品多就是营养好,因而造成脂肪摄入过剩,体重增加过快。怀孕后,孕妇怕影响腹中的宝宝,总是大吃大喝造成营养过剩,过多摄入脂肪蛋白和碳水化合物等饮食以为营养充足,其实这些食物摄入过多要影响维生素及矿物质的摄入和吸收,导致孕妇缺铁、缺钙、缺维生素,出现牙龈出血,全身肥胖和骨质软化。孕期既要保证母婴营养充足,又要防止发生肥胖,必须要合理进食,膳食要多样化,全面照顾各种必需的营养成分,满足能量的需要。整个妊娠期间,孕妇体重应比怀孕前增加 10～12 千克。其中胎盘、羊水、胎儿共占 5～6 千克,母亲的腰腹部增加的重量,乳房增大,血液循环增多共占 5～6 千克,在孕中期密切观察体重,一般每周体重增加不超过 500 克,若超过 500 克需要控制体重,采取食物控制法,但必须兼顾胎儿发育所需的营养。主要节制食物中的碳水化合物及动物脂肪。孕妇的体重变化是观察孕妇身体状况的标准,为了母体和胎儿在最好的状态下过着妊娠生活,孕妇要注意体重变化,避免孕期肥胖。

## 四、怀孕第5个月的食谱

孕妇如果在孕期不能保证足够的营养摄入,就会动用母体内各部位的营养成分来保证胎儿的需要。这样就会造成母亲在妊娠期贫血、甲状腺肿大、骨质疏松等疾病。而胎儿则有可能早产或出现死胎。也有的会产生智力低下的情况。

那么,孕妇的饮食怎样才算合理呢?食物要荤素、粗细搭配,必须注意补充的食物是蛋白质、糖类、矿物质和维生素,要避免偏食,或过多进行脂肪和糖。孕妇过瘦过胖对胎儿都不利。过瘦造成婴儿营养不良,新生婴儿过小,先天不足;过胖,易会造成营养过盛,所生婴儿过大,易造成难产。产妇也宜发生妊娠的血压缩合征的可能。因此,饮食要恰到好处。

怀孕近5个月的孕妇,每天膳食中必须保证钙、铁、维生素A和C、胡萝卜素等的摄入量。

介绍几种营养食物的制作方法:

### 虫草鸭子

【原料】脊背开膛填鸭一只。虫草25克,料酒、味精、胡椒面、葱姜适量。

【制法】从鸭子的颈骨皮下剁断,控去鸭腺,在开水锅内煮片刻,捞入清水内冲洗干净。虫草用温水先洗两遍,再用少许水泡胀,捞出洗净泥沙。葱割开的切成段,姜切成片。

将鸭头颈卷在鸭腹内,葱、姜塞入腹肉脯内向上放上盐子,在鸭脯上用竹签扎满小眼,将虫草插入孔内,注入清汤,下入食盐、胡椒面、料酒,调入味。绵纸用水浸湿封严盐子口上笼蒸烂(约两小时),取出捣去纸,拣去葱、姜,加入味精即可。

【特点】味美,营养丰富。

### 小烧什锦

【原料】猪舌250克、猪肚500克,水发玉兰片150克、猪油50克、酱油50克,菜油250克(耗75克),菌子50克,猪心250克,猪肉150克,鲜菜300克,食盐7.5克、味精1.5克、水豆粉125克,葱姜50克。

【制法】将猪肚、舌、心分别刮洗干净,煮熟,均切成长约5厘米,宽1.5厘米,厚1.2厘米的条。玉兰片及鲜菜(菜头、萝卜或青笋均可),切成条。瘦猪肉剁细,放入碗内,加少许盐,水豆粉拌匀,再在八成热油锅内炸成肉丸子。菌子用水发胀,淘洗干净,切片,用清水漂起待用。

炒锅置旺火上,放入猪油,烧到五成热时,先下葱、姜煸出点味时,随即将猪肚、舌、心条一齐下煸炒干水气。然后依次下食盐、酱油、肉丸子、高汤烧开,再连汤倒入锅肉,用小火慢烧。

猪肚、舌等约烧2小时,加入菌子、玉兰片。再烧约半小时,而后加入蔬菜同烧。直烧到肚烂、菜热时,随后下水淀粉,勾芡,下味精起锅。

特色:色泽金红,味浓可口。

### 炒素蟹粉

【原料】水发冬菇15克,热胡萝卜12.5克,熟鲜笋12.5克,熟土豆250克,生油150克,白糖、精盐、米醋、姜末、味精、绿叶菜少许。

【制法】把熟土豆、红萝卜去皮揿成泥,鲜笋斩细,绿叶菜和水发冬菇切成丝。

炒锅放入生油熬热、投入土豆、红萝卜泥煸炒,炒到起酥,再放绿叶菜和冬菇、笋同炒,加白糖、精盐、味精、姜味稍炒,最后淋入少许米醋,随即起锅装盘。

【特点】含大量维生素。

**胎儿 第6个月**

## 一、胎儿的营养

**1. 维生素A**

维生素A是生长发育所必需的,妊娠期对维生素A的需要量不清楚。在孕早期摄入高剂量维生素A可导致胎儿先天异常。异维甲酸所致先天性异常主要包括中枢神经系统畸形、心血管畸形和面部异常。维生素A不足时可导致胎儿发育不良、畸形、死胎或出生后抵抗力差,对母体也可以出现易感染、早产、流产和难产、产后恢复缓慢和乳汁分泌不良。维生素A的供给,原则上以满足母体需要为标准。

美国在妊娠期不增加维生素A供给量。我国在整个孕期每天加680IU。

**2. 维生素D**

妊娠期间各种形式的维生素D均通过胎盘转运给胎儿。妊娠期间的维生素D缺乏可导致母亲和婴儿的多种钙代谢紊乱,包括新生儿低钙血症和手足搐搦、婴儿牙釉质发育不良以及母亲骨质软化症。给这些妇女补充10μg(400IU)/天维生素D可降低新生儿低钙血症和手足搐搦及母亲骨软化病的发病率,而较高剂量(25μg/天)则可增加婴儿出生后的身高及体重。鉴于维生素D过多容易发生中毒,我国、美国和日本都推荐每日摄入10μg(400IU)。由于天然食物中维生素D含量很低,并且很多食品没有测定维生素D含量,因此可以适当补充一些维生素D强化奶。

**3. 维生素E**

维生素E也叫生育酚,从名称上可见它与生育有关。维生素E缺乏对幼儿的认识能力和运动能力的发育有不良影响。为了满足胎儿生长的需要,推荐量我国为12毫克,美国为10毫克。

**4. 硫胺素、核黄素和烟酸**

硫胺素、核黄素和烟酸和能量代谢有关的维生素,核黄素还和蛋白质代谢有关。孕妇缺乏硫胺素,婴儿容易发生先天性脚气病。

日本按孕妇的热能增加量补充这三种维生素,按0.4毫克、0.55毫克和0.66毫克/1000千卡补给维生素,我国分别为1.8毫克、1.8毫克和18毫克。美国分别为1.5毫克、1.6毫克和17毫克。

### 5. 维生素C

维生素C是一种水溶性抗氧化剂。妊娠期孕妇血中维生素C浓度下降,后半期愈甚。胎儿和婴儿血浆中维生素C浓度比母体高50%。表明维生素C可以主动转运通过胎盘。大剂量维生素C会使胎儿产生依赖性,发达国家婴儿坏血病发病率较高。

日本和美国孕妇比非孕妇每日增加10毫克,分别为60毫克和70毫克。我国在妊娠中期和后期增加20毫克,达到80毫克。

### 6. 维生素$B_6$

美国建议在孕期增加0.6mg维生素$B_6$以达到总摄入量为2.2mg/天;对维生素$B_6$摄入不足的高危孕妇(如药物滥用、未成年孕妇及双胎妊娠),建议补充加大用量。我国尚未制定推荐量。大剂量维生素$B_6$会使胎儿产生依赖性,维生素$B_6$的依赖性已受到注意。

### 7. 叶酸

叶酸摄入量不足或营养不良的孕妇伴有多种不良的妊娠结局,包括低出生体重、胎盘早期剥离和神经管畸形。在发展中国家中常见妊娠期巨细胞性贫血。孕早、中、后期叶酸的膳食需要量分别为280μg、600μg和470μg每天。一般认为预防神经管畸形的有效摄入量是400μg/天。由于畸形的发生是在妊娠的最初28天内,此时大多数妇女并非意识到自己已怀孕。世界卫生组织推荐在孕后期增加200μg,达到每日400μg,美国营养委员会推荐妇女在生育年龄应多吃新鲜水果和蔬菜,增加体内叶酸储备。妊娠期妇女每日应供给400μg叶酸。对于已生下神经管畸形的妇女,为了防止神经管畸形再次发生,应每日加大给予叶酸。从妊娠期前一个月开始起,维持到妊娠的前3个月。

## 二、孕妇营养不良对胎儿的影响

### 1. 早产儿
早产儿指妊娠期少于 37 周即出生的婴儿。早产儿常见的并发症是低血糖。低血糖可导致中枢神经损伤,影响胎儿的神经发育。

### 2. 低出生体重
指新生儿的出生体重小于 2500 克。出生体重不足有不同原因,常见的一是胎儿营养素供给不足,胎儿生长缓慢,称为宫内发育迟缓,是婴儿足月出生但体重小于 2500 克。用于区别足月与不足月出生引起的体重差别;二是胎儿不足月出生,胎儿生长尚未达到 2500 克。与其相应的月龄相比,又可以分成小于胎龄儿和近似孕龄儿。

孕妇营养不良是早产儿和宫内发育迟缓的主要原因。孕妇妊娠前体重过轻或在妊娠期体重增长不足是低出生体重的因素。妊娠期体重增长不足是指在孕早期每周体重增长 $<-0.1$ 千克,在孕中期或孕后期每周体重增长 $<0.3$ 千克。

### 3. 围产期新生儿死亡率
指妊娠 28 周后的死胎率和早期新生儿(出生后一周内)死亡率之和。新生儿体内营养素储备不足,任何可以引起营养素吸收障碍和消耗过多的因素都可能引起新生儿死亡,如发热、腹泻等。

### 4. 对大脑发育的影响
出生前半年到出生后一年,是脑细胞的快速增长期,这个时期蛋白质供给不足会影响日后的智力发育。

### 5. 先天畸形
孕早期锌缺乏或叶酸缺乏可以发生胎儿神经管畸形无脑儿,脊柱裂。孕妇期给予大剂量维生素 A,可以造成胎儿颅骨、脸、心脏、胸腺和中枢神经系统发育不全。缺碘可以引起克汀病。缺铜也可以引起大脑萎缩和小脑发育不全等先天畸形。

## 三、妊娠期吃鱼的好处

鱼肉质地细嫩,容易消化吸收,鱼肉含有丰富的钙、磷、蛋白质和不饱含脂肪酸,尤其是鱼头中富含卵磷脂。卵磷脂在人体内合成乙酰胆碱,这是脑神经元之间传递信息的一种最主要的"神经递质"。所以多吃鱼健脑,促进胎儿脑发育,增强孕妇的记忆,提高思维分析和判断能力。

另外,不饱和脂肪酸是抗氧化的物质,是有降低血中的胆固醇和甘油三酯抑制小板凝集作用,从而还可以预防全身小动脉硬化和血栓的形成过程。

## 四、孕妇要注意缺铁性贫血

随着胎儿增大,所需要的营养也需要增加,由于孕妇孕期恶心、呕吐、食欲不好的反应,使其体内铁的摄入量不足,血红细胞增生不足,从而出现贫血现象。同时妊娠后,胃酸分泌减少,摄入的铁也不能完全吸收。所以此期孕妇易患缺铁性贫血。

为了避免孕妇贫血引起出现水肿、妊娠中毒症、心功能障碍等病症;孕妇应增加奶类、蛋类、瘦肉、豆制品、动物肝脏类以及蔬菜类如西红柿、红枣、猕猴桃、柑橘等的摄入量。如果孕妇血红蛋白低于10克,就到医院请医生帮你补充些铁剂的药物及维生素,以使血红蛋白恢复正常。

## 五、怀孕第6个月的食谱

妊娠6个月的孕妇及胎儿都需要一定数量的维生素。只有均衡地饮食,才能保证维生素的含量。孕期铁是不可缺少的重要矿物质,它的作用是用来生产血红蛋白(红细胞的组成部分),而血红蛋白把氧运送给细胞,人体需要摄取少量的铁,贮存在组织中,胎儿就从这些组织中吸取,以满足自己的需要,所以,孕妇在妊娠期间必须多吃一些含铁的食物。例如:牛奶、肉、绿叶蔬菜、水果等。以下介绍几种富含维生素的食谱:

### 橘味海带丝

【原料】干海带150克,白菜150克,干橘皮15克。白糖、味精、醋、酱油、香油青菜段等适量。

【制作】干海带放锅内蒸 25 分钟左右,取出,放热水中浸泡 30 分钟,捞出备用。把海带、白菜切成细丝,码放在盘内,加酱油、白糖、味精和香油,撒入香菜段。把干橘皮用水泡软,捞出。剁成细碎末,放入碗内,加醋搅拌,把橘皮液倒入盘内拌匀,即可食用。

【特点】开胃、含碘丰富。

### 鱼香肝片

【原料】猪肝 250 克,泡辣椒 20 克,葱 25 克,蒜 15 克,酱油 15 克,姜 10 克,盐 2 克,菜油 150 克,醋 10 克,绍酒 10 克,水豆粉 30 克,汤 25 克,白糖 10 克,味精 1 克。

【制作】将猪肝切成长约 4 厘米,宽约 3 厘米,厚约 0.3 厘米的片。加盐及水豆粉(20 克)码匀。姜、蒜去皮,切成米粒,葱切成葱花。泡辣椒剁成碎末。用一碗水豆粉(10 克)、绍酒、酱油、醋、白糖、味精及汤对汁。炒锅置旺火上,下菜油,烧至七成熟时,放进猪肝炒散后倒入泡辣椒、姜、蒜末,待猪肝炒伸展时下葱花、烹汁,最后簸转起锅入盘。

【特点】黄色金红,肝片细嫩,姜、葱、蒜味醇厚,最宜佐餐。

### 金果银耳

【原料】银耳 10 克,金果(梨、苹果、香蕉、橘子均可)200 克。桂花少许。白糖、湿淀粉适量。

【制作】银耳用温水发 1 小时,摘干净后,放入碗内,加水 300 克,上屉用中火蒸 2 小时。蒸好后,把原汁滤入锅内,加入白糖和适量清水,用小火略煮,使之溶解,撇去浮沫。鲜果切成指甲大小的块,放入锅内煮沸,用湿淀粉调稀勾芡,倒入碗内。吃时,碗上铺一层银耳、撒上桂花。

【特点】维生素含量较高。

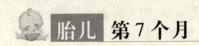

## 胎儿 第7个月

### 一、孕妇食用加碘盐的好处

孕妇食用加碘盐可以预防缺碘。如果孕妇缺碘,严重的可直接危害胎儿智力发育,甚至造成先天性白痴的可能,是后天难以弥补和改善的。

胎儿的脑发育,离不开体内充足的甲状腺素的作用。一旦孕妇供应胎儿的碘不足,就会导致胎儿甲状腺合成不足,甲状腺素缺乏将影响到胎儿的大脑和长骨的正常发育,胎儿在出生后可表现出智力低下,个子短小,身体上部长度高于下部长度,还可有不同程度的听力与语言能力障碍。临床上表现出呆小病的特点。这病虽然难以治愈,但是可以预防的。

每日孕妇需碘元素量约为0.115毫克。然而在我国,由于各地区的水土中微量元素含量不同,一些地区缺碘严重,患克汀病和地方性甲状腺肿大(又称大脖子病)也很多。国家根据这种情况制定了预防该病的措施,颁布了《食盐加碘消除碘缺乏危害管理条例》并且已在全国实施。建议孕妇食用的碘盐,预防先天智力低下儿。

### 二、吃海带应注意什么

海带中含碘量很高,约5%~8%,还富含铁、蛋白质、脂肪、碳水化合物等。碘又是人体甲状腺素合成不可缺少的原料,因此,孕妇如果每周吃1~2次海带,就可以预防缺碘和贫血等疾患的出现。

食用海带要注意用充足的水浸泡24小时,并且注意勤换水,否则海带中含有砷与砷的化合物等对人体有害的毒性物质就去不掉。砷在海带中含量达35~50毫克/千克,这是由于海水污染造成的,人体每日对砷安全代谢量约为0.05毫克/千克,所以食用海带要注意有足够时间的浸泡过程,这样就可以防止砷中毒。

## 三、孕妇营养过剩对胎儿的影响

### 1. 肥胖

孕妇营养过多最常见的结局是孕妇体重增长过多,后者被认为是儿童肥胖的重要原因。儿童肥胖也与母亲受教育程度呈负相关。如经济状况比较落后的山区 1997~1998 年 0~2 岁儿童营养不良发生率为 6.28%,肥胖儿发生率为 3.95%。而经济文化发达的北京市,肥胖率已达到 20%。

### 2. 成年后的营养性疾病

出生时身材小或身材不成比例的婴儿,存在成人期发生冠心病、高血压和糖尿病的危险。这些疾病是由于在胎儿发育过程中给予不适当的营养素造成的"程序化的"疾病。在生命早期由于营养不适当,使得婴儿的身体组成结构发生永久性变化并改变其功能,这在动物研究中已经证实。

表2 孕妇膳食营养需要

| | 世界卫生组织 | 美国 | 英国 | 日本 | 中国 |
|---|---|---|---|---|---|
| 热能(kcal) | 2200~2550 | 2300 | 2400 | 1950~2150 | 2300 |
| 蛋白质(g) | 38~54 | 60 | 60 | 70~80 | 80~90 |
| 钙(g) | 1~1.2 | 1.2 | 1.2 | 1.0 | 1~1.5 |
| 铁(mg) | 14~28 | 30 | 15 | 15~20 | 28 |
| 锌(mg) | | 15 | | | 20 |
| 维生素 A($\mu$g) | 750 | 800 | 750 | 540~600 | 1000 |
| 维生素 D($\mu$g) | 10 | 10 | 10 | 10 | 10 |
| 硫胺素(mg) | 1 | 1.5 | 1 | 0.8~0.9 | 1.8 |
| 核黄素(mg) | 1.5 | 1.6 | 1.6 | 1.1~1.2 | 1.8 |
| 维生素 $B_6$(mg) | | 2.2 | | | |
| 叶酸($\mu$g) | 400 | 400 | | | |
| 维生素 $B_{12}$($\mu$g) | 3 | 2.2 | | | |

续表

| | 世界卫生组织 | 美国 | 英国 | 日本 | 中国 |
|---|---|---|---|---|---|
| 维生素 C(mg) | 30 | 70 | 60 | 60 | 80 |

## 四、孕妇身体浮肿

怀孕 7 个月的妇女，时常表现不同程度浮肿，如下肢、足面部，多属正常，产后会自然消失。但如果浮肿程度重、伴有头晕、心悸、气短、血压增高、尿少等症状存在，应引起注意。

在饮食上应注意控制水和盐的食入量，尽量吃淡一些，最好对水和盐的食入量进行精细的计算，形成既不影响胎儿的发育，也不会造成过重的浮肿的良性循环。同时可多食用维生素类食物，以清淡、营养丰富、易消化吸收的食品为主，少吃油炸的食品和易产气胀肚的食物。如白薯、洋葱、土豆等。

为了消除水肿可多吃冬瓜和西瓜。

冬瓜含有丰富的营养，钙、磷、铁、蛋白质、脂肪、胡萝卜素、淀粉等多种维生素。有利尿、消肿、祛暑解热、解毒化痰、生津止渴的功效。

食用方法：取鲜冬瓜 500 克，活鲤鱼 1 条，加水煮成鲜鱼瓜汤，再食用，味道鲜美。

西瓜除了含果糖外，还含维生素 C、苹果酸、各种氨基酸、胡萝卜素等，孕妇食用有利尿消肿、清热解毒作用。

## 五、科学饮水有利于健康

水是生命的源泉，水是万物生长的根本。水占人体总重量的 85%，占人脑重量的 77%。脑含水量与香蕉的含水量大致相同。脑的正常机能维持离不开氧、葡萄糖和水。人体在缺水的情况下，脑垂体分泌抗利尿激素增加，使排尿减少甚至无尿，以保留体内水分。

人是否口渴了才饮水呢？不是的。口渴就如田地龟裂后才浇水一样，说明体内水分已经失衡，脑细胞已到了脱水的情况，所以正常的饮水应是两个半小时喝一次水，需要量约 1600 毫升。当然平时吃饭喝汤吃水果等都包括在内。

还有一种科学的饮水法。早晨起床后,饭前30分钟喝250毫升约30℃的新鲜开水,补充体内水分,温润胃肠,使消化液得到足够的分泌,以促进食欲,刺激肠蠕动,预防便秘痔疮。同时还可以稀释血液,促进血液循环。

要切忌饮6种水:

(1)久沸的开水。水在高温下煮沸的时间过久,会使水中亚硝酸银、亚硝酸根离子和砷等有害物质含量增高,这些有害物质会影响血红蛋白携氧的能力,从而引起血液中毒。

(2)不喝不开的自来水。因为自来水之中的氯与水中残留的有机物相互作用,会产生一种叫"三羟基"的致癌物质。

(3)保温瓶中贮存24小时的开水不要喝,因为水温逐渐下降,亚硝酸盐类有害物质增多,对机体健康不利。

(4)保温杯沏茶不利于健康。茶叶长时间浸泡在高温的水中,茶中大量的多种维生素和鞣酸被破坏,不但营养成分下降,而且有害物质增多影响消化系统的功能。

(5)切忌喝蒸饭、蒸肉后的蒸锅水,水中含有害物质。

(6)不饮用工业生产中的废水,这种水有害物质更多。

## 六、怀孕第7个月的食谱

妊娠第7个月的妇女,时常出现肢体水肿,多属正常,产后自然消失,但有时孕妇在下肢甚至全身浮肿时伴有心悸气短、血压增高、四肢无力、尿量减少等症状,则为病态。除需就诊以外,还需进行饮食调理。一方面要少饮水、少吃盐或不吃盐,少吃或不吃不易消化的、油炸的、易胀气的食品;另一面要选用多含维生素B、C、E的食物。维生素B可以促进消化增加食欲;维生素C可以提高机体抵抗力,改善新陈代谢、解毒、利尿;维生素E能防早产。

介绍几种多含维生素的食品:

### 翡翠玛瑙

【原料】青蚕豆瓣200克,樱桃250克。白糖50克,桂花卤2克,冰糖200克。

【制作】樱桃用水洗净,沥干水分,去柄核,用白糖腌渍 2 小时待用。

炒锅上火,放清水烧沸,投入青蚕豆瓣氽熟捞起。炒锅复上火,放清水 250 克,移微火上,倒入冰糖烧沸,撇去浮沫,收稠卤汁,用汤筛过滤,加桂花卤,起锅盛入碗内,倒入樱桃、蚕豆瓣即成。

【特点】色彩艳丽光亮,翠绿鲜红,清香鲜甜爽口。富含维生素。

### 鸡茸黄瓜盅

【原料】黄瓜 500 克,净鸡脯肉 300 克。猪肥肉膘 50 克,熟火腿 25 克。绍酒 10 克、水淀粉 10 克、熟鸡油 10 克、味精 2 克、盐少许。

【制作】将黄瓜洗净,削去两头,切成 6 厘米长的段,再用小刀从黄瓜段的腰部戳一圈,分开为 2 个锯齿形边的黄瓜盅,再挖出瓜瓤。鸡肉、猪肥膘肉分别剁成茸,同放碗内,加入味精、绍酒、鸡蛋清、精盐,一起拌和上劲成鸡馅,挤成小圆球,分别酿入黄瓜盅内,火腿切成末,撒在黄瓜盅上面,放入盘内,上笼蒸熟后取出。

炒锅上火,加入鲜汤、精盐、味精烧沸后,用水淀粉勾芡,淋入熟鸡油,起锅浇在盘中的黄瓜盅上即成。

【特点】菜形如酒盅,色彩鲜明,肉馅细嫩味道鲜美。

## 胎儿 第 8 个月

妊娠 8 个月以后,胎儿在母体内发育基本完善,还需要进一步成熟。此期孕妇应适当控制蛋白质、脂肪的摄入量,以免孩子生长过快给分娩带来一定困难。另外,如食入过多脂肪、胆固醇,会影响机体代谢,造成高胆固醇血症,沉积于血管壁内,使血黏稠度增高,如果在妊娠的高血压的情况下,严重的会引起高血压脑病的危险。所以在妊娠的后期,食物以少量多样化为好。此期孕妇的体重以每周增加 0.5 千克为适宜。

## 一、中医论妊娠饮食

妊娠期间饮食尤为重要,营养得当对胎儿的发育有利,反之则母伤危,所以古人极为重视饮食的营养与禁忌。

《婴童百问》:"婴童在胎,禀阴阳五气之气,以生成五脏之腑,百骸之体悉具,必借胎液以滋养之,受气既足,自然分娩。"妊娠期间,由于胎儿在胞宫内仰赖母体精气的滋养,而生长发育与母体气血精神密切相关。若母妊之时,失于固养,形气不充,可能为胎疾的致病原因,因此受孕后,应注意养胎、护胎,有利于胎儿的发育。

妇人受胎之后最宜调饮食,淡滋味,避寒暑,常得清纯和平之气养其胎,则胎之完固,生之无疾,今为妇者,喜啖辛酸煎炒肥甘生冷之物,不知禁口,所以脾胃受伤,胎则易堕,寒热交杂,子亦多疾。况多食酸则伤肝,多食苦则伤心,多食甘则伤脾,多食辛则伤肺,多食咸则伤肾,随其食物伤其脏气,血气筋骨,失其所养,子病自此生矣。所谓妊者,食气于母,所以养其形,食味于母,所以养其精。滋育气味为本,故天之五气,地之五味,母既食之,而胎又食之,外则充乎形质,内则滋乎胎气,皆供气味之养育也。

《食忌论》中指出:"受孕之后,一切宜忌不可食物,非惟有感动胎儿气之戒,然于物理亦有厌忌者,设或不能戒忌,非特延月难产,亦能令儿破形母损,可不戒哉!""食豆酱合藿香,食之堕胎。食生姜,令子生疮……"等。又云:"儿在胎日月未备,脏藏骨节皆未成足。故自初妊迄于将产,饮食居处皆有禁忌。"

上述条文,由于时代的限制,某些内容缺乏科学观点,但说明古人对妊娠饮食禁忌是非常重视的,按现代观点,妊娠期间禁止酗酒以及对一些辛辣食物如葱蒜、辣椒之类亦不宜多食。

## 二、怀孕第8个月的食谱

妊娠8个月的孕妇,在饮食安排上应采取少吃多餐的方式进行。应以优质蛋白、无机盐和维生素多的食品为主。特别应摄入足够的钙,在食入含钙高的食物时,应摄入维生素D,维生素D可以促进钙的吸收。在使用药用维生素D制剂时,不要过量以免中毒。含维生素 D 的食品有动物的肝脏、鱼肝油、禽蛋等。

介绍几种营养食品：

## 二龙戏珠

【原料】活鲫鱼 2 条(重约 750 克)，虾仁 300 克，猪肥膘肉 100 克，鸡蛋 2 个。熟冬笋片 50 克，水发木耳 50 克，熟猪油 125 克，绍酒 10 克、精盐 5 克、味精 2 克、葱节 1 个。姜片、姜米 10 克、姜葱汁 10 克、虾籽 2 克、醋 100 克、水淀粉 10 克。

【制作】鲫鱼刮鳞，挖去鳃，剖腹去内脏，刮去腹内黑膜，削去额下老肉，洗净待用。虾仁、肥膘分别斩茸，放入碗内，放入 2 个鸡蛋黄、1 个鸡蛋清，加精盐 1 克，绍酒 5 克，姜葱汁、水淀粉，搅匀成虾仁馅待用。

炒锅上火烧热，舀入熟猪油 75 克，烧至 7 成热时投入姜片、葱花炸出香味，加清水 1000 克，余入鲫鱼，加绍酒 5 克、虾籽，盖上锅盖烧沸 3～5 分钟后，移小火焖透出味，再移至旺火，加熟猪油 50 克，使汤呈乳白色时，放入木耳、笋片，将虾馅做成虾圆放入锅内，至虾圆浮起，再加精盐，盛入大汤碗内即成。带姜米、醋碟上桌。

【特点】蛋白质丰富，汤汁醇厚，鲜嫩入味。

## 参芪蒸鹌鹑

【原料】鹌鹑 1 只。党参 12 克，枸杞 15 克，黄芪 12 克。葱段 1 根，姜片 8 克，精盐 2 克，鲜汤 100 克，味精 1 克。

【制作】将鹌鹑杀后去毛，剖腹去内脏洗净。党参、黄芪去净灰渣，烘干研成末。枸杞用水洗净。将党参、黄芪、枸杞放入鹌鹑腹内，放入蒸碗，加鲜汤、姜片、葱段，用湿棉纸巾封口。

碗放入笼内，用旺火蒸至熟透取出，加味精、精盐。吃肉喝原汤。

【特点】此乃冬令滋补佳品，具有补气养血增肌的功效。肉质酥烂，汤汁浓郁适口。

# 胎儿 第9个月

## 一、中医论养胎

### ⊙ 难产七因

一因安逸。盖妇人怀胎。血以养之。气以护之,宜常时微劳,令气血周流,胞胎活动。如久坐久卧,以致气不运行,血不流顺,胎亦沉滞不活动,故令难产。常见田野劳苦之妇,忽然途中腹痛,立便生产可知。

二因奉养。盖胎之肥瘦,气通于母。母之所嗜,胎之所养,如恣食厚味,不知减节,故致胎肥而难产。常见藜藿之家,容易生产可知。

三因淫欲。古者妇人怀孕,即居侧室,与夫异寝,以淫欲最所当禁。盖胎在胞中,全赖气血育养,静则神藏。若情欲一动,火扰于中,血气沸腾,三月以前犯之,则易动胎小产;三月以后犯之,一则胞衣太厚而难产,一则胎无漏泄,子多肥白而不寿。且不观诸物乎?人与物均禀血气以生,然人之生子,不能胎胎顺、个个存,而牛马犬豕,胎胎俱易,个个无损,何也?盖牛马犬豕,一受胎后,由牝牡绝不相交;而人受孕,不能禁绝,矧有纵而无度者乎?

四因忧疑。今人求子之心虽切,保胎之计甚疏。或问卜祷神,或闻适有产变者,常怀忧惧,心悬意怯,因之产亦艰难。

五因软怯。如少妇初产,神气怯弱,子户未舒,更腰曲不伸,展转倾侧,儿不得出。又中年妇人,生育既多,气虚血少,产亦艰难。

六因仓皇。有一等愚蠢稳婆,不审正产弄产,但见腹痛,遽令努力。产妇无主,只得听从,以致横生倒生,子母不保。

七因虚乏。孕妇当产时,儿未欲生,用力太早,及儿欲出,母力已乏,令儿停住,因而产户干涩,产亦艰难,惟大补气血助之可也。

〔清〕陈复正:《幼幼集成》卷1《难产七因》

## ⊙ 孕妇慎酒

凡饮食之类,则人之脏气各有所宜,似不必过分拘执,惟酒多者为不宜。盖胎种先天之气,极宜清楚,极宜充实;而酒性淫热,非惟乱性,亦且乱精。精为酒乱,则湿热其半、真精其半耳。精不充实,则胎元不固;精多湿热,则他日痘疹惊风脾败之类,率已受造于此矣,故凡择期布种者,必宜先有所慎,与其多饮,不如少饮;与其少饮食,不如不饮,此亦胎无之一大机也。欲为子嗣之计者,其毋以此为后者。

〔明〕张介宾:《景岳全书》卷39《子嗣类·宜麐策》

## ⊙ 孕妇药忌歌

| | |
|---|---|
| 蚖斑水蛭地胆虫, | 乌头附子配天雄。 |
| 蹄躅野葛螻蛄类, | 鸟啄侧子有虻虫。 |
| 牛黄水银并巴豆, | 大戟蛇蜕及蜈蚣。 |
| 牛膝藜芦并薏苡, | 金石锡粉有雌雄。 |
| 牙硝芒硝牡丹桂, | 蜥蜴飞生及䗪虫①。 |
| 伐赭蚱蝉蝴粉麝, | 芫花薇御草三棱。 |
| 槐子牵牛并皂角, | 桃仁蛴螬和茅根。 |
| 䕡根同砂与干漆, | 亭长波流苗草中②。 |
| 瞿麦间茹蟹爪甲, | 猬皮赤箭赤头红。 |
| 马刀石蚕衣鱼等, | 半夏南星通草用。 |
| 干姜蒜鸡及鸡子, | 驴肉兔肉不须供。 |
| 切须妇人产前忌, | 此歌宜记在心胸。 |

〔宋〕陈自明:《妇人良方》卷1《孕妇药忌歌》

凡妊娠至临月,当安神定虑,时常步履,不可多睡饱食,过饮酒醴杂药。宜先贴产图,依位密铺床帐,预请老练稳婆③,备办汤药器物。迨产时,不可多人喧哄怆惶,但用老妇二人扶行,及贯物站立。若见浆水,腰腹痛甚,是胎离其经,令产母仰卧,令儿转身,头向产门,用药催生坐草。若心烦,用水调白蜜一匙;觉饥,吃糜粥少许。

---

① 䗪(zhè 这):即土鳖。
② 苖(wǎng 网)草:即水稗子。
③ 稳婆:旧用为收生婆的别称。

匆令饥渴,恐乏其力。不可强服催药,早于坐草。慎之!

〔宋〕陈自明:《妇人良方》卷16《将护孕妇论》

⊙ 预防小产

小产之证,有轻重焉,有远近,有禀赋,有人事。由禀赋者,多以虚弱;由人事者,多以损伤。凡正产者,出于熟落之自然;小产者,由于损折之勉强。此小产之所以不可忽也。若其年力已衰,产育已多,欲其再振且固,自所难能。凡见此者,但得保其母气,则为善矣。若少年不慎,以致小产,此则最宜调理,否则下次临期,仍然复坠,以至二次,三次,终难子嗣,系不小矣。

〔明〕张介宾:《景岳全书》卷39《产育类·小产》

## 二、怀孕第9个月的食谱

妊娠第9个月时,由于胎儿已经很大,压迫胃部和直肠等部位,易造成便秘,出现食量减少等情况。饮食一般采取少食多餐,增加粗纤维的蔬菜、海藻类,同时要注意营养成分。研究表明,吃肉食多的孕妇所生的婴儿,大脑沟回紧紧地靠在一起,大脑皮层表面非常光滑;而吃植物性食物多的孕妇所生的婴儿则完全相反。而人的大脑中皱褶愈多,愈深,脑细胞就越多,人也就越聪明。所以建议孕妇不可少食植物性的食物。

介绍几种营养食品:

### 紫菜卷

【原料】海鳗750克,紫菜5张,鸡蛋3只,小葱5根、姜末、黄酒、盐、味精、淀粉、麻油。

【制作】海鳗洗净,用刀沿脊背剖开,剔去背骨,批去皮,除去筋、刺,用刀斩成细泥,放入碗中,加姜末、黄酒、精盐、味精、鸡蛋清(1只)。冷水100克,用力搅拌,拌上劲后,再拌以淀粉、麻油、即成鱼泥。

鸡蛋敲入碗内,加淀粉、盐,用筷子打匀,在锅内分别摊成5张蛋皮待用。

在板上摊开一张紫菜,覆上一层蛋皮,再抹上一层鱼泥,中间放入一根小葱,顺次卷拢,依此方法,做成5条,放入蒸笼,用旺火蒸10分钟,取出冷却后,切在斜刀块即成。

### 干贝珍珠笋

【原料】连棒嫩玉米500克,干贝40克。菱形嫩丝瓜12片,熟精火腿末5克,水发小香菇12片。猪油500克(实耗50克)绍酒10克,精盐3克,味精1克,葱段1根,姜片3克,水淀粉5克,鲜汤50克。

【制作】干贝去老肉洗净,放入碗内,加鲜清汤、葱、姜、绍酒上笼蒸透取出,拣去葱嫩玉米棒去壳、蒂、须,洗净,顺长部成4片。

炒锅上火烧热,舀入熟猪油,投入丝瓜片焐透捞起,再投入玉米棒块焐透,连油倒入漏勺内。炒锅复上火,倒入原汁汤、干贝及玉米香菇,加热猪油25克,焐透,加盐、味精,放入丝瓜烧沸,水淀粉勾芡,用手勺推匀离火。用筷子将丝瓜,香菇拣出围边,玉米、干贝倒在中间,撒上火腿末即成。

【特点】色彩明亮,清香脆嫩,汤鲜爽口。

### 黄鱼羹

【原料】黄鱼500克,精肉100克,韭菜50克,鸡蛋1只,酱油、料酒、味精、姜末、醋、淀粉少许,食油100克。

【制作】黄鱼去头、尾、骨头,留皮用清水洗净,放入盘内,上放姜片,料酒少许,上笼蒸10分钟,取出再理净小骨,弄碎备用。精肉切成丝。

锅烧热后,放入食油100克,肉丝上锅煸炒,加入料酒、酱油,即将鱼肉下锅,加汤水一碗,滚起后加入醋、淀粉,最后放扩散的鸡蛋、韭菜、生姜末,加上熟油1两出锅即可。

# 胎儿 第10个月

## 一、中医论分娩

⊙ 产 要

凡孕妇临月,忽然腹痛,或作或止,或一二日,或二三日,胎水少来,但腹痛不密者,名曰"弄胎",非当产也。又有一月前或半月前忽然腹痛如欲产而不产者,名曰"试月",亦非产也。凡此腹痛,无论胎水来与不来,俱不妨事,但当宽心候时可也。若果欲生,则痛极连腰,乃将产也。盖肾击于腰,胞击于肾故耳。又试捏产母手中指,本节跳动,即当产也。此时儿逼产门,谷道挺进,水血俱下,方可坐草试汤,瓜熟蒂悬,此乃正产之候也。

一、产妇腹痛未甚,且须宽心行动,以便儿身舒转。如腰腹痛甚,有产之兆,既当正身仰卧,或起坐舒伸,务宜安静从容。待儿转身向下,其产必须而且易,最不宜可为惊扰入手,以致产妇气怯,胞破浆干,使儿转身不易,则必有难产之患。

二、产妇初觉欲生,便须惜力调养,不可用力妄施,恐致临产乏力。若男方转身而用力太早,则多致横逆。须待顺而临门,一逼自下。若时候未到,用力徒然。

三、临产,房中不宜多人喧嚷惊慌。宜闭户,静以待生。

四、将产时,宜食调软白粥,勿令饥渴,以乏气力。亦不宜食硬冷难化之物,恐产时乏力,以致脾虚不能消化,则产后有伤食之病。

五、产妇产室,当使温凉得宜。若产在春夏,宜避阳邪风是也;产在秋冬,宜避阴邪寒是也。故于盛暑之时,亦不可冲风取凉,以犯外邪;又不宜热甚,致令产母头疼面赤;赤不宜人众,若热气熏蒸,亦致前患。其或有热极烦渴而血晕血溢者,亦可少与凉水,暂以解之。然亦不可多用。若冬末春初,余寒尚盛,产室不可无火。务令下体和暖,衣被亦当温厚,庶不为寒气所侵,可免胎寒血滞难产之患。且产后胎元既落,气血俱去,乘虚感邪,此时极易,故不可不慎。

六、凡富贵之家过于安逸者,每多气血壅滞,常致胎元不能转动。此于未产之先,亦须常为运动,庶使气血流畅,胎易转则产亦易矣。是所当预为留意者。

七、妊娠将产,不可詹卜①问神。如巫觋之徒,哄吓谋利,妄言凶险,祷神祇保,产妇闻之,致生疑惧。夫忧虑则气结滞而不顺,多致难产,所宜戒也。

八、产时胞浆未下,但只稳守无防。若胞浆破后,一二时辰不生,即当服催生等药,如脱花煎、滑胎煎或益母丸之类。盖浆乃养儿之生,浆干不产,必其胎元无力;愈迟则愈干,力必愈乏。所以速宜催之。

九、产妇,与酒不可多而致醉。凡产前醉则乏力而四肢不用;产后酒多,恐饮入血分四肢,致后日有动血及四肢无力、髓骨酸痛之患。

〔明〕张介宾:《景岳全书》卷39《产育类·产要》

⊙ 临 盆

产妇临盆,必须听其自然,弗宜催逼。安其神志,勿使惊慌,直待花熟蒂圆,自当落矣。所以凡用稳婆,必须择老成忠厚者,预先嘱之。及至临盆,务令从容镇静,不得用法催逼。余尝见有稳婆忙冗性急者,恐顾此失彼,因而勉强试汤,分之掐之,逼之使下,多致头身未顺,而手足先出,或横或倒,为害不小。若未有紧阵,不可令其动手。切记!切记!又或有声息不顺,及双胎未下之类,但宜稳密安慰,不可使产母闻之,恐惊则气散,愈难生息。又尝见有奸诡之妇,故为哼讶之声;或轻事重报,以显己能,以图酬谢,因致产妇惊疑,害尤非细,极当慎也。

《立斋医按》载一稳婆云:"止有一女,于分娩时,适当巡街侍御行牌视其内室分娩。女为此惊吓,未产而死。后见侍御更以威颜分付,追视产母,胎虽顺而头偏在一边。此时若以手入推正,可保顺生;因畏其威,不敢施手,但回禀云:此是天生天化,非人力所能。因是子母俱不能救。"由此观之,可见产时当用静镇自然,而一毫惊恐疑畏有不可使混于其间者。

〔明〕张介宾:《景岳全书》卷39《产育类·稳婆》

---

① 詹卜:即"占卜"。

⊙ 临产将护

凡欲产时,特忌多人瞻视,惟得三二人在傍。待总产讫,乃可告语诸人也。若人众看视,无不难产。

凡产妇,第一不得匆匆忙怕,傍人极须稳审,皆不得预缓预急,及忧悒,忧悒则难产。

〔明〕孙思邈:《千金要方》2卷《产难》

## 二、怀孕第10个月的食谱

"怀孕10月,一朝分娩",孕妇已进入临产时期。这时的饮食要保证足够的营养,不仅要保证胎儿生长发育的需要,还要满足自身子宫和乳房增大、血容量增多以及其他内脏器官的变化所需的"额外"负担。如果营养不良,不仅所生的婴儿常常比较小,而且孕妇自身也容易发生贫血,骨质软化等营养不良症。这些病症会直接影响临产时的正常子宫收缩,容易发生难产。

孕妇应坚持少吃多餐,越是接近临产,就愈应多吃些含铁质的蔬菜(如菠菜、紫菜、芹菜、海带、黑木耳等)。

介绍几种营养食品:

### 虾子海参

【原料】干海参150克,盐3克,干虾子15克,味精3克,肉汤500克,淀粉6克,葱、姜各15克,猪油30克,料酒30克,酱油6克。

【制作】将干海参放入锅内,加入清水,加盖用小火烧开后,将锅端离火位,待其发胀至软时捞出,剖肚挖去肠,刮净肚内和表面杂质,洗净。再放入锅内,加清水,用小火烧开后,又将锅端离火位,待其发胀(按此方法多次反复进行),海参即可发透。(不能沾上油和盐)然后将发透的海参肚内先划十字花刀,入开水锅内氽一下,捞出,洒干水分备用。

将虾子洗净盛入碗内,加入适量的水和酒,上笼蒸约10分钟取出。

将锅烧热,放入猪油,投入姜、葱、煸炒后捞出,烹入料酒,加入肉汤、盐、酱油。海参、虾子。煨透成浓汤汁,用淀粉勾芡,加味精,起锅,整齐地装入盆内即可。

## 琥珀冬瓜

【原料】冬瓜 2000 克。山楂糕 20 克。白糖 50 克、冰糖 100 克,蜂蜜 30 克、熟猪油 20 克、糖色 10 克。

【制作】将冬瓜洗净、削皮去瓤,切成 4 厘米长、1 厘米厚的菱形片。山楂糕切成薄片。

炒锅上火,舀入熟猪油烧至三成熟,放入清水 500 克、白糖、冰糖、糖色、蜂蜜,烧沸后放入冬瓜片,用旺火烧约 10 分钟,再用小火慢慢收稠糖汁,待冬瓜缩小,呈琥珀色时,撒入山楂糕片,装入汤盘内即成。

【特点】琥珀色泽、味道香甜。

# 优生保健篇
## YOUSHENG BAOJIANPIAN

胎儿 **第1个月**

## 一、早孕母亲饮酒吸烟对胎儿有害

孕前夫妻饮酒吸烟均可使精子和卵细胞质量下降,影响优生,孕期饮酒可造成"胎儿酒精中毒综合征"。由于孕期饮酒后使胎儿发生酒精中毒,胎儿表现为体重低,怪面貌,鼻孔朝天,"人中"形成不良,有小头畸形,前额突起,眼裂小,鼻梁低而短,招风耳,小下颌,同时可伴有心脏和四肢的畸形。患此类综合征的胎儿有生理缺陷,还有精神障碍,如多动症,耳发育障碍,及语言运动神经障碍,抽象思维困难,智力低下。酒精对胎儿的毒害与饮酒的时间和酒精量有关,妊娠早期,饮酒量越多,器官畸形越明显,国外报道,母亲饮酒过度,其发病率可高达20%~43%。

孕妇吸烟除对本人健康有影响外,对胎儿也有危害。烟草在燃烧中产生的烟雾,含有1000多种化合物,其中500种对人体有害,主要是尼古丁、氰化物和一氧化碳等。尼古丁可作用于末梢血管,使血管收缩,血流供应障碍,引起缺血缺氧,易引起流产或早产,还可使胎儿发生先天性心脏病。父亲吸烟也有很大的危害性,可造成孕妇被动吸烟而增加胎儿畸形的发生率,国外统计父亲每日吸烟10支,胎儿畸形发生率为0.5%,每日吸烟20支,畸形的发生率为0.7%,约每日20以上,畸形的发生率可上升为1.7%。

## 二、孕妇的情绪和外界噪声可影响优生

人体的情绪可影响身体的内环境,积极快乐的情绪可增加血液中有利于健康的化学物质,而烦躁忧伤的情绪可使血液中危害神经和其他组织的化学物质增加。当孕妇处于情绪紧张和焦虑的情绪下,可促使肾上腺皮质激素的分泌增加。这些化学物质随血液循环通过胎盘进入胎儿体内,使胎儿也产生与母体一样的情绪特征。如果血中过量的肾上腺皮质激素对胚胎发育具有明显的破坏作用,主

要是阻碍胚胎中某些组织的联合,尤其是在孕早期,胚胎中某些组织发育的敏感阶段,如在胎儿腭部发育期,可造成腭裂、唇裂等畸形。噪音也是一种公害,可使人情绪紧张,烦躁不安,心动过速,血压增高等,这些均可对胎儿发育不利,甚至引起流产。

### 三、早孕期疾病、药物与优生

母亲的身体健康对胎儿具有重要的作用,早孕8周前和器官发育阶段,病毒感染会对胎儿产生致畸的作用,尤其是风疹病毒对胎儿危害最大,可造成中枢神经系统的破坏,心脏缺损和发育迟缓,其他疾病如流感、水痘、腮腺炎、脊髓灰质炎、肺结核、梅毒、淋病、艾滋病等,都可导致先天畸形和残疾儿童的出现,母亲孕期生病应采取积极的治疗措施,必要时坚决终止妊娠。

药物和有毒化学物质及污染的环境也可通过母体危及胎儿,如"反应停"药物治疗妊娠反应,结果导致大批的畸形儿的出现,这些婴儿貌似海豹,这些药物被母亲吸收后可通过三种方式对胎儿产生影响:药物没有变化地通过胎盘对胎儿产生等同于母亲的药效;药物在母体胎盘或胎儿体内形成药物代谢物质,从而对胎儿产生影响;药物改变了母亲的生理,使子宫内环境发生改变,从而导致胎儿发育畸形。母亲选择药物时,要遵医嘱,怀孕时不易长期在农药库、有毒化工厂车间等环境工作,因可对胎儿造成难以弥补的危害。母亲煤气中毒也可危及胎儿。

胎儿 第2个月

### 一、妊娠体操

(1)坐椅子的方法:在孕期,尽量坐有靠背的椅子,这样可以减轻上半身对盆腔的压力。坐之前,把两脚并拢,把左脚向后挪一点,然后轻轻地坐在椅垫的中部。坐稳后,再向后挪动臀部,把后背靠在椅背上,深呼吸,使脊背伸展放松。这虽然不能算作一节操,但在孕初期,孕妇应练习学会"坐"。

（2）脚部运动：活动踝骨和脚尖儿的关节。由于胎儿的发育,孕妇体重日益增加,增加脚部的负担,因此必须每日注意做脚部运动。

① 脚心不离开地面,脚尖尽量往上翘,呼吸一次把脚放平。同样的动作要反复几遍。

②、③ 坐在椅子上把腿搭起来,将上面腿的脚尖和脚腕慢慢地上下活动,然后换另一条腿。

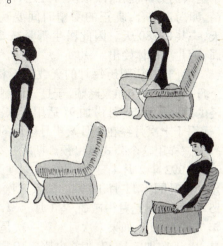

图2　坐的练习

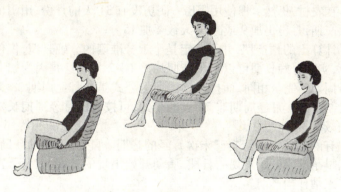

图3　脚的运动

## 二、孩子应该哪天降生

妇女怀孕以后,要测预产期。人类推测妊娠期,即从受精到分娩,需要266天左右。但人们往往不能判定受精的准确日期,因此难以从受精之日开始计算。

于是人们另辟捷径,以末次月经之日开始计算妊娠期,实际上这时精、卵尚未结合,真正的受精时间要晚 14 天左右。266 天加上 14 天,一共是 280 天。因此医生都是按 280 天计算预产期。妊娠 40 周,胎儿从母体娩出。

我们知道,阳历每月的天数都不相同,如果从末次月经开始一个月一个月地相加太麻烦,于是人们制定出一个公式,即:从末次月经的第一天算起,月份加 9(适用于末次月经有 1、2、3 月者)或减 3(适用于末次月经在 4 月及 4 月以后的月份者),天数加 7。

怎样用这个公式算出预产期呢?举例来说,如果末次月经第一天为 1992 年 2 月 4 日,将月分加 9,便是 11 月天数加 7,便是 11 日,预产期是同年 11 月 11 日。如果末次月经第一天是 1992 年 10 月 15 日,那么就是月份减 3,是 7 月,天数加 7,是 23,预产期便是 1993 年 7 月 23 日。如果末次月经第一次是 1992 年 1 月 30 日,月份加 9 是 10,天数加 7 是 37,怎么办呢?10 月是 31 天,37 减去 31 得 6 那么便是同年 11 月 6 日为预产期。

在农村,仍然习惯使用阴历。阴历没有 31 天的月份,用阴历计算预产期,月份仍加 9 或减 3,天数要加 15。

计算出的预产期,并不一定是个十分准确的分娩日期,仅仅是估算,实际分娩日期可以与预产期相差 1~2 周。这是因为妇女的月经周期不完全相同,而推算预产期的公式是按月经周期 28 天的妇女制定的。月经周期非 28 天的孕妇,可按自己月经周期长短相应加减。

有的妇女记不清自己末次月经的日期,可以在医生的帮助下,根据早孕反应开始出现的日期,胎动开始出现的日期,以及子宫底高度来估计预产期。

## 三、妊娠的生物致畸因素

遗传、物理、生物及化学物质因素,都可以导致胎儿先天性异常,后 3 个因素是可以预防和克服的。首先,应对这些因素有所认识。生物致畸,即病毒感染与胎儿畸形也有着重要关系。

风疹病毒、弓形体原虫、巨细胞病毒、单纯疱疹病毒,是目前世界上公认的具体致畸作用的病原微生物。换句话说,孕妇在妊娠过程中,特别是早孕期间即怀孕3个月以内感染了这些病原体,则胎儿发生畸形的可能性要比没感染的孕妇高得多。那么,风疹病毒、弓形体原虫、巨细胞病毒及单纯疱疹病毒感染究竟是怎么回事呢?孕妇在妊娠过程中,病原体通过各种途径(如呼吸道黏膜、口腔、生殖道以及破损皮肤)入血液,造成病毒血症,并通过血液侵犯到胎盘及胎儿,形成宫内感染,最后影响胎儿的正常生长和发育,导致胎儿畸形。

1. **风疹病毒感染**

澳大利亚一位眼科医生首先报道孕妇在早期感染风疹,会使胎儿畸形,称为先天性风疹综合征。包括:心血管异常(如动脉导管、肺动脉狭窄、房间隔缺损、室间隔缺损),先天性耳聋,先天性白内障,小头畸形,智力障碍,以及出生后迟发性损害,如糖尿病、中枢神经系统异常。

2. **弓形感染**

弓形体是一种原虫,常存在于猫的粪便内。随着诊断方法的现代化,人们发现弓形感染并非十分少见,国外调查孕妇有先天性弓形病的发病率为2‰,国内尚未见到确切资料。一般说来,孕妇在妊娠早期感染可造成流产及死胎;妊娠后期感染会导致胎儿全身感染,主要为视网膜脉络膜炎、脑积水、脑钙化。为了预防这种感染,孕妇不要吃生的或未煮熟的肉类;切生肉时不要用手触口和眼,切后应彻底洗手;不要玩猫及接触小动物。

3. **巨细胞病毒感染**

先天性巨细胞病毒的宫内感染常导致早产、流产或胎死宫内,出生后新生儿有黄疸、肝脾肿大、血小板减少性紫癜、肺炎,并常伴有中枢神经系统损害。小头畸形、行动困难、智力低下是常见的后遗症。有时,先天性巨细胞病毒感染的胎儿,出生时可不表现异常,但出生数月后或数年后发生中枢神经系统损害,如智力低下及耳聋等。

4. **单纯疱疹感染**

单纯疱疹病毒有两个血清型,即Ⅰ型(HSV-1)和Ⅱ型(HSV-2),HSV-1主要引起生殖器及腰部下皮肤疱疹,常可由性交而传染,现已将其列为性病。Ⅰ型较少感染胎儿,Ⅱ型常会感染胎儿。先天性单纯疱疹病毒感染所致胎儿畸形有小头症、智力障碍、脑内钙化、白内障、心脏畸形、视网膜形成异常。如孕妇阴道有Ⅱ型病毒感染,胎儿经产道出生时也会受感染而发病。

孕妇感染上述病原体后,有时有症状,有时没有明显症状(弓形体和巨细胞病毒感染尤其如此)。少数会有低热、乏力、头痛等一些类似感冒的非特异性症状,因此,不易识别,特别是早孕期常会误认为妊娠反应而被漏诊,失去了及时处理的机会,以致出生畸形儿,追悔莫及。近年来,科学家研究出了血清学检查法,早孕孕妇只要抽2毫升血,就可检查出有无这些病原体的感染,既可以了解孕妇是否有病毒感染,又能增加胎儿的安全系数。假若感染,可以抓住有利时机及时处理。

## 四、孕妇做 X 线检查对胎儿有害

X 射线是一种放射线,对人体具有一定的危害,特别是对胎儿。妊娠 3 个月以内,正是胚胎器官形成时期,照射 X 线有很强的致畸作用,可使流产、死胎发生率也大大提高。在妊娠中期,胎儿的骨骼、神经、生殖腺等还在继续发育,因而也应避免 X 线检查。

如果必须进行 X 线检查,应注意以下几点:

(1)尽可能在妊娠晚期进行检查,这时胎儿各器官均已完成发育,很小剂量的 X 线摄片不致引起胎儿的变化。

(2)如孕妇需要做 X 线检查时,应避开腹部,只照需要检查的局部。

(3)如必须做 X 线检查时,最好做 X 线摄片检查,摄片的 X 线剂量远远小于透视。

(4)在孕早期做过大剂量 X 线检查,特别是腹部检查的孕妇,可请医生做产前诊断,了解胎儿是否发生畸形。

## 五、孕妇能接受免疫接种吗

免疫接种是将疫苗或类毒素等生物制品接种到人体内,使人体产生对传染病的抵抗力,来预防疾病。在免疫接种以后,常发生局部红、肿等反应或全身发热、腹泻等反应。孕妇接受接种以后某些反应较为明显,严重时可引起流产。还有的如风疹、流行性腮腺炎、脊髓灰质炎、麻疹等疫苗的孕妇忌用。狂犬病、伤寒疫苗在必要时,要在医生指导下使用。如果孕妇生活在烈性传染病疫区,则需要进行预防接种。一般情况下如无特别必要,孕妇最好不要进行接种。

## 六、黄体酮和维生素 E 能否保胎

妇女在受孕后,卵巢中的黄体不萎缩继续发育并分泌孕激素,即黄体酮,以维持妊娠的正常发展。黄体酮的作用一是在受精卵植入后,进一步促进子宫内膜发育成蜕膜;二是降低子宫肌的兴奋性,使子宫对兴奋子宫肌的催产物质的敏感性降低,使妊娠能够维持。在妊娠早期,胎盘未完全形成时,黄体酮由黄体分泌。胎盘形成以后,其所分泌的黄体酮占主要部分。在胎盘未完全形成时,由于某些原因引起子宫收缩,可导致子宫肌的兴奋性,使其收缩减弱,以防止先兆流产发展,起到保胎作用。注射黄体酮保胎,只用于孕妇体内黄体酮不足所造成的先兆流产,对于胎儿畸形等胚胎发育不良所造成的先兆流产,一般没有什么意义。使用黄体酮对胎儿发育会产生一定的影响,因而孕妇不要随便使用,要在医生指导下按一定剂量注射。

维生素 E 广泛存在于动物和植物体内。经动物实验人们发现,体内缺乏维生素 E,可引起不育或流产。但人的生育与维生素 E 的关系怎样,维生素 E 能否治疗不育和先兆流产,这些并不十分明了。因此,临床上只是把维生素 E 作为一种辅助用药,如果发生先兆流产,还需全面检查,对症治疗。

## 七、早期流产要不要保胎

引起流产的原因是多方面的,有属于胚胎方面的,如孕卵发育异常,是早期流产最常见的原因,主要由于精子或卵子有缺陷,或两者都有缺陷所至。也可由于在胚胎分裂中,受到外界因素的影响,如疾病、辐射等,使其胚胎分裂发生异常所至,也可属于母体方面的原因,如内分泌失调,早期妊娠时卵巢、黄体功能不全引起分泌的孕激素不足,可以使子宫蜕膜发育不良,会影响孕卵着床及发育。甲状腺功能低下使甲状腺分泌不足,细胞新陈代谢降低,从而影响胚胎的发育。生殖器官的疾病,如双子宫和双角子宫、子宫肌瘤,尤其是黏膜下的子宫肌瘤也影响胚胎生长的环境而至流产,早孕有流产先兆,应注意休息,适当观察,进行保胎,但不可盲目无限期地保胎,应通过 B 超来确定胎儿发育情况以决定进一步的处理。由于流产的胚胎中有不少属于孕卵染色体不正常,因此自然流产是一种自然淘汰现象,不应保胎,对有流产先兆的孕妇,除因母亲疾病引起的可适当保胎,若疾病痊愈可继续妊娠,若症状不见好转不要勉强保胎,以免生出异常儿。

## 八、孕妇冬春应防感冒

病毒性感冒是冬春季流行的常见病,轻者仅有鼻塞、流清鼻涕、头痛和咳嗽;重症可发高烧并伴四肢酸痛等。感冒对普通人不会引起严重后果,但对孕妇来说,却有着较重的危害。

### 1. 流产、早产和死胎率高

过去人们以为孕妇患重感冒后流产、早产率高是因为咳嗽引起了子宫收缩的缘故,后来经过大量实验发现,感染过流感病毒的孕妇,早产率为未感染孕妇的 1.5 倍,流产及死胎率为 1.8 倍。对流产的胎儿组织进行分离培养,发现死胎许多重要器官里,都生存着大量的病毒,正是这些病毒破坏了胎儿组织的正常发育,带来致命的损害。被感染的胎儿月龄越小,出现的危害越大。此外,病毒性感冒时的高烧,也会严重损害胎儿。

### 2. 导致胎儿畸形

专家们发现,许多孩子的先天性心脏病,与其母亲妊娠期患病毒性感冒有关。特别是在妊娠的前 3 个月内受到病毒感染,畸形儿的发生率更高。

### 3. 对新生儿的危害

如果母亲在产前发生过病毒性感冒,也容易把流感病毒传染给胎儿,因而使新生儿也发病。新生儿发病迅速,往往有并发症,而且极易恶化。

病毒性感冒对妊娠妇女的危害是多方面的。因此,在冬春季节孕妇要尽量避免到人多、空气污浊的地方去,尽量避开患感冒的人。外出时,要注意空气流通,保持室内清洁。最好的预防方法是加强体育锻炼,多作户外活动,多晒太阳,提高机体对气候变化的适应性。同时,要增加营养,以增强体质。

孕妇患了病毒性感冒,也不要紧张,应及早休息,多饮水,多吃清淡的食物,避免滥用药。

## 九、孕妇服中药要小心

孕妇不要随意服用中药,因为某些中药有堕胎的作用,可造成孕妇发生流产。

孕妇慎用的中药包括通经去瘀、行气破滞、辛热滑利等药,如桃仁、枳实、红花、大黄、附子、半夏等。这些药物在一般情况下尽量不用。

孕妇忌用的中药包括逐水药和活血行血药,如巴豆、黑白丑、大戟、商陆、三棱、莪术、虻虫等。这些药毒性较强或药性较猛,妊娠期妇女绝对不可服用。

有一些中成药中,包含有孕妇忌用慎用的中药,这些中成药一般在说明或用法上注明"孕妇忌服"这样。例如牛黄解毒丸、紫雪丹、跌打丸、至宝丹、开脑顺气丸、玉真散等,另外,防风通圣丸、藿香正气丸、蛇胆半夏末等也要慎用。

有的人平时稍有不适,便自己选两种中成药服用,在妊娠期切不可这样做,如须用药,应到医院,在医生指导下服用,以免对胎儿造成损害。

## 十、影响优生的环境因素

胚胎期是胎儿迅速生长发育的关键期,尤其是身体各器官形成发育的关键期,也是神经系统发育的关键期,对于生活在母体内的胚胎来说,生存的外环境主要是子宫内的环境而言,但子宫内的环境又是通过母体与外界发生联系,这些环境因素对胚胎和胎儿的发育成长均有重要的影响。

### 1. 重金属中毒

如汞能引起脑性麻痹,流产早产,或妊娠毒血症的发生。铅会引起流产、死产，以及发生畸形等，主要通过胎盘传递给胎儿，孕前要离开有害工种，远离职业病。

**2. 无机物**

一氧化碳可引起中枢神经畸形、小头畸形、脑积水及智力低下等。

**3. 有机物**

有机物如苯、丙酮、洗衣粉、装饰材料等，均可引起胎儿发育畸形。

**4. 病毒感染**

如风疹病毒、巨细胞病毒、单纯疱疹病毒、流感病毒、肝炎病毒等，均可使胎儿发育畸形。

**5. 原虫感染**

梅毒螺旋体、弓型体病等，均可使胎儿发育畸形。

**6. 放射线**

X 线，α、β 或 γ 射线，电磁波，电子，α 离子，中性子及其他离子放射线，如受原子弹爆炸后的影响，会出生很多小头畸形和痴呆儿，特别在早孕期要避免 X 线检查。

**7. 缺氧**

氧对胎儿大脑神经系统发育影响很大，可出现脑畸形和智力低下。

**8. 烟酒**

嗜烟孕妇较不吸烟者出生的畸形可多出一倍，可造成流产早产和低智能儿。慢性酒精中毒可生出有酒精综合征的胎儿，除具有特殊的发育畸形外，还有精神活动紊乱，出现多动症。

**9. 噪声**

噪声对母亲和胎儿都是一种紧张性的刺激，可引起母子障碍，可抑制胎儿器官的分化发育，或胎儿停止发育、流产等，或胎儿宫内发育迟缓。

**10. 水质**

水质过软，或自己饮用纯净水，或含碘较低的地区，中枢神经系统畸形的发生率高。

### 11. 母亲的疾病

糖尿病、肥胖病、甲状腺机能亢进，均可使胎儿发育的内环境改变，增加畸形胎儿的发生。

### 12. 药物致畸的作用

抗肿瘤药、激素类药、抗甲状腺素类药均会引起胎儿流产或畸形。某些抗生素如四环素、氯霉素、链霉素、庆大霉素、水杨酸类药可引起骨骼发育畸形，神经性耳聋。

### 13. 其他类

孕妇劳动强度过大，工作繁忙，心力紧张，居住环境污染，食用黄曲霉菌所污染的粮食，都可引起胎儿发育畸形，影响妊娠。

## 十一、孕妇常见的心理症状对胎儿的影响

在人类的胎生期内，母亲的情绪、身心状况对胎儿的发育与成长都有很大的影响。据观察，当孕妇与别人吵架时，胎儿的活动增加，进行着所谓的"拳打脚踢"，似乎在帮助母亲，当孕妇在喧哗的大街上行走时，强烈的噪音刺激会使胎儿感到不舒服，也会出现较剧烈的胎动。相反，当孕妇高兴地去参加音乐会，听到悦耳的轻音乐时，胎儿也会感到心旷神怡。这时，母体会感到非常柔和而有节奏的胎动。由此可见，胎儿在母体内发育时期，即能感知外界的各种刺激。母体的喜怒哀乐，都会影响到胎儿。

为什么孕妇心境不好会使胎儿大脑发育不良与致畸呢？因为孕妇情绪的变化必然引起内分泌和血液成分的变化，从而影响胎儿的生长发育。在不良情绪状态下，肾上腺皮质激素分泌增加，这种激素随着血液通过胎盘进入胎儿体内，对胚胎的发育有明显破坏作用，尤其是在怀孕早期3个月内，正是对胚胎某些组织发育的敏感阶段，如阻碍胎儿上颌骨发育。引起胎儿唇裂、腭裂等畸形。孕妇发怒时，体内会分泌大量的肾上腺素，引起血管收缩、血压上升，使子宫、胎盘血液循环发生暂时性障碍，造成胎儿一时性缺氧。经常发怒，胎儿就会发育迟缓或胎死宫内。

孕妇情绪稳定、心理健康，可使各腺体分泌的激素协调平衡，使正在发育的胎儿获得足够的氧气和营养，有利于胎儿的大脑和全身

的正常发育。因此,整个孕期应该保持平静的心境、安定的情绪,以积极的态度迎接新生命的诞生。

##  胎儿 第3个月

### 一、妊娠体操

鼓胸运动:妊娠后子宫变大,腹压增高,孕妇常感到呼吸困难,因此,每日做几次鼓胸运动是有好处的。

(1)坐位,身体松弛,把两手放在胸前。
(2)胸部向两侧扩展,慢慢地吸气,轻轻地吐出来。

图4　鼓胸运动

### 二、妊娠早期要节制房事

受孕的前3个月,胚胎正处于发育阶段,胚胎附着得并不牢固,容易流产。所以,在妊娠的头3个月禁止性交,尤其是那些婚后多年不育,以及发生过自然流产的妇女,更应避免性交,以免性交时盆腔充血,子宫发生收缩而诱发流产。

随着妊娠月份的增加,到了妊娠中期,子宫体逐渐增大,羊水增多。虽然这个时期可以性交,但如果性交次数过多,或动作过大,也易导致流产和感染。

## 三、什么是多胎妊娠

在一般情况下,生育年龄妇女每月只排一个卵子,男性一次射精则排出 1~2 亿个精子。这么多精子只有一个能钻进卵内,结合成受精卵,受精卵经过复杂的变化过程发育成一个胎儿。但有时,一个受精卵分裂成两个相等的细胞团。这两个细胞团各自发育成一个胎儿。这就是单卵双胎。单卵双胎的两个胎儿,是由同一个精子和同一个卵子结合而成,他(她)们的染色体相同,所以两个孩子不仅性别、血型相同,相貌也基本一样,心理特征也往往相似。单卵双胎的两个胎儿共用一个胎盘,血液互相沟通。

还有的孪生兄弟姐妹不是单卵双胎,而是双卵双胎。这是由于女方一次不是排一个卵,而是排两个卵,分别与精子结合而成的。双卵双胎有各自的胎盘,各成一个系统,互不相通。胎儿的血型可以不同,性别也可以不同,孩子的相貌也不太相似。如果女方一次排两个以上的卵,可以形成多卵多胎。

多胎的最高纪录是 1979 年意大利一位妇女一次生了 8 个孩子。还有些妇女易生育双胎或多胎,据说一位俄国妇女一生生育 27 次,一共有 69 个孩子。

多胎妊娠,给孕妇带来加倍的负担,因此,要早诊断,做好孕期保健。现在用 B 超检查,在妊娠 8~10 周即可诊断是否多胎。

多胎妊娠使子宫迅速膨大,胎盘面积和重量较大,产生的激素水平也高,使孕妇的消耗也远远大于单胎妊娠,所以多胎孕妇易于发生孕吐、流产、早产、贫血、妊娠高血压综合征等。在分娩过程中容易发生宫缩乏力,胎儿异常,产生因胎盘剥离面大,子宫肌层延伸过度,收缩无力而致产后出血过多,易发生产褥感染。

多胎妊娠的子宫在妊娠末期迅速增大,约有 80% 的孕妇发生早产,所娩出的新生儿体重较小,出生后死亡率更高。因此,多胎妊娠的孕妇应定期到医院检查,尽可能住院分娩,以防发生意外。

## 四、为什么胎死宫中

绝大多数孕妇把胎儿顺利地培育足月而分娩,但也有少数胎儿由于种种原因,在妊娠早期、中期或晚期发生死亡。发生死胎的原因是很复杂的,有的病例在胎儿娩出后医生可以判明死因,有的则须进行进一步的分析。

畸形儿在妊娠的任何阶段,都有死亡的可能,有的外观无异常,可能存在染色体疾病。

孕妇患糖尿病、肝炎、肺炎、心脏病、贫血以及各种病毒或细菌感染,都可以成为胎儿死亡的原因。

胎儿在子宫里发育依赖胎盘从母体吸取营养物质和氧气,并将胎儿的代谢产物排入母体血液循环中,如果胎盘发育不良、体积过小、妊娠过期、胎盘老化,都可使胎儿因慢性缺氧而死亡。有的胎盘附着于子宫的位置太低,遮盖部分或全部子宫口,即前置胎盘,这种情况在妊娠末期常常发生大量出血。有的在胎儿娩出之前,胎盘与子宫分离,在胎盘与子宫壁之间发生出血,称为胎盘早剥。不管哪种,出血较多时,常可致胎儿死亡。

脐带是连接胎盘与胎儿的通道。足月胎儿的脐带像成人小指那样粗,平均约60厘米长。脐带内含三根血管。有的胎儿由于偶然的运动,使脐带发生过度扭曲,或缠绕颈部,在羊水较多的情况下,特别是胎动剧烈时,有的胎儿死亡,但发生这种事情是极偶然的。

近些年由于产科技术的进步,围产保健的发展,能及时发现孕妇、胎儿和胎盘的异常情况,以便及时采取相应的治疗措施,使处于困境的胎儿免于死亡。

怀孕期间,如果发生阴道流血、胎动消失,妊娠过期等应及时到医院进行检查。如果确诊为死胎,一定听从医生的安排,以免孕妇发生其他问题。

## 五、孕期要防肾结石

妊娠期肾结石发病率很高,这是因为妊娠期妇女内分泌发生很大变化,代谢加快,这使肾盂、输尿管的正常排尿功能出现异常变化,主要是收缩蠕动作用减退,随即发生一定程度的扩张,使尿流郁滞、变缓。这样,就很容易诱发肾结石。另外,增大了的子宫压迫输尿管,使输尿管发生一定程度的扩张和积水,也很容易诱发结石。

妊娠期肾结石,以右侧为多,这与右肾位置稍低等原因有关。

妊娠期妇女应注意以下事项预防肾结石。

(1)怀孕以后每天要有一定量的活动:要多散步、做操,这样可以促进肾盂及输尿管的蠕动,防止子宫长时间压迫输尿管。

(2)要多喝水:孕妇应养成多喝水的习惯,喝水多排尿也多,特别是晚间要注意喝水。因为在夜间,输尿管的蠕动会减慢,再加上尿液分泌少,尿液中的结晶物质很易沉淀变为结石。

(3)在妊娠期,不要偏食:特别注意不要进食某些容易诱发肾结石的食物,例如菠菜、白薯、豆类等。

在妊娠期发生肾结石尽量采用非手术治疗,特别是注意多饮水。如果没有反复发作,可以等待分娩后再进行排石治疗。

## 六、O型血孕妇应注意什么

人的血型可分为 O、A、B、AB 四种,O 型血的妇女与 A 型、B 型或 AB 型男子结婚后,怀孕后所得的胎儿可分 A 型、B 型、AB 型。胎儿由父亲遗传而获得血型抗原为母亲所缺少,这种抗原通过胎盘进入母体,刺激母体产生相应的免疫抗体,抗体又进入胎儿体内,抗原抗体相结合使胎儿细胞凝集破坏,发生溶血,可出现流产和死胎。母胎血型不合的新生儿可出现早发性黄疸,发生心力衰竭或黄疸后遗症,抢救不及时,则造成脑性瘫痪、呆傻甚至死亡。当然这种情况不只发生在 O 型血母亲,但以母亲 O 型、子女为 A 型或 B 型最多见。可是绝大多数母胎血型不合的新生儿不患病,这与父亲血型抗原性的强弱、连接母胎的胎盘屏障的通透性等因素有关。

凡是以往有过死胎、流产、早产或新生儿出生后很快死亡,或于出生后 24~36 小时内出现黄疸的孕妇,均应想到患此病的可能。

妇女怀孕以后,应该到产科检查血型,同时也要确定配偶的血型,如发现双方的血型有产生母胎血型不合的可能时,孕妇应在产前门诊接受定期检查。检查主要包括孕妇血中抗 A(或 B)抗体的浓度,如果大于 1:32,就应引起重视。另外还可用 B 超观察胎儿发育情况。对有溶血病史的孕妇,妊娠期应加强监护,设法提高胎儿抵抗力及孕妇的免疫力,产妇最好在预产期前两周入院,在严密的监护之下分娩。

目前我国各大医院,在一般情况下都可以保证 ABO 溶血症的患儿不遗留后遗症。当然关键是孕期的严密监护和治疗的及时。

## 七、做过剖宫产再次妊娠有危险吗

有的妇女在头一胎做了剖宫产后,由于种种原因再次怀孕。剖宫产术后再妊娠,属于高危妊娠。这是因为剖宫产后子宫切口处形成疤痕,这样的子宫坚固性差。再次妊娠以后,随着胎儿日益长大,子宫也相应增大,肌纤维被拉长,疤痕组织缺乏弹性,当子宫内的压力超过疤痕组织所能承受的力量时,子宫可发生破裂。这时,胎盘、胎儿可落入腹腔,造成胎儿死亡,孕妇因大出血而危及生命。有时,胎盘附着于疤痕处,生产时胎盘不能自然剥离,这也是产后大出血的原因之一。剖宫产后再妊娠如果需要做人工流产手术,难度也比较大,造成疤痕处损伤的机会比较多。

因此,孕妇如果能够自然分娩,不要强求医生施行剖宫产手术,做过剖宫产以后,尽量避免再次妊娠。如果可以再育,经医生检查可以自然分娩,应该试产。如果仍然有骨盆狭窄,胎位不正,本次妊娠距上次手术不足 2 年,有妊娠合并症等指征,就需再次行剖宫产。做过剖宫产的孕妇,要从孕早期开始定期检查,以便及早发现异常,及早处理。

## 八、妊娠期感冒了怎么办

感冒是一种常见的呼吸道传染病,一年四季均可发生。一般把感冒分为两类,一类是上呼吸道症状明显,为普通感冒。另一类是流行性感冒,简称流感,是由流感病毒引起的。流感传染性很强。轻型的普通感冒对胎儿影响较小,重症流感,除高热可刺激子宫引起流产、早产外,还能影响胎儿发育,特别妊娠早期流感病毒可透过胎盘进入胎儿体内,造成先天性心脏病、小头畸形等。

(1)轻型感冒不用特殊治疗,只要注意休息,多喝水,少吃油腻食品,服用些维生素 C 就可以了。也可以服些中成药,如银翘解毒片、桑菊感冒片、感冒冲剂等。咽痛可含薄荷润喉片等,鼻塞可点些滴鼻剂。这些药物对胎儿影响不大。

(2)重型感冒出现高热、剧咳等症状时,要物理退热,如用湿毛巾冷敷、酒精擦浴等。多喝开水,并及时送医院请医生处理。

(3)有过3天以上高热的孕妇,在病后要到医院做产前诊断,了解胎儿发育情况。

感冒是孕妇易患的疾病,妇女怀孕以后要注意预防感冒。首先要注意增强体质,提高机体抗病能力。有些妇女怀孕后不爱活动,使体质下降,这对母胎都是不利的。其次,要注意室内通风,勤洗晒被褥,注意个人卫生。第三,在流感流行季节,孕妇不要串门,不要到人多的公共场所。家里有人患感冒,要注意隔离。

## 九、女工妊娠期的劳动保护

人们在很早以前就知道铅可致堕胎,铅可通过胎盘影响胎儿。现在人们发现,有600种以上的化学物质能经过母体,通过胎盘进入胎儿体内,在不同程度上对胎儿产生不良影响,造成胎儿发育迟缓,功能发育不全、先天畸形或死胎。这是因为在妊娠期,孕妇子宫增大,体重增加,能量消耗加大,对氧的需要量增加,肺通气量加大,易于吸入更多的有害物质。同时,由于循环血量增加,促进了对有毒物质的吸收。

劳动条件对孕妇健康至关重要。有资料表明,女工的流产、早产及死产的发病率高于家庭妇女。电离辐射(包括红外线、紫外线、微波无线电波、视屏显示终端等)、噪声、振动、化学物质(包括铅、汞、锡、锰、砷、有机溶剂、高分子化合物等)均有害于孕妇和胎儿。因此,厂矿应改善劳动条件,使毒物浓度降低到国家标准以下。

工作中长期接触有毒物质的女工,近期有中毒、损伤者,应治愈后再怀孕。接触高浓度铅的作业女工,应经检查后再决定是否怀孕。在怀孕以后,女工应调离有毒有害作业环境。特别孕早期,是胎儿致畸敏感期,更应加倍注意。同时也不要安排孕妇长时间站立、连续巡回、弯腰、负重、攀高等作业,孕妇也不宜在阴冷潮湿、高温暑热等环境中工作。同时,应禁止孕妇加班加点及打夜班。对妊娠反应较重的孕妇,应尽量减少工作时间给予工间休息。在孕末期,胎儿发育迅速,孕妇机体负担过大,因此在产前更要注意照顾孕妇休息。

## 胎儿 第4个月

### 一、妊娠体操

从站到跪的姿势:
(1)腹部膨胀以后,孕妇感到重心变化,行动不稳,因此,在日常站立行走时应留神,以防跌倒。
(2)上身垂直站立,然后一个膝盖跪地取得平衡。
(3)两膝着地,脊背伸直,注意身体不要倾斜。
(4)放松身体,慢慢变成横坐。
(5)使乳腺发育的运动。轻轻地坐在椅子上,两手放在肩上,边画圆边转动。

练习平衡(1)　练习平衡(2)　练习平衡(3)　练习平衡(4)

图5

### 二、孕妇外出旅行注意什么

孕妇因就医、探亲、旅游等原因外出,要做好充分准备,以保护母胎安全健康。

(1)在出发前应在进行产前检查的医院就诊一次,向医生介绍整个行程计划,然后征求医生的意见,看是否能够出行。如果医生认为健康状况许可旅行,应请医生帮助准备必须携带的药品。

(2)如果计划外出旅行,那么就把外出的时间放在孕4~6个月时。这段时间怀孕初期的不适已渐消失,而孕晚期的身体沉重等还未开始。另外,这段时间也不易流产。

(3)孕妇外出旅行要选择有现代医疗条件的地区,而不要去医疗水平落后的地区,以免发生意外情况。

(4)孕妇外出前要对将去的地区进行了解,避免前往传染病流行地区。孕妇患传染病,往往对胎儿发育影响极大。

(5)孕妇外出,要多带宽松的衣物,常洗常换,讲究个人卫生。

(6)在旅途中,孕妇不可过劳。行程不要安排得太紧凑,要多安排停留时间,使孕妇有充分的休息时间。

(7)长途旅行,孕妇最好乘飞机,可减少长时间的颠簸。

(8)不论在汽车、火车,还是在飞机上,孕妇最好能每15分钟站起来走动走动。这样做可以促进血液循环。

(9)孕妇外出要注意饮食营养及饮食卫生。在旅途中,营养不易平衡,特别是饮水、蔬菜往往无保障。因此,孕妇外出前应做好充分准备。痢疾、肠炎而导致的高热、腹泻脱水对孕妇来说危害很大。孕妇外出要处处注意饮食卫生,不吃包装不合格或过期食品,不随便饮用无厂家无商标饮料。

## 三、怎样防止便秘

孕妇的胃酸减少,体力活动也减少,胃肠蠕动缓慢,加上胎儿挤压胃肠,使肠蠕动乏力,常出现肠胀气及便秘。便秘后粪块压迫肠壁静脉,使血流回流不畅。在排便时过于用力,腹压增高,导致静脉扩张而形成痔疮。为防止便秘与痔疮,孕妇应养成每日定时大便的好习惯。要有适当的活动,要多喝水,还要多吃粗纤维较多的蔬菜和芹菜、萝卜、韭菜、圆白菜和粗粮,有条件的可吃些蜂蜜和水果。

## 四、妊娠期应如何穿戴

随着妊娠月份增加,孕妇身体逐渐粗笨,因而在妊娠中后期,不要再穿紧身的衣裙,尽量穿衣料质地较厚的衣服或厚毛衫,否则会越发显得肥胖笨重。

在夏季,最好穿无袖无领的衣裙,把脖子露出来可显得苗条些。可以穿颜色协调一致的衣服,使身体显得修长。但要避免颜色灰暗的衣服,衣服的款式也不要选择皱褶过多的。

孕妇的衣着以宽大舒适的原则,式样要简单,易于穿脱,要防暑保暖。紧身衣裤或腰带会限制胎儿的生长,影响发育的发育。过紧的长袜影响下肢血液流通,也不宜穿用。

## 五、甲状腺功能亢进患者的保健

甲状腺功能亢进,也称甲亢,是一种常见的内分泌疾病,尤以20~40岁的妇女多见,妇女在妊娠期甲亢的发病率更高。因此,孕妇如果发现自己有心慌心跳、烦躁易怒、怕热易出汗、食量大增等情况,应请医生进行详细检查,如果诊断为甲亢,要及时进行治疗。

孕前患有甲亢的孕妇,在妊娠期病情可以减轻,但在流产或分娩后,病情有可能突然加重,甚至发生甲亢危象,这是必须严密注意的。

患有甲亢的孕妇,在妊娠期要注意增加营养,注意休息,同时在医生指导下进行合理治疗,一般不采取手术及同位素治疗。在预产期前,应住院待产。

合理适量用药,对孕妇及胎儿没有太大的影响。但如果用药不当,则会产生严重后果;抗甲状腺药物可使胎儿发生先天性呆小症,因此,孕妇一定要在有经验的医生指导下用药。在产后服药的母亲不要孕母喂养婴儿,而应采用人工喂养。

## 六、孕期妇女勿肥胖

为了胎儿能长得健康结实,许多孕妇尽量多吃,同时妊娠中后期孕妇往往胃口大开,活动逐渐减少,很易造成肥胖。专家认为,妊娠初期肥胖,常可导致妊娠高血压综合征的发生;肥胖的产妇,流产率及难产机会增加,所以,在妊娠期应积极控制肥胖的发生。

孕妇肥胖对胎儿也有不利的影响,有人统计,妊娠20~30周体重增重7.5~9.1千克者,胎儿死亡率可增加1倍。

因此,孕妇要科学地调节自己的饮食结构,将摄入的热量控制在3000千卡以下。在适当限制脂肪的摄入量,增加优质蛋白质及蔬菜和水果食品。

## 七、子宫肌瘤会影响胎儿吗

子宫肌瘤是一种良性肿瘤，30岁以上妇女，大约有20%的人患有这种病，子宫肌瘤小的如米粒，大的能有百斤；可以单一存在，也可多个并存。肌瘤长在肌壁内的，叫壁间肌瘤；肌瘤向子宫表面的浆膜层突出的，叫浆膜下子宫肌瘤；肌瘤向子宫腔的黏膜方向发展的，叫黏膜下子宫肌瘤。小的壁间肌瘤和浆膜下子宫肌瘤一般不影响月经、受孕和分娩；瘤体大或个数多可使月经量增多，使子宫和子宫腔变形，可影响受孕。黏膜下肌瘤常会引起月经过多，并引起子宫内膜炎。这种肿瘤可影响受孕并易造成流产。

患子宫肌瘤的妇女也可以怀孕，怀孕以后，要到妇产科门诊检查诊断，明确肌瘤的位置和体积，然后按医生嘱咐定期进行检查。

妊娠后随着子宫和胎儿的逐渐增大。子宫供血越来越丰富，使肌瘤得到充足的营养，其体积也迅速增大。增大的肌瘤可使子宫腔变形，使胎儿活动受限，发生胎位不正。在分娩时，如果因收缩不良，可使产后出血增多。

以上所谈，均为妊娠合并子宫肌瘤可能发生的问题。在临床上也有些合并肌瘤的产妇能顺利从阴道分娩。一般情况下，医生会根据孕妇情况，在产前决定生产方式。如施行剖宫产，取出胎儿后，再剔除肌瘤或切除子宫。

## 八、做羊膜穿刺对母胎有害吗

羊膜腔穿刺抽取羊水做羊水检查，是当今国内外普遍使用的方法。胎儿、胎盘、羊膜、绒毛膜和脐带，都由受精卵发育而成。经羊膜腔穿刺提取羊水，培养羊水中的脱落细胞，检查细胞核型，可以诊断胎儿有无染色体异常；检查细胞或羊水中的酶，可以诊断胎儿有无酶缺陷性疾病，检查羊水中的甲胎蛋白（AFP），可以诊断胎儿是否为无脑儿、开放性脊柱裂等神经管开放性缺陷。可见，羊水检查为临床医生探测胎儿提供了成功的方法，使患染色体病及一些代谢性遗传病胎儿的出生率大大下降。

抽取羊水对母亲和胎儿的健康有无影响呢？按一般来说，受精卵在第 7 天开始形成羊膜腔，便生成与胎儿接触的羊水。羊膜腔穿刺以妊娠 16~22 周进行为好。这时，可在膜壁外清楚地摸到子宫，羊水量约为 200~400 毫升。相对 280 克的胎儿来说，相对羊水较多。不仅容易抽出，还不易损伤胎儿。这时抽取 20~30 毫升羊水，对继续妊娠，对胎儿都没太大影响。如果过早抽取羊水，子宫小，羊水少，对胎儿影响较大；过晚则羊水中的细胞老化，培养不易存活。

羊膜腔穿刺前，先用 B 超作胎儿、胎盘定位，然后避开胎盘，在羊水较多处，麻醉后穿刺抽取羊水。这种检查方法是一种安全、简便、可靠的方法，但对母体和胎儿来产终究是一个刺激。因而，有先兆流产的孕妇及有盆腔宫腔感染的孕妇，不适合进行这项检查。

## 九、妊娠期预防接种

预防接种医学上称免疫接种，把生物制品如疫苗、类毒素等，接种到人体内，使人体产生对传染病的抵抗力，以达到预防疾病的目的。

**1. 孕妇应该注射的预防针**

破伤风类毒素，是预防新生儿破伤风症最有效的方法之一，若孕妇已染上破伤风则不宜注射。

**2. 孕妇可以注射的预防针**

（1）狂犬疫苗：孕妇在狂犬病流行区，被狗或猫或其他动物咬伤，或者在非流行区，被疯狗或类似疯狗的动物咬伤，则应注射狂犬疫苗。

（2）白喉疫苗。

（3）乙肝疫苗：主要用于乙肝高发地区的孕妇，如果孕妇已经是乙肝病毒携带者，若不采取干预措施，乙肝表面抗原（HBsAg 阳性）所生孩子中，40%~50% 会感染乙肝病毒，若乙肝表面抗原（HBsAg）和乙肝 e 抗原（HBseAg 阳性）双阳性的病毒，其子带乙肝病毒的感染率可高达 70%~90%。由于胎儿和新生儿的免疫系统尚不成熟，如感染乙肝病毒，虽不会影响胎儿的正常生长发育，但可成为乙肝病毒携带者，目前可采取预防措施，来阻断母婴传播，不需要终止妊娠。

阻断乙肝病毒的母婴传播，最有效的措施，是让新生儿接受免疫预防,阻断率可达90%左右,如果孕妇分娩前三个月每隔三到四周肌肉注射乙肝高效免疫球蛋白200国际单位,可减少胎儿在宫内感染的机会,效果更明显。

3. 不能注射的预防针

麻疹疫苗,卡介苗,百日咳疫苗,乙脑疫苗,流脑疫苗,脊髓灰质炎疫苗,风疹疫苗,水痘疫苗,腮腺炎疫苗,另外有流产史的孕妇,不宜接受免疫接种预防。

## 十、孕妇不宜睡电热毯和使用手机

冬季使用电热毯有方便、卫生、加热速度快等优点,深受许多家庭喜欢,但是电热毯通电后会产生磁场,这种电磁场会影响胎儿的细胞分裂,导致正常分裂的细胞发生异常改变,对这种磁场影响最敏感的是胎儿的骨骼细胞,使胎儿骨骼发育异常而致畸形,因此孕妇最好不用电热毯。

据专家研究,手机也是最具有强烈的电磁波发射器,手机的天线能接受强烈的电磁波,使用手机接听时,与人体重要器官——大脑接触密切,可产生最强的电磁波源,人体大脑、眼睛、生殖系统,对电磁波的辐射很敏感,因此要警惕对胎儿造成的影响。

 胎儿 第5个月

## 一、妊娠体操

**盘腿坐运动:**

这项运动可放松腰关节,伸展骨盆肌肉。

(1)盘腿坐,把两手交叉放在膝盖上。

(2)两手轻轻地向大腿根方向推。

(3)吸呼一次把手回到膝盖上。每天早晚各做一次,持续2~3分钟,习惯以后,可延长到10分钟。

盘腿坐(1)　　盘腿坐(2)　　盘腿坐(3)

图6

**从侧坐到卧姿:**
(1)改变动作时,不要过急,不要给腹部带来震动。
(2)从侧坐到躺下,要用胳膊支撑着,把头缓缓地放在枕头上。
(3)右侧卧姿是饭后休息的好姿势。

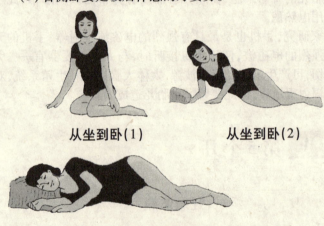

从坐到卧(1)　　　从坐到卧(2)

从坐到卧(3)

图7

## 二、妊娠期运动应注意什么

在妊娠期,适当的体育运动可以调节孕妇神经系统功能,促进血液循环,减轻身体的不适感。在室外活动,可以呼吸新鲜空气,接受阳光的照射,这对母胎都是有益的。体育运动还可以增强孕妇腹肌的力量,有助于分娩。但是在妊娠期,母体为适应胎儿生长发育,各系统均发生了一定的变化。因此,妊娠期的运动与平常不同,应注意以下内容。

(1)妊娠期的早期和晚期,应避免剧烈运动,注意选择轻稳的动作,如散步,上下较平缓的扶梯等。

(2)在妊娠期,要避免挤压和震动腹部的运动。

(3)要避免仰卧运动,以防子宫压迫下腔静脉,使血流受阻。

(4)避免迅速改变体位的运动和动作。

(5)避免做平衡难度大的动作,如过较窄的桥或小路等,以防因体态改变,影响平衡而跌倒。

(6)妊娠期韧带松弛,应避免做关节紧张的动作,特别防止损伤腰部。

(7)运动时要戴合适的乳罩,不要空腹运动。

## 三、哪些人需要做产前诊断

产前诊断是运用诊断和预防先天性疾病及遗传性疾病的技术,对宫内的胎儿进行特殊检查,以避免一些遗传病儿以及畸形出生。这种检查不是每个孕妇都需要做的,如孕妇有下列情况,应作产前诊断:

(1)年龄大于35岁的孕妇,她们生出先天愚型儿的危险性较高。据统计,25~35岁母亲生先天愚型的机率为0.15%;35岁以上为1%~2%;40岁以上可达3%~4%。

(2)生育染色体疾病患儿的母亲,再次生育同样患儿的机会增高。

(3)夫妇一方为染色体易位携带者,其子代患染色体疾病的危险性较大。人群中大约每500人就有一个携带者,他们外表正常,但可能导致子代传染异常。怎样才能发现携带者呢?凡有下列情况之一可进行遗传咨询,必要时作产前诊断。

(4)有习惯性流产史,经检查未能确定流产原因者。

(5)有多次死胎、死产史的孕妇。

(6)妊娠早期接触过明显的致畸因子者。

(7)家族中有严重危害或影响身体健康的遗传病人。

(8)怀孕早期曾患过风疹或其他会影响胎儿发育的病毒的病毒感染者。

(9)有羊水过多史以及本次妊娠羊水过多者。

(10)医生认为有必要进行产前诊断的其他情况。

## 四、妊娠与头发健康

妊娠期如何护理头发,关系到产后头发的健美。

妊娠期影响头发的因素主要有两个:激素水平的变化和妊娠有关的精神紧张。无论是男性还是女性体内都产生雄激素。雄激素常常与油发、多发垢有关。而雌激素对头发的健康有一些好的作用。当体内激素处于不平衡状态时,就会发生异常情况。例如,女性体内雄激素太多时,就会脱发,甚至长出胡须来。而在妊娠期间雌激素的增多,则会使头发更丰厚、更健康,许多平时头油极多的妇女在怀孕4~5月时,不再多油了。妇女从怀孕4个月开始,头发处于最佳状态。这时的头发光洁、浓密、服帖,并且很少有头垢、头屑。但是如果因此忽视了头发的护理,便会造成产后脱发的后果。所以,孕妇要认真护理好自己的头发,其主要注意事项如下:

### 1. 饮食

孕妇的饮食应多样化,不应偏食。特别是要注意较多地食用维生素,包括各种B族维生素。还应遵照医嘱合理地服用铁剂,纠正贫血。

### 2. 洗头

孕期经常洗头,头发在刚洗过时最美,洗后不要用强风吹干,最好不用卷发器卷发,未完全干时不要刷它。洗后发型任其自然,尽量不要过多地梳理和用过热的风来吹。

### 3. 护发

妊娠期的头发常比一般情况下干燥些。所以,孕妇要按干型来梳理护养。为了防止头发断裂,可换用干性头发的洗发剂和护发剂,这些化妆品能减少头发的损伤。

除激素水平外,影响头发健美一个重要原因是妊娠期间的心理紧张。如果孕妇缺乏妊娠知识,怕这怕那,忧心忡忡,头发的健康也会受到影响。

## 五、产前诊断有哪些方法

产前检查的手段主要有以下几种。

### 1. B型超声波

B超不仅能对早期妊娠、异位和异常妊娠做出诊断,而且对胎儿生长情况及生长速度,胎儿存活,胎儿大小,胎盘位置,胎盘成熟度,羊水多少等,均可进行探查。对胎儿神经管畸形(如无脑儿、脊椎裂等)及胎儿体内结构异常(如心脏、肾脏异常等)均可做出较准确的诊断。进行B超诊断的条件是:① 曾生过一胎畸形儿。② 羊水过多的孕妇。③ 羊水过少的孕妇。④ 怀疑双胎者。⑤ 胎儿生长迟缓者。⑥ 需探查胎盘供血情况者。⑦ 胎位不清楚者。虽然B超是产前诊断的重要手段,但是现在不能肯定B超对母胎完全无害,因此不能滥用。

### 2. 羊水检查

胎儿生活在母体子宫内,漂浮于羊水之中。这样,胎儿皮肤、消化道、呼吸道和泌尿生殖系统的脱屑细胞均悬浮在羊水内。对羊水细胞进行体外培养,使其生长繁殖,可供分析诊断。羊水穿刺一般在妊娠16~20周进行,这是由于此期的子宫内羊水量较多,在胎儿周围形成较宽的羊水带,易于穿刺又不容易伤及胎儿。此外,这时期的羊水有活力的细胞较多,易在体外培养。此时如现胎儿异常,也可及时进行引产。

### 3. 绒毛细胞检查

羊水检查,要到妊娠16~20周才能进行,科学家们经过苦心钻研,发明了绒毛细胞检查,这就可把检查的时间提前到妊娠6~8周。绒毛是胚胎组织的一部分,绒毛中心有微细血管与胎儿血管相通。绒毛像楔子一样伸入母亲子宫壁和血窦,通过薄薄的绒毛间质及表面绒毛细胞层,进行母胎血液内营养物质的交换。正因为绒毛细胞是胚胎组织的一部分,因此分裂旺盛,繁殖迅速,经过特殊处理,即可制作出绒毛的染色体核型。绒毛的染色体核型亦即胎儿的染色体核型,如发现核型异常,可诊断为严重的染色体疾病,一般来说,有以下情况的孕妇可以做绒毛细胞检查:① 35 岁以上的高龄孕妇。② 以前生过一个染色体病儿的孕妇。③ 有某些遗传病家族史的孕妇。④ 夫妇一方有染色体平衡易位者。⑤ 有多次流产、死胎史的孕妇。

4. 胎儿镜检查

这种检查的方法是将内窥镜从腹壁上开的小口子插入孕妇腹中,在宫腔内直接观察胎儿情况,并可取出胎儿血和皮肤,做进一步检查。这种检查方法技术难度大,在我国没有推广使用。

## 六、孕妇患了阑尾炎怎么办

妊娠期子宫逐渐增大,因此阑尾的位置也随之而逐渐升高。同时,妊娠期盆腔器官本身血液供应丰富,子宫又将大网膜推开,降低了腹腔炎症局限化的能力。所以,孕妇得了阑尾炎以后发展较快,炎症容易扩散,易于发生阑尾的坏死与穿孔。孕妇阑尾炎症状也不十分典型,给诊断造成麻烦。

阑尾炎对胎儿及母体是有一定影响的,阑尾炎以后,产生大量毒素,会通过血液影响胎儿;发炎的阑尾也对子宫有直接的刺激作用,能引起子宫收缩而造成流产、早产等;孕妇发生阑尾炎后如不及时治疗,易于穿孔,造成弥漫性腹膜炎,威胁孕妇及胎儿的生命。

孕妇患阑尾炎以后,如果病情较轻,可在密切观察下保守治疗,使病情缓解,保持至分娩。如患较重的急性阑尾炎,在诊断以后,应采取必要的预防流产措施,尽早手术。

胎儿 第6个月

## 一、妊娠体操

松弛法:
(1)肌肉持续紧张容易疲劳,松弛一两分钟,对孕妇十分有利。
(2)头枕枕头,微侧卧,手臂弯曲,弯曲随意的膝盖下垫一枕头。

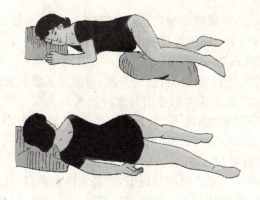

图8 松弛法

## 二、孕妇怎样添美感

孕妇是"双身"之人,随着妊娠月份的增加,在生理形态等方面,会出现许多特殊的变化,如肤色改变,腹部膨起,下肢浮肿等,心情也会因此趋于不安宁。这些变化在客观上影响了妇女自己原有的审美观。因而,对不少孕妇来说,美感往往被暂时遗忘了。医学研究结果表明,美感不但能调节心情,有利于心身健康,同时,还能起到胎教的目的。所以,孕妇经常注意给自己的生活增添美是非常必要的。

1. 摄取足够的营养

妊娠期间,由于孕妇担负着孕育胎儿的使命,摄取足够的营养,不但能够保证胎儿正常的生长发育,同时,还有利于孕妇保持自然的健康美。孕妇应尽可能在条件允许的情况下,选择适宜的、营养丰富的食物,如经常吃些瘦肉、动物肝脏、鸡蛋、木耳及新鲜的蔬菜、水果等,以满足孕期对蛋白质、维生素以及铁质等矿物质的需求。

2. 注意颜面皮肤的保护

孕妇白天外出工作或散步时,应避免强烈的阳光照射,并戴草帽防止阳光直晒。每次洗脸后,要搽些滋润和有营养作用的护肤霜。此外,每晚睡觉前,还可做做脸部的按摩。按摩时,用中指或无名指从脸中部向外侧做螺旋按揉,每次3分钟,结束时用热毛巾把脸拭净即可。这样既能加快皮肤的血液供应,保持面部皮肤的细嫩健美,又能有利于产后皮肤机能的早日恢复。

### 3. 勤梳洗头发

妊娠期间,孕妇勤梳洗自己的头发,可促进头皮的血液供应,保持头发整洁,使头发显得娟秀而有光泽。人的头发发型选择恰当,可使人的容貌"锦上添花"。为了梳洗方便,孕妇最好选择舒适方便的短式发型,给人一种精神饱满的美感。

### 4. 进行适量的活动

孕妇在身体状况许可的情况下,应经常注意进行一些小量的活动。如散步和轻松的徒手体操。通过参加小量的活动,能有效地消除疲劳,显得精神振奋,给人以健康的美感;同时,又可防止孕期身体发胖。

### 5. 选择适体的衣着

妊娠期间,孕妇的形体变化是孕育胎儿所必需的。但在衣着宽大舒适的前提下,注意在布料和服装款式上有所讲究,也能增添美感。如为了使体形显得均匀有线条,可选用竖条纹的布料。上装的设计,可用稍加宽肩部的办法从而使腹部不显得突出。亦可在领口装上花边或佩戴上胸花。这样便能明显地转移别人对自己腹部的注意力,使自己显得雅致、漂亮。

## 三、糖尿病与妊娠

在未应用胰岛素治疗糖尿病之前,育龄的糖尿病妇女受孕机会很少。胰岛素问世以来,这种情况大为改观,但妊娠合并糖尿病,对母胎都存在着危险。

糖尿病患者在妊娠期及分娩时,由于新陈代谢变化复杂,对糖尿病难以控制。患者糖耐量有时高,有时低,以致胰岛的需要也跟着变化。因此,如不能认真治疗,孕产妇常会发生酸中毒。另外,糖尿病患者的胎儿发生畸形的比率很高,新生儿成活率也较正常人低。胎儿常伴有高胰岛素血症,出生后常会发生低血糖反应。糖尿病人的胎儿往往过大,约有15%~25%体重超过5000克,妊娠期内分泌失调是产生巨大胎儿的主要原因。

现在医学控制糖尿病方面已有相当的经验,在妊娠期,产科医生、内科医生和孕妇密切合作,可以减少胎儿畸形和新生儿死亡。孕妇要每 1~2 周作一次检查,包括尿酮体及蛋白尿的检查,血压、体重的测定,以及心血管检查。

妊娠期饮食与胰岛素的需要,应按个人不同的情况确定。每天每千克体重约需 40 千卡①,胖者应低于这个标准。蛋白质每日每千克约需 2 克。

在妊娠期,为了弥补过量尿糖及供应胎儿生长,需要较多的碳水化合物,同时需用适量的胰岛素,以保证碳水化合物的利用。

一般患糖尿病的孕妇,应在产前三周左右住院待产,以便更好地控制糖尿病,对胎儿进行密切的监护。

## 四、肺结核患者的孕期保健

肺结核是结核杆菌引起的慢性传染病。非活动性肺结核,以前经过抗痨治疗,而且结核病变范围不大,肺功能没有多大改变的妊娠过程对母体及胎儿的发育,没有明显的影响。但是有些情况,如慢性纤维性空洞型肺结核,由于组织破坏面广而且严重,病人往往是耐药菌的带菌者,病程较长,肺部萎缩,并有广泛的纤维化代偿性肺气肿等,肺活量减低,残气量增加,使血液中含氧量减少,这自然影响胎儿的发育。又如急性粟粒性肺结核,由于渗出性病变满布肺泡而引起肺泡膜增厚,尽管肺活量和通气量可以正常,但吸入的氧气不能很好地散布到血液中去,因此往往出现气急、发绀等缺氧症状。这些情况,自然对胎儿对母体都是不利的。如果肺结核已发生肺功能不全,甚至已影响到心脏而肺结核已发生肺功能不全,甚至已影响到心脏而引起心肺功能不良者,妊娠可使病情加重,甚至恶化死亡。另外,因母体本身血液中含氧量已不足,胎儿死于宫内。轻度长期缺氧,可引发胎儿发育迟缓或大脑发育不良。因此重症及活动期肺结核妇女是绝对不能妊娠的,如已发生妊娠,应在孕 3 个月内做人工流产。

---

① 1 千卡等于 4.184 千焦耳。

妊娠期对肺结核病的治疗与孕前相同,除了加强营养,注意休息外,对活动期患者,需用药物治疗。抗结核药物如利福平、链霉素等可影响胎儿发育,因此要在专科医生的指导下使用。

活动性肺结核或切除过肺叶的孕妇,要提前住院待产,应采取自然分娩,避免剖宫产,特别不能使用吸入性麻醉。产后应立即给婴儿接种卡介苗,并与母亲隔离6~8周。不要母乳喂养,这样可减少感染,同时有利于产妇恢复。当然,对于病灶已愈合的母亲,则不必隔离。

## 五、孕妇要预防妊娠高血压综合征

妊娠高血压综合征,是孕妇特有的疾病,一般发生在妊娠20周以后,这种病的主要症状是水肿、高血压和蛋白尿,在过去,称之为"妊娠中毒症"。

妊娠高血压综合征的发病原因至今尚未完全阐明,一般认为与内分泌改变有关,主要是肾素-血管紧张素-醛固酮-前列腺素系统功能失调。过去有人主张妊娠晚期孕妇在多活动,有利于顺利分娩。近年来研究认为,妊娠晚期要少站立,少走动,适当增加休息。因为妊娠后膨大的子宫压迫盆腔血管,可使下肢回流心脏的血液减少,这自然会影响肾脏及子宫胎盘的血液减少,这自然会影响肾脏及子宫胎盘的血液供应,从而导致血压升高、浮肿。因此孕妇除增加安静休息时间外,要注意睡眠以左侧卧位为主,轻度妊娠高血压患者禁止仰卧位。在侧卧位有内输液的作用,能增加脏器、胎盘的灌注量,并可排纳利尿,有控制及预防妊娠高血压的作用。轻度患者每日上下午应各左侧卧2小时。

是不是需要限制食盐来预防妊娠浮肿呢?现在认为,孕妇新陈代谢较旺盛,正常妊娠时肾脏的血流量、肾小球滤过率增加,钠丢失较多。一般妊娠晚期孕妇下肢常有浮肿,这主要是子宫压迫,使下肢血流回流不畅,静脉压升高所致。这种情况限制食盐量没有多大效果。减少摄入食盐,会使孕妇对钠的调节处于不稳定的平衡,低钠饮食使孕妇食欲下降,影响蛋白质的摄入,不能满足胎儿生长发育的需要。因此,除严重水肿和某些合并症需低盐饮食外,一般妊娠高血压综合征患者均采用普通饮食。

第三篇 优生保健

孕妇不要随便服用利尿药,如双氧氢克尿塞,可促进肾脏钠、钾、氯的排泄,易造成电解质紊乱。对于妊娠高血压综合征孕妇来说,其体内有效血容量不是多而是少,利尿过多会更减少血容量,使肾及子宫胎盘更为缺血。所以除非出现脑水肿、心力衰竭、肾功能衰竭等严重并发症,一般不宜大量长期使用利尿药。

为了预防妊娠高血压综合征,每个孕妇都应在妊娠6个月定期到医院去产前检查,测量血压,检查小便。在平时,孕妇要密切注意是否出现浮肿,有无头痛,体重是否增加。如果发现低压超过90毫米汞柱(12.0kPa),同时出现较重水肿,有剧烈头疼、眩晕、呕吐、视力模糊、胸闷等症状时,要及时到医院检查治疗。

妊娠高血压综合征发展到严重的阶段可发生子痫,或合并心力衰竭、肾功能衰竭等。重度妊娠高血压综合征对母体及胎儿的影响如下:

(1)孕妇较长时间处于全身小动脉痉挛,病程拖延时间越长,遗留高血压后遗症的机会越多。

(2)胎盘缺血。在妊娠34周时,正常孕妇胎盘每分钟通过600~750毫升血液,而妊娠高血压综合征患者由胎盘通过血循环发生障碍,功能降低,自然影响胎儿缺血,胎盘逐渐发生退行性变或自溶,由母体进入胎儿体内的营养不足,使胎儿有缺氧、窒息的危险。

## 六、警惕高危妊娠

妊娠期存在一些对母胎不利的因素或合并症,构成对分娩或对产妇、胎儿、新生儿的威胁,这种妊娠叫高危妊娠。高危妊娠增加了围产期母亲及胎儿、新生儿的死亡率,因此应予以高度重视。在医院里,医师可应用高危监测手段对孕妇和胎儿进行定期监测,同时,孕妇亦应加强自我监测。以下几方面的问题,如果你有,请划上"√",并要请医生诊治。

1. **妊娠前就有的疾病**

如心脏病( ),糖尿病( ),肾炎( ),高血压( ),血液病( )。

2. **过去有过异常妊娠或不良分娩史**

如习惯性流产或早产( ),死胎( ),死产( ),产伤( ),手术产( )母子血型不合( )。

3. 这次妊娠的异常情况

如妊娠高血压综合征（ ），羊水过多（ ），羊水过少（ ），胎儿发育迟缓（ ），前置胎盘（ ），胎盘早剥（ ）骨盆狭窄（ ），臀位（ ），高龄初产（ ），35 岁以上（ ）。

## 七、妊娠与肝脏

正常妊娠对肝脏有一定的影响，约 2/3 的孕妇可出现肝掌（即手掌大、小鱼际和指尖呈红色）及蜘蛛痣（常见于颈、上肢有胸部的结痣，直径 3 毫米左右，微隆起，周围有放射状枝杈，用手压迫便褪色）。在妊娠晚期，由于增大的子宫的挤压，肝脏向右上方移动，使孕妇有右上腹不适感。妊娠晚期血清蛋白浓度由 4.3 克%下降到 3 克%；球蛋白浓度则有所增高；血清碱性磷酸酶在妊娠第二个月开始逐步升高。这些在分娩后可迅速恢复正常。

在妊娠期，有些孕妇会出现黄疸，其原因有以下几点：① 严重的妊娠反应，可使体液不足及新陈代谢发生障碍，造成糖原缺乏，使肝脏受损，肝细胞脂肪变性而出现轻度黄疸，一般在妊娠 12 周左右随反应缓解而消失。② 妊娠高血压综合征，因全身性血管痉挛，门脉周围的肝窦状隙纤维蛋白栓塞形成，造成肝细胞坏死，可出现黄疸。③ 妊娠急性脂肪肝，发生在妊娠后期，可由急性营养不良引起的脂肪代谢紊乱所致。④ 妊娠期复发性黄疸，是妊娠期黄疸最常见的原因之一，大多出现于妊娠 22 周以后，孕妇情况良好，一般分娩后即自行消退。

急性病毒性肝炎是妊娠期的常见病，病程与症状与非妊娠患者没有大的区别，但由于妊娠期肝脏负担重，孕妇蛋白质摄入不足，所以发生重症肝炎和肝昏迷的较多。肝炎还可导致流产、早产及胎儿畸形。孕妇肝炎越到妊后期，病情越重，分娩时容易发生产后出血，肝炎病毒可通过胎盘、分娩过程中血和羊水、哺乳、产后母婴间的密切接触这样四条渠道传染给婴儿。

因此，在妊娠孕妇要把住病从口入这一关，注意预防肝炎：① 孕妇尽量不要在外吃饭，不要用他人碗筷。② 要注意增加优质蛋白质的摄入量，多吃蔬菜和水果。③ 到妊娠中期早孕反应仍然明显，就到医院检查肝功。④ 染上肝炎应尽早住院治疗。如母亲患的是乙型肝炎或澳抗阳性者,新生儿在出生 24 小时内、1 个月、6 个月分别注射乙肝疫苗。⑤ 肝炎产妇及澳抗阳性者,分娩后注意与婴儿隔离。

## 胎儿 第 7 个月

### 一、妊娠体操

按摩和压迫:
(1)平时按摩和压迫酸痛的腰部可感到舒服。在分娩阵痛时,按摩腰部配合正确的呼吸有助于分娩。
(2)按摩腹部进行鼓腹深呼吸,吸气时手向上抚摸,边吐气边向下抚摸。
(3)拇指按压腰肌,吐气时用力压,吸气时放松,也可同样按摩脊背疼痛部位。

### 二、孕妇的产前训练

为了能够自然顺产和无痛分娩,孕妇应在产前进行训练。下面这套体操,分呼吸法及放松法两种,供孕妇参考。

图 9　压迫腰部

1. 呼吸法

分娩时,产妇要随阵痛调整呼吸,以使身体放松,缓和疼痛,减少疲劳,以利于分娩。孕妇可在调整呼吸的过程中,打

图 10　按摩腹部

消不安和恐惧的心理,专心积极分娩。分娩中怎样调整呼吸呢?产前就应做以下练习。
(1)深呼吸练习。仰卧屈膝,由鼻平静吸气,使肺吸满空气,然后从口慢慢吐出。

(2)第一产程开始时呼吸的练习。在阵痛开始时,要做深呼吸,一边吐气一边使紧张的肌肉安全放松,在阵痛持续期间,反复做有节奏的缓慢深呼吸。

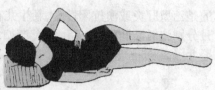

图11 按压腰肌

(3)胸式表浅呼吸。仰卧,屈膝,扩张胸部呼入空气,腹部不动,嘴唇放松,微张口,吐气和吸气相同。开始练习时做15秒钟,习惯后持续练习30秒钟。

图12 深呼吸练习

(4)在第一产程中,阵痛逐渐增强。在阵痛开始时要深呼吸,使肌肉放松。随着阵痛增强,由缓慢地深呼吸过渡到表浅而快的呼吸。在阵痛顶峰

图13 胸式浅表呼吸

时呼吸最表浅,逐渐恢复到缓和的深呼吸。粗线表示一次轻痛过程,细线表示呼吸的节奏。

图14 阵痛时的呼吸节奏　　图15 阵痛时的呼吸

(5)第一产程快完成时的呼吸法。在阵痛消失前,产妇应张口轻轻吐气,似喘气样,腹部不要用力。阵痛开始,便做深呼吸,闭口深吸气,停顿呼吸,使劲加腹压(在分娩前数周,练习时不要加腹压,只做呼吸练习)。如没能深吸气,应改为快速喘吸气,放松身体,不要紧张。阵痛停时吐气,深呼吸并使身体放松。

(6)第二产程(娩出期)的呼吸法。当胎头娩出时,腹部和大腿

肌肉放松,喘息样呼吸,在停止使劲时,行短促呼吸。

### 2. 放松法

放松法可使产妇身体的肌肉和关节放松,在阵痛间隔可用此姿势休息:

放松的体位是,侧卧位,上侧手臂在前,下侧手臂伸向后方,下肢上腿屈膝向前,下侧腿轻度屈曲。无论哪一侧在下,只在感觉舒服即可,或经常改变方向。

图16 放松时的体位

### 3. 分娩时的辅助动作

分娩中的辅助动作除上所述外,还包括按摩和压迫。

(1)按摩。两手轻放于下腹部,缓慢深吸气的同时用手掌向季肋部按摩,随即呼气两手还原。手掌可做直线来回按摩,然后再做圆形按摩。按摩时仰卧,屈膝。

图17 按摩腹部　　　　图18 压迫腰骶

(2)压迫。仰卧位,屈膝,握拳放在腰下压迫,再把手置于骨盆和髂骨两侧,拇指向内,其余四指向外,呼气时松开,呼气时加强压迫。压迫法用于腰部酸痛时。

## 三、及时治疗胎儿宫内发育迟缓

凡有妊娠合并症、不良分娩史的孕妇,如发现胎儿大小与妊娠月份不相符合,应请医生检查,是否胎儿宫内发育迟缓。通过以下几种方法,可以判断胎儿的生产状况。

**1. 测量子宫底高度**

如果宫底高度的4周内一直在正常限度下,应怀疑生长不良。

**2. 测量孕妇体重**

孕妇体重应随妊娠月份的增加而增加,到妊娠中后期平均每周增加350～400克。如果每周称一次体重,连续3次没有明显增加,表示有胎儿生长不良的可能。

**3. 用超声波检查**

检查胎儿坐高、胸部、胎头等,推算胎儿体重,是比较可靠的方法。

**4. 检查孕妇尿中雌三醇含量**

如果胎儿宫内发育迟缓,经检查没有先天性疾病,应给予及时的治疗。

首先,孕妇应增加间断性休息和左侧卧位休息,使全身肌肉放松,减低腹压,减少骨骼肌中的血容量,使盆腔血量相应增加。要增加营养,增加高蛋白高热量饮食,严禁烟酒。要积极治疗孕妇的合并症,如有贫血应尽早纠正。如有条件应每日给孕妇吸2～3次氧,每次1小时。同时,请医生给予药物治疗。

胎儿宫内发育迟缓的孕妇,要密切观察自己宝宝的情况,出现胎儿危象及时救治。宫内发育迟缓的胎儿出生以后,生长和发育通常较同龄婴儿差,但经过精心科学的喂养,大多是能赶上同龄儿的。

## 四、为什么早产

一般来说,妊娠28足周至37足周之内出生的婴儿称早产儿。早产的原因有些出在孕妇身上,有些问题在于胎儿。患心、肺、肾疾病及高血压的孕妇,早产率较高。阑尾炎及妊娠高血压综合征也容易造成早产。患子宫畸形的孕妇,因子宫发育不良,不易使胎儿发育到足月。子宫口松弛也易发生早产。怀孕后期频繁性交并出现性高潮也是早产的原因之一。前置胎盘和胎盘早剥是妊娠后期的严重并发症,它们本身造成早产。多胎和羊水过多使子宫过度膨胀,也会提早分娩。

对孕妇来说,如果是顺产,早产儿更易娩出。但对早产儿来说则易损伤。因此早产多主张剖宫产。早产儿的孕龄短,体重轻,身体各部尚未发育完善,特别是主要器官的功能难以正常地维持生命活动,所以比足月儿容易死亡。早产儿占新生儿的 3% ~ 4%,但死亡数却占新生儿死亡总数的一半。早产儿容易死亡的原因有 3 种,即呼吸功能不良,调节体温能力弱,吸取营养困难。这些都是抚养上的难题,需长期住院由医护人员精心护理。如不能住院,最重要的是不要让孩子着凉,给孩子保持足够的温度,并提高室内温度。早产儿最好用母乳喂养,少量多次喂。如没有吮吸能力,可用滴管喂水喂奶,每 1 ~ 2 小时喂一次,每次由几滴增加到十几滴、几十滴,并密切观察喂奶后的反应,看吞咽得好不好,有没有呕吐、溢奶等。由于早产儿抵抗力很弱,如果护理早产儿时一定注意清洁卫生,奶具及其他用品要消毒,护理人员要戴口罩,护理孩子之前先用肥皂洗手,还尽量少让无关的人接触孩子。如果孩子呼吸不规则,阵阵青紫,严重呛水,吐泻,出现黄疸并逐渐加重,或虽然采取了种种措施保暖,孩子体温仍然不升,应尽量早去医院救治。

## 五、要预防娩出巨大胎儿

胎儿出生时体重达到或超过 4000 克时,称巨大胎儿。在母体骨盆正常、胎儿位置正常、产力强而有规律时,超过 4000 克的胎儿也安全娩出。

但对于一般产妇来说,则给分娩带来困难,使分娩带有一定的危险性。

形成巨大胎儿常见的原因有:① 父母体格高大,特别是父体高大。② 孕期营养过剩,特别是糖类及脂肪类食物摄入过多。③ 糖尿病患者因新陈代谢异常,常娩出巨大儿。④ 过期妊娠常使胎儿体重增加较多。

巨大胎儿在产前检查时可发现,孕妇较一般孕妇腹部明显膨大,子宫底较高,可摸到特别宽阔的胎头。医生通过 B 超等可较准确地估计胎儿大小。

在分娩时,由于胎儿过大,常引起胎儿肩部娩出困难,时间过久就可出现胎儿因缺氧而窒息甚至死亡。牵拉过程中用力过猛可引起胎儿上肢神经损伤、颅内出血或母亲骨盆底部肌肉撕裂等。产后由于孕期子宫过度膨胀,子宫肌收缩力差,可引起产后大出血。

如在妊娠中后期发现胎儿较大,孕妇应适当限制饮食。在产前确诊为巨大儿,医生会根据孕妇骨盆大小,初产还是经产,羊水多少等情况,确定分娩方式。

## 六、孕妇要防贫血

在妊娠后期,孕妇体内新陈代谢加快,子宫、胎儿、胎盘的生长使血容量大大增加,如果不加以注意,很容易发生贫血。孕期血红蛋白低于 100g/L,红细胞计数低于 $3.5 \times 10^{12}/L$,可诊断为贫血。

妊娠期贫血,大多属于缺铁性贫血。人体内的铁总保持一定的量,成人体内大约含有 3~5 克铁,其中 70% 合成血红蛋白,成为红细胞的组成成分。在正常情况下,成人每日要从食物中摄取 1 毫克的铁。生育年龄妇女因月经失血,以及妊娠、分娩、哺乳等,消耗铁较多,更需要及时补充。一般妊娠后期母体内血液量将增加 1/3,所需的铁约 1 克左右,这些铁靠膳食来补充。因此,孕妇要注意合理地安排饮食,有计划地增加富含铁质的食物。如果没有发生贫血,每日所吃的食物应含 20 毫克以上的铁,如果已发生贫血,则需补充 40~60 毫克。同时还应在医生指导下服用铁剂。

表4　含铁量较高的食物

单位:毫克/100 克食物

| | | | |
|---|---|---|---|
| 芝麻 | 50.0 | 沙果 | 3.8 |
| 芸豆 | 10.0 | 柿饼 | 3.4 |
| 黄豆 | 50.0 | 蜜枣 | 7.5 |
| 冬笋 | 5.2 | 葵花子 | 4.3 |
| 雪里蕻 | 5.6 | 莲子 | 6.4 |
| 菠菜 | 4.1 | 猪肝 | 7.0 |
| 芹菜 | 3.6 | 鸡蛋黄 | 69.8 |

续 表

| 苋蓝叶 | 4.5 | 虾子 | 8.8 |
| --- | --- | --- | --- |
| 木耳 | 185.0 | 海蜇皮 | 58.0 |
| 海带 | 122.0 | 芝麻酱 | |
| 紫菜 | 149.0 | | |

除妊娠期食物搭配不当造成缺铁性贫血外,还常在以下情况下发生贫血:

(1)孕早期早孕反应严重。

(2)多胎妊娠。

(3)孕妇患胃肠道疾病,摄入的营养不易吸收。

(4)孕妇患有急慢性失血性疾病,如胃十二指肠溃疡、痔、肠道寄生虫病等。

如有以上情况,则应在补铁的同时请医生诊治。

## 七、什么是先兆子痫,什么是子痫

先兆子痫多由中度妊娠高血压综合征发展而来,除有高血压、浮肿、蛋白尿外,又出现头痛、头晕、视力模糊、胸闷、恶心等症状,如不加治疗,很快进入子痫阶段。

先兆子痫没有及时控制,患者可突然发生抽搐或昏迷,称为子痫。子痫出现后,对母子生命的威胁很大,抽搐次数越多,预后越严重。抽搐可发生于妊娠期、分娩过程中或产后,分别称为产前子痫、产时子痫及产后子痫。

子痫发作时,患者眼球固定,凝视一方,瞳孔散大,口角及面部抽动。随后,四肢、躯干强直。过十几秒钟,患者全身肌肉强烈抽动。口吐白沫,舌常被咬破,眼球上翻,呼吸急,面色青紫。1~2分钟后,患者深吸一口气,抽搐渐停,大小便失禁。轻者昏迷几分钟后可清醒,治疗得当不再复发,重者可反复发作。

子痫过程中可发生多种合并症,并可引起早产和胎盘早期剥离、胎死宫内。因而必须加强防治。

在先兆子痫时,患者血压往往超过160/100毫米汞柱(21.2/13.3千帕),这个阶段很短,如未处理,很快进入子痫。因而先兆子痫应住院治疗,或全天休息。休息的环境要安静,避免噪声,使病人可以入睡,安心休养。经过治疗。要降低血压,消除水肿,提高胎儿成活率,防止胎盘早剥。如果发生子痫,要迅速急救。先将患者放入安静暗室中,避免一切不良刺激,如音响、亮光等。使患者头偏向一侧,便于口涎流出。将压舌板或筷子用纱布缠好,放在臼齿之间,防止抽搐时咬伤舌头。如有条件,迅速吸氧。同时请医生不失时机地进行抢救。

##  胎儿 第8个月

### 一、妊娠体操

鼓腹呼吸:

鼓腹呼吸是分娩时应做的一种呼吸方法,可以减轻疼痛。平时要多练习,熟练掌握。

(1)身仰卧,完全放松,嘴微闭,吐气,可发出"噗噗"声。

鼓腹呼吸(1)

(2)腹部一上一下慢慢地做深呼吸,呼吸一次约10秒钟。

鼓腹呼吸(2)

图19 鼓腹呼吸

## 二、妊娠晚期也要节制房事

妊娠晚期,就是怀孕的最后3个月,性交带来的危害更为明显,除可能造成早产外,主要是可导致孕妇感染,增加胎儿和新生儿死亡的机会。

女子阴道里经常分泌少量酸性液体,这些分泌物可抵抗外来细菌的侵袭。因此在一般情况下,性交不会引起生殖器官的感染,但在分娩过程中,产道可有损伤,同时子宫里胎盘剥离后有一个较大的创面,这些都是细菌滋长的基地。分娩以后,产妇抵抗力降低,更增加了感染的可能性,人们调查发现,在分娩前3天内性交的,有20%可发生严重的感染。在发生了产褥感染的产妇中,有50%在产前一个月中有过性交。因此,妊娠最后3个月是禁止性交的,这样可避免将细菌带入产道。

## 三、羊水过多与过少

羊水是从胎盘的羊膜内分泌出来的。在妊娠早期,羊水的量很少,是澄清的液体,随着妊娠月份的增长,羊水逐渐增多,正常为1000~1200毫升。

胎儿是在羊水中长大的,它可使胎儿四周保持稳定的温度,使胎儿像鱼一样漂浮,阻止胎儿附贴到子宫壁上,并且能使胎儿躲避外界的打击和压力。在分娩时,羊水可帮助子宫颈扩张。羊水中,有大量胎儿的排泄物,使羊水渐渐变得混浊起来。

当羊水量达到2000毫升时,就是羊水过多了。羊水过多都发生在妊娠7~10月,发生得愈早愈严重。胎儿先天畸形往往伴有羊水过多,约占羊水过多总数的40%;在妊娠高血压综合征、妊娠合并糖尿病及双胎时,可有羊水过多。

羊水过多对母体及胎儿都能发生不良影响。由于子宫增得过大,使膈肌上升,压迫胸腔,引起母体呼吸急促,难以平卧,心率加快,消化不良,以及呕吐、便秘等症状。腹压增高,造成腿部静脉曲张,下肢及外阴水肿。在分娩时,容易引起宫缩乏力和产后出血。如果羊水流出太急,使膨大过甚的子宫腔内压力骤然降低,可引起休克及胎盘早期剥离。

羊水过多,使胎儿在宫腔内过于浮动,容易发生胎位不正。破水时,常见脐带脱垂。

轻度的羊水过多,不需特殊治疗,大多数在短时间内可自动调节。如果羊水急剧增加,孕妇应请医生诊治,同时减少食盐。

羊水过少比较少见,由于羊水少,胎儿皮肤与羊膜紧贴,孕妇腹部特别小,每当胎动时孕妇会感到疼痛。胎儿往往发育不良,皮肤干燥,缺乏皮下脂肪。

## 四、妊娠期要防痔

妇女在妊娠期痔疮患病率在70%左右。这是因为子宫静脉与直肠静脉密切相连。妊娠期因腹压增加,日益彭大的子宫压迫盆腔,同时也压迫肠静脉,使血回流不畅,产生淤血。另外,妇女在妊娠后,胃酸分泌减少,胃肠蠕动减缓,大便在肠道内停时间过久,水分被吸收,硬结的粪块压迫肛门周围静脉,发生便秘。这时排便要用较大的腹压,腹压愈高,盆腔静脉瘀血愈甚,从而引起直肠下端肛门处的静脉血管扩大增粗、扭曲成团,发展成痔。

妇女应注意防治痔疮,平时多吃蔬菜和水果,尤其是含有纤维素多的蔬菜,如芹菜、韭菜、白菜等。水果以香蕉为佳,不要吃柿子和柿饼。在妊娠后期要注意多活动,除了做较轻的家务劳动外,还要散步、做操。工作时要注意经常调换姿势,不要过久坐、立。要养成每日定时大便的习惯,便后要用温水清洗肛门。

如果妊娠期发生痔疮,可在医生指导下口服石蜡油,缓解便秘。如痔疮出血,可服安络血、止血敏、维生素C等。发炎肿痛,可用祛毒汤熏洗,外敷痔疮膏等。但注意一定不能吃泻药,否则易发生流产或早产。

## 五、为何测孕妇尿中的雌三醇

雌激素是成年妇女卵巢分泌的维持女性特征的激素,雌激素因化学结构不同,又分为雌酮(E1)、雌二醇(E2)、雌三醇(E3)、雌四醇(E4)。雌三醇是雌二醇和雌酮的肝代谢产物,从尿液排出。

在妊娠期,孕妇体内的雌激素显著增多,除卵巢外,胎儿和胎盘也共同产生雌激素。妊娠8个月以后,雌三醇比平时增加1000倍。通过测定孕妇尿液中雌三醇含量的多少,可以推测胎儿和胎盘的功能。胎盘功能正常时,妊娠32周后测定24小时尿液中的雌三醇含量,应在10~35毫克以上;如果胎盘功能降低,或胎儿发育有缺陷时,雌三醇的含量在12毫克以下;如果低于4毫克,则显示胎儿处于危险之中。

什么样的孕妇应做雌三醇检查呢?一般认为,妊娠高血压综合征、过期妊娠、妊娠合并肾炎、妊娠合并原发性高血压等,常规每周测定尿中雌三醇含量,以判断胎盘及胎儿状况。

测尿中雌三醇须收集24小时尿液。方法是第一日早晨的第一次尿液不留,以后每次排尿(包括大便时排的尿),都排在清洁的容器中,用漏斗全部灌在尿瓶中,最后将次日早晨的尿也倒入,然后送去化验。

## 六、胎儿臀位怎么办

在妊娠8个月前,由于胎儿小,羊水量相对较多,胎位容易变动。在8个月以后,胎儿增大,胎位也就逐渐固定下变。正常的胎位,因胎儿头重,胎头朝下,臀部朝上,胎背朝前,胸部向后。胎儿两手交叉于胸前,两腿盘曲,头俯曲,枕部最低。因而医学上称为枕位。

图20 枕位

臀位时,胎儿臀朝下,头向上,坐在子宫里。这是一种发生率最高的异常胎位。根据胎儿两下肢所取的姿势,臀位可分为三种:① 单臀位,胎儿双腿在腹部屈曲,双膝伸直。仅臀部为胎先露。② 混合臀位,此时胎儿双腿在股部及膝部均呈屈曲,胎儿取枕位时同样姿势,仅头与臀颠倒,臀与双足为胎先露。③ 足位及膝位,此时,一足或双足、一膝或双膝为先露,膝先露往往在产程中转变为足先露。

臀位有哪些危险呢?臀位对于母体来说,一般没有严重威胁,但对胎儿危害较大。危险主要有以下两点:① 脐带脱垂。臀位娩出时,臀和足先露,不能像胎头那样均匀地塞紧子宫口,在宫颈口可留有空隙。破水后,脐带容易从空隙脱出。此时可出现脐带受压、氧气供给就中断,使胎儿缺氧死亡。② 胎头嵌顿。臀部娩出后,胎头应在8分钟内娩出,否则易出现缺氧。但因胎头直径大,易被卡住。

图21　三种臀位

在妊娠5个月后的产前检查时,医生可判断胎儿的位置。如果发现是臀位,通过纠正,多可改变。

表5　孕周与臀位发生率

| 孕周 | 臀位发生率 |
| --- | --- |
| 24 | 40%~50% |
| 28 | 35% |
| 32 | 15% |
| 36 | 10% |
| 40 | 4%~5% |

纠正臀位有以下办法:① 在硬板床上,孕妇大腿和床面垂直,膝及前臂支撑身体,将胸贴近床面。如无心脏病或高血压,每天起床和临睡前各做一次,每次10分钟,连续7天,可有一定效果。但在做前要小便,并松开裤带。② 用艾条灸至阴穴,至阴穴在足小趾趾甲角外侧一分处。每天灸一次,每次10~20分钟,连续7天。

图22　膝胸卧位

如果在妊娠32周以后才发现为臀位,可由医生做外倒转术。

这种手术可使 2/3 的臀位得到纠正,但个别的可发生脐带绕、胎盘剥离等意外情况,因此医生使用起来比较慎重。

臀位是否都要做剖宫产呢?这要根据不同情况,区别对待。例如足位时,因脐带脱垂的机会较多,所以以剖宫产为好;单纯臀位时,如骨盆宽大,胎儿中等大小,产程进展顺利,以阴道分娩为好。

## 七、妊娠 8 个月的孩子能活吗

根据妇产科学所述,胎儿有子宫内生长发育,经过 280 天,即 40 周成熟而呱呱落地。然而由于某些原因,胎儿可在妊娠的任何 1 周出生。我们习惯以出生体重低于 2500 克,或怀孕不满 37 周出生的婴儿称为早产儿。但在产科学常可见到妊娠才七八个月就出生的婴儿,体重并不太轻,生活能力也较强,会哭、会吸吮乳汁。也有已经满月的婴儿,其出生体重才 2500 多克,甚至还不足。由于遗传、生活环境、营养条件等因素的影响,即便是同一年龄的人,其身高、体重和体质都不会十分相同;不同的妇女在同一孕周出生的婴儿,他们的身长、体重 生活能力等也会有较大的差别。据统计,正常的孕妇在各孕周生出的婴儿有大有小。比如在孕 32 周出生的婴儿体重,最轻的为 1200 克,最重的可达 2200 克;孕 36 周出生的婴儿,体重轻的仅为 2300 克,重的可达 3200 克;足月出生的婴儿体重也有一个上下浮动值,均属于正常范围。

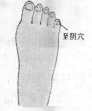

图 23 至阴穴

另外,胎儿在宫内生长发育的速度是人体第一个生长最快的阶段。怀孕 3 个月时,身长 7 至 9 厘米,体重 15 至 30 克,四肢已分清并开始活动。孕 5 个月时,身长约 25 厘米,体重约 300 克,四肢活动较有力,皮下开始有脂肪积存。孕 6 月时,身长约 28~34 厘米,体重约 600~800 克,娩出后已能呼吸,但很难存活。孕 7 月,身长 30~35 厘米,体重则达 1200 克左右,各脏器发育已齐全,生后能啼哭和吞咽,但生命力很弱,成活率很低。孕八九月时,胎儿发育生长极快,身长 40~50 厘米体重增加快,皮下脂肪逐渐丰满,出生后哭声响亮,生命力较强,成活可能性大,由此可知,孕期越长,胎儿发育就越臻完善,妊娠 8 个月出生的婴儿,其存活的可能必然比孕 7 个月出生的婴儿更大,也更好养。

## 八、药物成瘾与胎儿发育

妊娠期药物成瘾在我国虽发生较少,但确已对胎儿构成威胁。药物成瘾者是一个比较特殊的群体,她们很少或从不接受产前监护,她们的食物缺乏热量、蛋白质和维生素,并且常合并有疾病,包括病毒感染,如肝炎等。

成瘾药物有很多种,常被嗜用者如麦角酰二乙胺(LSD)、某些麻醉剂、镇痛药、镇定药等。

**1. 药物成瘾的危害**

(1)染色体畸变与先天性异常。药物成瘾者的先天性畸形率是2.7%~3.2%。

(2)胎儿发育与胎盘机能不全。嗜药孕妇之胎儿宫内发育迟缓的发生率是26%,29%的婴儿体重低于2500g。

(3)围产期死亡率。在药物成瘾者中,围产期死亡率增加,其主要与低体重出生婴儿有关。

(4)对胎儿的药物戒断作用。孕妇对药物已成瘾,妊娠晚期突然停用可使子宫敏感而导致一些病人早产;嗜药者一旦停药,其胎儿会出现停药综合征,这种孩子出生时看来可能正常,但24至72小时后逐渐烦躁不安、进食差、常有腹泻,可死于惊厥。若不治,死亡率高达90%以上。

**2. 对药物成瘾孕妇及其胎儿**

药物成瘾对胎儿的危害极大,如果孕妇有药瘾,应帮助她要做到:

(1)妇女在怀孕前戒除药瘾,以免贻误子代。

(2)药瘾母亲若能在产前检查和药物控制方面合作的话,孩子或可有较好的预后。对于富有同情心的精神治疗和逐渐减少药量的处理,效果应当是不错的。

(3)在妊娠晚期不应试图完全停止使用麻醉剂,而应当用美沙酮维持剂量。

(4)婴儿需要监护至少6周。

(5)产后还应努力戒除对药物的依赖性。

## 胎儿 第9个月

### 一、妊娠体操

**1. 骨盆的振动运动**

（1）锻炼下腹部及产道的肌肉。早晨起床前,晚上睡觉前练习呼吸法。

骨盆肌肉锻炼(1)

（2）腰贴在床上,轻轻把肚子挺起,使背和床之间的出现空隙,再慢慢放下,然后放松休息。根据孕妇情况增加次数。

（3）膝盖着床,头下垂,脊背向上弓支撑着上半身的重心。

（4）抬头把腰向前移动,身体重心也随之向前移,再逐渐恢复到仰卧位。

骨盆部肌肉锻炼(2)　　骨盆部肌肉锻炼(3)

骨盆部肌肉锻炼(4)

图24　骨盆部肌肉锻炼

图25　短促呼吸训练

**2. 喘气似的短促呼吸**

这种呼吸是配合分娩的。略微提气,用鼻子短促地反复呼吸五六次,然后慢慢地把气吐出来,嘴轻轻张开。

## 二、应为宝宝准备些什么

### 1. 婴儿的衣着及用品

婴儿的衣服不用准备得太多,因为孩子很快会胖起来。婴儿在出生以后的几个月内都很怕冷,因此无论是在夏天出生还是冬天出生,都该准备毛织品,给孩子用的毛织品应选购质量好的毛线,以致多次洗涤以后也不会发硬、失去弹性。婴儿的衣服应该肥大,料子要纯棉的,颜色要浅,应该非常柔软。孩子的内衣接触皮肤的一面不要缝针脚,不要用带子或纽扣,可选用尼龙搭扣。

需要准备的婴儿衣着:

内衣:3～4件,轻柔的棉布制成。

连袜裤:3～4条,要做成开裆裤。

毛衣:1～2件。

绷带:2～3包,脐带用。

尿布:20～30块,要柔软,吸水性强。可用浅色的旧棉布床单、被里、棉毛衫等制作尿布,但一定要清洁卫生。

尿裤:2～3条,尿裤内层是塑料的,给孩子垫上尿布再穿上尿裤,就不会尿湿裤褥。当孩子活动时,也不会把尿布踢掉。如没有尿裤,可用三角尿布。

小袜子或毛绒鞋:2双,刚出生的孩子可不穿裤子,穿上袜子即可保暖,又可防止孩子踢蹬时把脚擦伤。

### 2. 婴儿床上用品

床:婴儿床要便于清洗,易于搬动,非常稳固;要有较高的木栏,既可使孩子看到床外的事情,又不能轻易爬出来。床上最好有一个帐子,既做蚊帐,又可避免强风直吹及强光刺眼。

床垫:孩子的床垫可用棉花的,不要用泡沫塑料的。

枕头:孩子不能用松软的枕头,过于松软的枕头可将孩子的脸陷进去造成窒息。

被单和床单:2～3床,要用柔软的棉制品,不要镶边。

被子:最好是棉被或睡袋。睡袋的优点是保温,拉开拉链后,把孩子放进去,再拉好拉链,这样无论孩子怎样踢蹬,也不会裂开。不要给孩子用鸭绒,鸭绒被蒙住孩子的头会造成危险。

小棉垫:2~3条,让孩子睡在上面,尿湿了可换下来。

毯子:可选购轻软的棉毯,春秋季只盖毯子即可。

毛巾被:1~2条,也可用水浴巾代用。

尿不湿:可当作棉垫,让孩子睡在上边,尿渗到下边,与婴儿皮肤接触的部分是干的,不会因尿布换得不勤而孩子皮肤受刺激。

尿布报警器:当孩子尿了的时候,它会自动报警,提醒家长换尿布。

### 3. 孩子的房间

孩子应有一个房间或房间的一个角落。应选择朝向最好、空气最流通,并且最安静的地方给孩子使用。孩子房间的物品应该结实而清洗,无毒无危险,实用和干净。

墙壁:可糊上壁纸或刷上漆(要在孩子出生前几个月整理好,新生儿不能住在刚装修完的房间里),墙的颜色与窗帘、天花板谐调,不要挂过多的画片,免得孩子看得疲劳。

窗帘:不要太透光。

室内温度:新生儿对温度特别敏感,在婴儿室内放个温度计,室温应保持在18℃~20℃。

童车:孩子大一点可以推出去晒太阳。选购时注意车身要稳,推车时孩子不会晃来晃去。车身离地较高,在街上走比较卫生。车身比较深,孩子乱动时不会摔出车外。因身较长,放下时孩子能睡。车篷避免用白色,白色的车篷在阳光下太耀眼。

### 4. 孩子的食具

奶瓶:3~4个,分别用来喂水或喂奶。

奶嘴:10个。注意奶嘴很不容易一下扎得合适,所以要多备几个奶嘴。可使用缝衣针在火上烧一烧然后在奶嘴上扎眼,喂奶的比喂水的奶眼大些。奶眼扎大了,孩子吃奶时发呛,扎小了孩子难以吮吸。

小奶锅:给孩子煮奶用。

刷子:刷洗奶瓶用。

锅:消毒奶瓶、水瓶用。

小勺:4~5个。

### 5. 其他用品

桶：泡洗尿布用。

磅秤：称婴儿体重。

浴盆：在脐带愈合后可给孩子洗澡。

小脸盆：2～3个，孩子洗脸、洗脚，女孩子洗会阴。

体温表：1～2支。

毛巾：2～3条。

爽身粉：1盒。

手绢：10条。

婴儿香皂：1块。

### 6. 应该准备的产妇用品

在分娩时产后所需的用品，在产前逐一准备好，并放在一定的位置。一旦分娩住院，不会临时慌张。这些物品主要是：干净内衣2～3件、内裤2～3条、乳罩2～3件、月经带2条、卫生纸2大卷、卫生巾2包；饭勺1个、茶杯1个、毛巾2条、拖鞋1双、洗漱用具1套；巧克力2块、麦乳精1包。

另外，还要准备好接孩子出院时所用的物品。带帽子的小衣服1套、1条尿裤、1块塑料布、2块尿布、1条毛巾被或1条小毯，如天凉可带1条小棉被或1件棉斗篷。如离家远，应带1个奶瓶，装好热水给孩子路上喝。

## 三、小腿抽筋怎么办

妊娠5个月以后，孕妇在夜间常发生小腿抽筋，引起小腿痉挛的原因主要是缺钙。发生这种症状后，应注意多食含钙丰富的食品，如牛奶、豆制品、鱼类、海带、虾皮等。同时还要注意加强户外活动，多晒太阳，促使维生素D形成，增加钙的吸收。如果缺钙较重，要在医生指导下补充钙剂，如葡萄糖酸钙、碳酸钙、乳酸钙等。在日常生活中，孕妇要注意不穿高跟鞋，选择穿着宽松舒适的平底布鞋。睡觉时，腿不要伸得太直，"卧如弓"最好。侧卧时可在两膝间夹一软枕，仰卧时在膝盖下垫一软枕，坐时可将脚抬高，以利于血液回流。

发生腿抽筋，如在半夜睡觉时，可采取仰卧姿势，用手拉住脚趾,尽力把小腿抬高,一次不行,可再做一次,一般可很快缓解。如在站立时小腿抽筋,可把小腿伸直,活动脚掌,也很有效。发生抽筋以后,可服用钙片和鱼肝油丸。

## 四、什么是前置胎盘

正常情况下,受孕后胎盘便生长发育,附着于子宫体上部的前壁或两侧壁。如果胎盘附着在子宫的下部,将子宫内口全部或部分遮盖住,就叫做前置胎盘。前置胎盘是引起晚期妊娠出血的主要原因。也是妊娠期严重并发症的一种,如果不能及时处理或处理不当,往往威胁孕妇及胎儿的生命。

前置胎盘分完全性前置胎盘(中央性前置胎盘),即子宫左右内口全部为胎盘所遮盖;部分性前置胎盘,即子宫颈内口的一部分为胎盘组织所覆盖,而另一部分为胎膜所覆盖;低置胎盘(边缘性前置胎盘),即胎盘下缘不超越子宫颈内口或在其边缘。在临床时,子宫颈口开大,低置胎盘可变为部分性前置胎盘。

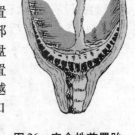

图26 完全性前置胎盘

前置胎盘的原因至今尚明确,可能与曾发生过产褥感染、产后子宫内膜炎以及再次妊娠时子宫体部的蜕膜发育不良,胎盘血液供应不足等有关。当受精卵种植在这种蜕膜中时,为摄取足够的营养,部分胎盘扩大附着面,使原种植在子宫体部的胎盘向下延伸,逐渐占据子宫下面,接近子宫口,部分或完全遮盖子宫口,形成前置胎盘。有些妇女没有采取有效避孕措施,多次人工流产,结果使子宫内膜受损伤,增加了发生前置胎盘的可能性。

图27 部分性前置胎盘

图28 低置胎盘

在妊娠期,胎先露下降,子宫下段逐渐扩张,而种植在子宫下部的胎盘附着处于子宫分离,于是小血管被撕裂而引起阴道流血。这种无痛的阴道流血是前置胎盘的惟一症状。初起时,出血不十分多,剥离处血液凝固,流血可暂时停止,倘若子宫继续收缩,则流血反复发生,而且一次比一次厉害。这种出血,往往发生在不知不觉中,有时患者半夜醒来,已卧于血泊之中。

在分娩时,前置胎盘也可引起严重出血,婴儿娩出后,继续出血的危险依然存在,而且发生各种并发症的可能性的也较大。

因而,孕妇要加强产前检查,初次出血以后,应立即做出诊断。现在主要是依靠超声波或同位素扫描进行胎盘定位。这两种方法对母胎都没有危险,诊断的准确率也较高。

在明确诊断以后,孕妇要卧床休息,尽量减少洗涤活动。如果贫血,还需要输血,尽量维持到妊娠36周,然后由医生选择分娩方式,提前住院分娩。

## 五、产前要学会护理乳头

孕妇除了应学会选择合适的乳罩外,还要学会护理乳头。初产妇乳头细嫩,授乳时较长时间被婴儿含在口中,乳头上皮浸软后发生剥脱、破溃及裂伤。因此在孕期的后3个月,要用温热毛巾轻轻擦拭乳头。不要用肥皂之类的洗涤剂清洗,以免去掉乳头乳晕上的自然分泌的润滑物,同时也不要涂护肤的油脂。

有的孕妇乳头内陷,诊断乳头内陷的方法是用大拇指和其余四指的指尖压迫乳晕部,正常的乳头便会突出,而内陷的乳头会内缩,乳头内陷者自我护理的方法是用大拇指和食指轻轻地捏住乳头,使其在大拇指和食指中间来回转动,同时将乳头向外轻轻地牵引。然后再护理另一侧乳房。这种方法在妊娠期每日两到三次,既可使乳头上皮增厚,又可治疗乳头内陷。

## 六、要预防低体重儿的降生

目前,人们都为孩子过胖担忧,实际上,生下就又瘦又小的低体重儿,也给父母带来无穷的烦恼。低体重儿(出生时体重低于2500

克)各系统器官发育不完善,活动功能也差,还可能伴有智力发育不全、生长发育障碍等疾病。低体重儿与一般婴儿相比,更易患各种各样的疾病。

形成低体重儿的原因主要有以下几点。

1. 胎龄短

正常胎儿龄为38~42周,出生时体重为2500~4000克。一般来说,胎龄越短,体重越轻。早产儿多为出生体重不足2500克的低体重儿。早产儿在宫内生长发育正常,因娩出过早,器官尚未成熟,生活能力差,抵抗力低下,易感染。因此要预防孕妇发生早产,加强孕期检查,搞好孕期的劳动保护,使孕妇在妊娠32周以后适当减轻工作,保证足够的睡眠,避免性生活。引起早产的原因还有孕妇患有急慢性疾病、子宫畸形、妊娠并发症、胎膜早破、多胎妊娠、胎盘功能不全等。发生这些情况,就及时治疗,避免发生早产。

表6 胎龄与体重的关系

| 胎　　龄(周) | 平均体重(克) |
| --- | --- |
| 28 | 1000 |
| 32 | 1700 |
| 36 | 2500 |

2. 营养不良

孕妇营养不良也是娩出低体重儿的重要原因。在孕期,要注意摄入易消化的高蛋白高维生素食品,如鱼、蛋、肉、水果、蔬菜等预防贫血及缺钙,应多吃动物肝、血等。目前,真正因经济困难所致的营养不良已很少见,因择食造成的营养不良却屡见不鲜。孕妇自以为花钱买了高档食品,营养水平挺高,实际上食物的营养比例失调,偏食造成母胎的营养不良。

3. 孕期的并发症

孕期的妊娠高血压综合征、胎盘功能不全和宫内感染常造成胎儿死亡,活产出生后也常为低体重儿。这是因为上述疾病导致子宫血管痉挛,胎盘供血不足,胎盘功能减退,从而使胎儿在宫内发育迟缓。因此,孕妇要按时进行产前检查,发现异常,及时纠正。

### 4. 孕妇患有某种严重疾病

孕妇患有心脏病、糖尿病、肝炎、肾炎时,可发生缺氧,引起子宫收缩,发生早产或胎儿发育迟缓。患有严重疾病的妇女,以不生育为宜,否则不仅可能生出不健康的孩子,而且会给自己带来危险。如果要生育,也要在疾病基本治愈,在医生的指导下开始妊娠。在妊娠期,要加强产前检查,同时对疾病进行监测和治疗。

### 5. 妊娠年龄

妇女妊娠的最佳年龄是 24~29 岁,这段时期女子身心发育完善,腹部肌肉发达,骨盆韧带处于最佳状态。这个时期生育,胎儿发育最好,发生低体重的情况最少。

当然,产生低体重儿的原因很多,如孕妇吸烟、酗酒、滥用药物、接受大量射线等,都可能导致低体重儿的出生。

## 七、什么情况应立即去医院

(1)孕妇阴道突然出现血性分泌物,俗称"见红"是由于子宫颈内口附近的胎膜与子宫壁分离,毛细血管破裂出血所致,属分娩先兆,一般将在 24~48 小时内分娩,所以应尽早到医院就医。

(2)出现阵发性规律性子宫收缩,至少 10 分钟一次,每次约 30 秒钟,历时 1 小时缓解,此时无论是否属临产均应立即去医院就医。

(3)阴道突然大量液体流出,似尿液,可能是胎膜早破,有引起上行感染的可能,有脐带脱垂危害胎儿的可能,此时,孕妇应平卧,由他人用担架或救护车立即送往医院。

(4)头痛、头晕、血压突然升高;阴道流血但无腹痛,可能有胎盘位置异常。若有腹痛,可能胎盘早剥的情况应立即到医院。

(5)胎动次数逐渐减少。若胎动次数减少或 12 小时未感胎动,这提示胎儿在子宫内有缺氧的表现,需立即入院作吸氧等处理。

(6)胎儿心率每分钟 >160 次或每分钟 <120 次或胎心减弱、不规则,都说明胎儿有危急情况需立即送医院。

以上情况也是做丈夫的日常需要观察的主要内容,同时要安排好妻子去医院的车辆、衣物。

## 八、吸毒与胎儿

随着社会的发展,吸毒逐渐成为一个社会问题,一些孕期妇女也有吸毒现象。由于吸毒对母体及胎儿的危险巨大,应引起足够的重视。

**1. 对女性生殖系统的危害**

毒品对社会和个人危害巨大,对孕期妇女及胎儿更为甚。海洛因可作用于下丘脑抑制促性腺激素的释放。现已发现64%用海洛因的病人月经周期异常,常见有月经减少或停经。单独使用海洛因时的发生率为73.5%,但若病人同时使用大麻,则发生率可降至29%。现认为海洛因可能对下丘脑的一些区域有抑制作用,故使促性腺激素周期性释放受阻。

**2. 母亲吸毒对胎儿的危害**

有学者发现妊娠期吸毒后重度先天畸形的发生率达10%,多数为神经管缺陷。中线愈合缺陷也可见于不少流产的病人。50%活产儿的血液中发现有轻度染色体异常。一些致幻剂,如环苯丙哌啶可导致婴儿神经异常行为表现,并伴有嗜睡症和间歇的高张性,具有异形的面部特征并呈现痉挛性四肢麻痹。

总之,吸毒是一个社会问题,要大力宣传其危害性,同时因其触犯法律,应加强法制法规宣传。有吸毒史的妇女应努力戒除,以保护胎儿。

#  胎儿 第 10 个月

## 一、是谁努力使胎儿娩出

我们知道,在怀孕以后,母体内存在两种功能相悖的物质,一是促使子宫收缩而分娩的垂体催产素和前列腺素;一是阻止子宫收缩,有安胎功能的孕酮(黄体酮)。前者在分娩时在母体占优势,后者在怀孕过程中占优势。这种变化是怎样产生的?谁是主宰这一变化的动力呢?

上世纪 60 年代初,科学家发现临近足月的胎儿血液中的肾上腺皮质激素含量突然上升。于是人们在绵羊身上进行了一系列实验。在两只母绵羊临产前 26 天,剖开腹部,将一根管子插入母羊的颈部大静脉。然后,每天通过管子给一只母羊的胎儿注入一定量的肾上腺皮质激素,给另一只羊胎儿注入等量的生理盐水。不久,接受注射激素的羊胎儿娩出,使产期提前了 20 天。另一只羊则足月娩出。这使人们注意到胎儿体内激素的变化所起的作用。经过一系列研究,人们发现,胎儿娩出是由胎儿自己发动的。

首先,临产的胎儿加快了发育,新陈代谢活动增强,因而出现甲状腺功能的亢进现象。这使胎儿体温升高,脑内温度更高些,使胎儿处于一种窘迫状态。这时,胎儿丘脑内的体温中枢对脑温的升高做出保护性反应:分泌促肾上腺皮质激素,使肾上腺分泌的肾上腺激素又抑制了胎盘产生孕酮的功能,提高雌激素的量,也触发了前列腺素的产生,促进了垂体催产素的释放。经过这一系列的连锁反应,分娩活动被触发了。

胎儿要来到人间,必须艰难地通过产道。在妊娠期间,胎儿位于骨盆上面,初产在分娩前四周左右,胎头通过骨盆入口,称为"入盆"。这时胎头偏斜向一边,也就是说,当胎头转向后侧或左侧或朝下弯时,要比胎头正面朝下时容易进入骨盆。这时孕妇下腹有坠痛感,觉得胎儿在下降,但上腹及胸中则舒畅多了。胎头降至骨盆,同

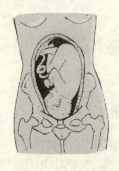 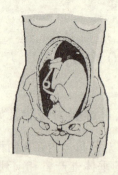 

图29 胎儿未入盆　　图30 胎儿入盆　　图31 临前产胎儿占满子宫

时胎头转过来,转至前后轴向。因为骨盆出口处的最大直径,是前后方向的,胎头在这里又一次转动方向。总之,胎儿为了适应产道的形状和大小,采取了一连串的动作,以配合母亲分娩。

## 二、什么是产道

产道是胎儿娩出经过的道路,可分为骨产道与软产道两部分。

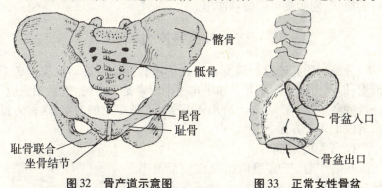

图32　骨产道示意图　　　图33　正常女性骨盆

### 1. 骨产道

骨产道就是骨盆。骨盆前壁浅,后壁深,入口前后径较短,出口则横径较短。如果骨盆的形状、大小有异常,就会阻碍胎儿的娩出运动。在产前检查时,医生会用各种测量方法,鉴定骨盆的大小,并根据胎儿的大小,决定分娩方式。

### 2. 软产道

软产道是个圆筒形的管道,是由软组织构成的,包括子宫下段、子宫颈、阴道及骨盆底组织。

子宫下段:是子宫颈的一部分,未怀孕时叫子宫峡部,只有1厘米长,到妊娠末期,特别是分娩以后,羊水或胎先露的压力施加于子宫下段。遇到子宫上段收缩时,下腹即被拉长,长度可达7~10厘米,变得较薄较软。

子宫颈:妊娠后由于体内激素的变化及血管增多,子宫颈变得松软,子宫颈管内有黏液封塞子宫口。分娩开始之前,子宫颈管约长1~2厘米,分娩开始以后,由于子宫收缩,子宫颈管渐渐变短、变平,最后完全消失。子宫颈管内的黏液与子宫颈黏膜也大部被挤出,同时,子宫颈管壁会受到损伤,引起少量出血。血液与黏液相混合从阴道排出,就是"见红"。初产妇子宫颈管消失,宫口便开大。在分娩前,子宫口仅有几毫米,子宫口必须开大到10厘米左右时,胎头才能通过。

阴道及骨盆底:平时妇女阴道的前壁和后壁是贴在一起的,临产后,随着子宫口的开大和胎儿的下坠,阴道也被展开,变成又宽又短的筒状,使胎头可以顺利产出。

## 三、什么是产力

分娩时胎儿通过产道并被逼出的过程。这一活动取决于3个因素,即产力、产道、胎儿。如果这三个因素是正常的,能互相适应,分娩就会顺利。产力是把胎儿从子宫经产道娩出的力量,这种力量来自以下3个方面。

### 1. 子宫的收缩

在临产时,子宫肌肉出现自发而有节律的一阵阵收缩和放松,这种子宫有规律性的收缩,简称宫缩。宫缩具有节律性,每次由弱到强,维持一个短时期后,逐渐减弱后消失。每两次宫缩之间有一定时间的间歇。在分娩初期,宫缩持续大约10秒钟,间歇时间约15~20分钟,以后,宫缩时间加长,间歇时间缩短,而且收缩的强度亦逐渐增加。当子宫口开全后,阵缩可持续1分钟以上,间歇时间也仅1~2分钟。

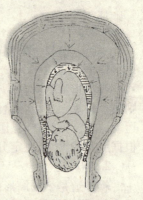

图34 产力的运用

子宫收缩时,能牵引子宫的下段,使子宫颈扩张,使胎儿下降。间歇时,子宫肌纤维放松,使血循环得到恢复,胎儿与母体间,趁这个空隙进行物质交换,子宫肌也就得到休息。如果宫缩过频、过强、过长、过稀、过弱,都会妨碍正常分娩。

### 2. 腹肌的收缩力

子宫颈完全开放以后,胎儿逐渐下降而进入阴道中。每次宫缩时,胎先露或羊水囊压迫骨盆底组织和直肠时,使产妇发生排便的感觉,产妇便会主动地作排便时向下屏气的动作。屏气时,喉头易闭,腹壁及膈肌有强力收缩,使腹内压力增高。这种力量是逼出胎儿的重要力量,可以受意志支配。产妇要会将这种力量,随宫缩时运用,否则没有效果。当胎儿娩出后,腹肌的力量可帮助胎盘娩出。正确动用腹肌的收缩力是娩出胎儿的重要条件,因此,孕妇必须在产前了解和练习。

### 3. 提肛肌的收缩力

当胎先露下降到骨盆底部时,提肛肌的收缩对胎头的仰伸和娩出很出帮助;胎儿娩出后,能促使胎盘娩出。

产力的三种力量都很重要,但以子宫收缩力为主,其他两种力为辅。

## 四、影响胎儿通过产道的三个因素

胎儿能否顺利通过产道,产要取决于胎位,胎儿大小和胎儿有无发育异常三个因素。

### 1. 胎位

在妊娠32周以后,由于胎儿生长快,羊水相对减少,胎儿的位置相对恒定。在产前检查时,医生已查清胎儿位置,对胎位异常者,进行纠正。什么是正常胎位呢?产道是一个纵行、长而且弯的管道,如果胎儿身体的纵轴和母体互相平行,叫纵产式。最先进入骨盆入口的胎儿部分,叫先露。如果纵产式的胎儿头在下方,臀在上方,就是头为先露,这样的胎位叫头位。如果胎儿头和臀颠倒过来,臀在下头在上,就是臀为先露,这种胎位叫臀位。如果胎儿身体与母体身体的长轴垂直,便是横产式。胎儿的位置称横位。横位很少能自然顺产。

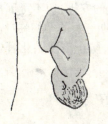

图35 纵产式

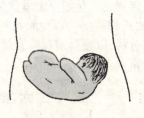

图36 横产式

根据临床观察,在 24 周时,大约有一半的胎儿为臀位。但在妊娠 34 周时,臀位大约只占 1/6～1/4,大多数胎儿能自然转成头位。在临产时,约有 99% 的胎儿为纵产式,横产式仅占 0.5%～1%。

### 2. 胎儿大小

如果胎儿过大或过熟时,则可因胎头与母体骨盆不合比例引起分娩困难。过熟的胎儿颅骨较硬,肩较宽厚,亦易发生娩出困难。

### 3. 发育异常

畸形胎儿因身体的某一部分特殊,可发生分娩困难。

## 五、什么是过期妊娠

人类的生殖活动从受精到分娩,共需 266 天。由于计算预产期是从末次月经第一天开始,所以算做 280 天。医生上所说的过期妊娠,是说平时月经周期正常,却超过预产期两星期仍未分娩。

过期妊娠约占妊娠总数的 5%～12%,与胎儿性别没有关系。胎儿过期未娩出,胎盘却继续老化。胎盘的寿命仅有 256 天,它虽然一直"保卫"和"照料"着胎儿,但它也有生长、成熟、衰老的过程。胎儿迟迟不分娩,胎盘功能减退,也从母体吸收氧和养料,从胎体排出代谢产物的功能都下降了,而胎儿的要求却与日俱增,从而发生供不应求的矛盾,致使胎儿营养不良,四肢瘦长,皮肤出现皱褶,胎脂减少,指甲长,看上去像个小老头。由于胎儿长时间处在缺氧的环境中,很容易发生宫内窘迫而死亡。

如果胎盘功能衰退不严重,胎儿便继续发育,生长成巨大儿,骨骼较硬。同时,还要测定胎盘功能,根据其功能减退程度,医生会做出处理意见。孕妇及家属此时要听从医生的安排,切不可固执地认为为"瓜熟蒂落",以免胎儿发生意外。过期妊娠的孕妇临产前必须住院分娩,以便严密观察宫缩及胎心情况,防止出现胎儿窘迫或胎死于宫内。

## 六、剖宫产好不好

近年来,由于我国产妇平均年龄偏大,孕妇中 95% 以上是初产妇,而且由于提倡一对夫妇只生一个孩子,胎儿较为珍贵,故多认为剖宫产不仅安全,而有剖宫产的孩子比阴道分娩的孩子更聪明。因此,孕妇纷纷倾向于采取剖宫产。到底应怎样正确评价剖宫产的利弊呢?

剖宫产指的是经腹部切开子宫取出妊娠28周以上的胎儿的手术。这种做法为了防止损害胎儿,当产道梗阻、胎儿宫内窘迫、胎位不正、胎盘早剥、前置胎盘等情况时采取剖宫产代替阴道分娩。后来,由于采取胎心监护仅作诊断,能及早发现胎儿窘迫,适时地进行剖宫产结束分娩。使剖宫产率进一步提高,这引起了国内外围产学有的忧虑,许多先进国家开始努力控制剖宫产率。1985年世界卫生组织提出,任何一个国家或地区,剖宫产都不应该超过10%~15%,这是因为剖宫产是一种手术,会给产妇带来损害。例如麻醉意外,术中或术后出血,手术中膀胱、输尿管、肠管的损伤,术后感染如腹膜炎、败血症等。据报道,剖宫产产后出血率较高,产褥感染率为阴道分娩的10~20倍,产妇死亡率为阴道产的5倍。

对于胎儿来说,阴道分娩是一个自然的生理过程,在产程中,经过产道的挤压,胎儿呼吸道内的液体大部分排出,有利于出生后开始呼吸,而剖宫产的新生儿,呼吸道内往往有液体潴留,故发生窒息,呼吸系统合并症的机会更多。

在什么情况下需要行剖腹产呢?当妊娠合半较重的心脏病、重症肝炎、重症慢性肾炎等疾病时,当出现胎儿窘迫、臀位、多胎、巨大儿等情况时,经过医生诊断,在良好监护下,由技术熟练的产科医生行剖宫产,还是必要的。

剖宫产术后要多翻身,防止发生褥疮。产妇在术后第三日起即可起床活动,防止下肢形成血栓和发生肺栓塞。术后产妇即可进流食,24小时后便可吃普通饭。

## 七、临产前的先兆

妊娠满28周后,胎儿及其附属物由母体产道娩出的过程称为分娩。妊娠28~38周内分娩者称为早产;38~42周分娩者称足月产;42周以上分娩者称过期产。

临近分娩前,往往出现一些现象,预示产妇就要临产,称为分娩先兆。

### 1. 有规则的子宫收缩

分娩前数周,子宫肌肉较敏感,将会出现不规则的子宫收缩,持续的时间短,力量弱,或只限于子宫下部。经数小时后又停止,不能使子宫颈口张开,故并非临产,称为假阵缩。而临产的子宫收缩,是有规律性的。初期间隔时间大约是每隔 10 分钟一次,孕妇感到腹部阵痛,随后阵痛的持续时间逐渐延长,至 40 秒~60 秒。程度也随之加重,间隔时间缩短,约 3~5 分钟。当子宫收缩出现腹痛时,可感到下腹部很硬。

### 2. 阴道有血性分泌物排出

分娩开始前 24 小时内,阴道排出少量血性黏液,俗称见红。是由于子宫颈口开大,胎膜与子宫壁分离,毛细血管破裂,有少量出血,再与子宫颈管的黏液混合排出。

### 3. 临产前的阴道流水,即所谓的"破水"

这是由于子宫内羊水的压力骤然增加,羊膜囊破裂,羊水夺孔而出。多数产妇破膜后不久,便开始产生不规律的子宫收缩,正式进入产程,应立即送医院。羊膜破后,可流出大量的羊水,因此孕妇在途中,应保持平卧姿势以免脐带脱出造成胎儿死亡。

孕妇在临产前精神不要紧张,有征兆后再上医院。过早耗费精力,会造成临产时的宫缩无力,产程延长,以至难产等。

## 八、临产不要紧张

大多数孕妇在临产前既兴奋又紧张。高兴的是十月怀胎的任务将要完成,自己就要做妈妈了。紧张的是种种猜测。特别是初产妇,只听过别人说孩子怎样怎样,自己没有经验,更是疑虑重重。在孕妇中,怕分娩时疼痛的占 60%,担心难产的占 46%,怕胎儿畸形的占 61%,怕胎儿在产中发生意外的占 52%,还有 79% 的孕妇想生男孩。这种种想法,都会形成心理压力,影响分娩的顺利进行。

有人在生孩子时的确感到疼痛。这是因为在孕期,子宫颈口是关闭的,在临产时,经过子宫一阵阵的收缩,子宫颈口才逐步扩张,使胎儿得以娩出。在子宫一阵阵收缩时,产妇会感到腹胀、腹痛和腰酸痛,但这些感觉因人而异。有的人感觉很轻,而精神越紧张,便感觉越重。阵痛不论轻重,一般都属生理现象,是可以忍受的。当孩子娩出过程中产妇能和医生很好配合,则可减轻不适感,使分娩更顺利。在每次宫缩时,产妇要做深呼吸,同时用手轻轻地抚摸下腹部,使肌肉放松,加速宫颈口扩张。在宫缩时,产妇要尽量克制自己,不要乱动乱叫,因为初产妇往往产程较长,过分疲劳会使宫颈无力,影响胎儿娩出。

越到临产,孕妇越担心孩子是否畸形,一桩一件地回忆自己在孕期患过什么病,吃过什么药,等等。实际上,坚持产前检查的孕妇,胎儿畸形的发生率是很低的。孕期在医生的指导下所做治疗,一般影响胎儿的发育。

过去老人们常说:生孩子是一只脚在棺材里,一只脚要棺材外。孕妇都暗暗担心自己会不会难产。其实,在现代医疗条件下,造成难产的常见原因,如产妇骨盆狭窄、胎位不正、胎儿窒息等,均可手术处理,安全性比较高,已不再是产科的难题。

在我国,由于推行一对夫妇只要一个孩子的计划生育政策,所以准备只生一个的家庭,往往偏好男孩。这种偏好常给产妇带来很大的精神压力,精神负担可造成难产和产后大出血。因此,产妇、特别是家属,要打消重男轻女的思想。男孩女孩都是爱情的结晶,应该给家庭带来的只有欢乐,家属要能够劝慰产妇,使其满怀希望地迎接小宝宝出世,勇敢地克服分娩带来的各种生理变化,做一个勇敢的母亲。

## 九、全身心地迎接宝宝

怀孕分娩是人生的自然现象,但对母体来说却是巨大的生理改变。对分娩常出现惧怕心理,害怕分娩时疼痛、出血、难产、胎儿意外等。这些焦虑不安和恐惧心理,常会影响分娩。科学研究证明,临产时产妇恐惧、焦虑不安等情绪通过中枢神经系统而抑制了子宫的收缩,使宫缩乏力、产程延长、难产的机会增多,可造成分娩困难。

临产时要经过子宫规律性的收缩,才能使子宫颈口扩张,当子宫收缩时,可感到下腹部胀痛、下坠和腰痛,这些都是正常生理现象。只要在生产过程中,每次子宫收缩时,都做深呼吸,可使肌肉放松,减轻疼痛。分娩时子宫收缩以两种方式进行,即节律式收缩和推进式收缩。节律式子宫收缩是由少到多、由弱到强,间隔时间由长到短,渐渐成为有规律性的子宫收缩。这种子宫收缩是为了子宫本身及孕妇有休息的机会,避免因持久收缩而劳累。而且规律性的收缩是循序渐进的过程,使产妇有适应的机会。推进式收缩是由上段的子宫肌肉先收缩,而下段子宫肌肉并不收缩而是舒张,形成上紧下松,上压下放,将胎儿渐渐推向下面。当宫口完全扩张后,顺利的产程约十几分钟就完成。

孕妇在开始规律性子宫收缩前,应适当休息好,及时排清大小便,养精蓄锐,以免反复阵痛出现后,体力消耗很大,休息不好,会影响子宫收缩力,影响分娩。

孕妇生产从子宫有规律性收缩开始到胎儿胎盘的产出,全部时间称为总产程。总产程由3个产程组成:

第一产程——开口期。从子宫有规律收缩到子宫颈口完全开大为止,此为第一产程。初产妇因子宫颈口较紧,开大时间缓慢,需要16~21小时,经产妇需要6~8小时,此期实际上是子宫开口期。

第二产程——胎儿娩出期。是从子宫颈口开全到胎儿降生时为止。初产妇约需1~2小时,经产妇约几分钟到2小时,此期子宫收缩最强、最频,形成巨大的推动力。羊水做润滑剂,孕妇主动配合,胎儿穿过阴道作俯屈、伸仰、左右旋转等动作,胎儿就顺利降生。当胎儿头下降达骨盆底压迫直肠,产妇可能有排大便感。

第三产程——胎盘娩出期。是从胎儿娩出后到胎盘娩出的过程。只需几分钟到半小时。胎儿娩出后子宫迅速收缩变小,此期产妇除觉疲劳外,没有其他感觉。

产妇与医生配合,无痛苦地分娩婴儿是每个产妇都迫切希望的。无痛分娩的奥秘是建立无痛分娩的新概念,再辅助一些解痛的手法,转移产妇的注意力,达到分娩无痛的效果。产妇分娩时与医配合,做到:

(1)深呼吸法。在分娩初期,当子宫开始规律收缩时,产妇可大口大口地吸气和呼气,操作时不要过分紧张,宜稍缓慢而有力。深呼吸的作用是兴奋大脑皮层和增强体内的氧循环,增加全身力量和子宫的收缩力,缩短产程,减少婴儿窒息的机会。

(2)按摩法。宫口开全时,产妇两手四指并拢,轻轻的按摩下腹部,吸气时从两侧到中央,呼气时从中央到两侧,此法与深呼吸法同步配合进行。

(3)压迫法。在宫口开大4厘米以上到宫口开全这段时间里应用。每次子宫开始阵缩时开始压迫,特别是在高度腰酸痛时效果最好。

以上三种方法可交替或同时应用。

## 十、婴儿的降临

### 1. 用响亮的哭声向世人报到

胎儿在母亲子宫内时,肺及气管里含有肺液、分泌物和少量的羊水,分娩时胎儿通过狭窄的产道胸部受到压迫,肺液和羊水在分娩过程中从口鼻腔挤出。与此同时,胎儿一边受挤压一边顺产道前进,全身皮肤受到强烈的刺激,这种皮肤刺激使胎儿大脑呼吸中枢接受刺激后产生兴奋,在降入人世间的一刹那产生呼吸,发出响亮的啼哭声,空气立即进入肺部,此时一个依靠母亲胎盘供给营养和氧气的胎儿变成一个独立生活的新生儿,用一声啼哭向爸爸妈妈及世人宣告我诞生了!

### 2. 早接触早开奶

小宝宝从母体内闭塞和黑暗的环境里来到这五彩缤纷的光明世界,从完全寄生生活到完全独立生活的环境,这样两个完全不同的环境里如何使新生儿适应新环境,只有母亲的爱抚才能改变这种差距。新生儿出生后渴望母亲的爱抚,母亲用温暖的肌肤紧贴着婴儿的肌肤,让宝宝的头贴近母亲的胸怀,母亲那规律而熟悉的心跳节律声传达到新生儿大脑,使他回忆起胎儿期熟悉的心跳声,会感到安全、舒适和快乐。由于出生时产道的挤压,可能使头变得又尖又长,五官也被挤成一团,嘴唇也显得很厚,胎儿皮肤表面有一层灰色的脂肪,是皮脂腺的分泌和脱落的表皮组成,可保护娇嫩的皮肤不受损害,可防止病菌的侵入。出生后可用涂有植物油的纱布轻轻搽去,母亲可以用温柔的手轻轻触摸新生儿的皮肤,舒适的皮肤刺激通过神经传到大脑,可促进大脑发育。在胎儿期的触摸是间接的,而出生后的触摸是母亲皮肤与婴儿皮肤的直接接触,使触觉更灵敏。触摸时先让宝宝仰卧着,先轻握一侧上肢,从上向下,由内向外,轻轻地按摩。做完一侧再如地按摩另一侧。再轻握一侧下肢,从上向下,由内向外,轻轻地按摩,如法再按摩另一侧下肢。再让宝宝俯卧着,用手顺着脊柱,由于自臂部进行按摩,然后再往上轻轻按摩,动作要轻柔,时间不可太长。要根据宝宝的情绪,按摩时显出舒适安静的表情。如宝宝显出不耐烦甚至哭闹的表情,暂停按摩。

当宝宝紧贴妈妈胸部时,口唇触碰到妈妈乳房时,宝宝会伸头去寻找母亲的乳头,张着小嘴要吸奶。宝宝在宫内已学会吸吮动作、吞咽羊水,现在真正地闻到妈妈的奶香味,更激起了宝宝的食欲,宝宝要吃奶了,应尽早开始喂养。新生儿期,"按需喂乳",宝宝随时想吃,随时哺乳。早期哺乳可防止新生儿低血糖,并促使胎粪排出。通过早开奶,可促进泌乳素分泌增多,使乳汁分泌增多。

### 3. 母乳是宝宝最理想的营养食品

母亲为新生儿出生后的不同时期,专门准备了不同成分的奶汁。

(1)初乳:出生后至生后12天母亲分泌的乳汁为初乳,乳汁略稠,因β-胡萝卜素略带黄色,蛋白质含量高,主要为球蛋白,脂肪和乳糖含量较少,平均热能为280千焦(67千卡)/100毫升。钠、钾、钙、镁、锌和脂溶性维生素含量明显高于成熟乳,并含有多种抗体,如分泌性IgA,免疫细胞和巨噬细胞等。对从母体无菌内环境子宫内来到这相对污染的环境世界,为增加抵抗力,免遭细菌感染,母亲特为新生儿准备这营养大餐——初乳,包含有优质蛋白质、脂肪、碳水化合物、矿物质、维生素和水,其成分完全适合新生儿的消化、吸收和利用。刚出生一周左右,热量的需求少,消化力量弱,哺以初乳正适合。

(2)过度乳:出生后3天到30天的乳汁称为过度乳。其特点是总蛋白和球蛋白的含量逐渐减少,脂肪、乳糖和总热能逐渐增高,水溶性的维生素逐渐增加,脂溶性的维生素和矿物质的含量略有减少,100毫升奶的平均热能为305千焦(73千卡)。随着新生儿的生长,消化力逐渐增强,需要量增多,母乳也跟随着宝宝的需求逐渐增多变浓。

(3)成熟乳:从2个月到9个月的乳汁称成熟乳。成熟乳蛋白质含量低,脂肪和乳糖含量增高,总热量每 100 毫升奶为 312 千焦(74.7 千卡)。母乳中的蛋白质含有促进大脑发育的优质蛋白,是大脑快速发育的重要物质基础。成熟乳中脂肪、维生素和热量受母乳营养状况的影响。营养不足的母亲,脂肪、维生素及热量含量不足。母乳的营养成分和热量上均适合婴儿消化和吸收,还含有多种免疫物质,温度适宜,天然无菌,经济方便,更重要的是,母乳喂养能增进母子间的感情。

**4. 母乳喂养,母子情深**

新生儿时期,哺乳是按需哺乳,只要宝宝想吃,或妈妈奶涨均可哺乳。由于新生儿时期宝宝胃容量很小,约 15~30 毫升。以后每月增加 20~25 毫升,到 6 个月时为 200 毫升,1 岁时为 300 毫升。母乳喂养应让宝宝学习寻找奶头,不要马上将奶头塞进宝宝嘴里,而失去了学习寻找的机会。母亲可用奶头只碰碰宝宝的面颊和唇边,让宝宝伸头寻找奶头,这样可训练宝宝的触觉,使其触觉更灵敏,宝宝会将头转向奶头处。宝宝吃奶时,母亲要用深情的眼睛看着宝宝,宝宝也会盯住母亲,一旦同你那深情的目光碰在一起时,他会目不转睛地注视着你,向你打开心灵的窗口。母子目光对视,用无声的语言进行着情感交流。母亲看到宝宝的眼睛,宝宝的眼睛会说话,把信任和责任都看到了,感到不仅是喂宝宝,还要更加关爱他,让他幸福地成长。而宝宝看着妈妈的眼睛,感受到在母亲温暖的怀抱里,不但吃饱,还受到慈母的疼爱,生活在无忧无虑的幸福中。母子情深油然而起,母爱是无与伦比的营养素。喂奶时,若不用眼睛看到自己的宝宝,心中想着其他事或看书、看报,母亲的眼睛远离了宝宝,会使宝宝感到失望,宝宝的眼睛会离开母亲的眼睛,干脆闭着眼睛只顾吃奶。用眼睛传递信息的能力也逐渐减少,用眼睛去观察和理解的能力也降低,使得宝宝失去了学习机会。而在心理上得不到关注和爱护,常常会变得紧张不安,经常啼哭。因此父母亲均应非常警觉留心宝宝的心理世界。英国著名的小儿科医生及儿童精神病学家 D. W. 维民科特曾谈到基本的母性关注,他指的是母亲在新生儿出生后几天或几个星期是必须具备的一种心理状态,即一位母亲要无时无刻都想到她新生的婴儿。婴儿不止需要母亲在身体上的拥抱和喂奶,也需要母亲在心理上的关心和关注,才会使新生儿不会感到惊恐不安和孤独。缺乏这种基本关注,他们很难与父母沟通,更不能了解外面的世界,长大后很难成为一个反应灵敏的人。

### 5. 新生儿需要睡眠

新生儿每天睡眠时间约 16~20 小时,满月时减少两小时。宝宝的睡眠有 3 种睡法,即瞌睡、浅睡和深睡。每次睡眠约 30 分钟到 45 分钟,偶尔到 60 分钟逐渐延长。宝宝眼睛半睁、活动减少就是瞌睡了,如果宝宝呼吸不均匀、眼皮扇动、偶尔哭一两声,这是浅睡。如果宝宝呼吸均匀,眼皮完全不动,即进入深睡。当你知道宝宝入睡前的三部曲,你可在宝宝瞌睡阶段,将胎教时听过的摇篮曲,按着节拍轻轻拍打宝宝,让其入睡。若抱在怀里,轻拍摇时,宝宝出现的浅睡表现眼皮有时扇动,若此时往床上放,他会感知不在母亲怀中,马上惊醒哭泣起来;当宝宝呼吸均匀,眼皮安全不动时,进入了深睡阶段。宝宝在温馨优美的摇篮曲中安静入睡,甜甜的小脸露出一丝微笑,这时轻轻地将宝宝放到床上,他会睡得很香。从深睡到快醒时,也会过渡到浅睡时。如果在夜间,宝宝哭一两声,眼皮扇动为睁开,母亲可轻拍不必打扰宝宝,让宝宝继续入睡,让几个睡眠小周期连起来,晚上睡眠久些,白天哭时就抱起来喂奶使宝宝白天觉醒时间增加,晚上睡眠时间延长,培养昼夜有区别的生活节奏。

# 科学胎教篇
## KEXUE TAIJIAOPIAN

# 胎儿 第1个月

## 一、怎样科学地实施胎教

胎教一词源于古代,《辞海》中解释:古人认为胎儿在母体中,能够受孕妇言行的感化,所以孕妇必须谨守礼仪,孕妇要保持良好的情绪,做到"耳不闻恶声,目不视恶色,心不妄想,平静坦然。避免"七情",喜、怒、哀、思、悲、恐、惊的刺激,心情要愉快。孕妇居住的环境应优美,空气新鲜,室内布置一些赏心悦目的风景画,常听轻松愉快的音乐,不看有刺激的书。古人云:"欲子于清乡,居山明水秀之乡;欲子若聪俊者,常咨诗书。"这些都是有科学道理的。

孕妇在恐惧、愤怒、烦躁、哀愁等消极情绪状态下,会影响胎儿身体和大脑的发育,这种状态下,孩子长大以后,往往情绪不稳定,自我控制能力差,多动好哭,并常出现呕吐腹泻等病症。从母亲自身角度对胎儿实施胎教,就必须处于一种良好的心理状态,注意营养,使胎儿生长发育有一个良好的内外环境,有利胎儿健康成长。

从确诊妊娠时起,做父母的就应该为新生命的健康孕育做好一切准备。夫妻共同制定胎教计划,孕妇的生活起居的安排,饮食营养食谱,以及音乐、抚摩、光照、对话等胎教具体实施的方法步骤,都应仔细规划。

胎教工具的准备。购买胎教音乐磁带一定要注意,必须经过医学声学检测,所选音乐的音频范围和音乐节奏应完全符合胎教的要求,以确保对胎儿无害;要备有符合规格的腹壁传声器,要备有胎儿和新生儿两种不同的音乐磁带,另外还应备有带解说诱导词的孕妇专用音乐磁带。实施光照胎教需要备有内装四节一号电池的手电筒。准备一个胎教日记本,用以详细记录胎教的情况及反应,也为孩子留下一份珍贵的历史记录。

## 二、胎教与优生

胎教起源于古代,在很多书籍中已有记载,并得到了现代科学的验证。一个孕妇,无论您是不是有意去做,都能把所见所闻及所想到的一些事情不知不觉地传递给胎儿,对胎儿产生着影响。换句话说,每个孕妇在日常生活中都会自觉不自觉地教育着腹中的胎儿,这就是胎教的自然性。胎教的目的是通过调整母体的内外环境,避免不良因素对胎儿的影响,使胎儿完善的发育。胎教是教育的一部分,而且是教育中很重要的一部分。从教育体系来看,胎教是基础。从生命发展来看,胎教是在生命之始,生命的形成之时对人加以"修正"。这种"修正"直接关系到每个家庭的幸福和我们整个民族素质的提高,因而,其意义也就非同小可。同时,相对于一个人整个一生来说,这一时期的修正也比其他任何时期的"修正"工作更有作用,更有价值,更有意义。胎教涉及生理学、心理学、遗传学、胚胎学、医学等多种学科。

### 1. 胎教的概念

胎教是对出生前孩子的教育,具体地说它是指母亲通过自身的调节来对胎儿的身心发育提供良好的影响或直接对胎儿的发育施加有益的影响。胎教属于优生学的范畴,又是教育学的一个分支。胎教在形式和内容上,以其独特的风格形成了一个完整的理论体系,它把优生学和教育学紧密结合起来,开拓了一个新领域。胎教具体内容包括三个方面。

(1)优身受孕:它是指健康的父母在最佳年龄段,在最佳的身心状态下使精子和卵子结合成受精卵的过程。

若要生个好宝宝,优身受孕十分重要和十分必要。若要达到优身受孕需要夫妻双方的共同努力。受孕之前,夫妻必先优身优心。怀胎,作为当事人,妻子可谓是直接的责任者,妻子自身的情绪对胎儿有着直接影响。妻子必须保持良好的身体素质,保持健康的心理状态,保持优秀的品质和修养。妻子的一举一动、一言一行都会作用于胎儿,这可以说是自古就有的胎教思想。妻子怀胎,丈夫同样对胎儿起着直接和间接的影响。后代的优劣在很大程度上取决于精子的质量,丈夫对妻子的关心和爱护。对妻子的照料和帮助,对妻子的支持和引导，同样会对后代产生相当重要的影响。

（2）优境养胎：优境养胎是指为胎儿创造一个完好的生活环境，使胎儿受到更好的调养调教。胎儿的生活环境可根据母体分为内环境和外环境。胎儿生活的内环境，包括母亲的精神状态、思想意识活动、母亲自身营养状况以及母亲的内脏器官，内分泌系统及母亲的自身品格和修养等。内环境直接作用于胎儿。外环境是指母体之外的能够对母体产生影响，引起母体环境发生变化，进而对胎儿产生影响的自然和社会环境。外界环境，正是通过对孕妇的眼、耳、口、鼻等感觉器官的刺激，以及大脑的思维活动，间接地对胎儿发生作用。使胎儿的成长受到影响。积极的、高尚的、乐观的事物给胎儿以有利的影响，消极的、低级的、悲观的事物给胎儿以不利的影响。孕妇与胎儿之间虽无直接的神经联系，但胎儿可通过母体中化学物质的变化来感受母亲的情感和意图。母亲的情绪会直接影响胎儿神经系统的发育和性格的形成，这正是优境养胎的原理。

（3）胎儿教育：胎教的本意就是有意识地对胎儿进行教育。胎儿教育分为直接教育和间接教育。直接教育是指直接作用于胎儿，使胎儿受到良好影响。如给胎儿听音乐，这就是对胎儿的直接教育。间接教育是指通过对母亲的作用来影响胎儿，如孕期保健操，通过母亲做操来达到母胎同受锻炼的目的。

## 2. 胎儿的发育特点

要搞好胎教，了解胎儿的发育特点是十分重要的。近几年的科学发展，特别是影像仪器的问世，在屏幕上显示的事实，揭开了胎儿发育之谜，同时也为胎教学提供了无可辩驳的有力证据。

（1）胎儿大脑的发育：人脑的发育分两大时期，第一时期是脑细胞分裂时期，这个时期持续到胎儿出生时止，人从出生的那一刻起，就决定了其一生的脑细胞的数量，此后只减不增。第二时期是由出生后到3岁，连接各脑细胞的神经纤维交错伸展。如果把脑细胞比作电话机的话，那么神经纤维就像是把140亿个电话机用电话线相接的作业。由此我们可以看出，出生前实施胎教，可以生育出聪明的孩子，出生后继之以早期教育和智力开发，培育出天才儿童。教育需要连续性。实施胎教从受孕第一个月就该开始。大脑从开始形成期，就应该给予充分的营养和适当的信息诱导发育。从第四个月,也就是大脑皮层形成之时,胎教就该进入正规训练阶段。适宜诱导积极的开发,大脑越发育,大脑皮层的沟回相应地也就会越多,孩子也就越加聪明。相反,孕妇在孕期营养不足,缺少信息诱导,孩子出生后表现出发育迟缓,智力低下。

(2)胎儿的五种感觉:生理学家的研究证实胎儿具有五种感觉:听觉、视觉、味觉、嗅觉和触觉。正是由于胎儿具有了这五种感觉,才使胎教具有了可行性。

(3)胎儿的视觉:胎儿的视觉在孕期第13周就已形成。按说,在这个时候胎儿就应该能看到东西了,但胎儿并没有看。虽然胎儿不去看,但胎儿对光却很敏感。在四个月时,胎儿对光就有反应,如果用胎儿镜观察,就不难发现。当胎儿入睡或有体位改变时,胎儿的眼睛也在活动。怀孕后期如果将光送入子宫内,胎儿的眼球活动次数就会增加。而且从脑电图还可以看出脑对光的照射产生反应。胎儿出生后不到10分钟,就能发挥视觉作用,新生儿的视力只关心30~40毫米以内的东西,这恰好与他在子宫内位置的长度相等。

(4)胎儿的触觉和听觉:相对视觉而言,胎儿的触觉发育要早一些。由于黑暗的宫内环境限制了视力的发展,所以胎儿的触觉和听觉就更为发达。有人通过胎儿镜观察发现,当接触到胎儿手心时,他马上就能握紧拳头做出反应,我们的运动胎教正是由于胎儿有了触觉才来实行的。通过抚摸训练,使胎儿的身体活动,手脚的灵活性得以锻炼。胎儿还能听到声音,研究人员曾把一只微型话筒由阴道插入到子宫,听里面的声音。研究人员吃惊地发现,胎儿生活的空间竟是一派喧哗和吵闹。在胎儿整个发育过程中,听觉给胎儿带来的影响最大。因此,在我们胎教的内容中,利用胎儿的听力,对胎儿实施教育也相应占据重要地位。借助声音,对胎儿进行良好的引导,也是我们实施胎教的一个最有效的途径。

(5)胎儿的味觉和嗅觉:胎儿的味觉神经乳头在孕期第26周形成,胎儿从第34周开始喜欢带甜味的羊水,而在孕妇体内胎儿用不上的是嗅觉,但他一出生,马上就会用上了。

(6)胎儿的感知能力和记忆能力:胎儿除了上述四种感觉外,还具有感知能力和记忆能力,正是由于胎儿的这两种能力,才使我们的胎教具有了意义。

### 三、胎教要点

(1)要树立"宁静养胎即教胎"的观点。
(2)要乐观豁达,情绪稳定,勿大怒大悲。
(3)勿洗过热水浴(40℃以下水温)。
(4)勿随便吃药,勿接受 X 线检查。
(5)停经后切忌性交。
(6)停经后及时诊断是否妊娠。

 胎儿 第 2 个月

### 一、电视与胎教

孕妇因怀孕,到外面社交场合,商店剧院体育场所等机会减少,在家经常长时间的看电视,这样对胎儿的影响是十分严重的,经专家调查,孕妇每天收看电视 2.8 小时以上,常会出现不良反应,在对早中期孕妇调查中,发生不良反应的约占 9% 左右,会出现眩晕、疲倦、乏力、食欲减退、心情烦躁、焦虑不安及妊娠高血压综合征,孕妇长时间看电视还影响胎儿的生长发育,分娩出的婴儿有大脑发育不良,有的患畸形。研究人员发现,在电视室工作时,可使宫内产生高压静电环境,这种高压静电环境会使大量的阳离子从电视机的荧光屏中释放出来,结果使室内的阴离子被吸引,而孕妇就处在这种缺少阴离子的环境中,空气中的阴离子不仅具有促进孕妇的机体代谢,改变人体生长发育与清除代谢废物的作用,还可增强孕妇的免疫力,维持血压,消除疲劳,还伴有催眠作用,若空气中缺乏阴离子时,对孕妇健康带来的影响,使胎儿发育障碍。

### 二、电脑与胎教

国外对计算机操作人员进行调查,其结果认为,在密闭的计算机房内长时间工作,就会出现头疼,记忆力减退,神经衰弱和失眠等疾病。计算机房中的电磁辐射效应,打印机的化学物质的刺激,静电干扰等各种因素都对人体健康构成威胁。近期科学家研究发现,与从事其他办公室工作妇女相比,每周在计算机前工作20小时以上的孕妇,比一般妊娠流产率高两倍,美国调查表明,孕妇出现不良反应的超过90%,因此建议怀孕的妇女尽量离开电脑,不要持久地在计算机终端屏幕前工作。

## 三、胎儿的听力训练与运动训练

### 1. 听力训练

胚胎学研究证明,在受孕后第8周胎儿的听觉器官已经开始发育,胚胎从第8周起神经系统初步形成,听神经开始发育。当胎儿发育到了第25周时其听力完全形成,还能分辨出各种声音,并在母体内做出相应的反应。有人曾做过这样的实验:在音乐会上,当孕妇沉醉于优美平缓的轻音乐时,腹中的胎儿也在有规律地动着,而当演奏完毕后爆发出热烈的掌声时,胎儿却受惊般地加速活动,心率也急剧加快。胎教学者因此主张,应不失时机地抓住有利环节,对胎儿进行有益的刺激。此外科学家们还发现,如果胎儿在母体内患有先天性耳聋,通过听力训练就可以做出初步诊断。

### 2. 运动训练

"生命在于运动",运动可以促进胎儿发育得更好。早在第7周开始胎儿就可以在母体内里蠕动了,但这时由于活动幅度很小,因此只能借助B型超声仪才可以观察到,当胎儿发育到16~20周时活动能力大增,并表现出多种多样。如吸吮手、握拳、伸腿、眯眼、吞咽甚至于转身翻斗、练习呼吸动作,与此同时胎儿也在积极地锻炼喝水的能力。专家认为胎儿喝水训练主要是出于一种生存的本能,即为了训练自己的生活本领。胎儿通过对口腔吸吮能力的锻炼,以便为出生后使用口唇吃奶做好准备。同时,对胎儿进行适当的运动训练可以激发胎儿运动的积极性,促进胎儿身心发育。此外,我们可以通过对胎儿活动的观察来了解胎儿的健康。现代医学已经证明,胎动强弱和胎动的频率可以预示胎儿在母体内健康状况。凡是在母体内受过运动训练的胎儿出生后翻身、爬行、坐立、行走及跳跃等到动作都明显地早于一般的孩子。从这种意义上说,胎儿的运动训练确实不失为一种积极有效的胎教手段。有些孕妇对进行胎儿运动训练有些担心，怕锻炼会伤害了胎儿。其实这种担心是没有必要的，胎儿在4个月时胎盘已经很牢固了，胎儿此时在母体内具有较大的空间。而且，环绕胎儿的羊水对于外来的作用力还具有一种缓冲作用，从而起到保护胎儿的效果。那么，我们应该怎样来训练胎儿的运动功能呢？胎儿的运动训练是建立在胎儿一定的自主运动能力基础上的。胎儿的运动训练可于怀孕3～4个月开始。训练时孕妇应仰卧，全身尽量放松，先用手在腹部来回抚摸，然后用手指轻戳腹部不同部位，并观察胎儿的反应。开始时动作宜轻，时间宜短，几周后，胎儿就渐渐地适应了这种训练方法，能积极做出一些相应的反应。这时，可稍微加大运动量，每次以5分钟为宜。到了妊娠6个月以后，腹部已能触摸到胎儿的头部和肢体，从这时起就可以轻轻拍打腹部，并用双手轻轻推动胎儿，帮助他在宫内"散步"。此外，如能配合音乐和对话等方法同时进行，将会收到更为理想的效果。训练的手法一定要轻柔，循序渐进，不可急于求成，每次时间不宜超过10分钟，否则只能拔苗助长，效果适得其反。一般来说，怀孕后3个月以内和临近产期时都不宜进行上述活动。

## 四、中医论胎教

### ⊙ 胎养胎教，最为慎重

性命在本，故礼有胎教之法；子在身时，席不正不坐，割不正不食，非正色目不视，非正声耳不听。及长，置以贤师良傅，教君臣父子之道，贤不肖在此时矣。受气时，母不谨慎，心妄虑邪，则子长大，狂悖不善，形体丑恶。

〔汉〕王充：《论衡》卷2《命义》

古人胎养胎教之方，最为慎重，所以上古之人多寿多贤良，有以也。世之妇人妊子，既能如《列女传》所云矣，又要饮食清淡，饥饱适中，自然妊娠气清，身不受病，临产易生，子疾亦少，痘疹亦稀，此为气血贯通，所感明验。夫何后世风俗渐偷，鲜能悟道，男妇纵欲，无往弗胜，怀孕之时，殊不加意，以致临产气血乖张，不能顺应，生儿下地，惊搐无时，此盖胎中受毒，病种渊深，虽良医神剂，莫之能为。

〔明〕徐春甫:《古今医统大全》

⊙ 养　胎

妇人受胎之后,最宜调饮食,淡滋味,避寒暑,常得清纯和平之气,以养其胎,则胎元完固,产子无疾。今为妇者,喜啖辛酸、煎炒、肥甘、生冷之物,不知禁口,所以脾胃受伤,胎则易堕,寒热交杂,子亦多疾。况多食酸则伤肝,多食苦则伤心,多食甘则伤脾,多食辛则伤肺,多食咸则伤肾,随其食物,伤其脏气,血气筋骨失其所养,子病自此生矣。

受胎之后,喜怒哀乐莫敢不慎。盖过喜则伤心而气散,怒则伤肝而气上,思则伤脾而气郁,忧则伤肺而气结,恐则伤肾而气下,母气既伤,子气应之,未有不伤者也。其母伤则胎易堕,其子伤则脏气不和,病斯多矣。盲聋、音哑、痴呆、癫痫,皆禀受不正之故也。

妇人受胎之后,凡行立坐卧具不宜久,久则筋骨肌肤受伤,子在腹中,气通于母,必有伤者。如恣情交合,子生下头上有白膜滞腻如胶,俗呼"戴白生"者,亦子母相通之一验矣。妇人怀胎睡卧之处,要人护从,不可独寝,邪气易侵,虚险之处不可往来,恐其堕跌。

〔明〕万全:《妇人秘科·养胎》

## 五、胎教要点

(1)居室宁静幽雅,环境优美。
(2)预防流感、风疹、传染性肝炎。
(3)避免接触化学物质和农药物品。
(4)避免登高危险激烈运动。
(5)避免性生活。
(6)本月产前检查一次。

# 胎儿 第3个月

## 一、家庭和谐与胎教

温馨的家庭是孕妇心情舒畅,心境平和情绪稳定的良好保证。妊娠期妇女生理上有许多变化,有时可能烦躁,遇事易激动,所以家庭中要营造良好的外环境,妊娠时心情激动,内分泌发生改变,孕妇的血液循环和内分泌系统,均与胎盘紧密相连,可使母体内环境改变而直接影响胎儿,科学研究表明,孕妇心情平和,情绪稳定,可以增加血液中有利于健康的化学物质,血液循环内分泌和心理都处于一种平衡和谐的状态。专家认为"宁静即胎教",早期妊娠孕妇的胎教,情绪和心理素质是最大的关键因素,正常母亲有节奏的心音是胎儿最动听的音乐,母亲规律的肠蠕动声也给胎儿以安稳的感觉,处在良好的子宫内环境中,胎儿能得到理想的生长发育。当孕妇生气、焦虑、紧张不安或忧郁悲伤时,此时母亲的血液中,内分泌激素浓度改变,胎儿立即感受到,表现为不安,通过B超可观察到胎儿的身体活动增加,而且持续的时间比孕妇情绪反应的时间还长。有大量研究发现,孕妇经常焦虑和紧张,胎儿出生后患多动症的机会增多,出现挑食,经常呕吐、腹泻和不安,体重减轻,还发现孕早期不良情绪易导致胎儿畸形发育,对胎儿的生理心理都会产生不良影响。要给每个新生命提供一个充满爱的生活环境,家庭成员都要努力协调自己的行为方式,共创和睦健康的家庭人际关系,有利于优生。

## 二、胎教是爱

胎儿的生活习惯来自母亲,根据瑞士儿科医生苏蒂尔曼博士的研究报告分析,新生儿的睡眠类型是在胎儿期由母亲所决定的。博士将孕妇分为早起和晚睡两种类型,然后分别对她们所生的孩子进行调查,结果是早起型母亲所生的孩子一生下来就有早起的习惯,而晚睡型母亲所生的孩子,一生下来就有晚睡的习惯,此项研究直接表明了胎儿出生前母子之间就存在感觉相通的例证。胎儿与新生儿一样，会准确地适应母亲的日常生活节律，由此得知，出生后母子间的"感觉"是出生前就已开始的"感觉"过程的延续。

胎儿10周时，他的手、脚、头以及全身都可以灵活地动了，透过超声波可以看到胎儿在羊水中弯弯曲曲地游动，有时还会转换身体的方向和位置，当他一种姿势持续太长，就会伸伸懒腰，变化一下体位，甚至还会做一次深呼吸，胎儿的这些动作说明他的神经发育可以对外界刺激做出简单的反应。胎儿11周时，他的动作可以使两脚交替伸出，做出"走"的动作和"蹬自行车"的动作，这被称做"原始行走"，胎儿在母体内就已经开始学习走路了。妊娠早期由于早孕反应容易使孕妇心烦意乱，恶心呕吐，为一点小事情生气，此时你可要知道，胎儿宝宝与你的感觉是相通的，由于你的不愉快造成身体内分泌失调，使内环境改变，传递给胎儿宝宝的都是母亲的不满和心烦意乱，使胎儿宝宝过度地承受是不合适的，对胎儿脑发育关键期会带来不良影响。因此母亲必须随时保持开朗、温柔、慈爱的心情，这种心情应持之以恒才能使胎儿的身体和心理健康成长，母亲平和、宁静、愉快而充满爱的心理，是此阶段胎教的主要内容。

## 三、胎儿情商的培养

未来的父母亲对胎儿的情商培养应尽早开始并应该有步骤地进行。

### 1. 听音乐

音乐必须根据孕妇不同阶段的需要来选择，孕妇在妊娠早期情绪容易波动，常可影响胎儿的生长发育，母亲忧郁和焦虑都会感应到胎儿。因此，这段时间孕妇适宜轻松愉快、诙谐有趣、幽雅的音乐，使孕妇早孕反应的不安心情得以放松，精神上得到安慰。

音乐的曲调、旋律、节奏和响度的不同，对孕妇和胎儿产生的情感和共鸣也不同，优美细腻、韵律柔和、带有诗情画意的乐曲有镇静作用，轻松悠扬、节奏明朗优美动听的乐曲，有舒心愉快的作用，不同类型的音乐对孕妇和胎儿所产生的影响也不同，孕妇最好不要听那些过分激烈的现代音乐如摇滚乐等，因为这些音乐音量较大，节奏紧张激烈，声音刺耳嘈杂，可使胎儿烦躁不安，使神经系统和消化系统产生不良反应,促使母体内分泌一些有害的物质,危害孕妇和胎儿。

### 2. 与胎儿心灵交流

孕妇多接触琴棋书画。多看画展、花展、科技展,阅读一些轻松乐观、文字优美的文学作品。学习插花、摄影和刺绣等知识和操作,陶冶自己的情操,与胎儿进行心灵情感的交流。

胎教实际上是对胎儿进行良性刺激,主要通过感觉的刺激发展胎儿的视觉,以培养其观察力;发展胎儿的听觉,以培养对事物反应的敏感性;发展胎儿的动作,以培养其动作协调、反应敏捷、心灵手巧。由于胎儿在子宫内的特殊环境里,胎教必须通过母体来施行,对胎儿的感官刺激,通过神经可以传递到胎儿未成熟的大脑,对其发育成熟会起到良性效应,一些良性刺激可以长久地保存在大脑的某个功能区域中,一旦遇到合适的机会,惊人的才能就会发挥出来。因此孕妇每天播放一些欢快优美动听的音乐,或活泼有趣的歌谣和诗词,也可自己哼唱各种小曲和朗读诗词传递给胎儿,除听音乐外还要多接触文学艺术的美,可阅读散文、童话及人体绘画,人体摄影等美的欣赏和享受,陶冶母亲的情操,可对腹中的胎儿的形体器官发育成熟均起到良性刺激作用,可受到潜移默化的效果。

## 四、中医论胎教胎养

⊙ *母热子热,母寒子寒*

若夫胎孕致病,事起茫昧,人多玩忽,医所不知。儿之在胎,与母同体,得热则俱热,得寒则俱寒,病则俱病,安则俱安。母之饮食起居,尤当慎密,不可不知也。

〔元〕朱震亨:《格致余论·慈幼论》

夫孺子之在襁褓中也,内无七情六欲之交战,外无大风大寒之相侵,奚其幼科之疾若是之繁且甚与? 抑考其证,大半胎毒,而小半伤食也,其外感风寒之证,什一而已。曰变蒸,曰痘疹,曰斑烂,曰惊悸,曰风痫,曰发搐,曰痰壅,曰赤瘤,曰白秃,曰解颅,曰重舌、木舌,已上数证;岂非孕母不谨,胎毒之所致与?

夫小儿之在胎也,母饥亦饥,母饱亦饱,辛辣适口,胎气随热,情欲动中，胎息辄躁。或多食煎煿①，或恣味辛酸，或嗜欲无节，或喜怒不常，皆能令子受患。先正所谓"古者妇人妊子，寝不侧，坐不边，立不跸，不食邪味"等语，厥有旨哉！其饮食男女、养胎幼之法，必深得造化生生不息之意。故古人多寿考、儿少夭折者，即此之由也。尝见今有禀性温良之妇，有娠不嗜欲纵口，生子少病，而痘疹亦稀，亦可以为师法矣。

〔明〕虞抟：《医学正传·小儿总论》

蔡氏曰：小儿在母腹中，其母罔知禁忌，或好食辛辣之物，或恣意淫欲，以此蕴毒，流注小儿经络，他日发为疮疡痘疹，职此之由。

《指掌图》曰：夫婴儿在胎，禀阴阳五行之气以生，脏腑百骸，气血筋脉，其形虽具，肌体未实，骨骼未成，阳气既足，阴血未全，所以不可太饱暖以消其阴，此丹溪先生之大戒也。然儿在腹中，必藉母气血所养。故母热子热，母寒子寒，母惊子惊，母弱子弱，所以有胎热、胎寒、胎惊、胎弱之证。

新安方广曰：按疮疹之源，盖由母妊娠之时，饮食煎炒炙煿厚味醇酒，儿在腹中浸渍食母血秽，蕴而成毒，伏于五脏之间，乃生之后，或因外感风寒，内伤生冷，跌扑惊恐，时气流行，触动郁火，发于肌肤之间，心脏之毒为斑，肺脏之毒为疹，肝脏之毒为水泡疮，脾脏之毒为脓泡疮。小儿禀厚毒少，气血调匀，表里充实，则易发易厌；苟或禀弱毒胜，表里虚，气血弱，必须医药调治，庶几有生。

拙者曰：诸公之论，犹是古人胎教遗意。婴孩之殇，痘疹最厉。父母罹②此，孰不痛悼？顾达者委命，愚者尤神；孽自己作，谁则如之！彼笄黛③者流，目不辩书，责在人父。父为母诵说，母为儿保练，庶几培根清源之助。余闻妇有身者，别寝处，淡饮食，谨视听，免④而男女端正智慧，坚强健固，微独省胎毒、免痘厉已矣。故与其痛悼于后，孰若谨严于初！

〔明〕郭子章：《博集方论·未生》

---

① 煿（bó）：同"爆"。
② 罹（lí离）：遭遇不幸的事。
③ 笄（jī鸡）：古代用来插住挽起的头发的簪子。黛（dài代）：古代女子用以画眉的青黑色颜料。笄黛：这里借指女子。
④ 免：同"娩"。

天有五气,各有所凑。地有五味,各有所入。所凑有节适,所入有度量,凡所畏忌,悉当戒惧,慎勿以为养者,理固然也。以致调喜怒,嗜欲,作劳不妄,而气血从之,皆所以保摄妊娠,使诸邪不得干焉。苟为不然,方禀受之时,一失调养,则内不足以为守中,外不足以为强身,气形弗充,而疾病因这。如……心气大惊而颠疾,肾气不足而解囟,脾胃不和而羸瘦,心气虚乏而神不足之类,皆以气血不调之故也。

儿在母腹中,藉母五脏之气以为养也,苟一脏受伤,则一脏之气失养不足矣。如风则伤肝,热则伤心与肺,湿则伤脾,寒则伤肺,此天之四气所伤也;酸多则伤肝,苦多则伤心,甘多则伤脾,辛多则伤肺,咸多则伤肾,此地之五味所伤也;怒则伤肝,喜则伤心,思则伤脾,忧则伤肺,恐则伤肾,此人之七情所伤也。是以风寒暑湿则避之,五味之食则节之,七情之感则绝之,皆胎养之道也。若夫勿登高,勿临险,勿独处暗室,勿入庙社,勿恣肥甘之味,勿啖瓜果之物,勿游犯禁之方,所调护辅翼者各有道也。如不利嗣息,或骄倨太甚者,动必成咎。

妊娠有疾,不可妄投药饵,必在医者审度病势之轻重,药性之上下,处以中庸,不必多品,视其病势已衰,药宜便止,则病去于母,而子亦无殒矣。

〔明〕万全:《育婴家秘·胎养以保其真》

## 五、胎教要点

(1)多聆听优美旋律,多读富有高尚格调的书报,保持良好情绪。

(2)避免不良情绪刺激(如:淫邪、凶杀、秽臭、噪音、邪念、丑陋、恐吓等)。

(3)保持良好心态,轻松渡过妊娠反应苦恼,想吐就吐,不吐就多吃,顺其自然。

(4)避免孕妇情绪不佳,导致内分泌介质变化,影响到胎儿。古人云:"欲子美好,数观璧玉,欲子贤良,端坐清虚,是谓外象而内感者也。"

(5)避免性交。

(6)本月做全面产前检查一次。

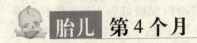

# 胎儿 第4个月

## 一、胎儿听觉发育与胎教

胎儿的听觉系统是与外界保持联系的主要器官,也是进行听力训练和听音乐胎教的物质基础。上世纪80年代科学家将现代科学技术对胎儿听力进行测定,发现胎儿除有完整的听力以外,并提出胎儿在子宫内接受"教育",进行"学习",并形成最初的"记忆"的新认识,为胎教提供了科学依据。

胎儿的眼、耳、鼻、皮肤等感觉器官在妊娠早期就已形成,但功能的建立和发展从孕4月开始。孕4月脑的结构日益完善,胎儿对各种感觉逐渐发挥作用。如胎儿对声音已相当敏感,其声音来自母体内大血管的搏动,其节律与心脏相同。还有规律的肠蠕动声音。胎儿在宫内就有听力,能分辨和听到各种不同的声音,并能进行"学习",形成"记忆",可影响出生后的发音和行为。因此,我们应该利用胎儿听觉的重要作用,给予良好的声音刺激,促进宫内听力的发展。

为了对胎儿听觉的训练和提高,从这个月起,可以每天进行两次听觉训练,每次3~5分钟,先选用供孕妇欣赏的作品,音乐应柔和平缓,优美动听,带有诗情画意。例如《春江花月夜》、《江南好》等,以宁静、感人,又能产生美好联想。通过孕妇的神经体液,将这些感受传给胎儿。

这个月可以给胎儿起个小名,母亲每天生活起居都可以先呼唤小名告诉他母亲正在做的事。如早上起床,可呼唤小名叫他和母亲一起起床,早上洗脸漱口,进早餐、中餐、晚餐、睡觉等日常生活起居均用语言传递给胎儿,每天持之以恒,晚上睡前父亲也要与胎儿说话,这些熟悉的声音可促使胎儿听觉发育,记忆增强。孕妇在对4个月的胎儿进行听觉教育时,应该细致的观察胎儿有何反应,可采用胎儿电话机,置放在孕妇腹部子宫位置上,与胎儿进行交流。

## 二、胎儿的视觉训练

胎儿从4个月起对光线就非常敏感,科研人员对母亲腹壁直接进行光线照射时,应用B超探测观察,可以见到胎儿出现躲避反射,背过脸去,同时也可看到胎儿有睁眼、闭眼活动。因此有人主张在胎儿觉醒时,可进行视觉功能的训练。这说明胎儿发育过程中,视觉也在缓慢发育,并具有一定的功能。在子宫内似暗箱操作,不能视物,但当母亲腹部在日光照射下,胎儿能感觉到光线强弱的变化。对胎儿进行视觉训练时,可用4节一号电池的手电筒,一闪一灭的直接放在母亲腹部进行光线照射,每日3次,每次30秒钟,并记录下胎儿的反应。进行视觉训练可促进视觉发育,增加视觉范围,同时有助于强化昼夜周期,即晚上睡觉、白天觉醒,并可促进动作行为的发展,切忌用强光,照射时间不宜过长。

## 三、胎儿的性格训练

母亲的子宫内是胎儿生活的第一个环境,可以直接影响胎儿的性格的形成和发展。在子宫内环境中,感受到温暖、和谐、慈爱的气氛。胎儿幼小的心灵将得到同化,意识到生活的美好和欢乐,可逐渐形成胎儿热爱生活、活泼外向、果断自信等优良性格的基础。如果夫妻间不和,家庭人际关系紧张,甚至充满敌意和怨恨,或者母亲心里不喜欢这个孩子,时时感到厌烦,由于情绪变化影响内分泌激素改变,胎儿会感到痛苦,可体验到冷漠和仇视的气氛。将来性格发育会形成孤独寂寞、自卑多疑、懦弱、内向等性格的基础。会给胎儿的未来带来不利的影响。因此,国外优生科学家认为,母亲的情绪、态度会影响胎儿,胎儿在母体孕育过程中,个人的性格,气质特点就已经开始萌芽,包括对爱、恨、忧伤、恐惧等不同情感。科学家研究表明,胎儿在子宫里,不仅有感觉,而且对母亲情绪的细微变化都能做出敏感的反应。布拉泽尔顿博士研究发现,胎儿出生后就可以发现各自的个性的差异,有光睡觉的,有睁着眼张望的,也有手脚乱动大哭的,还有低声长时间哭泣的。出生当天当布拉泽尔顿博士进行检查时,有的新生儿就能紧紧盯住博士的眼睛,当博士上下左右转动自己的面部时,他也用眼睛进行追踪。而有的新生儿看一眼马上就不追踪了;有的新生儿很厌烦嘈杂声音昏沉入睡;有的新生儿对外界环境十分敏感,总在哭泣;有的新生儿安抚一下就停止了哭泣,而有的要花很长时间才能安静下来,气质差异很大。澳大利亚的洛特曼博士观察研究了114名妇女,从妊娠至分娩的全过程,将她们分为4类:

第一类为理想母亲,心理测验证实,她们盼望得到孩子,这类母亲怀孕时感觉最佳,分娩最顺利,生下的孩子身心最健康。

第二类为矛盾母亲,这类母亲表面上似乎对怀孕很高兴,丈夫亲友也以为她们乐意做母亲,可是子宫里的胎儿却能注意到母亲潜意识里的矛盾情绪和母亲内心深处对他们排斥的心理。这些胎儿出生后大部分有行为问题和肠胃问题。

第三类为淡漠母亲,这些母亲不想得到孩子,但她们潜意识希望怀孕,这两种信息在某种程度上全被胎儿接受,这些孩子出生后,情绪情感冷漠,昏昏欲睡。

第四类为不理想母亲,这类母亲不愿意得到孩子,她们在怀孕阶段生病最多,早产率最高。生下来的孩子出现体重过轻,情绪反常。科学研究表明,胎教对婴儿个性的形成有紧密关系,胎儿时期母亲妊娠期间的环境,心理情绪,生活方式,身体状况等因素均与胎儿个性的形成有密切关系。

## 四、胎儿的行为训练与语言训练

### 1. 行为培养

行为也是一种语言,是一种不说话的语言。由于胎儿尚不具备语言表达的能力,所以发生在母亲与胎儿之间的这种行为信息的传递就显得十分重要。通过观察发现,每当胎儿感受到不适不安或意识到危险临近时,就会拳打脚踢,向母亲报警。另一方面当孕妇因重体力劳动、长途跋涉以及繁重的家务等引起极度疲劳,或者因种种原因造成巨大的烦恼、气愤和不安时,也会自然而然地传递给胎儿,从而波及胎儿的健康和发育,严重时甚至使胎儿感到无法忍受而发生流产、死产等意外。因此,孕妇行为的好与坏对胎儿及至孩

## 第四篇 科学胎教

子一生的行为产生重大的影响。因此,每一个未来的母亲都应有充分认识大自然交给自己的使命,在妊娠期每一天活动中,倾注博大的母亲,仔细捕捉来自胎儿的每一个信息,母子之间进行着亲切友好的交流,以一颗充满母受的心浇灌萌芽中的小生命,这就是我们所希望的胎教基础。

### 2. 语言训练

人们发现,婴儿从出生第一天起就能辨认出母亲的声音,而且对这种声音表现出极大的兴趣。法国学者曾经对一些婴儿进行过法语和俄语的选择试验,结果发现他们对法语的发音反应更为强烈。这就说明,这个小生命在胎儿时期就已经具备了学习能力。总而言之,子宫内的小生命具有出色的学习能力,他将利用一切可能的机会学习,他学习吞咽、学习吮吸、学习运动、学习呼吸……当然,他还是一个小小的"心理学家",通过母亲传递过来的一切信息揣摩着母亲的心绪,学习心理感应。鉴于胎儿这种潜在的学习能力,母亲在妊娠期间,尤其是后半期应强化与胎儿的交流,及时施行早期胎教,通过各种可能的渠道,使胎儿接受有益的刺激,获得良好的胎内教育。下面就简单介绍一下与胎儿对话的方法。

父母亲通过动作和声音与腹中的胎儿对话是一种积极有益的胎教手段。在对话过程中,胎儿能够通过听觉和触觉感受到来自父母亲爱的呼吸,对促进胎儿的身心发育具有十分有益的影响。对话可从怀孕3~4个月开始,每天定时刺激胎儿,每次时间不宜过长,1分钟足够。对话内容不限,可以问候,可以聊天,可以讲故事,以简单、轻松、明快为原则。例如早晨起床前轻抚腹部,说声"早上好,宝宝"。打开窗户告诉胎儿:"哦,天气真好。"等等,最好每次都以相同的询问开头和结尾,这样循环往复,不断强化,效果较好。随着妊娠的进展,每天还可适当增加对话次数,可以围绕父母的生活内容,把每一种新鲜事物,把美好的感受反复传授给胎儿。最后还需提醒大家:由于胎儿还没有关于这个世界的认识,不知道谈话内容,只知道声音的波长和频率。而且,他并不是完全用耳听,而是用他的大脑来感觉,接受着母体的感情。所以在与胎儿对话时,孕妇要使自己的精神和全身的肌肉放松,精力集中,呼吸顺畅,排除杂念,心中只想着腹中的宝宝,把胎儿当在一个站在面前的活生生的孩子,娓娓道来,这样才能收到预期的效果。

## 五、中医论胎教

⊙ 胎　教

旧说凡受胎三月,逐物变化,禀质未定。故妊娠三月,欲得观犀象、猛兽、珠玉、宝物,欲得见贤人君子、盛德大师,观礼乐、钟鼓、俎豆、军旅陈设,焚烧名香,口诵诗书,古今箴诫,居处简静,割不正不食,席不正不坐,弹琴瑟,调心神,和情性,节嗜欲,庶事清净,生子皆良,长寿,忠孝,仁义,聪慧,无疾。斯盖文王胎教者也。

〔唐〕孙思邈:《千金要方》卷2《养胎》

凡女怀孕之后,须行善事,勿视恶色,勿听恶语,省淫欲,勿咒诅,勿骂詈①,勿惊恐,勿劳倦,勿妄语,勿忧愁,……遂令男女如是聪明智慧,忠真贞良,所谓教胎者也。

《洞玄子》

《妊子论》云:夫至精才化,一气方凝,始受胞胎,渐成形质。子在腹中,随母听闻。自妊之后,则须行坐端严,性情和悦,常处静处,多听美言,令人诵读诗书,陈说礼乐,耳不闻非言,目不观恶事。如此则生男女福寿敦厚,忠孝贤明;不然则生男女多鄙贱不寿而愚顽,此所谓因外象而内感也。昔太任怀文王,耳不听恶声,目不视恶色,口不出恶言,世传胎教之道,此之谓也。

〔明〕万全:《育婴家秘·胎养》

## 六、胎教要点

(1)适度修饰打扮,增加美感。

(2)经常散步,到公园湖边、田野、森林呼吸新鲜空气,心情舒畅,利于胎儿生长。

---

① 詈(lì利):骂,责骂。

(3)妊娠反应结束,胎儿进入急速生长期,需多摄入优质蛋白质、铁、锌、钙和维生素食品。

(4)此期早孕反应消失,孕妇心理相对稳定。

(5)胎儿出现胎动、能听到胎心。

(6)本月产前检查一次。

##  胎儿 第5个月

### 一、科学实施胎教

#### 1. 听觉训练

音乐是启动语言的桥梁。

音乐胎教:从本月起,可以开始有计划地进行胎教,每天1~2次,每次15~20分钟。应选择在胎儿觉醒期,即有胎动的时期进行,也可固定在临睡前。可通过收录机直接播放。孕妇应距音箱1.5~2米远,音响强度可在65~70分贝左右,但最好使用胎教传声器,直接放在孕妇腹壁胎头部位,音响大小可依据成人隔着手掌听到传声器中的音响强度以及相当于胎儿在孕妇腹腔子宫内听到的音响强度进行调试。腹壁厚了,音响稍大,腹壁薄,音响稍小。千万不要将收录机直接放到腹壁上给胎儿听,噪音可损害听神经。孕妇也可同时通过耳机收听带有心理诱导词的孕妇专用音乐磁带,或选用自己喜爱的各种乐曲。可随音乐进行情景联想,力求达到心旷神怡的境界,借以调节精神情绪,增强胎教效果。

除了听音乐之外,母亲还可采用给胎儿唱歌的胎教方法。著名小提琴家叶胡迪、梅纽因在1980年12月29日英国胎儿心理学会的成立大会上说,他的母亲在他出生前经常对他唱歌,可能有助于培养他杰出的音乐才能。孕妇给胎儿唱歌是一种自然的胎教,母亲声音的自然振动,母亲的歌声可带给胎儿和谐的感觉和情绪上的安宁感。母亲富有节奏的心脏搏动声,是胎儿所处环境中最先听到的声音,如母亲心率节奏正常,胎儿就会感到一切正常,就会感到环境安全而无忧无虑。母亲唱歌时,歌声与她的呼吸心跳、胸腔和腹部的运动是一致的。胎儿更喜欢母亲唱的歌声,更能直接地刺激胎儿的听觉,促使胎儿的神经系统和感觉器官的发育,促进胎儿的记忆发展。

音乐优美的韵律,是父母与胎儿之间不同语言交流的桥梁,能被胎儿感受到,是相互感情交流的最佳通道。本月可有计划地采用的胎教有:哼歌谐振法。

母亲为胎儿选择抒情歌曲或摇篮歌曲,唱歌时心情舒畅,用慈母之爱唱给胎儿听。从而达到胎儿心田的共鸣。还可采用音乐熏陶法。每天1~2次欣赏音乐名曲,如二泉映月、雨打芭蕉等,每次15~20分钟。用优美动听的音乐刺激胎儿听觉感受器,使其得到训练,用胎教磁带采用微型胎儿扩音器,置放到胎头相应部位,将优美的乐曲源源不断地输送给胎儿。科学家研究证明,对受过音乐胎教的婴儿进行听觉脑干诱发电位的检测,测试人体周边感受器和脑干听觉通道的发育程度以及反应或反应的各项指标,测试结果表明,受过音乐胎教的胎儿在神经系统正常发育的基础上,以及在末梢神经系统成熟早、中枢神经系统成熟慢的基础上来促进胎儿神经系统和脑部的发育。在测试过程中,受过音乐胎教的婴幼儿,对15分贝的声音刺激即有反应,而未受过音乐胎教的婴幼儿,对50分贝的声音刺激才出现反应。实践证明,音乐胎教还有助于胎儿个性、情感、能力等方面的发育,有助于智力的开发和提高。

语言对话的胎教:胎儿5个月感受器官初具功能,在子宫内能接收到外界刺激,均能以潜移默化的形式储存于大脑之中。实践证明,父母经常与胎儿对话,进行语言交流,能促进胎儿出生的语言及智能发育。专家们提出,早期教育应从胎儿时期开始,父母与胎儿对话要继续,每天定时刺激胎儿,每次1~2次,对话内容不限,可以问候,可以聊天,可以讲故事。父亲每天也要在固定的时间和胎儿说话。随着妊娠期的进展,每天可适当增加对话次数。把每天快乐的感受告诉胎儿。父母亲说话声音通过波长和频率储存在大脑的感觉区域。可以产生记忆,母子对话内容不必太复杂,而需要重复的词句。实践证明,胎儿能接受父母亲的感情,对话时一定要把他当作家庭中的成员,认真感受感情,才能达到胎教的目的。经过胎教训练的胎儿,出生后3~4天就能用声音与父母交流,连续发出咿咿呀呀的声音。

2. **运动能力的训练**

胎教理论主张对胎儿适当地进行运动训练,可以激发胎儿运动的积极性,促进胎儿身心发育。现代医学证明,胎动的强弱和胎动的频率,预示着胎儿在母体宫内的健康状况。科研人员对胎儿在宫内胎动强弱两组分别进行了观察。直到出生后发现,宫内胎儿的胎动强者出生后其动作的协调和反应速度均优于出生前胎动弱者。还发现在母体内,受过运动训练的胎儿,出生后翻身、爬行、坐立、行走及跳跃等大动作均明显早于一般婴儿。

触摸运动:从妊娠5个月开始,或感知有胎动时起,每次触摸5~10分钟,以后可增至每日早晚各一次。具体的方法是:孕妇仰卧床上,头部不要垫高,全身放松,双手捧住胎儿,从上到下,从左到右,反复抚摩10次后用食指和中指轻轻抚摩胎儿,如有胎动,则在胎动处轻轻拍打,要注意胎儿的反应类型和反应速度。如果胎儿对抚摩、推动的刺激不高兴,就会用力挣脱或者蹬腿反射,这时应马上停止抚摩。如果胎儿受到抚摩后,过一会儿才以轻轻蠕动的方式做出反应,这种情况可以继续抚摩,一直持续几分钟后再停止抚摩,或配合语言、音乐的刺激。较为理想的抚摩时间是傍晚胎动活动频繁时,但有早期宫缩的孕妇,不可用触摸运动。

触压拍打法:孕5个月,在孕妇的腹部摸到胎儿的肢体,在按压胎儿的肢体后,胎儿马上会缩回肢体或活动肢体,可以通过触压和拍打胎儿的肢体同胎儿玩耍,刺激胎儿活动,让胎儿在宫内"散步",做宫内"体操",反复训练,可以使胎儿建立起条件反射,并增强肌肉肢体的力量。临床实践证明,经过触压、拍打肢体训练的胎儿,出生后肢体肌肉强健有力,抬头、翻身、坐爬走等大动作均早于一般婴儿。经过触压、拍打增加了胎儿肢体活动,是一种有效的胎教方法。当胎儿出现蹬腿不安时,要立即停止训练,以免发生意外。

3. **游戏训练**

随着医学科学的发展和超声波临床的应用,发现胎儿在母体内有很强的感知能力,父母对胎儿通过游戏的胎教训练,不但增强胎儿活动的积极性,而且有利于胎儿智力的发育。专家们通过超声波荧屏显示了胎儿在母体内活动的情况。胎儿在宫内觉醒时,伸一下懒腰,打一个呵欠,又调皮地用脚踢了一下子宫壁,这使他感到很满意。偶然用手碰到漂浮在身边的脐带,他会抓过来玩弄几下,有时还会送到嘴边,这些动作使他感到快乐。从这些动作和大脑发育情况分析,专家们认为,胎儿完全有能力在父母的训练下进行游戏活动。只要父母不失时机地通过各种渠道对胎儿进行早期训练,并进行特殊的训练,就可使胎儿的体育、智能的潜能得以开发。

### 4. 记忆的训练

西班牙胎儿研究中心对"腹内胎儿的大脑功能会被强化吗?"这一课题进行了研究。结果表明,胎儿对外界有意识的激动行为,感知体验,将会长期保留在记忆中,直到出生后。而且对于婴儿的智力、能力、个性等均有极大的影响。也证明了胎教是教育的启蒙。由于胎儿在子宫内通过胎盘接收母体供给的营养和母体神经反射传递的信息,使胎儿脑细胞分化,在成熟过程中,不断接受母体神经信息的调整和训练,因此妊娠期间,母亲的七情(喜、怒、哀、思、悲、恐、惊)的调节与胎儿才能的发展有很大的关系。胎儿是有记忆的,胎儿不是无知的小生命,孩子聪明才能的启蒙,是孕育在胎儿期,对胎儿的潜能进行及时合理地训练,使大脑得到全面的发展。

## 二、中医论胎教

### ⊙ 太任胎教

太任,文王之母,挚任氏之仲女也,王季①娶以为妃。太任之性,端一诚庄,惟德之行。及其娠文王,目不视恶色,耳不听淫声,口不出敖言,生文王而明圣,太任教之以一而识百,卒为周宗。君子谓太任为能胎教。

古者妇人妊子,寝不侧,坐不边,立不跸②,不食邪味,割不正不食,席不正不坐,目不视邪色,耳不听淫声,夜则令瞽诵诗,道正事。如此,则生子形容端正,才过人矣。

故妊子之时,必慎所感。感于善则善,感于恶则恶。人生而肖

---

① 王季:西周文王姬昌之父,即季历。
② 跸(bì 毕):一只脚站立。

万物者,皆其母感于物,故形音肖之。文王母可谓知肖化矣。

〔汉〕刘向:《古列女传》卷1《母仪传·周室三母》

⊙ 周后胎教

周周妃后妊成王①于身,立而不跛,坐而不差,笑而不喧,独处不倨②,虽怒不骂,胎教之谓也。成王生,仁者养之,孝者褓之,四贤傍之③。成王有知,而选太公为师,周公为傅,前有与计而后有与虑也。是以封于泰山,而禅于梁父,朝诸侯,一天下④。由此观之,主左右不可不练也⑤。

## 三、胎教要点

(1)开始直接胎教,对胎儿可进行音乐胎教,进行母子对话或抚摸胎教。

(2)为哺乳作准备,开始矫正或锻炼乳头。

(3)对双胞胎或孕妇腹部肌肉松弛者,可使用腹带保护胎儿,以免受震动。

(4)注意定期作产前检查。本月产前检查一次。

 胎儿 第6个月

## 一、运动与胎教

妊娠到了6个月,胎儿的发育处于稳定时期,孕妇应顺其自然

---

① 周成王:西周初年的名王,文王之子。

② 跛(bō簸):一只脚站着。差(cī),不齐,引申为两腿不齐。独处不倨,独身一人时也不蹲坐。

③ 仁者荐之:由仁爱的人哺养他。褓:在这里是背负的意思。四贤:四个贤德的人。傍,依附在附近。

④ 封:古代帝王进行祭天仪式,称为封。禅:祭山川的仪式。梁父,一作"梁甫",泰山下的一座小山。一,统一。

⑤ 主:君主。练:选择。

的参加适量运动,这对于顺利分娩、给婴儿的健康出生打下好的基础。孕妇愉快的活动,要有良好的兴致,要时时想着与胎儿同欢乐。

做孕妇操。做孕妇操能够防止由于体重增加引起腰腿疼,能够帮助放松腰部和骨盆部和肌肉,为胎儿出生时顺利分娩做好准备,还可增强孕妇的信心,使胎儿平安降生。

游泳。游泳运动可以增强腹部的韧带力量和锻炼骨盆关节,还可增加肺活量,避免在妊娠期中或产后患心脏和血管方面疾病。游泳运动借助水浮力,轻松愉快地改善血液微循环,可以减少分娩过程引起的腰痛、痔疮、静脉曲张等症状。还可以自然的调整胎儿臀位,是一项帮助孕妇顺利分娩的运动。

孕妇游泳要注意水温,一般要求水温在 29℃~31℃ 之间,否则水温低于 28℃ 会刺激子宫收缩,易引起早产,水温高于 32℃ 容易疲劳,游泳时间最好在上午 10 点到下午 2 点之间。

以下几种情况禁止孕妇游泳:
(1)身孕未满 4 个月。
(2)有过流产、早产史。
(3)阴道出血、腹痛者。
(4)患者妊娠高血压综合征、心脏病等。

## 二、旅游与胎教

旅游自古以来就是一种养生之道。唐朝就有赞美的诗句:"清晨入古寺,初日照高林,潭影室人心,万籁此俱寂,惟闻钟磬音。"在这种环境中既陶冶人的情操,又可净化心灵。孕妇投身到绿色的大自然中,呼吸着清新的空气沐浴在温煦的阳光下,观赏着千媚百娇的花草树木,会使人心中的杂念尽除,烦恼顿消,喜悦之情,油然而生,与胎儿同享这大好时光。

## 三、胎儿运动

方法:孕妇仰卧在床上,平静均匀地呼吸,眼睛凝视着上前方,全身肌肉进行彻底放松,孕妇可用双手从不同方向抚摸胎儿,左右手轻轻交替、轻轻放压,用双手手心紧贴在腹壁上,轻轻地旋转,可以向左,也可以向右,这时胎儿会做出相应的反应。如伸胳膊、蹬腿等。这种胎儿运动坚持做一段时间,胎儿就会习惯了,形成条件反射,只要妈妈把手放在腹壁上,胎儿就会进入胎内运动,此时再伴随着轻柔的音乐,则效果就更理想。

帮助胎儿运动的时间应该固定,一般选在晚上 8 点左右较为适宜,每次运动 5~8 分钟即可,对培养一个健康活泼的宝宝是大有好处的。

## 四、进行语言胎教的内容

6 个月的胎儿,不只是听母亲的心跳了,对外界的声音也很敏感了,并且具有记忆能力和学习能力,我们可利用胎儿对语言反应,对胎儿进行智力开发。

孕妇要时时想到胎儿的存在,并经常与之谈话,进行情感的沟通。谈话内容可有四个方面:

(1)要从内心想着是与胎儿谈话。
(2)给胎儿讲故事、背诗歌、说歌谣、唱歌曲。
(3)教胎儿学习语言和文字。
(4)教胎儿学数学、算术和图形。

这些内容可以交替使用,在进行过程中,母亲可以细细体会胎儿的反应,这对促进胎儿的身心发展是很益的,有利于母子情感的交流,在与胎儿开始对话时,可以给胎儿起一个乳名,一直用这个乳名呼唤他,他会感到亲切,并有安全感。对于将来健康人格的形成是很有利的。

每次与胎儿谈话的时间约 1 分钟,不要太长,内容要简捷,轻松、愉快、丰富多彩。

如父、母在做什么,天气如何,有什么感想,要到哪去等都可以与胎儿说说。早晨起床了,可以告诉胎儿,"起床了,早上好,今是晴天,天气真好,"或告诉胎儿今天刮风了,阴天下雨了,飘雪花了等等。在生活中还可以告诉他,天天要洗脸、刷牙,便后要洗手,爸爸要刮胡子,妈妈要梳妆等。

母亲还可以把自己每天穿的服饰,漂亮的颜色,舒适的布料感觉讲给胎儿听,这也是美感胎教方式。

在吃饭前,孕妇还可以把吃什么饭菜告诉胎儿,吃饭之前深深吸一口气,问胎儿闻到香味了吗?这样有利于摄取各种营养。

散步时,可以把周围环境、花草树木,清新的空气,池塘中的活鱼儿,讲给肚子里的宝宝听。

总之,可以把生活中的每个愉快的生活环节讲给孩子听,通过和胎儿共同生活、共同感受,使母子间的纽带牢固,并且为生后智力发展打下良好的基础。使胎儿对母亲和其他人有信赖、安全感,生活的适应能力强,会感到人间的幸福。

## 五、父亲与胎儿对话进行胎教

母亲仰卧或端坐在椅子上,父亲把头俯向母亲的腹部,嘴巴离腹壁不能太近也不能太远约3~5厘米为宜。

父亲同胎儿讲话的内容应是以希望、祝福、要求、关心、健康等内容为主,要切合实际,语句要简练,语调温和。

就寝前,可以由父亲通过孕妇的腹轻轻的抚摸胎儿,同时可与胎儿交谈,如"爸爸来啦,让爸爸摸摸你的小手、小脚,在哪里呢?""爸爸要走了,再见。"对话时间可以晚上9点左右,每次讲话时间5~10分钟为宜。内容可多种多样。

## 六、诗歌与胎教

诗歌讲究韵律,读起来朗朗上口,多读诗歌词赋,可使胎儿大脑得到早期刺激。

### 忆江南
#### 白居易

江南好,风景旧曾谙。
日出江花红胜火。
春来江水绿如蓝,
能不忆江南。


江南忆,最忆是杭州。
山寺月中寻桂子。

郡亭枕上看潮头,
何日再重游。

## 春晓
孟浩然
春眠不觉晓,
处处闻啼鸟。
夜来风雨声,
花落知多少。

## 春夜喜雨
杜甫
好雨知时节,
当春乃发生。
随风潜入夜,
润物细无声。

## 七、父母的情绪与胎教

父母的好情绪、好心情是胎教的最根本、最朴实的内容。

如怀孕后,人们常称为有喜了,是件很高兴的事,这个消息怎会给盼望已久的父母带来无限的欢乐和希望,这种喜悦的情绪是最原始的胎教。母亲讲:噢,这是一个聪明、漂亮的孩子,眼睛会像你,嘴巴会像我,肯定会很漂亮。年轻的夫妻沉浸在美好的想像之中,因为胎儿是他们爱的结晶,生命的延续。于是他们会格外地珍惜这个胎儿,慎起居、美环境;注意营养、戒烟酒,以其博大的母爱关注着自己宝宝的变化。这是一种极好的自然的胎教,胎儿通过感官得到的是健康的、积极的、乐观的信息,这也是胎教最好的过程。

相反,当一个母亲没有做好接受胎儿情感上需要准备,内心不高兴这个胎儿的出现,更不愿承担责任,或者是持模棱两可的态度。丈夫也对此漠不关心。这样9个月孕期,似乎是一种精神上的负担与痛苦。随之带来妊娠的强烈反应,恶心、呕吐、焦躁不安,这种心理与生理的反应形成了恶性循环。这种胎教是一种不良的负性胎教信息传递给胎儿,后果不堪设想。

我们所倡导的胎教是一种在自然基础上,经过科学的学习加以升华,胎儿感受的是幸福。所以说,每位母亲都要有高度责任感和美好的愿望,注意身心的修养,保持良好的情绪,静静地等待你的宝宝的到来。

## 八、胎教要点

(1)丈夫协助妻子给胎儿播放音乐、对话、抚摸,进行胎教。注意调节妻子的情绪。做好后勤工作。

(2)孕妇可进行短距离旅游,饱览秀美景色,旅途要注意安全。

(3)肚子开始显著突出,由于对身体变化的不习惯,故有易倾倒的倾向,要谨慎。

(4)本月产前检查一次。

# 胎儿 第7个月

## 一、对话与胎教

每天除与胎儿进行日常生活对话外,还可以教胎儿学文字、给胎儿讲故事、猜谜语等。

通过讲画册,可以提高胎儿的想像力、创造力。母亲可以将画册的精彩画面加以展示、想像并用嘴说出来。这对胎儿大脑健康发育是一个促进的过程。

孕妇在给胎儿讲故事时,也要注意语气,要有声有色,要富有感情,传递的声调信息会对胎儿产生感染效果。故事的内容最好是短小精悍、轻快和谐、欢乐幽默。不要讲些恐惧、伤感、压抑的情节。如《卖火柴的小姑娘》等故事。

在讲故事时,最好找一个舒适的环境,自在的位置。精神集中、吐字清晰,表情丰富、声音要轻柔,千万不要高声大气地喊叫。

## 二、音乐与胎教

胎儿是有听觉能力的,他的身体能感受到胎外音乐节奏的旋律。胎儿可以从音乐中体会到理智感、道德感和美感。孕妇可以从美妙的音乐中感到自己在追求美、创造美。是为了生活的美、人类的美贡献自己的力量。

胎教音乐要具有科学性、知识性和艺术性。不要违背孕妇和胎儿的生理、心理特点,也不要刻板的灌输正规理论,要在寓教于乐的环境中达到胎教的目的。

胎教的音乐内容一般可按孕期分为早、中、晚3个阶段。早期孕妇应听一些轻松、愉快、诙谐、有趣、优美、动听的音乐,使孕妇感到舒心。中期的胎儿生长发育快,营养需要丰富,胎儿的听觉能力有了明显的提高,胎教音乐的内容也更为丰富。如大提琴独奏曲或低音歌声或乐曲之类。父亲的低音唱歌或者哼一些曲调,胎儿会更容易接受。后期的孕妇面临分娩,难免有些忧虑紧张的感觉。由于体重的增加,孕妇会感觉身体的笨重、劳累。为此,这时期播放的音乐,音色上要柔和一些、欢快一些,这样对孕妇是一种安慰,可以增强孕妇战胜困难的信心,由衷地产生一种即将做母亲的幸福感和胜利感。并把这种愉快的感觉传给胎儿。

孕妇在听音乐,实际上胎儿也在"欣赏"。因为胎儿的身心正处于迅速发育生长时期,多听音乐对胎儿右脑的艺术细胞发育是有利的。比婴幼儿更早地接受音乐教育,更早地开发和利用右脑有利于孩子成长。出生后继续在音乐气氛中学习和生活,会对孩子智力和接受程度带来更大益处。

音乐胎教中应该注意的是,音乐的音量不宜过大,也不宜将录音机、收音机直接放在孕妇的肚皮上,以免损坏胎儿的耳膜,造成胎儿失聪。

## 三、胎儿的记忆训练与游戏训练

### 1. 记忆训练

胎儿有记忆能力吗?目前关于这个问题还存有许多争议。国内外学者、专家们对这个问题进行了长期的深入的研究。有的研究者发现,当婴儿被母亲用左手抱在怀里,听到母亲心脏跳动的声音时很快就会安然入睡。这主要是由于胎儿在母亲的子宫中早已熟悉母亲的心音,一听到这种音响就感到安全亲切。西班牙萨拉戈萨省成立了一所专门研究产前教育的研究所,研究的中心课题是:腹中胎儿的大脑功能会被强化吗?研究结果表明,胎儿对外界有意识的激励行为的感知体验将会长期保留在记忆中,并对其未来的个性以及体能和智能产生相应的影响。有关研究表明,胎教是教育的启蒙。由于胎儿在子宫内通过胎盘接受母体所供给的营养和母体神经反射传递的信息使胎儿脑细胞在分化、成熟过程中不断接受母体神经信息的调节与训练。因此妊娠期母体"七情"的调节与子女的才干的发展有很大的关系。因此根据胎儿的这一能力进行及时合理的训练使其更进一步的发展与完善是非常必要的。

**2. 游戏训练**

科学家采用电子仪器等先进手段进行监测发现,胎儿在孕中期有很强的感觉能力。母亲对胎儿做刺激胎教训练,能激发胎儿活动的积极性,增强体质,同时有益于胎儿的智力发育。美国育儿专家提出了一种胎儿"踢肚游戏"胎教法,通过母亲与胎儿进行游戏,达到胎教的目的。方法是:怀孕7个月的孕妇,可开始与胎儿玩踢肚游戏。即当胎儿踢肚子时,母亲轻轻打被踢的部位,然后等待第二次踢肚。一般在一两分钟后,胎儿会再踢,这时再轻拍几下,接着停下来。如果你拍的地方改变了,胎儿会向你改变的地方再踢,注意改拍的位置离原胎动的位置不要太远。每天进行二次,每次数分钟。这种方法经150名孕妇用来施行胎教,结果生下来的婴儿在听、说和使用语言技巧方面都获得最高分,有助于孩子的智能发展。经过这种刺激胎教训练的胎儿出生学站、学走都会快些,身体健壮,手脚灵敏。婴儿在出生时大多数拳头松弛,啼哭不多,比未经训练的同龄婴儿显得天真活泼可爱。

## 四、中医论胎养

⊙ **小产多因纵欲**

凡小产有远近,其在二月、三月之为近,五月、六月之为远。新受而产者,其势轻;怀久而产者,其势重。此皆人之所知也。至若犹有近者,则随孕随产矣。凡今艰嗣①之家,犯此者②十居五六。其为故也,总由纵欲而然。第自来③人所不知,亦所不信,兹以笔代灯,用指迷者。倘济后人,实深愿也。诸详言之。

盖胎元始,一月如珠露,二月如桃花,三月四月而后血脉形体具,五月六月而后筋骨毛发生。方其初受,亦不过一滴之玄津耳。此其橐龠正无依,根荄尚无地,巩之则固,决之则流。故凡受胎之后,极宜节欲,以防泛溢。而少年纵情,罔知忌惮,虽胎固、欲轻者,保全亦多,其有兼人之勇者,或恃强而不败,或既败而复战。当此时也,主方欲静,客不肯休,无奈狂徒敲门撞户,顾彼水性热肠,有不启扉而从、随流而逝者乎?斯时也,落花与粉蝶齐飞,火枣共产梨并逸,合污同流,已莫知其昨日孕而今日产矣,朔日孕而望日产矣。随孕随产,本无形迹。盖明产者,胎已成形,小产必觉;暗产后,胎仍以水,直溜何知?故凡之之衍衍④。

家多无大产,以小产之多也。娶娼妓者,多少子息,以其子宫滑而惯于小产也。今常风艰嗣求方者,问其阳事,则曰:"能战";问其功夫,则早"尽通";问其意况,则怨叹曰:"人皆有子,我独无!"

〔明〕张介宾:《景岳全书》卷39《小产》

妇人以血为主,惟气顺则血和,胎产则产顺。今富贵之家,过于安逸,以致气滞而胎不转动;或为交合,使精血聚于胞中,皆致产难。

〔宋〕陈自明:《妇人良方》卷17《产难论》

⊙ 避免堕胎

夫胎以阳生阴长,气行血随,营卫调和则及期而产,若或滋养之机少有间断,则源流不继而胎不固。譬之种植者,津液一有不到,则

---

① 艰嗣:难于得子。
② 犯此者:指小产。
③ 第:但。自来:从来。
④ 衍衍(háng yuàn):即"行院",这里指妓院。

枯槁而剥落矣。故《五常政大论》曰:"根于中者,命曰神机,神去则机息;根于外者命曰气立,气止则化绝",正此谓也。凡妊娠之数见堕胎者,必以气脉亏损而然。而亏损之由,有禀质之素弱者,有年力之衰残者,有忧怒劳苦而困其精力者,有色欲不慎而损其生气者。此外,如跌蹼、饮食皆能伤其气脉,气脉有伤而胎可无恙者,非先天之最完固者不能,而常人则未之有也。且怀胎十月,经养各有所主,所以屡见小产堕胎者,多在三个月及五月、七月之间,而下次之堕,必如期复然,正以先次伤此一经,再值此经,则遇阙不能过矣。况妇人肾以系胞,而腰为肾之腑,故胎孕之妇最虑腰痛,痛甚则堕,不可不防。故凡畏堕胎者,必当察此所伤之由,而切为戒慎。

〔明〕张介宾:《景岳全书》

⊙ **妊娠宜寡欲**

妊娠之妇,大宜寡欲。其在妇人,多所不知;其在男子,而亦多有不知者,近乎愚矣。凡胎元之强弱,产育之难易,及产后崩淋经脉之病,无不悉由乎此。其为故也,盖以胎神巩固之日,极宜保护宫城,使不知慎而多动欲火,盗泄阴精,则藩篱由不固而伤,血气由不聚而乱,子女由元亏而夭,而阴分之病亦无不由此而百出矣。此妇人之最宜慎者,知者不可不察。

〔明〕张介宾:《景岳全书》

诀曰:
  从斯相暂别,  牛女隔河游。
  二月开花发,  方知喜气优。
  好事当传与,  谗言莫妄绸。

此言种子之后,男子别寝,不可再交。盖精血初凝,恐再冲击也。故古者妇人,有娠即居侧室,以养其胎气也。二月,即次月也。前月经行,协期种玉,次月经断,真有娠矣。当此之时,胎教之法不可不讲。故常使之听美言,见好事,闻诗书,操弓矢,淫声邪色不可令其见闻也。

〔明〕万全:《广嗣纪要·协期篇》

《菽园杂记》载:妇人觉有娠,男即不宜与接。若不忌,主半产。盖女与男接,欲动情胜,亦必有所输泄,而子宫又开,故多致半产。独牝马受胎后,牡者近身,则以蹄触之,谓之护胎。《易》称牝马之贞以此,所以无半产者。人惟多欲而不知忌,故往往有之。《产宝论》及妇人科书,俱无此论,可扩前人所未发矣。愚谓不特半产,儿多痘毒夭伤,皆由于此,不可不慎。

〔清〕褚人获:《坚瓠集》秘集卷3

## 五、胎教要点

(1)注意个人孕期保健,讲卫生、宽着衣、慎起居、避寒暑。
(2)不饮酒、不吸烟、不喝咖啡、不浓妆艳抹。
(3)不与猫、狗多玩耍,以防污染胎儿。
(4)孕期按时体检、注意血与尿的检查。
(5)孕妇注意个人精神、品德修养、及带给胎儿的影响。
(6)本月每两周产前检查1次。

# 胎儿 第8个月

## 一、抚摩胎儿与胎教

抚摩胎儿是胎教的一种形式。抚摩胎教是孕妇本人或丈夫用手在孕妇的腹壁上轻轻地抚摩胎儿。胎儿可以感受抚摩的刺激,以促进胎儿的感觉系统、神经系统及大脑的发育。

专家研究报道,胎儿大部分体表神经细胞已发育,且有接受触摸信息的初步能力,可以通过触觉神经来感受到母体外的刺激,逐渐接受渐渐灵敏。法国心理学家贝尔纳·蒂斯认为:父母给予胎儿的抚摩,再配合语言和声音,与子宫中的胎儿信息沟通,敏感度高,胎儿可以得到更安全、愉快的情绪。

抚摩胎教一般在6个月左右可以进行。最好定时,每次5~10分钟左右,这样可以使胎儿对时间建立起信息反应。

在抚摸时要注意胎儿的反应,如果胎儿是轻轻的蠕动,说明可以继续进行,如胎儿用力蹬腿强烈反应,说明你抚摸的不舒服,胎儿不高兴,就要停下来。

抚摸顺序由胎头部开始,然后沿背部到臀部至肢体,要轻柔有序,请您记录下胎儿的反应情况。

## 二、音乐与胎教

音乐是情感的表达,是心灵的语言。它能使人张开幻想的翅膀,随着优美的旋律翱翔于海阔天空,音乐可唤起胎儿的心灵,打开智慧的天窗。

音乐还可以促使孩子性格的完善。苏露姆林斯基说,音乐教育的主要目的不是培养音乐家,而是培养人。不同的乐曲对于陶冶孩子的情操起着不同的作用。如巴赫的复调音乐能促进孩子恬静、稳定;欢快的圆舞曲能促进孩子的欢快、开朗的性情。奏鸣曲能激发孩子的热情和奔放等等。久而久之可影响孩子气质的形成。

音乐胎教的作用是不可低估的,音乐的物理作用是通过音乐来影响人体的生理功能,音乐可以通过人的听觉器官和神经传入人体。母体与胎儿共同产生共鸣、影响人的情绪和对事物评价,影响了胎儿性格的形成,锻炼了胎儿的记忆能力等。

给胎儿听音乐每次5~10分钟为宜,听音乐的曲子最好是多选一些不同类型的曲目挨着听,不要只给胎儿听几首固定的曲目。在听的过程中,注意观察胎动的变化和情绪的反应。这样就可以体会到你的宝宝喜欢听那类的音乐,并把它记录在胎教日记中。

## 三、运动锻炼与胎教

8个月的孕妇肚子较大,行动缓慢,运动量要适宜。如感到疲劳可及时上床休息。

胎儿的正常发育需要适当的运动刺激。运动可促进血液循环,增加氧的吸入,加速羊水循环并刺激胎儿的大脑和感觉器官,平衡器官以及循环和呼吸功能的发育。

为了分娩时减轻疼痛,孕妇可锻炼学习分娩时的辅助动作,为顺利生产而运动。运动方法主要是掌握产妇在生产过程中怎样用力、休息、呼吸这三大要素。每天早上起床和晚上睡觉或午睡时开始学习和练习以下的辅助分娩方法:

1. 腹式深呼吸

肩膀自然放平,仰卧在床上,两脚自然放松,把手轻轻地放在肚子上,不断地进行深呼吸。方法是:

(1)把气全部呼出。
(2)慢慢地吸气,使肚子膨胀起来。
(3)气吸足后,屏住呼吸,放松全身。
(4)然后将所有的气慢慢呼出。

5~6秒为一次。这种方法,可在分娩开始时,孕妇感到有了子宫收缩及阵痛出现时进行。因为阵痛剧烈时就无法进行了。

2. 胸式呼吸

姿势与前相同,方法是:

(1)吸气时,左右胸部要鼓起来,胸骨也向上突起。
(2)慢慢呼出气体。

3. 腰部压迫

(1)仰卧,两腿弯曲呈45°左右。
(2)两手向腰的上部及背部方向揉捏。
(3)两手握拳,手背向上,放在背后,用力压。

当分娩第一阶段腰痛开始时,用这种方法可减轻腰部疼痛。

4. 按摩

(1)采用腹式呼吸的方法。
(2)两手放在腹部中间,也可放在下腹中间。
(3)吸气时,两手向上作半圆状按摩。
(4)呼气时,两手向下作半圆状按摩。

练习此种方法,是为了在分娩第一阶段,当子宫收缩越来越频繁时,做腹式呼吸的同时进行按摩。

5. 用力

阵痛之后,分娩开始。这时因为直肠受到压迫,产妇可自然向下用力。如果用力得当,腹部受到强烈压力,从而将胎儿经产道推出。如果用力不当,力量集中在上半身,就没有效果。

(1)身体仰卧,两膝弯曲,两腿分开。
(2)双手握住床栏杆,背贴着床。
(3)下巴低下。
(4)深深地吸气,又屏住气,然后向下用力。
这时最重要的是不让背和腰抬起来,头歪或上身弯曲是不行的。
还有一种用力方法:即做同上面一样的姿势,然后用双手抱双膝使劲用力。
用力,是全身肌肉都参与的激烈运动。为了在分娩时能正确使用用力方法,练习时应注意动作的准确性。

### 6. 短促呼吸

随着分娩的进程,当婴儿的头从产道露出来时,就使用短促呼吸的方法。
(1)姿势同腹式呼吸法样同。
(2)两手交叉放在胸前。
(3)口张大,一口接一口地呼吸。
这样呼吸的特点是一遍又一遍地快速进行,呼吸时有无声音,是深呼吸或浅呼吸都无关紧要。
这种呼吸方法可以消除会阴的紧张。在婴儿娩出阴道时,不致使阴道撕裂。
产妇自身要放松,这样疼痛会减轻。

### 7. 松弛法

松弛法的练习首先从身体的一部分开始。
(1)握紧拳头。
(2)拳头张开,整个手放松下垂,反复进行。
(3)做掰手腕动作,力气要均匀,往回掰再放松。脚、腹肌、头等身体的主要部位一松一弛反复进行。
松弛法与分娩时的用力方法完全相反。
在开口期的子宫收缩时,放松得当,可收到较好的效果。
分娩辅助动作,应当坚持每天抽一点时间来练习。但是如果已被医生认为有早产可能的孕妇就绝对不要练习分娩辅助动作。
在学习辅助分娩的方法时,一定要与胎儿进行沟通。例如:在运动之前可以告诉你腹中的宝贝,"再过2个月就是10个月的胎龄了,爸爸、妈妈所做的一切努力都是为了迎接你来到这美丽的世界,这里很美,你一定喜欢。"

## 四、胎儿的性格培养

性格是儿童心理发展的一个重要组成部分,它在人生的发展中起到举足轻重的作用。人的性格早在胎儿期已经基本形成。因此在怀孕期注意胎儿性格方面的培养就显得非常的必要。胎儿性格的形成离不开生活环境的影响,母亲的子宫是胎儿的第一个环境,小生命在这个环境里的感受将直接影响到胎儿性格的形成和发展。大量的研究结果表明,早在胎儿时期,母子之间不但有血脉相连的关系,而且还具有心灵情感相通的关系。母亲与胎儿分别通过不同的途径彼此传递情感信息。首先,胎儿能够通过母亲的梦,向母亲传递信息。同样,母亲的情感诸如怜爱胎儿以及恐惧、不安等信息也将通过有关途径传递给胎儿,进而发生潜移默化的影响。比如说,当母亲心情愉快时,随之安静下来。而当母亲盛怒时,胎儿则迅速变得躁动不安。据报道,一些毫无医学原因的自然流产正是由于母亲的极度恐惧和不安造成的。总之,母亲与胎儿之间是存在情感沟通渠道的。至于这条渠道是怎样建立,这些影响又是如何发生的,目前还是一个令人费解的谜。但是充分的事实已经证明,凡是生活幸福美满的母亲所生的孩子大都聪明伶俐,性格外向,而生活不幸福的母亲所生的孩子却往往反应迟缓,存在自卑、怯弱等到心理缺陷。因此,未来的父母应把握这一特点,从现在起,尽力为腹内的小生命创造一个充满温暖、慈爱、优美的生活环境,使胎儿拥有一个健康美好的精神世界,促使其良好性格发展。

## 五、中医论胎教

⊙ *母孕宁静,子性和顺*

宁静即养胎,盖气血调和则胎安,气逆则致病,恼怒则气闭塞,肝气冲逆则呕吐衄血。……欲生好子者,必先养其气,气得其养,则子性和顺,无乖戾之习。

〔民国〕陆士谔辑:《叶氏竹林女科》

⊙ 胎气足，婴儿健

《千金》论曰：儿在母胎，受其精气，一月胚，二月胎，三月血脉，四月形体成，五月能动，六月筋骨成，七月毛发生，八月脏腑具，九月谷神入胃，十月百神备而生。生后六十日，瞳子成，能笑语、识人；百日，任脉生，能反覆；一百八十日，尻骨成，能独坐；二百一十日，掌骨成，能匍匐；三百日，髌骨成，能独立；三百六十日为一期，膝骨成，乃能移步。此理之常，不如是者身不得其平矣。或有四五岁不能行立，此皆受胎气之不足者也。若筋实则多力，骨实则早行，血实则形瘦，多发，肉实则少病，精实则伶俐，多语笑，不怕寒暑，气实则少发而体肥，此皆受胎气之充足者也。大抵禀赋得中，阴阳纯粹，刚柔兼济，血气相和，精神全备，形体壮健，其未周之先，颅囟坚合，睛黑神清，口方唇厚，骨精臀满，脐深肚软，茎小卵大，齿细发润，声洪睡稳，此皆受胎气之得中和者也。以故听其声，观其形，则可以知其虚实寿夭矣。

〔明〕徐春甫：《古今医统大全·胎气禀受不同论》

⊙ 温养胎气

温养胎气：胎至九月，用猪肚一枚，如常著五味煮食至尽。

〔清〕陈梦雷等：《古今图书集成·艺术典》卷407引《千金髓》

⊙ 胎教及胎养

七情即指喜、怒、忧、思、悲、恐、惊等七种精神与心理异常变化对胎儿的影响。《素问·奇病论》云："人生而有病癫疾者……此得之母腹中时，其母有所大惊，气上而不下，精气并居，故令子发为癫疾也。"说明小儿先天性癫疾与孕母遭受大惊、骤恐、精神紊乱、精气运行失常有密切关系。

古人云："男子三十而后娶，女子二十而后嫁"正如褚氏论，恐伤其精血也，故求子之道，男子贵清心寡欲，所以养其精，女子贵平心定意，所以养其血。盖男子之形乐者，气必盈，志乐者，神必荡，不知安调则神易散，不知全形则盈易亏，故其精常不足，不能至于溢而泻也。此男子所以贵清心寡欲，养其精也。女子之性褊急而难容，女子之情，媚悦而易感，难容则怒而气逆，易感则多交而沥枯，气逆不行，血少子荣，则月事不以时也。此女子所以贵心平定意，养其血也。

# 第四篇 科学胎教

巢氏病源论：妊娠一月始胎胚，足厥阴脉养之；二月名始膏，足少阳脉养之；三月名始胎，于手心主脉养之。当此之时，（血不流行形象始化，未有定仪，因感而变，欲子端正庄严，常口谈正言，）身行正事……欲子美好，宜佩白玉，欲子贤能，宜看诗书，是谓外象而内感者也。

唐孙思邈《千金方》云：旧说凡受胎三月，逐物变化，禀质未定，故妊娠三月，欲得观犀象善珠玉宝物，欲得见贤人君子盛德大师，观礼乐钟鼓俎豆军旅陈设，焚烧名香，口诵诗书古今箴诫，居外简静，割不正不食，席不正不坐，弹琴瑟，调心神，和情性，节嗜欲。庶事清净，生子皆良，长寿、忠孝、仁义、聪慧无疾，其于盖文王胎教者也。

明万全《妇人秘科》云：受胎之后，喜怒哀乐，莫敢不慎，盖过喜则伤心而气散，怒则伤肝而气上，思则伤脾而气郁，忧则伤肺而气结，恐则伤肾而气下，母气既伤，子气应子，未有不伤者也。其母伤则胎易堕，其子伤则脏气不和，病其于多矣。

明万全《育婴家秘》：夫至精才化，一气方凝，始受胞胎，随母听闻，自妊娠之后，则须行坐端严，性情和悦，常处静室，多听美言，令人诵读诗书，陈说礼乐，耳不闻非言，目不观恶事；如此则生男女福寿敦厚，忠孝贤明，不然则生男女多鄙贱不寿而愚顽，此所谓因外象而内感也。昔太妊怀文王，耳不听恶声，目不视恶色，吐不出恶言。世倩胎教之道，此之谓也。

列女传曰：太任文王之母，挚任氏之仲也，王季娶以为妃，太任之性，端一诚庄，惟德之行。及其妊文王。目不视恶色，耳不听淫声，口不出敖言。生文王而明圣，太妊教之，以一而识曰，卒为周宗。君子谓太任为能胎教。

《史记》载：太妊有娠，目不视恶色，耳不听淫声，口不出傲言。

历代医家认为："宁静即是胎教……盖气调则胎安，气逆则胎病，恼怒则气塞不顺，肝气上冲则呕吐衄血，脾肺受伤，肝气下注则血崩带下，骨胎小产。欲出好子者，必须养其气，气得其养则生子性情和顺，无乘泪之习……"因此，小儿是否健康成长，与先天禀赋强弱，后天的调养有很大的关系，尤其先天禀赋因素更为重要。妊娠期间如能多接触美好的事物，诸如聆听轻松的音乐，欣赏优美的风景，观看花卉和美术作品，阅读有益身心的文艺著作等，从而陶冶性情,开拓胸襟,旷怡心神,以使气血和顺,阴阳平衡协调即"阴阳平均,气质完备,"则胎儿发育正常。若母体气血失调,出现"血营气卫,消息盈亏"的变化或气质出现"有衍有耗,则柔异用,或强或羸"的差异,则可导致胎儿禀赋异常,出现附赘垂疣,胼拇枝指,使儒跛蹩……疮疡痫肿,聋盲喑哑,瘦瘠疲瘵等先天气形之病。

妇人受胎之后,凡行立坐卧,俱不宜久,久则筋骨肌肤受伤,子在腹中,气通于母,必有伤者。妇人怀胎,睡卧之处,要人护从,不可独寝,邪气易侵,虚险之处,不可往来,恐其堕矣。

《小儿病源方论》云:"豪贵之家,居于妖室,怀孕妇人,饥则辛酸咸辣,无所不食,饱则恣意坐卧,不劳动,不运动,所以腹中之日,胎受软弱,儿生之后……少有坚实者。"

《儒门事亲》云:"如儿在母腹中,其母作劳,气血动用,形得充实……多易生产。"

妊娠期间母亲的健康对胎儿尤其重要,儿在胎儿期与母同体,和孕期不注意饮食起居及适当的运动,儿生后很少有健康的,因此胎病的预防在于养胎,妊娠期间除适当注意饮食营养外,还要适当的活动有利于胎儿健康及分娩。

## 六、胎教要点

(1)做好产前体操,以运行气血、心意养生,锻炼积蓄体力。
(2)防止早产避免过于疲劳,预防早产。
(3)涵养母亲情感、准备婴儿用品。
(4)本月每两周产前检查一次。

# 胎儿 第9个月

## 一、运动与胎教

(1)继续做孕妇操。
(2)继续练习辅助分娩法。

(3)散步可增进身心健康。在此期,孕妇的日常运动应以亲人陪伴散步为宜。可以到海边、公园或绿色的郊外散步、观光和交谈。这样可以增强健康、避免临床分娩前的恐惧感、焦虑感和孤独感。

日本妇产科专家伊滕认为:要想分娩无痛,孕妇每日最好步行20分钟。若是快步行走则以60米短距离为宜。心跳135次/分控制范围为好。

我国中医学认为:脚部是足三阴经的开始,又是足三阴经的终止点,共60多个穴位。足运动过程刺激这些穴位,改善血液循环,调理脏腑,疏通经络,可达健身的目的。一般散步每小时耗能200千卡左右,既有预防肥胖的作用,又可助顺利分娩,一举两得。

## 二、胎儿的美育

### 1. 胎儿的美学培养

美,能陶冶性情,净化环境,开拓眼界,具有奇妙的魅力。生活中处处都充满了美,把美的信息传递的过程就叫做美育。美育是母亲与胎儿交流的重要内容,也是净化胎教氛围的必要手段。胎教中的美育是通过母亲对美的感受来实现的。具体地说,对胎儿的美育就是音美、色美和形美的信号输入。轻快柔美的抒情音乐能转化为胎儿的身心感受,促进脑细胞的发育,好处是很多的。大自然对促进胎儿大脑细胞和神经的发育也是十分重要的。另外,孕妇可欣赏一些绘画、书法、雕塑以及戏剧、影视文艺等作品,接受美的艺术熏陶,孕妇可把内心的感受描述给腹中的胎儿。孕妇还应具有高尚的人生理想和良好的修养,爽朗大方,举止文雅,具有内在美。选择色调淡雅、舒适得体的孕期装束。孕妇应以舒适为美,利索的短发,明快的服装都能使自己感到精神大振,充分享受着孕育美,使腹内的生命也深受感染,获得无比愉快的审美情趣。

### 2. 对胎儿的音乐熏陶

音乐对于陶冶性格,和谐生活,加强修养,增进健康以及激发想像力等方面都具有很好的作用。人们常把那些适合于母亲和胎儿听的音乐称为胎教音乐。胎教音乐对于促进孕妇和胎儿的身心健康具有不可低估的影响。而这种影响又通常是通过心理作用和生理作用这两条途径来实现的。在心理方面,胎教音乐能使孕妇心旷神怡，浮想联翩，从而改善不良情绪，产生良好的心境，并通过某种途径把这种信息传递给腹中的胎儿使其深受感染。安静悠闲的胎教音乐还可以安定孕妇的心率和呼吸频率，使之与子宫相邻的大动脉的血流声和横膈膜的活动相适应，给胎儿创造一个平静的环境。同时，优美动听胎教乐曲能够给躁动于腹中的胎儿留下美好的印象，使他朦胧地意识到这个世界是多么和谐。在生理作用方面，胎教音乐通过悦耳怡人的音响效果对孕妇和胎儿听觉神经器官的刺激促使母体分泌出一些有益于健康的发展。同时还能较好地加强人的大脑皮层及神经系统的功能。而且，胎教音乐中的节奏还能与母体和胎体的生理节奏产生共鸣，进而影响到胎儿全身各器官的活动。有人做过这样的实验，定期给一个7个月的胎儿播放胎教音乐，发现胎儿心率稳定，胎动变得舒缓而有规律。等孩子出生后再听到这段音乐时，神情安详，四下张望，表现出极大的兴趣。经一段时间的追踪调查，发现这个婴儿耳聪目明，性格良好，动作发育也明显早于同龄婴儿。由于可见，让胎儿听音乐的确是一种增进智、体健康的好办法，可以毫不夸张地说，在诸多胎教方法中，胎教音乐当是最为重要的一种方法。

我们知道，不同类型的胎教音乐对人的心理行为产生的影响也不尽相同。并不是所有的音乐都是有益于胎儿身心健康的。我们所说的胎教音乐主要有两种：一种是给母亲听的，特点是优美、宁静，以E调和C调为主，可使母亲感到轻松愉快，情绪安静。另外一种则是供胎儿欣赏的，以C调为主，基调是轻松、活泼、明快，能较好地激发胎儿的情绪和反应。但具体到每一个胎儿还须采用相应的胎教音乐。如对于那些胎动频繁的胎儿可侧重选一些缓慢、柔和的曲子，而对那些胎动比较弱的胎儿，则应侧重选择一些轻松活泼、节奏感强的乐曲。一般来说，那些轻松愉快、活泼舒畅的古典乐曲、圆舞曲以及摇篮曲等乐曲比较适宜。目前市面上也有大量编辑的胎教音乐磁带可供选用。下面就具体谈谈欣赏胎教音乐方法。

胎教音乐一般可分两种：一种是孕妇自己欣赏，条件不限。可以戴着耳机听，也可以不戴耳机听，可以休息时听，也可以边做家务或者一边吃饭一边听，还可以一边听一边唱等。每一位母亲可根据各自的环境随意安排。总之，要尽可能地多抽出一些时间欣赏胎教音乐,让轻柔悦耳的音乐充满所处的空间。随着音乐的节奏还可以想像着腹中胎儿欢快迷人的脸庞和体态,在潜意识中与他进行感情交流。久而久之,将感到这是一种妙不可言的艺术享受。另一种胎教音乐是直接给胎儿听的。胎儿在5个月时就已经具有听力,从这时起,可将录音机放在距离孕妇腹壁2厘米处播放,每天定时播放几次,要循序渐进,开始时间可以短一些以后逐渐增加,但也不宜过长,以5~10分钟为宜。音量要适中,不可过大也不宜过小。母亲应取舒适的位置,精神和身体都应放松,精力要集中,必须强调的是,母亲应与胎儿一起投入,逐渐进入艺术氛围,而不能以局外人的身份出现,认为胎儿自己听就行了。于是一边听一边胡思乱想,或是一边做一些与此无关的事情。如果母亲能亲自给胎儿唱歌将会收到更为令人满意的胎教效果。一方面,母亲在自己的歌声中陶冶性情,获得了良好的胎教心境,另一方面,母体在唱歌时产生的物理振动,和谐而又愉快,使胎儿从中得到感情上和感觉上的双重满足。而这一点是任何形式的音乐所无法取代的。有的孕妇认为,自己五音不全,没有音乐细胞,哪能给胎儿唱歌呢。其实,完全没有必要把唱歌这件事看得过于神秘。要知道,给胎儿唱歌并不需要什么技巧和天赋,要的只是母亲对胎儿的一片深情。只要带着对胎儿深深的母爱去唱,歌声对于胎儿来说一定是十分悦耳的了。因此,未来的妈妈在工作之余,不妨经常哼唱一些自己喜爱的歌曲,把自己愉快的信息通过歌声传递给胎儿,使胎儿分享喜悦的心情。唱的时候尽量使声音往上腹部集中,把字咬清楚,唱得甜甜的,胎儿一定会十分欢迎。

### 三、胎教要点

(1)聆听音乐,书写胎教日记。
(2)坚持胎教运动、散步。
(3)坚持身体清洁,每天洗澡,勤换内衣内裤。
(4)停止性生活。
(5)准备好随时分娩用的物品。
(6)继续练习分娩的辅助动作。
(7)本月每两周产前检查一次。

## 胎儿 第10个月

### 一、母亲的分娩情绪与胎教

对于分娩,不少妇女感到恐惧,犹如大难临头,烦躁不安,呻吟,甚至惊慌,无所适从,这种情绪既容易消耗体力,造成宫缩无力,产程延长,也对胎儿的情绪造成恶性刺激。

其实生育过程几乎是每位女性的本能,是一种十分正常的自然生理过程,是每位母亲终身难忘的幸福时刻。

胎儿在母亲肚子里已9个多月了,由一个微小的细胞发育成3000多克左右的成熟胎儿,他不可能永远生活在母亲的子宫内,他要勇敢地穿越母亲的产道投奔到外面精彩的世界里。所谓"瓜熟蒂落"就是这个道理。

在分娩过程中,子宫是一阵阵收缩,产道才能一点点地张开,孩子才能由此生下来。

在这个过程中,母体产道产生的阻力和子宫收缩帮助胎儿前进的动力相互作用,给产妇带来一些不适,这是十分自然的现象,不用害怕、紧张。母亲的承受能力,勇敢的心理,也会传递给婴儿,是胎儿性格形成的最早期的教育。

产妇此时心中应尽量做到心理放松,全身就会放松,配合医生的指导,为孩子的顺利出生创造条件。

### 二、胎教要点

(1)摄取营养丰富的食物,保让充足的休息和睡眠。
(2)注意产前良好的情绪。
(3)不要单独出远门。
(4)严禁性生活。
(5)注意临产前了3大征兆——见红、破水、规律而剧烈的腹部阵痛(一般30分钟发作1次,约20多分种,此时应立即送到医院准备分娩)。
(6)一定要坚持产前检查,每周1次。

## 下卷 婴幼儿期

# 生长发育篇
## SHENGZHANG FAYUPIAN

下隆的記物

北长及育論

SHENGZHANG FAYUYLAN

## 婴儿 第1个月

孩子从出生之时起直到满28天为止称为新生儿。正常新生儿的胎龄大于或等于37周,体重在2500克以上。胎龄不足37周而出生的孩子,被称为早产儿,也称为未成熟儿。

若胎龄满37周,但体重却不足2500克,一般称为足月小样儿,又称低体重儿。平时说的新生儿一般是指正常足月产的孩子。

### 1. 身体发育

体重　　2500～4000克
身长　　47～53厘米
头围　　33～34厘米
胸围　　约32厘米
坐高　　(即顶～臀长)约33厘米
呼吸　　每分钟40～60次
心率　　每分钟140次左右

### 2. 大便

新生儿一般在生后12小时开始排便。胎便呈深绿色、黑绿色或黑色黏稠糊状,这是胎儿在母体子宫内吞入羊水中胎毛、胎脂、肠道分泌物而形成的大便。3～4天胎便可排尽。吃奶之后,大便逐渐转成黄色。

一般情况下,喂牛奶的婴儿大便呈淡黄色或土灰色,且多为成形便,常常有便秘现象。而母乳喂养儿多是金黄色的糊状便,次数多少不一,每天1～4次或5～6次甚至更多些。有的婴儿则与之相反,经常2～3天或4～5天才排便一次,但粪便并不干结,仍呈软便或糊状便,排便时要用力屏气,脸涨得红红的,好似排便困难,这也是母乳喂养儿常有的现象,俗称"攒肚"。

### 3. 排尿

新生儿第一天的尿量很少,约10～30毫升。在生后36小时之内排尿都属正常。随着哺乳、摄入水分,孩子的尿量逐渐增加,每天可达10次以上,日总量可达100～300毫升,满月前后每日可达250

~450毫升。孩子尿的次数多,这是正常现象,不要因为孩子尿多,就减少给水量。尤其是夏季,如果喂水少,室温又高,孩子会出现脱水热。

### 4. 体温

新生儿的正常体温在36℃~37℃之间,但新生儿的体温中枢功能尚不完善,体温不易稳定,受外界温度环境的影响体温变化较大,新生儿的皮下脂肪较薄,体表面积相对较大,容易散热。因此,要对新生儿注意保暖。尤其在冬季,室内温度保持在18℃~22℃,如果室温过低容易引起硬肿症。

### 5. 睡眠

新生儿期是人一生中睡眠时间最多的时期,每天要睡16~17个小时,约占一天的70%。其睡眠周期约45分钟。睡眠周期随小儿成长会逐渐延长,成人为90~120分钟。睡眠周期包括浅睡和深睡,在新生儿期浅睡占1/2,以后浅睡逐渐减少,到成年仅占总睡眠量的1/5~1/4。深睡时新生儿很少活动,平静、眼球不转动、呼吸规则。而浅睡时有吸吮动作,面部有很多表情,有时似乎在做鬼脸,有时微笑,有时撅嘴,眼睛虽然闭合,但眼球在眼睑下转动。四肢有时有舞蹈样动作,有时伸伸懒腰或突然活动一下。父母要了解孩子在浅睡时有很多表现,不要把这些表现当作婴儿不适,用过多的喂食或护理去打扰他们。新生儿出生后,睡眠节律未养成,夜间尽量少打扰、喂奶间隔时间由2~3小时逐渐延长至4~5小时,使他们晚上多睡白天少睡,尽快和成人生活节律同步。同样,父母精神好了,能更好地抚育自己的孩子成长。

### 6. 视觉

新生儿一出生就有视觉能力,34周早产儿与足月儿有相同的视力,父母的目光和宝宝相对视是表达爱的重要方式。眼睛看东西的过程能刺激大脑的发育,人类学习的知识85%是通过视觉而得来的。

新生儿70%的时间在睡觉,每2~3小时会醒来一会儿,当孩子睁开眼时,你可以试着让宝宝看你的脸,因为孩子的视焦距调节能力差,最好距离是19厘米。还可以在20厘米处放一红色圆形玩具,以引起孩子的注意,然后移动玩具上、下、左、右摆动,孩子会慢慢移动头和眼睛追随玩具。健康的宝宝在睡醒时,一般都有注视和不同程度转动眼和头追随移动物的能力。

### 7. 听觉

新生儿的听觉是很敏感的。如果你用一个小塑料盒装一些黄豆,在新生儿睡醒状态下,距小儿耳边约10厘米处轻轻摇动,新生儿的头会转向小盒的方向,有的新生儿还能用眼睛寻找声源,直到看见盒子为止。如果用温柔的呼唤作为刺激,在宝宝的耳边轻轻地说一些话,那么,孩子会转向说话的一侧,如换到另一侧呼唤,也会产生相同的结果。新生儿喜欢听母亲的声音,这声音会使孩子感到亲切,不喜欢听过响的声音和噪声。如果在耳边听到过响的声音或噪音,婴儿的头会转到相反的方向,甚至用哭声来抗议这种干扰。

为了使孩子发展听力,你在喂奶或护理时,只要宝宝醒着,就要随时随地和他说话,用亲切的语声和宝宝交谈,还可以给宝宝播放优美的音乐,摇动柔和响声的玩具,给予听觉刺激。

### 8. 触觉

婴儿从生命的一开始就已有触觉。习惯于被包裹在子宫内的婴儿,出生后自然喜欢紧贴着身体的温暖环境。当你抱起新生儿时,他们喜欢紧贴着你的身体,依偎着你。当宝宝哭时,父母抱起他,并且轻轻拍拍他们,这一过程充分体现了满足新生儿触觉安慰的需要。新生儿对不同的温度、湿度、物体的质地和疼痛都有触觉感受能力,就是说他们有冷热和疼痛的感觉,喜欢接触质地柔软的物体。嘴唇和手是触觉最灵敏的部位。触觉是婴儿安慰自己、认识世界和外界交流的主要方式。

### 9. 味觉和嗅觉

新生儿有良好的味觉,从出生后就能精细地辨别食物的滋味。给出生后只有1天的新生儿喝不同浓度的糖水,发现他们对比较甜的糖水吸吮力强,吸吮快,所以喝得多;而比较淡的糖水喝得少;对咸的、酸的或苦的液体有不愉快的表情,如喝酸橘子水时皱起眉头。

新生儿还能认识和区别不同的气味。当他开始闻到一种气味时,有心率加快、活动量改变的反应,并能转过头朝向气味发出的方向,这是新生儿对这种气味有兴趣的表现。

## 10. 运动能力

孩子一出生就已具备了相当的运动能力。当父母温柔地和宝宝说话时,他会随着声音有节律地运动。开始头会转动,手上举,腿伸直。当继续谈话时,新生儿可表演一些舞蹈样动作,还会出现举眉、伸足、举臂,同时有面部表情如凝视和微笑等。

## 11. 与大人的交往

新生儿是用哭声和大人们交往的。哭是一种生命的呼唤,提醒你不要忽视他的存在。如果你能仔细观察新生儿的哭,就会发现其中有很多学问。首先是哭声,正常新生儿有响亮婉转的哭声,使人听了悦耳。有病新生儿的哭声常常是高尖、短促、沙哑或微弱的,如遇到这些情况应尽快找医生。正常新生儿的哭有很多原因,如饥饿、口渴或尿布湿等,在入睡前或刚醒时还可以出现不同原因的哭闹,一般在哭后都能安静入睡或进入觉醒状况。宝宝会用不同的哭声表达不同的需要。

大多数新生儿哭时,如果把他提起竖靠在肩上,他不仅可以停止哭闹,而且会睁开眼睛。如果父母在后面逗引他,他会注视你,用眼神和你交流。一般情况下,通过和孩子面对面地说话,或把你的手放在宝宝腹部,或按握住他的双臂,约70%哭着的新生儿可以经过这种安慰停止哭闹。

# 婴儿 第2个月

## 1. 体重

体重是儿童发育的重要指标。正常婴儿,满月时的体重比出生时增加约1千克,到第8周,又增加约1千克,每天大约增加30克左右。

## 2. 身长

孩子满月时比出生时增加3厘米左右,因为从比例上看,体重发展更快些,因此孩子长得胖了。到第8周,还要增加3~4厘米。有的孩子长得稍快些,有些稍慢些,只要孩子精神很好,健康,小的差异不必在意。

### 3. 头围

男婴约 38.43 厘米,女婴约 37.56 厘米。

### 4. 胸围

男婴约 37.88 厘米,女婴约 37 厘米。

### 5. 坐高

男婴约 37.94 厘米,女婴约 37.35 厘米。

1 个多月的孩子,一逗会笑,面部长得扁平,阔鼻,双颊丰满,肩和臀部显得较狭小,脖子短,胸部、肚子呈现圆鼓形状,小胳臂、小腿也总是喜欢呈屈曲状态,两只小手握着拳。

### 6. 动作发育

孩子在 8 周时,俯卧位下巴离开床的角度可达 45 度,但不能持久。要到 3 个月时,下巴和肩部才能都离开床面抬起来,胸部也能部分地离开床面,上肢支撑部分体重。孩子俯卧时,家长要注重看护,防止因呼吸不畅而引起窒息。孩子双脚的力量在加大,只要不是睡觉吃奶,手和脚就会不停地动,虽然不灵活,但他动得很高兴。

从出生到 2 个月的孩子,动作发育处于活跃阶段,孩子可以做出许多不同的动作,特别精彩的是面部表情逐渐丰富。在睡眠中有时会做出哭相,撇着小嘴好像很委屈的样子。有时又会出现无意识的笑。其实这些面部动作都是孩子吃饱后安详愉快的表现。

### 7. 对声音的反应

孩子经过 1 个多月的哺育,对妈妈说话的声音很熟悉了,如果听到陌生的声音他会吃惊,如果声音很大他会感到害怕而哭起来。因此,要给孩子听一些轻柔的音乐和歌曲,对孩子说话、唱歌的声音都要悦耳。婴儿玩具的声响不要超过 70 分贝,生活环境的噪声不要超过 100 分贝。孩子很喜欢周围的人和他说话,没人理他的时候会感到寂寞而哭闹。

婴儿此时的听力有了很大发展,对大人跟他说话能做出反应,对突然的响声能表现出惊恐。到 8 周时,有的婴儿已能辨别声音的方向,能安静地听音乐,对噪声表现不满。

### 8. 感觉发育

1 个多月的孩子,皮肤感觉能力比成人敏感得多,有时家长不注意,把一丝头发或其他东西弄到孩子的身上刺激了皮肤,他就会全身左右乱动或者哭闹表示很不舒服。这时的孩子对过冷、过热都比较敏感。以哭闹向大人表示自己的不满。两只眼睛的运动还不够协调,对亮光与黑暗环境都有反应,1个多月的孩子很不喜欢苦味与酸味的食品,如果给他吃,他会表示拒绝。

### 9. 视觉发育

孩子能看见活动的物体和大人的脸。将物体靠近他眼前,他会眨眼。这叫做"眨眼反射",这种反射一般出现在1个半月到2个月。有些斜视的孩子在8周前可自行矫正,双眼能一致活动。

### 10. 睡眠

婴儿发育不完全,容易疲劳,因此年龄越小睡眠时间越长。1个多月的孩子,一天的大部分时间是在睡眠中度过的。每天能睡18~20个小时,其中约有3个小时睡得很香甜,处在深睡不醒状态。余下时间,除了吃喝、拉尿以外,玩的时间并不多。

### 11. 心理发育

宝宝先天的本能就是会吸吮,吃饱后被竖直在妈妈的怀抱中轻轻地拍拍他的后背,有时孩子会打几个嗝出来,之后他会有一种满足感。

如果是在光线微暗的房间里他就会睁开眼睛,喜欢看母亲慈爱的笑容,喜欢躺在妈妈的怀抱中,听妈妈的心跳声或说话声。所以在育儿开始,提倡母子皮肤直接早接触、多接触、早喂奶、多吸吮、多抚摸、多交谈、多微笑,尊重宝宝的个性发展,让宝宝充分享受母爱,让宝宝的心理健康发展,对今后人格健康的形成起着重要作用。

通过以上与宝宝的交流,也正是触觉、动觉、听觉、视觉、平衡觉综合训练刺激的过程,对脑发育过程提供了信息和促其发育的营养素。

对于刚出世的宝宝来说,除了吃奶的需要,再也没有比母爱更珍贵、更重要的精神营养了。母爱是无与伦比的营养素,这不仅是因为从宫内来到这个大千世界感觉到了许多东西,更重要的是在心理上已经懂得母爱,并能用孩子化语言(哭声)与微笑来传递他的内心世界。宝宝最喜欢的是母亲温柔的声音和笑脸,当母亲轻轻在呼唤宝宝的名字时,他就会转过脸来看母亲,好像一见如故,这是因为孩子在宫内时就听惯了母亲的声音,尤其是把他抱在怀中,抚摸着他并轻声呼唤着逗引他时,他就会很理解似的对你微笑。宝宝越早学会"逗笑"就越聪明。这一动作,是宝宝的视、听、触觉与运动系统建立了神经网络联系的综合过程,也是条件反射建立的标志。

##  婴儿 第 3 个月

1. **体重**

3 个月的男孩体重可达 6.03 千克,女孩可达 5.48 千克,每天增长 25~30 克。

2. **身长**

男孩此时约 60.30 厘米,女孩子约 58.99 厘米。由于体重增长比身高增长速度快,所以孩子比较胖。

3. **头围**

男孩头围平均 39.84 厘米,女孩头围平均 38.67 厘米。

4. **胸围**

男孩胸围平均 40.10 厘米,女孩胸围平均 38.76 厘米。

5. **坐高**

男孩坐高平均 40.00 厘米,女孩坐高平均 39.05 厘米。

6. **动作发育**

孩子仰卧时,大人稍拉他的手,他的头可以自己稍用力,不完全后仰了。他的双手从握拳姿势逐渐松开。如果给他小玩具,他可无意识地抓握片刻,要给他喂奶时,他会立即做出吸吮动作。会用小脚踢东西。

7. **语言发育**

孩子在有人逗他时,非常高兴,会发笑,并能发出"啊"、"呀"的语音。如发起脾气来,哭声也会比平常大得多。这些特殊的语言是孩子与大人的情感交流,也是孩子意志的一种表达方式,家长应对这种表示及时做出相应的反应。

8. **感觉发育**

当听到有人与他讲话或有特别的声响时,孩子会认真地听,并能发出咕咕的应和声,会用眼睛追随走来走去的人。

如果孩子满2个月时仍不会笑,目光呆滞,对背后传来的声音没有反应,应该检查一下孩子的智力,视觉或听觉是否发育正常。

### 9. 睡眠

第3个月的孩子比上个月时睡眠时间要短些,一般在18小时左右,白天孩子一般睡3~4觉,每觉睡1.5~2小时左右,夜晚睡10~12小时,白天睡醒一觉后可以持续活动1.5~2小时。

### 10. 心理发育

第3个月的孩子喜欢听柔和的声音。会看自己的小手,能用眼睛追踪物体的移动,会有声有色地笑,表现出天真快乐的反应。对外界的好奇心与反应不断增长,开始用咿呀的发音与你对话。

第3个月的孩子脑细胞的发育正处在突发生长期的第二个高峰的前夜,不但要有足够的母乳喂养,也要给予视、听、触觉神经系统的训练。每日生活逐渐规律化,如每天给予俯卧,抬头训练20~30分钟。宝宝睡觉的位置应有意识的地变换几次。可让宝宝追视移动物,用触摸抓握玩具的方法逗引发育,可做婴儿体操等活动。

这个时期的宝宝最需要人来陪伴,当他睡醒后,最喜欢有人在他身边照料他,逗引他,爱抚他,与他交谈玩耍,这时他才感到安全,舒适和愉快。

总之,父母的身影、声音、目光、微笑、抚爱和接触,都会对孩子心理造成很大影响,对宝宝未来的身心发育,建立自信、勇敢、坚毅、开朗、豁达、富有责任感和同情心的优良性格,会起到很好的作用。

## 婴儿 第4个月

### 1. 体重

这一阶段婴儿长得最快,到这个月底,婴儿的体重可增加1倍,男婴平均为6.93千克,女婴平均为6.24千克。

### 2. 身长

身高比体重的增长速度要慢一些,过时男婴平均身高63.35厘米,女婴平均身高约61.53厘米,看上去比较胖。

3. 头围

这时头围与胸围大致相等。男婴平均头围约41.25厘米,女婴头围平均约39.90厘米。头围的增长是有规律的,头围过小或过大,都要请医生检查,小头畸形、大脑发育不全、脑萎缩等头围过小;脑积水、脑瘤、巨脑症等头围可过大。

4. 胸围

男婴平均胸围约41.75厘米,女婴胸围约40.05厘米。

5. 坐高

男婴坐高平均约41.69厘米。女婴坐高平均约40.44厘米。

6. 动作发育

3个多月的孩子,头能够随自己的意愿转来转去,眼睛随着头的转动而左顾右盼。大人扶着孩子的腋下和髋部时,孩子能够坐着。让孩子趴在床上时,他的头已经可以稳稳当当地抬起,下颌和肩部可以离开桌面,前半身可以由两臂支撑起。当他独自躺在床上时,会把双手放在眼前观看和玩耍。扶着腋下把孩子立起来,他就会举起一条腿迈一步,再举另一条腿迈一步,这是一种原始反射。到6个月时,扶他直立,他的下肢能支撑他的全身。

抬头,就是在孩子仰卧时,用双手抓住孩子的两只手腕,轻轻拉起,在孩子上身拉起的同时,孩子的颈部撑着头,使头也跟着抬了起来。

手的活动范围扩大了,孩子的两只手能在胸前握在一起,经常把手放在眼前,这只手拿那只手玩,那只手拿这只手玩,或有滋有味地看自己的手。这个动作是3个月大孩子动作发育的标志。

7. 语言发育

3个多月的孩子在语言上有了一定的发展,逗他时会非常高兴,并发出欢快的笑声,当看到妈妈时,脸上会露出甜蜜的微笑,嘴里还会不断地发出咿呀的学语声,似乎在向妈妈说着知心话。

8. 感觉发育

3个多月的孩子视觉有了发展,开始对颜色产生了分辨能力,对黄色最为敏感,其次是红色,见到这两种颜色的玩具很快能产生反应,对其他颜色的反应要慢一些。这么大的孩子就已经能认识奶瓶子了,一看到大人拿着它就知道要给自己吃饭或喝水,会非常安静地等待着。在听觉上,发展也较快,已具有一定的辨别方向的能力,听到声音后,头能顺着响声转动180度。

### 9. 睡眠

3个月的孩子每日睡眠时间是17~18小时,白天睡3次,每次2~2.5小时。夜里可睡10个小时左右。

### 10. 心理发育

3个多月的孩子喜欢从不同的角度玩自己的小手,喜欢用手触摸玩具,并且喜欢把玩具放在口里试探着什么。能够用咕咕噜噜的语言与父母交谈,有声有色地说的还挺热闹。会听自己的声音。对妈妈显示出格外的偏爱,离不开。

此时,要多进行亲子交谈,如跟孩子说说笑笑给孩子唱歌。或用玩具逗引,让他主动发音,要轻柔地抚摸他、鼓励他。

### 11. 婴儿环境

将色彩新鲜、有响声、稍大一些的玩具,固定在他床的上方,宝宝稍用力就可以触摸到的位置。每天吊放2~3个,隔几天再换几个新鲜的玩具。这样不但能注视玩具,还能够取到玩具,增加孩子的兴趣,可以用镜子逗引他,这样可锻炼他抬头挺胸,来观赏镜中的自己。锻炼孩子努力用上臂支持身体的能力。

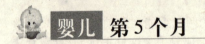

## 婴儿 第5个月

### 1. 体重

第5个月男婴约7.52千克,女婴约6.87千克,每天增长25~30克。

### 2. 身长

男婴约65.46厘米,女婴约63.88厘米。

### 3. 头围

男婴约42.30厘米,女婴约41.20厘米。

### 4. 胸围

男婴约42.68厘米,女婴约41.60厘米。

### 5. 坐高
男婴约 42.72 厘米,女婴约 41.56 厘米。

### 6. 动作发育
第 5 个月的孩子所做的各种动作较以前熟练了,而且能够呈对称性。抱在怀里时,孩子的头能稳稳地直立起来。俯卧位时,能把头抬起并和肩胛成 90°角。拿东西时,拇指较前灵活多了。扶立时两腿能支撑着身体。

### 7. 牙齿
有的孩子已长出 1~2 颗门牙。

### 8. 语言发育
这个时期的孩子在语言发育和感情交流上进步较快。高兴时,会大声笑,声音清脆悦耳。当有人与他讲话时,他会发出咯咯咕咕的声音,好像在跟你对话。此时孩子的唾液腺正在发育,经常有口水流出嘴外,还出现把手指放在嘴里吸吮的毛病。

### 9. 感觉发育
第 5 个月的孩子对周围的事物很有兴趣,喜欢与别人一起玩,特别是与亲人一起玩。能识别自己的母亲和周围的人,也能识别经常玩的玩具。

### 10. 睡眠
第 5 个月的孩子睡眠时间每日在 16~17 个小时,白天睡 3 觉,每次睡 2~2.5 小时,夜间睡 10 个小时左右。

### 11. 心理发育
第 5 个月的孩子喜欢父母逗他玩,高兴了会开怀大笑,会自言自语,似在背书,依呀不停。会听儿歌且知道自己叫什么名字。能够主动用小手拍打眼前的玩具,见到妈妈和喜欢的人,知道主动伸手找抱。对周围的玩具、物品都会表示出浓厚的兴趣。

## 婴儿 第 6 个月

### 1. 体重
这时孩子体重增长速度减慢,每天约增长 20~26 克,5 个月的男婴的体重平均为7.97千克,女婴平均体重为7.35千克,由于个体因素不同,有的孩子胖些,有的瘦些。不要因自己的孩子比别人瘦就拼命喂,只要孩子健康,瘦些也是正常的。

**2. 身长**

5个月左右的孩子身高发育较快,男婴的平均身高为66.76厘米,女婴的平均身高为65.90厘米。

**3. 头围**

男婴头围平均约为43.10厘米,女婴头围平均约为41.90厘米。

**4. 胸围**

男婴胸围平均约为43.40厘米,女婴胸围平均约为42.05厘米。

**5. 坐高**

男婴坐高平均约为43.57厘米,女婴坐高平均约为42.30厘米。

**6. 动作发育**

5个多月的婴儿肌肉发育增快,手脚的运动能力增加,对眼前的东西,都喜欢伸手抓上一把,并且会两手一齐抓。大多数孩子还不会用手指拿东西,只能用手掌和手指一起大把抓。当然孩子手的发育也有差异。

随着视觉和运动能力的发展,孩子不仅能看周围的物体,而且会把看到的东西准确地抓到手。抓到手里以后,还会翻过来倒过去地仔细看,把东西从这只手换到另一只手。

5个多月的孩子会用一只手够自己想要的玩具,并能抓住玩具,但准确度还不够,往往一个动作需要反复好几次。洗澡时很听话并且还会打水玩。

5个多月的孩子还有个特点,就是不厌其烦地重复某一动作,经常故意把手中的东西扔在地上,拣起来又扔,可反复20多次。也常把一件物体拉到身边,推开,再拉回,反复动作。这是孩子在显示他的能力。

5个多月的孩子懂事多了,口水流得更多了,在微笑时流涎不断。如果让他仰卧在床上,他可以自如地变为俯卧位,坐位时背挺得很直。当大人扶助孩子站立时,能直立。在床上处于俯卧位时很想往前爬,但由于腹部还不能抬高,所以爬行受到一定限制。

### 7. 感觉发育

5个多月的孩子会用表情表达他的想法,能辨别亲人的声音,能认识母亲的脸,能区别熟人和陌生人,不让生人抱,对生人躲远,也就是常说的"认生"了。

这时的孩子视野扩大了,对周围的一切都很感兴趣,妈妈可以有意识地让孩子接触各种事物,刺激他的感官发育。

孩子能比较精确地辨别各种味道,对食物的好恶表现得很清楚。能够注视较远的活动的物体,如汽车等。能静静地听他喜欢的音乐,对叫他的名字有答应的反应,喜欢带声音的玩具。

### 8. 睡眠

5个多月的孩子每昼夜约睡15~16小时,夜间睡10小时,白天睡2~3觉,每次睡2~2.5小时。白天活动持续时间延长到2~2.5小时。

### 9. 心理发育

5个多月的孩子睡眠明显减少了,玩的时候多了。如果大人用双手扶着宝宝的腋下,孩子就能站直了。5个月的孩子可以用手去抓悬吊的玩具,会用双手各握一个玩具。如果你叫他的名字,他会看着你笑。在他仰卧的时候,双脚会不停地踢蹬。

这时的孩子喜欢和人玩藏猫咪,摇铃铛,还喜欢看电视、照镜子、对着镜子里的人笑。还会用东西对敲。宝宝的生活丰富了许多。

家长可以每天陪着宝宝看周围世界丰富多彩的事物,你可以随机地看到什么就对他介绍什么,干什么就讲什么。如电灯会发光,照明,音响会唱歌,讲故事等。各种玩具的名称都可以告诉宝宝,让他看、摸。这样坚持下去,每天5~6次。开始孩子学习认一样东西需要15~20天,学认第二样东西需12~16天,以后就越来越快了。注意不要性急,要一样一样地教,还要根据宝宝的兴趣去教。这样,5个半月时就会认识一件物品,6个半月时就会认识2~3件物品了。

10. **语言发育**

5个多月的孩子,可以和妈妈对话,两人可以无内容地一应一和地交谈几分钟。他自己独处时,可以大声地发出简单的声音,如"ma"、"da"、"ba"等。妈妈和孩子对话,增加了婴儿发声的兴趣,并且丰富了发声的种类。因此在孩子咿咿呀呀自己说的时候,妈妈要与他一起说,让他观察妈妈的口型。耳聋的孩子也能发声,后来正是因为他们听不到别人的声音,不能再学习,失去了发声的兴趣,使言语的发展出现障碍。

11. **小儿身体各部分的发育特点**

(1)头部的发育特点 小儿头部发育最快的时期为半岁内。刚出生孩子的头围平均是34厘米,在最初半年内增加约8厘米,后半年内增长约3厘米,第二年又增长2厘米,第3年、第4年增长约1.5厘米,4~10岁时,增长约1.5厘米,以后一般增长比较缓慢,头部形状或长或圆,大多与睡眠姿势有关。因此,要注意经常调换小儿的睡姿,以免造成偏头等现象出现。

(2)胸部的发育特点 小儿出生时胸围比头围小1~2厘米,生长到12~21个月时胸围才与头围相等,以后随年龄增长,胸围要大于头围。胸围大于头围的时间早晚与小儿营养有密切关系,营养不良的小儿,由于胸部肌肉和脂肪发育差,胸围超过头围的时间较晚。

(3)小儿脑的发育特点 小儿神经系统发育是从胎儿时期开始的。小儿脑的生长很快,新生儿脑的平均重量为370克,相当于个人体重的1/8~1/9。6个月的孩子,胸重约为700克,1岁时约达900克,成人脑约重1500克,相当于体重的1/38~1/40。

营养情况对大脑发育很重要,完全断氧几分钟即可造成人脑不可逆的损伤,儿童脑的耗氧量为全身耗氧量的50%,而成人则为20%。生长时期脑对营养不足尤为敏感,应多注意此时的营养。

(4)小儿视力的发育过程:

新生儿:短暂的原始注视,目光反射地跟随近距离中缓慢的物体,能在15厘米处调节视力,两眼协调。

1月:开始出现头眼协调,眼在水平面上追随移动物体而头在90°内转动。

3月:调节范围扩大,头眼协调好。能看见8毫米大小的物体,能判断物体的大小及形状。

6月:目光能跟随在水平及垂直方向移动的物体转90°。

9月:能看3~3.5米内的人和物活动。

1½岁:目光能跟随悬拉的小玩具。

2岁:能区别什么是垂直的线,什么是横线,能用目光追随掉落的物体。

5岁:会区别斜线、垂直线与水平线。这个年龄喜欢模仿画一些线条。

10岁:能正确判断距离与速度,能接住从远处掷来的球和做一些体育活动。

(5)小儿听觉的发育情况:小儿从新生儿期就有较好的听觉,1个月时就能辨别音素,如"吧"与"啪"的微小差别等。3个月时就能转头寻找声源,4个月时就能听到悦耳的笑声,6个月时对母亲的语音有特殊反应。约8个月的时候就能分辨语音的意思。1岁时就能听懂自己的名字,2岁时能听从简单的吩咐,4岁时听觉就发育的较完善了。

(6)小儿语言的发育过程:语言是表达思维的一种方式。语言与智能发育有着根本的联系。一般智能发育迟缓的小儿,语言表达也有缺陷,常出现词句贫乏。

小儿口语的发育要经过3个过程,哭喊、咿呀发声、逐渐讲话的过程。

如刚出生的孩子只会反射性哭,到4个月时,就会有简单意识的哭了,像饥饿、不适和疼痛时哭闹,有时也会用微笑和放声地笑来表达自己的感情。生长到7~8个月时,就会发出爸爸、妈妈、爷爷的语音。随着年龄的增长,当听觉中枢与发音中枢间建立直接联系通路时,小儿就会学会发出有自己意思的语音。如原来发出的爸爸、妈妈的语音,到9~10月以后就变为呼唤亲人的第二信号。1.5~2岁小儿词汇量开始迅速增长,3岁增的更多,5~6岁时速度减慢,而此时喜欢说别人听不懂的话,所谓隐语和乱语。

(7)小儿性格的发育情况:性格表现为个人在社会环境中的感性流露。不同的年龄阶段因神经生理成熟程度不同,对物和人的认识及情趣反应也不同。神经生理成熟程度相同的小儿,在不同的家

庭和不同文化经济条件下,其心理发展和性格类型也可完全不同,表现如下:

① 情绪反应。婴儿的面部表情受外界刺激的影响,早期的微笑是模仿性的,以后的微笑常需亲人引逗。1岁后可在没有直接刺激下出现微笑。

② 游戏。婴儿很早就喜欢在浴盆中玩水,3个月的小儿喜欢玩手及捏弄水中玩具。2~3岁的孩子在一起各自玩自己的手中的玩具,同时可互相模仿。3岁以后才能相互来往玩耍,4岁时就有了找伙伴的要求。5~6岁时就能按游戏规则和多个小朋友在一起做游戏,出现合作行为。9~10岁学生竞赛与合作能高度发展,出现游戏中的中心代表人物。

小儿的情绪反应、对人的态度、游戏行为等都极大地受到榜样及鼓励的影响,带认能力也是可以培养的。

(8)小儿认识发育的特点 认识是小儿学习和利用知识的过程。婴儿出生后1个月即有记忆的能力。新生儿能通过外界条件刺激及玩具性条件刺激来改变反应性行为。那么条件反射的形成即为学习的开端,为第一阶段。第二阶段1~4月出现初级循环反应。小儿喜欢重复那些偶然发生的动作。例如从吸吮奶扩大到吸吮其他东西。第三阶段4~8月将循环反应从自己身上扩大到身体以外的事物。用脚去踢一件已经捏弄过的玩具而不会踢一件没见过的新玩具。第四阶段8~12月动作是有目的的。如为了玩弄收音机,知道先把障碍物移开。第五阶段12~18个月小儿不是满足一个动作,而是改变动作并探索改变后带来的结果。第六阶段1.5~2岁,此年龄阶段从感觉运动行为到智能的过渡,开始应用文字信号,掌握语言,能较好地利用记忆储存。有一定思维特点如做事具体性强;以自我为中心;一点论,他可以将两杯水的一杯倒入小口径的圆筒中,认为圆筒中比杯中水多;注意事物的状况。5~7岁儿童的思维方法发生巨大的变化,智能有了新的发展,记忆力明显加强。7~11岁为具体运筹期,已掌握了事物可回复性及永存性的概念,能按照物质的任何一个特点进行分类,如苹果、梨、鱼、肉都是吃的等。在解答问题时能不顾无关的讯息,能选择性地只对重要刺激作出反应。7~15岁年龄期称为形式运筹期。此期孩子能内省自己的思想和解答复杂抽象的问题,如形式逻辑与微积分。15岁时,认识发育就已成熟。

##  婴儿 第 7 个月

### 1. 体重
第 7 个月的男婴约 8.46 千克,女婴约 7.82 千克。

### 2. 身长
此时男婴约 68.88 厘米,女婴约 67.18 厘米。

### 3. 头围
男婴约 44.32 厘米,女婴约 43.80 厘米。

### 4. 胸围
男婴约 44.06 厘米,女婴约 42.86 厘米。

### 5. 坐高
男婴约 44.16 厘米,女婴约 43.17 厘米。

### 6. 牙齿
婴儿开始萌出下前牙。

### 7. 动作发育
第 7 个月的孩子会翻身,如果扶着他,能够站得很直,并且喜欢在扶立时跳跃。把玩具等物品放在孩子面前,他会伸手去拿,并塞入自己口中。6 个月的孩子已经开始会坐,但还坐不太好。

### 8. 语言发育
第 7 个月的孩子的听力比以前更加灵敏了,孩子能分辨不同的声音,并学着发声。

### 9. 感觉发育
第 7 个月的孩子已经能够区分亲人和陌生人,看见看护自己的亲人会高兴,从镜子里看见自己会微笑,如果和他玩藏猫儿的游戏,他会很感兴趣。这时的小儿会用不同的方式表示自己的情绪,如用哭、笑来表示喜欢和不喜欢。

### 10. 睡眠
第 7 个月的孩子一昼夜需要睡 15～16 小时,一般白天睡 3 次,每次1.5~2小时,夜间睡10个小时左右。

11. 心理发育

第7个月的孩子,从运动量、运动方式、心理活动都有明显的发展。他可以自由自在地翻滚运动;如见了熟人,会有礼貌地哄人;向熟人表示微笑,这是很友好的表示。不高兴时会用撇嘴、扔摔东西来表达内心的不满。照镜子时会用小手拍打镜中的自己。经常会用手指向室外,表示内心向往室外的天然美景,示意大人带他到室外活动。

第7个月的宝宝,心理活动已经比较复杂了。他的面部表情就像一幅多彩的图画,会表现出内心的活动。高兴时,会眉开眼笑、手舞足蹈、咿呀作语。不高兴时会怒发冲冠,又哭又叫。他能听懂严厉或亲切的声音。当你离开他时,他会表现出害怕的情绪。

情绪是宝宝的需求是否得到满足的一种心理表现。宝宝从出生到2岁,是情绪的萌发时期,也是情绪、性格健康发展的敏感期。父母对宝宝的爱,对他生长的各种需求的满足以及温暖的胸怀、香甜的乳汁、富有魅力的眼光、甜蜜的微笑、快乐的游戏过程等,都为宝宝心理健康发展奠定了良好基础,为智力发展提供了丰富的营养。

## 婴儿 第8个月

1. 体重

7个多月婴儿体重增长已经趋缓,同样月龄的孩子体重的差异也加大。男婴体重平均约为8.8千克,女婴体重平均约为8千克。如果孩子太瘦,如婴儿只有6千克多,应请医生检查。

2. 身长

7个多月男婴身高平均为70厘米,女婴身高平均为68厘米。

3. 头围

男婴头围平均44.6厘米,女婴头围平均43.5厘米。

4. 胸围

男婴胸围平均为44.7厘米,女婴胸围平均为43.8厘米。

### 5. 坐高

男婴坐高平均为45厘米,女婴坐高平均为43.7厘米。

### 6. 牙齿

如果下面中间两个门牙还没有长出,这个月就会长出来了。如果已经长出来,上面当中的两个门牙也就快长出来了。

### 7. 动作发育

7个多月的婴儿各种动作开始有意向性,会用两只手去拿东西。会把玩具拿起来,在手中来回转动。还会把玩具从一只手递到另一只手或用玩具在桌子上敲着玩。仰卧时会将自己的脚放在嘴里啃。7个月的孩子不用人扶能独立坐几分钟。

孩子手指的活动也灵巧多了,原来他手里如果有一件东西,再递给他一件东西,他便把手里的扔掉,接住新递过来的东西。现在他不扔了,他会用另一只手去接,这样可以一只手拿一件,两件东西都可摇晃,相互敲打。这时孩子的手如果攥住什么不轻易放手,妈妈抱着他时,他就攥住妈妈的头发、衣带。对孩子的这一特点,妈妈可以给他一件正适合他攥住的玩具。另外,他也喜欢用手捅,妈妈抱着他时他会用手捅妈妈的嘴、鼻子。

7个多月的孩子对周围的事物越来越感兴趣。他喜欢摸摸、敲敲,能拿到手的东西便放在嘴里啃。

### 8. 语言发育

7个多月的孩子能听懂妈妈的简单语言,妈妈说到他常用的物品时,他知道指的是什么。他能够把语言与物品联系起来,妈妈可以教他认识更多的事物。妈妈想让孩子认识一件东西,可先让他摸摸、看看,吃的东西可尝尝,先让他懂得了,然后反复告诉他这件东西的名字。

### 9. 感觉发育

孩子在6个月以后对远距离的事物更感兴趣了,7个多月时则观察得更细。对拿到手的东西则反复地看,更感兴趣。此时应常带孩子到户外去,让他看各种小动物、行人和车辆,树和花草,以及小孩,这些都是婴儿喜欢看的。

### 10. 心理发育

7个多月的宝宝已经习惯坐着玩了。尤其是坐在浴盆里洗澡时,更是喜欢戏水,用小手拍打水面,溅出许多水花。如果扶他站立,他会不停地蹦跶。嘴里咿咿呀呀好像叫着爸爸、妈妈,脸上经常会显露幸福的微笑。如果你当着他的面把玩具藏起来,他会很快找出来。喜欢模仿大人的动作,也喜欢让大人陪他看书、看画,听"哗哗"的翻书声音。

年轻的父母第一次听宝宝叫爸爸、妈妈是一个激动人心的时刻。7个月的宝宝不仅常常模仿你对他发出的双复音,而且有50%~70%的孩子会自动发出"爸爸"、"妈妈"等音节。开始时他并不知道是什么意思,但见到家长听到叫爸爸、妈妈就会很高兴,叫爸爸时爸爸会亲亲他,叫妈妈时,妈妈会亲亲他,孩子就渐渐地从无意识的发音发展到有意识地叫爸爸、妈妈;这标志着宝宝已步入了学习语音的敏感期。父母们要敏锐地捕捉住这一教育契机,每天在宝宝愉快的时候,给他朗读图书,念念儿歌和绕口令。

### 11. 睡眠

7个多月和6个多月时差不多,孩子每天仍需睡15~16个小时,白天睡2~3次。如果孩子睡得不好,家长要找找原因,看孩子是否病了,给他量量体温,观察一下面色和精神状态。

### 12. 小儿体重增长规律

体重是验证体格发育的一项重要指标,过轻、过重都不是健康的指标。

体重增加速度与年龄相关。生后3月内小儿如喂养合理,体重增长迅速,约每周增加250~200克,3~6月时,每周平均增加体重180~150克,此后3月内每周可增90~60克体重。

小儿体重可分3个年龄阶段计算。

1~6月小儿体重等于:

[出生体重(克)+月龄×700]克

7~12月小儿体重等于:

(6000+月龄×250)克

1岁以后的体重等于:

[(年龄×2)+7或8]千克。平均每年递增2千克,男童与女童相比,10岁以前男孩一般较女孩重,10~16岁,女孩一般较男孩重,以后男又较女重。

如果体重不按常规计算方法增加或减少,除患病因素外,大都是由于护理不周,营养质量不高造成的,应及时纠正。发育迟缓者,偶与父母的体质瘦小有关。

### 13. 小儿身高的增长规律

小儿生长的最快时期为出生1~6个月内,平均每个月长2.5厘米左右。孩子2岁时(生后第2年全年)约增10厘米,以后每年递增4~7.5厘米。

如与出生时的身高相比,1岁时的身长为出生时的1.5倍,4岁时为出生时的2倍,13~14岁时为出生时的3倍。

身高增长的计算公式:[(年龄×5)+80]厘米(注:青春期例外)

影响身高的因素很多,如生病、生活条件差、喂养不好、体力劳动不适当、精神压力、各种内分泌激素变化以及骨骼发育异常。此外还有个体差异等因素。

## 婴儿 第9个月

### 1. 体重
男婴约重9.12千克,女婴约重8.49千克。

### 2. 身长
第9个月的男婴身长约71.51厘米,女婴身约69.99厘米。

### 3. 坐高
男婴坐高约45.74厘米,女婴坐高约44.65厘米。

### 4. 头围
男婴头围约45.13厘米,女婴头围约43.98厘米。

### 5. 胸围
男婴胸围约45.28厘米,女婴胸围约44.40厘米。

### 6. 牙齿
第9个月的孩子大部分已经出牙,有些孩子已经出了2~4个牙齿,即下前牙和上前牙。

### 7. 动作发育

第 9 个多月的孩子不仅会独坐,而且能从坐位躺下,扶着床栏杆站立,并能由立位坐下,俯卧时用手和膝趴着挺起身来;会拍手,会用手挑选自己喜欢的玩具玩,但常咬玩具;会独自吃饼干。

### 8. 语言发育

第 9 个月的孩子能模仿大人发出单音节词,有的孩子发音早,已经能够发生双音节"mama""baba"了。

### 9. 心理发育

第 9 个月的宝宝看见熟人会用笑来表示认识他们,看见亲人或看护他的人便要求抱,如果把他喜欢的玩具拿走,他会哭闹。对新鲜的事情会引起惊奇和兴奋。从镜子里看见自己,会到镜子后边去寻找。

第 9 个月的宝宝一般都能爬行,爬行的过程中能自如变换方向。如坐着玩已会用双手使递玩具,相互对敲或用玩具敲打桌面。会用小手拇指和食指对捏小玩具。如玩具掉到桌下面,知道寻找丢掉的玩具。知道观察大人的行为,有时会对着镜子亲吻自己的笑脸。

8 个月的孩子常有怯生感,怕与父母尤其是母亲分开,这是孩子正常心理的表现,说明孩子对亲人、熟人与生人能准确、敏锐地分辩清楚。因而怯生标志着父母与孩子之间依恋的开始,也说明孩子需要在依恋的基础上,建立起复杂的情感、性格和能力。

孩子如见到生人,往往用眼睛盯着他,怕抱走他,感到不安和恐惧。对 8 个月的婴儿来说,这是一种正常的心理应激反应。为了孩子的心理健康发展,请不要让陌生人突然靠近孩子,抱走孩子。也不要在生人面前随便离开孩子,以免使孩子不安。

怯生是儿童心理发展的自然阶段,一般在短时间内可自然消失。对孩子的怯生,可以在教育方式上加以注意,如经常带孩子逛逛大街,上上公园,还可以听收音机,看看电视等这样可使孩子怯生的程度减轻。总之,扩大他的接触面,尊重他的个性,不要过度呵护。这样可以培养孩子勇敢、自信、开朗、友善、富有同情心的良好心理素质。

### 10. 睡眠

第 9 个月的孩子大约每天需要睡 14～16 个小时,白天可以只睡两次,每次 2 小时左右,夜间睡 10 小时左右。夜间如果尿布湿了,只要孩子睡得很香,可以不马上更换。但有尿布疹或屁股已经淹红了的孩子要随时更换尿布。如果孩子大便了,也要立即换尿布。

##  婴儿 第 10 个月

### 1. 体重

9 个月的孩子体重增长不是太快,有时可能不增长。孩子活动量增大,身体长高,也不是小婴儿那样胖乎乎的了。9 个月的男婴平均体重是 9.4 千克,女婴平均体重 8.8 千克。

### 2. 身长

9 个多月的男婴平均身高约 73 厘米,女婴平均身高 71 厘米。

小儿身体的高低与营养状况有密切的关系,但同时也受到遗传、性别、母亲健康状况、生活环境等多种因素的影响。所以,身高不够正常标准的小儿,不一定都有病,很可能是由于父母身材矮,孩子个头也不高。7～12 个月的小儿身高平均每月增长 1.2 厘米左右。

### 3. 头围

男婴平均头围约 45.6 厘米,女婴平均头围约 44.5 厘米。

### 4. 胸围

男婴平均胸围约 45.6 厘米,女婴平均胸围约 44.6 厘米。

### 5. 坐高

男婴平均坐高约 46 厘米,女婴平均坐高约 45.2 厘米。

### 6. 牙齿

小儿乳牙开始萌出时间,大部分在 6～8 个月时,最早可在 4 个月,晚的可在 10 个月。

小儿乳牙萌出的数目可用公式计算:月龄减去 4～6,例如 9 个多月小儿,9－(4~6)＝5~3。应该出牙3~5颗。

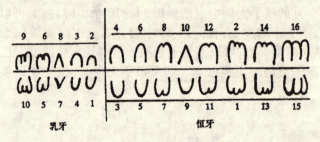

图37 牙齿发生顺序

### 7. 动作发育

9个多月小儿能够坐得很稳,能由卧位坐起而后再躺下,能够灵活地前、后爬行,爬得非常快,能扶着床栏站着并沿床栏行走。这一段时间孩子的动作发育很快,有的孩子从会站到会走只需一个多月的时间,有的学爬只是很短的时间,孩子就不喜欢爬了,他要立起来扶着走。这段时间的运动能力孩子的个体差异很大,有的孩子慢些。因此,家长不要将动作发育的指标看得太死,也不要把自己的孩子与别人作比较。

9个多月的孩子会抱娃娃,拍娃娃,模仿能力加强。双手会灵活地敲积木,会把一块积木搭在另一块积木上,会用瓶盖去盖瓶子。

### 8. 语言发育

能模仿发出双音节如"爸爸""妈妈"等。女孩子比男孩子说话早些。学说话的能力并不表示孩子的智力高低,只要孩子能理解大人说话的意思,就说明他很正常。

### 9. 心理发育

9个多月的孩子知道自己叫什么名子,别人叫他名子时他会答应,如果他想拿某种东西,家长严厉地说:"不能动!"他会立即缩回手来,停止行动。这表明,9个多月的小儿已经开始懂得简单的语意了,此时大人和他说再见,他也会向你摆摆手;给他不喜欢的东西,他会摇摇头;玩得高兴时,他会咯咯地笑,并且手舞足蹈,表现得非常欢快活泼。

9个多月大的孩子一旦想要什么,就非要拿到,他很喜欢看各种东西,好奇心表现得较强烈。他更喜欢大人抱他,因为抱着他各处走,可以看到很多新东西。

9个多月的宝宝在心理要求上丰富了许多,喜欢翻转起身,能爬行走动,扶着床边栏杆站得很稳。喜欢和小朋友或大人做一些合作性的游戏,喜欢照镜子观察自己,喜欢观察物体的不同形态和构造。喜欢家长对他的语言及动作技能给予表扬和称赞。喜欢用拍手欢迎,招手再见的方式与周围人交往。

9个多月的宝宝喜欢别人称赞他,这是因为他的语言行为和情绪都有进展,他能听懂你经常说的表扬类的词句,因而做出相应的反应。

好宝宝为家人表演游戏,大人的喝彩称赞声,会使他高兴地重复他的游戏表演,这也是宝宝内心体验成功与欢乐情绪的体现。对宝宝的鼓励不要吝啬,要用丰富的语言和表情,由衷地表示喝彩、兴奋,可用拍手,竖起大拇指的动作表示赞许。大家一齐称赞的气氛会促使孩子健康成长。这也是心理学讲的"正性强化"教育方法之一。

可以给9个多月婴儿一些能够拆开,又能够再组合到一起的玩具,让他的拆了再装,装了再拆,他会感到有意思。但是拆开的玩具的一定要足够大,如果太小,孩子会把它放在口中吞下去或塞入耳朵眼和鼻孔里,发生危险。最好给他一个收藏玩具的大盒子或篮子,这样玩具比较容易保存。每次玩时,可以让孩子坐在大床上或地毯上,也可以让他坐在小桌子旁边的小椅子上玩。让他自己从玩具盒里拿出玩具,玩过之后再自己放回原处,当然,在开始训练他这样做的时候,大人要帮助他,逐渐形成习惯。再大一点儿,他就可以完全自己做了。

这么大的孩子不仅喜欢玩具,对见到的物品也很感兴趣。妈妈可以把各种东西拿来跟他一起玩。孩子对会跑的玩具特别喜欢,也喜欢小推车、学步车。

### 10. 睡眠

9个多月内孩子的睡眠和8个月时差不多。每天需睡14~16个小时,白天睡两次。正常健康的小儿在睡着之后,应该是嘴和眼睛都闭得很好,睡得很甜。若不是这样,就该找找原因。

##  婴儿 第11个月

**1. 体重**

第11个月的男婴约重9.66千克,女婴约重9.08千克。

**2. 身长**

男婴身高约74.27厘米,女婴身高约72.67厘米。

**3. 头围**

男婴头围约46.09厘米,女婴头围约44.89厘米。

**4. 胸围**

男婴胸围约49.99厘米,女婴胸围约44.89厘米。

**5. 牙齿**

第11个月的孩子一般出4~6颗牙齿,多为上边4颗前牙和下边两颗前牙。有了孩子才刚开始出牙,也是正常的。

**6. 动作发育**

第11个月的婴儿能稳稳地坐较长的时间,能自由地爬到想去的地方,能扶着东西站得很稳。拇指和食指能协调地拿起小的东西。会招手、摆手等动作。

**7. 语言发育**

第11个月的孩子能模仿大人说话,说一些简单的词。第11个月的孩子已经能够理解常用词语的意思。并会一些表示词义的动作。第11个月的孩子喜欢和成人交往,并模仿成人的举动。当他不愉快时他会表现出很不满意的表情。

**8. 睡眠**

第11个月的孩子大约每天需睡眠12~16个小时。白天睡两次,夜间睡10~12小时。家长应该了解,睡眠是有个体差异的,有的小儿需要的睡眠比较多,有的小儿需要的睡眠就少一些。所以,有的小儿到了10个月,每天还要睡16小时,有的小儿只需12小时就足够了。只要孩子睡醒之后,表现非常愉快,精神很足,也不必勉强他多睡。

### 9. 心理发育

第 11 个月的宝宝喜欢模仿着叫妈妈,也开始学迈步学走路了。喜欢东瞧瞧、西看看好像在探索周围的环境。在玩的过程中,还喜欢把小手放进带孔的玩具中,并把一件玩具装进另一件玩具中。

第 11 个月后的宝宝在体格生长上,比以前慢一点,因此食欲也会稍下降一些,这是正常生理过程,不必担心。吃饭时千万不要强喂硬塞,如硬让孩子吃会造成逆反心理,产生厌食。

这个阶段的孩子,是最喜欢模仿说话的时期,家长应抓住这一时期多进行语言教育。父母此时要对宝宝多说话,内容是与他生活密切相关的短语。如周围亲人、食物、玩具名称和日常生活动作等用语。注意不要教孩子儿语,要用正规的语言教他,当宝宝用手势指点要东西时,尽量教他发音,用语言代替手势。在学习的过程中,要让孩子保持愉快的心情。心理上愉悦健康的孩子学东西就快。

##  婴儿 第 12 个月

### 1. 体重
此时孩子不像 6 个月以内,都胖乎乎的,有些孩子显得瘦高。男婴平均体重约 9.8 千克,女婴平均体重约 9.3 千克。

### 2. 身长
男婴平均身长 75.5 厘米,女婴平均身长 74 厘米。

### 3. 头围
男婴平均头围约 46.3 厘米,女婴平均头围 45.3 厘米。

### 4. 胸围
男婴平均胸围约 46.37 厘米,女婴平均胸围 45.3 厘米。此时胸围等于头围或稍大一些。

### 5. 坐高
男婴坐高平均 47.8 厘米,女婴坐高平均 46.7 厘米。

### 6. 牙齿
按照公式计算,11 个月应出 5~7 颗牙。

表7　牙齿萌出的时间和顺序

| | 牙种类 | | 年龄 | 出牙总数 |
|---|---|---|---|---|
| 乳牙 | 下中切牙 | 2 | 4~10月 | 2 |
| | 上切牙 | 4 | 6~14月 | 8 |
| | 下侧切牙 | 2 | | |
| | 第一乳磨牙 | 4 | 10~17月 | 12 |
| | 尖牙 | 4 | 16~24月 | 16 |
| | 第二乳磨牙 | 4 | 20~30月 | 20 |
| 恒牙 | 第一磨牙(6岁磨牙) | 4 | 6~7岁 | 4 |
| | 切牙 | 8 | 6~9岁 | 12 |
| | 双尖牙 | 8 | 9~13岁 | 20 |
| | 尖牙 | 4 | 9~14岁 | 24 |
| | 第二磨牙(12岁磨牙) | 4 | 12~15岁 | 28 |
| | 第三磨牙(智齿) | 4 | 17~30岁 | 32 |

当然也有些孩子刚刚开始出牙,但乳牙萌出最晚不应该超过1周岁。

小儿正常出牙顺序是这样的,先出下面的一对正中切牙,再出上面的正中切牙,然后是上面的紧贴中切齿的侧切牙,而后是下面的侧切牙。小儿到1岁时一般能出这8颗乳牙。1岁之后,再出下面的一对第一乳磨牙,紧接着是上面的一对第一乳磨牙,而后出下面的侧切牙与第一乳磨牙之间的尖牙,再出上面的尖牙,最后是下面的一对第二乳磨牙和上面的一对第二乳磨牙,共20颗乳牙,全部出齐大约在2~2.5岁。

如果小儿出牙过晚或出牙顺序颠倒,可能会是佝偻病的一种表现。严重感染或甲状腺功能低下时会出牙迟缓。

**7. 动作发育**

11个多月的孩子坐着时能自由地左右转动身体,能独自站立,扶着一只手能走,推着小车能向前走。能用手捏起扣子、花生米等小东西,并会试探地往瓶子里装,能从杯子里拿出东西然后再放回去。双手摆弄玩具很灵活。

动作发育快的孩子不但会站,还能摇摇晃晃地走,但孩子学会走路的平均年龄是 1 岁 3 个月。

这时孩子的手眼协调进一步完善,能拉抽屉和开门。孩子的模仿能力更强,会模仿成人擦鼻涕、用梳子往自己头上梳等动作,会打开瓶盖,剥开糖纸,不熟练地用杯子喝水。

### 8. 语言发育

11 个多月的孩子喜欢嘟嘟叽叽地说话,听上去像在交谈。喜欢模仿动物的叫声,如小狗"汪汪"、小猫"喵喵"等。能把语言和表情结合起来,他不想要的东西,他会一边摇头一边说"不"。

这时孩子不能够理解大人很多话,对大人说话的语调也能理解。婴儿还不能说出他理解的词,常常用他的语音说话,一般来说妈妈能知道他说的是什么,此如他说"外",意思是想到户外玩,妈妈此时要告诉他正确的话是怎么说。

### 9. 睡眠

11 个多月的小儿每天需睡眠 12~16 小时,白天要睡两次,每次 1.5~2 小时。

有规律地安排孩子睡和醒的时间,这是保证良好睡眠的基本方法。所以,必须让孩子按时睡觉,按时起床。睡前不要让孩子吃得过饱,不要玩得太兴奋,睡觉时不要蒙头睡,也不要抱着摇晃着入睡,要给孩子养成良好的自然入睡的习惯。

### 10. 心理发育

11 个多月的宝宝喜欢和爸爸妈妈依恋在一起玩游戏,看书画,听大人给他讲故事。喜欢玩藏东西的游戏。喜欢认真仔细地摆弄玩具和观赏实物,边玩边咿咿呀呀地说着什么。有时发出的音节让人莫名其妙。这个时期孩子喜欢的活动很多,除了学翻书、讲图书外,还喜欢搭积木、滚皮球,还会用棍子够玩具。如果听到喜欢的歌谣就会做出相应的动作来。

12 个月的孩子,每日活动是很丰富的,在动作上从爬、站立到学行走的技能日益增加,他的好奇心也随之增强,宛如一位探察家,喜欢把房里每个角落都了解清楚,都要用手摸一摸。

为了孩子心理健康发展,在安全的情况下,尽量满足他的好奇心,要鼓励他的探索精神不断发展,千万不要随意恐吓孩子,以免伤害他正在萌芽的自尊心和自信心。

此时的孩子喜欢会动的东西,像汽车、鸟、小动物。还喜欢模仿,穿鞋、梳头、吃饭、洗脸等等。孩子更喜欢看电视,他还看不清,看的是活动的、色彩鲜艳的画面,如广告,动画片等。但不能让孩子长时间看电视,因为孩子看电视是单方面的接受信息,不能对话,不能动手,不能参与,这对孩子的发育是不利的。

这个年龄的孩子能较短时间地记忆,妈妈教他什么,可能几天就忘了。记忆需要培养,孩子对感兴趣的东西就记得比较好,强迫他记的就容易忘。妈妈在训练孩子的记忆力时,一定不要忘了这一客观规律。

## 孩子 第 13～14 个月

### 1. 身体发育

1岁的孩子度过了婴儿期,进入了幼儿期。幼儿无论在体格和神经发育上还是在心理和智能发育上,都出现了新的发展。

| | | |
|---|---|---|
| 体重 | 男婴约 10.58 千克 | 女婴约 10.14 千克 |
| 身长 | 男婴约 78.69 厘米 | 女婴约 77.14 厘米 |
| 坐高 | 男婴约 47.41 厘米 | 女婴约 48.46 厘米 |
| 头围 | 男婴约 46.45 厘米 | 女婴约 46.47 厘米 |
| 胸围 | 男婴约 46.61 厘米 | 女婴约 46.54 厘米 |
| 牙齿 | 已长出 6～8 颗牙。 | |

### 2. 动作发育

周岁的孩子已经能够行走了,这一变化使孩子的眼界豁然开阔。周岁的孩子开始厌烦母亲喂饭了,虽然自己能拿着食物吃得很好,但还用不好勺子。他对别人的帮助很不满意,有时还大哭大闹以示反抗。他要试着自己穿衣服,拿起袜子知道往脚上穿,拿起手表往自己手上戴,给他个香蕉他也要拿着自己剥皮。这些都说明孩子的独立意识在增强。

### 3. 语言发育

12个月的孩子不但会说爸爸、妈妈、奶奶、娃娃等,还会使用一些单音节动词如拿、给、掉、打、抱等。发音还不太准确,常常说一些让人莫名其妙的语言,或用一些手势和姿态来表示。

4. **睡眠**

每天需 14～15 个小时,白天睡 1～2 次。

5. **心理发育**

12 个月的孩子,虽然刚刚能独自走几步,但是总想蹒跚地到处跑。喜欢到户外活动,观察外边的世界,他对人群、车辆、动物都会产生极大兴趣。喜欢模仿大人做一些家务事。如果家长让他帮助拿一些东西,他会很高兴地尽力拿给你,并想得到大人的夸奖。

这时的孩子更喜欢看图画、学儿歌、听故事,并且能模仿大人的动作,能搭 1～2 块积木,会盖瓶盖。有偏于使用某一只手的习惯。喜欢用摇头表达自己的意见。如果你问他喜欢这个玩具吗?他会点头或摇头来表达。你要问他几岁了,他会用眼注视着你,竖起食指表示 1 岁了。

对于 1 岁的孩子,虽然对学习很有兴趣,但教他知识时,一次只能教一种,记住后,再巩固一段时间,再教第二种。在日常生活上,如给他苹果、香蕉、饼干,要从 1 开始,竖起 1 个手指表示 1,您还可以反过来问他,"是几个?"也让他学习你用语言表达 1,并竖起食指表示 1。这种方法可以发展数字概念思维。

1 岁多的孩子在语言上、动作上进步很大,能够表情丰富地和妈妈爸爸交谈。喜欢牵着拖拉玩具到处走。喜欢参与家庭生活小事。如果冬天到室外玩,知道把帽子放在自己的头顶上。穿衣、脱衣时双臂可随大人做上下运动。知道拿东西给爸爸、妈妈。喜欢自己洗脸、洗手、脚。家长要抓住这一阶段儿童的心理特点,不失时机地培养孩子的独立生活能力。

这一年龄段的宝宝,虽然会说几个常用的词汇,但是,语言能力还处在萌芽发展期,很多内心世界的需求和愿望不会用关键的词来表达,还会经常用哭、闹、发脾气表达内心的挫折。这时,家长该怎么办呢?千万不要也用发脾气的方法对付孩子。应该尽量用经验和智慧来理解他的愿望,猜测孩子需要什么,尝试用不同方法来满足孩子,或者转移他的注意力,让他高兴起来,忘掉自己原来的要求。

让孩子有轻松愉快的情绪,就要对孩子不舒适的表示及时作出反应,让孩子感到随时处于关怀之中,这样孩子才会对环境产生安全感,对他人产生信任感。家长不要担心这样会把孩子"宠坏了",其实,宝宝在家长的亲切关心下,得到安抚和愉快,有利于学习和探索新的事物。

##  孩子 第15~17个月

### 1. 身体发育

| | | |
|---|---|---|
| 体重 | 男孩约11.73千克 | 女孩约11.11千克 |
| 身长 | 男孩约79.87厘米 | 女孩约78.72厘米 |
| 头围 | 男孩约47.09厘米 | 女孩约47.01厘米 |
| 胸围 | 男孩约47.42厘米 | 女孩约47.34厘米 |
| 坐高 | 男孩约49.79厘米 | 女孩约48.82厘米 |
| 牙齿 | 可长出9~11颗乳牙 | |

### 2. 动作发育

孩子经过前一阶段的努力,小步独自走得稳当了,不但在平地走得很好,而且很喜欢爬台阶,下台阶时知道用一只手扶着下。此时,家长不要阻止孩子,要鼓励他,同时注意在旁边保护他。这样的活动既锻炼了身体,又促进了智力发育,使手、脚更协调地运动。这么大的孩子会用杯子喝水了,但自己还拿不稳,常常把杯子的水洒得到处都是。吃饭的时候,孩子常喜欢自己握匙取菜吃,但是还拿不稳。这么大的孩子平衡能力还比较差。

### 3. 语言发育

孩子的词汇增多了,会说:"谢谢"、"您好"、"我们"、"再见"等词了。孩子对语言学习有一种特殊的热情,特别喜欢与成人说话或听别人说话,即使相同的话也喜欢听好几遍,不厌其烦。

### 4. 睡眠

每日睡眠时间仍为14~15小时,白天睡1~2次。

### 5. 心理发育

孩子的知识在增长,脾气也在增大,当不如意时,他会扔东西,发脾气,表示不服从。当孩子发脾气时,不要呵斥他,小孩子的注意力很容易分散,用别的事情吸引他,会很快忘掉不愉快的事情。

1岁多宝宝,路走得稳了,活动范围大了,随之而来的是其独立意识开始萌生。喜欢将空盒子、小桶等有空间的容器装满玩具。在日常生活中,喜欢模仿成人的动作、语气。喜欢玩球,会做把球举过头抛起来的游戏。喜欢和大人一起做认指眼、耳、鼻、口、手等认识人体器官的游戏。家长应尽量设置一个满足宝宝需要的活动环境,让他的好奇心得到满足。

父母的温情和爱抚在1岁多孩子眼中,已经不如以前那么重要了,你的关照可能变成了一种限制,会引起他的不耐烦,在安全的范围内,家长要适当地放手让孩子自由活动。

宝宝的路越走越稳,话也说多了,与外人交往也多了,这正是鼓励他与别的小朋友交往的好时机。开始孩子不知道怎样与别的小朋友交往,但通过与新面孔的接触、交往、交换玩具等简单活动,宝宝能得到很多乐趣。每星期最好有2~3次机会与他的同龄小朋友一起玩耍,让宝宝用自己的独特方式接触别人,大人要多鼓励,千万不要加以干涉,宝宝经过尝试,会找到自己更合适的方法。

不要对孩子过度保护,小朋友之间发生小冲突,这是正常现象,大人不必多加指点,让孩子自己学会处理冲突。如果两个孩子抢玩具,家长也不要以成人的礼貌心理,强迫自己的孩子放弃自己心爱的玩具,那样会让孩子迷惑不解,且非常伤心。要让孩子有机会保卫自己的权利,这也是社会交往的基本规则。这也会为孩子今后的性格打下良好的基础。

 第18~21个月

## 1. 身体发育

| | | |
|---|---|---|
| 体重 | 男孩约 11.6 千克 | 女孩约 10.83 千克 |
| 身长 | 男孩约 82.31 厘米 | 女孩约 81.62 厘米 |
| 头围 | 男孩约 47.54 厘米 | 女孩约 46.52 厘米 |
| 胸围 | 男孩约 49.08 厘米 | 女孩约 47.52 厘米 |
| 坐高 | 男孩约 50.69 厘米 | 女孩约 50.79 厘米 |
| 牙齿 | 此时大约萌出 12 颗牙,已萌出上下尖牙。 | |

1岁半的小儿肚子仍比较大,腹部向前突出。这时他已经能够控制自己的大便了,在白天也能控制小便,如果来不及尿湿了裤子也会主动示意。

2. 感觉运动的发育

1岁半的小孩已经能够独立行走了,还会牵拉玩具行走、倒退走,会跑,但有时还会摔倒。有意思的是,他能扶着栏杆一级一级地上台阶,可却常常喜欢四肢并因用楼梯上爬。让他下台阶时,他就向后爬或用臀部着地坐着下,1岁半的孩子会用力地扔球,会用杯子喝水,洒得很少。能够比较好地用匙,开始自己吃饭。

给他玩积木,他会把3~4块积木叠在一起。

3. 语言、适应性行为发育

1岁半的孩子开始认真地学习语言,翻动书页,选看图画,能够叫出一些简单物品的名称;能够指出方向;能够说4~5个词汇连在一起的句子如:"在桌子上,"会有目的地说"再见";能够按要求指出眼睛、鼻子、头发等。

1岁半的孩子注意力集中的时间仍很短,他不会坐下来安静地听你讲5分钟故事。

1岁半的孩子对陌生人会表示新奇,很喜欢看小朋友们的集体游戏活动,但并不想去参与,爱单独玩。喜欢自己能喜爱的玩具,女孩子常会像大人一样抱着布娃娃,开始模仿大人做家务如铺床、扫地。

因不用奶瓶吃奶,1岁半的孩子更喜欢吸吮手指了,特别在睡觉之前,躺在床上,一边吸吮手指,一边东张西望。

很难坐下来安静地吃饭,总是走来走去。

当有什么事情做不好、不顺心时,他还会发脾气,哭闹。

1岁半的小孩喜欢规律的生活,他们对所有突然变化都会表示反对,比如,从奶奶家搬到姥姥家居住,他会不适应,会哭闹;或者去幼儿园、托儿所,他们也需要很多天来适应。

4. 睡眠

1岁半的孩子每天需要睡眠12~13小时,夜间10小时左右。午睡一次约2~3小时。

5. 心理发育

18~21个月的幼儿活动范围、活动花样又较前丰富了许多,喜

第五篇 生长发育
DIWUPIAN SHENGZHANGFAYU

欢爬上爬下,喜欢模仿大人做事,如擦桌子扫地等,喜欢模仿着做广播操等活动。如果家长耐心教他数数,念儿歌,宝宝会很有兴趣的学,他会跟着大人的节奏说出每句儿歌的最后一个押韵的音。这个时期是教孩子说话的好机会,家长不要错失良机。

宝宝的语言能力在天天进步,在与大人日常生活、游戏、交流的同时,学会了不少词句,从1岁左右只会说一个词,到20个月时,宝宝大约会用20~30个词语。这时他在自己玩玩具时,也开始自言自语地说话了。他在搭积木时会小声叽叽咕咕,家长可参与到孩子快乐的游戏中,跟他对话交谈。这时切忌用儿语与他对话,因为可能会耽误孩子学话。家长要习惯用规范的发音与孩子对话,要善于抓住一切机会鼓励孩子大胆说话。

 第22~24个月

1. **身体发育**

| | | |
|---|---|---|
| 体重 | 男孩约 12.64 千克 | 女孩约 11.92 千克 |
| 身长 | 男孩约 89.06 厘米 | 女孩约 87.42 厘米 |
| 坐高 | 男孩约 54.02 厘米 | 女孩约 53.06 厘米 |
| 头围 | 男孩约 48.44 厘米 | 女孩约 47.39 厘米 |
| 胸围 | 男孩约 49.66 厘米 | 女孩约 48.47 厘米 |
| 牙齿 | 此时孩子大约萌出 16 颗牙,已萌出第二乳磨牙。| |

2岁左右小儿腹部前突已比以前减轻。大小便已经完全能够自我控制了。

2. **感觉运动的发育**

将近2岁的幼儿走路已经很稳了,能够跑,还能自己单独上下楼梯。如果有什么东西掉地上了,他会马上蹲下去把它拣起来。这时的孩子很喜欢大运动的活动和游戏,如跑、跳、爬、跳舞、踢球等。并且很淘气,常会推开椅子,爬上去拿东西,甚至从椅子上桌子,从桌子上柜子,你会发现他总是闲不住。

现在他只用一只手就可以拿着小杯子很熟练地喝水了,他用匙的技术也有很大提高。他能把 6~7 块积木叠起来,会把珠子串起来,还会用蜡笔在纸上模仿着画垂直线和圆圈。

### 3. 语言、适应性行为发育

将近 2 岁的孩子注意力集中的时间比以前长了,记忆力也加强了,他大约已掌握了 300 多个词汇。他能够迅速说出自己熟悉的物品名称,会说自己的名字,会说简单的句子,能够使用动词和代词,并且说话时具有音调变化。他常会重复说一件事。他喜欢一页一页地翻书看。给他看图片,他能够正确地说出图片中所画物体的名称。大人若命令他去做什么,他完全能够听得懂并且去作。他开始学着唱一些单调的歌,还喜欢猜一些简单的谜语。

他会自己洗手并擦干,会转动门把手,打开盒盖,会把积木排成火车,总想学着用小剪刀剪东西。总之,这时的孩子非常可爱。

### 4. 睡眠

2 岁的孩子每天夜间需睡眠 10 个小时左右。午睡 2~3 小时左右。

### 5. 心理发育

2 岁左右的宝宝喜欢看画片,喜欢听故事,喜欢看电视动画片,喜欢大运动游戏,也很喜欢模仿大人的动作。他会学着把玩具收拾好,并且对自己能独立完成一些事情的技能感到很骄傲。比如他可能把积木搭好然后拉你去看。两岁左右的孩子很爱表现自己,也很自私,不愿把东西分给别人,他只知道"这是我的"。他还不能区分什么是正确的,什么是错误的。将近 2 岁的孩子独立性还很差,如果突然给他改变环境,或让他与父母分离,他会感到恐惧。

宝宝快满 2 岁了,喜欢独自到处跑着玩,在床上跳上跳下地蹦个不停,喜欢和小朋友们玩捉迷藏的游戏,喜欢玩有孔的玩具,习惯地将物体塞入孔中,反复玩弄不厌其烦。还喜欢听儿歌、听故事、搭积木、按开关等有趣的活动。

2 岁左右的孩子,胆量大一些了,不像以前那样畏缩了,不再处处需要家长的保护,他不再像以前那样时刻依赖着大人,能够较独立的活动,宝宝的情绪多数时间都比较稳定愉快,有时也发脾气。在高兴时会用亲昵的声音和举动靠近你,在家庭中经常起到节目主持人的角色。

这一年龄阶段的孩子做事喜欢重复,并且有一定的顺序和规律性。家长可以在日常生活中,如玩具的摆放,家庭简单物品的放置和生活规律上,有意识地进行培养。

##  第 25~27 个月

### 1. 身体发育
体重　女孩约 11.66~12.24 千克　　男孩约 12.10~13.68 千克
身长　女孩约 86.6~87.9 厘米　　　男孩约 88.45~90.69 厘米
头围　女孩约 47.2~48.2 厘米　　　男孩约 47.44~48.5 厘米
胸围　女孩约 48.2~49.4 厘米　　　男孩约 48.65~49.8 厘米
牙齿　女孩约 16~18 颗

### 2. 体格发育
2 岁后,体重缓慢增加,每年约 2 千克。颌面骨发育及面形逐渐变长。

### 3. 感觉运动的发育
2 岁 3 个月的宝宝,走路稳,跑步快,会用双脚跳,也会向前跳,还能从矮的台阶上独立跳下并能站稳。有能跑能停的平衡能力,喜欢踢球。吃饭时喜欢学成人用筷子夹菜。用笔涂涂画画,画直线、画圆。喜欢玩套桶、套塔等。开始有数的顺序和空间感知能力。

### 4. 语言、适应行为发育
孩子学会并记住家中各个人物的称呼,如爷爷、奶奶、姥爷、姥姥、小姨等。开始学会用代词你、我。能说完整句子,"妈妈上班了"、"我要吃香蕉"。能分辨清楚长铅笔和短铅笔。吃苹果能分辨出多少。能知道桌上桌下、身体的前面后面。能知道爸爸是男的、妈妈是女的,也知道自己的性别。

到户外玩耍后能知道自己的家门,会走回家的路。喜欢和小朋友交往。能用声音表现出自己的喜怒情绪,高兴时会笑得很开心,生气时会发脾气、吼叫。有很强的自主意识,要自己穿袜子、穿鞋。穿鞋时分不清左右。

### 5. 心理发育
2 岁后,幼儿的动作发育明显发展,能自己洗手、穿鞋,看书时能用手一页一页地翻。手的动作更复杂精细,有随意性。对幼儿心理发展有积极作用。在自我意识开始发展时,出现"自尊心",家长在教育孩子时,要耐心诱导,对待宝宝的每一点进步都要表扬,不要同别的孩子比,要和宝宝自己的进步比。千万不要当着孩子的面同别人议论:"看××早就会了,我家宝宝就是不会!"孩子能懂得别人数落自己。损伤孩子的自尊心,会使心理发育受到障碍。

宝宝能应用简单句,使用陈述语气。喜欢学3个字的儿歌。对儿歌的记忆是自然而然,还不会有意识、主动地去记忆。记忆的东西不能保持很长时间,需要反复教,不断复习才能记住。

### 6. 睡眠

夜间 10~11 小时,午睡 2~3 小时。

## 孩子 第 28~30 个月

### 1. 身体发育

| | | |
|---|---|---|
| 体重 | 女孩约 12.1~12.68 千克 | 男孩约 12.55~13.13 千克 |
| 身长 | 女孩约 88.45~90.69 厘米 | 男孩约 90.3~91.7 厘米 |
| 头围 | 女孩约 47.44~48.5 厘米 | 男孩约 47.7~48.8 厘米 |
| 胸围 | 女孩约 48.65~49.8 厘米 | 男孩约 49.1~50.2 厘米 |
| 牙齿 | 18~20 颗 | |

### 2. 体格发育

宝宝长大了,躯体和四肢的增长比头围快。为了支持身体重量和独立行走,尤其下肢、臀、背部的肌肉发达。由于骨骼增长快,钙磷沉着亦增加。

宝宝的乳牙20颗已出齐,有一定咀嚼能力,但乳牙外面的釉质较薄。胃容量随年龄增长而增大,胃液的酸度和消化酶也逐渐增强。胰液消化酶的分泌有时受气候影响,炎热和生病时都会受影响而被抑制分泌。因此在夏季或生病时食欲都下降。幼儿期肠管相对较长,小肠内有发育很好的绒毛,所以吸收能力很强,对正在生长发育,代谢需求旺盛的幼儿是很有利的。但是,由于肠道壁薄,通透性强,屏障功能差,肠道内的毒素也容易被吸收而引起中毒症状。因此,在饮食卫生方面应格外注意。

### 3. 感觉运动发育

能认识几种不同颜色的物品。还能认识圆形、长方形、三角形和方形。玩球时会接反跳球。会用面团捏成碗、盘等。能单足站立。自己会扶栏上楼梯,一步一级交替上楼。下楼梯双足踏一台阶。会分清晴、阴、风、雨、雪天气。知道大小顺序。会解扣子及开关末端封闭的拉锁。

### 4. 语言、适应行为发育

2岁半左右的幼儿已掌握很多词汇,语言中简单句很完整。会背诵简短的唐诗,学会用耳语传话。也会背诵2~3首儿歌。学会看图讲故事,叙述图片上简单突出的一点。能组织玩"过家家"游戏,扮演不同角色如当妈妈、当娃娃、当医生等。能说出日常用品的名称和用途,如梳子梳头发;毛巾洗脸时用等。

### 5. 心理发育

幼儿2岁后想像力开始出现,会把一种东西假想成另一种东西,如把一个小盒子当成汽车,边推边喊"汽车来了、嘀嘀"。思考问题和解决问题的方法,仍为直觉行动思维。思维和行动密切联系,在行动中思维,离开了行动便不再进行思维,如动手堆搭积木时,才想如何堆搭,堆搭到哪里就想到哪里,停止堆搭,也就不再思索。幼儿的思维还很简单,处于开始发育阶段。

### 6. 睡眠

夜间睡10~11小时,午睡2~2.5小时。

##  孩子 第31~33个月

### 1. 身体发育

体重　女孩约12.55~13.13千克　男孩约13.0~13.53千克
身长　女孩约90.3~91.7厘米　男孩约91.35~93.38厘米
头围　女孩约47.7~48.8厘米　男孩约47.88~48.95厘米
胸围　女孩约49.1~50.2厘米　男孩约49.45~50.54厘米
牙齿　20颗乳牙

### 2. 体格发育

此阶段的幼儿,躯体动作和双手动作在继续发展,比前阶段熟练、复杂,而且增加了随意性,可以比较自如地调节自己的动作。可以自由轻松地从楼梯末层跳下。会独脚站立。双手动作协调地穿串珠,会用手指一页一页地翻书。会将纸折叠成长方形。对周围事物有极大的好奇心,喜欢不断地提问。

### 3. 感觉运动发育

喜欢看图书、听故事,能回答故事中的主要问题。穿鞋时能分清左、右。学习自己洗脚,自己穿有扣子的衣服。喜欢帮助妈妈做事。能自己收拾衣物和玩具。

### 4. 语言、适应性行为发育

宝宝会用简单句与人交往,不仅会用你、我、他代词,还会用连词。知道许多日常用品的名称和用途。所用简单句包括主语、谓语和宾语。所用的词汇中以名词最多,动词次之。直接用名词陈述自己或别人的行为。开始出现问句如"我们上哪儿去玩?"开始学会等待,如去公园玩碰碰车要排队等候待。

### 5. 心理发育

幼儿在认识物体时,几乎都是按照物体的形状进行选择,而不是注意物体的颜色。说明此期幼儿认识物体,首先注意的物体形状而不是物体的颜色。开始出现想像力,但比较简单,只是实际生活的简单的重现,如在家用娃娃当宝宝,自己当妈妈,送娃娃上幼儿园等。但想像力能使幼儿作出超越当时现实的反应,心理现象可以更为活跃丰富。

此阶段,幼儿的思维方式仍明显地带着行动性。思维与行动密切联系。能分出物品大小。能模仿画横线、竖线。口数数能数6~10。与周围人们有广泛复杂的交往,促进了情绪和情感的发展,出现高级情感的萌芽。如成人给予他简单事情做,完成后会体验到"完成任务"的愉快。和小朋友相处,会引起友爱、同情等情感体验。认识简单行为准则,如"对",或"不对"或"不可以"。

### 6. 睡眠

夜间睡眠10~11小时,午间睡眠1~2小时。

孩子 第 34～36 个月

### 1. 身体发育
体重　女孩约 13.13～15.13 千克　男孩约 13.53～15.60 千克
身高　女孩约 91.7～93.2 厘米　男孩约 93.4～95.6 厘米
头围　女孩约 48.7～49.8 厘米　男孩约 49.8～50.95 厘米
胸围　女孩约 50.2～52.2 厘米　男孩约 50.5～52.5 厘米
牙齿　20 颗乳牙

### 2. 体格发育
3 岁末,脑的容量为 1000 克,整个幼儿期脑容量只增长 100 克。但脑内的神经纤维迅速发展,在脑的各部分之间形成了复杂联系。神经纤维的髓鞘化继续进行,尤其运动神经锥体束纤维的髓鞘化过程进行更显著,为幼儿动作发展和心理发展提供了生理前提。

神经系统的抑制过程明显发展,但兴奋过程仍占优势,因此幼儿仍容易兴奋。

幼儿期大脑皮层活动特别重要的特征,就是人类特有的第二信号系统开始发育,为儿童高级神经活动带来了新的特点。儿童借助于语词刺激,可以形成复杂的条件联系,这是儿童心理复杂化的生理基础。

### 3. 感觉运动的发育
3 岁的孩子,自主性很强,能随意控制身体的平衡和跳跃动作。可掌握有目的地用笔、用剪刀、用筷子、杯、折纸、捏面塑等手的精细技巧。学会单脚蹦、会拍球、踢球、越障碍、走 S 线等。

### 4. 语言和适应性行为发育
3 岁孩子,主动接近别人,并能进行一般语言交往。学会复述经历,学会较复杂用语表达。好奇心强,喜欢提问。生活自理能力增强,会自己穿脱衣服及鞋袜。此阶段,个性表现已很突出,喜爱音乐的爱听录音机的歌曲。对画感兴趣的,喜欢各种颜色,对文学感兴趣的喜听故事,朗读也带表情,语言流畅,能表达自己的意思,会讲故事,背诗词等。会编简单谜语。

### 5. 心理发育

幼儿期的心理发育是在新的生活条件和各种活动中向前发展。

3岁儿童独立行走后便能自由行动,主动接近别人,和其他儿童一起玩,接触更多事物,对幼儿期儿童的独立性、社会性和认识能力的发展均有积极作用。

3岁儿童的双手动作发展得复杂多样,自己穿脱衣服,自己洗手、洗脸等。双手协调,不论在动作的速度和稳定性上都有明显增进。

3岁儿童已熟练掌握300~700个单词,和人交往时已能适用合乎日常语法的简单句,并出现问句形式。

由于动作和语言的发展,智力活动更精确,更有自觉性质,在感知、想像、思维方面都得到发展。幼儿通过游戏活动,开始出现高级情感萌芽,懂得一些简单的行为准则,知道"洗了手才能吃东西","不可以打人,打人妈妈不喜欢"。这些行为准则,可以和小朋友们和睦相处,也是为品德发展做准备。

自我意识开始发展。自我意识就是人对自己和自己心理的认识。人由于自我意识的发展,才能进行自我观察,自我分析,自我体验,自我控制以及自我教育等。

自我意识是人的意识的一种表现。人的意识形成是和参与社会生活及言语发展直接联系。幼儿能够自由活动,可广泛参加社会生活,同时又为掌握语言、为意识发展创造了条件。自我意识发展,使儿童作为独立活动的主体参加实践活动。自己提出活动目的,并积极地克服一些障碍去取得吸引他的东西,或做他想做的事,这种积极行动和取得成功,能激起他愉快的情感和自己行动的自信心,从而又促进了儿童独立性的发展。此阶段儿童,喜欢自己做事,自己行动,常说"我自己来"、"我自己吃"、"我偏不",成人应尊重儿童独立性的愿望和信心,同时也要给予帮助。

幼儿自我意识发展,当他开始出现的"自尊心"受到戏弄、嘲笑、不公正待遇或在别的儿童面前受到责骂等时,可引起愤怒、哭吵或反抗行为。自我意识的发展具有复杂的内容,经历很长的过程,在幼儿期只是开始发展。

### 6. 睡眠

夜间10~11小时,午睡1~1.5小时。

# 饮食营养篇
## YINSHI YINGYANGPAN

## 孩子 第1个月

### 一、母乳喂养好在哪里

（1）母乳营养丰富，钙磷比例合宜（2:1），有利于孩子对钙的吸收；母乳中含有较多的脂肪酸和乳糖，磷脂中所含的卵磷脂和鞘磷脂较多，在初乳中含微量元素锌较高；这些都有利于促进小儿生长发育。

（2）母乳蛋白质的凝块小，脂肪球也小，且含有多种消化酶。母乳中的乳脂酶再加上小儿在吸吮过程中，舌咽分泌的一种舌脂酶，有利于对脂肪的消化。另外，人乳的缓冲力小，对胃酸中和作用弱，有助于营养物质的消化吸收。

（3）母乳中含有免疫物质。在母乳中含有各种免疫球蛋白，如lgA、lgG、lgM、lgE等。这些物质会增强小儿的抗病能力。特别是初乳，含有多种预防、抗病的抗体和免疫细胞，这是在牛乳中所得不到的。

（4）母乳是婴儿的天然生理食品。从蛋白分子结构看，母亲乳汁适宜婴儿，不易引起过敏反应。而在牛奶中，含有人体所不适应的异性蛋白，这种物质可以通过肠道黏膜被人体吸收引起过敏。因此，有的婴儿哺牛奶以后，发生变态反应，引起肠道少量出血、婴儿湿疹等现象。

（5）母乳中几乎无菌，直接喂哺不易污染，温度合适，吸吮速度及食量可随小儿需要增减，既方便又经济。

（6）母乳喂哺也是增进母子感情的过程。母亲对婴儿的照顾、抚摸、拥抱、对视、逗引以及母亲胸部、乳房、手臂等身体的接触，都是对婴儿的良好刺激，促进母子感情日益加深，可使婴儿获得满足感和安全感，使婴儿心情舒畅，也是婴儿心理正常发展的重要因素。

（7）婴儿的吸吮过程促进母亲催产素的分泌，促进母亲子宫的收缩，能使产后子宫早日恢复，从而减少产后并发症。

## 二、纯母乳喂养能满足婴儿吗

据研究表明,大多数 6 个月以内的纯母乳喂养婴儿生长适宜。母乳是婴儿必须的和理想的食品,其所含的各种营养物质最适合婴儿消化吸收,而且具有最高的生物利用率。母乳的质与量随着婴儿的生长和需要呈相应改变。孩子越吸得勤,乳汁便分泌得越多。一般公认婴儿 6 周时乳母每日分泌 700 毫升乳汁,到 3 个月时可增加到 800 毫升。据报道,纯母乳喂养时,7 个月的婴儿每日可从母亲乳房吮吸到 1500 毫升乳汁。

母亲的乳汁含有丰富的营养成分,如脂肪、乳糖、矿物质、微量元素等。母亲一时营养供给不足,不会影响乳汁成分。但是如母亲长期营养摄入不足,可影响到乳汁营养素的含量(尤其是维生素 $B_6$、$B_{12}$、A 和 D)出现婴儿营养不良现象。

## 三、为什么给孩子喂初乳

产妇最初分泌的乳汁叫初乳,虽然不多但浓度很高,颜色类似黄油。与成熟乳比较,初乳中含有丰富的蛋白质、脂溶性维生素、钠和锌。还含有人体所需要的各种酶类、抗氧化剂等。相对而言含乳糖、脂肪、水溶性维生素较少。初乳中 SIgA 可以覆盖在婴儿未成熟的肠道表面,阻止细菌、病毒的附着。初乳还有促脂类排泄作用,减少黄疸的发生。所以初乳被人们称为第一次免疫。妈妈一定要抓住给孩子初乳喂养的机会。

此外,早产乳也具有最适合喂养早产儿的特点。早产乳乳糖较少,蛋白质、IgA、乳铁蛋白较多,最适合早产儿生长发育的需要,请不要忽视这点。

表8 健康母亲乳汁分泌量

| 产后时间 | 每次哺乳量<br>(毫升) | 每日平均哺乳量<br>(毫升) |
| --- | --- | --- |
| 第 1 周 | 8~45 | 250 |
| 第 2 周 | 30~90 | 400 |
| 第 4 周 | 45~140 | 550 |

续 表

| 产后时间 | 每次哺乳量（毫升） | 每日平均哺乳量（毫升） |
|---|---|---|
| 第6周 | 60～150 | 700 |
| 第3月 | 75～160 | 750 |
| 第4月 | 90～180 | 800 |
| 第6月 | 120～220 | 1000 |

表9 人乳、初乳及牛乳成分比较

| 成分（克/100克） | 人乳 | 人初乳 | 牛乳 |
|---|---|---|---|
| 水 | 88 | 87 | 88 |
| 蛋白质 | 0.9 | 2.3 | 3.3 |
| 酪质白 | 0.4 | 1.2 | 2.7 |
| 乳白蛋白 | 0.4 | | |
| 乳球蛋白 | 0.2 | 1.5 | 0.2 |
| 脂肪 | 3.8 | 2.9 | 3.8 |
| 不饱和脂肪酸 | 8.0 | 7.0 | 2.0 |
| 乳糖 | 7.0 | 5.3 | 4.8 |
| 矿物质（毫克/100克） | | | |
| 钙 | 34 | 30 | 117 |
| 磷 | 15 | 15 | 92 |
| 钠 | 15 | 135 | 58 |
| 钾 | 55 | 275 | 138 |
| 镁 | 4 | 4 | 12 |
| 铜 | 0.04 | 0.06 | 0.03 |
| 铁 | 0.21 | 0.01 | 0.21 |
| 锌 | 0.4 | 0.6 | 0.4 |
| 碘 | 0.003 | 0.012 | 0.05 |
| 维生素（毫克/100毫升） | | | |
| A | 190IU | | 100IU |
| $B_1$ | 0.016 | | 0.044 |
| $B_2$ | 0.036 | | 0.175 |
| 烟酸 | 0.147 | | 0.094 |

续表

| 成分(克/100克) | 人乳 | 人初乳 | 牛乳 |
|---|---|---|---|
| $B_6$ | 0.01 | | 0.064 |
| 叶酸 | 0.052 | | 0.055 |
| $B_{12}$ | 0.00003 | | 0.0004 |
| C | 4.3 | | 1.1 |
| D | 0.4~10.0IU | | 0.3~4.0IU |
| E | 0.2 | | 0.04 |
| K | 0.0015 | | 0.006 |

## 四、哪些母亲不宜哺乳

母乳喂养固然有许多优点,但还是有少数母亲因健康原因不宜哺乳,例如,母亲生产时流血过多或患有败血症;患有结核病、肝炎等传染病;患严重心脏病、肾脏疾患、糖尿病、癌或身体极度虚弱者。患急性传染病、乳头皲裂或乳腺脓肿者,可暂时停止哺乳。在暂停哺乳期间,要将乳汁用吸奶器吸出来。这有两个好处,一方面可以消除肿胀;另一方面可以使病愈后哺乳时,仍有足量的乳汁。在暂停哺乳期间,可以用牛奶代替喂养。

## 五、影响母乳分泌的因素

母乳分泌量的多少受许多因素影响,主要有:

(1)母亲营养良好,热量充足,各种营养素充足,其乳汁的分泌质量就高且数量也多。反之,则质劣量少。

(2)乳母的精神情绪因素起一定作用,如焦虑、悲伤、紧张、不安都可使乳汁突然减少。因此,乳母应该有一个宁静、愉快的生活环境。

(3)乳母要有充分的休息,保证睡眠。过分的疲劳和睡眠不足,可使乳汁分泌减少。

(4)乳母生病也会使乳汁减少。每次哺乳不能完全排空或每日的哺乳次数过少,使乳房内乳汁积郁,会抑制乳汁分泌。

现在分娩后,有的医院抱奶时间较迟,12~24小时后才给母亲喂哺婴儿,夜间又不抱奶,这样婴儿吸奶次数少,加上医院婴儿室又给孩子补充糖水或牛奶,所以在抱奶时婴儿常处于睡眠状态,造成不肯吸吮或吸吮无力的现象,导致乳母喂哺失败。因此,应提倡产后母子及早同室;新生儿醒后饿了随时喂哺,以促使乳汁分泌逐渐增多。

## 六、哪些药物影响哺乳

以下药物影响泌乳:
(1)生物碱代谢药可影响泌乳素的产生,从而抑制泌乳。
(2)止痛药。止痛药,如可待因、安乃近应避免使用。因为这些药可通过乳汁分泌出来。可选择扑热息痛或 ibnprefen。
(3)镇静药。如母亲用了安定、巴比妥酸盐等药后可影响泌乳。
以下药物在哺乳期最好不用,如必须用时,就要考虑停止哺乳:金钢烷胺、抗癌药物、溴化物、水滴录、放射性同位素等。

## 七、母乳不足

母乳不足有以下表现:
(1)母亲感觉乳房空。
(2)宝宝吃奶时间长,用力吸吮却听不到连续的吞咽声,有时突然放开奶头啼哭不止。
(3)宝宝睡不香甜,出现吃完奶不久就哭闹,来回转头寻找奶头。
(4)宝宝大小便次数少,量也少。
(5)体重不增加或增加缓慢。

大多数自认为"没有奶"的乳母并非真正母乳不足,应及时查明原因,排除障碍,并采取积极的催奶办法,千万不要轻易放弃母乳喂养。

## 八、母乳喂养应注意什么

(1)孩子出生后1~2小时内,妈妈就要做好抱婴准备。

(2)掌握正确的哺乳姿势。让孩子把乳头乳晕的部分含接在口中,孩子吃起来很香甜。孩子吃奶姿势正确,也可防止乳头皲裂和不适当的供乳。

(3)纯母乳喂养的孩子,除母乳外不添加任何食品,包括不用喂水,孩子什么时候饿了什么时候吃。纯母乳喂哺最好坚持6个月。

(4)孩子出生后头几个小时和头几天要多吸吮母乳,以达到促进乳汁分泌的目的。孩子饥饿时或母亲感到乳房充满时,可随时喂哺,哺乳间隔是由宝宝和母亲感觉决定的,这也叫按需哺乳。

(5)孩子出生后2~7天内,喂奶次数频繁,以后通常每日喂8~12次,当婴儿睡眠时间较长或母亲感到乳胀时,可叫醒宝宝随时喂哺。

(6)哺乳前母亲应先做好准备,将手洗干净,用温开水清洗乳头。哺乳时母亲最好坐在椅子上,将小孩抱在怀中,如小儿的头依偎于母亲左侧手臂,则先喂左侧乳房,吸空后换另一侧。这样可使两侧乳房都有排空的机会。哺乳完毕后,以软布擦洗乳头,并盖于其上。再将小儿抱直,头靠肩,用手轻拍小儿背部,使孩子打几个嗝,胃内空气排出,以防溢奶,然后将婴儿放在床上,向右倾卧位,头略垫高。

## 九、孩子是否吃饱了

(1)喂奶前乳房丰满,喂奶后乳房较柔软。

(2)喂奶时可听见吞咽声(连续几次到十几次)。

(3)母亲有下乳的感觉。

(4)尿布24小时湿6次及6次以上。

(5)孩子大便软,呈金黄色、糊状。每天2~4次。

(6)在两次喂奶之间,婴儿很满足、安静。

(7)孩子体重平均每天增长18~30克或每周增加125~210克。

## 十、母乳不足时的哺喂方法

母乳不足时，需加牛奶或其他乳制品进行混合喂养。混合喂养虽不如母乳喂养效果好，但要比完全人工喂养好得多。混合喂养时，每次应先哺母乳，将乳房吸空后，再给孩子补充其他乳品，当然最好的代乳品是鲜牛奶。鲜牛奶维生素含量高，浓度易掌握。这种喂养方法叫做补授法。这样每次按时哺乳吸空，有利于刺激乳汁的再分泌，否则会使母乳量逐渐减少。补授的乳汁量要按孩子食欲情况与母乳分泌量多少而定，原则是孩子吃饱为宜。补授开始需观察几天，以便掌握每次补授的奶量及孩子有无消化异常现象。以无腹泻、吐奶等情况为好。

## 十一、人工喂养

人工喂养是指由于各种原因造成的主观上不愿进行母乳喂养，或者客观上限制了母乳喂养，而只好采用其他乳品和代乳品进行喂哺婴儿的一种方法。人工喂养相对前两种喂养方法，复杂一些，但只要细心，同样会收到较满意的喂养效果。

新生儿期奶量（指奶量）可按每千克体重计算。因牛奶不易消化，新鲜牛奶可加适量的水，一般新生儿可按 2∶1，即 2 份奶加 1 份水，另加糖 5%。先把牛奶煮开 5 分钟，这样既有利于婴儿吸收，又可以将奶中的病菌杀死。新生儿一般每天要喂 7~8 次，每次奶间隔时间为 3~3.5 个小时。如 3 千克的孩子，则需给奶为 100 毫升×3＝300 毫升，再加上 150 毫升水，总量为 450 毫升，分 7~8 次吃，每餐为 60~70 毫升。如消化功能好，大便正常，生后 15 天到满月可给纯奶吃，可按每千克 100~150 毫升计算，每顿约吃 60~100 毫升。

## 十二、人工喂养要注意的问题

（1）最好为孩子选购直式奶瓶，便于洗刷，奶头软硬应适宜，乳孔大小可根据小儿吸吮能力情况而定，一般在乳头上扎两个孔，最好扎在侧面不易呛奶。奶头孔扎好后，试将奶瓶盛水倒置，以连续滴出为宜。

(2)奶瓶、奶头、杯子、碗、匙等食具,每次用后要清洗,并消毒。应给孩子准备一个锅专门消毒用,加水在火上沸煮20分钟即可。

(3)每次喂哺前要看乳汁的温度,过热、过凉都不利。可将奶滴于腕、手背部,以不烫手为宜。

(4)喂奶时将奶瓶倾斜45°,使乳头中充满乳汁,避免冲力太大或空气吸入。

## 十三、新生儿可以吃什么

新生儿可以吃蔬菜水、水果汁、淡茶水、维生素C水、稀米汤、鱼肝油。

维生素C水的制法:

维生素C一片,放在温水中泡化,加少许白糖。

糖水的配法:

白糖1/4平匙,加100毫升开水,放温凉后即可喂孩子。

**表10 新生儿期母子每日生活时间表**

| 时间 | 内容 |
|---|---|
| 5:00 | 给婴儿换尿布,然后喂奶放在床上 |
| 7:00 | 母亲吃早餐 |
| 8:00 | 喂奶、换尿布 |
| 9:00 | 给婴儿洗澡并饮水1次,放回床上(洗澡也可放在下午5:00) |
| 11:00 | 喂奶,然后放回床上,婴儿在3、4周后,如天气适宜,可放入小车到室外1小时 |
| 12:00 | 母亲进午餐 |
| 12:30 | 母亲午睡 |
| 14:00 | 喂奶,放回床上,3、4周后,如天气适宜,可放入小车到室外1小时 |
| 16:00 | 喂水(生后第二周可喂果汁水)并预备好婴儿睡觉 |
| 17:00 | 喂奶,把婴儿放回床上 |

续表

| 时间 | 内容 |
|---|---|
| 18:30 | 母亲进晚餐 |
| 20:00 | 喂奶,把婴儿放回床上 |
| 23:00 | 喂奶,然后让婴儿入睡到第二天5:00,如果夜间醒了,换尿布后还啼哭,在没有什么不舒服的情况下,可喂一点水 |

表11 牛奶喂哺参考表

| 周龄 | 一日奶量（毫升） | 加水量（毫升） | 糖（克） | 喂次数 | 一次奶量（毫升） |
|---|---|---|---|---|---|
| 第一周 | 140 | 280 | 20 | 7 | 60 |
| 第二周 | 280 | 280 | 25 | 7 | 80 |
| 第三周 | 400 | 200 | 30 | 6~7 | 85~100 |
| 第四周 | 500 | 150 | 33 | 6~7 | 90~110 |

## 十四、早产儿的喂养

（1）早产儿要尽早开始喂,生活能力强的,可在出生后4~6小时开始喂。

（2）体重在2000克以下的,可在出生后12小时开始喂,情况较差的,可在出生后24小时开始喂。

（3）先以5%~10%葡萄糖液喂,每2小时1次,每次1.3~3汤匙。24小时后可喂奶。

（4）有吸吮能力的,尽量练习哺喂母乳。

（5）吸吮能力差的,先挤出母乳,再用滴管滴入口内。注意动作要轻,不要让滴管划破孩子的口腔黏膜。每2~3小时喂一次。

（6）无母奶可用稀释乳(2:1或3:1)加5%糖液喂。最初每千克体重每天喂60毫升,以后逐渐增加。

（7）复合维生素B每次1片,每日2次。

（8）维生素C每次50毫升,每日2次。

（9）维生素 E 每天 10 毫克，分 2 次服。

（10）从第二周起浓缩液鱼肝油滴剂，每日 1 滴，并在医生指导下逐渐增加。

（11）出生后 1 个月在医生指导下补充铁剂。

（12）钙。喂母乳的早产儿要补充钙。

##  第2个月

### 一、孩子常吐奶是怎么回事

有的孩子生后就有吐奶的毛病，到第二个月还是经常吐奶，有的吃完一会儿就吐，有的吃完奶 20 分钟左右吐，这是怎么回事呢？原来，人的胃有两个口，上口叫贲门，下口叫幽门。贲门和食管相连接，幽门和十二指肠相连接。小儿在生长中，贲门括约肌发育较松弛，而幽门括约肌容易痉挛。孩子吐出的奶呈豆腐脑状，这是奶蛋白在胃酸作用下形成乳块的结果。

对常常吐奶的孩子要少喂一些，喂奶以后要多抱一会儿，抱的姿势是使婴儿上半身直立，趴在大人肩上，然后用手轻轻拍打孩子背部，直到孩子打嗝将胃内所含空气排出为止。这时轻轻把孩子放在床上，枕部高一些，向右侧卧，这样可以减少吐奶。吐奶是生理现象，不必管它，随着年龄的增长，身体不断发育会自行缓解。

如果吐奶频繁且呈喷射状，吐出的除了乳块还伴有黄绿色液体及其他东西，一定不可忽视，要及时到医院检查。

### 二、婴儿的饮食

完全牛奶喂养的孩子，原来吃稀释奶的，现在可以喂全奶了，根据孩子的食欲情况而定奶量。一般全天奶量在 500～750 毫升，按每天喂 6 次计算，每次喂 75～125 毫升，孩子的活动量不同，每个孩子的食量也不同，这要根据每个孩子的具体情况确定，不能强求一致。

母亲平时要注意孩子的大便情况。体重增长情况,孩子的精神状态等等。人工喂养的孩子与母乳喂养的孩子不同,不要孩子一哭就以为是饿了,马上喂奶,要养成按时喂养的好习惯。

每日喂奶的时间可以安排在早晨5:00时,上午9:00时,中午13:00时,下午17:00时,晚上21:00时,夜间1:00时。白天在两次喂奶中间,应加喂蔬菜水、鲜果汁水,每次25～50毫升。

孩子一般从生后第15天,开始服用鱼肝油和钙片,浓鱼肝油滴剂每次1～2滴,每天3次。钙片1～2片,每天3次。

### 1. 果汁与菜水的制作

蔬菜水和果汁水是给孩子增加维生素C的主要食品,由于各种乳品中维生素C的含量都不多,即便鲜牛奶,在煮沸过程中,所含的维生素损耗也很大,所剩无几,奶粉类食品更不必说了。所以菜水与鲜果汁水就成了给婴儿补充体内所需的维生素的最好食品。

### 2. 鲜果汁制作方法

如果家里有压果汁机的话,可将橘子、广柑等水果洗净去皮,加工后去渣加水和少量白糖,放入奶瓶中喂孩子。

### 3. 番茄汁制作法

将熟透的番茄洗净,放在开水中烫一下,去皮切碎,用干净的纱布包好,用力挤压,使鲜汁流出,加少许白糖和水,放入奶瓶中喂孩子喝。

### 4. 菜水制作方法

取少许新鲜蔬菜,如菠菜、油菜、胡萝卜、白菜等,洗净切碎,放入小锅中,放少量水煮沸,再煮3～5分钟,菠菜可少煮一会儿,胡萝卜可多煮一会儿,放置到不烫手时,将汁倒出,加少量白糖,放入奶瓶给孩子食用。

给孩子饮用果汁、菜汁时,开始时量要小。加水要多,孩子适应之后,逐渐增加浓度。

能不能用市售的鲜橘汁、果子汁等代替家制的果汁、菜水给孩子饮用呢?回答是不行的。一是因为市售的饮料或多或少都含有食品添加剂,不宜小婴儿饮用,二是因为市售饮料大多并不是果子原汁,而是配制而成,不能为婴儿补充维生素,即使有些饮料含有少量原汁,经过反复消毒加工后,维生素所剩无几。因此,给孩子喝果汁、菜水最好亲自制作。

## 三、乳母的饮食

哺乳的母亲要注意自己的饮食营养和清洁卫生,预防各种疾病,饮食方面应多吃些既营养丰富又容易下奶的食品,如鱼汤、肉汤加些青菜等。

下面介绍一些下奶的食疗方剂,供乳母参考:

(1)鲜鲫鱼 500 克,清炖,加黄酒三杯,吃鱼喝汤。

(2)羊肉 25 克,猪蹄 1 个,加入配料共炖,喝汤,每日 1~2 次,连服一周。

(3)黑芝麻 250 克,炒后研成细末,用猪蹄汤冲服,每次 16 克,每日三次。

(4)赤小豆 250 克,煮粥食或赤小豆 250 克,煮汤,去豆饮汤,连服 3~5 日。

(5)猪蹄 1 个,炮山甲 3 片,同炖烂。取出猪蹄,山甲片原汤兑入粳米 100 克、水适量煮粥,猪蹄切块用酱油、麻油蘸,与粥同食。

(6)通草 6 克煎水取汁,入粳米 30 克煮粥,再加饴糖 1 匙。

(7)鲤鱼肉 60 克切片,与水菱粉 15 克,入沸水中搅成糊,煮至鱼熟后,加盐、味精、葱末。

(8)带鱼 1 条去头尾切块,加盐、酒少许,蒸熟洒上葱花,与粳米粥同食。

(9)鹿角片 10 克煎水取汁,入粳米煮粥,再加饴糖 1 匙。

有的母亲因为怕乳房下坠,体形变化而拒绝哺乳,这样会造成婴儿的不适,影响孩子的发育成长。在哺乳期间,为了防止乳房下坠,母亲可以用乳罩托起乳房,但不要压迫乳头,最好在乳罩的乳头部剪一个洞,使乳头得以舒展。为了保持体形,可以坚持每天做一做仰卧起坐保健操,帮助恢复腹肌,以保持体形的健美。

## 四、不会抱孩子哺乳怎么办

哺乳前母亲应先做好准备,将手洗干净,用温开水清洗乳头。哺乳时母亲最好坐在椅子上,将小孩子抱在怀中,如小儿的头依偎于母亲左侧手臂,则先喂左侧乳房,吸空后换另一侧。这样可使两侧乳房都有排空的机会。哺乳完毕后,以软布擦洗乳头,并盖于其上。再将小儿抱直,头靠肩,用手轻拍小儿背部,使孩子打几个嗝,胃内空气排出,以防溢奶。然后将婴儿放在床上,向右倾卧位,头略垫高。

喂哺中母亲的正确姿势是:

(1)体位舒适。喂哺可采取不同姿势,重要的是母亲应了解心情愉快、体位舒适和全身肌肉放松,有益于乳汁的排出。

(2)母婴必须紧密相贴。无论怎样抱婴儿,喂哺时婴儿的身体与母亲的身体应相贴。婴儿的头与双肩朝向乳房,嘴处于乳头相同水平的位置。

(3)防止婴儿鼻部受压。喂哺全过程应保持婴儿头和颈略微伸展,以免鼻部压入乳房而影响呼吸,但也要防止婴儿头部与颈部过度伸展造成吞咽困难。

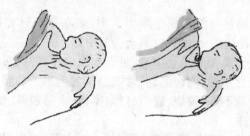

图38　　　　　图39

(4)母亲手的正确姿势。应将拇指和四指分别放在乳房上、下方,托起整个乳房喂哺(图38),除非在奶流过急,婴儿有呛奶时,避免剪刀式夹托乳房(图39)。这种手势会反向推乳腺组织,阻碍婴儿将大部分乳晕含入口内,不利于充分挤压乳窦内的乳汁。

## 五、乳母生病怎么办

母乳喂养固然有许多优点,但还是有少数母亲因健康原因不宜哺乳。例如,母亲生产时流血过多或患有败血症,患有结核病、肝炎等传染病,患严重心脏病、肾脏病、糖尿病、癌及身体极度虚弱者。患乳头皲裂及乳腺炎等,应暂时停止哺乳,在暂停哺乳期间,要用吸奶器将乳汁吸出，一方面可消除乳房肿胀，另一方面可在病愈后及时哺乳。暂停哺乳期间，可用牛奶哺喂。

另外要注意有些药物可妨碍母乳分泌或影响婴儿健康，包括①生物碱代谢药，可影响泌乳素的产生，从而抑制泌乳。②止痛药，如可待因、安乃近、阿司匹林等。③镇静药，如安定、巴比妥酸盐等，可加重婴儿肝的代谢负担。这类药物易于蓄积于婴儿体内，引起小婴儿困倦或嗜睡。④含酒精和咖啡碱的药物。⑤使用以下药物应停止哺乳：金钢烷胺、抗癌药物、溴化物、放射性同位素等。

孩子 第3个月

### 一、不要滥服鱼肝油

有的妈妈觉得鱼肝油是维生素D，多吃几滴只有好处没有坏处。殊不知维生素A或D过量会造成中毒。

孩子维生素A、D急性中毒，可引起颅内压增高，头痛、恶心、呕吐、烦躁、精神不振、前囟隆起，常被误认为是患了脑膜炎。慢性中毒表现为食欲不好、发烧、腹泻、口角糜烂、头发脱落、皮肤瘙痒、贫血、多尿等。

如发现以上症状，要停服鱼肝油，少晒太阳，立即到医院检查。

### 二、要给孩子多喂水

水是人体中不可缺少的重要部分，也是组成细胞的重要成分，人体中的新陈代谢，如营养物质的输送、废物的排泄、体温的调节、呼吸等都离不开水。水被摄入人体后，约有1%～2%存在体内供组织生长的需要，其余经过肾脏、皮肤、呼吸、肠道等器官排出体外。水的需要量与人体的代谢和饮食成分相关，小儿的新陈代谢比成人旺盛，需水量也就相对要多。3个月以内的婴儿肾脏浓缩尿的能力差，如摄入食盐过多时，就会随尿排出，因此需水量就要增多。母乳中含盐量较低，但牛奶中含蛋白质和盐较多，故用牛乳喂养的小儿需要多喂一些水,来补充代谢的需要。总之孩子年龄越小,水的需要量就相对要多。一般婴幼儿每日每千克体重的需要100～150毫升水,如5千克重的孩子,每日需水量是600～750毫升,这里包括喂奶量在内。

## 三、婴儿拒哺的原因

1. **奶头不适**

如人工喂奶奶瓶上的奶头太硬,或上面的吸孔太小,吮乳费力,从而使婴儿厌吮。

2. **疾病**

婴儿患一些疾病,如消化道疾病、面颊硬肿时,均有不同程度地出现厌吮。

3. **鼻塞**

因为婴儿鼻塞后,就得用嘴呼吸;如果吮乳,必然防碍呼吸,往往乍吮又止。

4. **生理缺陷**

如唇、腭裂等生理缺陷,其吸吮困难,亦会出现拒吮现象。

5. **口腔感染**

此因疼痛而害怕吮乳,原因是婴儿口腔黏膜柔嫩,分泌液少,口腔比较干燥,再加上不适当地擦拭口腔或饮料过热,常使婴儿的口腔发生感染。口腔感染后,吮奶时即可产生疼痛,从而出现拒吮。

6. **早产儿**

原因是其身体尚未发育完善,吸吮机能低下,故常表现出口含奶头不吮或稍吮即止现象。

## 四、注意给孩子补充维生素C

维生素C主要来源于新鲜蔬菜和水果,因婴儿不能食入蔬菜,所以容易造成维生素C的缺乏。一般每100毫升母乳含维生素C 2～6毫克。但牛奶中维生素C含量较少,经过加热煮沸,又被破坏了一部分,就所剩无几了。所以要注意给孩子增加一些绿叶菜汁、番茄汁、橘子汁和鲜水果泥等,这些食品中均含有较丰富的维生素

C。维生素 C 在接触氧、高温、碱或铜器时,容易被破坏,因而给孩子制作这些食品要用新鲜水果蔬菜,现做现吃,既要注意卫生,又要避免过多地破坏维生素 C。

## 五、糕干粉、米粉等淀粉制品不能代乳

糕干粉是一种以淀粉为主要原料的代乳品,其中含糖 7.9%、脂肪 5.1%、蛋白质 5.6%,蛋白质与脂肪的含量很低,质量也较差,因此满足不了孩子生长发育的需要。但在牛奶中加入少量糕粉干的食用方法对孩子是有益的。牛奶中蛋白质含量较高,酪蛋白约占 80%,乳蛋白占 20%。酪蛋白食入人体内,遇到胃酸后形成凝块,不易消化。牛奶中加入糕干粉形成了柔软而疏松的酪蛋白凝块,易于消化。

## 六、鲜果汁和蔬菜汁的制作

### 1. 鲜果汁制作

可选用新鲜的绿色水果,如新鲜橙子、橘子、西瓜等多种多汁水果,洗净去皮后放入消毒的杯中捣碎,用匙挤压出果汁,倒出后,加少量温开水(必要时加少许糖)即可灌入奶瓶,给孩子食用。

### 2. 蔬菜汁制作

将新鲜深色蔬菜洗净切碎,以一碗菜加一碗水比例,将水煮沸后再放菜,待再沸后立即离火,焖 15 分钟去盖,取出菜叶即可。若煮胡萝卜汤,加热的时间可稍长。

表 12　添加辅食的顺序

| 月龄 | 添加的辅食 | 供给的营养素 |
| --- | --- | --- |
| 1~3 个月 | 鲜果汁<br>青菜水<br>鱼肝油制剂 | 维生素 A、C 和矿物质、维生素 D |
| 4~6 个月 | 米糊、乳儿糕、宝宝乐、烂粥蛋黄、鱼泥、豆腐、动物血、菜泥、水果泥 | 补充热量<br>动植物蛋白质、铁、维生素、矿物质 |
| 7~9 个月 | 烂面、烤馒头片、饼干、鱼、蛋、肝泥、肉末 | 增加热能,训练咀嚼<br>动物蛋白质、铁、锌、维生素 A、B |

续 表

| 月龄 | 添加的辅食 | 供给的营养素 |
|---|---|---|
| 10~12个月 | 稠粥、软饭、面包、馒头、挂面、碎菜、碎肉、油、豆制品 | 热能、维生素B、矿物质、热能、蛋白质、维生素、纤维素(训练咀嚼) |

## 七、用考普氏指数判断营养状况

判断孩子营养状况如何有许多方面,考普氏指数是用孩子身长和体重来判断的一种方法。这个指数是用体重除以身长的平方再乘以10得出来的,其公式为:

$$考普氏指数 = \frac{体重(克)}{身长(厘米) \times 身长(厘米)} \times 10$$

例如某3个月婴儿体重为6000克,身长为62厘米,则

$$\frac{6000}{62 \times 62} \times 10 = 16$$

根据考普氏指数判断标准,指数达22以上则表示孩子太胖;20~22时为稍胖;18~20为优良;15~18为正常;13~15为瘦;10~13为营养失调;10以下则表示营养重度失调。

## 孩子 第4个月

这一时期仍提倡纯母乳喂养。

婴儿在这一时期里生长发育是很迅速的,食量增加。当然每个孩子因胃口、体重等差异,食入量也有很大差别。做父母的,不但要注意到奶量多少,而且还要注意奶的质量高低。母乳喂养要注意提高奶的质量,有的母亲只注意在月子中吃得好,忽略哺乳期的饮食或因减肥而节食,这是错误的。孩子要吃妈妈的奶,妈妈就必须保证营养的摄入量,否则,奶中营养不丰富,直接影响到婴儿的生长发育。三个月是孩子脑细胞发育的第二个高峰期(第一个高峰期在胎儿期第10~18周),也是身体各个方面发育生长的高峰,营养的好

坏关系到今后的智力和身体发育,因此一定要提高母乳的质量。

## 一、如何添加蛋黄

3~4个月的孩子应该添加含铁较丰富,又能被婴儿消化吸收的食品,鸡蛋黄是最适合的食品之一。开始时将鸡蛋煮熟,取1/4蛋黄用开水或米汤调糊状,用小匙喂,以锻炼婴儿用匙进食的能力。婴儿食后无腹泻等不适后,再逐渐增加蛋黄的量,半岁后便可食用整个蛋黄了。人工喂养的婴儿,最好在第二个月开始加蛋黄,可将1/8个蛋黄加少许牛奶调为糊状,然后将一天的奶量倒入调好的糊中,搅拌均匀。煮沸后,再用文火煮5~10分钟,分次给孩子食用。如婴儿无不良反应,可逐渐增加一些蛋黄的量,直至加到1个蛋黄为止。应当注意的是,奶煮熟后放凉,要存入冰箱中,每次食用时都要煮开,以免孩子食入变质的牛奶引起不良的后果,另外不要随意增加蛋黄的食用量。

## 二、乳母多吃健脑食品

孩子从出生到1周岁,宝宝的脑发育是很快的。几乎每月平均增长约1000毫克。在头6个月内,平均每分钟增加约20万个脑细胞。也就是生后第3个月是脑细胞生长的第二个高峰。所以为了宝宝的聪明程度,每个哺乳的妈妈一是要注意营养,以提高自己母乳的质量。

下面介绍几种供母亲食用的,有利于促进小儿健脑益智的食品:

动物脑、肝、鱼肉、鸡蛋、牛奶、大豆及豆制品、苹果、橘子、香蕉、核桃、芝麻、花生、榛子、各种瓜子、胡萝卜、黄花菜、菠菜、小米、玉米等。

## 三、添加辅食的原则

(1)由一种到多种的原则。开始时不要几种食物一起加,应先试加一种,让宝宝从口感到胃肠道功能都逐渐适应后再加第二种。如宝宝拒绝食入就不要勉强,可过一天再试,三五次后婴儿一般就接受了。

（2）由少到多的原则。添加辅食应从少量开始,待婴儿愿意接受,大便也正常后,才可再增加量。如果婴儿出现大便异常,应暂停辅食,待大便正常后,再以原量或小量开始试喂。

（3）由稀到稠的原则。食品应从汁到泥,由果蔬类到肉类。如从果蔬汁到果蔬泥再到碎菜碎果;由米汤到稀粥再到稠粥。

（4）应使用小匙添加,而不要放在奶瓶中吸吮,这样也为孩子断奶以后的进食打下良好的基础。

（5）孩子患病时,应暂缓添加,以免加重其胃肠道的负担。

（6）最好给孩子添加专门为其制作的食品,即不要只是简单地把大人的饭做得软烂一些给宝宝食用。因为孩子的肝脏肾脏还很娇嫩,功能还没有发育完善,咀嚼吞咽功能也不够强。他们的食物以尽量少加盐,甚至不加盐为原则,以免增加孩子肝、肾的负担。颗粒尽量小,以免噎住卡住喉咙。

## 四、辅食的制作方法

### 1. 蛋黄泥

取鸡蛋放入冷水中微火煮沸,剥去壳,取出蛋黄,加开水少许用汤匙捣烂调成糊状即可。把蛋黄泥混入牛奶、米汤、茶水中调和喂吃。

### 2. 猪肝泥

将生猪肝去筋切成碎末,加少许酱油泡一会。在锅中放少量水煮开,将肝末放入煮5分钟即可（还可用油炒熟）。混入牛奶、茶水、米汤内调和喂吃。

### 3. 菜泥

蔬菜种类很多,可交替给孩子食用。如胡萝卜、土豆、白薯等,可将它们洗净后,用锅蒸熟或用水煮软,碾成细泥状喂婴儿,菜类可选用白菜心、油菜、菠菜等。把菜洗净后,切成细末,再用少许植物油炒熟即可食用。

应该注意的是,菠菜中含草酸较多,草酸容易与钙质结合形成草酸钙,不能被人体所吸收。所以在制作菠菜时,要先将洗净的菠菜用水烫一下,再放入冷水中浸泡15分钟,切成细末,放在炉火上继续煮2~3分钟才可食用。这样便可去掉菠菜中大部分草酸,减少草酸与人体中钙的结合。

不管给孩子食用何种蔬菜,都要注意既要新鲜,又要多样。初始时要少量,从一小匙开始,逐渐增多,同时注意观察孩子身体是否适应,如出现呕吐和腹泻的情况,要立即停止食用,找出原因。

在各种蔬菜中,胡萝卜是小儿最理想的食物,胡萝卜营养丰富,是合成人体内维生素A的主要来源。要知道,人体如缺了维生素A,眼睛发育会出现障碍,易患夜盲症并伴有皮肤粗糙等病变。

除了上述食品外,给孩子一些蜂蜜是很必要的,尤其是便秘的小儿,不能吃泻药,给孩子食用适量的蜂蜜可起到促消化、润肠、通便的作用。蜂蜜中含有许多人体所需的矿物质如钾、锌、钙、铁、铜、磷等,并含有各种维生素。可以强键孩子的身体,促进脑细胞的发育,还能促进孩子牙齿与骨骼的发育生长,提高机体的抗病能力。但一定要选择新鲜卫生的蜂蜜喂孩子,千万不能给孩子食用污染变质的蜂蜜,在这些蜂蜜中含有肉毒杆菌,食用后对孩子的身体会产生很大的危害。

## 孩子 第5个月

### 一、4~6个月婴儿的喂养特点

4~6个月的婴儿在行为上和生理上,会发出准备学习新进食技巧的讯号。在这个阶段可添加固体食物,这标志着宝宝的成长迈上一个新台阶。接触新的口感和味道之时,刺激宝宝学习在嘴里移动食物。另外在这一年龄时期添加食物的另一重要因素是,宝宝从母体内带来的铁含量已开始逐渐减少,需要从饮食中得到补充。单纯母乳喂养已经不能满足孩子生长的需要了,如果您发觉宝宝体重不再增加,吃完奶后还意犹未尽,这可能就是该添加固体食物的时候了。不过您最后可请医生指导一下。

4个月多的孩子食入量差别较大。此时仍希望能坚持纯母乳

# 第六篇 饮食营养

喂养,如果人工喂养一般的孩子每餐 150 毫升就能够吃饱了,而有的生长发育快的孩子,食奶量就明显多于同龄儿童,一次吃 200 毫升还不一定够,有的还要加米粉等。当孩子能吃一些粥时,可将奶量减少一些,但是这么大的孩子还是应该以奶为主要食品。

4 个多月的孩子除了吃奶以外,要逐渐增加半流质的食物,为以后吃固体食物作准备。婴儿随年龄增长,胃里分泌的消化酶类增多,可以食用一些淀粉类半流质食物,先从 1~2 匙开始,以后逐渐增加,孩子不爱吃就不要喂,千万不能勉强。加大米粥等食物的那一餐,可以停喂一次婴儿米粉。

4 个多月的孩子容易出现贫血,这是因为从母体带来的微量元素铁,已经消耗掉,如果日常食物比较单一,便跟不上身体生长的需要。因此要在辅食中注意增补含铁量高的食物,例如蛋黄中铁的含量就较高,可以在牛奶中加上蛋黄搅拌均匀,煮沸以后食用。贫血较重孩子,可由医生指导,口服宝宝补血蜜果,千万不要自己乱给孩子服用铁剂药物,以免产生不良反应。

为补充体内维生素 C 的需要,除了继续给孩子吃水果汁和新鲜蔬菜水以外,还可以做一些菜泥和水果泥喂孩子。在添加辅食的过程中,要注意孩子的大便是否正常以及有没有不适应的情况,每次添加的量不宜过多,使孩子的消化系统逐渐适应。

喂养时间可在上午 6:00、10:00,下午 14:00、18:00,晚上 22:00,夜间可以不喂,在两次喂食之间加喂一次鲜水果汁、水等。钙片一天可喂 3 次,每次 2 片。鱼肝油一天喂 2 次,每次 2~3 滴。

## 二、添加辅食应注意的问题

(1)孩子吃惯了奶,对一种新的食物不接受。妈妈费劲儿做的辅食,他不张嘴吃。遇到这种情况不要勉强,不吃就下回换一种食物再喂。

(2)对于孩子的饮食不要死按书本,不要太教条。孩子跟孩子不同,吃多吃少,吃哪种食物还要根据孩子的食欲和爱好灵活掌握。

(3)给孩子添加食物一定要讲究卫生,原料要新鲜,现做现吃,吃剩的不要再吃。

(4)不要把大人的剩饭菜煮烂点给孩子当辅食。

(5)孩子吃某种食物腹泻,可停止添加。

(6)孩子吃西红柿、西瓜、胡萝卜后大便可能会有红色,或吃青菜有绿色,这是正常的。再做辅食时可做得再细些。

(7)孩子如果出现湿疹,可能是对某种蛋白质过敏。

(8)孩子的主食仍然是乳。

表 13　添加辅食的顺序

| 月龄 | 添加的辅食 | 供给的营养素 |
| --- | --- | --- |
| 1~3 个月 | 鲜果汁<br>青菜水<br>鱼肝油制剂 | 维生素 A、C、D 和矿物质 |
| 4~6 个月 | 米糊、乳儿糕、宝宝乐、烂粥等<br>蛋黄、鱼泥、豆腐、动物血、菜泥、水果泥 | 补充热量<br><br>动植物蛋白质、维生素、矿物质 |
| 7~9 个月 | 烂面、烤馒头片、饼干、鱼、蛋、肝泥、肉未 | 增加热能,训练咀嚼<br>动物蛋白质、铁、锌,维生素 A、B |
| 10~12 个月 | 稠粥、软饭、面包、馒头、挂面<br>碎菜、碎肉、油、豆制品 | 热能、维生素 B<br>矿物质、热能、蛋白质、维生素、纤维素(训练咀嚼) |

## 三、婴儿食品的制作

**1. 青菜粥**

大米 2 小匙,水 120 毫升,过滤青菜心 1 小匙(可选菠菜、油菜、白菜等)。把米洗干净加适量水泡 1~2 小时,然后用微火煮 40~50 分钟,加入过滤的青菜心,再煮 10 分钟左右即可。

**2. 汤粥**

把 2 小匙大米洗干净放在锅内泡 30 分钟,然后加肉汤或鱼汤 120 毫升煮,开锅后再用微火煮 40~50 分钟即可。

**3. 奶蜜粥**

用 1/3 杯牛奶,1/4 个蛋黄放入锅内均匀混合,再加入 1 小匙面粉,边煮边搅拌,开锅后微火煮至黏稠状为止,停火后加 1/2 小匙的蜂蜜即可。

**4. 番茄通心面**

把切碎的通心面 3 大匙和肉汤 5 大匙一起放入锅内,用火煮片刻,然后加入番茄酱 1 大匙煮通心面变软为止。

## 四、人工喂养的问题

母乳喂养要按需哺乳,孩子什么时候要吃便吃,吃饱就可以了。许多人工喂养的孩子吃奶,妈妈都有一个参照量,如果孩子达不到量,便不断将奶嘴往孩子嘴里塞,强逼他吃。这种做法不会给孩子带来好处,孩子往往因母亲的强迫,对吃奶产生厌烦情绪,食欲减退,消化能力也减弱,反而使孩子摄取的营养满足不了需要而影响发育。孩子在最早时知道自己需要多少食物,饿的时候他会哭,要求妈妈来喂,吃饱了就对乳头和奶瓶不感兴趣了。孩子厌食,多数是父母喂养不当造成的。

小婴儿有时吃着吃着奶就睡着了,睡一会儿醒了又吃。出现这种情况可能是喂奶时孩子吸进了空气,空气到胃里使孩子感到饱了。也可能是孩子食欲不振。如果孩子剩下的奶不多,就让他睡,下次多准备些奶就行了。如果剩的多,可揪揪耳朵把他叫醒,让他接着吃。不要给孩子养成一瓶奶分两次吃的习惯。妈妈也不要一边喂奶一边与别人聊天或看电视,喂奶时要关注自己的宝宝,对他说说话。

妈妈不要指望孩子把奶瓶中的奶喝光,只要孩子心满意足就行了。剩下点奶不要紧,不要勉强他都吃下去。吃得太多孩子会发生肥胖。孩子吃完了也许还叼着奶嘴玩,妈妈可轻轻地将小指滑入孩子嘴角,即可中断孩子吸奶的动作,将奶瓶拿走。

## 五、怎样用奶粉配制奶

给孩子选购奶粉,不要只凭广告,一是注意是否最新出厂,存放时间很短;二是看哪种最畅销。最好选购有知名度的大企业的产品。不要经常给孩子换品牌。

出生 15 天以内,100 毫升调好的奶中含 9 克奶粉,15 天以后到 2 个月内,调好的 100 毫升奶中含 12 克奶粉。也可按产品说明调配,但说明上的比例往往大些,奶浓些。妈妈不要以为孩子吃得越多越好,体重增加太多并非是发育得好。

奶粉是经过杀菌消毒后出厂的,妈妈在把奶调稀,喂婴儿的过程中一定要注意不要让细菌污染,妈妈调奶前要洗手,擦手的毛巾要清洁,奶具要每日煮沸消毒,奶具要放在容器里以免苍蝇爬,奶瓶用过之后要立即倒出剩余的奶,清水刷洗干净,不要放在那里晚上一起刷,容易繁殖细菌。

调奶时可用奶粉罐中的勺称取奶粉,用刀子刮平勺子中的奶粉,不可将奶粉向下压实。

用勺子称过奶粉后倒入杯中。用冷水混合。不要故意增加奶的浓度,这样做对孩子无益。

用消过毒的小勺搅拌,不含块状物,杯底没有不溶解的奶粉,倒入奶瓶中。

将奶瓶放入冰箱,到喂奶时,从冰箱拿出,放在热水锅里加热几分钟,即可哺喂孩子。

## 六、如果婴儿早期肥胖

胖孩子不一定是健康的,胖孩子容易感冒,也爱长湿疹。小婴儿达到什么程度算胖呢?自生出到了 3 个月时,体重最好只增加 3 千克。

母乳喂养的孩子 70% 不太胖,而牛奶喂的孩子大约 70% 是胖的。

肥胖的婴儿,动作缓慢,不爱活动。越不爱活动长得越胖。

胖孩子不要早站,也不要早走路,因为他太重,影响腿的发育。但要让他多运动,特别是腿部运动。

(1)小婴儿仰卧,哄他做踢腿的动作和游戏。

(2)要逗引孩子多爬,因为肚子胖,他可能不喜欢爬,但要做各种游戏帮他学爬。

(3)经常让婴儿翻身。

(4)坚持做日光浴和空气浴。

（5）扶孩子腋下立着抱,将腿放在大人膝上,让他在膝上跳,锻炼双腿。

（6）做游戏的时候不包尿布,使他有轻松感,更喜欢游戏和锻炼。

## 七、不给婴儿吃什么

（1）小粒食品。孩子咀嚼能力差,舌的运动也不协调。小粒食品极易误吸进气管,造成危险。如花生米、玉米花、黄豆、榛子仁等都不宜给孩子吃,尽管大人看着也最好不吃。

（2）带骨的肉食。不要给孩子吃排骨,排骨的骨渣易刺伤口腔黏膜,或卡在喉头。吃鱼最好吃海鱼,家长把刺挑净,压成鱼泥给孩子吃,虾要把皮剥净。

（3）少吃不易消化吸收的食物。如竹笋、炒黄豆、生萝卜、白薯等。

（4）不吃太咸的食物。如咸菜、咸蛋等,孩子的饭菜宜清淡。

（5）不吃太过油腻的食物。如肥肉、油炸食品等。

（6）不吃不卫生的食品。特别是街头小摊的食物。

（7）不吃辛辣刺激性食品。如酒精饮料、咖啡、可乐、浓茶及各种饮料,还有辣椒、大蒜等。

## 孩子 第 6 个月

5个多月的孩子,由于活动量增加,热量的要求也随之增加,以前认为只吃母乳或牛奶远不能满足孩子生长发育的需要,现认为纯母乳喂养可以满足孩子生长发育的需要。

如果必须人工喂养,5个月的孩子主食喂养仍以乳类为主,牛奶每次可吃到200毫升,除了加些糕干粉、米粉、健儿粉类外,还可将蛋黄加到1个,在大便正常的情况下,粥和菜泥都可以增加一点,可以用水果泥来代替果汁。已经长牙的婴儿,可以试吃一点饼干,锻炼咀嚼能力,促进牙齿和颌骨的发育。

本月在辅食上还可以增加一些鱼类,如平鱼、黄鱼、巴鱼等,此类鱼肉多,刺少,便于加工成肉糜。鱼肉含磷脂、蛋白质很高,并且细嫩易消化,适合婴儿发育的营养需要。但一定要选购新鲜的鱼。

在喂养时间上,仍可按上月的安排进行。只是在辅食添加种类与量上略多一些。鱼肝油每次仍吃2滴,每天3次,钙片每次2片,每天2~3次。

## 一、给孩子添加辅食应注意什么

(1)由少量开始,逐渐增多。当孩子愿意吃并能正常消化时,再逐渐增多。如孩子不肯吃,就不要勉强地喂,可以过2~3天再喂。

(2)辅食要由稀到干,由细到粗,由软到硬,由淡到浓,循序渐进逐步增加,要使孩子有一段逐渐适应的过程。

(3)要根据季节和孩子身体状态来添加辅食,并要一样一样地增加,逐渐到多种。如孩子大便变稀不正常,要暂停增加,待恢复正常后再增加。另外,在炎热的夏季和身体不好的情况下,不要添加辅食,以免孩子产生不适。

(4)辅食宜在孩子吃奶前饥饿时添加,这样孩子容易接受。随着辅食的逐渐增加,可由每天代替半顿奶逐步过渡到代替一顿奶。

(5)要注意卫生,婴儿餐具要固定专用,除注意认真洗刷外,还要每日消毒。喂饭时,家长不要用嘴边吹边喂,更不要先在自己嘴里咀嚼后再吐喂给婴儿。这种做法极不卫生,很容易把疾病传染给孩子。

(6)喂辅食时,要锻炼孩子逐步适应使用餐具,为以后独立用餐具做好准备。一般6个月的婴儿就可以自己拿勺往嘴里放,7个月就可以用杯子或碗喝水了。

(7)家长在喂婴儿辅食时,要有耐心,还要想办法让孩子对食物产生兴趣。

## 二、小儿每日需要多少热量

小儿生长的特点是,年龄越小,生长发育越快。因此,这期间所需要的营养物质和水分相对成人也较高。

婴幼儿虽然需要的热量高,但他们的消化功能并不好,体内分泌的消化酶也不足,容易出现消化不良情况。如腹泻、呕吐以至造成脱水和酸中毒等。

### 三、小儿饮水要科学

**1. 不喝冰水**

小儿喜动,活动量大,浑身是汗,十分口渴,总喜欢喝一杯冰汽水;尽管当时喝着舒服,但喝冰水易引起胃黏膜血管收缩,影响消化,还能刺激胃肠蠕动加快,出现肠痉挛,引起腹痛。

**2. 睡前不喝水**

不少小儿没有养成晚上自己控制排尿的习惯,在大量喝水后,很易遗尿;若是常因尿憋醒,会影响睡眠质量。

**3. 可适当喝些饮料**

最好是喝点果汁,如橘子汁、橙汁、西瓜汁、番茄汁等,这些饮料热量低,营养素多;此外,牛奶亦可多喝,因为其营养价值高。

**4. 不要喝生水**

小儿性急,当口渴难忍而又没有开水、凉开水时,有的小儿就要喝生水,尤其是农村的小儿,这样易发生胃肠道疾病。

**5. 喝水不要过快**

小孩子不喝水则已,一喝水常一口气喝上一大碗,极易造成急性胃扩张,也不利于水的吸收。要给孩子讲清不宜喝水快的道理,养成慢慢喝,一口口喝的习惯。

## 孩子 第7个月

为了孩子的健康成长,妈妈应该坚持母乳喂养满6个月。

如果条件不允许,可人工喂养,奶量不再增加。每天喂养3~4次。每次喂150~200毫升。可以在早上6:00时、中午11:00时、下午17:00时、晚上22:00时各喂1次奶。上午9:00~10:00时及下午15:00~16:00时添加两次辅食。

6个多月的孩子每天可吃两次粥,每次1/2~1小碗,可以吃少量烂面片,鸡蛋黄应保证每天1个,每日要喂些菜泥、鱼泥、肝泥等,但要从少到多,逐渐增加辅食。

6个多月小儿正是出牙的时候,所以,应该给孩子一些固体食物如烤馒头片、面包干、饼干等练习咀嚼,磨磨牙床,促进牙齿生长。

## 一、婴儿小食品制作

### 1. 蛋黄粥

大米2小匙洗净加水约120毫升泡1~2小时,然后用微火煮40~50分钟,再把蛋黄1/4个研碎后加入粥锅内,再煮10分钟左右即可。

### 2. 水果麦片粥

把麦片3大匙放入锅内,加入牛奶1大匙后用微火煮2~3分钟,煮至黏稠状,停火后加切碎的水果1大匙(可用切碎的香蕉加蜂蜜,也可以用水果罐头做)。

### 3. 面包粥

把1/3个面包切成均匀的小碎块,和肉汤2大匙一起放入锅内煮,面包变软后即停火。

### 4. 牛奶藕粉

藕粉或淀粉1/2大匙,水1/2杯,牛奶1大匙一起放入锅内,均匀混合后用微火熬,边熬边搅拌,直到透明糊状为止。

### 5. 奶蜜粥

蛋黄1/2个,淀粉1/2大匙加水放入锅内均匀混合后上火熬,边熬边搅拌,熬至黏稠状时加入牛奶3匙,停火后放凉时再加蜂蜜少许。

## 二、给婴儿做食物应注意什么

(1)所需原料互相搭配以便营养成分互补。
(2)所需蔬菜水果要新鲜、干净,并要煮3~5分钟。
(3)为便于婴儿吞咽食物,可做得稀一些。
(4)彻底清洁厨房和做食物的用具,以免污染婴儿食品。

（5）不要让婴儿吃上顿剩下的食物。

## 三、缺铁性贫血小儿的喂养

小儿贫血大多数是由缺铁而引起的缺铁性贫血。铁是造血的主要原料之一，人体内的铁主要来源于食物，缺铁性贫血是营养性贫血。轻度贫血可无异常表现，血红蛋白低于 11 克时才发现孩子患了贫血。贫血的孩子面色苍白、唇及眼睑色淡，抵抗力低下，生长发育缓慢。

对缺铁性贫血主要在于预防，在小儿喂养上应注意以下方面：

### 1. 人工喂养的小婴儿及时加辅食

因奶中含铁量低，远不能满足小儿生长的需要，而从母体得到的铁，至 3~4 个月时，都已用尽，因此必须及时补充。

### 2. 选择含铁丰富，铁吸收率高的食物

表 14 部分食品含铁量

单位：毫克/100 克食物

| 食品 | 铁 | 食品 | 铁 |
| --- | --- | --- | --- |
| 小米 | 4.7 | 油菜 | 3.4 |
| 大米 | 0.7~1.8 | 菠菜 | 2.5 |
| 芹菜 | 8.5 | 黄豆 | 11.0 |
| 菜花 | 1.8 | 蚕豆 | 7.0 |
| 白萝卜 | 1.9 | 瘦猪肉 | 2.4 |
| 胡萝卜 | 1.9 | 牛肉 | 3.2 |
| 海带 | 158.0 | 羊肉 | 3.0 |
| 紫菜 | 32.0 | 猪肝 | 25.0 |
| 黑木耳 | 185.0 | 鸡肉 | 1.5 |
| 香菇 | 23.0 | 牛乳 | 0.1 |
| 蛋黄 | 7.0 | 人乳 | 0.1 |

一般来说动物性食品铁吸收率较高，大约 20% 左右，植物性食

物吸收率低,约在10%以下。鸡蛋中的铁吸收率较低,所以不能满足于吃鸡蛋。大豆中的铁吸收率较高,可适量食用。

### 3. 对慢性腹泻要彻底治愈,以免铁吸收不良

发生缺铁性贫血后,一方面应注意以上几点:调理好孩子的饮食,一方面在医生指导下,服用铁剂,多吃含铁量高的食物,防止感染其他疾病。一般经过治疗,血红蛋白可达到正常。

表15 小儿血红蛋白正常值

| 新生儿 | 婴儿 | 儿童 |
| --- | --- | --- |
| 180~190g/L | 110~120g/L | 120~140g/L |

## 孩子 第8个月

不管是母乳喂养还是人工喂养的孩子,在7个多月时每天的奶量仍不变。分3~4次喂进。辅食除每天给孩子两顿粥或煮烂的面条之外,还可添加一些豆制品,仍要吃菜泥、鱼泥、肝泥等。鸡蛋可以蒸或煮,仍然只吃蛋黄。

在小儿出牙期间,还要继续给他吃小饼干、烤馒头片等,让他练习咀嚼。

7个多月幼儿婴儿每天进食多少各种食物才能满足他生长发育的需要呢?请参照下表。

表16 7~8个月婴儿日营养量

| 食品 | 全日总量 | 次数 | 可替代的食品 |
| --- | --- | --- | --- |
| 母奶或牛奶 | 750毫升左右 | 分3~4次 | |
| 粥 | 1碗 | 分2次 | 研碎的面包片1片,烂面条1碗,麦片4大匙;土豆半个;白薯1/3个(煮软研碎) |
| 蛋黄 | 1个 | | 鸡胸肉2小块(研碎),肉末2小匙;豆腐1/5块(研碎) |

续 表

| 食品 | 全日总量 | 次数 | 可替代的食品 |
|---|---|---|---|
| 鱼 | 20 克 | | 鱼肉粉 2 大匙 |
| 水果 | 50 克 | | 苹果 1/4 个；桃 1/3 个；香蕉 1/2 个；橘子 1/3 个 |
| 蔬果 | 30 克 | | 可选胡萝卜、柿子椒、圈白菜、黄瓜、白菜、番茄、茄子 |

## 一、婴儿小食品制作

### 1. 蔬菜猪肝泥

胡萝卜煮软切碎 1 小匙，菠菜叶 1/2 匙加少量盐煮后切碎，和切碎的猪肝 2 小匙一起放入锅内，加酱油 1 小匙用微火煮，停火前加牛奶 1 大匙。

### 2. 香蕉粥

1/6 根香蕉去皮后，用勺子背把香蕉研成糊状，放入锅内加牛奶 1 大匙混合后上火煮，边煮边搅拌均匀，停火后加入少许蜂蜜。

### 3. 番茄猪肝

切碎的猪肝 2 小匙，切碎的葱头 1 小匙同时放入锅内，加水或肉汤煮，然后加洗净剥皮切碎的番茄 2 小匙，盐少许。

## 二、学做几样菜泥

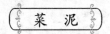

【原料】油菜（白菜、菜花、菠菜等）300 克。

【制法】将鲜菜洗净切碎，加少量水煮烂，捞出，放笊上，用匙碾碎，筛落者为菜泥。

【原料】南瓜（红薯、胡萝卜、土豆等）300 克。

【制法】将原料去皮洗净切小块,放水煮烂,捣成泥。

## 蛋黄泥

【原料】鸡蛋1个。
【制法】将鸡蛋洗净煮熟,去壳取蛋黄,用匙搅烂加少许开水。可将蛋黄泥调入牛奶、米汤、菜水中食用。

## 鱼 泥

【原料】净鱼肉100克
【制法】将鱼洗净放开水煮,取出剥皮,去骨刺,把肉研碎。再加水将鱼肉煮烂。

## 三、给孩子吃什么

**1. 可以给孩子吃以下食品**

婴儿米粉。
用玉米粉、小米、大米做成的粥。
用土豆、胡萝卜、菜花制成的蔬菜泥。
用苹果、香蕉、李子、桃、梨制成的水果泥。
肉末、肝末、鱼松。

**2. 美国儿童营养学家向家长推荐的"十佳儿童食品"**

新鲜水果。
绿色蔬菜。
脱脂奶。
去皮鸡肉。
鱼肉。
谷类。
瘦牛肉。
全麦饼干。
玉米片、土豆片、爆玉米花。

### 3. 专家们公布的"十不宜儿童食品"

汽水。
汉堡包。
热狗。
全脂牛奶。
黄油。
肥肉。
红肠。
比萨饼。
巧克力。
冰淇淋。

## 四、要防止孩子吃盐过多

一些家长在给儿童调剂食物时，常以大人的口味来调剂孩子的日常饮食，让小儿长期处于被动高盐之中，这对儿童健康极为不利。

对一些学龄儿童进行调查发现，吃含盐量过高食物的儿童有11%～13%患了高血压。此外，食入盐分太多，还会导致体内的钾从尿中丧失，而钾对于人体活动时肌肉的收缩、放松是必须的，钾丧失过多，能引起心脏衰弱而死亡。

当然，适量的食盐对维护人体健康起着重要的生理作用，这不仅因为食盐是人们生活中不可缺少的调味品，又能为人体提供重要的营养元素钠和氯，且能维护人体的酸碱平衡及渗透后平衡，是合成胃酸的重要物质，可促进胃液、唾液的分泌，增强唾液中淀粉酶的活性，增进食欲，因此，小儿不可缺食盐。但小儿机体功能尚未健全，肾脏功能发育不够完善，没有能力充分排出血液中过多的钠，而过多的钠能潴留体内水液，促使血量增加，血管是高压状态，于是发生血压升高，心脏负担加重。

家长们一定要注意在给儿童做食物时，应稍微淡点，千万不要以自己的味觉为准。

## 孩子 第9个月

从孩子8个月起,母乳开始减少,有些母亲奶量虽没有减少,但质量已经下降。所以,此时必须给孩子增加辅食,以满足小儿生长发育的需要。

从本月起,母乳喂养的孩子每天喂3次母乳(早、中、晚),上、下午各添加1顿辅食。

人工喂养的孩子每天需750毫升牛奶,分3次喂,上、下午各喂1顿辅食。

孩子8个月时,消化蛋白质的胃液已经充分发挥作用了,所以可多吃一些蛋白质食物,如豆腐、奶制品、鱼、瘦肉末等。孩子吃的肉末,必须是新鲜瘦肉,可剁碎后加佐料蒸烂吃。

应该注意,增加辅食时每次只增加一种,当孩子已经适应了,并且没有什么不良反应时,再增加另外一种。此外,只有当孩子处于饥饿状态时,才更容易接受新食物。所以,新增加的辅食应该在奶前吃,喂完辅食之后再喂奶。

### 一、婴儿小食品制作

**1. 香蕉玉米面糊**

把玉米面2大匙和1/2杯牛奶一起放入锅内,上火煮至玉米面熟了为止,再加剥皮后的香蕉1/6根切成薄片和少许蜂蜜煮片刻。

**2. 肉面条**

把面条放入热水中煮后切成小段,和2小匙猪肉末一起放入锅内,加海味汤后用微火煮,再加适量酱油,把淀粉用水调匀后倒入锅内搅拌均匀后停火。

**3. 虾糊**

把虾剥去外壳,洗干净后用开水煮片刻,然后研碎,再放入锅内加肉汤煮,煮熟后加入用水调匀淀粉和少量盐,使其呈糊状后停火。

**4. 奶油鱼**

把收拾干净的鱼放热水中煮过后研碎,把酱油倒入锅内加少量肉汤,再加切碎的鱼肉上火煮,边煮边搅拌,煮好后放入少许奶油和切碎的芹菜即可。

## 二、上桌吃饭

许多孩子到这个月龄,爱吃饭不爱吃奶,对上桌与父母同吃有极大的兴趣。妈妈可以将孩子抱上桌,在他面前也放一份饭菜,他的饭菜要单做,比大人的要软些、烂些。让孩子自己吃,能用勺更好,不能就用手抓东西。尽管吃一点,撒了多半,对孩子的训练是十分重要的。实际上妈妈喂孩子吃比叫他自己吃简单得多,但是虽然带来很多麻烦,妈妈还是要给孩子训练的机会。

孩子上桌吃饭,除了吃自己的,他还要爸爸妈妈的菜。可以给他一点尝尝,告诉他什么是酸、甜、苦、辣。但不可以大家你一口我一口地无节制的喂他吃,一是不卫生,二是孩子还没有这份消化能力。

## 三、一日食谱

早餐　6:30　　牛奶半杯,烤面包半片,果汁半杯。
早点　9:30　　蒸蛋半个,果汁或蔬菜汁半杯。
午餐　12:00　　烂菜肉粥(瘦肉末25克,碎黄绿蔬菜20克,烂粥3汤匙),水果泥、汤匙,鱼肝油2滴。
午点　15:00　　蜜水半杯,饼干一片。
晚餐　18:00　　猪肝粥(猪肝泥25克,豆腐25克,胡萝卜泥20克,烂粥3汤匙),果汁半杯。
晚点　21:00　　牛奶半杯,饼干1片。

## 四、9~11个月婴儿一日营养量

表17　9~11个月婴儿一日营养量

| 食品 | 量 | 可代替的食品 |
| --- | --- | --- |
| 母奶或牛奶 | 500毫升左右 | |
| 粥 | 2~3碗 | 烂面条、麦片、土豆、白薯 |

续表

| 食品 | 量 | 可代替的食品 |
|---|---|---|
| 黄油 | 5克 | 色拉油、蛋黄酱、人造黄油 |
| 鸡蛋 | 1个 | 鹌鹑蛋4个 酸奶100克 |
| 鱼 | 30克 | 鱼肉松、鱼干 |
| 豆腐 | 50克 | 藕粉 |
| 肉末 | 30克 | 鸡肉松、猪肉松、鸡胸肉、火腿肉、小泥肠 |
| 食品 | 量 | 可代替的食品 |
| 水果 | 100克 | 苹果1/2个、桃子1个 枇杷2个、香蕉1个、橘子1个、草莓5个 |
| 蔬菜 | 40克 | 可选胡萝卜、菠菜、圆白菜、柿子椒等 |

## 孩子 第10个月

### 一、9个多月婴儿的喂养特点

9个月多婴儿的喂奶次数应逐渐从3次减到2次,每天500毫升左右鲜奶已足够了,而辅食要逐渐增加,为断奶做好准备。

9个多月的婴儿应增加一些土豆、白薯等含糖较多的根茎类食物,增加一些粗纤维的食物如蔬菜,但要把粗的老的部分去掉。9个多月的小儿已经长牙,有咀嚼能力了,可以让他啃硬一点的东西。

### 二、婴儿小食品制作

**1. 煮白薯**

把白薯洗干净去皮后切成四个薄片,把苹果洗净去皮除核后也切成薄片,然后把白薯和苹果的薄片先后放入锅内,加入少许水后用微火煮,煮好后放入蜂蜜。

## 2. 芝麻豆腐

豆腐 1/6 块用开水紧后控去水分,然后研碎再加入炒熟的芝麻、豆酱、淀粉各 1 小匙混合均匀后做成饼状,再放入容器中用锅蒸 15 分钟即可。此食品的特点是非常松软,易消化。

### 三、两餐之间应该吃点心

孩子每日三餐之外,还应有两次点心。老人带孩子,往往是什么时候饿了什么时候吃点心。这样做影响孩子正餐的食欲。点心也要定时吃。1~2 岁的孩子吃什么点心呢? 可选择以下食品:

西红柿　150 克(1 个)
虾　条　10 克(半小杯)
香　蕉　60 克(半个)
蛋　糕　12 克(1/4 块)
苹　果　50 克(半个)
鲜榨果汁 80 克(1 小杯)
橘　子　120 克(1 个半)
草　莓　130 克
饼　干　10 克(3 块)
藻脆饼　10 克(6 块)
白　薯　40 克(半个)

# 孩子 第 11 个月

10 个多月的孩子每天早 6:00,晚 22:00 吃两顿奶,上午、中午、下午吃 3 顿辅食。10 个月的孩子仍以稀粥,软面为主食,适量增加鸡蛋羹、肉末、蔬菜之类。多给孩子吃些鲜的水果,但吃前要帮他去皮去核。

## 一、婴儿小食品制作

**1. 疙瘩汤**

把1/4个鸡蛋和少量水放入了大匙面粉之中,用筷子搅拌成小疙瘩,把切碎的葱头、胡萝卜、圆白菜各2小匙放入肉汤内煮软后,再把面疙瘩一点一点放入肉汤中煮,煮熟之后放少许酱油。

**2. 蒸鱼饼**

把1/2条鱼去皮和骨、刺后,研碎;与豆腐泥混合均匀做成小饼,放蒸锅内蒸,把鱼汤煮开后加少许作料,最后把蒸过的鱼饼放鱼汤内煮熟。

蒸鱼饼的特点是能够保持鱼肉中的营养成分不被破坏。

**3. 虾豆腐**

小虾2条,豆腐1/10块,嫩豌豆苗2~3根煮后切碎,放入锅内,加切碎的生香菇1/4,加海味汤煮,加白糖和酱油各1小匙,熟时薄薄的勾一点芡。

## 二、婴儿忌食什么

柿子:难消化。
栗子:服后腹胀,不宜多吃。
枣:不可生食,可煮粥。
李子:多食伤脾胃。
杏:性温,不宜食。
韭菜:辛辣温热,不易消化。
粘食:不易消化。
虾蟹:发物,过敏小儿不宜吃。

## 三、一日食谱

| | | |
|---|---|---|
| 早餐 | 7:00 | 奶1杯,奶糊半碗 |
| 午点 | 9:30 | 果汁1杯,饼干1块 |
| 午餐 | 12:00 | 软饭1碗,鱼肉或肉饼或鸡蛋1个,蔬菜半碗,新鲜水 |

果半个
早点　　15:00　　奶1杯,面包1片
晚餐　　18:00　　软饭1碗,肉末或鱼肉,蔬菜,1个新鲜水果
晚点　　21:00　　奶1杯

## 四、学做几种果汁

### 胡萝卜苹果汁

【原料】胡萝卜50克,苹果1个,柠檬两片,蜂蜜2匙,凉开水100克。

【制法】原料洗净切碎,榨汁,挤入柠檬汁,搅拌均匀。将果汁加入蜂蜜,凉开水调匀。

### 草莓果菜汁

【原料】草莓10个,卷心菜1/6个,胡萝卜1/3个,苹果1/2个,白糖50克,凉开水100克。

【制法】将胡萝卜洗净、切碎,榨汁。将草莓、卷心菜、苹果洗净,切碎,榨汁。将果汁混合,加入糖、凉开水。

### 黄瓜汁

【原料】黄瓜3条,白糖适量。

【制法】将黄瓜洗净切碎,榨汁,加白糖。

### 菠萝汁

【原料】菠萝200克,白糖50克,凉开水250克。

【制法】菠萝去皮,榨汁　加白糖,凉开水调匀。

### 葡萄汁

【原料】鲜葡萄1000克,白糖100克,凉开水500克。

【制法】葡萄洗净,去皮,榨汁。葡萄汁中加水,白糖混匀。

### 荸荠汁

【原料】鲜荸荠 500 克,冰糖 250 克,水 1000 克。
【制法】荸荠洗净去皮,切碎,榨汁。将冰糖溶化,加入荸荠汁,再放凉开水中调匀。

### 三鲜汁

【原料】鸭梨 250 克,荸荠 250 克,鲜藕 250 克。
【制法】原料洗净收拾好。分别切碎用榨汁机榨汁。将白糖加入果汁。

## 孩子 第 12 个月

11 个多月的孩子仍应每天早晚喂奶,三餐喂饭。

孩子出生之后是以乳类为主食,经过一年的时间要逐渐过渡到以谷类为主食。快 1 岁的孩子可以吃软饭、面条、小包子、小饺子了。每天三餐应变换花样,使孩子有食欲。

### 一、婴儿小食品制作

**1. 番茄饭卷**

将 1/2 个鸡蛋调匀后放平锅内摊成薄片,将切碎的胡萝卜和葱头各 1/2 小匙用油炒软,再加入软米饭 1 小碗,和番茄 2 小匙拌匀,将混合后的米饭平摊在蛋皮上,然后卷成卷儿,切成小卷子状食用。

**2. 肉丸粥**

鸡肉米 1 大匙,将 1 大匙葱头放油在锅内炒过,再与鸡肉米一起混合做成鸡肉丸子,把鸡汤倒入锅内加鸡肉丸子煮,开锅后再将米饭放入一起煮,煮熟时加少许盐。

**3. 肉松饭**

鸡肉末 1 大匙放入锅内,加少许白糖、酱油、料酒,边煮边搅拌使之均匀混合,煮好后放米饭 1 碗焖熟,熟后切一片花型胡萝卜在上面做装饰。

### 4. 豆腐饭

把半块豆腐放在开水中煮一下,切成小方块,将 1 碗米饭放入锅内加海味汤一起煮,煮软后加入豆腐和少许酱油,最后撒少许青菜末,再稍煮片刻即可。

## 二、分餐是科学的饮食方式

我国传统的吃饭方式——全家人共吃一盘菜、一碗汤,是一种很不卫生的方式。传染病患者容易通过筷子、汤匙上的唾液传给孩子。有些传染病有一定的潜伏期,尚未发作的时候没有症状。还有的人本身虽没有患病,却是某些传染病菌的携带者,同吃一碗菜时,病菌会传染给别人。特别是喜逢佳节,亲朋团聚或宴请宾客,遇有这类病人或带菌者,便会因混食而使疾病传播开去。

分餐制,就是在全家用餐时,采用一人一份饭菜的方式,同坐一张桌,各人吃各人的。如果在一些家庭一时做不到这点,可以先采用公筷、公勺的方法,每人一副食具,大家用公筷、公勺将菜、汤放入自己的菜碟或汤碗中,同样可以达到卫生防病的目的。

实行分餐制,还要与食具消毒结合起来。要推广食具煮沸消毒,以消灭餐具上的病菌,才能把好"病从口入"关,保证身体健康。

## 三、儿童要多吃点蛋

完整的记忆是事物在中枢神经系统留下的痕迹,记忆力的强弱与乙酰胆碱有关。乙酰胆碱对大脑有兴奋作用,使大脑维持觉醒状态并具有一定的反应性,也可促使条件反射巩固,从而改善人们的记忆力。蛋黄含有卵磷脂和甘油三酯,卵磷脂在肠内被消化液中的酶消化后,释放出胆碱,胆碱直接进入脑部后与醋酸结合生成有助于改善记忆的乙酰胆碱。这里主张儿童要多吃蛋,是为了使他们的智力发展得更快更好。

孩子总吃煮鸡蛋,就厌烦了,可以变花样做了给他们吃。

### 凤凰蛋

【原料】鸡蛋 50 克,瘦肉 50 克。盐、酱油、味精、淀粉、胡椒粉、葱末、白糖、马蹄。

【制法】先将鸡蛋煮熟去皮,用盐水腌渍备用。

瘦肉剁成泥,加酱油、味精、盐、白糖、淀粉、水打起劲。马蹄切成小丁。葱切成小丁。放入馅中搅拌。

取出鸡蛋控净水,用肉馅裹上,滚上淀粉。锅放宽油上旺火,将鸡蛋炸呈金黄色捞出,每个鸡蛋切成 4 块装盘。

【特点】颜色鲜艳。

### 凤眼鹌鹑蛋

【原料】鹌鹑蛋 5 只,虾胶 50 克,面包 50 克,生抽,花生油适量。

【制法】鹌鹑蛋煮熟去壳,每个切成两半,面包切成片,改刀成象眼形。

将虾胶酿在面包上,鹌鹑蛋镶嵌在虾胶中间,蛋黄向上,如凤眼状。下入油锅中炸至金黄色。

【特点】甘香酥脆。

### 椿芽烘蛋

【原料】鸡蛋 1 个。嫩香椿 10 克、精盐、湿淀粉、熟猪油适量。

【制法】将鸡蛋磕入碗内搅匀加湿淀粉,再放入精盐,香椿(切碎)继续搅匀。

炒锅置中火上,上油烧热,移至小火上,舀起油待用,倒入蛋液,并将舀起的油淋入蛋液中间,加盖,烘约 6 分钟,翻面,再烘 3 分钟,滗去余油,盛入盘内即成。

【特点】菜色金黄,香椿味浓。

### 黄埔炒蛋

【原料】去壳鸡蛋 50 克、精盐、味精、熟猪油适量。

【制法】鸡蛋液加入味精、精盐及熟猪油,搅成蛋浆。炒锅洗净放在中火上,下油搪锅后倒回油盆,再下油倒入蛋浆,边倒边铲动,边下油,炒至刚熟装盘。

【特点】色泽淡黄而油润,蛋质鲜嫩香滑。因制法源于广州黄埔,故名。

### 珊瑚锦绣蛋

【原料】鹌鹑蛋4个,鲜菇50克,菜15~20克、蟹肉20克、蟹黄20克、味精、酱油、清汤、花生油、香油、胡椒粉、生抽、老抽、淀粉、蚝油。

【制法】先将鲜菇煨好,菜心炒好。鹌鹑蛋放水中煮熟去壳,上点生油,锅放宽油烧热,将蛋炸金黄色捞出。尔后煨制入味。鲜菇也要煨制入味。

装盘时鲜菇在中,菜围在边,鹌鹑蛋排在鲜菇中间,砌成圆形。锅放清汤、盐、胡椒粉、生抽、蚝油、加蟹肉、蟹黄、淀粉勾薄芡,浇在菇面上,以露出蛋、菜为好。

【特点】清淡不腻。

### 赛螃蟹

【原料】黄花鱼肉100克,鸭蛋黄1个、葱末、姜末、姜汁、湿淀粉、料酒、味精、花生油、精盐、清汤。

【制法】将黄花鱼去皮,上笼蒸熟,用手撕碎。鸭蛋黄倒入碗内用筷子搅匀。另一碗内放清汤、精盐、湿淀粉、料酒、葱末、姜汁、对成"爆汁"。

炒锅内放油旺火烧热,倒入鸭蛋黄搅炒,再放上鱼肉炒,把已对好的"爆汁"倒入炒锅内,颠翻一下盛入盘中撒上姜末。

【特点】呈蟹黄色,形似豆腐脑,肉质鲜嫩入口即化。因色、味、形均似螃蟹,故名。

孩子 **第 13 个月**

## 一、1 岁幼儿的喂养特点

1 岁左右的孩子,逐渐变为以一日三餐为主,早、晚牛奶为辅,慢慢过渡到安全断奶。如果正好在夏天,为了不影响孩子的食欲,可以略向后推迟 1~2 个月再断奶,最晚不要超过 15 月龄。

以三餐为主之后,家长一定要注意保证孩子辅食的质量。如肉泥、蛋黄、肝泥、豆腐等含有丰富的蛋白质,是孩子身体发育必需的食品,而米粥、面条等主食是孩子补充热量的来源,蔬菜可以补充维生素、矿物质和纤维素,促进新陈代谢,促进消化。孩子的主食主要有米粥、软饭、面片、龙须面、馄饨、豆包、小饺子、馒头、面包、糖三角等。周岁孩子每日的膳食量大致可以这样供给:粮食 100 克左右,牛奶 500 毫升加糖 25 克(分早晚两次喝),瘦肉类 30 克,猪肝泥 20 克,鸡蛋 1 个,植物油 5 克,蔬菜 150~200 克,水果 150 克。

有些家长为了增加孩子的营养,给孩子喝麦乳精,麦乳精是以糖为主的食品,含蛋白质很少,热量虽高但达不到孩子生长发育所需的营养要求。长期食用,会抑制孩子食欲,引起营养不良。要想孩子长得健壮,家长必须细心调理好孩子的三餐饮食,将肉、鱼、蛋、菜等与主食合理调配。这么大的孩子,牙齿还未长齐咀嚼还不够细腻,所以要尽量把菜做得细软一些,肉类要做成泥或末,以便孩子消化吸收。1 岁的孩子,鱼肝油要加 3 滴、每日两次,钙片每次 1 克,每日两次。

## 二、幼儿膳食制作

### 1. 三鲜蛋羹

把 1~2 个鸡蛋打入碗中,加少许食盐和凉开水打匀,放入锅中蒸熟,然后再切几个新鲜虾仁与炒好的肉菜末放进碗中搅匀,再继续蒸 5~8 分钟,停火后即可食用。

### 2. 混合菜糊

将土豆、胡萝卜洗净,上锅蒸熟去皮压烂成泥。番茄用开水汤去皮,切成碎块,放入锅中煸炒,再加上少许食盐与土豆胡萝卜泥、肝泥和熟肉末一起炒熟后食用。

### 3. 果羹

将苹果、百合、山药、梨、莲子洗净去皮去核切成小片加上琼脂一同放在火上加水煮热。离火加白糖凉后食用。没有琼脂可用藕粉代替。

## 三、宝宝断奶后的食谱特点

从每天除保证600毫升奶,逐渐过渡到以粮食、奶、蔬菜、鱼、肉、蛋为主的混合食品,这些食品是满足孩子生长发育必不可少的。

适当喂养面条、米粥、馒头、小饼干等,以提高热量。

经常给宝宝吃各种蔬菜、水果、海产品,提供足够的维生素和无机盐,以供代谢的需要。达到营养平衡的目的。

经常食用些动物血、肝类,以保证铁的供应。

烹制方法多样化,注意色、香、味、形,且要细、软、碎。不宜煎、炒、爆,以利消化。

安排婴儿食品要注意各种营养的合理搭配,以保证孩子身体生长发育的需要。下面举例说明幼儿一周食谱安排,仅供参考。

**表18　一周食谱举例**

|  | 星期一 | 星期二 | 星期三 | 星期四 | 星期五 | 星期六 | 星期日 |
|---|---|---|---|---|---|---|---|
| 早餐 | 白粥<br>炒豆<br>腐干末 | 蛋花粥<br>发糕 | 白粥<br>腐乳 | 碎菜粥<br>糖包 | 糖粥<br>花卷 | 白粥<br>炒酱瓜末 | 白粥<br>肉松 |
| 午餐 | 肉末碎<br>青菜面 | 烂饭<br>芥菜肉末<br>豆腐羹 | 肉末碎菜<br>馄饨皮 | 烂饭<br>肝末粉皮 | 鸡胸肉末<br>碎菜饭 | 烂饭<br>肉末菜花<br>豌豆泥 | 馒头<br>肉末碎鸡<br>菜汤 |
| 下午加餐 | 蛋糕 | 碎鸡番茄面片 | 枣泥包 | 鸡蛋羹 | 饼干 | 水果羹 | 肉末包子 |

续表

|  | 星期一 | 星期二 | 星期三 | 星期四 | 星期五 | 星期六 | 星期日 |
|---|---|---|---|---|---|---|---|
| 晚餐 | 烂饭 炒鱼片 菜花 胡萝卜末 | 烂饭 肉末蔬菜鸡汤 | 烂饭 番茄炒蛋 炒碎菠菜 | 烂饭 肉末碎青菜 | 烂饭 红烧鱼 葱末豆腐 | 菜包 葱油蛋花汤 | 烂饭 肉末蒸蛋 番茄豆腐汤 |

## 四、怎样摄入蛋白质

蛋白质一般来自植物和动物类食品。植物类食品主要是豆类。动物类食品多指鱼、肉、蛋、奶等。在植物类食品中,属于优质蛋白的大豆、芝麻、葵花籽等,其他如米、面虽含有蛋白质,但不高。在肉类食品中,虽然含蛋白质较丰富,但不可以食用过量,过量的食用会给机体代谢带来负担,产生过量的代谢产物,对身体不利。

## 五、碳水化合物对人体有哪些作用

碳水化合物最基本的作用就是供给机体能量。按照中国人的饮食习惯,以谷类为主,占每天膳食中所供给身体热量约60%~70%左右。因此,吃好每顿饭是孩子身体所需热量的重要保证。

另外患有肝炎的人常多吃些糖,因为糖在肝内可以协助肝解毒,提高抵抗细菌的能力。人体组织细胞的代谢合成都离不开糖的协助,脂肪转为能量也需要糖起作用,如果没有糖的参与,脂肪利用不完全就可能产生一种不利于人体的酸性物质,蓄积过多就可能引起酸中毒,后患无穷。

## 六、各种维生素的作用

(1)维生素A的作用可使人体皮肤光滑健康、保护人体眼睛、抵抗疾病的侵袭。

(2)维生素D可促进钙元素的吸收和利用,预防小儿佝偻病的发生。

(3)维生素E可以保护心脏和骨骼肌肉健康,延缓人类衰老过程,并有抵抗空气污染物对人体的影响作用。

(4)维生素 $B_1$ 有稳定人的情绪,增强记忆力和活力的功能。

(5)维生素 $B_2$ 可预防口腔黏膜溃疡,是蛋白质脂肪和糖代谢过程中需要的酶类,也是促进儿童生长必需的物质。

(6)尼克酸能促进碳水化合物、脂肪和氨基酸的代谢作用,并可降低人体血液中超量的胆固醇、防止血管硬化,使人保持旺盛的精力。

(7)维生素 $B_6$ 可调节人体中枢神经系统活动,稳定情绪,能协助产生抗体,促进皮肤健康。

(8)维生素 $B_{12}$ 可协助人体神经系统工作,并维持正常红细胞的生成过程。

(9)叶酸能协助形成红细胞。

(10)维生素 C 的作用是可以促进牙齿和骨骼的生长,促进骨折和外伤的愈合过程,并能抵抗传染病和其他疾病。

## 七、缺钙的因素有哪些

除了孩子摄入钙不足引起的低钙外,主要还有一些妨碍钙吸收的因素。

(1)维生素 D 摄入不足,引起钙吸收转入障碍。

(2)脂肪食入过多,可形成钙皂不易溶解,随大便排出。

(3)摄入的钙、磷比例不当也会影响钙的吸收。钙、磷的最佳比例应为 1.3~1.5。如含磷高可形成磷酸盐排出体外。

(4)钙在碱性环境中不容易溶解。

# 孩子 第14个月

## 一、健脑食品

### 1. 豆类

对于大脑发育来说豆类是不可缺少的植物蛋白质,黄豆、花生豆、豌豆等都有很高的营养价值。

2. 糙米杂粮

糙米的营养成分比精白米多，黑面粉比白面粉的营养价值高，这是因为在细加工的过程中，很大一部分营养成分损失掉了。要给孩子多吃杂粮，包括糯米、玉米、小米、红小豆、绿豆等，这些杂粮的营养成分适合身体发育的需要，搭配食用能使孩子得到全面的营养，有利于大脑的发育。

3. 动物内脏

动物肝、肾、脑、肚等，既补血又健脑，是孩子的很好的营养品。

4. 鱼虾类及其他

鱼虾蛋黄等食品中含有一种胆碱物质，这种物质进入人体后，能被大脑从血液中直接吸收，在脑中转化成乙酰胆碱，可提高脑细胞的功能。尤其是蛋黄，含卵磷脂较多，被分解后能放出较多的胆碱，所以小儿最好每日吃点蛋黄和鱼肉等食品。

## 二、不适于婴幼儿食用的食物

一般生硬、带壳、粗糙、过于油腻及带刺激性的食物对幼儿都不相宜。有的食物需要加工后才能给孩子食用。

（1）刺激性食品如酒、咖啡、辣椒、胡椒等应避免给孩子食用。

（2）鱼类、虾蟹、排骨肉都要认真检查是否有刺和骨渣后方可加工食用。

（3）豆类不能直接食用，如花生米、黄豆等，另外杏仁、核桃仁等这一类的食品应磨碎或制熟后再给孩子食用。

（4）含粗纤维的蔬菜，如芥菜、金针菜等，因2岁以下小儿乳牙未长齐，咀嚼力差，不宜食用。

（5）易产气胀肚的蔬菜，像洋葱、生萝卜、豆类等，宜少食用。

（6）油炸食品。

另外，孩子都喜欢吃糖，但一定注意不能过多，否则既影响孩子的食欲，又容易造成龋齿。

## 三、常吃山楂有好处

**山楂汤：**即山楂一味煎汤饮,尤宜于食肉不消的儿童。

**山楂饼：**用山楂、白术各 120 克,神曲 60 克,均研末,蒸饼丸、梧桐子大,每服 30 丸,可治儿童食积。

**山楂粉：**用山楂肉不拘多少,炒研为末,蜜和砂糖拌,每服 3~6 克,水送服;尤宜于小儿痢疾赤白相兼者。

**茴楂丸：**茴香、山楂各等分,研细末,盐、酒调和,空腹热服,可治小儿小腹痛。

 第 15 个月

## 一、15~17 个月幼儿的喂养特点

随着孩子乳牙的陆续萌发,咀嚼消化的功能较前成熟,在喂养上与前两个月相比略有变,每日进时次数为 5 次,3 餐中间上下各加一次点心。有条件的还可以继续每日加一个鸡蛋和一瓶牛奶。

孩子的膳食安排尽量做到花色品种多样化,荤素搭配,粗细粮交替,保证每日能食入足量的蛋白质、脂肪、糖类以及维生素、矿物质等。

培养孩子良好的饮食习惯能使孩子保持较好的食欲,避免孩子挑食、偏食和吃过多的零食。为了保证维生素 C、胡萝卜素、钙、铁等营养素的摄入,孩子应多食用黄、绿色新鲜蔬菜,如油菜、小菠菜、胡萝卜、番茄、甜柿椒、红心白薯。萝卜、白菜、芥菜头、土豆等蔬菜所含维生素、矿物质虽较黄、绿色蔬菜低,但也具有不可缺少的营养价值。每日还要吃一些水果。含维生素 C 较多的水果有柑橘类、枣、山楂、猕猴桃等。除此之外,每日吃鱼肝油 2 次,每次仍为 3 滴,钙片每日 2 片,每次 1 克。

## 二、哪些食品含钙多

对于小孩来说,奶类是其补充钙的最好来源,母乳中 500 毫升奶含钙 170 毫克,牛奶含钙 600 毫克,羊奶含钙 700 毫克,奶中的钙容易被消化吸收。蔬菜中含钙质高的是绿叶菜。如大家熟悉的油菜、雪里蕻、空心菜、太古菜等,食后吸收也比较好。给孩子食用绿叶菜,最好洗净后用开水烫一下,这样可以去掉大部分的草酸,有利于钙的吸收。豆类含钙也比较丰富,每 100 克黄豆中含 360 毫克的钙质,每 100 克豆皮中含钙 254 毫克,含钙特别高的食品还有海带、虾皮、紫菜、麻酱、骨髓酱等。

## 三、营养与智力发育

许多科学家对不同国家儿童的智力发育与营养关系进行了研究,发现营养不足的孩子的反应性、想像力、智力都不如营养良好的儿童。日本的科学家曾对 6 对 1~3 岁的双胞胎进行对比研究,给每对中的一个改善蛋白质的质与量(补充了几种必需的氨基酸),经过两三年后,补充氨基酸的与没补充的相比其智力要高出 10 倍以上。营养差的孩子知识事物反应性慢,思维的能力偏低,记忆力和语言表达能力均差,自然影响孩子的学习成绩。如果发现孩子营养不良,家长应及时采取措施,在医生的指导下给孩子制订合理的食谱,改善营养状况。

## 四、小儿食物的烧切方法

表19  1~2岁小儿食物的烧切方法

| 切　法 | 烧　法 |
| --- | --- |
| 蔬菜、干豆、鲜豆、豆腐干、鸡鸭、鱼肉、虾等,碎末、泥、去骨、去刺 | 饭、面食、小菜、点心等,烂、软、煮、烧、蒸、煨炖 |

## 五、孩子要多吃水果

水果的营养价值和蔬菜差不多,但水果可以生吃,营养素免受加工烹调的破坏。水果中的有机酸可以帮助消化,促进其他营养成分的吸收。桃、杏等水果含有较多的铁,山楂、鲜枣含大量维生素C。食用水果前应很好地清洗,洒过农药的水果,除彻底清洗外,最好削去外皮后再食用。

# 孩子第16个月

## 一、给孩子吃水果要适度

水果多性寒、凉,而小儿"脾常不足",中医认为脾胃为后天之本,生化之源,但小儿脾胃虚弱,运化吸收功能差;另一方面,为满足小儿不断生长发育的需要,对饮食营养要求迫切,从而加重了脾胃的负担。两者相互矛盾,一旦饮食失节,可致脾胃功能紊乱,而水果性大多为寒凉之品,且伤脾胃,由此可知,小儿不能多吃水果,一定要有节制。

一些水果如杏子、李子、梅子、草莓中所含的草酸、安息香酸、金鸡钠酸等,在体内不易被氧化分解掉,经新陈代谢后所形成的产物仍是酸性,这就很容易导致人体内酸碱度失去平衡,吃得过多还可能中毒。

一些水果可致水果病,如橘子性热燥,可"上火",令口舌发燥,过食会造成"叶红素皮肤病",皮肤与小便发黄及便秘等;又如柿子,若空腹时吃得过多,易导致"柿石症",症状为腹痛、腹胀、呕吐;还如荔枝,因其好吃,极易吃多,可导致四肢冰凉、多汗、无力、心动过速等;小儿还爱吃菠萝,多吃易发生过敏反应,出现头晕、腹痛,甚至产生休克。

能引起水果尿病。水果吃多了,大量糖分不能全部被人体吸收利用,而是在肾脏里与尿液混合,使尿液中糖分大大增加,长此以往,肾脏极易发生病变。

因此,小儿吃水果一定适量,不能因为小儿爱吃,家长就多多益善。

## 二、怎样算吃的又饱又好

随着人们生活水平的提高,家长很重视给孩子吃好吃饱。目前市场上小吃琳琅满目、应有尽有,如果这些零食吃的越多,可能就越吃越不好。

怎样叫吃的好呢?就是所吃的食物要满足人体的需要,即所供给机体的营养素之间的比例要适当。

## 三、营养对身高的影响

现代青年都比较注重自己的身高和体型。有的家长自然而然地就会想到身高与营养的关系。

人体身高虽然受遗传因素的影响很大,但与营养因素确实是分不开的。身高取决于大腿的股骨、小腿的胫骨和腓骨、骨骼的发育需要有钙、磷等无机盐、维生素D以及蛋白质的参与合成。这些营养素又主要存在于动物性食品中,如:肉、蛋、奶中。这就不难看出,多吃奶制品和豆制品以及肉制品类的食物,对身高会有促进作用。

另外,有些专家经过实验,认为食用小麦比食用稻米更有利于人体生长发育。

## 四、营养与健康

加强营养以防治疾病这已成为人们的共识。但是只强调加强营养,而忽视营养搭配的合理性是不够的。营养缺乏会引起营养不良性疾病,营养过剩也会引起许多疾病。如肥胖症、心血管病、结肠癌、糖尿病、胆石症等。

因此,营养要合理,膳食提供的营养素搭配要多样化,比例恰当。孩子吃饭不要偏食,不要吃的太饱。与此同时还要加强体育锻炼,保持足够的睡眠。营养、锻炼与休息结合起来,才能达到健康的目的。

## 五、防止误食中毒

(1)药瓶或药盒要盖紧盖子,放到不易被儿童接触到的地方。

(2)扔掉已过期和已变色、变质的药物。

(3)客人来过后,要及时把喝剩下的饮料和烟灰、烟头等倒掉,防止儿童食入。

(4)室内或屋外的花草,不要让儿童随意采摘,更不可随意"尝一尝",有些家养的植物是有毒的。

(5)将家用清洗剂、去污剂、杀虫剂等放到柜子里,或儿童不易接触到的地方。

(6)不要用装饮料、食物的瓶、罐装有毒的物质,以免被儿童误食。

(7)告诉儿童乱吃东西是不卫生和危险的。

孩子在误服药物等有毒物品后,在短时间内就有异常表现。

(8)误服化学毒物后,可出现口腔、咽喉、上腹部烧灼感、疼痛,口腔内黏膜发白或有水泡。可有肌肉抽搐、说话困难、流口水、恶心呕吐等。严重者可呼吸困难,大小便失禁,昏迷。

(9)误服药物,可视药物种类,症状轻重缓急不一样,表现也较复杂。主要是恶心呕吐、抽搐、呼吸脉搏或快或慢、精神神经出现异常。

(10)要弄清孩子误服了什么,如果不是腐蚀性的物品,如农药、汽油、稀料等,要让孩子吐出,减少对毒物的吸收。如果是腐蚀性毒性物,就不能吐,以免再次损伤口腔和食道。

(11)立即送医院,带好原来装毒物的容器。

 第17个月

### 一、要给孩子多喝白开水

不少家长溺爱孩子,孩子要什么给什么,想吃什么买什么,想喝什么就让喝什么,几乎尝遍了现在市场上所售的形形色色的各种饮料,殊不知,这并不是爱,而是害,因为家长爱的目的,是促进小儿的身体健康,像这样一味地给孩子喝饮料,就无形中加剧了儿童的盲目消费和生活上挑挑拣拣的思想,小儿正处于生理、心理全面发展的阶段,家长这么做,不是害了自己的宝贝吗?

众所周知,水在人体中占有很大比重,它对食物的消化吸收、血液循环、新陈代谢以及体温的维持等方面,都发挥着重要的作用,可以说,没有水就没有生命。所以,小儿每天都应喝大量的白开水,以满足身体的需要。做父母的谁都希望自己的孩子健康成长,不惜为孩子花很多钱让他们把好喝的饮料尝个够,使儿童们对淡淡无味的白开水不屑一顾,其实,这要做并不利于他们的健康成长,因为各种饮料中含有大量的糖分和食物添加剂,饮用过多时儿童就不会感到饥饿,时间一长,还会出现营养不良。因此,奉劝家长们,你是要真爱孩子,还是让他们多喝点白开水好,当然有时喝一点饮料也是可以的,但一定不要多。

## 二、水果能代替蔬菜吗

水果和蔬菜有许多相似的地方。比如,它们所含的维生素都较丰富,都含有矿物质和大量水分。但是,水果和蔬菜毕竟是有差别的。

(1)大多数水果所含的碳水化合物是葡萄糖、果糖和蔗糖一类的单糖和双糖。因此,水果吃到嘴里都有不同程度的甜味。而多数蔬菜里所含的碳水化合物,多是淀粉一类的多糖。所以吃蔬菜时感觉不出什么甜味。从表面上看,双糖、多糖都是碳水化合物,它们对人体的功能一样,但是,从人体的消化吸收和其他生理作用看,就不完全一样了。比如葡萄糖、蔗糖和果糖,在小肠不加消化或稍加消化就可直接吸收,不像多糖类淀粉,需在消化酶的帮助下,才能水解成单糖而被吸收。

水果所含的单糖和双糖,如吃得过多,便易使血糖浓度急剧上升,从而使人感觉不舒适。可是吃蔬菜,即使吃得多些,也不会出现这些问题。

(2)水果中的葡萄糖、果糖和蔗糖入肝脏后,易转变成脂肪使人发胖。尤其是果糖会使人体血液中甘油三酯和胆固醇升高,所以,用水果代替蔬菜大量给孩子吃并不好。

(3)水果和蔬菜虽然都含有维生素C和矿物质,但所含量是有差别的。除去含维生素C较多的鲜枣、山楂、柑橘等,一般水果,像苹果、梨、香蕉等所含的维生素和矿物质都比不上绿叶菜。因此,要想获得足够的维生素,还是应当多吃蔬菜。

当然,水果也有水果的作用。比如,多数水果都含有各种有机酸、柠檬酸等。它们能刺激消化液的分泌。另外,有些水果还有一些药用成分,如鞣酸,能起收敛止泻的作用,这些又是一般蔬菜所没有的。因此,一般说,水果和蔬菜各有其特点和作用,谁也不替代能谁。

### 三、怎样补充微量元素

(1)缺钙:多吃花生、菠菜、大豆、鱼、海带、虾皮、骨头汤、核桃、虾米、海藻。

(2)缺铜:多吃糙米、芝麻、柿子、动物肝脏、猪肉、蛤蜊、菠菜、大豆。

(3)缺碘:多食海带、紫菜、海鱼、海虾。

(4)缺磷:多食蛋黄、南瓜子、葡萄、酵母、谷类、花生、虾、栗子、李子。

(5)缺锰:多食粗面粉、豆腐、大豆等。

(6)缺锌:多食粗面粉、大豆制品、牛肉、羊肉、鱼、瘦肉、花生、芝麻、奶制品、可可。

(7)缺铁:多吃芝麻、黑木耳、黄花菜、动物肝脏、油菜、蘑菇、酵母、蚬子等。

(8)缺镁:多食紫菜、香蕉、小麦、菠萝。

### 四、孩子缺锌怎么办

人体内有10多种主要元素,它们是碳、氢、钠、镁、氧、氮、磷、硫、氯、钾、和钙等,此外还有许多种微量元素,虽然这些微量元素仅占人体重的万分之几,但也是维持人体生理功能所不可缺少的,锌就是这些微量元素之一。

锌是人体中许多酶的主要成分,在蛋白质合成和氨基酸代谢过程中,锌也是不可缺少的成分,尤其小儿在生长发育期间,更是重要,锌还是唾液蛋白质的基本成分,在味觉方面有重要功能。

锌缺乏时,对各系统都会产生不良影响。小儿如果患锌缺乏症,在学龄前和学龄期可表现为生长迟缓。性成熟延迟也是缺锌的一个显著表现。锌缺乏症的小儿因味觉减退引起厌食,并可出现异食癖。严重缺锌的小儿精神发育落后。

通过化验血浆或头发可判断孩子是否缺锌。

正常儿童每天每千克体重约需要锌 0.25~0.5 毫克,锌的主要来源靠食物,肉类含锌量比较高,水果蔬菜中则很少。缺锌的小儿除应在医生指导下服用锌制剂外,应注意饮食。锌也不能服用过多,以免造成铜的缺乏。

#  孩子 第18个月

## 一、18个月幼儿的喂养特点

1岁多的孩子,饮食正处于从乳类为主转到以粮食、蔬菜、肉类为主食的阶段。随着孩子消化能力的不断完善,孩子食物的种类和烹调方法将逐步过渡到与成人相同。1岁半的孩子还应注意选择营养丰富容易消化的食物,以保证足够营养,满足生长发育的需要。1岁半的小儿已经断奶,每天吃3餐饭,再加1~2顿点心。若晚餐吃得早,睡前最好再给孩子吃些东西,如牛奶等。

给孩子做饭,饭要软些,菜要切碎煮烂,油煎的食品不易消化,小儿不宜多吃,吃鱼时要去骨除刺。给孩子吃的东西一定要新鲜,瓜果要洗干净。孩子的碗、匙最好专用,用后洗净,每日消毒。孩子吃饭前要洗手,大人给孩子喂饭前也要洗手。

## 二、如果孩子不爱喝牛奶

一般来说,1岁半的孩子每天还应喝250毫升牛奶,因为牛奶是比较好的营养品,既易消化又含有多种营养素,是婴幼儿生长发育不可缺少的食物。但是有的孩子到了1岁多,尝到五谷香,便不爱吃牛奶了。对不爱喝牛奶的孩子不要勉强,可用蛋羹、豆浆、豆乳等与奶交替喂孩子。

## 三、孩子吃多少蛋白质合适

蛋白质是生命的物质基础。人体的每一个部位、组织、细胞都含蛋白质。如果缺乏蛋白质,人体就会代谢紊乱,发生贫血、浮肿、易患各种疾病,小儿则生长发育迟缓。

1岁半的小儿每天大约需要多少蛋白质呢?一般在40克左右,其中至少应有一半是动物蛋白。

具体地说,1岁半的孩子每天最好吃250克牛奶,1~2个鸡蛋,30克瘦肉,一些豆制品,有条件再吃一些肝、排骨或鱼。这样就能够基本满足小儿生长发育的需要了。

## 四、孩子不要多吃冷饮

很多孩子在夏天吃冷饮没个够,冰棍、汽水、冰激凌……这样好不好呢?孩子在天气非常热的时候可以吃些冷饮,以防中暑,但是不能没有限度,因为大量的冷食进入胃内,会使胃壁的小血管收缩,血流减少,温度降低,抑制消化酶的活力,抑制胃酸分泌,造成孩子食欲下降,另外,冷饮一般含糖量比较高,甜食吃多了也会影响孩子食欲。

## 五、汤泡饭不好消化

有的孩子不爱吃菜,却喜欢用汤或水泡饭吃,这样,很多饭粒还没有嚼烂就咽下去了,自然加重了胃的负担。而水又冲洗了胃液影响胃的消化功能,因此经常吃汤泡饭容易得胃病。孩子活动量大,消耗的水分多,往往因贪玩顾不上喝水,吃饭时感到干渴。家长应在饭前0.5~1小时让孩子喝些水,吃饭的时候不要让他用汤或水泡饭。

## 六、幼儿食品的制作

1. **煎面包**

把面包切成2厘米厚的片,每片中间再切条缝(不切断),在缝内抹一层果酱。然后将一个鸡蛋打入250克牛奶中搅匀,加少量糖,把夹果酱的面包放入牛奶中泡。单底锅放适量的油烧热,放入面包片煎成两面金黄色即可食用。

2. **蛋奶摊饼**

面粉、牛奶(或奶粉)、鸡蛋、白糖搅匀,打成糊状。将平底锅烧热,倒入面糊摊成薄饼,可根据孩子的口味不放白糖而放盐、葱花、做成咸味饼。

3. **蒸蛋糕**

大油50克,温化,白糖250克,放盆中搅拌,边搅边打入鸡蛋5个。搅成白色稠糊状,再加300克面粉搅成面糊。可放适量切碎的果料。然后将面糊倒入模中蒸熟。

## 七、孩子一日三餐的配餐原则

(1)每日要把主要的营养搭配到餐之中,做到营养平衡。

(2)每天吃的食物品种尽量多。

(3)每天的蔬菜黄绿色占一半以上。

(4)给孩子的饭菜要花样翻新。

(5)尽量软烂,肉和菜要切细,饭要软些。

(6)可以用豆浆替换一部分牛奶。

(7)粗细搭配,适当吃些粗粮。

(8)水果不能代替蔬菜。

(9)不宜油炸。

# 孩子 第19个月

## 一、化积粥谱

### 山楂粥

【原料】山楂去核30克,糯米50克。
【制法】同煮作粥,调蜜服食。
功效:消食积,化液滞。

### 曲末粥

【原料】神曲末10克,青粱米50克。
【制法】煮粥,任意食用。
功效:健脾消食导滞。

### 粳米粥

【原料】粳米100克,神曲30克。
【制法】加水煮粥。
功效:健脾和胃,消食调中。又可用于小儿疳疾。

### 小麦曲粥

【原料】小麦曲炒黄15克,粳米100克。
【制法】加水煮粥,空腹食。
功效:消食导滞,治脾胃气虚,饮食停滞而改消化不良者。

### 油菜粥

【原料】鲜油菜100克,粳米100克。
【制法】先煮粳米粥,后入油菜,慢火煮热,任意食用。

功效:治脾胃不和。

### 胡萝卜粥

【原料】胡萝卜500克,糯米100克,红糖适量。
【制法】胡萝卜切小块,同糯米加水煮粥,调红糖温服。
功效:消胀化滞。

### 胡萝卜玉米渣粥

【原料】玉米渣100克,胡萝卜3~5粒。
【制法】先将玉米渣煮烂,后将胡萝卜切开放入,煮熟,空腹食。
功效:消食化滞,健脾止痢。

### 小米淮山药粥

【原料】淮山药45克(或鲜山药100克),小米50克,白糖适量。
【制法】将山药洗净捣碎,与小米同煮为粥,然后加白糖适量,空腹食。
功效:健脾止泄,消食导滞。治小儿脾素虚,消化不良,不思乳食。大便稀溏。

## 二、营养好智商就会高吗

做父母的都希望自己的孩子聪明,智商超群。这也符合优生优育的客观要求。孩子的智商高低与先天遗传和后天营养等因素有着密不可分的关系。

科学证明,智商高低与脑细胞数量多少成正比,而脑细胞的多少又与营养有关系。尤其是胎儿时期第26周和出生后一年的时期内,脑细胞发育很快。因此,孕期的妇女要注意补充营养,哺乳期的妈妈也要多方面调剂膳食,以使乳汁养分充足。如果营养不良,必然会使脑细胞数目增加受到影响,进而影响孩子的智商。

## 三、多吃粗粮有好处

现在,多数家庭的食谱中,精米、细面、鸡鸭鱼肉占了主导地位,而五谷杂粮在餐桌上几乎见不到。当然这可以说明人们的生活水平提高了,饮食的质量和结构发生了较大变化。但是从医学角度和人体营养的合理上来看,还是要多吃一些粮食。

在粗粮中,含有人体所需要的碳水化合物、无机盐、B族维生素和纤维素,当然也包括热量。粗粮中的营养成分是细粮无法替代的。餐桌上应该多一些黄面、黑面的食物。

## 四、小儿异食癖的原因

异食癖指爱吃一些非食物性的异物。如泥土、火柴头、墙皮、烂纸等等。这样的孩子并不是淘气,而是一种症状。

过去认为异食癖与肠道寄生虫有关,也就是说因为孩子肚里有虫子,所以吃乱七八糟的东西。现在认为,异食癖与体内微量元素锌的缺乏有关。缺锌的小孩,容易食欲不好,有异食的表现。同时发育营养较差。这样的孩子应到医院查一下锌的含量。根据医生的建议,按年龄补充硫酸锌或葡萄糖酸锌等锌制剂,症状就能够缓解。

另外,家长要关心孩子,调制可口的饮食,让孩子吃好,增加营养。如果只是打骂孩子,结果只能是在你看不见的时候仍然偷偷地吃。

## 五、不要强迫孩子多吃

有的母亲每顿饭都紧盯着孩子,催促他"再吃一口,再吃一口"。

儿童在玩耍的时候,心情轻松,食欲旺盛。但是,当他坐到餐桌前,看到那么丰盛的菜肴,再感受到母亲那进攻的态势,食欲一下子就消失了。

尽管他努力想吃,可是吃不下。他处于应激状态,精神异常紧张。于是,唾液和胃液都停止分泌,即使吃了,也味同嚼蜡。

尽管他拼命努力去吃,可是母亲的说教、催促等强迫性的做法,造成他心理上的强大压力,怎么也吃不完,而且颇费时间。

最后,屈服于不吃不行的义务感而不得不吃。这样,精神上很紧张,加上人为地努力进餐,是很难吃得下去的。

自古以来人们就知道在愉快的气氛中进餐是很重要的。在轻松愉快的心情和气氛中进餐,唾液和胃液分泌旺盛,不仅吃得有滋有味,而且也容易消化。如果耳边充满了催促和说教声,再加上营养学理论的灌注,孩子的精神就陷入过分紧张状态,产生应激反应,效果就适得其反了。

紧张和松弛,是相反的两种心理和生理状态。如果过度紧张的状态长期持续不断,就会直接影响生理机能,给身体带来各种不适,还会引起神经性习惯反应,例如啃指甲、哆嗦腿、尿频、尿床、颈颤等。让孩子的紧张状态松弛下来,是治疗的捷径,单纯处理表面征状,结果会适得其反。

# 孩子 第20个月

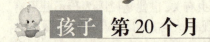

## 一、如果孩子不爱吃菜

孩子不爱吃菜,是大人教养的结果。

(1)大人有时当着孩子的面说菜不好吃,或说自己不喜欢某某蔬菜。爸爸妈妈在吃饭时要表现出很好的食欲,每给孩子添加一样食物,或是孩子第一次吃某种食物,都应说一说这种菜有多少好处,不是对孩子说,而是说给孩子听。

(2)家里大人太爱吃零食对孩子影响不好,叫孩子分不清什么是正餐,什么是零食,养成爱吃零食的习惯。

(3)家里不要批购太多零食和孩子爱吃的小点心,这会使孩子贪吃这些食物而不喜欢吃蔬菜。

(4)大人是不是经常买点心和糖作礼物送给孩子?这会给他暗示:糖和点心是好吃的、精美的食物,而主食和菜不是。

(5)妈妈做饭时不要按爸爸的口味或自己的口味做,要按孩子的口味做。

(6)妈妈要努力把菜做的让孩子爱吃。

## 二、边吃饭边看电视好不好

父亲和母亲常常为了孩子看电视着迷大伤脑筋。

电视上的动画正符合儿童心理,既幽默,又富于刺激性,还有数不清的动物,各式各样的故事情节连续不断地出现。这是富有魅力的梦幻世界。

因此,在进餐时间里打开电视机,孩子不能同时把注意力分到电视和筷子两方面去。

但是,尽管表面上看来,他们是那么迷恋电视,实际上,幼儿真正热情欢迎的并不是电视。因为看电视是处于被动地位,他们之间是单向联系。

与电视节目相比,儿童更喜欢的是动眼、动手、动脚,并能积极启发想像力的游戏。通过自己的思考,全力以赴的游戏为最佳。

既然孩子不会分配注意力,就只有在进餐时关掉电视机了。大人应该认识到,虽然自己能轻而易举地做到分配注意力,但儿童却做不到。因此,大人必须为孩子们做一个榜样,不要边进餐边看电视。

电视节目是有时间性的,也有节目表,应该为孩子们制定一份进餐和看电视节目的时间表。

此外,要抛弃那种错误的看法,认为只要把电视给孩子看就万事大吉,只有电视才是最好的游戏工具。长时间不让孩子活动身体,不给他们时间去按自己的思考和构思进行"自由游戏",这种生活是不正常的。

做父母的要注意:第一,不因孩子的表面的、一时的表现而看错孩子的真正喜欢对象;第二,不要误认为电视和动画能给幼儿带来最大的喜悦。只有自由游戏才是孩子最喜欢的。

## 三、孩子边吃边玩怎么办

有的孩子一边吃饭一边玩,饭凉了才吃了一点点,妈妈还得热了给他吃,真急人。

"妈妈总是唠叨:快点、快点。她就知道一个劲儿地催我,爸爸不也是边看着报纸或者边看着电视,还有时边喝着酒,边聊着天儿吃饭吗!"

孩子内心里感到极大的不满,因为他觉得为什么总是责备他不该边玩边吃,那么,大人为什么就可以呢?不错,的确有些大人也是边聊边喝酒,一顿饭吃半天。可是小孩子和大人的不同之处仅在于小孩是边吃边用手摆弄东西,或者是离开饭桌到处乱窜。

首要的是妈妈从心理上不要把吃饭和玩分开。在餐桌上一边进餐,一边轻松愉快地交谈着,从一方面来看是在吃饭,但从另一方面来看,也是在玩。虽然自古以来似乎就有"食不言睡不语"的教导,但是吃饭的气氛应该是愉快的。

即使孩子在玩儿,只要他也在吃饭就可以了。主要的问题是只玩不吃。遇到这种情况,不是斥责他,而是要规定一个时间范围,超过这个范围就收拾桌子。之后,即使孩子喊饿,也不给他饭吃。

这样做是为了让孩子接受教训,亲身体验到自作自受的"因果定律"。这里重要的是温和的态度和不声不响的实际行动,而不是絮絮叨叨。

## 四、学做几种饮料

### 酸梅汤

【原料】乌梅10个,白糖50~100克。
【制法】将乌梅洗净。
加水500克,煮20分钟,取汁去渣。
放入白糖,放凉。

### 莲子汤

【原料】干莲子250克,白糖150克。
【制法】莲子加水泡开,旺火蒸1小时。
水一大碗,放入白糖与莲子,煮沸。
晾凉,放冰箱。

### 藕块银耳汤

【原料】鲜藕1节,银耳6~12克,白糖适量。
【制法】银耳发好,洗净,放入砂锅用小火煨。
鲜藕洗净去皮,切块,用水焯后捞出,放入银耳汤内,用小火煮,放白糖,离火晾凉。

### 百合汤

【原料】鲜百合500克,白糖150克,山楂粒50克。
【制法】掰开百合,洗净,放入碗内蒸熟。
山楂糕切片。
锅内放水,将白糖熬成糖水,再将百合与山楂糕倒入,煮沸即可。

### 百合绿豆汤

【原料】绿豆250克,鲜百合100克,白糖100~200克。
【制法】将绿豆煮熟。
百合洗净煮软。
将百合放入绿豆中加糖同煮,随煮随搅,离火放凉。

### 薄荷绿豆汤

【原料】绿豆50克,薄荷干少许,白糖4匙。
【制法】绿豆煮汤加白糖。
薄荷洗后加水浸泡30分钟,大火煮开,离火冷却,加入绿豆汤内。
亦可加苡仁、莲子、芡实。

### 红枣绿豆汤

【原料】绿豆250克,红枣50克,白糖100~150克。
【制法】绿豆红枣洗净。

加水 1000 克,旺火煮沸,改用小火焖烂。
将汤放凉饮用。

## 赤豆汤

【原料】赤豆 250 克,白糖 100~200 克。
【制法】将赤豆洗净。
加水煮烂。
放白糖晾凉,加糖桂花。

## 白芸豆汤

【原料】白芸豆 250 克,白糖 100 克。
【制法】白芸豆洗净
煮烂加白糖,离火晾凉。

## 红枣汤

【原料】红枣 250~500 克。
【制法】将红枣用温水洗净。
加水 500~1000 克煮 1~2 小时。
放凉加冰糖。

## 马蹄水

【原料】马蹄 250 克,清水 1500 克。
【制法】将马蹄洗净,用菜刀拍扁。
加水置火上煮。
晾凉后取饮。

## 西瓜翠衣汤

【原料】鲜西瓜皮 1 个,白糖适量。
【制法】将西瓜皮外层绿皮切下,洗净切块。
放水煮 5 分钟,离火焖 20 分钟。

去渣取汁,加白糖搅匀。
当天做当天饮,不能存放。

### 玉米汤

【原料】整玉米1500克,白糖适量。
【制法】新鲜玉米去须和外衣放水大火煮,后改中火30分钟,离火焖10分钟。
汤中加白糖少许。

### 冰糖银耳汤

【原料】发好银耳150克,冰糖200克、青梅、山楂糕各3克。
【制法】将银耳洗净。
将青梅、山楂糕切菱形片。
银耳加水煨成浓稠状。
另取锅放开水,加冰糖煮沸,加桂花。将糖水浇在银耳上。
放上青梅、山楂片。

### 果子水

【原料】水果500克,糖100克。
【制法】将水果洗净,放锅内煮软。
将水果去皮、核、过箩成泥。
将果泥,水和糖共煮,晾凉即可。

# 孩子第21个月

## 一、挑食、偏食是坏习惯

小儿偏食、挑食原因很多,比如,有的家长本身就挑食、吃饭时又不注意,边吃边评论这个不好吃,那个味道差,无形之中就会影响孩子。另外,饭菜太单调,总不变换花样,也容易使孩子厌食、偏食。当孩子挑食时,家长不要训斥孩子,不要强迫他吃,这样做会使他产生厌恶感。家长在做菜时要注意翻新花样,同样的菜这样做孩子不爱吃,换个方法他就爱吃,要使孩子感到新鲜,增进食欲。比如,孩子不吃煮鸡蛋可以炒,可以蒸,可以炖,还可以做成荷包蛋,摊成鸡蛋饼或做成鸡蛋糕等,不能一下就下结论说孩子不爱吃鸡蛋。另外,还可以用讲故事的方法,提高孩子兴趣,比如孩子不爱吃萝卜,可以给他讲讲拔萝卜的故事,玩拔萝卜的游戏,让他进入角色,使他对平时根本不看一眼的萝卜产生兴趣,慢慢就会喜欢吃了。

总之,要纠正孩子偏食,家长既要有耐心,又要讲究方式方法,才能取得效果。

## 二、孩子要少吃零食

由于人们生活水平的提高,很多家庭孩子想吃什么就买什么,家里也经常准备很多糕点、汽水、可乐、巧克力、话梅糖等等,给孩子养成了爱吃零食的习惯。零食吃得多,扰乱了孩子胃肠道的正常消化功能,降低了正餐的食欲。零食吃得越多,孩子越不正经吃饭,饭吃得越少。长期下去,造成恶性循环,孩子会出现营养不良、消瘦,严重的会影响生长发育。家长须注意少给孩子吃零食,特别是饭前不要给零食,让他感到饥饿,正好吃饭。另外,要给孩子安排好一天的活动,不要让他把注意力总放在吃零食上。改变了吃零食的习惯,才能多吃饭,身体健康。

## 三、我国膳食与西方膳食比较

我国目前的膳食结构以植物性食物为主,植物性食物占人体热量来源的90%以上。膳食结构中,脂肪量偏低,以植物油为主。西方的膳食结构,以动物性食物为主,谷类和蔬菜等植物性食物的比重较小,食糖量较高,膳食纤维含量小。从营养学角度进行比较,可以发现,由于我国膳食结构以植物性食物为主,脂肪总摄入量偏低,所以冠心病、高血压症、动脉粥样硬化以及乳癌的发病率远远比西方国家低,结肠癌的发病率也较低。但是我国膳食结构中的蛋白质主要是植物蛋白,它比动物蛋白的营养价值低。另外,动物性食物和豆类食品较少,因此钙的摄入量比较低,锌的摄入量也难以满足需要。这种膳食结构尤其不利于儿童和青少年的生长发育。

## 四、孩子可常吃猪血

猪血是抗癌保健的佳品。猪血中的血浆蛋白被人的胃酸分解后,可产生一种能消毒、滑肠的分解物。这种物质能与侵入人体内的粉尘和有害金属微粒起生化反应,最后从消化道排出体外。

猪血,是一种良好的动物蛋白资源。它的蛋白质含量比猪肉、鸡蛋都高。它含有18种人体所必须的氨基酸。

猪血具有补血功能,其中所含的微量元素铬,可防治动脉硬化;钴,可防止恶性肺病的生长。

猪血中还能分离出一种"创伤激素"的物质,这种物质可将坏死和损伤的细胞除掉,并能为受伤部位提供新的血管,从而使受伤组织逐渐痊愈。这种激素对器官移植、心脏病、癌症的治疗都有重要作用。

 第22个月

## 一、孩子患胃肠炎能吃什么

孩子得了消化不良或胃肠炎,又呕又泻。当病情稍有好转时,能不能给孩子吃些什么呢?

当孩子吐泻严重时,他什么也吃不下,这时要到医院输液来补充水分和营养。如果能吃一点东西,首先要补水,以免引起电解质紊乱。

当孩子吃得下东西以后,可以根据胃肠的情况,给孩子吃以下食物:
(1)大夫给的口服电解质液。
(2)清淡的菜汤、淡牛奶、茶水、白开水、米汤、苹果汁、鸡蛋汤。

（3）稀粥、淡菜粥、烂面片、无糖饼干、点心、面包、面条、软饭。

（4）鱼肉、苹果泥、蛋羹。

不能给孩子吃什么食物呢？

（5）奶酪、白薯、煮鸡蛋、香蕉、酸水果（如橘子）、乳酸饮料，这些食物在胃里停留时间长，发酵后能引起呕吐。

（6）蛋糕、碳酸饮料、咖啡、巧克力、砂糖、太甜的食物对胃肠刺激性大，加重胃肠负担。

（7）生鸡蛋、花生、冰淇淋、奶油、脂肪和盐重的食物。

（8）韭菜、芹菜、柿子椒、蒜、芥末、生姜，以及有刺激性的蔬菜和调味品。

## 二、不要让孩子一边走一边吃

不少家长早晨走得匆忙，常常让孩子一边走，一边吃，这不仅有碍于公共卫生，且不利于个人健康。

原因是人在吃东西时，食物进入口腔，通过咀嚼，使食物碎烂，又可以让唾液湿润食物，便于吞咽；由于食物刺激了口腔内的味觉神经末梢，这种刺激传到了中枢神经系统，产生"神经反射"，从而分泌大量的消化液，当大脑皮层的"食物中枢"兴奋起来的时候，人的食欲才产生。

但在马路上吃东西，常得不到这样的结果。因为环境复杂，使人们的注意力分散，精神紧张等，这些因素会使食物中枢的兴奋性受到"抑制"，就可以使人的食欲减弱。

此外，走路吃东西也往往由于咀嚼不好，吞咽过快，而使消化液分泌减弱，这样吃进去的食物，不仅加重了肠胃的负担，还会使食物在消化道内停留的时间延长，甚至发酵，这就会加重消化道黏膜的刺激，而引起消化道疾病。

还有，马路上尘土飞扬，烟雾弥漫，极易污染食物；一些人在马路上随便用衣服或手绢擦擦就吃，很容易患胃肠炎、痢疾和蛔虫、姜片虫等病，若是再随便把吃剩的东西扔在大街上，那就不利于环境卫生了。

## 三、学做几样面条

### 炸酱面

【原料】猪肉末50克,豆干半块,玉兰片、蘑菇、葱末、甜面酱、油适量。面条150克,蔬菜。

【制法】油入锅烧热,放入肉末、豆干炒熟,再放调味品、面酱和半勺汤,煮沸,勾浓芡。

炸酱放入煮熟的面中,放上菜码。

### 打卤面

【原料】高汤、鸡蛋、猪肉片、海米、木耳、黄花、盐、凉粉、面条。

【制法】肉片略炒,放入高汤、海米、木耳、黄花、盐,烧开。用淀粉勾芡,将鸡蛋打散淋上即可。

将卤浇在煮好的面条上。

### 阳春面

【原料】香油、酱油、盐、葱花(或豆苗、香菜)、鸡汤。

【制法】将鸡汤烧开、放入香油、酱油、盐。

碗内放葱花、豆苗、盛入烧开的汤。

将煮好的面条盛入汤碗。

### 肉丝面

【原料】肉丝、葱丝、姜末、酱油、面条。

【制法】葱姜炝锅,煸炒肉丝,加盐和酱油。

将面煮熟,清汤盛碗内。

将肉丝浇在汤面上。

### 虾仁汤面

【原料】虾仁、火腿丁、鲜豌豆、淀粉、蛋清、面条。

【制法】虾仁洗净、用蛋清、水淀粉抓匀,用油划过,挖出。
碗内放盐,浇上烧好的鸡汤。
把煮好的面捞到碗内。
把虾仁、火腿、豌豆炒熟、浇到面上。

### 鸡丝火腿汤面

【原料】熟鸡丝、熟火腿丝、盐、豆苗、面条。
【制法】煮熟面条盛碗内。
鸡汤加盐烧开,浇在面上,撒上鸡丝、火腿丝、豆苗即可。

### 素炒面

【原料】油菜、香菇、腐竹、玉兰片、熟面。
【制法】将油菜、香菇、腐竹、玉兰片煸炒、烹黄酒,加汤。把料盛出,下入面条,焖透,盛出,放上菜料即可。

# 孩子 第23个月

## 一、学做几样小吃

### 西瓜酪

【原料】红瓤西瓜1000克,洋粉18克,白糖150克。
【制法】将西瓜瓤取出,去籽,切碎,挤汁。洋粉洗净,切段。
瓜汁中加白糖25克,放入洋粉煮化,搅匀,凉透,凝结成冻。
取锅放水及糖,烧开放凉。
将西瓜冻切菱形块装盘,浇上糖水。
放冰箱冷藏。

### 菠萝酪

【原料】菠萝 250 克,白糖 150 克,湿淀粉 150 克,食盐少许。
【制法】将菠萝肉切细。
锅内放水 350 克,放白糖,煮沸后将菠萝下锅,放食盐。
将淀粉徐徐倒入锅内,搅动、起锅、倒入瓷盘中。晾凉放入冰箱。

### 核桃酪

【原料】核桃仁 500 克,藕粉 100 克,白糖 500 克。
【制法】核桃仁炒熟,磨细。
核桃粉加白糖、藕粉混匀,放容器中随吃随取。
食用时,取粉加鲜牛奶煮开。

### 山楂酪

【原料】红果 250 克,白糖 150 克,糖桂花少许。
【制法】将山楂洗净上屉蒸熟,放笼内搓净皮核,边搓边用水冲,使果汁流入盆内。
将果汁加糖搅拌成糊,放糖桂花,置火上煮沸,搅动。取下放凉,放入冰箱。

### 牛奶花生酪

【原料】牛奶 250 克,花生酱 50 克,白糖 50 克。
【制法】将花生酱调入牛奶,搅匀。
放入锅内,加白糖煮开,晾凉即可。

### 杏仁豆腐

【原料】洋粉 6 克,杏仁霜 50 克,白糖 200 克,鲜水果数片,牛奶适量。
【制法】1000 克水烧开,放入洋粉,溶化后加杏仁霜及牛奶烧沸。倒入盘内冷却,置冰箱中。

锅内放白糖及少量清水,熬成糖水。
杏仁豆腐用小刀划成菱块,装在小碗内,加浓糖水。
食用时加几片水果片。

### 苹果泥奶酥

【原料】甜苹果泥1碗,鲜奶油1碗,白糖2匙,果汁半碗。
【制法】全部原料放大碗内混匀,搅动使糖溶化,放冰箱冷冻。
取出,用筷子打散。
冷藏或食用。

### 百合酥

【原料】鲜百合500克,冰糖200克。
【制法】将百合掰开。
将百合上的薄衣撕去,放清水中浸泡,多次换水,放锅内煮烂,加糖,离火冷却。
冷食热食皆可,性凉去火。

### 冰冻红枣泥

【原料】干红枣500克,白糖适量。
【制法】将红枣放清水泡1小时,煮软,去皮去核,留枣泥及汁。
枣泥及汁加糖同煮变稠,搅动。离火放凉,放冰箱。

## 二、维生素 A 中毒

维生素 A 在鱼肝油中含量很高,有人为了防止孩子缺钙,往往给孩子吃过量的鱼肝油,有的人甚至把浓缩鱼肝油作为补品长期过量服用,造成体内维生素 A 蓄积中毒,表现为:恶心、呕吐、厌食、嗜睡或烦躁、骨疼等症状。如果孕妇服用过量,还会造成胎儿腭裂畸形。所以说不要把鱼肝油做营养剂来大量食用。

## 三、维生素 D 中毒

维生素 D 是用于预防和治疗佝偻病及低血钙的有效药物,常用的维生素 D 制剂有:鱼肝油(又称维生素 A、D),维生素 $D_2$、维生素 $D_3$,维丁胶性钙等。有的家长误将维生素 D 认作营养药,大量、长时间地给孩子服用,造成小儿维生素 D 中毒。有的孩子患佝偻病,家长治病心切,在长期口服维生素 D 的基础上,又增加注射维生素 D,更易造成中毒。

一旦发生维生素 D 中毒,孩子会出现发烧、厌食、消瘦、多饮、多尿及贫血等症状,长期慢性中毒还会使脏器及软组织钙化,影响孩子体格和智力发育或留有后遗症。

所以,给孩子服用维生素 D 制剂,一定要遵照医嘱,不可随便增加药量,防止中毒。

## 四、维生素缺乏的食疗

### 1. 维生素 A

维生素 A 的主要功用是促进生长,保护一切黏膜及上皮组织的正常结构,又是合成眼视网膜视紫红质的重要成分。若缺乏则生长停滞,上皮组织角化,抵抗力下降,产生"夜盲"、"干眼病"。

防治维生素 A 缺乏症,应注意经常食用维生素 A 丰富的食物。含维生素 A 的食物除鱼肝油外,最多的要数动物的肝脏。除此以外,富含维生素 A 的动物性食品还有奶、奶油、蛋黄等。在植物性食物中,各种新鲜水果及有色蔬菜如橘、杏、枇杷、红果、樱桃以及菠菜、韭菜、青红辣椒、西红柿、胡萝卜、红薯、黄玉米等,均含有丰富的胡萝卜素。胡萝卜素是维生素 A 的前身物质,进入体内后,经肝脏胡萝卜素酶的作用转变成维生素 A。一般正常成人每日吃上含胡萝卜素丰富的蔬菜和水果 3～5 两,就能基本满足人体的需要。维生素 A 是一种脂溶性维生素,在食用富含维生素 A 和胡萝卜素的食物时,最好和脂肪一同食用。

### 2. 维生素 D

维生素 D 的种类很多,但只有 $D_2$ 和 $D_3$ 两种较为重要。$D_2$ 主要来自生植物性食物,如蕈类、酵母,各种植物油中所含的麦角固醇,经太阳光照射后,也可转变成 $D_2$。$D_3$ 主要来自动物性食物,如鱼肝油、肝、乳、奶油、蛋黄等。此外,维生素 $D_3$ 还可由太阳光照射皮肤合成。

饮食治疗的重点,就是要增加维生素 D。除了多晒太阳外,在膳食中多采用含维生素 D 丰富的食物。由于维生素 D 是一种脂溶性维生素,应适当配以含脂肪的食物,以促进维生素 D 的溶解和吸收。同时还应补充足量含钙质的食物如牛奶、酥鱼、排骨、炸小鱼、虾皮、带鱼、海带、发菜、芝麻酱、豆腐及各种绿叶蔬菜等。

### 3. 维生素 $B_1$

维生素 $B_1$ 是糖代谢中丙酮酸氧化脱酸酶辅酶的重要成分。缺乏时,这种酶的合成受阻,糖代谢就无法进行,丙酮酸在体内堆积,刺激中枢神经,使大脑皮质反射产生"多发性神经炎"。有肠蠕动减慢、消化不良或食欲不振,双腿酸软无力或伴有下肢水肿,并逐渐向上蔓延;心脏扩大和心力衰竭。

膳食中宜多选用各种动物性食品如蛋、乳、肉、鱼等,还可适当采用一些豆制品,除主食外尽量少吃甜食。富含维生素 $B_1$ 的食物有各种粗粮、花生、黄豆、猪瘦肉、蛋黄以及动物内脏如肝、心、肾等,含量最多的是酵母。精白米中维生素 $B_1$ 的含量仅为糙米的 1/3。

维生素 $B_1$ 是一种水溶性维生素,极易破坏。淘米和洗菜时,不宜在温水中浸泡太久;菜汤要保留食用,煮菜、煮粥、煮豆时不宜加碱;煮饭时不要丢弃米汤。

### 4. 维生素 $B_2$

患维生素 $B_2$ 缺乏症时,主要在表皮组织出现病变,如阴囊炎、皮炎、口角炎、舌炎、角膜炎,除此之外,还可导致贫血。

一般含维生素 $B_1$ 丰富的食物,也大多含有较多的维生素 $B_2$。例如动物的肝、心、肾、蛋黄、粮食、干果、黄豆以及发酵豆制品如豆瓣、豆豉、豆腐乳等。绿叶蔬菜中含量亦很丰富,多食以上食物,可以防治本病。

维生素 $B_2$ 是一种水溶性维生素,不仅不耐高温,而且易被碱和日光破坏,为此,存放、淘洗和烹调含维生素 $B_2$ 丰富的食物时应予以注意。

### 5. 维生素 C

维生素 C 在人体内不能自己合成,必须由食物供给。正常人需要量每日为 75 毫克,有缺乏现象时,可增加至 200～300 毫克。

各种酸味重的水果如山楂、鲜枣、橘、橙、柠檬、番茄以及各种新鲜绿叶菜,均为维生素 C 的良好食物来源。动物性食物中含物生素 C 较少。

维生素 C 是一种水溶性维生素,性质极不稳定,很易氧化而被破坏。所以蔬菜、水果以新鲜者为好。烹制中应注意:蔬菜应先洗后切,切碎后应立即下锅,并且最好现洗、现做、现吃;烹调宜采用急火快炒的方法,这样可减少维生素 C 的损失。维生素 C 在酸性环境中较稳定,如能和酸性食物同吃,或炒菜时放些醋,可提高其利用率。

### 6. 烟酸

"癞皮病"是烟酸缺乏症的典型病。这种皮炎界限明显,对称地发生在左右手、左右额、两颊及其他日光照射的裸露部分,可使皮肤红肿发痒,继而发生水疱乃至溃烂。痊愈时结痂脱屑,并有色素沉着。

饮食治疗应在高蛋白低脂肪膳食的基础上,多选用富含烟酸的食物。富含烟酸的食物有肝、肾、鸡、瘦肉、番茄、胡萝卜以及各种新鲜绿色蔬菜等。因烟酸亦可由色氨酸合成,所以富于色氨酸的食物如豆类、蛋类等亦可采用。

玉米中缺乏色氨酸,所以烟酸是以结合状态存在,不能被人利用,所以用玉米作主食的地区,常可发生癞皮病。但如能煮玉米粥或蒸窝窝头时稍加点碱,如 5 千克玉米面中加小苏打 30 克,不但做出来的食物味道好,而且能破坏其结构,从而使烟酸游离出来,可弥补玉米缺乏烟酸的缺陷。

# 孩子 第24个月

## 一、一周食谱

| 星期一 | 玉米面奶粥、面包果酱夹、饼干、米饭、甜酸萝卜片、番茄鸡饼、水果、牛奶、点心、肉末面条、拌茄泥 |
|---|---|
| 星期二 | 山药粥、茶蛋、豆包、面包片、米饭、肉末炒胡萝卜、白斩鸡、牛奶、水果、肉包子、豆腐丸子汤、拌西红柿、牛奶 |
| 星期三 | 白芸豆粥、卤猪肝、小花卷、面包、馒头、荸荠猪肝、卡菜炒虾仁、水果、米饭、肉末蒸蛋、西红柿蛋汤、牛奶 |
| 星期四 | 小米红豆粥、蛋糕、面包、米饭、肉末胡萝卜、黄袍豆腐、豆浆、水果、肉菜包子、鸡汤蛋菇、虾皮青菜 |
| 星期五 | 肉末皮蛋粥、窝头、蒸蛋羹、米饭、鸡丝青菜、鱼丸青菜汤、水果、牛奶、饼干、馄饨、拌西红柿 |
| 星期六 | 牛奶、煎面包片、煎蛋、米饭、红烧黄鱼、肉末胡萝卜、熘肝尖、水果、蛋糕、豆浆、肉菜饺子 |
| 星期日 | 豆浆、卤鸡蛋、豆包、米饭、虾仁菜花、拌茄泥、水果、牛奶、饼干、花卷、土豆烧牛肉、烩鱼丸、拌黄瓜条 |

(1) 给孩子吃的土豆,一定要检查一下,如果发青、发芽,不要给孩子吃,因为这样的土豆产生大量龙葵毒素,可引起中毒。

(2) 给孩子喝豆浆,一定要多煮一会,不要以为买来的是熟豆浆,拿来就给孩子喝。生豆浆中含有可使人中毒和难以消化吸收的有害成分,必须煮透才能分解。豆浆煮到80℃左右时,就会有泡沫向上浮,看上去是沸了,实际不到100℃。豆浆煮到100℃以后5~10分钟才能喝。

(3) 给孩子吃的蔬菜和水果必须是新鲜的。腐烂水果不要削削就给孩子吃。

(4) 孩子的饭菜要现炒现吃,不要把成人的剩饭热热给孩子吃。

(5)尽量不要给孩子吃熟肉制品。

### 鸡汤蛋菇

【原料】鸡蛋1个,青菜心1棵,味精、料酒、精盐、鸡汤、植物油、团粉适量。

【制法】鸡蛋搅散,放入盐、味精、酒搅拌,青菜心一剖二半,放入油锅里炒几下,然后加鸡汤、盐及味精,烧入味后,再把鸡蛋倒入,用团粉勾芡即成。

【特点】色兼黄绿,形为蘑菇,鲜美可口。

### 黄袍豆腐

【原料】豆腐半块,冬菇,鸡蛋,面粉,味精,料酒,食盐,葱、姜,淀粉,香油少许,食油。

【制法】将豆腐切成6厘米长、3厘米宽、2厘米厚的片。冬菇去掉根及杂质,洗干净,葱、姜切块备用。

豆腐片放入碗中,加入食盐、味精、料酒腌制一会儿,然后滚粘面粉备用。

鸡蛋打入碗中搅匀备用。

锅里放油,烧热后将腌制好的豆腐片粘鸡蛋糊下锅,将两面煎成金黄色即可取出,晾凉后备用。

碗底摆好冬菇,再码上豆腐,加入味精、料酒、食盐、一勺鲜汤、葱姜块上屉蒸透后取出,翻扣到盘中。将剩余的汁倒入锅中,烧开后捞出葱、姜块不要,用淀粉勾芡,滴入香油将烧好的汁芡浇在豆腐上即成。

【特点】嫩软鲜香,清淡适口。

### 卡菜炒虾仁

【原料】鲜大虾肉50克,嫩绿豆芽25克,葱、姜、精盐、味精、料酒、高汤、鸡蛋清、湿团粉、花生油、鸡油。

【制法】鲜大虾肉洗净控净水分,由脊背一片两开,去掉虾筋,片成长坡刀片,放入碗内加上适量的精盐、味精、料酒、湿团粉、鸡蛋清抓匀备用。

绿豆芽洗净,去掉两头留中段(为卡菜)。葱洗净切末,姜去皮洗净切末。

净勺内加花生油,烧至四至五成热时,将虾仁放入油中,用筷子搅开,待虾仁八成熟时,倒入漏勺,控净油备用。

净勺内加花生油,烧热时,放入葱、姜末炝锅。炸出香味后,加上卡菜煸炒2秒钟,随即加上高汤、精盐、料酒、虾仁,稍一炒,勾芡,加上味精,淋上鸡油盛入盘内即成。

### 荸荠猪肝

【原料】猪肝50克。净荸荠50克,油、精盐、白糖、味清、淀粉、葱、姜、料酒。

【制法】猪肝洗净,切片,放入碗内用适量精盐、料酒、味精、干淀粉略拌渍。荸荠切片。葱切碎,姜切丝。

锅内放油50克,油热,放入葱、姜炝锅,再投入猪肝煸炒至五成熟,放入荸荠片,加入适量精盐、酱油、白糖、翻炒至熟即成。

注:配料还可用地瓜、芹菜、韭菜、京葱、葱头等。

### 番茄鸡饼

【原料】嫩鸡脯肉15克、猪肉15克、番茄酱,冬笋、口蘑、油菜。大油,蛋清,淀粉,白糖,绍酒、精盐、味精、香油、葱、姜少许。

【制法】鸡肉、猪肉剁成细泥,把蛋清抽成泡沫,加入淀粉,与鸡、猪肉泥混合拌均匀。

冬笋、口蘑、油菜切片,葱姜切米。

勺内放适量底油,烧热后用羹匙把调好的肉泥掐成丸子放入勺内,使两面都煎煸呈金黄色。

勺内放少许底油,把葱姜和冬笋、口蘑、油菜放入煸炒几下,放番茄酱,炒出香味放入鸡饼,加白糖、精盐、味粉、绍酒,加汤慢煨一会,拢少许粉芡,滴香油翻勺,装盘即可。

【特点】鲜嫩清香,酸甜味美。

### 甜酸萝卜片

【原料】小萝卜50克,精盐适量,白糖、白醋、味精少许。

【制法】小萝卜洗净,纵向切成两半,然后横向切成薄片,放盘中加盐,用手捏,直至将萝卜片捏软。

萝卜片用清水洗,挤干水分后放入干净的盘中。

萝卜片上撒上白糖、放入白醋和味精,拌匀后,放置10分钟后即可食用。

【特点】萝卜片软而不烂,清脆可口,味酸甜,吃起来有泡菜的风味。

### 白斩鸡

【原料】新鸡1只,桂皮15克,茴香3克,花椒1克,葱结、姜片各25克,盐、黄酒各25克,味精1克,麻油15克。

【制法】将宰好的鸡放在清水中冲洗干净,再放在开水里浸半分钟,泡去血水。

锅内放水,把桂皮、茴香、花椒装在小布袋里,下锅,加葱、姜、盐、黄酒,煮半小时,再放味精,烧成白卤后倒入盛器,冷却待用。

锅内放水烧开后,把光鸡放入锅内,煮至刚熟。

将刚熟的鸡捞出后,应即浸入已凉的白卤里使之冷却,以保持鸡肉的水分(如冷透后才入白卤,鸡肉因水分已蒸发,会不嫩)。即后再将鸡捞出,用麻油搽遍鸡身。食用时,将鸡斩成条块即成。

如何鉴别鸡刚好熟:用竹筷在鸡腿肉厚处戳几下,无血水冒出即可,也可用手将鸡的小翅骨折一下,如发脆易断就可以了。

### 拌茄泥

【原料】茄子1个,香菜段、韭菜段各少许,精盐、味精、香油、芝麻酱、蒜泥各适量。

【制法】将茄子切去蒂托,削去皮,洗净切成1厘米厚茄片,放入碗中,上屉蒸20分钟,即可出屉。

茄子上放香油、精盐、味精、芝麻酱(用水澥开)、香菜、韭菜和蒜泥,用筷子拌均匀(成泥状),即可食用。

## 二、孩子不爱吃菜怎么办

大人不要说孩子不爱吃菜的话,不要让孩子意识到自己不爱吃某种食物,即使他真的不爱吃。

纠正孩子不爱吃菜的毛病,可注意以下四条原则:
(1)少吃零食。
(2)不要让孩子意识到自己不爱吃菜。
(3)换各种方式烹调。
(4)饭前不给孩子吃其他食物。

## 三、孩子可多吃豆制品

大豆又叫黄豆,外号"植物肉"。大豆的蛋白质含量很高,可达36.3%,1千克大豆的蛋白质含量,可顶2千克瘦猪肉、3千克鸡肉或12千克牛奶。大豆里的脂肪也很多,一般含量在16%到20%,比大米高5.5倍,比牛奶高3倍。大豆里还含有很多碳水化合物、维生素、氨基酸和不饱和脂肪酸。

大豆里含矿物质每100克含钙367毫克、铁11毫克、镁224毫克,其他还有锌、锰、钴等十几种矿物质。这些都是人体不可缺少的微量元素。另外,大豆中还含有皂苷,可降低血液中的胆固醇;它的豆固醇能干扰血液中胆固醇在肠道的吸收;大豆中的卵磷脂,具有很强的乳化作用,能使血浆里的胆固醇保持悬浮状态,不致沉积在血管壁上,从而预防动脉粥样硬化。

最近发现,大豆中含有丰富的硒元素,它具有抗癌作用。经抽癌症病人的血液分析,发现血里含硒量比正常人血里的含硒量少得多。给癌症病人吃些含硒的药品,症状都有不同程度的减轻。

大豆中含有较多的磷脂。磷脂又分脑磷脂、卵磷脂、神经磷脂等,最近研究,表明脑磷脂可促进神经细胞生长旺盛,卵磷脂能产生乙酰胆碱,有加强记忆作用。

大豆是我国的特产,它的营养价值很高。大豆的吃法,从科学上讲,用大豆生豆芽,或制成豆制品更有营养。

在豆芽菜中,以黄豆芽为最好,它清脆可口,营养极为丰富,在许多方面甚至超过牛肉。并且黄豆在发芽过程中,由于经过了一系列的生化反应,因而更易被人体吸收。

首先,黄豆芽的蛋白质含量在蔬菜中是最多的,超过猪肉和鸭蛋。其次,黄豆芽中磷的含量在蔬菜中占第一位,对儿童的生长发育很有益处。黄豆芽除了含有脂肪、糖类以及钙、铁等矿物质外,在发芽中还能合成维生素 C 和 P,而这些营养物质大都集中在豆芽瓣里,所以吃黄豆芽时不要掐头去尾,以免损失营养。

大豆的另一种吃法是制成豆腐等豆制品。据化学分析,在 100 克豆腐中含蛋白质 9.2 克,而羊肉中只含 7.7 克;而且蛋白质的可消化率高达 92% 到 96%,也高于肉类。

### 松子豆腐

【原料】嫩豆腐 400 克、松子末 45 克、火腿末 5 克、白糖、酱油、精盐、清汤、花生油 40 克、花椒油 5 克。

【制法】将嫩豆腐切成小块,用开水煮至豆腐漂于水面时捞出,控净水分,放到砂锅内。将花生油烧热,放入白糖,炒至色微红时,放入酱油、清汤、白糖、松子末、火腿末,颠翻搅匀,倒入砂锅内。砂锅放微火上炖,至汤将尽时,淋花椒油即成(此时豆腐里外颜色一样,盛入碗内后油吱吱声久响不停)。

【特点】清香嫩甜、味美可口。

### 文思豆腐

【原料】豆腐块约 750 克,水发冬菇 10 克,熟冬笋 10 克,熟火腿 25 克,熟鸡脯 50 克,青菜丝 15 克,精盐、味精、清汤。

【制法】把豆腐表皮批去,切成细丝,放入沸水碗中漂起,将香菇、笋、火腿、鸡脯肉皆切成丝。香菇丝放入碗内,加清汤上笼蒸熟。炒锅上火,舀入清汤 200 克烧沸,放入冬菇丝、笋丝、青菜叶丝、火腿丝、鸡丝,加精盐、烧沸放入味精,盛入汤碗。与此同时,另用 1 只炒锅上火,舀入清汤 500 克,烧沸倒入豆腐丝,待豆腐丝浮起,立即捞起,放入汤碗,趁热上桌。

【特点】豆腐丝纤细,漂浮不沉,五丝色彩相映,汤汁清,味鲜醇。

### 什锦豆腐羹

【原料】豆腐 4 块约 600 克,蟹肉 25 克,虾仁 25 克,熟火腿 25 克,熟肚丁 25 克,水发海参丁 25 克,冬笋丁 25 克,香菇 25 克,青豆 10 克,虾 1 克。料酒、盐、酱油、白糖、味精、白胡椒粉、清汤、湿淀粉、熟猪油。

【制法】将豆腐切去边皮,再切成 1 厘米见方的丁,放入沸水锅中,烧约 2 分钟,倒入漏勺沥去水。炒锅置旺火上,舀入清汤,放入豆腐、火腿、香菇、海参和鸡、笋、肚丁,再加料酒、熟猪油、盐、虾子、酱油烧沸,撇去浮沫,加味精,用湿淀粉调稀勾芡,起锅盛入碗中。炒锅置旺火上,舀入熟猪油,放入虾仁、蟹肉、青豆、料酒、盐、白糖,轻轻炒至熟,起锅放在豆腐上,撒上胡椒粉。

【特点】豆腐细嫩,汤汁浓醇。

### 金银豆腐

【原料】豆腐 300 克,鸡蛋 4 个,精盐、味精、葱少许、白油 40 克。

【制法】将豆腐上笼蒸透,用刀切去外皮,切成 2 厘米见方的丁。将鸡蛋摆去碗内,用筷子打搅均匀,加入精盐、味精和豆腐丁。炒锅内放入猪油烧至七成热,放入葱末稍炒,倒入鸡蛋、豆腐煸炒,颠翻炒熟盛入盘内。

【特点】鸡蛋色黄为金色、豆腐白如银色、豆腐由黄色的鸡蛋包住,软嫩香美。

## 孩子 第 25 个月

### 一、两岁多幼儿的喂养特点

有的孩子快 2 岁了,仍然只爱吃流质食物,不爱吃固体食物。这主要是咀嚼习惯没有养成,2 岁的孩子,牙都快长齐了,咀嚼已经不成问题。所以,对于快 2 岁还没养成咀嚼习惯的孩子只能加强锻炼。

2 岁的孩子不要用奶瓶喝水了,从 1 岁之后,孩子就开始学用碗、用匙、用杯子了,虽然有时会弄洒,但也必须学着去用。有的家长图省事,让孩子继续用奶瓶,这对小儿心理发育是不利的。

孩子对甜味特别敏感,喝惯了糖水的孩子,就不愿喝白开水。但是甜食吃多了,既会损坏牙齿,又会影响食欲。家长不要给孩子养成只喝糖水的习惯,已经形成习惯,可以逐渐地减低糖水的浓度。吃糖也要限定时间和次数,一般每天不超过两块糖,慢慢纠正这种习惯。你会发现,糖吃得少了,糖水喂得少了,孩子的食欲却增加了。

2 岁的孩子每天吃多少合适呢?每个孩子情况不同。一般来说,每天应保证主食 100~150 克,蔬菜 150~250 克,牛奶 250 毫升,豆类及豆制品 10~20 克,肉类 35 克左右,鸡蛋 1 个,水果 40 克左右,糖 20 克左右,油 10 克左右。另外,要注意给孩子吃点粗粮,粗粮含有大量的蛋白质、脂肪、铁、磷、钙、维生素、纤维素等,都是小儿生长发育所需的营养物质。2 岁的孩子可以吃些玉米面粥、窝头片等。

## 二、幼儿小食品制作

### 炒面条

将胡萝卜、扁豆、葱头、火腿切碎,放油锅内炒,待菜炒软后再放入煮过的细面条 50 克一块炒,最后加番茄酱调味。

### 菜卷蛋

把适量圆白菜叶放在开水中煮一下,把 1 个鸡蛋煮熟后剥皮,外面裹上面粉,再用圆白菜叶包好放入肉汤中,加切碎的番茄 2 大匙及番茄酱少许煮,煮好后放入盘内一切两半。

### 土豆蛋饼

土豆洗净煮熟,剥皮捣碎成泥状。面粉 100 克,鸡蛋 2 个加入土豆泥、适量糖、盐搅匀,上笼蒸或在平底锅上抹油之后烤熟。

## 三、孩子为什么忽然不爱吃饭

孩子不爱吃饭,要找出诱发原因:

### 1. 急性疾病时食欲不振

孩子感到不舒服时,可通过对中枢神经系统功能的影响,发生食欲不振。如发烧,各种消化系统疾病、急性传染病等,都会影响孩子的食欲。

### 2. 一时性环境因素引起的厌食

进食环境可影响人的食欲,如孩子刚刚入托不适应新的进食方式,或是到亲戚家短住不适应口味或条件,均可引起孩子食欲降低。

### 3. 心理因素

孩子在不高兴时也可厌食。例如挨了批评,便吃不下饭。因此,家长不要在吃饭时批评孩子,影响孩子的食欲。又如考试不理想或过于紧张时,孩子均可厌食。

以上所述,均为孩子短期厌食,一般随诱发原因去除,孩子的食欲也即恢复。

## 四、小儿厌食症的原因有哪些

小儿厌食症即小儿长期厌食,引起小儿厌食症的原因很多:

### 1. 消化系统疾病引起的厌食

小儿消化系统发生疾病,孩子自然不爱吃饭。如消化功能紊乱、肠道寄生虫病、胆道感染、肝炎、胃炎、原发性吸收不良症、便秘、口腔疾病,均可使孩子厌食。

### 2. 喂养不当引起的厌食

有的孩子偏食、挑食,造成维生素与无机盐缺乏,患儿伴有明显厌食。有的孩子吃零食,喝饮料过多,糖摄入多,食欲降低,影响消化系统的正常功能。家长看孩子不爱吃饭,不注意纠正孩子的不良习惯,而是买来各种各样的食物诱使孩子吃,加重了厌食。

### 3. 心理因素引起的厌食

家长把孩子的吃饭问题看得过重,一顿饭没吃好,便全家紧张,使用各种方法强迫孩子多吃。这样一来,也造成孩子对待吃饭的不正常心态。

### 4. 不专心吃饭引起的厌食

爱吃饭的人吃饭很香,他也注意品味各种食物的滋味。有的家庭没注意给孩子一个良好的进食环境,家长认为吃饭就是填饱肚子,所以吃饭时看书、看电视、或端碗串门聊天。孩子也一边吃一边看电视,注意力在电视而不在饭菜,饭菜的味道不知道,而且吃的时间也很长,慢慢造成厌食。

## 孩子 第26个月

### 一、狼吞虎咽有何不好

父母总嫌孩子吃饭慢,实际上狼吞虎咽也不是好的饮食习惯。

狼吞虎咽的饮食习惯,对健康很不利。食物未经充分咀嚼就进入胃肠道,主要会造成两种情况:

#### 1. 使消化分泌减少

咀嚼食物能通过神经反射引起胃液分泌,胃液分泌又进而诱发其他消化液分泌。少咀嚼就会使消化液分泌减少,进而影响对食物的消化吸收。

#### 2. 使食物未能与消化液充分接触

食物未经充分咀嚼就进入胃肠道,食物与消化液接触的表面积会大大缩小,这样人体从食物中吸收的营养素势必也大大减少。

上述两种情况导致了同一个结果:影响了人体对食物的消化吸收。此外,有些食物比较粗糙,食入后可能损伤消化管道。

### 二、孩子患厌食症怎么办

#### 1. 在孩子面前不要表现出过分焦虑

孩子不爱吃饭,家长最伤脑筋,往往表现得很紧张,劝说诱导,施加压力。孩子对家长的心思能够很清楚地体察出来,更加上有些家长当着孩子的面就说"这孩子什么都不爱吃","这孩子最不爱吃菜"等等,对孩子的心理产生不良影响,从客观上强化了孩子厌食的心理,对孩子偏食厌食增加了暗示,使孩子更觉得他吃不下饭,他不爱吃饭。

### 2. 不要强迫孩子吃饭

许多孩子厌食是家长强迫孩子进食引起的。吃饭靠的是食欲,孩子应该在没有精神压力,轻松愉快的气氛中进食。有的家长为孩子精心准备了饭菜,看到孩子不愿吃,便非常恼火烦躁,由爱变恼,强迫孩子吃。有的家长给孩子定量,必须把多少饭吃光,孩子只好强咽。这些作法,使孩子见到饭就反感,就没了胃口。

### 3. 不要哄着孩子吃饭

除了生病的孩子,家长对小儿吃多吃少,不要太过关心,更不要乞求孩子多吃。有些家长想出各种办法诱惑孩子多吃一口饭,开出各种奖励条件,一顿饭下来折腾得精疲力尽。孩子慢慢学会了拿吃饭作为跟家长讨价还价的法宝,家长也达不到增进孩子食欲的目的。所以,家长不要以任何条件与孩子吃饭做交换。

### 4. 不要乱求医吃药

孩子食欲不好,家长常带孩子到处检查,服用药物,有时适得其反。对厌食症关键要找出诱发因素,培养孩子良好的饮食习惯,增加运动量。

### 附:小儿厌食症的食疗

山楂30～40克,大米50～100克,砂糖10克,先将山楂入沙锅煎取浓汁,去渣后入大米、砂糖煮粥。可作为上下午点心食用,不宜空腹食。以7～10天为1疗程。

大枣10～20枚,鲜橘皮15克(或陈皮3克),先将大枣用锅炒焦,然后与橘皮放入保温杯内,以沸水冲泡温浸10分钟,饭前代茶频饮。每天1次。

鲜白萝卜500克,蜂蜜150克。将萝卜洗净切成小块,放在沸水内煮沸即捞出、控干;晾晒半天,再放入锅内,加蜂蜜,以小火煮沸、调匀、待冷,装瓶备用,每次饭后食用数块,连服数天(脾胃失调型)。

西瓜、番茄(西红柿)各适量,西瓜取瓤去籽,用洁净纱布绞挤取液,番茄用沸水冲烫剥皮,也用洁净纱布绞挤取液。二液合并,代饮料随量饮用。

雪梨3个,大米30~50克,生山楂10克,将梨洗净切碎,加水适量煮半小时,捞去梨渣,加大米、生山楂煮粥,趁热食用,每天1次,5~7天为1疗程(滞热内生型)。

鲫鱼100克,薏米15克,羊肉50~100克,将鲫鱼去鳞和内脏,羊肉切片,与薏米同煮汤后调味服食,每天或隔天1次,连服数次(脾为湿困型)。

鲤鱼100克,豆豉30克,胡椒0.5克,生姜9克,陈皮6克,同放沙锅内煮汤调味服食。每天或隔天1次,连服4~5次(脾为湿困型)。

鲫鱼1条,生姜30克,橘皮10克,胡椒1克,将鲫鱼去鳞、鳃、内脏,洗净,将姜洗净切片,与各药用纱布包好填入鱼肚内,加水适量,小火炖熟,加盐、葱少许调味,空腹喝汤吃鱼。分2次服,每天1剂,连服数天(脾虚胃弱型)。

## 三、怎样培养良好的饮食习惯

### 1. 防止挑食偏食

孩子应从各种食物中获得全面必需的营养,挑食与偏食使小儿营养不良,还会使他们难于适应不同的特别是艰苦的环境和养成对周围事物挑剔的不良习惯。挑食与偏食,是娇生惯养的结果,是一种"毛病",造成这种毛病的关键是家长,因此纠正这种毛病也应由家长来完成。

对孩子不爱吃的食物,家长要变换口味做好给他吃,并且反复告诉孩子这种食物如何如何好吃,如何对身体有好处,帮助孩子从多角度品评这种食物。不爱吃某种食物是心理问题造成的,常常是家长不爱吃什么,孩子也不吃什么。因此,家长不要让孩子知道自己不爱吃什么食物,也不要当着孩子说什么食物不好吃。

孩子特别喜欢吃某种食物,要加以节制,不要由着他的性子,一次吃得很多,以免吃伤了,以后见到这种食物就反感。

### 2. 尽早教会孩子独立进餐

尽早让孩子独立进餐,能促进小儿进食的积极性,避免依赖性。

孩子在 6 个月时,就可以自己抱着奶瓶喝水;12 个月时可以用杯子喝水;1 岁半以后可用匙自己吃饭;4 岁时可使用筷子。学习进餐的过程是一个很长的过程,对孩子来说并不简单。例如使筷子要活动 30 多个关节,运动 150 多块肌肉。因此,孩子开始学习时,手的动作不协调,常常吃得脸上、手上、身上、桌上到处都是饭菜,比家长喂还麻烦。尽管如此,家长宁可在一旁打扫收拾,也要坚持让孩子自己吃。

3. **定时进餐,适当控制零食**

肚子饿了才想吃饭。但有些孩子成天零食不断,嘴上、胃里没有空闲的时候,没有体验过饥饿感。这使消化系统不能"劳逸结合",造成消化功能紊乱。孩子应培养按顿吃饭,定时进食的习惯,到了该吃饭的时间,食物消化完了,就产生了饥饿感,同时消化系统的活动也有了规律,这时就开始蠕动,消化液分泌,为进食做好了准备。

4. **节制冷饮和甜食**

孩子大都爱吃甜食和冷饮,这些食物主要成分是糖,有的含有较多脂肪。甜食吃多了伤脾胃,含脂肪多的食物在胃内停留时间比较长。冷饮吃多了,会影响消化液的分泌,影响消化功能。还会造成胃肠功能紊乱、肠炎等。

甜食、冷饮可安排在两餐之间或饭后。不要在饭前 1 小时以内吃,不要在睡前吃。

5. **饭食要适合小儿食用**

讲究烹调,使食物味道鲜美,可促进人的食欲。小儿的食物烹调,要适合小儿的生理、心理特点。孩子的消化能力,咀嚼能力差,他们的饭菜要做得细些、软些、烂些。食物要色美、味香、花样多。外形美观的食物,能引起孩子吃饭的兴趣。孩子好奇心强,变换花样,就会因新奇而多吃,如把煮鸡蛋做成小白兔,把包子、豆包做成小刺猬等。

6. **生活要有规律**

要注意有充足的睡眠、适量的活动,要定时排便。充足的睡眠能保证神经系统的发育,孩子的食欲、精神状态和体质强弱,很大程度取决于睡眠是否充足。睡眠不足,就会食欲不振。适量的活动能促进新陈代谢和能量的消耗,使食物消化吸收加快。定时排便能预防便秘。睡眠、活动和排便等良好习惯的形成都有利于养成良好的饮食习惯。

## 四、学做几样水果羹

### 鲜桃羹

将鲜桃刷净毛,用水洗净,放入开水中烫一下,捞出剥去桃皮,然后剖开去掉桃核,再切成小块;再把水倒入锅内,加入白糖,放火上烧开后,下入切好的桃块,待再烧开后,用小火煨两分钟,将锅离火晾凉即成。

此羹浓浓甘甜,清凉爽口,儿童极爱吃。

### 什锦果羹

【原料】苹果、梨、香蕉、橘子各1个,糖莲子10颗,山楂糕50克,白糖75克,桂花少许,藕粉40克,清水1000克。

【制作】先把苹果、梨、香蕉、橘子去皮、去核,用刀切成小丁儿,放入盘中,山楂糕也切成同样大小的丁儿另装碗待用;藕粉用少量清水调好;锅内放入清水烧开,下入白糖、糖莲子和苹果、梨、香蕉、橘子丁儿,待再烧开后,用小火煨一二分钟,并用调好的藕粉勾成羹,然后加入糖桂花离火,拌入山楂糕丁放阴凉处晾凉即成。

### 香蕉羹

【原料】香蕉800克,牛奶600克,白糖120克,藕粉15克,清水适量。

【制作】把香蕉剥去外皮,用刀切成小片;藕粉用少许清水调好待用;将牛奶倒入铝锅内,兑入少量清水,置火上烧开,然后加入香蕉片、白糖,待再烧开后,将调好的藕粉徐徐倒入锅内搅匀,开锅后离火冷却即成。

### 菠萝羹

【原料】鲜菠萝肉 250 克,红樱桃 30 克,冰糖 80 克,藕粉 15 克,清水适量。

【制作】把菠萝切成与樱桃同样大小的丁儿;樱桃摘去柄,用水洗净;藕粉用少许清水稀释调好待用;再将菠萝放入铝锅内,加入冰糖和适量清水置水上烧开,然后下入樱桃,待再烧开后,用小火煨二三分钟,并倒入调好的藕粉,边倒边搅匀,开锅后离火晾凉即成。

### 苹果羹

【原料】苹果 500 克,白糖 150 克,藕粉 20 克,清水 750 克,鲜橘子皮一块。

【制作】把苹果洗净,削去皮,用刀剖成两瓣儿,挖去果核,切成小碎块;藕粉用少许清水调开待用;再将切成碎块的苹果放入铝锅内,加入鲜橘子皮和清水,放旺火上烧开后用小火煮四五分钟,然后捞出橘皮,加入白糖,倒入藕粉浆,随倒随搅匀,待再烧开后,将锅离火晾凉即成。

## 孩子 第 27 个月

### 一、2 岁 3 个月幼儿的喂养特点

2 岁以后的宝宝,应该逐渐增加食物的品种,使其适应更多的食物。应摄入充足的含碘食物如海带、紫菜等。碘是制造甲状腺素所必需的元素,甲状腺素可调节身体新陈代谢,促进神经系统的功能和发育。两岁三个月的宝宝,乳牙刚出齐或未完全出齐,咀嚼功能仍然很弱,据我国婴幼儿营养专家研究[①],6 岁时的咀嚼效率才达到成人的 40%,10 岁时达 75%。因此,在制作幼儿膳食及各种肉、

---

① 茵士安,婴幼儿期的生理特点、婴幼儿饮食,农村读物出版社,1999 年

菜等,均要细碎、炖烂才易于幼儿咀嚼。含碘食盐需在菜做好后放入。因为碘易于在受热、日晒、久煮、潮湿等状况下挥发破坏而失效。

## 二、饮食举例

8:00　　奶 200 毫升
　　　　千层饼 40 克
　　　　素鸡腿少许(或煮鸡蛋 1 个)
10:00　 水果 1 个或小点心 1 块(活动量大)
11:30　 米饭一碗(50 克)
　　　　海带烧肉(肉 30 克海带 30 克)
　　　　黄瓜木耳豆腐汤
15:00　 牛奶 200 毫升　小点心一块
18:30　 馄饨一碗(肉末 30 克、虾米皮 10 克、青菜 10 克、紫菜 10 克,大白菜 30 克)小花卷一个(约 50 克)

## 三、幼儿食品制作

### 肉末汤面

【原料】富强粉 100 克、瘦猪肉 30 克、鸡蛋半个、紫菜 5 克、虾皮 5 克、香油 2 克、菠菜 50 克、植物油 5 克、盐适量。

【制法】在面粉中加入调好的鸡蛋液及适量的水,合成面团,略放片刻,擀成面片,切成细面条。洗净肉、切成末,把植物油放入锅内,油热时,放肉末煸炒,同时放入葱姜末、虾米皮,然后添入清水烧开,下面条及紫菜末,煮熟后放入菠菜加适量盐,加香油后煮片刻即成。

此食谱含蛋白质 23.3 克、脂肪 13.1 克,热量为 516.9 千卡(2162.7 千焦耳)。

### 豆腐丸子

【原料】豆腐 500 克、馒头屑 100 克、面粉 10 克、酱油 5 克、食盐

1克、番茄酱10克、葱姜末10克,熟猪油500克(实耗80克),团粉20克、鸡蛋2个。

【制法】用刀背将豆腐捣成泥,放在碗内,磕入鸡蛋,加入团粉、面粉、食盐、葱姜末、酱油等充分拌和,成为腐馅,将炒锅置于火上,放入植物油烧至六成热,用手将豆腐馅挤成小丸子,滚上馒头屑,下油锅炸至金黄色时,捞出沥油。装盘,另带番茄酱碟上桌而成。

此食谱含蛋白质83.2克。脂肪108.5克,热量1551.6千卡(6491.8千焦耳)。

### 蛋黄粥

【原料】大米50克,鸡蛋黄2个(约重40克),菠菜50克,食盐和香油等适量。

【制法】用冷水洗净大米,洗净菠菜,用开水烫一下后切成小段;把蛋黄用水调匀。锅内放水烧开,放入大米煮至烂熟,把蛋黄液甩入,放入菠菜,加入适量食盐,点香油搅拌均匀后即成。

此食谱中含蛋白质11.2克,脂肪11.7克,热量315.9千卡(1321.7千焦耳),铁4.1毫克。

## 四、学做几样蛋菜

### 扒鹌鹑蛋

【原料】鹌鹑蛋10个,水发冬菇泥20克,水发冬笋3片,油炒面20克,油菜心、素油、鸡汤、牛奶、盐、味精、葱头末、料酒各适量。

【制法】把蛋煮熟,剥去皮;炒勺放油烧五成热,再入葱头煸炒,加入冬菇泥、冬笋片略炒,放鸡汤、牛奶、料酒,入鹌鹑蛋,温火煨5分钟,放盐、味精、油炒面,调匀出勺,入盘,盘边配煮油菜心条,即成。

### 夹心鸭蛋

【原料】鸭蛋3个,猪肉末50克,盐、白糖、面粉、味精、葱姜末、泡菜各适量。

【制法】把鸭蛋煮熟,去皮,竖切两半,蛋黄取出,再将猪肉馅放盐、白糖、味精、面粉、葱姜末,加少许清水搅烂成馅,分别填入鸭蛋心中,合成整蛋,入盘,入蒸笼蒸熟,出锅,盘边配泡菜,即可。

### 啤酒蛋饼

【原料】鸡蛋2个,葱头末、面粉各15克,素油25克,柠檬汁5克,啤酒一杯,鲜蘑菇片、熟芹菜末、盐、姜末、胡椒粉等各适量。

【制法】把鸡蛋打入瓷碗内,放葱头末、面粉、盐、姜末、胡椒粉搅拌均匀,摊成蛋饼;再用炒勺放素油,蛋饼、鲜蘑菇片、啤酒、柠檬汁煮开,装盘;盘边配熟芹菜末,即成。

### 蛋黄烩豌豆

【原料】鸭蛋黄3个,豌豆200克,猪油25克,鸡汤(或清水),玉米粉、味精、盐、香菜末各适量。

【制法】炒勺化猪油,放蛋黄茸,略煸几下,放鸡汤、鲜豌豆,烧开,去沫,放玉米粉煨浓加盐、味精,出勺,入盘,撒香菜末,即成。

### 咖喱鸡蛋

【原料】鸡蛋2个,花生油30克,葱头丝、芹菜末、大蒜末、姜末各10克,咖喱粉5克,面粉5克,鸡汤、味精、盐各适量。

【制法】先用花生油把鸡蛋炒熟,打碎,撒盐和胡椒粉,待用;余下花生油烧热,放葱头丝、芹菜末、大蒜末、姜末炒至黄色,再放咖喱粉、面粉炒香味,用烧开的鸡汤冲开,搅匀,放味精、盐、过滤,弃渣后,浇在鸡蛋块上。

**孩子 第28个月**

## 一、学做几种小点心

### 猕猴桃羹

【原料】猕猴桃200克,白糖50~100克,苹果1个,香蕉1根,水淀粉适量。

【制法】将苹果、香蕉洗净去皮,切丁。

猕猴桃洗净,包入纱布,将汁挤出。

猕猴桃汁加白糖,加水750克搅匀,置火上烧沸。

将苹果丁、香蕉丁倒入锅内,再煮沸,勾薄芡出锅,放凉即可。

冷热均宜。

### 水果甜羹

【原料】无馅小汤圆适量,果脯丁75克,白糖75克。

【制法】小汤圆加水煮软,放入果脯、白糖煮沸即可。

### 银耳甜羹

【原料】银耳25克,白糖75克,果丁75克,糯米小圆子100克。

【制法】将银耳煮软。

将圆子煮熟捞出放入银耳内,加糖加水果丁煮开。

冷热食均可。

### 山药羹

【原料】鲜山药500克,水果丁75克,白糖75克。

【制法】山药去皮煮熟,切小块。

果丁、白糖、山药中水同煮即可。

### 红果汁冻

【原料】红果汁 200 克,白糖 1 匙,洋粉少许。

【制法】将果汁、白糖煮沸,洋粉溶化,离火冷却,用打蛋器将汁打起泡沫,倒入模子,晾凉,凝结,置冰箱。

食用时,将果冻倒出。

### 苹果冻

【原料】苹果泥 1 碗,蛋白 2 个,柠檬汁 1 匙,食盐少许,白糖 3 匙。

【制法】将苹果泥放入冰箱。

用打蛋器抽打蛋白,拌入盐、糖、柠檬汁及冰苹果泥,倒入冷盘,置冰箱。

### 桃子奶冻

【原料】食用明胶半匙,冷开水 2 匙,甜桃泥半碗,白糖半碗,凉牛奶 1.5 碗,柠檬汁 2 匙,食盐少许。

【制法】将柠檬汁、桃泥、白糖、盐混匀,搅拌至糖溶化。

明胶浸软,在蒸锅上加热至溶解,放入桃泥内。再加牛奶,边加边搅,打透。倒入盘中,放入冰箱。

### 奶 冻

【原料】食用明胶 1 匙,冷水 1 碗,牛奶 2 碗,蛋 2 个,白糖 3 匙,食盐适量。

【制法】将蛋黄蛋白分开。

将明胶泡软,牛奶加温后放入明胶,搅动至明胶溶化。

将蛋黄打散,加白糖和食盐,慢慢调入奶中,蒸 5 分钟,冷却。

将蛋白打胀,拌入奶中,盛盘放冰箱。

### 果 冻

【原料】食用明胶 1 匙,冷开水半碗,果汁半碗,各种水果汁适量,打奶油少许。

【制法】将明胶放冷开水中浸软。

果汁煮沸,搅入明胶,使明胶溶解。冷却冻结,加入水果丁,置冰箱中。

### 瑞士果冻

【原料】麦淀粉1匙,白糖4匙,甜果泥1碗,食盐少许,柠檬汁2匙,蛋清1个。

【制法】麦淀粉、糖和盐混匀,加入半碗水和果泥,放在蒸锅上蒸至变稠,加柠檬汁。蛋白打起,再慢慢加糖和麦淀粉混液,搅匀,盛于盘中,放入冰箱。

### 柠檬苹果冻

【原料】食用明胶半匙,冷开水半碗,甜苹果泥半碗,柠檬汁1匙,沸水半碗。

【制法】明胶在沸水中溶解后,逐步加冷开水,待明胶液变稠时,打起泡沫,拌入苹果泥及柠檬汁,倒入盘中,放入冰箱。

### 枣泥冻

【原料】蛋白3个,白糖5匙,枣泥1碗,枣汁4匙,食盐适量。

【制法】枣泥和白糖混合,加热。蛋白加盐打至膨起。
将枣泥及枣汁拌入蛋白中,倒入盘中,置冰箱内。

### 番茄冻

【原料】鲜番茄500克,白糖50克。

【制法】将番茄用开水烫后去皮去籽。
番茄肉搅成碎块,放白糖,放入冰箱。

### 西瓜冻

【原料】西瓜1个,洋粉125克,白糖250克。

【制法】将西瓜洗净。

刀及小勺煮沸消毒。

舀出瓜瓤,分盛入 12 个小碗内。

洋粉洗净切段。

将白糖加水 2000 克烧开,盛出 1250 克晾凉,放入冰箱。余下的糖水将洋粉熬化,盛入装瓜瓤的小碗中,凝结后,入冰箱冰冻。

食用时,将糖水倒在西瓜冻上即可。

### 奶油可可冻

【原料】奶油 100 克,洋粉 6 克,可可粉 3 克,白糖 100 克,牛奶 4 汤匙。

【制法】将洋粉泡软。

牛奶加白糖、可可粉搅匀,加水 400 克及洋粉熬成汁,晾凉。

将奶油打起,与牛奶液搅匀,放入模子中,置冰箱。

### 枣 霜

【原料】枣泥半碗,熟西米半碗,白糖 2 匙,柠檬汁 2 匙,蛋白 2 个。

【制法】蛋白打起。

将枣泥西米加热,拌入柠檬汁及糖,再拌入蛋白,待半凉时,倒入碗中打起。

盛入盘中放冰箱。

## 二、常给孩子吃些紫菜

紫菜营养丰富,每 100 克干紫菜含蛋白质 24.7 克,比鲜蘑多 9 倍,含脂肪 0.9 克、糖 31.2 克、烟酸 5.1 克、维生素 $B_2$ 0.07 毫克。另外,还含有维生素 $B_{12}$、叶绿素、叶黄素、红藻素、粗纤维、胆碱、多种氨基酸等。紫菜含碘量也相当高。

紫菜可以药用,常吃紫菜可降低血浆里的胆固醇的含量,对防止动脉硬化、降低血压有一定的疗效。经常吃紫菜对甲状腺肿大、淋巴结核、脚气病、气管炎等也有疗效。

吃紫菜的方法很多,常用的方法是做各种紫菜汤。如紫菜鸡蛋汤、紫菜黄瓜汤、紫菜番茄汤、紫菜肉片汤、紫菜鲜蘑汤、紫菜青菜汤等。

# 第30个月

## 一、两岁半幼儿的喂养特点

2岁半的幼儿,生长速度仍处于迅速增长阶段,各种营养素的需要量较高。肌肉明显发育,尤其以下肢、臀、背部较突出。骨骼中钙磷沉积增加,乳牙已出齐,咀嚼和消化能力有了很大的进步。但胃肠功能仍未发育完全。每日按体重计算热能需要量与婴儿期相比没有增加,但仍高于成人需要量。由于生长发育的原因,蛋白质需要量高。在饮食营养素供给不足时,常易患贫血、缺钙、缺维生素A、D,易患佝偻病。

2岁6个月幼儿每天总热量约为51314焦(约1226千卡),蛋白质约每天40克,钙含量每天约530毫克。

## 二、一天食物参考

表20 两岁半幼儿一天食物参考

| 食物 | 重量(克) | 蛋白质(克) | 热量(千焦) | 钙(毫克) |
|---|---|---|---|---|
| 粮食 | 100 | 9.9 | 1481 | 3.9 |
| 牛奶 | 250毫升 | 8.25 | 722 | 300 |
| 豆类 | 20 | 7.26 | 345 | 73 |
| 肉类(肥瘦肉) | 50 | 4.75 | 1213 | 3 |
| 鸡蛋 | 62.5 | 7.8 | 379 | 29.4 |
| 蔬菜(浅色菜) | 120 | 1.36 | 88 | 42.12 |
| (深色菜) | 30 | 0.54 | 31 | 29.1 |
| 水果(苹果) | 100 | 0.3 | 197 | 9 |

续 表

| 食物 | 重量(克) | 蛋白质(克) | 热量(千焦) | 钙(毫克) |
|---|---|---|---|---|
| 糖(绵白糖) | 20 | | 377 | |
| 合计 | | 40 | 5131 | 525.8 |

## 三、学做几样西点

### 芝麻圈

【原料】酵母粉 3 克,温水 75 克,面粉 250 克,鸡蛋 1 个,盐 3 克,融化的黄油 3 克,蛋黄 1 个,芝麻 25 克。

【制法】小碗内放 25 克温水,将酵母溶解。

将 200 克面粉,加入鸡蛋、酵母、水、盐和黄油,使劲搅动,搅上劲后,加面粉少许,合成面团。

将面团在面板上揉到润滑有弹性,揉成面团,放入涂过黄油的容器里,盖好。将发起的面做成圈,放入烤盘,再发。

刷上蛋黄,撒一层芝麻,入炉烤 45 分钟。

### 清酥面

【原料】面粉 250 克,黄油 250 克,鸡蛋 1 个,盐 3 克,凉水 75 克。

【制法】将面粉过箩,放入盐、打散的鸡蛋和凉水,合成面团。放入冰箱半小时。

把黄油化软,撒上少许面粉,压成方饼,入冰箱冷冻。

把面团、黄油取出。将面擀成长方形,把黄油包起来擀开,叠三折,再擀开,再叠三折擀开。叠四折擀开 4 遍。再叠一次,都放入冰箱冷冻半小时。

将清酥面放入冰箱冷藏,可做各种西餐小点心。

### 清酥苹果包

【原料】清酥面 200 克,苹果 1 个,砂糖 15 克,鸡蛋 1 个打散。

【制法】将苹果去皮切开去核。

把清酥面擀薄片,切成方块,刷上鸡蛋,放上砂糖少许,包上一块苹果。

刷上鸡蛋,入炉烤熟。

### 混酥面

【原料】黄油 50 克,面粉 125 克,糖 15 克,盐少许,鸡蛋 1 个,蛋黄 1 个。

【制法】面粉过箩,加入黄油混成粗粒状,再把鸡蛋、蛋黄、糖全部放入,合匀揉好,放冰箱冷冻 1 小时。

从冰箱取出,专用于水果类及其他甜排的排底。

### 核桃仁混酥饼

【原料】混酥面 250 克,核桃仁 50 克,糖酱 50 克,鸡蛋 1 个,黄油少许。

【制法】将核桃仁切碎,鸡蛋打散。

将混酥面擀成 2 毫米厚大片,用模子切成圆片,刷一层蛋糊,沾上核桃仁,挤上糖酱。

码入烤盘,入炉烤熟。

### 花边酥

【原料】混酥面 250 克,果酱 50 克,鸡蛋 1 个。

【制法】混酥面擀成大片,用带花边模子切成小片。

将小圆片码在烤盘里,鸡蛋打散,刷上,入烤炉烤熟,晾凉。

将果酱抹在小饼上,上面再压一块,即可。

### 苹果派

【原料】混酥面 350 克,苹果 900 克,砂糖 150 克。

【制法】将混酥面 250 克擀成薄片,入炉烤熟。

把苹果去皮、核,切片加糖炒熟。

将苹果倒入排底,再将剩余的面擀薄片,盖在排上,压紧边,刷上蛋黄。

入炉烤熟,晾凉切块。

 ## 第31个月

### 一、2岁7个月幼儿的喂养特点

2岁半后,幼儿乳齿刚刚出齐,咀嚼能力不强,消化功能较弱,而需要的营养相对较高,所以要为他们选择营养丰富而易消化的食物。饭菜的制作要细、碎、软,不宜吃难消化的油炸食物。要有充足的优质蛋白。幼儿旺盛的物质代谢及迅速的生长发育都需要充足的、必需氨基酸较齐全的优质蛋白。幼儿膳食中蛋白质的来源,一半以上应来自动物蛋白及豆类蛋白。热量适当,比例合适。热量是幼儿活动的动力,但供给过多会使孩子发胖,长期不足会影响生长发育。膳食中的热能来源于三类产热营养素,即蛋白质、脂肪和碳水化合物(糖类)。三者比例有一定要求,幼儿的要求是:蛋白质供热占总热量的12%~15%,脂肪供热量占25%~30%,糖类供热占50%左右。各类营养素要齐全,在一天的膳食中要有以谷类食品为主,有供给优质蛋白的肉、蛋类食品,还要有供维生素和矿物质的各种蔬菜。

### 二、一日饮食举例

| | | |
|---|---|---|
| 早饭 | 8:00 | 牛奶200毫升、茶鸡蛋一个、小馒头40克 |
| | 10:00 | 水果一个 |
| 午饭 | 11:30 | 肉卷(面50克、肉片20克、葱10克) |
| | | 红白豆腐(猪血20克、豆腐20克) |
| | | 丝瓜蘑菇汤(各20克) |
| | 15:00 | 牛奶200毫升、蛋卷2个 |
| 晚饭 | 18:00 | 米饭1碗(米50克) |

炒三丁(豌豆20克、胡萝卜20克、肉末20克、香菇10克)

酸菜粉条汤(酸菜30克、粉条10克、肉末10克)

### 三、给孩子多吃芝麻酱

我国营养学家提倡孩子多吃芝麻酱,因为芝麻酱不仅营养丰富,而且经济易得。芝麻酱是高蛋白、高钙、高铁的食物,每100克芝麻酱中,含20克蛋白质,而猪瘦肉中才含16.7克,鸡蛋才含14.7克。每100克芝麻酱中含钙870毫克,猪肉中含11毫克,蛋中含55毫克,豆腐中含200毫克。每100克芝麻酱中含铁58毫克,鸡蛋共是7毫克,猪肝是25毫克。

芝麻酱可以做糖包的馅,可以烙芝麻酱火烧、糖饼、做花卷;也可以拌凉菜。如果孩子喜欢吃,用芝麻酱拌上白糖每日吃几小匙也很好。另外市售的威夫饼干不要夹巧克力的,去买夹芝麻酱的,也很好。

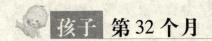

## 孩子 第32个月

### 一、可给孩子吃猪肝

猪肝营养丰富,含铁较多,是预防小儿贫血的食物。每100克猪肝中,含蛋白质21.3克,脂肪4.5克,碳水化合化1.9克,钙11毫克,磷270毫克,铁25毫克,胡萝卜素8700毫克,核黄素2.11克,尼克酸16.2毫克,抗坏血酸18毫克。它的营养价值很高。

猪的肝脏和人的肝脏功能差不多,也是猪体内的解毒器官和生化工厂。猪吃的饲料中的添加剂,猪体内产生的废物等,都要集中到肝内分解、解毒。因此,买猪肝一定要买新鲜猪肝,买回来后要长时间冲洗,然后浸泡1小时,以减少猪肝内的毒物。

另外,猪肝内可有病毒、寄生虫等,制作猪肝一定要煮熟,炒猪肝一定要炒硬,不能吃带血的肝。

## 二、给孩子吃些粗粮

### 小窝头

【原料】细玉米面400克,黄豆粉100克,白糖250克,小苏打少许,桂花3克。

【制法】将玉米面、红糖、白糖、苏打掺在一起,慢慢加温水揉合。揪成剂,和上桂花做成小窝头。

上屉蒸熟。

### 金银糕

【原料】玉米面、大米面、白糖、干酵母、蜜枣。

【制法】大米面放干酵母发酵成糊状,加白糖。

玉米面加凉水和小苏打合成糊状,铺在笼屉上。上面铺发好的大米面,放上蜜枣。

上笼蒸约1小时。

### 枣豆丝糕

【原料】玉米面、小豆、小枣、小苏打。

【制法】玉米面加小苏打和好。

小豆煮熟,用冷水冲一下。

小枣泡开。

玉米面一半铺在笼屉上,小豆控干水洒在上面,将另一半玉米面盖上,用手拍平,将小枣放在上面。

蒸1小时,切块食用。

### 豆馅丝糕

【原料】玉米面、红豆沙、红糖、小苏打、桂花。

【制法】玉米面加小苏打和好。

玉米面夹红豆沙放在笼屉上。

蒸1小时。

### 贴饼子

【原料】玉米面、小苏打。
【制法】将玉米面和小苏打和好,做成饼子形。
放上馅,两面烙。

### 两面焦

【原料】玉米面、葱花、盐、油。
【制法】玉米面调成糊,放上葱花、盐、香油,放在锅上摊成饼,两面烙焦。

### 菜团子

【原料】玉米面、拌好的菜馅。
【制法】将玉米面加小苏打和好。
用玉米面做皮包成团子。
上屉蒸1小时。

### 扒 糕

【原料】莜麦面。
【制法】荞麦面合水搅成糊状。
将糊按成扁饼。
上屉略蒸即熟,放冰箱。吃时切片,浇醋、芝麻酱、蒜汁等食用。

### 荞麦面窝窝

【原料】莜麦面。
【制法】莜麦面合好,搓成小筒状面卷,上屉蒸熟,浇上调料食用。

# 孩子第 34 个月

## 学做几样小点心

### 巧克力布丁

【原料】白脱油半碗,白糖2匙,鸡蛋1个,巧克力75克,面粉2碗,牛奶250克,发酵粉1.5匙,食盐适量。

【制法】鸡蛋打散。

白脱油用筷子搅成奶油状,慢慢加白糖、蛋液,再搅打均匀,将溶化的巧克力加入拌匀。

面粉、发酵粉、食盐过筛,与牛奶交替拌入白脱油内,倒入容器中,盖严,蒸2小时。

### 可可布丁

【原料】可可粉2匙,白糖半碗,炼乳1.5碗,麦淀粉2匙,食盐适量。

【制法】白糖、淀粉、可可粉、盐混匀,慢慢拌入炼乳和1碗水,隔水蒸至变稠(加热时搅动)。

将锅盖盖上,继续蒸15分钟。

离火,倒入盘中冷却。

### 水果饭布丁

【原料】大米饭半碗,甜果泥1碗,白糖适量,柠檬汁少许,熟油少许。

【制法】将饭加小半碗水,果泥、白糖、柠檬汁及熟油放蒸锅内煮沸,盖好,焖软。

离火,食时加鲜牛奶。

## 凉藕糕

【原料】藕粉1匙,白糖2匙,糖桂花少许。

【制法】将藕粉与白糖混合,用适量凉开水调匀,用沸水冲成1碗,加糖桂花,晾凉。

## 苹果沙司

【原料】新鲜苹果1000克,白糖适量。

【制法】苹果洗净,去皮核,加少量水煮软,过筛。

苹果泥加糖,煮开即可。

可配点心或饼干等食用。

## 莲子奶

【原料】发好的莲子300克,鲜牛奶500克,白糖150克,湿淀粉50克。

【制法】莲子上芲蒸烂。

水5~6碗煮沸,加糖,放牛奶,再放莲子,煮沸,用淀粉勾芡,离火晾凉。

## 牛奶花生糊

【原料】花生酱2匙,鲜牛奶250克,白糖适量。

【制法】将牛奶煮沸放凉。

花生酱用牛奶少许调开,倒入牛奶,调匀即可。

## 鲜藕丸子

【原料】新鲜藕片500克,糯米粉100克,白糖100克,糖玫瑰25克。

【制法】藕洗净,擦成茸,压去部分水分。

将糯米粉与藕泥拌匀,搓成丸子,余入沸水中。

白糖与糖玫瑰加水煮成糖汁。

将熟藕丸放入糖水,放凉即可。

### 蜜汁山药

【原料】山药 500 克,白糖 50~100 克,糖桂花、蜂蜜、山桂楂少许。
【制法】将山药洗净,加水煮沸,放凉去皮切段。
码在盘中蒸烂。
白糖煮沸,烧成浓汁,加入桂花、蜂蜜、山楂糕,浇在山药上即可。

### 奶油菠萝

【原料】菠萝 150 克,鲜奶油 18 克,砂糖少许。
【制法】将鲜奶油加砂糖抽打起,倒在菠萝上。

# 孩子 第 35 个月

## 学做几样饮料

### 薄荷茶

【原料】绿茶适量,方糖 1 块,薄荷叶适量。
【制法】原料放杯中,沸水冲泡。

### 猕猴桃茶

【原料】猕猴桃 150 克,白糖 50~100 克,温开水 1000 克。
【制法】将猕猴桃洗净,放搅拌器搅细。
加糖,冲入温开水搅匀,晾凉。

### 鲜藕茶

【原料】鲜藕 50 克,清水 500 克,白糖适量。
【制法】鲜藕洗净去皮切片。

加水上火煮,放入白糖。
离火放凉即可。

### 竹叶芦根茶

【原料】鲜竹叶 12 克,鲜芦根 1 尺,盐少许。
【制法】将竹叶芦根洗净,剪成小块。
加水 1000 克,煮 10 分钟,加盐即可。

### 杏仁奶茶

【原料】杏仁 200 克,牛奶 250 克,白糖 250 克。
【制法】将杏仁放热水中泡数分钟,去皮。
用小石磨将杏仁磨成汁,过滤。
杏仁汁加白糖和水搅匀,煮沸。
竟入煮沸的牛奶,搅拌均匀即可。

## 孩子第 36 个月

### 一、3 岁幼儿的喂养特点

儿童与成人每天饮食却应当平衡搭配适当,这样才有利于身体的营养吸收和利用。每顿应以主要供热量的粮食计为主食,也应有蛋白质食物供给,作为幼儿生长发育所需的物质。奶、蛋、肉类、鱼和豆制品等都富有蛋白质。人体需要 20 种氨基酸主要从蛋白质食物中来,各类蛋白质所含氨基酸种类不同,必须相互搭配,摄入氨基酸才全面。如豆腐拌麻酱,氨基酸可以互相补充,其营养相当于动物瘦肉所提供的营养,这种互相补充叫做蛋白质互补。

蔬菜和水果是提供维生素和矿物质微量元素的来源,每顿饭都应有一定数量的蔬菜才符合身体需要。

有些家庭早饭只是牛奶、鸡蛋,不提供碳水化合物食品。身体为了维持上午所需热量,只好将宝贵的蛋白质当作热能消耗掉,影响小儿生长发育。有些家庭早上只有粥、馒头、咸菜之类,只能供热能用,无蛋白质食品不符合幼儿生长发育的需要。幼儿食物烹调要符合消化功能,即细、软、烂、嫩,要适合幼儿口味,避免用调味品,如味精、花椒、辣椒、蒜等。

## 二、学做几手鸡蛋菜

### 蓬松蛋

【原料】鸡蛋,牛奶,黄油,盐。

【制法】在锅里化开黄油,打入鸡蛋,倒入少量牛奶(3个鸡蛋2汤匙牛奶1汤匙油),放少许盐。

将鸡蛋打散,抽出泡沫。

将锅放火上,不断搅动。

当鸡蛋凝固时,从火上取下,再搅动一阵。盛入盘中,与面包同吃。

### 夹馅鸡蛋

【原料】鸡蛋5个,奶酪25克,火腿50克,白面包50克,洋葱半个,牛奶2汤匙(拌馅),牛奶半杯(做土豆泥),土豆500克,油2汤匙。

【制法】鸡蛋煮熟去皮,对半切开,把黄取出,再用勺掏出一部分蛋白。

将蛋黄擦成泥,加上切碎的蛋白、火腿、芹菜末,放入煸过的洋葱,在牛奶里浸泡过的面包、盐、牛奶、胡椒、搅拌均匀,即成馅。

用馅填在鸡蛋里。

平盘放土豆泥,把填馅鸡蛋放在土豆泥上,撒上干烙、油,放烤箱烤熟。

### 土豆摊蛋

【原料】鸡蛋3个,土豆100克,牛奶和油各1汤匙。

【制法】新鲜土豆洗净去皮,切成小方块,用油锅煎熟。牛奶加鸡蛋搅出泡沫,倒在土豆上,搅动,余同摊鸡蛋方法。

### 煎鸡蛋土豆

【原料】土豆1000克,鸡蛋3个,牛奶1杯,油2汤匙。
【制法】土豆去皮煮熟,切成片,放在油锅里稍煎备用。另将鸡蛋打入锅中,加牛奶、盐,搅匀后倒在煎好的土豆上烤熟即可。

### 鸡蛋土豆泥

【原料】鸡蛋5~6个,土豆500克,热牛奶半杯。
【制法】土豆洗净,置盐水中煮熟,沥干,擦成泥,加入适量油,盐,再将热牛奶慢慢倒入,调匀,即成土豆泥。土豆泥(稀度适中)置涂油平盘,摊平。把碎干酪或碎面包屑撒在土豆泥上,浇上油,放烤箱里烤。

在土豆泥表面用匙按照鸡蛋的数目按成凹,上面各打一个生鸡蛋,再将平盘重新置入烤箱烤2~3分钟。

### 西葫芦、南瓜或鲜白蘑摊蛋

【原料】西葫芦、南瓜、蘑菇、盐、鸡蛋、芹菜、酸奶。
【制法】西葫芦、南瓜、蘑菇洗净切小块,加盐用油煎。
鸡蛋打出泡沫,倒入瓜菜块。
平锅上火摊蛋出锅。
浇上热酸牛奶浓汁,撒上芹菜末。

### 荷兰豆煎蛋

【原料】鸡蛋5个,荷兰豆200克,油1汤匙。
【制法】荷兰豆切段,放盐开水中稍煮。沥干水,过油,将蛋液撒上,放盐即可。

### 烤鸡蛋菠菜

【原料】新鲜菠菜500克,牛奶1/3杯,鸡蛋3~4个,油2汤匙。
【制法】菠菜切好用开水焯,捞出沥干,放进油锅煸炒。

把菠菜在盘中摊平,淋上调好的牛奶鸡蛋,放烤箱烘烤。

### 煎什锦蛋

【原料】黑面包、火腿、香肠、鲜蘑菇、西红柿、西葫芦、盐。

【制法】黑面包、火腿、香肠、蘑菇、西红柿、西葫芦,放平底锅中煎熟。然后把鸡蛋打到做好的配菜上,撒上盐。

### 苹果摊蛋

【原料】鸡蛋3个,苹果100克,油1汤匙。

【制法】苹果去皮,去核,切薄片,在油锅里稍煎。鸡蛋抽打出泡沫,倒在菜果片上,搅动即可。

## 三、食谱举例

早餐　白米粥(粳米50克),馒头(标准粉35克),花生米拌胡萝卜丁(花生米15克,胡萝卜50克)

加餐　牛奶150毫升,煮鸡蛋35克

午餐　鸡丝面(粉面75克,鸡肉50克,香菇15克,荷兰豆50克)

晚餐　玉米粥(玉米粉25克)
　　　饺子　(标准粉50克,瘦猪肉30克,胡萝卜25克)
　　　木耳豆腐(木耳10克,豆腐50克)

全天共用植物油15克。此食谱提供总能量14104卡,蛋白质60克,脂肪41克,糖199克。

# 疾病防治篇
JIBING FANGZHIPAN

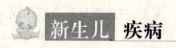

# 新生儿疾病

## 一、新生儿重病的常见症状

(1) 高热或体温不升,四肢发冷。
(2) 水泻,次数增多或带脓血。
(3) 黄疸加深。
(4) 惊厥。
(5) 大哭不止,声嘶力竭。
(6) 呼吸困难、急促。
(7) 严重的呕吐。
(8) 食欲不振或拒哺。
(9) 精神萎靡。

发生以上任何一项症状,都应尽快去看医生。

## 二、为什么给新生儿使用维生素K

维生素K是治疗和防治维生素K缺乏性出血的最有效的方法。新生儿出血可以发生在出生后24小时至两个月内,婴儿出生时看不出异常,但随后出现致命性颅内出血,常表现为面色苍白、抽搐、前囟饱满、意识不清及休克等症状。一般情况下,新生儿并不能发生出血,孕妇使用某些药物,可能是出血的重要诱因,如鲁米钠、苯妥英钠、利福平、异烟肼等可加快维生素K含量下降。再加上新生儿肝脏功能不足,利用维生素K合成凝血因子的本领也差,而且血管脆性大,容易破裂出血,这些都是新生儿容易出血的原因。

维生素K是参与血液凝固的重要成分,人体的血液有一套自我保护的凝固系统,主要包括13个凝血因子,其中有4个因子必须在维生素K的参与下才能在肝脏合成,因此,人体缺少维生素K就等于缺乏4种凝血因子,出血自然不可避免。

因此,母亲怀孕时应选择时机,尽可能不在怀孕期服用对胎儿有害的药物,避免产伤、感染、缺氧等诱因,喂乳的母亲应多吃些含维生素 K 丰富的食物,如菠菜、西红柿、鱼类,在提倡母乳喂养的同时,可给新生儿适当喂点牛奶,因为牛奶中的维生素 K 含量是人乳的 4 倍。

## 三、预防新生儿脱水热

如果孩子出生后 2～4 天时,出现热度升高,体温达 38℃～40℃,并拌有无原因烦躁、啼哭不已,体重减轻,尿量减少的情况,但其他情况良好,无感染中毒症状,就要注意新生儿脱水热的问题。

新生儿脱水热主要是由于新生儿体内水分不足而引起发热。造成这一原因的因素主要是:产妇坐月子中怕受凉,门窗关得很严,使环境气温过高;室温高,给孩子穿盖过多,在高温的情况下,小儿呼吸增快,呼出的水分增多,皮肤蒸发的水分也增多,从而加重脱水。另外,母亲产后 3～4 天内,乳汁分泌量较少,不能满足新生儿生理需要。这些都造成新生儿体内水分大量丢失,使小儿发热。

出现这种情况主要是注意给新生儿补充适量的水分。可喂一些温开水或 5%～10% 的葡萄糖溶液,每 2 小时一次,每次 10～30 毫升。如口服液体困难时,也可静脉输液补充 5% 葡萄糖液,加入总量 1/5 的生理盐水。经过上述处理,热度会随即降至正常。

此病在预防上只要注意给孩子补充水分,并给孩子以适当的保暖,不要给孩子造成一个高温的环境就可以了。

## 四、新生儿也会患乳腺炎

新生儿的乳房是饱满的,偶尔有乳汁样液体分泌物流出,这是正常生理现象。这种现象是由于母亲体内孕激素对新生儿产生刺激造成的,不用处理,以后会自然消失。

有的家长,对女婴的乳头进行挤压,认为不挤出乳头中的小硬物,会影响孩子成人后的哺乳。其实这是错误的认识。这种挤压往往造成新生儿乳腺炎的发生。新生儿乳腺炎的症状表现为乳房红肿,有热感,孩子感觉疼痛,逐渐出现局部化脓。还可以出现发热、厌食、吐奶等症状。

新生儿发生乳腺炎,可用热毛巾敷局部,孩子皮肤娇嫩,小心造成烫伤;用中药如意金黄散外敷也很有效,同时还要注射青霉素来控制感染。如已化脓,要切开患处引流,将脓液排出。手术处理以后要形成疤痕,影响乳头与乳腺的发育。炎症较重的,还有可能引起全身感染,出现败血症。

## 五、新生儿化脓性脑膜炎很危险

新生儿化脓性脑膜炎与败血症密切相关,多由于同类致病菌引起,也可以说是败血症的一个合并症。由于新生儿血脑屏障功能不健全,在败血症血行感染的情况下,病菌很容易通过血脑屏障,发生化脓性脑膜炎。此病死亡率高,后遗症多。

新生儿患化脓性脑膜炎,早期常出现哭声改变、尖叫、易激惹、易惊,随即哭声变弱,甚至不哭转为嗜睡、吐奶(为喷射性呕吐)、头后背发直,两眼凝视或斜视,全身伴有抽搐等症状。有经验的大夫一触摸囟门,感觉饱满、张力增高,就要考虑做腰椎穿刺,进行脑水检查。

此病预后较差,病死率高达50%左右,可并发脑积水、硬膜下积液、肢体瘫痪、智力障碍等症。

## 六、新生儿易患败血症

新生儿败血症多在生后1~2周发病,是一种严重的全身性感染。此病主要是由于细菌侵入血液循环以后,繁殖并产生毒素引起的,常并发肺炎、脑膜炎危及孩子生命。

造成新生儿败血症的原因很多,原发感染灶也不易找到。患病初期症状不明显,如果家长粗心,往往被忽视。病情严重时,常是肺炎、脐炎、脓疱疹等多方面感染同时存在,发热持续时间较长或体温不升,面色灰白、没精神、爱睡、吃奶不好、皮肤黄疸加重或两周后尚不消退、腹胀。

目前对新生儿败血症的治疗比较有效,如无合并症,治疗效果比较满意,不会留下后遗症。

## 七、预防新生儿肺炎

肺炎是新生儿时期常见病之一。早产儿更容易得此病。新生儿肺部感染可发生在产前、产时或产后。产前,如果胎儿在宫内缺氧,吸入羊水,一般生后 1~2 天内发病。产时,如果早期破水、产程延长或在分娩过程中,胎儿吸入污染的羊水或产道分泌物,亦可使胎儿感染的肺炎。但孩子出生后,如果孩子接触的人中有带菌者,很容易受到感染。另外,也可能由败血症或脐炎、肠炎通过血液循环感染肺部。

新生儿肺炎一年四季均可发生。夏天略少,新生儿肺炎与大孩子肺炎在症状上不完全一样,一般不咳嗽,肺部湿啰音不明显,体温可不升高。主要症状是口周发紫、呼吸困难、精神萎靡、少哭、不哭、拒乳、呛奶、口吐泡沫。轻度肺炎,在门诊可以治疗,吃点抗生素或打几针青霉素就好了。重症肺炎必须住院治疗。孩子在患病期间,一般食欲较差,吃得很少,可以静脉点滴输液来补充热量。

预防新生儿肺炎要治疗孕妇的感染性疾病;临产时严密消毒避免接生时污染。孩子出院接回家后,应尽量谢绝客人,尤其是患有呼吸道感染的人,一定避免进入小儿房内,产妇如患有呼吸道感染必须戴口罩接近孩子。

## 八、新生儿不爱患传染病

新生儿期,在出生 3~4 周内,没有合成免疫球蛋白抗体的能力,主要还是靠出生时从母体得来的免疫球蛋白 IgA、IgM、IgG,但 IgA、IgM 含量也很低,所以容易患细菌、病毒感染。但孩子在出生后的最初几个月里,对麻疹、风疹、猩红热、白喉等传染性疾病有一定的抵抗力,这主要是靠从母体中获得的有关球蛋白起作用。可是,从母体得来的免疫球蛋白量有限,加之各种生理功能还不完善,对外界环境适应能力差,因此,6 个月后,从母体带来的抗体完全消耗,而孩子自身免疫功能还不完善,那时孩子比以前更爱生病了。

## 九、新生儿黄疸怎样处理

大部分新生儿在出生后 2~3 天,出现皮肤、白眼球和口腔黏膜发黄,有轻有重。一般在脸部和前胸较明显,但手心和脚心不黄。出黄疸时,孩子没有什么不舒适的感觉,大便不发白,小便亦不太黄。新生儿生理性黄疸不需要治疗,一般在一周左右消退。虽然新生儿出现生理性黄疸是一种正常现象,但家长也要注意密切观察。如果孩子黄疸出现得较早,黄疸较重,不能很快消退,可能是病理性黄疸。引起病理性黄疸的原因是很多,需要及时请医生检查治疗。

## 十、ABO 溶血是怎么回事

由于母子的血型不合引起血型抗原免疫而造成的同族免疫性溶血性疾病,被称作 ABO 溶血症。一般情况下 ABO 血型不合的母亲大多是 O 型。当母亲血型为 O 型,胎儿血型为 A 型或 B 型时,胎儿血液中的 A 或 B 抗原因某种原因进入母血后,刺激母体产生血型抗体,此抗体通过胎盘再进入胎儿体内,与胎儿体内的 A 或 B 抗原结合,从而引起胎儿红细胞凝集,继而溶解而出现溶血,引起水肿、贫血、肝脾肿大和生后短时间内出现进行性重度黄疸。

## 十一、鹅口疮的护理方法

新生儿鹅口疮是一种霉菌(白色念珠菌)引起的口腔黏膜感染性疾患。患儿口腔布满白色物质,形状如"鹅口",因此叫"鹅口疮"。

孩子患这种病,主要是奶头、食具不卫生,使霉菌侵入口腔黏膜。长期服用抗生素的孩子也容易患此病。

鹅口疮比较容易治疗,可用制霉菌素研成末与鱼肝油滴剂调匀,涂搽在创面上,每 4 小时用药一次,疗效显著。用 1% 龙胆紫涂搽疗效也不错,但因用药后口唇周围染色,影响观察并污染衣物,故临床上用得很少。

## 十二、新生儿脓疱病

新生儿脓疱病是新生儿时期一种常见的皮肤感染性疾病,多见于夏秋两季。

新生儿脓疱病的初期表现是在皮肤皱褶处(颈部、腋窝、腹股沟等部位)出现小米粒大小的小脓点,如果不能及时发现,得不到及时的处理,脓点将长大并很快蔓延到身体的其他部位,严重的可导致新生儿败血症。

新生儿脓疱病的发病原因可能与出汗及痱子感染有关系。

对于新生儿脓疱病防治的关键是要保持新生儿皮肤的清洁、干燥。夏天应每天洗澡,经常换衣服,保持孩子的皮肤干燥。

一旦发现新生儿脓疱病,应该到医院去,在医务人员的指导下,用消毒针刺破脓疱,放出脓液,局部用75%的酒精消毒后涂1%的龙胆紫药水。如果发现脓疱有扩散现象,或孩子发烧时,应立即送到医院治疗。

## 十三、"马牙"不需要处理

在新生儿牙龈边缘或上腭上,常可见到一些黄白色芝麻大小的疙瘩。这是由于上皮细胞堆积或由于黏液腺潴留肿胀而引起的,俗称"马牙",属正常现象,几个星期后可自行消失。千万不要用针挑或用布擦"马牙",以免擦破感染。

## 十四、新生儿肝炎综合征

新生儿肝炎综合征是一种以持续的黄疸、血清胆红素增高、肝或肝脾肿大及肝功能不正常为主的疾病症候群的总称。是由多种致病因素引起的,其主要病因是病毒感染。除乙型肝炎病毒之外,其他多种病毒均可以通过胎盘感染胎儿,从而使胎儿的肝脏致病,并连累其他脏器器官。除了病毒感染外,多种细菌感染、部分先天性代谢缺陷疾病的肝脏病变、肝内外的胆道闭锁及胆汁黏稠综合征所致的肝脏损害等,均属于新生儿肝炎综合征范围。

新生儿发现的初期表现为黄疸显现,起病缓慢,一般在出生后数天至数周内出现,并持续不退,病情较重,伴有吃奶不好、恶心、呕吐、消化不良、腹胀、体重不增、大便浅黄或灰白色、肝脾肿大等。出现上述症状要及时治疗,一般情况下,孩子会很快恢复健康。

## 十五、新生儿特发性低血糖的病因与治疗

低血糖在新生儿期较为常见。原因是新生儿出生的头几天内,能量的主要来源是糖,而在胎儿期肝内储藏糖原较少,特别是低出生体重儿、早产儿、双胎儿,生后如不提早进食很容易发生低血糖。另外,如患有颅内出血、窒息、缺氧、新生儿硬肿症、严重感染败血症等疾病的患儿以及母亲患糖尿病或妊娠高血压综合征所生的新生儿都易发生低血糖。

低血糖可在婴儿生后数小时至 1 周内出现。开始症状表现为手足震颤、阵发性发绀、嗜睡、对外界反应差、吸吮差、哭声小,继而面色苍白、心动过速、惊厥、昏迷,若经静脉注射葡萄糖后症状迅速消失,即可考虑本病。

对低血糖的患儿,轻症可给予白糖水或葡萄糖口服,重者可给予静脉点滴葡萄糖注射液。

表21　胎儿生活与新生儿生活比较

| 特征 | 胎儿生活 | 新生儿生活 |
| --- | --- | --- |
| 环境 | 羊水 | 空气 |
| 温度 | 相对恒定 | 随大气而变化 |
| 刺激 | 最低限度 | 各种刺激促使所有感官活动 |
| 营养 | 来源于母体 | 依靠消化系统的功能 |
| 氧气 | 由血流通过胎盘输入 | 由呼吸道入肺 |
| 代谢排泄 | 通过胎盘排入母亲血液 | 由皮肤、肾、肺、消化道排出 |

## 十六、早产儿要注意防感染

早产儿抵抗能力差,要特别注意防止感染。
(1)注意清洁皮肤,预防皮肤感染。
(2)脐部护理要精细。
(3)尽量少与外人接触,避免外人到婴儿室看望孩子。

(4)喂母乳时,要洗手,乳头要清洁。
(5)母亲感冒,要戴口罩,或避免接触小儿。

## 一、孩子发烧时应注意观察

　　孩子发热是小儿常见的症状,许多疾病都可以引起发热。婴儿发热时家长可注意以下几点:

　　注意室温是否过高。在炎热的夏季,气温很高,婴儿自身调节体温的能力又差,妈妈抱着婴儿时热气不易散发,使体温升高。但是这种发热一般时间不会太久,再给孩子放在凉爽的地方,稍微扇一扇,给孩子饮一些清凉的水果汁,或给孩子洗一个温水澡,几小时后体温就会降到正常。在冬季,如果室内温度过高,婴儿又包裹得过多,也会使婴儿体温过高。遇到这种情况,可适当打开包裹散热,把体温降到正常。

　　注意是否有感染的情况存在。由于感染引起孩子发热是经常出现的情况,感染的原因很多,下面介绍常见的几种:

　　婴儿出现发热,同时有鼻塞、轻微咳嗽、不爱吃奶等症状,说明婴儿患有感冒。此时要注意多给孩子喝水。食欲差、吃得少没关系,待感冒好了,食欲自然也就好了。如果孩子鼻子堵得厉害,影响吃奶和睡眠,可给孩子滴1~2滴0.5%的小儿呋麻液。先在一侧鼻孔滴一滴,隔几分钟后,再给另一侧鼻孔点一滴,一日可3~4次,不可过量。也可用稍热一点毛巾热敷前囟门与鼻孔,但要注意温度不能过高,以免烫伤孩子。千万不要给孩子用滴鼻净或成人用的滴鼻剂,以免发生中毒。还可给孩子口服小儿感冒冲剂、至宝锭、妙灵丹等中药。当然最好还是到医院请医生治疗。

　　如果孩子发热不退,咳嗽逐渐加重,就要想到孩子是否患了气管炎、肺炎。此时孩子嗓子呼噜、喘气较粗、咳嗽时可引起呕吐、鼻子一扇一扇地、口周发青、烦躁不安、爱哭闹,遇到这种情况应立即带孩子到医院看病。

中耳炎也会发烧。婴儿感冒几天后,突然高烧,哭闹很厉害,左右摆头,当碰患侧耳朵时,因疼痛加剧,哭闹的更加厉害。因疼痛孩子拒绝吃奶,1~2天之后,耳朵里流出脓来,体温有所下降,遇到这些情况要及时就医,会很快好转,否则会转为慢性中耳炎,有引起脑炎的危险。

## 二、小儿发烧与体温的测量

当家长感到孩子不活泼,不爱玩或吃饭不香时,别忘了给他测测体温,看他是否发烧了。

有的家长只用手摸摸孩子的前额,这是很不准确的。有时候孩子体温正常,摸着他的头也许感到有点发热。有时候孩子低烧,摸着感觉是正常的。还有的时候是家长的手太凉或太热,所以不能正确估计出孩子是否发烧。最准确的方法是测量体温。

给孩子测体温不能放在口里,因为他也许会把体温计弄碎,割破口、舌或咽下水银,这是很危险的。给婴儿测体温只能从腋下或肛门测量。在量体温之前,先将体温计中的水银柱甩到35℃以下,然后把体温计夹在小儿腋下,体温表要紧贴小儿皮肤,不要隔着衣服。由家长扶着小儿的手臂约3~5分钟,取出观察体温表上的度数。

小儿的正常体温是36℃~37℃(腋下)。

如果小儿发烧,应让他卧床休息,多喝开水,体温太高可以物理降温,如酒精擦浴,冷毛巾湿敷、头枕冷水袋等,也可服退烧药片。

家长还要观察一下孩子其他的症状,如是否呕吐、腹泻、咳嗽、气喘等等,以便带他去医院看病时给医生详细地介绍,协助医生做出正确的诊断。

看病之后,就要按医嘱吃药,只要没有出现特殊情况,就不要接连不断地再去医院。

## 三、小儿高烧与抽风

由于小儿神经系统发育不完善,大脑皮层的抑制能力较差,所以,受到刺激容易发生抽风,医学上称为惊厥。小儿惊厥的病因很多,其中高热引起的最为多见,多发生于6个月～6岁的小儿体温骤然升高时,每次惊厥时间不超过10分钟,能够自行缓解。一次发病中一般只抽一次。抽风后,神志清楚。这种抽风,神经系统没有异常的改变,预后也比较好。如果小儿第一次惊厥发生在6个月之内或上学之后,而且抽风时不发烧或低烧,抽风持续时间较长,并且反复多次发作,很可能是神经系统有异常病变,易发生癫痫。当小儿抽风时,家长不要慌张,要让患儿平卧,解开上衣领口,用干净纱布或手绢包上筷子,放在上、下磨牙之间(不要放在门牙之间),以防咬伤舌头。如果患儿牙关紧闭不要强行插入,以免起引口唇、牙齿损伤。让患儿头偏向一侧,避免呕吐物吸入气管而发生窒息。同时可有手指尖掐人中、合谷穴,用湿冷毛巾敷前额,头枕冷水袋,以达到止抽、降温的目的。随即送就近医院诊治。如小儿过去曾有高热惊厥病史。当发现小儿发烧时,就要及时服镇静退烧药,如阿鲁片(也称阿苯片),避免小儿高热后再次引起惊厥。

抽风持续时间越长,发作次数越多,造成缺氧性脑损伤的可能性越大,也就是说越容易对智力造成影响。所以,在抽风发作时,应设法立即制止。有惊厥史的小儿,就注意预防,避免抽风再次发作。同时应在烧退病好之后,到医院作一些必要的神经系统检查,若确诊为癫痫要按医嘱坚持服药。

## 四、什么是发热的热型

发热温度的高低,时间的长短,是所患疾病的症状。因此,不同的疾病,在发热的表现上常有所不同,这对医生诊断疾病及估计病情有很大意义,在带患儿看医生时,家长要向医生介绍发热的情况。

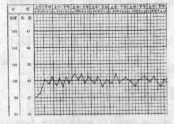

图40 长期发热的体温曲线

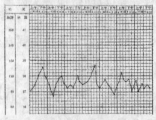

图41 不规则热型的体温曲线

(1)长期低热:较长时间持续发热,不超过38.5℃。

(2)颠倒热:病人白天不发热,夜间发热,或是上午发热,下午退热。

(3)不规则热:病人发热的时间、高低无规律。

(4)稽留热:患者体温升到39℃以上,停留在高热不平,一天内体温波动不超过1℃。

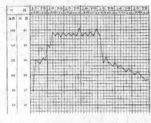

图42　稽留热型的体温曲线　　图43　弛张热型的体温曲线

(5)弛张热:患者体温昼夜之间波动较大,常超过1℃以上,但最低温度可在正常水平以上。

(6)间歇热:体温突然上升后持续数小时又降至正常,并如此反复。

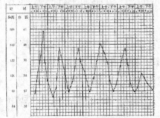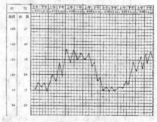

图44　间歇热型体温曲线　　图45　周期热型体温曲线

(7)周期热:病人体温在数小时内上升至高峰,稽留数日后,逐渐降至正常。过一段时间后体温再升高,呈周期性反复。

(8)双峰热:病人高热,在1日内有2次波动,在曲线表上可见双峰。

(9)双相热:病人第一次发热持续数天后,有一次退热期,以后又发生第二次发热,再持续数天后完全退热。

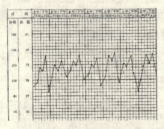
图46 双峰热型的体温曲线

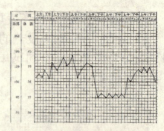
图47 双相热的体温曲线

## 五、发热对孩子有什么影响

如果孩子发热时间短,体温又不高,那么一般影响不大。但如果体温高,持续时间长,则会影响孩子的生长发育。

(1)发热会增加心脏负担。发热时心率会加快,每增加1℃,心跳会加快10次/分。

(2)高热可降低小儿的抵抗力。长时间发热,孩子的体力及抵抗力逐渐降低。

(3)高热时体内各种营养素代谢加快,氧消耗增加,消化机能减退,可发生腹泻、失水和酸中毒。

(4)长时间高热可损伤脑及神经系统。一般来说,发热越高持续时间越长,对脑的损害越大。发热早期出现头痛、烦躁、头晕、失眠等,以及发热时间过长出现的昏迷,都是对脑损伤的表现。如果体温超过42℃,不及时处理,患儿将有生命危险,肛门温度超过41℃,可使脑子发生永久性损害。

## 六、发热时孩子的小便颜色为什么较深

尿液里有尿色素,正常人的尿液是淡黄色的,如果喝水多,尿液就增多,尿的颜色就浅一些。发热时,人体内的水分由皮肤和肺排出,而尿量减少,尿色素在尿中的浓度增高,尿液的颜色也就逐渐变深。

因此,孩子发热时要多饮水。发热时呼吸加快,出汗多,体内水分减少。同时,维生素损失过多。患者可多喝米汤、牛奶、果汁、菜汤和粥等。

## 七、你会给孩子试体温吗

### 1. 最合适的测体温时间

在发热刚开始时可每隔 4 小时试一次体温,时间为早上 8 点,中午 12 点,下午 4 点,晚上 8 点,半夜 12 点,清晨 4 点。这样一天测试 6 次,可较细致观察孩子的病情,在确诊以后,可每日上午和下午各试一次。高热病人在物理降温或服用退热药后,可半小时试体温一次,观察降温效果。

### 2. 测试体温的方法

(1)腋下测温法:先将体温计汞柱甩到 35℃ 以下。将体温表放入腋下,水银柱放在腋窝中间,将温度计夹住。如腋下有汗要擦干。10 分钟后取出体温表,看表上温度。

(2)肛门测温法:肛门测温要使用肛表,将汞柱甩到 35℃ 以下。在肛表头抹上少许肥皂或食用油。病人屈膝侧卧,将表从肛门轻轻插入 2~2.5 厘米,对小婴儿,只需将肛表水银头放入肛门即可。3 分钟后将体温计从肛门取出,用纸巾将体温计头擦拭干净,看体温。

(3)口腔测温法:将口表汞柱甩到 35℃ 以下。将口表放入病人舌下,叫病人闭住嘴用鼻呼吸,3 分钟后看温度。口腔试体温虽然简便,但不适于小儿。

### 3. 测试体温的注意事项

(1)腋下测温时皮肤要贴紧。

(2)试体温前不要喝热水,不要使用热水袋等。

(3)运动时和劳动时测试体温不准确。

(4)腹泻病人不要做肛门测试。

(5)使用口表破裂吞下水银,可口服大量鸡蛋清或牛奶,多吃韭菜,有特殊症状送医院治疗。

## 八、为什么不能乱用退热药

孩子发热,在未经医生诊治之前,不要随便给孩子服用退热药。

(1)乱用退热药可使病情出现假象。未经医生诊断,用了退热药,医生观察到的病情不是真实的病情,使医生判断错误,耽误治疗。

（2）儿童使用药量与成人不同。乱用退热药，使孩子出汗过多，可出现虚脱。

（3）退热药只是降低体温，不能消除发热的病因。

（4）经常服用退热药，对病人有副作用。

什么情况可使用退热药呢？一是高热，物理降温不起作用时；二是为预防高热惊厥时；三是按医生嘱咐使用。

## 九、儿童慎用阿司匹林

阿司匹林，是家庭必备药之一。除了常用于伤风感冒、头痛、肌肉痛、关节痛以外，也用来防治心脏病、脑血栓等疾病。

然而，经常大量使用，却会产生一些不良反应，尤以儿童最为突出。例如，有的人服用阿司匹林以后，会引起哮喘、皮疹、多形性红斑和血管神经性水肿等过敏反应，其中以哮喘较为常见，一般于用药后半小时左右发生，同时还伴有大量流鼻涕、出汗，或有腹痛、腹泻等症状；也有的人感到胃部不适，恶心呕吐，甚至发生缺铁性贫血，这是由于阿司匹林能抑制前列腺素合成，促使胃酸分泌增多，同时又抑制胃部黏液分泌，使胃黏膜的保护作用显著减弱。再则阿司匹林又是酸性药物，能直接刺激胃黏膜，故极易发生溃疡出血。

阿司匹林对肝、肾等内脏也有一定的损害作用，严重者会并急性肾功能衰竭，故儿童用药要特别提高警惕。

此外，儿童的第八对脑神经对阿司匹林异常敏感，用药后可产生眩晕、耳鸣、耳聋等症，停药后听觉功能恢复缓慢，甚至造成永久性耳聋。长期反复应用此药，还能抑制骨髓造血功能，导致白细胞、血小板等明显减少。

有些国家已采取措施，例如在阿司匹林药瓶上，贴上警告标签"16岁以下的儿童与少年患流感、水痘或其他病毒性感染，不得擅自使用。"因此，此药应在医生指导下使用。

## 十、小儿上呼吸道感染

我们把气管以上鼻、咽及喉称为上呼吸道，气管以下称下呼吸道。上呼吸道感染简称上感,是小儿科最常见的疾病之一。

正常时,上呼吸道存在着许多病毒和细菌,由于上呼吸道黏膜的保护作用以及人体的免疫能力,这些病毒和细菌能与人和平共处而不诱发疾病。当人体受凉、过劳、惊恐、过食之后,身体抵抗能力降低,这些病毒和细菌乘虚而入,就可以发病。人们常把着凉与感冒等同起来,其实着凉只是诱因,真正患感冒的原因还是病毒或细菌的感染。中医常讲小儿感冒与停食(过食亦可使身体抵抗力降低)、着凉有关,这是有道理的。

病毒是上感的主要病因,约占90%以上。细菌引起的上感比人们想像的要少得多。常见的细菌为链球菌、肺炎双球菌和葡萄球菌等,其中链球菌是急性咽炎和化脓性扁桃体炎的主要病原体。

小儿上感是最常见的疾病之一,其轻重程度不一。年龄大一些的孩子一般症状较轻,而婴幼儿则重症较多。

1. **轻症上感**

亦称普通感冒。极轻者只以鼻部症状为主,如鼻堵、流清鼻涕、打喷嚏等,也可有流泪、轻咳和咽部不适。检查时除咽部发红外,一般无其他发现。可在3~4天内自然痊愈。病变比较广泛的可有发热、咽痛、婴幼儿可伴有呕吐。检查时咽部充血明显,扁桃体可有轻度肿胀。体温大多在3~5日恢复正常。

普通感冒是一种可以自愈的疾病。但应加强护理和对症治疗,患儿注意休息,保证水的摄入量,室内温度不宜过高。吃奶的婴儿可将奶量稍减少,大些的孩子给予流食或易消化的软食。发烧可服用退烧药,婴幼儿为防止高热惊厥可以应用阿苯片。5岁以下小儿不能服用APC,因为APC中含有兴奋剂咖啡因,而婴幼儿神经系统发育不完善,容易诱发高热惊厥或出现精神症状。服退烧药时应多喝一些白开水,以帮助退烧。咳嗽者可用一些止咳药,如复方甘草合剂、枇杷露糖浆、小儿止咳糖浆等。普通感冒一般不用抗生素,可选用小儿感冒冲剂、小儿感冒散、板蓝根冲剂等中药制剂,一般3~5日就可痊愈。

2. **病毒上感**

病毒引起的小儿上感较为常见,可在冬春季发生,亦可在盛夏发病。婴幼儿和年长儿均可发生,以婴幼儿更为常见。

病毒上感起病较急,发热是其主要症状。体温可达39℃~40℃或更高,并伴有发冷、头痛、全身不适、食欲低下、睡眠不安等症状;有的伴有流鼻涕和流泪;有的开始频繁咳嗽和咽痛;有的婴幼儿由于高热可引起抽风,还有的伴有腹部疼痛。病儿高热一般持续5~7天,也有长达1~2个星期甚至3个星期的。检查可发现患者咽部明显充血,有时呈鲜牛肉色。有的眼结膜亦充血。有些病人咽部出现小疱疹或溃疡,医生常诊断为"疱疹性咽峡炎"。这种病人咽痛明显,常影响吞咽。但有些病毒上感患儿除高烧外常无其他症状,不流鼻涕亦不咳嗽,检查除咽部充血外,再无其他发现;有的患儿甚至连咽部充血也较轻微。

患儿发高烧,病程比普通感冒长。许多家长要求大夫打针或用好药,有时自行决定使用抗生素。其实,一般抗生素对病毒是没有治疗效果的,相反由于抗生素的滥用还有遭致耐药细菌继发感染的可能。因此,病毒上感除加强护理和对症治疗外,可以应用中药煎剂进行治疗。当然,有时在诊断病毒上感时不能排除细菌感染的可能。

### 3. 急性咽炎和急性扁桃体炎

急性咽炎是指那些发烧、咽痛,无流鼻涕和咳嗽等症状,可见整个咽部极度充血,甚至有白色分泌物的患者。急性扁桃体炎症状与急性咽炎类似,但以扁桃体肿大充血为主,有的在肿大扁桃体上可见脓性分泌物,常诊为"化脓性扁桃体炎"。急性咽炎和急性扁桃体炎病人,常伴有颌下或颈部淋巴结肿大,触痛。

急性咽炎和急性扁桃体炎常由细菌感染引起,特别是溶血性链球菌较重,除可并发颌下淋巴腺炎、喉炎、化脓性中耳炎外,还可能并发急性肾炎、风湿性关节炎和风湿性心脏病等疾病。

急性上呼吸道感染是许多疾病早期都有的症状,如麻疹、风疹、幼儿急疹、猩红热和流行性脑脊髓膜炎等,起病时均有类似症状和体征。有的疾病,如流行性脑脊髓膜炎,如不能及时确诊,将会延误治疗,造成不良后果。因此,在诊断上感时,一定要注意有无上述传染病接触史,并注意发现应有的体征,必要时检查白细胞总数及分类等化验,以期正确诊断。病毒与细菌引起的上感,有时较难区分,白细胞化验只供参考。一般病毒感染白细胞降低或正常;细菌感染则白细胞总数增加,总之,应全面分析,化验只能作为诊断的依据之一,而不能单凭一项化验确诊。

上感是一种最常见的疾病,有的孩子,尤其是3岁以下婴幼儿,一年可能患几次、十几次,甚至几十次感冒,因此,有人认为上感是一种难以预防的疾病,其实不然。

预防上感要加强全身和呼吸系统的锻炼。有的家长天一冷就给孩子穿许多衣服,加上室温过高,孩子经常出汗,易患感冒。对孩子保暖是对的,但要根据情况适时增减衣服,要让孩子坚持一定的户外活动,接受冷空气的刺激,锻炼呼吸系统对寒冷的抵御能力。室内应定时通风,使空气新鲜,病毒和细菌含量减少。

应避免孩子与感冒患者接触,父母感冒后尽量少接触孩子,必需喂奶或护理婴儿时应戴上口罩。尽可能不带孩子去公共场所,如非去不可,要尽量缩短时间,并给孩子戴上口罩。如果到户外或街上去,就不必戴口罩。让孩子接受一些冷空气刺激是没有坏处的。一般情况下,药物预防收效是不大的。

婴幼儿免疫功能不完善。2~3岁以下,尤其1岁以内的小儿患感冒次数比大一些的孩子和成人多一些,这是正常情况,待孩子长大,免疫功能逐步完善后,感冒次数自然会减少。有人企图用胎盘球蛋白或丙种球蛋白去增加孩子的免疫功能,以减少感冒,这是徒劳无益的。

## 十一、不要轻视扁桃体炎

扁桃体炎不是一种大病,主要症状是发热、嗓子痛、咳嗽等。引起扁桃体炎的原因是溶血性链球菌感染。溶血性链球菌很常见,在空气中就存在,当孩子抵抗力下降时,溶血性链球菌就会引起扁桃体发生。扁桃体发炎并不可怕,可怕的是扁桃体发炎后诱发的大病。

溶血性链球菌感染后会诱发哪些病呢?

(1)急性肾炎。出现眼睑、下肢浮肿、血尿、高血压、头痛、蛋白尿。

(2)出血性紫癜。扁桃体炎后1~2周内手脚出现紫色小斑点、关节肿痛、腹痛、便血、肾炎。

(3)风湿热。发热,关节红肿,皮下结节,红斑,心肌炎。
(4)猩红热。高热、咽痛、全身红疹、草莓舌。
(5)颈部淋巴结炎。颈部淋巴结肿大、压痛。

为早期发现早期治疗,在扁桃体炎治愈后2~3周内,要给孩子检查起床后第一次尿。

要注意孩子的皮肤有没有紫色斑点、环状红斑、红色皮疹、皮下结节。

扁桃体炎后持续发热要及时检查有无其他疾病发生。

## 十二、感冒是大病之源

感冒的症状是多种多样的,可有以下类型:
(1)鼻咽喉型:流鼻涕、打喷嚏、鼻塞、流泪、咽喉疼。
(2)支气管型:以咳嗽、发热为主,病情按以下顺序发展:上呼吸道炎症→气管炎→支气管炎→肺炎。
(3)皮疹型:发热、腹泻、出小皮疹。
(4)胃肠型:恶心、呕吐、发热、腹泻、便秘、腹胀、腹痛、消化不良。
(5)肌肉痛、头痛、神经型:肌肉和关节疼、无力、头痛、发热。
(6)混合型:上述症状混合,不是典型的某一型。

感冒虽然症状让人很不舒服,但它很快就能痊愈,可是感冒很容易发生合并症,如肺炎、心肌炎等,病情就严重了。

另外,由于感冒的症状多种多样,许多严重的大病初起时症状很像感冒,就使家长误认为孩子得了感冒,耽误了早期诊治。

### 1. 咳嗽

感冒免不了咳嗽,如果孩子患感冒仅是夜间和早晨咳一阵;或上午咳,傍晚和夜里不咳,或临睡时咳,睡觉以后不咳,都不用太担心。

如果出现以下情况就不能大意:
(1)夜里比白天咳得厉害,而且渐渐加重。
(2)随着发热,咳嗽也加重了。
(3)经常轻声咳,但痰咯不出。
(4)咳嗽时嗓子里有呲呲的喘声,呼吸急促。

(5)吸气时嗓子里有呜呜声,咳嗽像狗吠。

## 2. 脱水

孩子感冒以后,出现腹泻、呕吐、发高烧,尿的次数减少,出现脱水,使病情突然加重。因此在孩子腹泻,高热时,要注意补充水分,在孩子喝的水中,加一点盐,不要给他油腻、味浓、糖分多的食物。

## 3. 小心流脑

流脑(流行性脑脊髓膜炎)早期症状和感冒一样,发热、食欲不振、乏力、呕吐,当病情发展后,婴儿会出现囟门隆起,精神呆滞,呕吐、高热。大孩子出现脖子发酸、头痛、神志昏迷、休克。

## 4. 猩红热

孩子有感冒的症状,体温不太高,也没有全身的皮疹,家长常常不会想到孩子是患了猩红热。可现在猩红热往往就这样不典型,轻型的猩红热也不能大意,它可能发展成肾炎,或并发中耳炎、颈淋巴结炎、脑脊髓膜炎、败血症、风湿热等,因此,孩子患了"感冒",不要大意,要注意观察是不是感冒。

## 5. 风湿热

风湿热的早期症状和感冒完全相同,很容易漏诊。风湿热不仅会发生风湿性关节炎,还容易发生风湿性心脏病。如果感冒持续发热,关节疼,就有可能患了风湿热,可以到医院通过血液,心电图检查来诊断。

## 6. 糖尿病

孩子患感冒以后继续发展,可引起糖尿病。小儿患糖尿病,老想喝水,容易疲劳,吃得多但消瘦,皮肤干燥,呕吐,腹痛,嗜睡。

幼年型糖尿病的病情发展快,应及早治疗。

## 7. 肝炎

肝炎的早期症状和感冒很相似,特别是无黄疸型肝炎。开始发热,无力,食欲不振,恶心呕吐,腹胀。往往要靠血液检验才能诊断。

肝炎是病毒传染的疾病,有时正是因为孩子患感冒身体抵抗力下降而被感染。

## 8. 心肌炎

孩子患病毒感冒以后数日到1个月后,突然心率异常,咳嗽,呼吸困难、胸痛,是患了心肌炎。婴幼儿发病很急。大些的孩子则症状明显。得了心肌炎,必须住院治疗。

## 十三、小儿感冒与腹痛的关系

小儿常以腹痛来医院就诊,经查体确认为上呼吸道感染,这是怎么回事呢?小儿感冒时常有腹痛的症状,而且腹痛症状比其他症状出现的要早,疼痛特点常为脐周阵阵隐痛,用手按上去,小肚子是软的,无明显压痛。这是因为小儿常有寄生虫史,体温高时肠道温度也高,寄生虫在肠道内也感到不适而骚动,刺激肠道蠕动增强而导致腹痛。另外小儿肠道淋巴结组织比较丰富,感冒时肠道淋巴系统直接接受到病毒和细菌的侵害,而引起淋巴结肿大发炎,也可引起腹痛。

如果患儿长时间持续明显腹痛,就应考虑到其他急腹症的可能,要及时请医生诊治。

## 十四、怎样及时发现孩子得了肺炎

孩子患上感2～3天后出现持续性咳嗽、喘憋、呼吸困难、发热、吃奶不好,以至烦躁不安、鼻翼扇动,口周发青,这都是肺炎的症状。

轻度小儿肺炎治疗效果很好,用抗生素治疗7～10天基本上就痊愈了。也有小儿在冬春季节得了腺病毒肺炎,临床症状较重,高烧39℃～40℃而持续不退,由于肺部大片炎症病变,呼吸面积减少,呼吸快而表浅,精神萎靡、不进饮食、四肢凉、嗜睡,病情危重可合并中毒性脑病。危重情况可持续10天到3周,如有这种情况必须住院治疗。

还有一种支原体肺炎,是由一种比细菌小比病毒大的微生物引起的肺炎,临床症状一般较轻。患病初期表现频繁干咳,痰量逐渐增多,发热可低可高,头痛、嗓子痛,查血白细胞多数不高,用抗生素治疗效果比较好。

## 十五、小儿肺炎

小儿肺炎是危害小儿健康最大的疾病之一。

小儿肺炎有多种分类方法。按病程分类,病程在 1 个月以内的称急性肺炎;病程在 1~3 个月的称迁延性肺炎;病程在 3 个月以上的称慢性肺炎。按病变部位分类可分为支气管肺炎、大叶肺炎和间质肺炎等。按病因可分为细菌性肺炎、病毒性肺炎、支原体肺炎和霉菌性肺炎等。急性肺炎在小儿肺炎中占的比重最大,也是造成小儿死亡的主要原因之一。急性肺炎中支气管肺炎最多,腺病毒肺炎和金黄色葡萄球菌肺炎病情重,病死率高。

引起小儿肺炎的以细菌和病毒为最多见,细菌有肺炎双球菌、溶血性链球菌、葡萄球菌、大肠杆菌、流感杆菌和肺炎杆菌等。金黄色葡萄球菌对许多抗生素都有抗药性,治疗效果差,易引起死亡。引起小儿肺炎的病毒有腺病毒、麻疹病毒、流感病毒等,各种抗生素对病毒都无效。目前还缺乏对病毒有特殊疗效的药物,因此病毒性肺炎没有特效疗法的药物,腺病毒肺炎可造成流行,引起较多儿童死亡。麻疹肺炎或疹后肺炎也是比较重的,是引起麻疹患儿死亡的原因。

小儿抵抗力低,发生肺炎机会比成人高。年龄越小肺炎患病率越高,其中新生儿和婴儿最易发生,1 岁以后逐渐减少,3 岁以后则显著减少。急性传染病后、外伤或手术后,小儿机体抵抗力降低,容易继发肺炎。营养不良、佝偻病、贫血和先天性心脏病等抵抗力低下,也容易发生肺炎。这类患儿治疗效果差,容易发生死亡。

气候寒冷或受凉,是小儿肺炎的重要诱因,上感或支气管炎未经合理治疗和护理也可发展为肺炎。因此,小儿肺炎主要集中在冬春两季,其中以 12~次年 3 月之间最多。

由于各种肺炎临床表现有较大差别,现就几种常见小儿肺炎分述如下。

1. **支气管肺炎**

支气管肺炎起病或急或缓,多有发热,体温 38℃~39℃,甚至达 40℃ 以上。弱小婴儿或新生婴儿发热不高或不发热。咳嗽是肺炎主要症状之一,早期干咳无痰,继而咳有痰声。婴儿不会主动吐痰,痰在喉中常呼噜很长时间。重症病儿可出现呼吸困难,表现为呼气时有吭吭声、呼吸浅表、增快,每分钟可达 40~80 次。有时出现鼻翼扇动、脑骨上凹、锁骨上凹、肋间隙和上腹部随吸气而出现凹陷、口唇周围、鼻根、甚至指甲床出现青紫。更严重的患儿头向后仰，以利呼吸。医生用手指叩打胸部，由于炎症时肺部实化和含气减少，而出现低沉的声音，称为浊音。听诊时在胸部可听到像水沸腾时冒出的水泡声，称啰音。湿啰音越细表示病变越靠呼吸道末端，细湿啰音则表示肺泡的病变。支气管肺炎还影响患儿的其他系统，可出现呕吐、腹泻、腹胀。心率加快达每分钟160～200次，脉搏微弱、肝脏增大、颜面及下肢浮肿，为并发心力衰竭的表现。有时四肢发凉、面色发灰、血压降低，则为末梢循环衰竭。患儿常表现为烦躁不安或嗜睡，有的还可出现抽风，除高热、缺钙等原因外，并发化脓性脑膜炎或中毒性脑病也可引起抽风。

化验检查时白细胞总数大多增高，一般可达15000～30000，分类中性白细胞占60%～90%。杆菌引起的肺炎白细胞可降低。胸部X光透视或照片可发现肺部阴影，并可伴有肺气肿。

支气管肺炎只要治疗护理得当，轻症多在1～2周内痊愈，重症亦可在3～4周内恢复。

2. **腺病毒肺炎**

本病起病急骤，1～2天即开始高热，至3～4天多表现为高热不退，体温常在39℃～40℃以上，起病时即开始咳嗽，常为频繁咳嗽或阵咳。病程第3～6天常出现呼吸困难、喘憋和口周青紫。此时医生检查叩诊肺部出现浊音，听诊有湿啰音外，发病第3～4天后出现精神萎靡、嗜睡，有时萎靡和阵阵烦躁交替出现。严重病例可发生半昏迷和抽风。面色苍白甚至灰暗，心率增快超过每分钟120次，甚至超过200次。半数以上有腹泻、呕吐和腹胀等症状。1/3以上的重症患者可并发心力衰竭，且易继发细菌感染。引起肺部病毒与细菌的混合感染，使病势更为严重。

本病化验检查白细胞总数大都正常或减少，分类无特殊变化。如果发生细菌继发感染，白细胞可增高。胸部X光透视或照片，早期仅出现气管炎样改变，容易误诊。病程3～5天后即可出现阴影，6～11天发展为大片状阴影。

本病病程普通较支气管肺炎长，轻症常在7～11天骤然退热，但肺部阴影需2～6周才能消失。重症患者于病后5～6日逐渐加重，10～15天方能退热，而肺部病变需1～4个月才能恢复。有的肺内病变不能恢复,可能发展为支气管扩张症。本病死亡率高,约占10%左右,高于其他肺炎。死亡多发生在病程第10~15日。

### 3. 大叶肺炎

大叶肺炎一般由肺炎双球菌引起,发生在成人和3岁以上儿童中。起病急剧,突然高烧、头痛、烦躁不安和全身乏力。体温可高达40℃~41℃,呼吸急促,每分钟达40~60次,呼气呻吟,鼻翼扇动,病初数日不咳或仅有轻咳,以后咳嗽加重,晚期有痰。年长儿和成人可出现寒战、胸痛和带有铁锈颜色痰。少数病人可出现腹痛。病程第2~3天以后医生检查叩诊出现浊音,听诊有管状呼吸音和湿啰音。胸部X光透视可见到大片状阴影。有的孩子发病12或24小时内出现面色灰白、神志不清、四肢发凉、脉搏加快、心音无力和血压下降等表现,临床上称为末梢循环衰竭或休克。此时肺部检查,包括胸部X光透视和照片,均不能发现肺炎的存在,极易误诊,并易造成死亡。

本病只要经过合理治疗,一般体温在5~10日均可骤退,肺部病变亦可在一星期左右恢复。

### 4. 金黄色葡萄球菌肺炎

金黄色葡萄球菌肺炎简称金葡肺炎,是由金葡菌感染所引起的。多见于1岁以下婴儿。一般常有1~2日上呼吸道感染或有数日至1周的皮肤小脓疱病史。突然出现高热,继而迅速出现咳嗽、呼吸加快、喘憋、口唇周围青紫、心率增快、呕吐腹泻、腹胀、嗜睡或烦躁,严重者出现抽风。有的出现中毒性肠麻痹,表现为腹胀如鼓、无大便,呕吐物内有粪汁。也有的发生中毒性心肌炎和中毒性肝炎。金葡肺炎肺组织出现广泛坏死和小脓肿,因此容易合并脓胸、脓气胸和肺脓肿。

化验检查白细胞一般都较高,可达15 000~30 000以上,中性白细胞明显增高,可达70%~90%。也有的患儿白细胞反而降低到5 000以下,但中性白细胞比例仍增高。胸部X光透视和照片除显示炎性阴影外,还常有小脓肿、气肿以及由于肺泡壁破坏而形成的肺大泡。

金葡肺炎由于金葡菌对大多抗生素耐药,故而疗程长,并发症多,治疗效果差,病死率较高。

小儿肺炎由于病因、患者年龄及病情轻重的不同,选择用药也应有所区别。治疗上针对细菌等病原体的治疗;对发烧、缺氧、咳嗽等症状的治疗以及全身支持治疗(即给氧、输血、输浆等)以增强机体的抗病能力。

抗生素是治疗肺炎的重要药物,但要严格掌握适应证合理使用。细菌性肺炎是抗生素的主要适应证,而病毒性肺炎使用抗生素治疗一般无效。大叶肺炎应用青霉素有特效,如皮试过敏不能应用时,可选用红霉素口服或静脉滴注。支气管肺炎一般选用青霉素,亦可选用红霉素。金葡肺炎可选用大剂量青霉素静脉滴注,亦可选用红霉素等二三种抗生素联合应用。抗生素治疗一是不能滥用,要严格掌握适应证,当用则用,不当用则不用。二是滥用抗生素不但容易发生毒、副作用,同时有可能使细菌产生耐药性反而影响疗效。应用抗生素治疗肺炎,其疗效显示需要一定时间,因此不能一二天就更换一种药,一般应在正规用药后三天判定,如病情无好转或发生恶化,才可换药。

中药治疗小儿肺炎已取得较好疗效。通过临床观察证实,用中药治疗普通支气管肺炎,可取得和注射青霉素以及中药加青霉素同样的治疗效结果。腺病毒肺炎由于缺乏特效治疗,一般采用中药、全身支持疗法和对症治疗等综合措施。

对肺炎病人的科学护理与治疗效果有着密切关系。环境应安静、整洁、舒适。在保证患儿的休息,避免过多的诊疗措施。室内要经常通风换气,并保证必要的空气湿度,一般相对湿度以55%左右为宜,可采取加湿器。还可以为患儿采用冷空气疗法,方法是将患儿用棉被包严,戴好帽子,只露出面部,打开冷气或窗户,或抱到不生火的冷室,一般温度最好在5℃~10℃,最低不低于零下5℃。经过5~10分钟,烦躁的病儿常安静入睡,呼吸均匀,面色转红,可延长到半至1小时,每日2~3次。如喘憋不见好转,则需输氧代替。患儿由于高热和呼吸加快,水分消耗大大增多,因此应注意保证足够液体入量(包括人奶、牛奶、白开水、糖水、米汤、菜水和果汁等)的供给。热退后应给以粥、面片、蛋羹等半流食,并根据病情的好转而不断增加,以保证患儿足够的营养。

肺炎是影响儿童身体健康的主要疾病之一,有的孩子一年可能患儿次肺炎,严重影响生长发育和身体健康,因此积极预防小儿肺炎是十分必要的。

加强护理和体格锻炼是预防小儿肺炎的关键。婴儿时期应注意营养,按时添加辅食,多晒太阳,防止小儿营养性贫血和佝偻病的发生。要从小锻炼体格,经常到户外活动,使身体的耐寒和对环境温度变化的适应能力增强。体质虚弱或患有贫血和佝偻病,就容易发生肺炎,而且这些孩子的治疗效果远不如体质好的儿童。

适时增减衣服很重要,孩子穿得太少或太多都容易感冒,甚至继发肺炎。少带孩子到公共场所去,防止交叉感染十分重要。尤其不能让孩子接触有呼吸道感染、百日咳、麻疹和流感等病人。少去大医院也是预防肺炎,尤其是预防金葡肺炎和腺病毒肺炎的一个重要措施。因为大医院重病人多,空气中含金葡菌、腺病毒等病原体较多,对无病或只有轻病的孩子构成威胁。因此,进行健康咨询、体格检查以及治疗感冒等普通疾病,最好就近就医。

体质虚弱,常患肺炎的孩子,可注射肺炎疫苗。

## 十六、支气管炎

急性支气管炎在婴幼儿时期发病较多,常继发于上呼吸道感染,并可为麻疹、百日咳等急性传染病的一种临床表现。发生支气管炎时,气管大多同时发炎,实际上可以说是气管支气管炎。

有些以喘为主要症状的急性支气管炎,其病因、临床表现和治疗与一般急性支气管炎有所区别。以喘为主要表现的慢性支气管炎,称为"支气管喘息"或"支气管哮喘"。

一般急性支气管炎病原是各种病毒或细菌,或病毒与细菌的混合感染。引起上感的病毒或细菌均可成为支气管炎的病原体。

小儿喘息性支气管炎(或哮喘)常与感染有关。病毒或细菌感染引起变态反应,使支气管痉挛,管腔变得狭窄而出现喘息的症状。其中有些患儿可能与过敏因素有关,过敏原有各种花粉、粉尘、霉菌孢子、羽毛或动物皮毛等。

急性支气管炎发病可急可缓。大多先有上感症状,也可忽然出现剧烈干咳,以后逐渐有痰。婴幼儿不会把痰咳出,常在咽部呼噜一段时间,然后咽下。一般症状或轻或重,轻者无明显病容;重者发热,甚至可高达40℃以上。感觉疲累,影响睡眠和食欲,甚至发生呕吐、腹泻等消化道症状。整个病程约1～2周,也有至3周以上的。有的好转后又可加重,若不经治疗可引起肺炎。

咳嗽是急性支气管炎主要症状之一。咳嗽是人体的一种保护性反应,通过咳嗽可以将痰或异物排出体外,以免阻塞呼吸道或引起继发感染,从这一角度看,咳嗽对人体是有益的;但咳嗽影响休息,给人以痛苦感觉,影响食欲并可引起小儿呕吐,剧咳还能引起眼结膜下出血,或由于呼吸道损伤而出现痰中带血、气胸或皮下气肿等。小儿急性支气管炎和肺炎引起的咳嗽与上感不同,因为其下呼吸道有分泌物,因此不宜使用镇咳药,而只能用祛痰药或祛痰止喘药。如果用镇咳药,咳嗽虽可被遏止,但下呼吸道内痰液滞留,可加重感染,甚至引起肺炎。

喘息性支气管炎或哮喘急性发作,患儿以喘为主要症状,可以伴有咳嗽和发热,但体温常不会很高。喘时轻重不等,轻者只有医生听诊时发现肺部有喘鸣音;重者吸气时胸骨上凹、锁骨上凹、肋间隙和上腹部明显凹陷,呼气时有咝咝的哮喘音,有时距病人很远也能听到。有的鼻翼扇动,口周发青,口唇青紫。由于支气管的痉挛和管腔狭窄,使空气在肺内排出困难,医生检查或照胸部X线透视时可发现肺气肿。喘时心跳加快,肝脏由于肺气肿而向下推移,并可能发生心力衰竭。

急性支气管炎可以采用中药或西药治疗。西药治疗一般采用抗感染和对症治疗两类药物。抗感染一般常用青霉素或红霉素等。由于临床上较难区分病毒还是细菌感染,故一般均给以一种抗生素。对症治疗中除退热药外,还需给祛痰药,如氯化铵液及小儿止咳糖浆等,而不能应用咳平及咳必清等镇咳药。

喘息性支气管炎或哮喘患儿应同时给予止喘和镇静药。

止咳药常和祛痰药配合使用。服止咳药时,必须严格按照规定剂量,不能随意加大。对反复发作的喘息性支气管炎或哮喘病儿,可送医院检查,寻找过敏原,采取脱敏疗法。

家庭护理支气管炎或哮喘病儿,要注意室内空气新鲜,定时开窗换气,室温不要过高。因咳喘可使呼吸道丢失许多水分,使呼吸道黏膜干燥,痰液不易咳出,因此要少量多次给孩子喝水,定时在地面喷水或使用加湿器。尽量谢绝亲友探访,避免患儿与上感及其他病人接触。

### 附 小儿支气管炎的食疗

生姜10克,饴糖30克。将生姜洗净切丝,放入瓷杯内,以沸水冲泡,盖上盖温浸5分钟,再调入饴糖,频频代茶饮。每天1剂,连服3~5剂。

萝卜1个,白胡椒5粒,生姜10克,橘皮(陈皮)3克,冰糖30克。将萝卜洗净切片,放入胡椒、生姜、橘皮一起煮汤,然后加入冰糖,吃萝卜喝汤。每天1剂,连服3~4天(风寒型)。

生姜汁25毫升,梨汁、萝卜汁、茅根汁各50毫升,蜂蜜100克。将各汁混匀与蜂蜜装入瓷罐内煮沸备用。每次服1汤匙,开水冲服,每天3次,连服数天。

雪梨1个,川贝3克,桔梗3克,白菊花3克,冰糖20克。将雪梨洗净切片,与诸药一起水煎服,分2次服完,每天1剂,连服4~5剂(风热型)。

气管炎或其呼吸道疾病时,咳嗽、咳痰的食疗方法:

经霜萝卜适量,切碎煮汁当茶饮,常服。

黑木耳、冰糖各10克,共煮熟服。

核桃仁15克,捣烂加糖服。

蜂蜜、饴糖(麦芽糖)、葱汁各适量共熬后装瓶,每次服一汤匙,一日二次。

梨一个,洗净切开顶盖,挖去核,填进冰糖,复盖,隔水煮熟服,每晚一次(大便稀薄者不用)。

橘皮10~15克,泡水当茶饮。

白萝卜一个、梨一个、白蜜50克、白胡椒7粒放碗内蒸熟服之,治风寒咳嗽。

以上各法,作为一种辅助治疗措施,可常服。平日也可作为一种预防发病的措施。

## 十七、引起支气管哮喘的诱因

哮喘是过敏性疾病,有引起孩子过敏的原因,一旦了解了孩子对什么过敏,就可以进行预防和治疗。

细心的母亲可以做观察日记,记录孩子每次发作的环境和特殊条件,记录一段时间后,可以归纳总结出一定的规律。

引起支气管哮喘的变态反应原常常是:

(1)由感冒引起的哮喘样支气管炎反复发作。

(2)使用空调,使室内和室外温度明显不同,同时室内通风不好,空调内滋生微生物等原因。

(3)饮食中肉类、酸性食品偏多。

(4)食欲异常旺盛,零食吃得过多。

(5)换季时。

(6)各种刺激性气味。

(7)灰尘。

(8)孩子情绪激动。

(9)食物呛着。

(10)动物皮毛、羽毛。

(11)花粉。

(12)食用糯米类食物。

(13)食用竹笋、山药等。

(14)吃了虾、蟹、乌鱼、贝类、青白色鱼类。

(15)吃了巧克力、奶酪、生鸡蛋、牛奶、冰激凌、阿司匹林等。

## 十八、急性支气管炎的中医治疗

急性支气管炎大都继发于上呼吸道感染。病原为各种病毒或细菌多是在病毒感染的基础上继发细菌感染。

此病开始多有上呼吸道感染症状,以后发生干咳,胸骨后不适,咳时加重。可不发热或38.5℃左右,2~4天即退热。开始咳出黏痰,后变成脓痰。咳重时患儿可呕吐。5~10天痰变稀,咳嗽逐渐消失。

患儿要注意休息,室内温度湿度要适宜,冬天干燥可使用加湿器。要给患儿易消化饮食,多饮水,多变换体位。

年幼患儿继发细菌感染可用抗生素,轻咳的不用止咳药,咳重痰浓的可用止咳糖浆。也可用中药止咳。

**方一**

主治:风寒咳嗽。

药物:麻黄、苏子、桔梗、橘红各3克,杏仁、前胡、柔白皮、枳壳各5克,茯苓6克,甘草1.5克,生姜1片。

水煎服。

**方二**

主治:肺热咳嗽有痰。

药物:硼砂15克,川贝、冰糖各10克、朱砂1.5克。

共为细面。5个月以上小儿每次用0.6克。

**方三**

主治:肺热咳喘,咽喉肿痛。

药物:银花0.6克,犀角1克,黄边1.5克,大黄3克,川贝1.5克,赤勺1.5克,朱砂1克,冰片0.75克,麝香、珍珠各0.06克,甘草0.6克,桔梗、连翘各0.6克。

共为细末。1岁以内每次服1克,糖水或乳汁调服。1岁以上酌情增加

**方四**

主治:咳嗽,痰多气喘。

药物:大黄、榔片、元参、朱砂各3克,黑白丑各0.3克,赤金2时。

共为细末,每服0.3克,白开水送服。

**方五**

主治:久咳不愈。

药物:桔梗、牛蒡子、天虫、紫苏、荆芥、藻荷、杏仁、川贝各3克,五味子1克,甘草3克。

水煎服。

## 十九、气管炎、肺炎的家庭护理方法

气管炎的主要症状是咳嗽和发烧。有些孩子可能合并哮喘。肺炎的孩子除上述症状外,还会有呼吸困难,症状比气管炎要重。

当孩子患了气管炎、肺炎之后应注意:

（1）让孩子充分的休息，保证睡眠，以利恢复。

（2）多喝水，吃易消化有营养食物，如牛奶、豆浆、蒸鸡蛋、烂面条等等。

（3）如果孩子喘得厉害，可把枕头垫高些，让孩子半坐，这样可以缓解呼吸困难。喂奶时要注意防止呛奶，喘得太重的小儿要用小勺慢慢地喂奶。

（4）室内空气要清鲜，若是冷天，开窗通风时不要让冷风直接吹着孩子。屋里不要太干燥，可以在炉子上放一壶水或在暖气下放一盆水，使室内空气潮湿。

（5）按医嘱用药。高烧时可以给小儿物理降湿。

## 二十、几种常见小儿心律失常现象

**1. 窦性心律不齐**

表现为随呼吸而改变，吸气时心率增快，深吸气时更为明显，呼气末期心率减慢。在发热、运动、情绪紧张、哭闹或用阿托品后心律不齐消失。

**2. 窦性心动过速**

表现为小儿正常心率因年龄而异，若新生儿心率超过 200 次/分；1 岁以下超过 160 次/分；1～2 岁超过 140 次/分；2～6 岁超过 130 次/分；7～12 岁超过 120 次/分，则称为窦性心动过速，常见于运动、紧张、哭闹、发热、贫血、出血、休克、心肌炎、心力衰竭等。其他如甲状腺机能亢进及某些药物如阿托品、麻黄素等影响也可引起心率过速。

**3. 病窦综合征**

这是由于窦房结功能衰竭而引起的激动产生和传导发生障碍。小儿可由心肌炎、心肌病、洋地黄中毒、先天性心脏病引起。临床特点是持久而显著的窦性心动过缓，心率不随运动、哭闹、发热而增加。除心动过缓外还可出现阵发性室上性心动过速，所以也称心动过缓-心动过速综合征，简称"快-慢综合征"。

**4. 阵发性室上性心动过速**

此病约有 60% 发生在健康儿童身上，约 5%～10% 病人原有预激综合征，亦可见于上呼吸道感染、先天性心脏病、心肌炎、缺氧、洋地黄中毒、甲状腺功能亢进等。4个月以下小婴儿多见,常突然发作,此时可出现烦躁不安、面色苍白、出冷汗、四肢凉、呼吸急促、拒奶、呕吐、口唇发绀等症状,可持续数秒、数分钟或数小时而突然停止。血压低,听诊时可发现心音弱,心率快而规则,新生儿可达300次/分,婴儿可达200~300次/分,年长儿可达160~180次/分。

### 5. 早搏

正常心脏跳动的起搏点是在心脏窦房结,而早搏是由异位节律点提前发出激动而引起的心脏搏动。按异位节律点出现的部位不同,可分为房性早搏、室性早搏和交界性早搏。这些症状可以通过心电图检查来确切诊断。

### 6. 房室传导阻滞

可由心肌炎、先天性心脏病、风湿性心脏病、药物中毒(如洋地黄)、低血钾等原因引起。按受阻程度可分为Ⅰ、Ⅱ、Ⅲ度。Ⅰ度一般无症状,心电图仪表现P—R间期延长。Ⅱ度可出现心脏漏跳现象。Ⅲ度由于心率过慢,可出现急性心源性脑缺氧综合征,这是十分危险的,需要及时去医院诊治。

## 二十一、先天性心脏病

先天性心脏病是胚胎期心脏血管发育异常造成的畸形疾病,是小儿最常见的心脏病。

先天性心脏病的发病率约为出生婴儿的7‰~8‰,这些病儿不经治疗有30%多会在新生儿期死亡,60%死于婴儿期。

先天性心脏病以室间隔缺损最多,其次是动脉导管未闭、法洛四联症和房间隔缺损。

### 1. 房间隔缺损

是在胚胎发育过程中因障碍使得房间隔发育不良或过度吸收,造成两心房之间存在通道。

小型缺损,可无任何症状,小儿活动正常,在体检时才被发现。大缺损症状发生较早,随年龄表现明显。表现为体型瘦长,面色苍白,指趾细长,易感疲乏。易患呼吸道感染,活动时气喘。严重的可早期发生心功能不全。患儿在婴幼儿期没有明显体征,年龄增大后,听诊可见明显杂音。

小型缺损,没有症状,一般不需手术修补。大缺损手术年龄在 4～5 岁。

**2. 室间隔缺损**

室间隔缺损是小儿先天性心脏病中最常见的一种。

小型缺损一般无症状,缺损随年龄增长而缩小,有人认为约 25% 可自然关闭。大缺损在孩子出生后 1～2 个月后,出现呼吸急促、多汗,体重增长缓慢、面色苍白。患儿常有呼吸道感染,易患肺炎。听诊可见杂音。可通过 X 线检查、心电图检查、心导管检查、心血管造影进行诊断。

室隔缺损可手术治疗,有肺动脉高压者大于 6 个月即可手术。一般手术时间在 4～5 岁。

**3. 动脉导管未闭**

动脉导管未闭是较常见的先天性心脏病。患儿可无症状,多在体检时发现。大部分患儿活动后乏力、气急、多汗。体型瘦长、苍白、易生发呼吸道感染或肺炎。

患儿可经听诊、辅助检查诊断。

此病轻者预后良好,早期手术效果好。重者易早期发生心力衰竭,晚期常见亚急性细菌性心内膜炎。

本病一旦确诊应以手术治疗为主。

**4. 肺动脉狭窄**

轻者早期可无症状,患儿生长发育正常,于体检时发现心脏杂音。有的患者到青壮年才出现易疲劳、气短、心悸等症状。重者在婴儿期即出现青紫和右心功能不全。

肺动脉狭窄可手术治疗。右心室肥厚明显,或常有心悸、气喘等症状,宜早做手术。

**5. 右位心**

右位心指心脏在胸前的右侧,心尖向右。

右位心可分三类:

(1) 镜影心:不仅心脏在右侧,而且左右心关系全部对换,患者常伴胸、腹内脏全部易位,心脏无其他畸形。少数患者只有心脏易位而不伴内脏易位。

（2）心脏右转位：心脏右位，但不呈镜影样颠倒。

（3）混合型：心房与心室易位不协调，如心房不易位，心室则是镜影样。

右位心伴全部内脏易位而心脏无疾病患儿预后好，与正常小儿同样生长。

### 6. 法洛四联症

是临床最常见的先天性心脏病的一种。

这种病最突出的症状是在唇、指、趾甲、耳垂、鼻尖、口腔黏膜等部位青紫。多数患儿在生后3～4个月青紫逐渐明显，严重者出生不久即出现症状。

由于缺氧，患儿呼吸急促，特别在哭闹或吃奶后更加明显，青紫加重。有些患婴在清晨喂奶时突然出现阵发性呼吸困难，若持续时间长，可致惊厥，甚至死亡。

患儿生长发育较迟缓，智能发育亦可落后于正常儿。可发生鼻血与咯血，出现杵状指趾。

此病以手术为主，手术时间一般在2～3岁以上。

## 二十二、心脏杂音

有的孩子在体检时发现有心脏杂音，做完各种检查，跑了几个医院以后，大夫的意见都不一样，有的说是先天性心脏病，有的说不是先天性心脏病，有的说难以确诊，观察观察再说。

判断一个孩子有无先天性心脏病，一般应从病史、症状、心脏检查等方面来综合分析。但是由于先天性心脏病的种类很多，轻重程度也不一样，重的各方面表现都很明显，容易肯定。轻的表现不典型，症状也不多，仅表现在某一方面不正常，这只能凭医生的经验才能做出诊断，当然能做些可靠的检查，得到支持，把握性就更大。

患先天性心脏病时，可以因全身供血不足，生长发育受影响，使孩子身体矮小。因心功能不全而表现出咳喘、浮肿。严重的可见到青紫。由于抵抗力低下、肺里血量增多，孩子经常发烧、感冒。但一些轻的先天性心脏病，上述症状可以完全不存在，孩子生长发育良好，精神、食欲、活动，一切都很正常，与正常孩子没有什么两样。所以，先天性心脏病的症状只是作为诊断的一个条件，但并非是惟一的、必不可少的条件。也就是说,没有先天性心脏病的症状,并不一定完全否定孩子没有先天性心脏病。

心脏有杂音是判定孩子有先天性心脏病的重要依据。一些常见的先天性心脏病,如房间隔缺损、室间隔缺损、动脉导管未闭、法洛四联症、肺动脉狭窄等,均可听到心脏杂音。但有些先天性心脏病可以没有杂音。孩子心脏有杂音也不一定就是有心脏病,因为儿童时期的多种因素均可出现心脏杂音,如贫血、发烧、活动时可产生杂音。这类杂音的出现与心脏本身无关,也就是说心脏是正常的。所以,一般称为"生理性或功能性杂音"。当听到孩子有心脏杂音时,首先要分清是生理性杂音还是病理性杂音,需根据杂音的强弱、响度、部位等方面来判定。这种判定不能靠某种仪器的检查,而主要靠医生的耳朵。因此,对于心脏杂音的性质、判定的结论,就带有人为的因素,出现不同的看法,特别是对于杂音的强弱、响度,会有分歧的看法。这里存在两个问题:一是杂音本身的问题,从强弱、响度来讲,介于生理性杂音与病理性杂音间,说正常又比正常要强些,说不正常又比典型的心脏病杂音要弱些。第二个问题是医生的经验。经验不足,尤其是非专门从事儿科工作的医生。因其对儿科的特点不太熟悉,容易一听到心脏有杂音就认为是心脏病;或心脏杂音已很明显,却认为不够典型,不能说有心脏病。有经验的儿科医生,特别是从事心脏专业的儿科医生,他们经验多,分辨能力强,判定的结论也比较可靠。只要肯定为病理性杂音,就可以确诊有心脏病,至于是先天性还是后天性心脏病,需结合年龄、杂音部位、杂音性质加以区别。

心脏增大与否,也是诊断心脏病的依据,但和前面谈到的症状一样,并非绝对必须具备的条件。也就是说有先天性心脏病时心脏可以增大,但心脏不增大并不能否定先天性心脏病的存在。另外,患后天性心脏病时心脏也可增大。患心脏病时,心脏是否增大以及增大的程度,与心脏病的轻重、类型有关。结合起来看,心脏不增大时症状也轻,如心脏大小正常而孩子的症状很多,病症较重是不可能的。心脏增大与否和杂音的关系不大,所以只要杂音很典型,即使心脏不增大,也应认为有先天性心脏病。一般观察心脏大小多用X线检查,包括透视和照片。如孩子肯定有先天性心脏病,即使透视时见心脏不增大,也最好照个片子(当然,心脏已增大也应照片)。可作为将来心脏是否继续增大的对照比较,对判定心脏病的发展和预后很有价值。

有些家长对心电图检查过于迷信,认为心电图正常,孩子就没有心脏病。其实心电图检查对诊断先天性心脏病的价值没有 X 线检查大。先天性心脏病比较有意义的改变在于心脏扩大或肥厚,这在心电图上得出的结论往往与实际情况出入较大,仅能作参考,即心脏实际上没有增大而心电图可见到肥厚,心脏确实已增大,而心电图却是正常的。如同时又做了 X 线检查,心脏增大与否的结论应以 X 线检查为准。

如果杂音很典型,即使孩子没有症状,X 线检查心脏也不大,仍可以肯定有先天性心脏病,当然程度是轻的。如想找到更有价值的依据,可以给孩子做 B 型超声波或心导管检查,前一种方法简单,无损伤性;后一种比较复杂些,但随着检查技术的不断提高,心导管检查将成为诊断心脏病时普遍采用的安全方法之一。

## 二十三、心脏功能性杂音的判断

在心脏听诊时,能够听到收缩期杂音,不一定说明有心脏病,小儿由于生长发育的需要,新陈代谢旺盛,血流速度较快,健康儿童可有一半以上具有生理收缩期杂音。如杂音性质为柔和吹风性,部位在肺支脉瓣区(胸骨左缘第二肋间)或心尖区,杂音强度在Ⅱ级以下,常常在卧床时清楚,而站或坐立时减弱或消失者,均属功能性杂音,没有病理意义。

## 二十四、怎样检查孩子的脉搏

大一点的儿童(1~2 岁以上)检查方法与成人相同,常用的有两个位置:和腕部。

颈部颈动脉搏动的检查方法:

(1)摸到颈前部的甲状软骨(喉结),用三个指头(或两个指头)尖置于甲状软骨和颈部肌肉之间的凹陷处,即可感觉到颈动脉搏动(图48)。

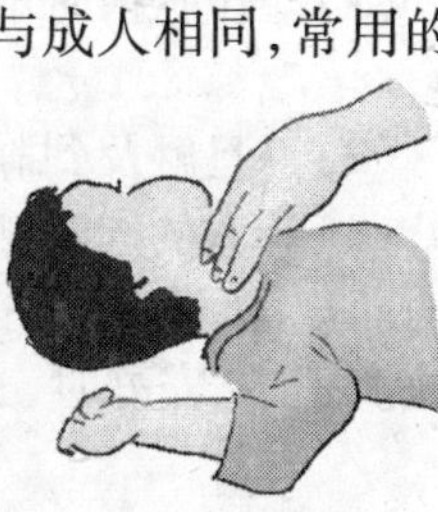

(2)如触及到颈动脉搏动,说明心脏在

图48

跳动,如触及不到说明心脏已停止跳动。颈动脉是体表易于触及到的离心脏最近的、最大的动脉。颈动脉的搏动,在急救时常作为判断心脏是否跳动的依据。

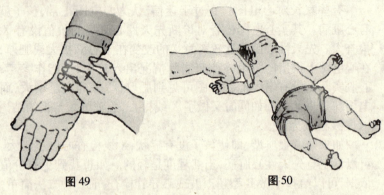

图 49　　　　　　　　图 50

桡动脉搏动的检查方法:

(3)将3个指头尖放在腕部前面、腕横纹上方拇指一侧的凹陷处,即可感觉到桡动脉搏动(图49)。

(4)正常情况下,可通过计数1分钟内桡动脉搏动的次数来计算脉率。

婴儿的皮下脂肪相对较厚,体表标志不明显,不易找到颈动脉和桡动脉的位置,常用的位置在上臂检查肱动脉搏动。两个指头尖在婴儿上臂内侧的中间向骨头(肱骨)上按压,即可触摸到肱动脉搏动。另一只手轻轻按着婴儿的头部,防止婴儿乱动(图50)。

检查脉搏要注意:

(1)触压脉搏时不要过于用力,以免阻断血流,反而感觉不到脉搏。

(2)一旦触及到脉搏,即开始计数每分钟脉搏次数。

(3)计数的同时,感觉脉搏的强弱和规律。正常情况下脉搏是有力而规律的。在兴奋、紧张、运动和患有某些疾病的情况下,脉搏加快。正常、安静时,儿童年龄越小,脉搏越快。

表22　各年龄段儿童每分钟的脉搏次数

| 年龄 | 脉搏(次/分) |
| --- | --- |
| 新生儿~1岁 | 100~140 |
| 1岁~8岁 | 80~100 |
| 8岁~14岁 | 70~90 |
| （成人） | (65~85) |

## 二十五、心肌炎

心肌炎是心肌实质或间质局限性可弥漫性病变，心肌纤维发生退行性变与坏死。多种疾病可引起小儿急性或慢性心肌炎。

以下疾病可引起心肌炎：

### 1. 感染性疾病

（1）病毒感染。许多病毒如腺病毒、柯萨奇病毒、麻疹、流感、副流感、腮腺炎、风疹、疱疹病毒等均可侵犯心肌引起心肌炎。病毒可直接侵犯心肌发生急性炎症，或引起免疫反应而产生炎症，导致慢性心肌炎。

（2）细菌感染。败血症或细菌感染伴严重毒血症时可因细菌直接侵犯心肌或毒素损害而并发心肌炎。金黄色葡萄球菌、流行性脑膜炎双球菌败血症、白喉、伤寒、重症肺炎等均易并发心肌炎。

### 2. 结缔组织病

以风湿性心肌炎最为多见，其他如播散性红斑狼疮、类风湿关节炎等也可致心肌炎。

### 3. 中毒及过敏

某些药物中毒、动物毒素如蛰伤可引起心肌炎，另外药物过敏也可导致心肌炎的发生。

心肌炎起病前多表现为感冒或胃肠道症状，如发热、咳嗽、咽痛、恶心呕吐、腹痛、腹泻等，可有肌痛、关节痛或皮疹。经数日或1~2周后出现心肌炎症状，也有部分病人没有明显的先驱症状。

病情轻的可没有自觉症状,仅有心电图异常。

一般表现为精神萎靡,面色苍白,乏力,多汗,食欲不好,或恶心呕吐,上腹疼痛。大些的孩子可说头晕、心慌、心前区不适或疼痛。

严重的病例则出现心力衰竭甚至急性心源性休克。

实验室检查患儿急性期血沉增快,谷草转氨酶、乳酸脱氢酶、磷酸肌酸激酶等增高。

X线检查心脏大小可正常或增大。心电图检查可发现异常。

目前对心肌炎没有特效疗法:

(1)急性期应卧床休息,待体温稳定后3～4周,心电图好转后可逐步活动。

(2)增加心肌营养。大剂量使用维生素C,注射维生素B、辅酶A、三磷酸腺苷等。

(3)使用激素及控制心功能不全药物。

中医治疗心肌炎:

(1)心肝血亏,虚热扰神型

主要症状:心慌心跳,气短胸闷,面黄肢倦,头晕乏力,食少眠差,舌淡红,苔白,脉弦细数。

治法:益气滋阴,镇心安神。

方剂:

炙甘草10克,生地10克,阿胶3克,生牡蛎12克,白芍6克,麦冬6克,生龙骨12克,胡苋连3克,远克6克,朱砂面0.3克(分两次冲服)水煎服。

(2)气阴两虚型

主要症状:心悸气短,神疲乏力,胸闷自汗,口干舌燥,舌红少津,脉细数。

治法:益气敛阴。

方剂:

太子参10克,麦冬10克,生地10克,炙甘草10克,五味子10克。

本病大多预后良好,经过数周或数月可以痊愈。少数重症也可突然出现心源性休克或心力衰竭而死亡。部分病例发展为慢性,数年不愈。

## 二十六、病毒性心肌炎的治疗方法

治疗病毒性心肌炎目前尚无特效疗法,主要靠对症和支持疗法。急性发病期的3~4周内应多卧床休息,减少活动,待病情稳定,心脏大小恢复正常后再逐渐增加活动,限制活动量不少于3个月。心脏扩大明显者应卧床休息6个月至1年。限制活动的目的,是使心脏跳动次数减少,让有病的心脏能得到相对多的时间修复。

另外,可用保护心肌的药物如维生素C、三磷酸腺苷(ATP)、辅酶$Q_{10}$、高渗葡萄糖等,可改善心肌代谢,增强心肌收缩力,提高心搏出量而不增加氧和糖原的消耗。皮质激素主要用于心源性休克和完全性房室传导阻滞病人。如果有心衰则应用洋地黄类药物控制心衰。在心肌炎病程中,以及恢复期往往遗留心律失常,而且持续时间较长,不易恢复,可以在医生指导下针对病情服用抗心律失常药物。

## 二十七、克山病

克山病是一种以心肌病变为主的地方病。因1935年冬在黑龙江省克山县首次暴发流行,所以命名为克山病

克山病分布在我国黑龙江、吉林、辽宁、内蒙、河北、河南、山东、山西、陕西、甘肃、湖北、四川、西藏等14个省、自治区。在北方和高寒山区冬春季发病较多,温热地区则在夏秋季较多。北方以育龄妇女和年长儿发病较多,西南地区以2~7岁儿童多发。

克山病以心肌的病变为主,骨骼、肺、肝、脾、肾均有不同程度的病变。

克山病分急型、亚急型、慢型、和潜在型。

(1)急型。此型由于心肌损害严重,发展迅速,可出现心源性休克。发病急,发展快,病人突发头晕,心慌不适,剧烈腹痛,恶心或呕吐。出冷汗,全身无力,烦渴不安。在数小时或一二天内发展严重,血压降低,心跳快,心音低,心律不齐,神志不清,不全力抢救会造成死亡。

(2)亚急型。表现为较急的充血性心力衰竭,还可能出现不同

程度的心源性休克。发病前常有呼吸道感染等诱因。早期可见精神萎靡、嗜睡、烦躁不安、食欲减退、面色苍白、表情淡漠。有时还有腹痛、腹胀、腹泻等症状。继之咳嗽、气喘、恶心、呕吐等。患儿出现颜面和下肢浮肿。若病情进一步加重,患儿则呈急型症状。

(3)慢型。表现为慢性心功能不全,慢型多由潜在型、急型或亚急治疗不及时转变而成的。此型起病缓慢,患儿面色灰白,发绀,精神萎靡,疲乏无力,咳嗽、活动后气急,面部和下肢浮肿。检查可见心脏扩大,心脏杂音,心律不齐及心电图改变。

(4)潜在型。小儿表现食欲不振,烦躁,浮肿,面色苍白,心脏扩大,心率快,心功能正常。心电图轻度改变。

克山病的特点是急、慢性心功能不全;心脏扩大;奔马律;心律失常;脑、肾、肺等出现栓塞,心电图改变和X线检查改变。

治疗克山病一般采取综合措施,保护心脏,减轻心脏负担,改善心肌代谢,增强心脏功能,及时治疗心力衰竭和心源性休克。

对患儿要加强护理,烦躁不安的给予镇静剂,使孩子安静以减轻心脏负担,要吃少盐饮食,增加营养。急型患儿要严密守护,观察孩子神志、心跳、呼吸、血压、尿量的变化,及时采取抢救措施。同时要防止继发感染。

## 二十八、要预防婴儿脑震荡

婴儿脑震荡不单单是由于碰了头部才会引起,有很多是由于人们的习惯性动作,在无意中造成的。比如,有的家长为了让孩子快点入睡,就用力摇晃摇篮,推拉婴儿车;为了让孩子高兴,把孩子抛得高高的;有的带小婴儿外出,让孩子躺在过于颠簸的车里等。这些一般不太引人注意的习惯做法,可以使孩子头部受到一定程度的震动,严重者可引起脑损伤,留有永久性的后遗症。小儿为什么经受不了这些被大人看做是很轻微的震动呢?这是因为婴儿在最初几个月里,各部的器官都很纤小柔嫩。尤其是头部,相对大而重,颈部肌肉软弱无力,遇有震动,自身反射性保护机能差,很容易造成脑损伤。

## 二十九、化脓性脑炎

化脓性脑炎是小儿常见的脑膜炎症,由各种化脓菌所引起。因小儿抵抗力较弱,血脑屏障发育不完善,细菌易入侵入。本病以血行感染为主,也可由中耳炎、头部感染直接传入脑膜。

各种细菌导致的脑膜炎症状大体相似,起病急、高热、头痛、呕吐,精神萎靡、呕吐、嗜睡、烦躁、尖叫、前囟饱满。严重的出现昏迷、惊厥、休克。

出现可疑症状,应做腰穿及早诊断。若能及早诊断积极治疗,大多数化脓性脑炎可以视愈。有些病例可出现并发症及后遗症,如颅神经麻痹、失明、耳聋、瘫痪、癫痫、弱智等。

治疗化脓性脑炎,以抗生素控制感染为主。颅内压增高的,要减低颅压,保证患儿足够的能量和水分、降温。及早的、积极的救治可减少后遗症的发生。

## 三十、癫　痫

癫痫是阵发性、暂时性脑功能失调。癫痫是常见病,小儿的发病率较高。

癫痫是由多种原因引起的,与遗传密切相关。各种脑部疾病,如外伤、肿瘤;肝肾疾病;其他疾病引起的脑缺氧;中毒;代谢疾病等都可引起癫痫。

癫痫的临床表现形式多样。如全身性强直,挛性抽搐,意识丧失的大发作;突然发生,短暂意识丧失的小发作;肌肉阵挛性发作的小运动型发作等。经过全面的全身检查和神经系统检查,可诊断此病。新技术的应用对诊断有很大作用。

癫痫的预后与发病原因有关,能消除病因则预后良好。特发性的小发作和大发作预后较好,小运动型发作治疗困难。反复的癫痫持续时间长预后差。婴儿期发生癫痫预后较差。病后越长治疗越不容易。

要注意预防癫痫的发生:

(1)孕妇要减少感染性疾病,注意营养。

(2)围产期要避免缺氧,产伤和感染的发生
(3)防止婴幼儿出现高热惊厥,避免惊厥反复发作。
(4)积极预防小儿的中枢神经系统疾病。
(5)进行产前咨询和产前诊断,避免出生能引起癫痫的遗传病患儿。

对癫痫患儿要合理安排生活,不要歧视他,也不要因他患病而娇惯。要保证充分的休息,避免过劳。参加体育活动要注意安全,不可单独游泳和攀高。饮食不能过量,不要大量饮水。

对于癫痫尽量要早治,治疗越早,脑损伤越小,预后越好。

要遵医嘱,根据发作类型选药。先由一种药开始使用,合理、有效地用药。应从小量开始,根据病情逐渐加量。服药要有规律,以保证正常生活。定期到医院检查药物对患儿有无副作用。发作停止以后,要在医生的指导下减药停药。

## 三十一、婴儿腹泻的家庭护理方法

一岁以内的婴儿,腹泻发病率很高。这是因为婴儿消化功能不成熟,发育又较快,所需热量和营养物质多,一旦喂养或护理不当,就容易发生腹泻。

常见的腹泻原因有:进食量过多,或次数过多,加重了胃肠道的负担;喂的质量不当,使食物不能完全被消化;或喂养不定时,胃肠道不能形成定时分泌消化液的条件反射,使机体消化功能降低等。总之,不合理的喂养是婴儿腹泻的主要原因。另外,由于食物或用具污染,使婴儿吃进带细菌的食物,引起胃肠道感染也能引起腹泻。当小儿着凉,患感冒、肺炎等疾病时,也可引起消化道功能紊乱而发生腹泻。

如果小儿腹泻严重,伴呕吐发烧、眼窝凹陷、口渴、口唇发干、尿少,就说明已经引起脱水了,应该看医生输液治疗。为防止小儿脱水,应在小儿腹泻次数较多时,适量减少饮食,甚至禁食,使胃肠道得到休息。同时,口服补液盐或自配糖盐水、盐米汤,少量多次,以防脱水发生。

患腹泻的孩子要注意腹部保暖,以减少肠蠕动,可以用毛巾裹腹部或热水袋热敷腹部,同时让婴儿多休息。排便后可用温水清洗

臀部,防止红臀发生。

## 三十二、小儿腹泻的原因与预防

引起婴幼儿腹泻的原因很多,大体分为两类。一类为非感染性因素造成的,如饮食喂养不当或天气变化均可引起腹泻。饮食方面引起的腹泻包括进食过多或过少;食物成分改变,加糖过多;添加辅食引起不适,天气炎热时给孩子断奶等。天气变化如孩子受凉,可使肠道功能紊乱;气候炎热可使胃酸和消化酶分泌减少,消化不良引起腹泻。另一类为感染性因素造成的,如孩子进食的器皿或食物不洁,使细菌进入体内造成腹泻;长期服用广谱抗生素,引起肠道菌群失调引起腹泻;小儿患急性上感、肺炎、中耳炎、泌尿系感染、咽炎等病时,由于发热及病原体毒素的影响,均可造成腹泻。

预防腹泻应注意以下几点:
(1)坚持母乳喂养,既方便又清洁。避免在炎热的夏天断奶。
(2)辅食的增加要循序渐进,切忌几种辅食同时增加,少吃富有脂肪的食物。
(3)保持食具清洁,要定期高温消毒。
(4)食物要新鲜,防止食用剩奶或不洁食品。
(5)避免与患腹泻幼小儿接触。
(6)不要让孩子养成吃手的习惯。在户外玩时,穿衣注意冷暖适度。

## 三十三、短期禁食是治疗腹泻的一种方法

发生腹泻伴有呕吐的较重患儿,在开始给予治疗时,医生往往要让禁食8小时左右。一些家长会怕孩子营养不够而不容易接受,有时不按照医务人员的要求去做,而私自给孩子喂牛奶、水果及其他食物,结果事与愿违,造成病情的恶化。

这是由于患腹泻时,由于小肠黏膜有病变及消化酶的活力减低,使小肠对营养物质的消化和吸收都发生障碍,在这种情况下,若继续给以各种食物和饮料,会进一步增加消化道的负担,使病情加重。特别是伴有呕吐的小儿,给予食物后,不仅不能吸收,反而加重

呕吐,并通过呕吐带出部分电解质而加重脱水和酸中毒。因此,腹泻后短期内禁食,可以使肠道得到相对休息,对治疗胃肠病变有很大帮助。

禁食期间,可以通过静脉或少量多次口服的方法给以必要的水分、电解质和葡萄糖,以保证机体的正常需要。

## 三十四、小儿消化不良

小儿正处在生长发育时期,代谢率较高,食物的消化和吸收相对成人更多一些。但他们的消化器官发育不完善,机能弱,这就容易出现问题。

小儿消化腺的分泌机能不成熟,且分泌量较少,消化酶缺乏或不能很好地发挥作用。因此对食物的耐受力小,对食物质和量的变化不能很好的适应。

因为小儿对食物的需要量相对的远较成人为多,所以消化器官的工作处于紧张状态,因此任何一种不良的因素都容易引起胃肠道机能紊乱。尤其是家长愿让孩子多吃快长,往往营养过剩,喂养不当,超过了小儿消化功能的负担能力,引起消化不良。

小儿大脑皮质的调节机能尚未成熟,皮质下中枢也极不稳定,加上各系统器官以及内分泌体液调节都还不完善,外界的不利因素如肠道内外口感染,过热受凉,喂养不当等,都容易引起小儿整个机体代谢紊乱,特别是胃肠道机能失调。

小儿消化不良,可食欲不好、呕吐、腹泻,孩子面黄疲弱,易疲倦,易感染其他疾病,可发生营养不良。

孩子发生消化不良,可吃以下食品:

1. **胡萝卜汤**

胡萝卜洗净剁碎,加水少许煮烂,滤汁,加水加糖,煮沸。

胡萝卜有使大便形成和吸附细菌、毒素的作用。

2. **苹果泥**

苹果洗净,去皮,用勺刮成泥。

苹果纤维较细,对肠道刺激少,含有鞣酸,有收效作用。

3. **焦米汤**

米粉炒黄,加水熬成糊,加适量糖。

焦米汤中的淀粉已成糊精,一部分炭化,具有吸附作用。对小儿腹泻严重者有益。

**4. 脱脂酸奶**

酸奶含较多蛋白质、无机盐等,脂肪低,可以给消化不良小儿食用。

## 三十五、小儿消化不良的中医治疗

**方一**

主治:单纯性消化不良。

药物:莱服子、麦芽各30克。生姜5片。

水煎服。

**方二**

主治:消化不良。

药物:鸡内金3克,山楂、麦芽、神曲、甘草各3克。

水煎服,或作散服,每次服3克,日服3次。

**方三**

主治:消化不良。

药物:焦白术5克,炒山药6克,茯苓6克,川朴5克,焦神曲9克,炒麦芽9克,陈皮、炒枳壳各3克,砂仁3克。

水煎2次,混合每日分3次服。

**方四**

主治:消化不良。

药物:白术60克,鸡内金30克,焦山楂30克。

共为细末。每次服1.5克,日服3次,开水送下。

**方五**

主治:小儿腹胀。

药物:陈皮、莱菔子各20克,川朴15克。

共为细末,每次服1~2克,日服3次。

**方六**

主治:消化不良,面黄肌瘦。

药物:桃仁10克,生栀子10克,红花10克。

共研为末,用大葱白六根捣如泥(忌铁器),加入蜂蜜 60 克,搅匀,以不流而粘为度。用青布两块,摊成膏药。另用麝香 0.6 克研细,分布两张膏药上,不见火,将膏药摊在小儿肚脐上,再用布带缠好。随时检查药是否流出。一张贴两天,交替使用,12 天为 1 疗程。

## 三十六、疳积的常用药膳

疳积多见于 3 岁以下小儿,主要由于喂养不当,久病体弱造成脾胃虚损,运化功能失常。

### 1. 疳气

疳气属病之初期,轻症。临床主要症状是:形体较瘦,面色萎黄少华,毛发稀,有厌食或食欲不振之现象,精神欠佳,性情烦躁、易发脾气,大便或溏或秘,苔薄或微黄,脉沉缓。宜用和脾健胃之药膳。

#### 炒扁豆淮山粥

【原料】炒扁豆 60 克,淮山 60 克,大米 50 克。
【制作与服法】上物洗净,煮粥服食。
【功能】健脾益胃,对小儿疳积有效。

#### 金鸡白糖饼

【原料】生鸡内金 90 克,白糖适量,白面 250 克。
【制作与服法】将鸡内金烘干,研成极细末;再将此末、白面、白糖混合,按常规做成极薄小饼,烙至黄熟,如饼干样。当饼干与小儿食之。
【功能】健脾消疳,主治小儿疳积面黄食少者。

#### 鹌鹑大米粥

【原料】鹌鹑 1 只,粳米 100 克,调味品适量。
【制作与服法】鹌鹑去毛与内脏,洗净,切成小块,与粳米加水同煮成粥,加调味品分次食用。
【功能】益气补脾,可治疗小儿疳积。

## 2. 疳积

患者形体明显消瘦,肚腹膨胀,甚则青筋暴露,面色萎黄无华,毛发稀疏,色黄结穗,精神不振,睡眠不安,尿如米泔,舌淡苔腻,脉细滑。宜用消积理脾之药膳。

### 枣黄面丸

【原料】大枣肉 100 枚,大黄 30 克,白面 100 克。

【制作与服法】将大枣去核,再将大黄研末,做成如枣核大的丸,塞入大枣内,外面裹以面,在火中煅极熟,捣为丸,如枣核大即成。每次服 7 丸,1 日 2 次。

【功能】健脾消积,主治小儿疳积的脾虚夹积滞者。

### 二丑消积饼

【原料】黑丑 60 克,白丑 60 克,面粉 500 克。

【制作与服法】先将二丑炒香脆,研成极细末,调和面粉,入白糖适量,焙制成饼干,每片 3 克,每次 1~2 片,每日 3 次。

【功能】消食导滞,适用于小儿食积。

### 焦三仙方

【原料】麦芽 30 克,山楂、神曲各 10 克。

【制作与服法】将三味放锅中炒焦存性,研成细末,分成小包,每包 3 克,每次 1~2 包,每日 3 次。

【功能】消食导滞,对小儿疳积有效。

### 健脾茶

【原料】橘皮 10 克,荷叶 15 克,炒山楂 3 克,生麦芽 15 克。

【制作与服法】橘皮、荷叶切丝,与山楂、麦芽一起,加水煎半小时取汁。代茶饮。

【功能】健脾祛湿,消积化滞,适用于小儿疳积。

### 3. 干疳

此为疳症晚期,属疳之重候。主要症状是:面色㿠白,毛发枯黄,皮肤干瘪起皱,骨瘦如柴,面部呈老人貌,精神萎靡,哭声无力,睡卧露睛,腹凹如舟,厌食纳呆,大便稀溏或便秘,舌质淡嫩光而无苔,脉细弱无力。宜用补气养血,健脾益胃之药膳。

#### 蟾蜍砂仁散

【原料】活蟾蜍1只,砂仁3克。

【制作与服法】将蟾蜍去头足内脏,以砂仁研末,纳入蟾蜍腹中,缝口。黄泥封固,炭火煅存性,候冷,研极细末。每次0.5~1.5克,一日2~3次。

【功能】消积补脾健胃,适用于小儿疳积。

#### 蟑螂方

【原料】蟑螂5只,白酒、食油各适量。

【制作】将蟑螂放白酒内泡死,用食油炸焦食。每服1剂,每日1次,连用至病愈。

【功能】消积补脾健胃,可用于小儿疳积。

#### 五香散

【原料】炒芡实、炒扁豆、炒黄豆、炒玉米、焙鸡内金。前四味各100克,鸡内金130克。

【制作与服法】上药共研细末和匀,放干燥处贮藏备用。每日服3次,每次15~30克,温开水送服,连服1~2月。

【功能】消食导滞,适用于小儿疳积。

#### 瓦楞子蒸鸡肝

【原料】煅瓦楞子10克,鸡肝一副,调料适量。

【制作与服法】瓦楞子研成细粉,鸡肝切片,二者与葱、姜、盐、黄酒同置碗中拌匀,上笼蒸至鸡肝熟,加味精。佐餐食。

【功能】补肝养血,适用于小儿疳积。

在疳症的后期,常出现一些兼症,常用药膳治疗。

### 4. 眼疳

患者兼见目赤干涩,畏光羞明,隐痛难睁,甚则目珠混浊,白膜遮睛。宜用养肝明目之药膳。

#### 鲜番薯叶汤

将鲜番薯(红薯、红苕)叶 90~120 克用水煮成汤,当饮料,一日饮数次。

【功能】健脾养血,对眼疳有效。

#### 鸡肝粥

【原料】鸡肝适量,粳米 15~30 克。

【制作与服法】上二味共煮为粥,一日服 1 次。

【功能】养肝明目,适用于眼疳。

### 5. 肿胀

患者兼见形体消瘦下肢足踝浮肿,重则延及面目四肢,小便不利,古称"疳肿"。治宜健脾利水之药膳。

#### 蚕豆炖牛肉

【原料】鲜蚕豆(或水发干蚕豆)250 克,精牛肉 500 克,调料适量。

【制作与服法】牛肉洗净,切成 3 厘米长、2 厘米厚的块,放砂锅内,加适量水,入葱、姜、盐,烧沸后改用文火炖至肉六成熟时,加入蚕豆,共炖至烂熟。单食或佐餐,温热服食。

【功能】健脾利湿,适用于小儿疳积肿胀之较明显者。

#### 鳝鱼粥

【原料】鳝鱼 250 克,薏苡仁、山药各 30 克,生姜 3 克。

【制作与服法】鳝鱼去内脏,洗净切段,与后三味煮粥,调入少许盐或糖。随意入食,连用数日。

【功能】健脾利水,适用于小儿疳症水肿较甚者。

6. **牙疳**

患者兼见牙龈破溃流脓,口臭,口舌生疮,小便短赤,为脾病及心,心脾蕴热,热毒上攻而致。宜用清热凉血解毒之药膳。

### 生地石膏粥

【原料】生地黄 15 克,生石膏、粳米各 30 克。

【制作与服法】生石膏煎煮 1 小时,去渣取汁,与生地黄、粳米煮粥。每日 1 次。

【功能】清心降火,适用于牙疳、牙龈破溃流脓。

### 竹叶茶

【原料】淡竹叶 10 克,苦丁香 6 克,甘草 3 克。

【制作与服法】上药用水煎汤,加适量冰糖,令溶。代茶饮。

【功能】清热解毒,适用于牙疳症。

7. **骨疳**

患者兼见骨骼发育障碍,齿迟,解颅(颅缝裂开,前面开大),鸡胸,龟背。宜用培补脾肾之药膳。

### 鹌鹑煲粥

每次可用鹌鹑一只,去毛和内脏,切成块状,加大米适量煲粥,调味服食。

【功能】健脾益气,对骨疳有效。

### 鹿角粥

【原料】鹿角粉 5~10 克,粳米 30~60 克,食盐少许。

【制作与服法】先以粳米煮粥,米汤煮沸后调入鹿角粉,加少许食盐,同煮为粥。日 2 次服食。

【功能】补肾阳、益精血、强筋骨、适用于小儿骨疳症。

第七篇　疾病防治

## 三十七、孩子大便有血怎么办

在孩子的粪便中发现血丝时,有两个主要问题需要考虑。首先要确定粪便中异常颜色的原因;其次是消除担心和害怕心理,后者可能是更重要的。成年人都知道,不正常的流血多是癌或其他严重疾病的潜在信号。儿科医生认为孩子粪便中的血丝不会是癌,也不认为存在严重的或危及生命的疾病。所造成的原因往往都是良性的,即使需要治疗也常是容易的。

当儿科医生听到某个孩子排出带血的粪便时,首先他会问:"这是血吗?"我们经常发现孩子,特别是轻微腹泻的孩子,常拉出像血一样的粪便,实际上这是食物或药物中的颜料染上的,如草莓或樱桃冻、浅红色的药物、天然食物如樱桃或甜菜等。每当产生怀疑时,可化验粪便,这样可以消除父母的疑虑。

如果粪便里的红色物质确实是血,而且是以条纹出现,粪便又非常硬,或孩子在排便中显出疼痛,那么就可能是因肛裂出的血,肛裂就是肛门周围皮肤黏膜的较小撕裂或刺伤,大多数粪便带血的病例都是这个原因。肛裂几乎总是由便秘或硬便造成的,并会使排便成为一个严重的问题,因为肛裂后的排便要比流血本身还要痛苦。用热水洗澡,调节饮食量,再配合药物治疗,可有良好的效果。同时用几次温和的轻泻剂,并多吃些水果和蔬菜也会使粪便软化,促使肛裂愈合。

发现孩子粪便中有血的第三类原因是许多不同感染所引起的腹泻。这种由病毒或细菌引起的腹泻,有时出现一种短暂的但又引人注目的血性粪便。孩子可能会发高烧,看上去病情较严重,不仅便里有血,偶尔还有脓、黏液和未消化的食物。当儿科医生看到这种病情时,他们首先会仔细观察是否有脱水的症状,然后再作实验室检查,不仅要确定腹泻和出血的原因,测定血细胞数,还要做粪便的培养和涂片,以从显微镜下找出特殊感染的证据。某些腹泻可以服用抗生素来治疗,因此所有患这种疾病的病人都要由医生诊断和治疗,特别要注意急性菌痢。

## 三十八、婴儿便秘的护理方法

吃牛奶的孩子常常便秘,每次排便很痛苦,有的甚至把肛门撑破。孩子因此而哭闹,不愿大便,使家长心急如焚。怎样避免这种情况呢?可以采用下述办法试一试:① 在奶中适当增加糖,100毫升牛奶中加10克白糖;② 给孩子吃些蜂蜜水;③ 注意给孩子吃新鲜果汁水、蔬菜水和苹果泥等维生素含量高的辅食。

如果孩子大便十分费力,难以排出时,可以削一个肥皂条或用甘油栓塞入肛门,若仍便不出,可用小儿开塞露或者到医院请医生处理。千万不要随便给孩子服用泻药。

经常便秘的孩子,除了在饮食上调剂外,还应坚持做体操,以增加腹肌的力量,有利于排便。

## 三十九、小儿贫血

贫血是小儿期常见的一种症状,指红细胞数、血红蛋白量及红细胞压积低于正常。

引起小儿贫血的原因很多,必须查出原因,才能做出合理有效的治疗。

不同年龄阶段发生贫血的原因不同,新生儿期常见严重贫血为新生儿溶血症和出生时造成的出血性贫血。婴幼儿在出生后3个月时可发生生理性贫血。6个月到2岁的孩子易发生营养性贫血。先天性遗传病造成的贫血在6个月至1岁时可出现症状。再生障碍性贫血多在2~3岁以后才出现。

有反复感染史的孩子可出现感染性贫血。喂养不当可患营养性贫血。服用化学药物等可患再生障碍性贫血。有家族史出现贫血可能是遗传病。

小儿贫血可出现三方面症状:

(1)一般表现:皮肤黏膜苍白、易疲倦,毛发干枯,营养不良,发育迟缓。

(2)造血器官反应:脾肝和淋巴结增大,查血可出现有核红细胞、幼稚粒细胞。红细胞、血红蛋白明显低于正常值。

(3)全身症状:出现心悸、气喘、心率加快。重度贫血可出现心脏扩大、心脏杂音、甚至发生心力衰竭。患儿食欲减退、恶心、腹胀、便秘。注意力不集中,易激动,头晕等。

小儿贫血的治疗,主要是去除病因。孩子发现有贫血症状,应进一步检查,查出造成贫血的原因,进行治疗。对贫血小儿要加强护理,预防感染其他疾病,加强营养,使用饮食疗法。

治疗贫血的药物主要是铁剂,维生素 $B_{12}$ 和叶酸。也可用中药治疗。重度贫血可用输血疗法。

## 四十、小儿营养不良性贫血

### 1. 缺铁性贫血

正常人体含铁约 35～60 毫克/千克。其中 2/3 存在于血红蛋白中。人体的铁需要由食物补充,食物中的肝、肾、豆类、蛋黄、绿叶菜、水果、海带含量较多,而奶中含量较少。食物中的铁约 5%～10% 能被吸收。小儿每日损失的铁极少,但由于生长发育快,需要的铁比成人多,每日约需 6～16 毫克。

铁是合成血红蛋白的原料,严重缺铁时不仅发生贫血,也可以引起体内含铁酶类的缺乏,发生胃肠道、循环、神经等系统的功能障碍

小儿缺铁的原因,可由以下原因造成:

(1)先天储铁不足。胎儿最后 3 个月储铁量最多,够生后 3～4 个月造血的需要。如果胎儿期储铁不足,婴儿期易发生贫血。

(2)生长发育过快。婴儿生长发育越快,铁的需要量越大,越易发生缺铁,婴儿长到 1 岁时体重增至病生时的 3 倍,早产儿可增至 5～6 倍,因此易于发生缺铁性贫血。

(3)喂养不当。喂养不当,小儿饮食中铁含量不足是发生缺铁性贫血的重要原因。奶中铁含量低,不够婴儿发育需要。因此要及时添加辅食。菠菜含铁多但吸收率低。大豆制品及瘦肉含铁量高,吸收率也较高。蛋含铁量高吸收率较低。

(4)铁丢失多。小儿患有肠息肉、钩虫病等可引起肠道失血,长期少量失血也是造成缺铁性贫血的原因。

缺铁性贫血以 6 个月至 2 岁最多见,其他年龄也可发生。

缺铁性贫血小儿皮肤黏膜苍白,特别是指甲、口唇发白。易疲乏、烦躁,精神不好,食欲不振,头晕等。肝、脾、淋巴结增大。可有口腔炎、舌炎、口角炎等发生。皮肤干燥,易腹泻,脉搏加快,心脏扩大,心脏杂音等。

实验室检查,红细胞及血红蛋白低于正常值。

对本病要注意预防,应合理科学喂养,对早产儿、双胞胎早期给予铁剂,对患病恢复期的孩子,应加强营养。

患了缺铁性贫血,要预防传染性疾病、避免感染,多休息,保护心脏。逐步增加食铁丰富的婴儿食品。

可口服铁剂,常用硫酸亚铁,2.5%合剂适于婴服用。

**2. 营养性婴巨幼红细胞性贫血**

本病主要因缺乏维生素 $B_{12}$ 或叶酸造成,在我国并不少见。

维生素 $B_{12}$、叶酸缺乏的原因主要是:

喂养不当。维生素 $B_{12}$ 在动物类食品中较多,在奶和蛋类中较少;叶酸在新鲜绿叶菜、酵母、肝、肾中较多。单纯母乳喂养,6个月以后仍不添加辅食,乳母饮食又很单调,易使小儿患病。以奶粉或羊奶喂养的小儿会缺乏叶酸。偏食、长期服泻、肝脏疾病、急性感染都可致本病。

本病多见于6~12个月以后的小儿,起病慢,表现为面色苍白,肝、脾、淋巴结肿大,可有浮肿。患儿表情呆滞、嗜睡。在智力和动作发育上有倒退现象,原来会坐会站,病后都不会了。许多患儿可出现肢体、头部、口唇,甚至全身无意识颤抖,可有一过性抽搐。哭时泪少,无汗。恶心、呕吐、腹泻、厌食。可有口腔溃疡和口腔炎。

实验室检查红细胞减少,血红蛋白正常或减少。白细胞正常或减少。

预防及护理与缺铁性贫血相同。

可在医生指导下使用维生素 $B_{12}$、维生素 C 和叶酸。

## 四十一、预防缺铁性贫血的办法

(1)坚持母乳喂养。
(2)4个月以后添加含铁丰富的辅食,如动物血、肝泥、蛋黄等。
(3)给孩子做辅食用铁锅和铁炉,不用铝制品和不锈钢制品。

(4)孩子两周以后添加果汁和蔬菜汁。
(5)牛奶要煮沸。
(6)定期检查血红蛋白。

## 四十二、急性白血病

急性白血病是造血系统的恶性疾病。在小儿各种恶性肿瘤中，它的发病率占第一位。本病特征是造血组织中的血细胞异常增生，浸润到体内各组织器官。

急性白血病的发病原因还不完全清楚，可能与遗传因素有关，同卵双胞胎中的一个患急性白血病，另一个发病率达20%。可能与病毒感染有关。另外物理和化学因素也是致病的原因。例如小儿经放射线照射治疗后发病率较高。长期接触苯，服用磺胺制剂、氯丙嗪、保太松可致白血病发生。

根据白细胞形态可分为淋巴细胞型、粒细胞型和单核细胞型等多种。淋巴细胞型以外的类型统称为非淋巴细胞型。

从起病缓急和白细胞成熟程度可分为急性和慢性。小儿白血病以急性淋巴细胞白血病多见。

急性白血病多发生在2~5岁，男孩多于女孩。

(1)大多起病急，早期面色苍白，精神不好，乏力，食欲不振，鼻出血，齿龈出血。

(2)发热，热型不定，出汗较多。

(3)贫血，随病情发展而严重。

(4)出血，表现出紫癜、瘀斑、鼻出血、齿龈出血、血尿、消化道出血，严重的出现颅内出血。

(5)肝、脾、淋巴结肿大。

(6)骨、关节疼痛。

(7)侵犯到其他器官时，可有头痛、嗜睡。心脏扩大，心包积液。肾肿大，蛋白尿。睾丸肿大疼痛。口腔溃疡等。

实验室检查，红细胞及血红蛋白低于正常，白细胞数增高。

急性白血病经过治疗，5年生存率达到50%，有的病人可生存10年以上。

患儿有发热、贫血、出血症状应卧床休息，给予高热、高蛋白饮食,注意预防感染。

可采用化疗,杀死白血病细胞,使病情缓解。

## 四十三、特发性血小板减少性紫癜

特发性血小板减少性紫癜是小儿常见的出血性疾病。发病原因尚未完全明了,目前认为是自身免疫性疾病。

本病可发生在各年龄段,以2～8岁小儿多见。

急性特发性血小板减少性紫癜多见于婴幼儿,春季发病多,突然发病。发病时皮肤黏膜广泛出血,多散在性针尖大小的皮内或皮下出血,也有大片瘀血和血肿,有些表现为鼻出血和牙龈出血。个别出现颅内出血,导致死亡。急性出血可达1～2周,血小板在2周内开始回升。病程短的2～3周。长的可达数月,多数1年内痊愈。

慢性特发性血小板减少性紫癜多见于学龄前及学龄儿童,出血症状较轻,反复发作,病程可数十天到数年。

本病实验室检查可见血小板减少,低于5万～7万,易有出血倾向,低于2万则出血严重。

血小板过低的患儿应卧床休息,防止颅内出血,可应用止血药物、免疫制剂和肾上腺皮质激素治疗。

中医治疗,多滋阴健脾,补氧摄血为主,常用归脾汤加减:

党参15克,白术、龙眼肉、当归各9克,熟地15克,阿胶地榆炭各9克,大枣5枚。

## 四十四、如果孩子尿中有血

孩子的尿应是清澈、透明的,颜色淡黄。如果孩子的尿像洗肉的水,或铁锈色,多是发生了肉眼血尿。一般正常的尿中没有红细胞,或仅有很少的红细胞,发生了肉眼血尿,那就是尿中有很多的血。

引起血尿的病有很多,只要发现孩子有血尿,就要及时检查尿液,以便早发现,早治疗。

什么情况会发生血尿呢?

(1)2～3周前得过扁桃体炎,有可能是急性肾炎、出血性紫癜

(2)2周前患过其他溶血性链球菌感染(如猩红热、皮肤感染),有可能是急性肾炎、出血性紫癜。

(3)出水痘或疹子刚退,可能是急性肾炎、肾病综合征、出血性紫癜、溶血性贫血。

(4)有尿急、尿痛、尿少,有可能是尿路感染。

(5)有过外伤,可能是肾外伤。

(6)如果肚子疼,可能是肾病综合征、出血性紫癜、肾畸形。

(7)有浮肿,可能是尿路感染、急性肾炎、肾病综合征、出血性紫癜、肾畸形、肾肿瘤。

(8)过去一直很好,第一次发现血尿,可能是尿路感染、急性肾炎、肾畸形、肾肿瘤、血友病、溶血性贫血。

孩子出现肉眼血尿,家长不要大意,需要进一步进行检查,并要定期复查。

## 四十五、尿路感染

尿路感染包括肾盂肾炎、膀胱炎和尿道炎。此病婴儿期发病率最高,小儿尿路感染如不及时控制,可发展为晚期肾盂肾炎。

小儿因泌尿道发育不全,易于扩张,因而容易出现尿潴留及感染。另外,女孩尿道短,容易引起上行感染。1岁以上女孩发病数可为男孩的3~4倍。但新生儿期男多于女,婴儿期男女发病率基本相同。

尿路感染的途径有以下3种:

(1)上行感染。病菌从尿道至膀胱,继而到达肾盂。

(2)血行感染。因发生上呼吸道感染、皮肤感染、肺炎、败血症等,细菌感染泌尿系。

(3)淋巴系感染。肠道发生感染,可通过淋巴系统造成尿路感染。

急性尿路感染,患儿可突发高热,伴有胃肠道症状,也可有神经系统症状。对婴幼儿不明原因的发热应反复检查尿常规。

慢性尿路感染,病情可反复发作超过6个月以上。患儿消瘦、精神不振、发育缓慢、发热。

对于本病,主要在于预防。家长要注意孩子会阴部卫生,要清洗臀部，勤换内裤。婴儿的尿布要用开水烫，并放在日光下晒。婴幼儿尽早穿死裆裤，特别是女婴。对初次发生感染的患儿，要定期复查，防止复发。

在患病期间患儿要多饮水，使尿量增加，加强营养。

用抗生素治疗尿路感染有很好的疗效，亦可中西医配合治疗。

## 四十六、急性链球菌感染后肾炎

急性链球菌感染后肾炎是一种感染后免疫反应引起的弥漫性肾小球性病变，是3～8岁儿童的常见病。

本病常在发生过上呼吸道或皮肤的链球菌感染之后发生，例如脓疱病、扁桃体炎、猩红热、中耳炎等链球菌感染1～3周后。

本病症状轻重不同，轻者除有尿的改变外，仅有轻度浮肿。重者可在短期内出现心力衰竭、急性肾功能不全等危及生命。

一般起病后都有低热、头晕、恶心、呕吐、食欲减退等症状。主要症状是：

（1）浮肿、少尿。先见眼皮浮肿，1～2日后渐渐全身浮肿，但用指压凹陷并不明显。尿量明显减少，1～2周尿量增多，浮肿随之消退。

（2）血尿。多数在化验时尿中有几个到几十个红细胞，少数有肉眼血尿，尿色像洗肉水。肉眼血尿在1～2周内消失，镜下血尿在1～3个月消失。

（3）高血压。70%以上患儿血压升高。

重症病例可出现严重症状，不及早发现，及时治疗，会危及患儿生命。

（4）心力衰竭。常在发病后第一周内，由于浮肿少尿和高血压，加重了心脏负担，使心脏功能减退。早期浮肿加重，呼吸急促，烦躁不安，心率加快。恶化以后，可出现呼吸困难，面色灰白，四肢发冷，咳嗽，吐粉红色泡沫痰。心脏扩大，出现杂音，心电图异常。如果积极抢救，心脏可恢复正常。

（5）高血压脑病。患儿血压突然升高，头痛、头晕、呕吐、眼花或突然失明，严重的出现惊厥、昏迷。高血压被控制后症状可消失。

（6）急性肾功能不全。常在患病初期有头晕、头痛、食欲不振、恶心呕吐等症状,严重少尿或尿闭,及时治疗,尿量增加,病情可好转。

此病实验室检查,尿蛋白阳性,有大量红细胞、管型和少量白细胞。血检查白细胞增加,红细胞及血红蛋白下降。血沉增快,抗"O"增加,肾功能检查异常。

目前对急性肾炎缺乏特效药物,一般采取中西医综合治疗,减轻症状,促进痊愈。

注意护理,防止严重症状发生。

患儿要注意休息,起病1~2周内均卧床休息。直至浮肿消退,肉眼血尿消失,血压正常,才可逐渐增加床上及室内活动。血沉正常后才能上幼儿园或上学,仍避免剧烈运动。

早期水、盐、蛋白质均应限制,可以给患儿高糖,无盐或少盐饮食。浮肿消退,血压正常后,由低盐渐渐过渡到正常。

急性肾炎一般病程4~6周,浮肿及高血压先消退,然后肉眼血尿及蛋白尿消失,尿中的微量蛋白和红细胞有时持续3~6个月以上。本病痊愈率在90%以上,转为慢性的不超过2%~5%。

### 附 中医治疗

**风寒型**

主要症状:起病急,初时恶寒,发热或不发热,全身浮肿,尿少。尿蛋白多,红细胞少。舌苔薄白,质淡。

治法:疏风清热,凉血解毒。

方剂:麻黄6克,杏仁6克,射干10克,桑皮10克,茯苓15克,车前子15克,冬瓜皮30克,生姜6克。

**风热型**

主要症状:发热不畏寒,咽喉肿痛,尿少赤涩,肉眼血尿,头面眼睑水肿,血压正常或偏高。舌质红,舌苔薄黄,脉滑数或细数。

治法:治以疏风清热,凉血解毒。

方剂:连翘10克,银花25克,桑叶10克,薄荷3克,蒲公英15克,赤芍12克,白茅根30克,菊花10克。

**湿热型**

主要症状:发热,口干口苦,尿少色红,头面、眼睑、全身浮肿,舌苔薄黄,脉滑数。

治法：清热利湿或清热解毒。

方剂：蒲公英20克，银花15克，连翘15克，紫花地丁15克，赤小豆15克，泽泻10克，车前子15克。

## 四十七、肾病综合征

肾病综合征的病因尚不清楚，在儿科泌尿系统疾病中，发病率仅低于急性肾炎和泌尿道感染。

肾病综合征分单纯性肾病、肾炎性肾病和先天性肾病三型，幼儿主要多见单纯性肾病。

单纯性肾病多数发生在2～7岁，患儿全身高度浮肿，浮肿指压凹陷，逐渐加重，并且随体位而变化，眼睑浮肿明显，严重的双眼肿得不能睁开，下肢及阴囊也浮肿较重。有时出现腹水及胸水，致使呼吸困难，阴囊水肿时皮肤薄而透明。

实验室检查可见蛋白尿，尿功能及生化检查可发现异常。

肾病综合征的四大特征是全身明显浮肿，大量蛋白尿，低蛋白血症，高胆固醇血症。

肾病综合征患儿除浮肿严重者外，都不必绝对卧床休息。要注意营养，可适当增加蛋白，高血压和浮肿明显的要限盐。患儿应避免到人多的公共场所，预防上呼吸道感染。

预防接种要停止，推迟到肾病完全缓解一年后再做。

## 四十八、儿童排便习惯障碍——遗尿症

有的儿童缺乏控制排尿的能力，白天尿裤，夜间尿床。这种排便习惯障碍也是心理或情绪因素引起的身体器官功能障碍。

新生儿每昼夜排尿15次左右，在孩子1岁以前，往往不会自己排尿。2岁左右的孩子夜间仍有遗尿发生。2岁半以上的儿童60%夜间不排尿。5～6岁儿童每月尿床两次以上。6岁以上儿童每月尿床1次以上可诊断为遗尿症。患遗尿症的男孩比女孩多。

有的孩子遗尿是因为身体的原因，如尿道炎、营养不良、智能低下、膀胱括约肌发育不良等。但多数是由于种种原因不能控制排尿。大部分遗尿症儿童生活在精神紧张的环境中，他们多有心理障

碍,伴有行为障碍、语言障碍等。他们在4岁前多已形成了控制排尿的能力,后由于惊吓、精神紧张、家庭或亲人变故等,造成遗尿。遗尿是一件很让孩子害羞的事,这又加重了孩子的遗尿的症状。

对孩子应尽早进行排便训练,先学会走到便盆处,脱裤子,坐到便盆上大小便的各个动作。告诉他们有便意的时候应到便盆大小便。每日按时检查他们的裤子,不尿湿裤子给予奖励。经过训练,孩子尿裤子的次数会减少,夜间尿床也会逐渐消失。

对遗尿的孩子,限制饮水的方法不一定有效。有的家长夜间叫孩子起床小便,这不能解决根本问题,如果家长夜里没叫,孩子仍会尿床。可以训练孩子练习憋尿,鼓励他多喝水,然后要求他逐渐延长憋尿的时间,学会控制膀胱的收缩,遗尿就会大有好转。

没有器质性疾病的患儿,应分析其尿床的心理因素,父母要给予特殊的呵护,改变自己的教育方式。如果孩子对他所在的学校和环境不适应,可帮助他换一个环境。

附:小儿遗尿的中医治疗

**方一**

药物:硫磺6克,大葱头7个。

共捣烂,用布包好,敷于脐上。

**方二**

药物:锁阳、车前子各60克。

共为细末,每服6~9克,白开水送下,早晚空腹服。

**方三**

药物:枯矾15克,牡蛎60克。

共研细末。睡前服6克,温酒送下。

**方四**

药物:玉竹60克,黄芪40克。

水煎服。

**方五**

药物:山药、破故纸、炙黄芪各9克,乌枣8枚。

水煎服,1日1剂。

**方六**

药物:玉竹60克,破故纸20克。

水煎服,1日1剂。

**方七**

药物:海螵蛸、破故纸(盐炒)、益智仁(盐炒)各9克,覆盆子、元肉、菟丝子各12克。

水煎服,每日1剂。

**方八**

药物:桑螵蛸9克,升麻1.5克,益智仁9克,芡实9克,煅龙骨6克,金樱子9克。

水煎服,每日1剂。

**方九**

药物:金樱子60克。

水煎3~4小时,于睡前1小时服下。

## 四十九、小儿惊厥的原因

造成小儿惊厥的原因比较复杂,一般可分为发热和不发热两大类。惊厥同时伴有发热的常见原因有:

(1)高热惊厥。如上呼吸道炎、幼儿急疹、扁桃体炎、支气管肺炎、泌尿道感染、麻疹、猩红热、腮腺炎等。临床上看此类病引起的惊厥占发病率的50%以上。

(2)颅内感染。如化脓性脑膜炎、脑炎、结核性脑膜炎、霉菌性脑膜炎、脑脓肿等。

(3)急性严重感染。如脓血症、大叶性肺炎、中毒性菌痢、沙门氏菌感染等可引起中毒性脑病;怀疑是由于机体对感染毒素的过敏反应及体液代谢紊乱,脑缺氧等原因引起的。

惊厥不伴有发热的常见原因有以下几种:

(1)颅内病变。如各种原因引起的颅内出血、颅脑外伤、颅内占位性病变、脑血管畸形、癫痫、大脑发育不全、小头畸形、脑积水等。

(2)代谢异常。如低血糖、低血钙、低血钠、低镁血症、维生素$B_6$缺乏症、遗传性代谢缺陷病及苯酮酸尿症、半乳糖血症等。

(3)中毒。包括食物中毒、发霉甘蔗中毒;药物中毒,如误服或服用过量的非那根、利血平、苯海拉明、山道年、氨茶碱等。还有白果、桃仁、苦杏仁、苍耳子、一氧化碳、煤油、有机磷农药中毒等。

(4)心源性。青紫型先天性心脏病,如法洛四联症、大血管转位、肺动脉高压等;严重的心律不齐,如重度房室传导阻滞,由于心动过缓引起脑缺氧缺血。

(5)肾源性。如肾性高血压脑病,尿毒病等。

(6)屏气发作。有幼小儿由于生气后啼哭屏气、脑组织一时缺氧,可以出现短暂意识不清及肢体抽动。

## 五十、只吃钙片不能预防佝偻病

单纯地给孩子吃很多钙片并不能预防佝偻病,必须在适量的维生素 D 的促进下,才能使身体吸收钙,达到抗佝偻病的效果。

人体食入维生素 D 后,经过肝脏、肾脏的代谢,转变为有活性的维生素 D,才能使肠道吸收钙、磷进入血液,维持血液中钙的正常浓度,并能将钙、磷输送到骨骼。所以说,只吃钙片而不吃维生素 D 达不到预防佝偻病的目的。

## 五十一、要给孩子做日光浴

不论春夏秋冬,家长每天要抱孩子到室外晒太阳。因为在人体皮肤中含有一种维生素 $D_3$ 源,这种物质经日光中紫外线的照射后,才能转变为维生素 $D_3$,这是人体维生素 D 的主要来源。维生素 D 的作用在于促使身体吸收钙,预防佝偻病。

晒太阳时,要尽量暴露孩子的皮肤,才能多接受紫外线。不要在室内晒太阳,因为玻璃挡住了大部分紫外线,隔着玻璃晒太阳,起不到应有的作用。

在炎热的夏季,不要让孩子接受日光的直射,强烈的日光照射皮肤对人体是有害的,可以选择上午 9~10 点和下午 4~5 点,避开阳光最强的时刻,在寒冷的冬季,要选择天气较好的中午,抱孩子晒一晒太阳,但一定注意保暖。

## 五十二、孩子是不是缺钙

中国的孩子缺钙的很多,佝偻病是幼儿的常见病。这种病与母乳喂养不完全,对日光接触不足及维生素 D 摄入不足有关。家长都很担心自己的孩子缺钙,缺钙的孩子有什么表现呢?

(1)佝偻病从孩子出生后 3 个月就可发病,患儿出现的症状不是骨骼的发育异常,而是表现为多汗、易惊、枕秃、夜啼等。

(2)缺钙的小婴儿可出现乒乓球头,用手指按压孩子的颅骨,有按乒乓球的感觉。

(3)7~12 个月的孩子,缺钙可出现串珠肋,肋骨前端与肋软骨连接处出现圆形的隆起,好像串珠。

(4)6 个月以上的孩子缺钙可见手腕、脚踝处有骨性环隆起,好像手镯和脚镯。

(5)8 个月以上的婴儿发生佝偻病,骨样组织增生,颅骨及顶骨两侧对称性隆起,医学上叫"方颅。"

(6)鸡胸也是佝偻病的一种表现,患儿肋骨内陷,胸骨向前突出,使孩子胸廓前后径大于左右径,好像鸡的胸,多见于 11~25 个月时。

(7)患儿囟门闭合晚于正常儿,正常小儿前囟在 10~15 个月闭合,而佝偻病患于晚于 20 个月闭合。

(8)孩子会站立和行走后,家长会发现缺钙的孩子出现两足并拢时,两膝不能靠拢的情况,这是"O"型腿;还有的孩子两膝并拢时,两踝不能并拢,这是"X"型腿。

孩子出现以上症状,要及时到医院检查,诊断为佝偻病后,家长不要随意给孩子补钙,要在儿科医生的指导下制订方案,合理用药。

## 五十三、小儿佝偻病的中医疗法

佝偻病是小儿的一种常见病。本病发生的主要原因是先天禀赋不足,乳食失调,复感疾病,调剂失宜,日光不足,以至脾肾虚损,骨质柔弱或畸形。

本病是一种以骨骼生长发育障碍和肌内松弛、易惊、多汗为主要特征的全身性疾病。

**1. 脾肾虚弱型**

主要症状:肌肉松弛,球颅,囟门较大,头发稀,色黄,汗多易惊,注意力不集中,夜间睡眠不好,大便稀,舌苔白,脉缓有力。

可益脾补肾,使用补肾益脾散:

珍珠母15克,五味子6克,熟地6克,童子参10克,女贞子6克,苍术6克。共为细末,6个月小儿每次0.3克,7~12个月小儿0.6克,1~3岁小儿每次1克,日服三次,连服两个月。

### 黄芪猪肝骨头汤

【原料】黄芪30克,五味子3克,猪肝50克,猪腿骨(连骨髓)500克。

【制作与服法】先将猪腿骨敲碎,与五味子、黄芪一起加水煮沸,改用文火煮1小时。滤去骨片与药渣,将肝切片入汤内煮熟,加盐与少许味精调味,吃肝喝汤。一剂可分2顿服完,宜常服,直至病愈。

【功能】健脾、益肾、壮骨,对于小儿佝偻病以脾肾虚弱为主要症状的效果较好。

### 龙牡壮骨冲剂

本冲剂为武汉市健民制药厂生产,由龙骨、牡蛎、五味子、黄芪、麦冬、龟板、白术、山药、鸡内金、茯苓、大枣、甘草等组成,具有脾肾双补的作用,疗效确切,效果显著,无副作用,味道正,小儿乐于接受。

### 红烧鸡枞

【原料】鲜鸡枞500克,青辣椒、葱、火腿、蒜各50克,猪油250克,酱油20克。

【制作与服法】将鲜鸡枞柄削去皮,揩干净,切为滚刀。炒锅内放入猪油,待油温上升到50℃时,将鸡枞入锅炸一下捞起,锅中留油25克,将余油倒出,先下大蒜片,下青椒、火腿、葱炒一下,把鸡枞倒入锅内,加入酱油,加1匙肉汤,用淀粉勾芡,加入味精及少许芝麻油。佐餐食。

【功能】补益强壮,可用于预防儿童佝偻病。

## 2. 肾气亏损型

主要症状：形体瘦弱，发育迟缓，方颅、鸡胸、脊椎后弯，挺腹，O型腿或 X 型腿。脉迟无力。

可补肾益气壮骨，使用壮骨散加味：

生龙骨 15 克，生牡蛎 15 克，蛤壳 10 克，苍术 6 克，五味子 6 克。

### 鹿筋附片汤

【原料】鹿茸 100 克，附片 30 克，猪蹄 2 只。

【制作与服法】将鹿茸切薄片，猪蹄洗净，以上三味同入锅，微火煮数沸，调味食用。

【功能】补肾阳，益精血，适用于小儿发育不良，骨软行迟，囟门不合等病症。

### 栗子糕

【原料】生板栗 500 克，白糖 250 克。

【制作与服法】先将板栗加水煮半小时，待凉，剥去皮，放在碗内再蒸 40 分钟，趁热用勺将板栗压拌成碎泥，加入白糖搅匀，再把栗泥摊平成饼状，摆在盘中，即成色味俱佳的食品，可供患儿经常服用。

【功能】补肾益气，常吃对治疗小儿佝偻病有效。

### 龟板冲剂

【原料】龟板若干个。

【制作与服法】龟板（即乌龟的腹部甲壳）用清水浸泡 3 日（需每天换水），刮去污垢，放入沙锅内，加多量的水，用文火煮，每天煮 8~10 小时，连煮 3 天。取出晒干，碾为细末。每次 1 克，每日 2~3 次，开水吞服。

【功能】补肾，健骨，可有效地防治小儿佝偻病。

## 五十四、克汀病要早期预防

克汀病是由于小儿体内缺少甲状腺素而引起的一种病。甲状腺素是人体生长发育中必不可少的内分泌激素。小儿缺乏这种激素,就会影响小儿脑细胞和骨骼的发育。若在出生后到1岁以内不能早期发现与治疗,则会造成孩子终身智能低下和矮小。

克汀病主要病因有两种,一是某些地区缺乏微量元素碘,缺碘的妇女怀孕后,供给胎儿的碘就不足,导致胎儿期缺乏甲状腺素。二是孩子先天甲状腺功能发育不良。

怎样早期发现克汀病呢?母亲应注意,在新生儿期,如果孩子黄疸持续不退,吃奶不好,反应迟钝,爱睡觉,很少哭闹,经常便秘,哭声与正常孩子不一样,声音嘶哑,便应请医生检查。如果延误诊断,到2~3个月时会发现更多的症状,例如舌大且常伸出口外,鼻梁塌平,脖子短,头发又干又黄,而且稀疏。皮肤干燥粗糙,肚子相对较大,这时便不可再耽误,一定要尽早请医生诊治。

治疗克汀病,必须争分夺秒,早一天给孩子用上甲状腺素治疗,孩子的智力发育就要好一些。

## 五十五、不要常给孩子吃小中药

有许多家长带孩子看完病后,还要求大夫加开一点小中药,如至定锭、妙灵丹等,理由是怕孩子生病,常给孩子吃点小中药预防着,这种做法即不妥当也不科学。

这是因为人体食入的任何药物都要在肝脏解毒,由肾脏排泄。小儿的身体处在成长发育过程,许多脏器功能尚未成熟,肝脏解毒功能差,肾脏排泄的功能不完全,应尽量少用药,更不要随便经常滥用药。许多小儿中药制剂中,都含有朱砂,中医用来镇惊,但朱砂是炼汞的原料,长期服用,可蓄积中毒,影响孩子的生长发育。

## 五十六、孩子智力有没有问题

孩子的智能低于同龄小儿的平均发育水平是智力低下。孩子的智力有问题,最早发现的应是父母。父母应从哪几方面观察孩子的能力呢?

(1)孩子太乖,应想到是否有问题。有的孩子表情呆滞,很少哭,即使有外界的刺激也不哭。对这样的孩子要提高警惕。

(2)不会笑或很晚才会笑。正常婴儿2个月会笑,4个月时会大笑。如果孩子发育的太晚,则要划问号。

(3)动作发育迟。智力低下的孩子翻身、坐、爬、站、走的动作远比正常儿发育晚。

(4)流口水。如果孩子1周岁以后无任何原因仍流口水可能是智力低下。

(5)智力低下的孩子对周围的人和事不注视,眼的功能发育差。

(6)智力低下的孩子显得安静,对周围的声音反应淡漠。

(7)智力低下的孩子有特殊面容。

(8)父母发现以上情况,应及时带孩子检查。

## 五十七、婴儿发育健康的重要指标

(1)**体重**。体重是表明婴儿健康的重要指标之一。新生儿的体重范围为2.5~4.0千克,在此范围内的新生儿均为正常。生后头3个月婴儿体重增加最快,每月约增750~900克;头6个月平均每月增600克左右;7~12个月平均每月增重500克,1岁时体重约为出生时体重的3倍。健康婴儿的体重无论增加或减少均不应超过正常体重的10%;超过20%就是肥胖症,少15%以上,应考虑营养不良,须尽早请医生检查。

(2)**身长**。婴在生后头3个月身长每月平均长3~3.5厘米,4~6个月每个月平均长2厘米,7~12个月每月平均长1~1.5厘米。有1岁时约增加半个身长。小儿在1岁内生长最快,如喂养不当,耽误了生长,就不容易赶上同龄儿身高。

图51

(3)**头围**。1岁以内是一生中头颅发育最快的时期,测量头围的方法是用塑料软尺从头后部后脑勺突出的部位量到前额眼眉上边(图51)。小儿生后头6个月头围增加6~10厘米,1岁时共增加10~12厘米。头围的增长标志脑和颅骨发育程度。

(4)**胸围**。新生儿的胸部较圆,随着发育,前后径变短成为扁平的胸。胸围是用软尺平乳头绕胸一周的长度(图51)。婴儿生后1年内胸围增加约11～12厘米。因胸腔内主要是心腔和肺脏,所以胸围的增长和体格发育关系很大。若发现孩子胸部有明显凹陷或突起,应尽早请医生检查。

## 五十八、要注意观察孩子的囟门

孩子在一岁半之内,头盖骨还没发育好,头部各块颅骨之间留有缝隙。位于头顶部中央靠前一点的地方,有一块菱形间隙,一般斜径有2.5厘米左右,医学学名叫前囟。用手摸上去有跳动的感觉,这是头皮下的血管中血液在流动,不是病态。

有经验的人知道,孩子在生某些病时,囟门会发生变化,如吐泻严重、脱水的孩子会出现囟门凹隐的现象,如脑膜炎时脑压增高,囟门可凸起。

囟门一般在1岁半左右闭合,如囟门闭合过早,可能是脑发育不良,小头畸形,若囟门闭合过晚,则可能是佝偻病或甲状腺功能低下(呆小病)。

## 五十九、判断孩子健康的三项标准

孩子是不是生病了,生病的孩子是不是见好,可用情绪、食欲、精力三项标准来判断。

(1)**情绪好**。孩子身体好,情绪就会好,他会高高兴兴,遇到什么不如意的事一会就忘了;有什么不高兴一会就调整好了。如果孩子有病会哭,会烦躁。

(2)**食欲好**。孩子食欲好,即使有病,病情也不重。

(3)**有精神**。小孩子精力充沛,该玩的时候玩得高高兴兴,该睡的时候睡得很香,对什么事都有好奇。如果孩子精神萎靡,就是有病了。

## 六十、怎样观察病中的孩子

孩子生病时,家长要观察疾病过程中的各种变化,并把发现的异常记录下来。

1. **皮肤**

发热还是发凉,干燥还是潮湿。

是否瘙痒。

有没有皮疹,如皮肤发红、出水疱、有大片的隆起或小米粒大小的突起等。如果发现有皮疹,要仔细地查明是什么时候,什么部位首先出现的,孩子是否发烧;如果发烧,是与出疹同时发烧,还是先发烧后出疹,发烧后几天出疹。

是否有青紫或肿胀。

2. **面部**

发红还是苍白。

嘴唇有无青紫。

有没有痛苦的表现,如皱眉、焦躁不安等。

3. **眼睛**

眼皮或眼球是否发红。

眼睑有没有肿胀。

眼睛内有没有异物和损伤。

4. **鼻子**

呼吸是否困难,如呼吸时鼻翼扇动。

是否流鼻涕或出血。

嗅觉灵不灵。

5. **耳朵**

有没有损伤或肿胀。

是否有液体或血液流出。

听觉灵不灵。

6. **舌头**

潮湿、粉红还是干燥有裂纹。

有没有白色或黄色的舌苔。

7. **口腔**

呼吸是否困难,如张嘴喘气。

有没有特殊气味。

8. **咽喉**

说话声音是否嘶哑。

吞咽食物是否费力。

9. **咳嗽**

声音重还是轻,有力还是费力。

每天什么时间咳得最厉害。

是否有痰咳出,痰中是否有脓、血。

10. **食欲**

吃饭(吃奶)是否正常,香不香。

11. **呕吐**

是否连续不断,大约间隔多长时间。

呕吐物是什么颜色,是水还是不消化的食物。

是否只感觉恶心而不呕吐。

是否像喷射一样呕吐。

12. **发烧**

是否感觉发冷。

是否有控制不住的颤抖。

每天测 4 次体温。

13. **疼痛**

什么部位,是否严重。

疼痛像什么,如针扎、烧灼,还是迟钝不敏感。

疼起来持续多久。

如果服用过药物,疼痛是否减轻。

14. **大便**

是否规律,间隔多长时间。

有没有不消化的食物、黏液和血。

大便的颜色。

15. **尿**

小便时是否疼痛和费力。

小便次数是否频繁。

有没有特殊的气味。

尿的颜色。
16. 行为与神志
是否过于安静或过于哭闹。
是否能清楚地回答问题。

## 六十一、及早预防蛔虫

15～17个月的孩子,自己能够吃东西、喝水,但还没有养成卫生的好习惯,很容易感染蛔虫症。为了预防蛔虫,要教育孩子一定要在饭前便后把手洗干净;常剪指甲;不要随地大小便;不吸吮手指;生吃瓜果要洗净去皮;不要喝生水。家长要给孩子勤晒被褥。做到以上这些,不但可以预防蛔虫,也预防了许多其他传染病。

## 六十二、小儿腹痛的诊断

小儿腹痛有多种原因,诊断时要考虑各方面的因素,才不会贻误治疗。一般认为以下几种情况。

(1)急性慢性腹痛。急性腹痛要首先考虑外科疾病。慢性腹痛多数是内科疾病。

(2)从发病的年龄看,1岁以内婴儿,以肠套叠、内科疾病为多见。幼儿以肠蛔虫症、内科疾病、嵌顿疝等较多。儿童以肠蛔虫症、急性阑尾炎、肠痉挛、肠系膜淋巴结炎及其他内科疾病较多见。

(3)按腹痛发作部位诊断上腹正中部疼痛多为消化性溃疡、急性胃炎、急性胰腺炎、胸膜炎、大叶性肺炎、胆道蛔虫症等;右上腹疼痛者可考虑肝炎、胆囊炎、胆石症、肠蛔虫症;左上腹疼痛,一般为脾脏疾患等;肚脐周围疼痛多为肠蛔虫症、肠痉挛、急性肠炎、过敏性紫癜等;右下腹部的疼痛可分为急性阑尾炎、肠系膜淋巴结炎、肠结核等病症;左下腹部则多见痢疾、粪块堵塞、乙状结肠扭转等,腰部疼痛者可考虑肾盂肾炎、输尿管结石等。

(4)从腹痛原因分析。可分为腹内、腹外以及外科性原因。腹内原因包括:肠蛔虫症、肠痉挛、急性胃炎、急性肠炎、出血性小肠炎、痢疾、便秘、肠系统淋巴结炎、原发性腹膜炎、溃疡病、胰腺炎等。腹外原因(或全身性疾病)包括:大叶性肺炎、胸膜炎、心包炎、心肌炎、变态反应性疾病（荨麻疹、过敏性紫癜、哮喘）、上呼吸道感染、腹型癫痫等。外科原因是指急性阑尾炎、肠套叠、肠梗阻、胆道蛔虫症、回肠憩室穿孔、肾盂积水、肾结石、卵巢囊肿扭转、骼窝脓肿、嵌顿疝等。

## 六十三、不要轻视腹膜炎

腹膜炎的特点：
（1）剧烈呕吐，腹痛、持续高热。
（2）按压腹部，突然抬起可引起反射性腹痛。
（3）反复呕吐，可呕出胆汁。
（4）病情严重，精神萎靡。
对于急腹症患儿，一刻也不要耽搁，立即到急诊检查治疗。

## 六十四、蛔虫病

蛔虫病是小儿常见的肠道寄生虫病，往往影响小儿的食欲和肠道功能，妨碍小儿的生长发育，应引起家长的重视。

人主要是吃进蛔虫卵而感染的。如吃生瓜果不洗烫，饭前便后不洗手，吃不洁的凉拌菜或泡菜，喝不清洁生水。孩子吮指，啃东西等。

成虫寄生在小肠内会引起以下症状：食欲不好、腹痛，疼痛一般位于脐周或稍上方，反复发作，疼的时候喜欢让人按揉。有的儿童可出现偏食或异食癖，喜欢吃墙皮、纸、土块等。蛔虫症可引起恶心、呕吐、腹泻或便秘。如蛔虫较多，可造成儿童营养不良、贫血、发育迟缓等。蛔虫症还可引起精神神经症状，使孩子出现低热、精神不振、头痛、睡眠不好、夜间磨牙、易惊等。

蛔虫有在腹内游走的习性，可并发肠梗阻、胆道蛔虫症、蛔虫性阑尾炎等，威胁儿童生命。对无症状的儿童可不必急于治疗，如果不再感染，一年内可将成虫自然排出。对有明显症状的，要使用药物驱虫。对并发症，要及时送医院诊治。

对于蛔虫症，重在预防，教育儿童养成良好的卫生习惯，保持手的清洁，饭前便后要洗手。家长不要随便给儿童买街头小贩的不洁食品,熟食要加热,生食蔬菜要洗烫干净,水果要洗净去皮。

## 六十五、什么时候需要去看医生

1. **发热**
孩子体温超过38℃,食欲不振,精神萎靡。
孩子发热,伴有上呼吸道感染症状。
孩子发热,大哭不止。
发热惊厥。

2. **外伤**
烫伤或烧伤。
摔伤,引起知觉丧失,或引起呕吐。
动物咬伤。
眼睛进异物或撞伤。
吃进异物。

3. **疼痛**
孩子大哭不止,身体的某一部分不让妈妈摸,可能是疼痛。

4. **呼吸**
呼吸变粗。
腹式呼吸。

5. **食欲不好**
拒哺。
食量持续减少。

6. **腹泻**
连续几日稀便。
一日多次水泻。

## 六十六、怎样观察孩子的呼吸

观察胸部起伏,每一次起和伏即是一次呼吸。连续计数1分钟内的呼吸次数,即是呼吸频率。

注意呼吸的深浅及规律,呼吸是否费力,皮肤的颜色有无改变(是否出现青紫)。缺氧时嘴唇常出现青紫。

在兴奋、紧张、运动和患有某些疾病时,呼吸加快。正常情况下,儿童的年龄越小,呼吸频率越快。

表23  不同年龄段儿童的呼吸频率

| 年龄 | 呼吸(次/分) |
| --- | --- |
| 新生儿~1岁 | 30~45 |
| 1岁~8岁 | 20~30 |
| 8岁~14岁 | 18~20 |
| (成人) | (16~20) |

## 六十七、荨麻疹

荨麻疹是一种皮肤病。有的孩子突然发生皮肤瘙痒,在搔抓部位很快的发现了红斑和淡红色的风团,并且迅速增大,融合成片。这就是医学上所说的荨麻疹。荨麻疹可以发生在身体的任何部位,持续几十分钟到几个小时不等,一般的持续时间不会超过34小时,也有的荨麻疹一天发作好几次。

为什么会发生荨麻疹呢?

发生荨麻疹的原因很多。主要的原因是感染和机体对某些物质产生的过敏反应。相当一部分荨麻疹是发生在感染性疾病的过程中,比如:上呼吸道感染、支气管炎、肺炎等等,在这种情况下,荨麻疹大多发生在疾病的急性期。还有一部分小朋友是因为身体对某种东西过敏而发生荨麻疹,这种东西可能是食物,比如:牛奶、鱼等等,也可能是某种昆虫叮咬所致,或者对某种花粉过敏。还有一些小朋友是因为有家族遗传史,也就是说他的父母或家族中其他长辈有过敏体质遗传下来。

发生了荨麻疹不要紧张,一般来说,首先应该明确的是为什么会发生荨麻疹,也就是应该找出引起荨麻疹的原因。如果能查出引起过敏的物质,就可以避免再次接触。如果是感染性疾病引起的荨麻疹,则首选抗生素治疗。对于局部皮肤的瘙痒,尽量不要抓破,以免继发感染,可以用一些抗组织胺药物减轻瘙痒,保证必要的休息。

当然，这些药都应该在医生的指导下使用。

荨麻疹消退后皮肤上是不留痕迹的，因此不会影响皮肤的美容。

**附 荨麻疹的食疗**

以下食疗方法，可在医生指导下使用：

冬瓜皮20克（要经霜的），黄菊花15克，赤芍12克，蜂蜜少许。水煎当茶喝。每天1剂，连服7~8剂（风胜热盛型）。

米醋100毫升，木瓜60克，生姜9克，三味共放入砂锅中煎煮，待醋煮干时，取出木瓜、生姜，分早晚两次吃完。每天1剂，连服7~10剂。

蜜糖30克，黄酒60毫升。将两味合匀后炖温，空腹服，每天1剂，至愈为度（风寒外袭型）。

黑芝麻9克，黑枣9克，黑豆30克，三味同煮服食。每天1剂，常服（阴虚火旺型）。

荔枝干14个，红糖30克，将荔枝除皮核，加水煎至1碗，放红糖服用。每天1剂，连服7~10剂（气血两虚型）。

薏米30克，玉米须10克（分包），红糖适量。三味一起煎汤服食，每天1剂，酌情服8~10剂。

土茯苓30克，木瓜15克，米醋适量。共同煎服。每天服1剂，至愈为度（心阴不足型）。

生黄豆、绿豆各250克，白糖适量。将黄豆、绿豆共同研末，加水1~2碗，搅匀后澄清，去渣，加白糖调服。每天1剂，酌情服3~4剂（热毒型）。

## 六十八、打针是不是比吃药好

孩子生病了，家长很着急，很多家长要求医生给孩子打针，以便使孩子好得快些。

其实，吃药还是打针应根据病情及药物的性质、作用来决定。有些病口服用药效果好，如肠炎、痢疾等消化道疾病，药物通过口服进入胃肠道，保持有效浓度，能收到很好效果。还有一些药只能口服，不能注射，如止咳糖浆等，所以家长不能只迷信打针，药物被口服之后，大部分能够被身体所吸收，经过血液循环运送到全身而发挥作用,通过打针注射给药,药物吸收快而规则,所以有些病是打针效果好。但是打针痛苦大,还有可能局部感染或损伤神经(虽然机率很小),反复打针,局部会有硬结肌肉收缩能力减弱,少数发生臀大肌挛缩症,还得要进行手术治疗。所以,孩子有病,能口服服药的应尽量口服。

## 六十九、如何预防小儿缺锌

"锌"是一种人体内必不可少的微量元素。如果锌缺乏,就会发生一些疾病或引起小儿生长发育障碍。缺锌的小儿一般都食欲不好,又矮又瘦,免疫力低下,很爱生病。特别容易患消化道或呼吸道感染、口腔溃疡等。如果小儿的发锌低于110ppm便可诊断为锌缺乏症,可以服用硫酸锌治疗。缺锌的孩子平时应注意膳食要合理,动物食品要占一定比例。同时要养成孩子良好的饮食习惯,不要挑食、偏食。

## 七十、不要滥用抗生素

当孩子生病时,很多家长迷信抗生素,坚持要给孩子吃"消炎药",或要求注射抗生素。

抗生素能够杀灭或抑制危害人体的病菌,使很多的疾病得到有效的治疗。但是,它不能包治百病。比如,绝大多数孩子感冒发烧,都是病毒感染引起的抗生素对病毒性疾病没有疗效。反之,常用抗生素,还会使细菌产生抗药性,给治疗疾病带来困难。滥用抗生素还增加了发生过敏和毒性反应的机会,有的小儿就因为感冒发烧注射庆大霉素,结果造成耳聋;滥用抗生素,还会使在原有疾病的基础上产生新的疾病,也就是说,大量的抗生素抑制了敏感的细菌,却使耐药的细菌乘机大量繁殖,造成机体菌群失调,发生二重感染。所以家长要切记,抗生素只能在医生的指导下使用。

## 七十一、孩子肝大是不是病

小儿摸上去肝大一般是正常生理现象,这是因为小儿腹肌松软,腹壁薄,容易在右肋下摸到肝脏。3岁以内小儿,肝不超过肋下

2厘米,质软、边缘清楚,均属正常。小儿生长发育迅速,代谢旺盛,血容量相对比成人更高,而肝脏是人体具有加工、合成、分解、代谢功能的重要器官,所以小儿肝脏的体积相对地比成人大。

但是,当小儿患营养不良、佝偻病、贫血等疾病时,也会引起肝脏肿大。

## 七十二、胖孩子不一定健康

孩子有胖有瘦,胖瘦不是衡量孩子健康的惟一标准。一般地说,只要孩子精神饱满、食欲较好、睡眠正常、智力和身体发育在正常范围之内,都算健康。

有的家长常把自己的孩子与别人的孩子相比,总觉得自己的孩子没有别人的孩子胖,因而怀疑自己的孩子是否有什么病,还是喂养方法上存在什么问题等,有的甚至把分泌很好的母乳抛弃,改为牛奶喂养。其实孩子的个体差异很大,有的孩子胃口大,食量也大,有的胃口小,食量也少,做母亲的不必为此而烦恼。

做母亲的总喜欢孩子吃得越多越好,但是要注意,长期的过量饮食会造成孩子的肥胖症。肥胖会使婴儿动作笨拙,限制婴儿的活动量,活动少不仅影响身体健康,而且神经系统发育也会受到影响。长此下去,会因进食多、消耗少更加肥胖。婴儿时期的肥胖,是成年肥胖的基础。也许在成长过程中有段时间消瘦了,但因脂肪细胞的基础数没减少,一旦饮食量增大时,很容易再次发胖。

肥胖的婴儿,体内的内分泌代谢也会发生变化,到成人后易患高血压、冠心病和糖尿病等。因此在孩子一岁以内应注意预防肥胖症的发生,按正常生理需要量喂养孩子,如发现超重马上减少食量,同时加强身体锻炼。

## 七十三、要给孩子检查身体

孩子生长发育很快,有没有生病,喂养得当不得当,发育达标不达标,需要医生检查。因此,在婴儿期每3个月,幼儿期每半年要带孩子做一次体检。除了定期到医院体检外,妈妈要经常检查一下孩子的身体。

1. **每天看一看**

孩子的皮肤有无破损、出血、疹子、包块、红肿。

小手、小脚、关节有无红肿、不灵活。

指甲、口唇颜色白不白。

腋下、腹股沟、颌下、颈部、耳后、锁骨上淋巴结有无肿大。

呼吸是否均匀平缓,心率是否过快。

有无发热。

囟门是否外突。

2. **每月看一看**

量一量身长、体重。

量一量头围和胸围。

男孩子看一看睾丸和阴茎。

出牙情况,有无龋齿。

囟门闭合情况。

听力是否好。

视力是否好,有无内外斜视。

## 七十四、出皮疹是什么病

孩子一出皮疹,家长马上想到,是不是患了麻疹。

6个月以内,特别是3个月以内的婴儿几乎不得麻疹。现在孩子已普遍接种了麻疹疫苗,麻疹的发病率大大减少,但9～15个月左右的小孩,感染麻疹还是常见的。

麻疹在出疹期之前要经过前驱期,有发热、咳嗽、厌食等症状,然后才进入出疹期。麻疹出疹按一定顺序开始先在耳后或发际,慢慢扩展到全身。

出皮疹不一定就是麻疹,以下是出疹的各种疾病:

(1)荨麻疹:过敏引起,不规则突起,刺痒。

(2)湿疹:头上,眉毛里出黄色皮屑。

(3)痱子:出在腋窝下、背部、腘窝等易出汗的地方,痒。

(4)猩红热:弥漫全身,杨梅舌。

(5)风疹:发烧腹泻2～3天后起疹,细小。

(6)幼儿急疹:发烧3天,退烧后3天起疹。

(7)水痘:刺痒的红色皮疹和水疱。
(8)手足口病:手掌、脚掌、口周出现米粒大的白疹子。

## 七十五、捏 积

捏积属于推拿按摩的一种疗法,适用于儿童的一些消化系统疾病,如小儿面黄肌瘦、厌食、夜卧不宁、啼哭、头发枯黄、大便经常不成形、慢性胃肠道疾患造成的小儿营养不良等症。另外捏积疗法还具有健康保健作用。

捏积疗法与针灸相同,也是通过对经络的刺激作用,来激发机体内部各器官间矛盾的转化,借以调节内脏各组织的平衡,使其产生抗病能力,从而达到防病治病的目的。

捏积能促使位于脊部的"俞"穴调节脾胃,具有输导之功;能增加食欲,帮助消化吸收,使身体强壮。

捏积治疗,单凭一双手即可进行。经过学习,一般人都可掌握。

(1)让儿童俯卧在床上,两臂上举,放在头的两侧,使背部肌肉放松。操作者站在床边(一般在右侧)从患者的腰骶部开始,两手的拇、食指捏起脊椎两侧的皮肤(双手食指往下推,双手拇指往上捻,双手同时向上推捻),直到平肩为止。这样反复由下向上捻推5~7次。在第二三次捻推过程中,每捏两三下,将皮肤揪起,提提再捏。第七次后,再用拇指或手掌在背部揉按数下(见图52)。

(2)每天可捏1~2遍,在晚上睡前脱衣服之后,早晨起床穿衣服之前,约用10分钟即可。7天为一疗程,每疗程间隔3~5天。

(3)给婴儿捏积,孩子不必俯卧。可用食、中二指在上述的部位,轻轻压摸婴儿背部。

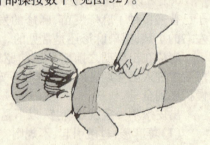

图52 捏积法

(4)较胖的儿童,方法同婴儿。

捏积疗法是一种慢功,目的是改善人的整体机能,因而不能操之过急,求立竿见影之功。

## 七十六、幼儿说话的心理卫生

在幼儿神经系统快速发育时期，某种精神因素影响下，容易出现言语功能障碍。

1. 口吃

两三岁的孩子，正是口头言语发展关键期，对周围事物兴趣很浓，不断发现新鲜事，不断掌握新词汇。但言语功能尚未成熟，还不会选择恰当词汇，造成说话迟疑不决，好重复，哼哼哈哈地不流畅。这种状况随着发育会自然好转。

可是这个阶段如果遇上不良的环境和精神因素影响，便容易造成精神障碍症状，出现口吃，如不抓紧矫治，便会严重影响语言的发展。

口吃病的症状表现为：不能随心所欲地说出每一句话，着急时面红耳赤，面颈肌肉紧张，唇口震颤，爆发第一个字音之后，一再停顿，重复前面字音多次，或拖长字音直至发出下面字音，使整个语句缺乏正常节奏，影响意思的表达。由于心理上怕人嘲笑仿学，故不愿在别人面前说话，造成性格孤僻羞怯，更影响语言能力的发展，知识的学习，智能快速发育。有口吃病的孩子本人很痛苦，在精神上很受折磨。特别是口吃的幼儿患者，生活在幼儿集体里，有较强的传染性，常发现一个班如有一个口吃，半年后就会出现几个口吃病儿。必须引起成人的足够重视。

口吃的病因：在初学话用词困难时，突然受惊，强烈声音刺激或受到训斥、嘲笑，心情紧张、情绪低沉；也可因为环境突然改变，父母分离或双亡，精神受到严重刺激；还可能白天受到恐吓，夜间恶梦惊醒而引起心有余悸。这些精神因素都可造成孩子的口吃病。此外，在严重的感染性疾病影响下，也会引起脑功能减低而造成口吃。

可见，预防口吃，首先要讲究心理卫生，保持幼儿说话时的愉快心情，更要注意平时的精神卫生，避免错误教育方法的不良刺激，严禁对幼儿恐吓，为孩子创设一个平静舒适、优美愉快的环境，使他生动活泼地游戏、学习、劳动。

一旦发生了口吃，必须要早要快地采取措施进行矫治，将患儿与同伴分离，松懈情绪，使之快乐，鼓励他高兴地说话，教他把词组缓慢地说出,成人作出有节奏的示范。患儿说话时,尽力保持心情平静,切忌周围人仿学、嘲笑、议论。引导他多听故事,多唱歌,复述喜欢的故事、表演朗朗上口的儿歌、儿童诗,学习绕口令,这些办法都有助于口吃患儿愉快地矫治。

2. **缄默**

这种语言疾病主要症状是:沉默不语,越是要他说话,他越是不肯开口,见陌生人更不敢讲话,安静没人时可正常说话。

造成这种病症的原因:可能双耳失聪,神经发育不良,也可能由于精神创伤,受到打骂、训斥、嘲笑等不良心理因素影响。

预防缄默症的办法,多吸引孩子参加游戏,鼓励他在众人面前表达自己思想,在孩子说话时,不论说得怎样,成人都要高兴耐心地听完,遇到困难时,帮他把话说出来。

孩子出现缄默症状,应为他创设愉快的环境,消除紧张情绪,特别要注意用和蔼可亲的态度同他交谈,避免精神刺激。在各种活动中,培养他的多种兴趣爱好,使他性格乐观、活泼。引导周围的小伙伴主动同他一起玩,不要刺伤他。这样良好的环境,会使他很快恢复天真活泼的性格。

3. **语言发育迟滞**

按正常幼儿语言发育标准,有的孩子显得落后。甚至三四岁还不会说话。

语言迟滞的原因很多,有的由听力减退或神经发育不全造成,但多数由于环境因素和缺乏教育训练,缺乏说话机会而造成语言发育迟滞。一些托儿所不重视教育,孩子入托量大,保教人员少,水平低,缺乏教育理论和技能,只限于消极地"保",结果一些孩子两岁也说不出几句,他们根本不喜欢说话。因此不要送孩子到这样环境呆板、脏乱差、没玩具、没音乐、没歌声,保育人员素质低下的托儿所。

由生理条件造成的语言发育迟滞,应加强身体锻炼,防治疾病。由环境因素造成的,必须改善环境和教育条件,给孩子换一换环境。给孩子创造丰富多彩的环境,扩大孩子的视野,丰富感性知识,多给交谈的机会,引导说话兴趣。

总之,成人应注重幼儿的心理卫生,保证孩子语言表达能力健康发育。

# 七十七、带孩子看病的学问

儿科病人的一个最大特点,就是孩子自己不会叙述病情,要由家长述说。在临床上可以见到有的家长叙述病情干脆利落,有的拖泥带水、啰哩啰嗦,也有家长一问三不知,简直不像是带自己的孩子看病。其实,医生要了解的主要是这些疾病从发病到就诊时的全部过程,包括主要的症状,发病的时间、部位、程度,伴随的症状。对于主要症状,家长应尽量说得准确,例如"间断发烧 3 天","腹痛 1 小时","咳嗽 1 周"等,而不要说:"从奶奶家回来就发烧","从我下班回家他就肚子痛",因为医生没法知道你是哪天从奶奶家回来或是几点钟下班回家的。

有些家长把自己的猜测和想法当作病情告诉医生,如觉得孩子咳嗽可能是感冒了,看病时不是告诉医生咳嗽的时间和程度,而只告诉医生"这孩子感冒 3 天了"。实际上这不是病情,孩子是不是感冒应该在检查病人之后由医生来判断。

在回答医生问题时,要尽量具体。例如,医生询问腹泻的次数,有的家长只回答"不少次""每次换尿布都有",这使医生无法判断腹泻的情况。

在病人很多、医生很忙的情况下,要求家长叙述病情既要详细,又不能啰嗦,比如医生问孩子什么时候开始发烧,有的家长回答:"昨天我休息,带孩子到姥姥家去,去时还好好的,在姥姥家也挺好,可回家的路上,孩子有点没精神,我以为他玩累了,也没在意。晚上一试表,发现发烧了。"其实只需回答关键的一句话:"昨天晚上开始发烧",就可以了。至于你昨天是否休息,到姥姥家还是奶奶家,以至于你自己的想法,都与病情无关,多说这些既浪费了时间,对医生的诊断和治疗又没有任何帮助。家长除了要向医生介绍主要病情之外,还要介绍一般情况。如精神状态、食欲、大小便等。

有的孩子在幼儿园全托,有的孩子由奶奶或姥姥照顾,父母带孩子看病前,要先向了解孩子情况的老人或阿姨询问一下病情,以便告诉医生,避免在医生问诊时一问三不知。如果几位家长一起带孩子看病,最好由一位最了解孩子病情的家长向医生叙述病情,千万不要七嘴八舌,弄得医生也不知该听谁的。

患有神经系统疾病时,医生可能询问一些出生时的情况,对于一些遗传病还要询问家族中的一些情况。这些,家长应实事求是地回答,既不要含糊其辞,也不要凭想当然来编造。听不懂的地方可以请医生稍加解释后再回答。在看病时,还应主动告诉医生孩子过去的身体情况,如肝、肾疾病、血液病等。这样医生在开药时可以尽量避免使用对这些疾病有影响的药物。孩子曾经有过对某种药物过敏的历史更要说清楚,以免造成不良后果。如果孩子是慢性病或复诊时,为了使医生了解前几次病情、检查结果和用药情况,要尽量带病历本或底方,以供医生参考,同时也避免重复检查。

如果孩子腹泻,可以找个火柴盒或装中药丸的小盒子,留取一点儿大便标本,带到医院;否则需要化验时还得等孩子大便再留标本,耽误时间。

另外,家长带孩子看病之前,应该先给孩子做做工作,给孩子讲清:"你现在生病多难受啊,我们到医院请医生看一看,听一听,拿点药回来吃,病就好了,就不难受了。"还可以说:"我们去看看医生是怎么给小朋友看病的,将来你长大了也当医生,给小朋友看病。"总之,要让孩子有思想准备,争取孩子合作,而不要抱起来就走。孩子本来就有病,突然来到一个不熟悉的地方,见到生人,自然会格外紧张。所以,有的孩子一进诊室就恐惧得大哭不止,既增加诊室噪音,又影响看病。

较小的孩子,在进诊室之前,应先进厕所把把尿,免得看病时尿到医生身上,家长也很尴尬。

看病时,千万不要给孩子化妆,虽然化妆后孩子显得很漂亮,但却影响了医生对孩子面色的观察。就诊时,最好也不要吃东西,免得满嘴的食物渣,使医生看不清口腔黏膜和咽部的情况。

在向医生叙述病情时,不要把孩子抱在怀里,而应让孩子面向医生,同时给孩子解开衣服,这样可以节省时间。医生在听您讲病情的同时,就可以观察到孩子的表情、面色、精神状态、营养情况,这些对于医生诊断病情却有帮助。

一旦医生戴上了听诊器检查孩子,就不要再说话,保持安静,有利于医生听诊。

不同年龄用药量不同,在医生开药时,要告诉医生孩子的实际年龄(周岁),不要说虚岁,如果孩子最近称过体重,也可以告诉医生孩子的体重,以便医生计算药量。

医生开好处方以后,家长应收好处方,不要交给孩子拿,不要撕破。可以抱孩子到一边穿衣服,以免影响下一位病人就诊。

## 七十八、营养不良症

营养不良指营养物质的全面缺乏,以致患儿能量不足。发生营养不良的原因很多,如营养素摄入不足、消化不良、患有消耗性疾病等。此病多发生于婴幼儿。

病因主要有:

(1)长期喂养不当。母乳不足又未及时添加辅食,或突然断奶引起消化紊乱,人工喂养不当,长期偏食等。

(2)消化系统及消耗性疾病。患儿消化吸收功能异常,导致各种营养物摄入不足,并吸收不好。患有慢性感染、腹泻、肺炎、肝病、结核病、寄生虫病等。长期发热或代谢性疾病。

(3)早产、多胎先天不足,出生后消化能力差,喂养不当。

营养不良临床表现为皮下脂肪减少或消失,患儿越来越瘦,生长发育停滞,全身各系统功能紊乱,抵抗力低下,易患各种感染性疾病。

轻型:体重比正常同龄儿轻15%~25%,患儿精神尚可,皮肤稍黄,腹部及躯干皮下脂肪变薄。用拇指及食指提起孩子腹部皮肤,厚度少于0.8厘米。

重型:体重比正常同龄同身高小儿轻25%以上,患儿烦躁不安,面色萎黄,食欲下降,易吐,易泻或便秘。经常发生、合并维生素缺乏症状。腹部皮下脂肪层几乎完全消失,身体消瘦,肤色苍白,哭声无力。严重的体温降低,血压低,呼吸浅表,皮包骨状。

治疗营养不良,首先要消除病因,及时治疗各种慢性感染,慢性消化道疾病及寄生虫病等。

消除病因后,要补充营养,调整饮食。

补充营养要按患儿的耐受力进行,本着逐步增加的原则,不可操之过急,引起急性消化功能紊乱。

婴儿尽量用母乳喂养,不能母乳喂养,要使用配方食品。尽可能选用高蛋白、高糖、高热量、维生素充足又易消化的食品。

可及时应用促进食欲,帮助消化的药物,如盐酸胃蛋白酶合剂、胰酶等。

捏脊对恢复小儿消化功能,有较好的疗效。

中医称本病为疳积,可参考以下方剂:

### 1. 乳食停滞,脾胃失调

主要症状:食欲减退,恶心呕吐,腹胀,大便有不消化物,爱哭,苔白厚腻,脉滑数。

可化食消积,调中和胃,用保和丸,橘皮竹茹汤:

陈皮6克,藿香3克,焦三仙18克,茯苓10克,竹茹6克,姜半夏6克,胡连3克,炒莱菔子6克。

### 2. 脾胃虚弱型

主要症状:食欲不振,面色黄,无力,腹胀,唇舌色淡,无苔或少苔,脉细弱。

可健脾消痞,用枳术丸:

白术6克,枳实3克,荷叶12克。

### 3. 脾益气弱型

主要症状:面色枯黄,消瘦,发黄,精神不好,厌食,腹胀,或有低热,大便不化,唇舌色淡,苔腻,脉细滑。

可健脾益胃,消食化滞。可用人参启脾丸:

党参6克,白术6克,莲肉10克,山药10克,陈皮3克,鸡内金6克,玉竹10克,竹叶5克,炒谷麦芽各10克。

可用捏脊、按摩或推拿疗法。

## 七十九、什么是多动症

多动症又称"多动综合征",是儿童常见的一种以行为障碍为特征的综合征多动症主要有以下症状:

### 1. 活动过多

活泼好动是儿童的天性,但如果婴儿不安宁,喂食困难,难以入睡,易醒或难以唤醒,就有多动的倾向。有的孩子较早能站立行走,打翻碗盆,拆坏玩具,或独自上街。上学以后,他们不能专注,上课时用手敲桌子、跺脚。不能坐定看一会儿电视,爬上爬下,拉窗子,踢椅子,这种活动是杂乱的,无目的性的。

### 2. 注意力不集中

儿童注意力集中的时间随年龄增长而增长。多动症的孩子注意力不集中表现突出,他们的活动是无目的的,从一个活动很快转向另一个活动,拿一个玩具没一分钟就丢下玩另一个,不能专注一件事,也记不住对他讲的事,因为他没有注意听。做事表现有头无尾,丢三落四。

### 3. 冲动

多动症儿童做事不考虑后果,如果他要喝水,拿起就喝,不考虑水是凉的还是烫的。在街上奔跑时不注意有没有车。在教室里喊叫乱跑不考虑是否影响了纪律。在集体活动时,他们常不遵守规则。这些都不是他们刻意要捣乱,而是他们的冲动使他们没想那么多。

### 4. 不良行为

许多多动症儿童好打架、好顶嘴、不服从、横行霸道、好发脾气、纪律性差等。他们过于独立又过于依赖,情绪不稳,有时过分兴奋,有时则任意发脾气,甚至产生攻击性行为。他们难于有好朋友,缺少同龄的伙伴。

### 5. 学习困难

多动症儿童智力发育上存在一些障碍,他们难以适应一般的教学安排,往往需要个别辅导。有的儿童存在感知障碍,造成阅读困难。有的由于神经系统功能障碍产生运动协调困难,不会用剪子,不会系鞋带,写字画图存在困难。他们能力上发育不协调常引起教师及家长的责备,又使他们受到挫折,形成恶性循环。

## 八十、患多动症的原因是什么

多动症的原因尚不十分清楚,避免以下因素,可预防孩子发生多动症。

(1)先天体质缺陷。可能由父母的遗传因素引起,也可能由于母亲妊娠期的问题所引起如母亲孕期精神紧张,以及其他高危妊娠造成胎儿缺氧,影响胎儿脑发育。

(2)铅中毒。大城市的儿童易受铅污染,如含铅汽油等,造成儿童认知、言语、感知障碍。

(3)食物过敏。有人认为多动症是患儿对某些调味品过敏引起的。

(4)放射。有研究发现,电视和荧光灯的小量放射可造成孩子多动症的发生。

(5)身体器官异常。有人发现患多动症的孩子身体发生器官不对称,大小比例异常等的情况较正常人多。

(6)心理因素。紧张的环境,父母不当的教育,过多的指责与体罚,是儿童发生多动症的原因之一。

早期发现幼儿的异常行为,查明所致的原因,及时接受精神心理医生的指导,可减少多动症的发生。

对已患多动症的孩子,可以在医生指导下用药物治疗,同时按医生设计的训练方法,进行行为治疗,帮助儿童培养自我控制能力,改善儿童的倔强固执行为,引导儿童加强注意力,培养儿童的责任心。及早对多动症儿童采取治疗,预后还是比较好的。

## 八十一、儿童的行为障碍

儿童的行为障碍,大多是因为不良环境,家庭及学校教育不得法,而使儿童产生异常心理后形成的。

**1. 课堂上的捣乱行为**

有这种行为的孩子与多动症孩子不同,他们是有意恶作剧、出洋相,发出各种声音来引起别人的注意。对这种孩子,你越批评,越给予注意,他的行为越难以克服。最好的办法是在他们捣乱时不予过问,在平时多表扬少批评。给他们其他表现自己的机会,如体育比赛、表演等。

**2. 逆反心理**

有的孩子就是不听话,你叫他东,他偏往西。在孩子3岁以后,往往不能按父母的要求做,但随年龄增长,辨别是非好坏,就能讲道理了。有的儿童逆反心理越来越严重,表现出不顺从。对4~7岁不听话的孩子要进行训练,首先在活动和游戏中鼓励他和父母合作。进而要求他在游戏中按命令或游戏规则去做。如果他不能听,则停止游戏。

### 3. 破坏行为

有的儿童将钟表玩具拆开,是因为好奇,但有的孩子拆毁东西的心理是破坏。他们可以将物品向墙上掷,打破玻璃窗或灯泡,对别人的哭泣或愤怒感到有趣。

造成孩子有破坏行为的原因很多,如儿童受到欺侮和嘲笑时不敢公开表示反抗,受到挫折时难以表达和发泄等,积累多了就会有异常的表现。

对有破坏行为的儿童,要给予更多的爱和关注,引导他们把精力用于做好事上,使他们因做好事而受到人们的赞扬。

### 4. 偷窃行为

成人要正确分析孩子拿东西的行为,特别是幼儿,他们还没有树立道德概念,父母的东西,他们拿来吃了、用了,把钱花了,他们不一定觉得有什么不妥当。把幼儿园的东西拿回家,是因为他们还不懂这东西是别人的。如果孩子经常偷窃,或这种行为的基础是某种消极情绪,就可考虑这是病态的行为,应及时加以矫正。有偷窃的儿童需要的不是某件东西,需要的是情感和关注。大人要更多地给予他们关心和爱护,让他们感到温暖体贴。

### 5. 说谎

儿童说谎除了是模仿大人以外,还有心理上的因素。例如说谎可以表现自己,受到别人的羡慕,夸耀于人;说谎可以使自己摆脱困境;当说实话会受处罚时,孩子会选择说谎。说谎的孩子敏感、胆小、独立性差、依赖。家长要使孩子认识到,他们遇到的困难,做错了的事等等,都算不了什么,最不好的事情是说谎。一个人难免会犯错误,考试不及格也不可怕,而说谎是最糟糕的。说谎、欺骗往往是行为障碍的最初表现,家长给予重视,及早纠正这一心理行为障碍。

## 八十二、儿童的情绪障碍——惧怕

害怕是正常儿童发育中的一种体验,是儿童的一种健康的反应。害怕的内容随儿童年龄的增长而变化。例如幼儿害怕动物、黑暗和孤独;学前的儿童害怕鬼怪等;少年常害怕死亡、怕某人等。随着儿童能力提高,信心增强,惧怕会减少。如果惧怕严重而持久,焦虑、好哭、敏感,就是适应不良的异常反应,应请医生治疗。

惧怕是儿童对其所处环境的一种行为反应,父母的行为与教育方式在儿童惧怕的产生中起着重要作用。例如父母对孩子的过保护;大人为了让孩子听话而吓唬孩子等。儿童的惧怕是在日常生活中通过条件反射的作用不断学得的,家长的大声斥责、外界的刺激等使孩子对某种东西产生惧怕。

既然孩子的惧怕是通过条件反射不断学习得来的,那么,通过条件反射原理设计的一些方法也可以矫正儿童的惧怕行为。例如,鼓励孩子勇敢地克服惧怕的心理,试着去做他所怕的事。如果孩子怕某种动物,可逐步让他接触这种动物,由远到近,家长和孩子一起抚摸这种动物,直到自己单独接触动物,逐渐消除惧怕反应。如果孩子怕水,可以让他在澡盆里玩水,往他身上洒水,提水桶,和家长一起钓鱼,逐步消除对水的惧怕。

总之,严重的惧怕是一种心理异常表现,有损于儿童心身健康,可造成难以治愈的精神障碍。因此,家长要给予足够的重视,及时矫正儿童的惧怕心理。

传染病

## 一、水 痘

水痘是由水痘病毒引起的一种急性传染病。多见于小儿,常发生在冬春季节。其主要表现是皮肤及黏膜分批出现斑疹、丘疹、疱疹与结痂等改变。

引起水痘的病原体是水痘病毒。该病毒在外界环境中生活力很弱,不耐高温,不能在痂皮中存活。现在认为水痘及带状疱疹为同一病原体,可称水痘-带状疱疹病毒。水痘病人是本病惟一的传染源。一般于出疹前1日至出疹后5日,或皮疹结痂、干燥前均有较强的传染性。水痘主要通过呼吸道飞沫传播,也可由直接接触而传播,病毒首先在呼吸道黏膜上生长繁殖,然后进入血液引起全身病变。皮疹的病理变化主要限于表皮,细胞变性、水肿、液化而形成水疱。由于皮肤损害表浅,皮疹在脱痂后一般不留瘢痕,如有继发感染,损伤真皮层则可留有疤痕。未患过水痘的人均对水痘有易感性。幼儿及学龄前儿童发病最多,6个月以内的婴儿因从母体获得抗水痘抗体,故较少发病。如母体免疫力差,或孕妇于产前1~14日患过水痘,新生儿可患先天性水痘。

水痘的潜伏期短者10天,长者21天,平均为14~17天。其典型症状如下:

前驱期:婴幼儿常无症状或症状轻微。发热多在39℃以下,偶有40℃以上者,伴有流涕、喷嚏、咳嗽等上呼吸道症状。

出疹期:于发热的同时或1~2日后躯干部皮肤出现红色斑疹。数小时后由斑疹变为丘疹,继之变为水疱。皮疹大小不等,直径约2~4毫米,周围有红晕,疱疹壁薄易破,常有痒感。使患儿烦躁不安。少数斑丘疹可不经过水疱疹而自然消退。水疱疹渐干而形成结痂,经数日至2~3周可完全脱落。由于皮疹分批出现,因此在一块皮肤上可有丘疹、水疱与结痂同时存在。口腔和咽部黏膜,也可发一红色小丘疹、水泡及水泡破溃后形成的小溃疡。水痘很少发生严重的并发症,偶可见到皮肤和淋巴结的感染、肺炎和中耳炎。预后一般都较好。

患水痘后可获终生免疫,第二次患病者极少见。

(1)发热时应卧床休息,并给予富有营养、易消化的流食或半流饮食。

(2)剪短患儿指甲,并经常洗净,以减少抓伤痘疹后造成继发感染。衣服、被褥应保持清洁。

(3)若并发肺炎,应根据引起肺炎的病原体采取相应的治疗。

(4)皮肤局部可用5%碳酸氢钠液或加有0.25%冰片的炉甘石洗剂涂擦止痒。对破溃的疱疹可用1%龙胆紫溶液(紫药水)涂擦。

对水痘患儿要做好严密隔离,绝对不能接触易感儿。水痘全部结痂后方可取消隔离。

**中医疗法**

水痘主要是湿毒内蕴,外感风热。

主要症状:发热流涕,起红疹,变成疱疹,结痂。皮疹分批出现,躯干较多,痒。舌质淡红,苔白,脉滑略数。

治疗方法:可疏风清热,化湿解毒。

蝉衣6克,双花10克,板蓝根10克,赤芍6克,芦根15克,栀子皮3克,生薏米10克。

## 二、要预防水痘

水痘是水痘病毒引起的急性传染病,发病后的主要表现是皮肤和黏膜出现斑丘疹、疱疹。水痘的潜伏期为14~17天。

水痘主要通过呼吸道飞沫和接触传染。孕妇如果产前患水痘,新生儿可患先天性水痘。

水痘症状较轻,发热多在39℃以下,有流涕、喷嚏、咳嗽等症状。发热后可出疹,几小时之间斑疹就变为丘疹,接着又变为水疱。疹子大小不等,疱疹易破,并痒。水疱干后结痂,2~3周可脱落。因皮疹分批出现,丘疹和疱疹可同时存在。可并发皮肤感染、肺炎等。患水痘后终生免疫。

孩子患水痘后剪短指甲,衣服、被褥要清洁,以免感染。疱疹瘙痒、破溃可用外用药。

## 三、流行性脑脊髓膜炎

流行性脑脊髓膜炎(简称流脑)是脑膜炎双球菌引起的急性传染病。主要症状为突然发热、头痛、呕吐,皮肤、黏膜有暗红色的瘀血点、瘀血斑及颈项强直(脑膜刺激征)等。

引起流脑的病原体是脑膜炎双球菌。这种菌为卵圆形,成对排列或四个相连,对寒冷、干燥、湿热极为敏感,离开人体极易死亡。该菌存在于带菌者的鼻咽部及病人的鼻咽部、血液、脑脊液及皮肤的瘀血斑点中,并能释放内毒素,可引起一系列病变。

脑膜炎双球菌经过呼吸道借咳嗽、喷嚏、说话等由飞沫直接从空气中传播。由于该菌在体外生活力极弱,因此通过间接传播的机会极少。对2岁以下婴幼儿,可通过密切接触(如同睡、怀抱、喂奶、亲吻等)传播本病。

流脑在新生儿少见。发病年龄从2~3个月开始,以6个月~2岁的婴儿发病率最高。

冬季发病率逐渐增加,一月份开始上升,至三四月份达高峰(发病率占全年的80%),五月份开始下降。

流脑是经过飞沫传播的。脑膜炎双球菌自鼻咽部侵入人体后,如人体健康,有抵抗该菌的能力,可不发病。如果人体抵抗力下降,该菌可在人体鼻咽部繁殖,成为带菌状态,或出现上呼吸道炎而逐渐自愈。只有在少数人抵抗力降低或细菌毒力较强时,病菌从鼻咽部黏膜侵入血液,发生菌血症;其中不少人完全无症状,而在四肢和躯体皮肤出现出血点,这种感染也可称为"出血点型"。暂时性菌血症绝大多数未治而愈,仅极少数可发展为脑膜炎。

由此可见,人感染脑膜炎双球菌后,或迅速将其消灭,或成为"健康带菌者",或产生无明显症状的暂时性菌血症,仅极少数发生典型的脑脊髓膜炎。

流脑的潜伏期为1~7天,一般为2~3天。

由于流脑的病情复杂多变,轻重不一,一般可分为3个类型,即普通型、暴发型和轻型。

**1. 普通型流脑**

分为上呼吸道感染期,败血症期及脑膜炎期3个阶段。但在实际上常难于明确划分。

上呼吸道感染期:大多数病人并不产生任何特殊症状,仅有嗓子痛、流涕、咽炎或扁桃体炎等上呼吸道症状。

败血症期:主要病理变化是,血管内皮细胞内及血管腔内可见大量的脑膜炎双球菌,皮肤及内脏的血管损害严重而广泛,且有广泛出血。

一般起病急骤,突发高热,伴有呕吐。幼小患儿易抽风,皮肤感觉过敏。年长儿可诉说头痛、全身痛,尤以关节痛为著,怕冷。患儿面容呆滞,缺乏表情,面色灰白或发青。喜背光侧卧。主要体征是皮疹,起病数小时后,迅速出现瘀血皮疹,皮疹大小不一,分布不均,用手压疹不退色。皮疹小自针尖,大至1~2厘米,形状多呈星状。皮疹颜色初为淡红,后为紫红或为成片的瘀血斑,分布于全身各处,尤以受压处更多,也可见于口腔黏膜及眼结膜,大片瘀血斑的中心可呈紫黑色坏死,或形成疱疹、脓疱疹。

此期取病儿血少许可培养出脑膜炎双球菌,皮肤的瘀血斑处取血作涂片在显微镜下亦可找到脑膜炎双球菌,有助于诊断。

脑膜炎期:脑脊髓膜炎期早期有充血,少量非化脓性的炎症分泌物及小出血点;后期主要在大脑的表面及颅底发生化脓性炎症性改变,可引起视神经,听神经、面神经等损害。

此期主要表现为脑膜炎和败血症的症状同时出现。起病急,高热,全身皮肤有瘀血点、瘀血斑;有剧烈的头痛,像要裂开似的;后颈部疼痛、全身皮肤知觉过敏;频繁呕吐,呕吐为喷射状,患儿烦躁不安或精神萎靡、嗜睡;常伴有抽风,甚至昏迷不醒、大小便失禁。检查病儿时,早期可发现皮肤上有瘀血点、瘀血斑。起病3日后口周围可见疱疹。囟门未闭者,可见囟门紧张、隆起,脖子发硬、发直,并出现不正常的病理反射。

2岁以下的小儿,起病不如年长儿急,表现睡眠不安,皮肤知觉过敏,往往在睡眠中突然惊跳或惊叫,醒时双目发呆,凝视远方,抽风。如果头颅骨缝未闭合,前囟不一定紧张。

新生儿症状表现更不典型,早期主要表现为拒绝吮乳,整日嗜睡,呼吸不均匀,常有青紫,对外界刺激特敏感,常发出尖叫,热型不定可有抽风,但前囟紧张,颈部抵抗则不明显。

**2. 轻型流脑**

多见于流行末期。起病较慢,病热较轻,体温在38℃左右,少见或没有瘀血点,脑脊液变化轻微,但可查到脑膜炎双球菌。病程短,多于2~3日痊愈。

**3. 暴发型流脑**

根据其症状表现不同分为休克型、脑膜脑炎型和混合型三型。

休克型:主要表现起病急、高热、头痛、呕吐等症。休克症状多在起病24小时以内发生,病情进展迅速。

休克早期表现为面色苍白、口唇青紫、皮肤发花、手足发凉等。神志不清或嗜睡,血压正常或稍低,如不及时抢救,可转为重症休克。

重症休克时脉搏摸不清,血压下降或测不到,腹胀、呕吐咖啡样物,神志不清至昏迷。此时周身皮肤的瘀斑迅速增多、扩大成为大片状瘀斑,也有症状很重而瘀斑不多者。

脑膜脑炎型:主要病理变化是脑组织明显充血和水肿,颅内压力明显增高,可发生抽风、昏迷等症状。当脑组织水肿向颅骨的枕骨大孔突出时可形成脑疝,即有瞳孔扩大、偏瘫、呼吸衰竭等严重症状。

脑膜脑炎型的主要症状是起病急、高热、皮肤可见有瘀血斑点。颅内压力增高的表现为躁动不安,年长儿可诉说剧烈头痛,有频繁抽风和喷射状呕吐,面色苍白,由嗜睡转入昏迷。重症病儿可出现四肢肌肉张力增高,双侧瞳孔大小不等,呼吸不规则(指呼吸快、慢、深、浅不一)等症。

混合型:主要症状是既有休克型的症状,又有脑膜脑炎型症状,是流脑中最严重的一型。

流脑在化验检查方面有以下改变:

血象:白细胞总数明显增加,一般在2万左右,高者可达4万以上,中性白细胞在80%~90%以上。

脑脊液:外观如米汤样混浊或呈脓样,压力升高,细胞数明显增多以中性粒细胞为主,定量测定低于正常值,蛋白定量测定明显升高。脑脊液涂片及培养均可查到脑膜炎双球菌。

流脑的合并症以继发肺炎最为常见,多见于婴幼儿;还有褥疮,角膜溃疡,泌尿系感染;以及中耳炎,化脓性关节炎,脓胸,心肌炎,心内膜炎等。此外,还可出现动眼肌麻痹,视神经炎,听神经炎,面神经损害,肢体运动障碍,失语,大脑功能不全,癫痫、脑脓肿等;婴幼儿可发生脑积水或硬脑膜下积液。

流脑可有严重后遗症。其中常见的为耳聋,失明,动眼神经麻痹、瘫痪,智力低下,精神异常和脑积水等。

近年来流脑的治愈率已达95%以上,死亡病例多为暴发型。普通型的病儿早期进行抗菌药物彻底治疗,并发症及后遗症均极少发生。婴儿多因症状不典型,易延误诊断和治疗而发生后遗症。

流脑的治疗与护理根据病情而不同:

普通型流脑：病室要安静，饮食以流质为宜，需供应充足的水分，必要时可行进静脉输液。如病儿神志不清，应加强护理。例如，保护眼睛，防止角膜溃疡；保护皮肤并定时更换体位以防褥疮；呕吐时防止呕吐物呛入气管产生窒息或继发肺部感染；抽风时，防止口、舌被咬破；呼吸困难或休克时给以氧气吸入。

磺胺嘧啶是治疗普通型流脑的首选药物，其优点是该药在脑脊液的浓度高，疗效好；复方新诺明治疗流脑也有较好效果。

如患儿病情严重或呕吐不能口服者，可用肌肉注射或静脉点滴。

用药期间应多饮水。

磺胺治疗流脑所需要的时间，应结合病情轻重、患儿年龄大小、治疗的早晚及治疗效果而定。原则上要用到症状消失、体温正常、脑膜炎体征消失、血象正常等以后，继续用药两天，再停止用药。

暴发型流脑：治疗必须做到分秒必争，直至病情平稳，再送病房继续抢救。

抗菌药物治疗：大剂量青霉素静脉注射，尽快控制败血症。

同时进行抗休克治疗。

脑膜脑炎型的治疗：原则在于及早发现颅内压增高症状，及时应用脱水剂以清除脑水肿，降低颅内压，防止发生脑疝。对已经发生脑疝者，应进行抢救治疗；同时必须迅速由静脉或肌肉注射大剂量抗菌药物，及时控制感染。对于高热、频繁抽风以及有明显脑水肿和脑疝者，为了降低脑的含水量和耗氧量，可采用亚人工冬眠疗法。

暴发型流脑的混合型：此型既有休克型的症状又有脑膜脑炎型的症状，因此，应根据病情危重情况，分析和找出主要矛盾，针对主要危及病儿生命的问题，果断、迅速地采取相应急救措施。

流脑重在预防：

(1) 搞好室内和环境卫生，注意经常开窗通风，常晒被褥。

(2) 发现流脑病人，要及早就地隔离治疗，以防扩散流行。隔离期为症状消失后3日，但不得少于发病后7日。

(3) 在流脑流行季节，尽量避免将小儿带到公共场所或串门。

(4) 注射流脑灭活菌苗。

(5)在流行期间,对患者周围的接触者,可考虑短期服用磺胺嘧啶预防。成人每日2克,小儿每日每千克体重100毫克,分2次与等量碳酸氢钠同服,共服3日。

(6)还可用2%~3%黄连素、0.3%呋喃西林、1:3000杜灭芬滴鼻、喷喉,每日2次,连续3天。

## 四、要预防脊髓灰质炎

骨髓灰质炎又叫小儿麻痹症,是由脊髓灰质炎病毒引起的一种急性传染病。此病主要经口传入,也可通过空气飞沫传染。脊髓灰质炎的潜伏期为5~14天。

脊髓灰质炎轻者可表现低热、咽痛、流涕、咳嗽、恶心、呕吐、腹泻等症状,可不出现瘫痪。

重型起病缓急不一,主要症状是发热、嗜睡、头痛,有的出现消化道症状及上呼吸道症状。早期一般为1~4日。退热后,经过1~6日又发热,面红出汗、咽痛、颈项强直,烦躁不安,哭闹。这时如做腰椎穿刺,脑脊液有改变。3~4天后出生瘫痪,特点是分布不规则不对称,多见于四肢,主要表现为肌力和肌能力减退。经过5~10天发热减退,瘫痪也不再发展。瘫痪1~2周以后,病肢肌肉开始恢复多功能,轻者1~3个月恢复,重者半年到1年半恢复。

对患儿要加强护理,按医嘱服药。要使瘫痪的肢体避免外伤,给他做按摩,帮助患肢活动。在恢复期可采用针灸、推拿等疗法,加强患肢的被动活动。

## 五、风 疹

风疹是由风疹病毒引起的一种常见的较轻的急性传染病。其主要症状是低热、轻度上呼吸道炎,出疹和耳后与枕部的淋巴结肿大。

引起风疹的病原体的风疹病毒。本病毒在体外的活力较弱,紫外线可将其杀灭,不耐热,但在干燥、冰冻条件下可存活9个月。

风疹从出疹前5天至出疹后5天均有传染性,尤其前驱期传染性最强。病人的口、鼻、咽部分泌物、血液、大小便均含有病毒,主要经呼吸道飞沫传播。病毒污染奶瓶、奶头、尿布、衣物等也可传播风疹。

风疹的潜伏期长短不一，一般为 10~21 天。

风疹症状轻，有低热或中度发热、流涕、喷嚏、咳嗽、咽痛、眼结膜轻微充血、食欲减退、乏力，偶有呕吐、腹泻。婴幼儿症状更轻微，于发热后 1~2 日即出皮疹，皮疹先见于面颈部，迅速向下蔓延，一日之内遍布躯干及四肢，但手、足心多无疹。皮疹初起呈直径 2~3 毫米大小的淡红色斑丘疹，面及四肢远端的皮疹较稀疏，部分融合类似麻疹，但皮疹略小而整齐，又似猩红热但疹点略大，分布较均匀，一般持续 3 天消退，退疹后不留色素沉着，也不脱皮。仅少数严重病例可有小糠麸样脱皮。同时有脾肿大及全身表浅淋巴结肿大，尤以耳后、枕部、颈后淋巴结肿大明显，可有轻度压痛。化验检查白细胞总数降低，分类淋巴细胞在最初 1~4 天内比例减少，随病程所占比例逐渐增多。

风疹很少有合并症，偶有扁桃体炎、中耳炎和支气管炎。个别病人数周后可出现肾小球肾炎或脑炎。

风疹无特效治疗，重点在对症治疗。发热期应卧床休息，可给流质或半流质饮食。有高热可给退热药。

风疹的预防大致与麻疹相似。风疹出疹后 5 天已无传染性。儿童时期一般不需要进行免疫注射。

## 六、要预防风疹

风疹是由风疹病毒引起的常见急性传染病。此病症状较轻，主要是低热、上呼吸道炎症、出疹。从出疹前 5 天到疹后 5 天均有传染性，因此要注意隔离。病人的口、鼻、咽分泌物、大小便和血液均有病毒。风疹的潜伏期为 10~21 天。

风疹有低热或中度发热、流涕、喷嚏、咳嗽、咽痛、眼结膜充血，可出现呕吐与腹泻，发热后 1~2 日出现皮疹，先出在面颈部，然后往下蔓延，一日之内出遍躯干四肢，手、足心多不出疹。一般 3 天消退，退后没有色素沉着。

风疹多无合并症，但病后两周要注意休息，多喝水。个别病人在病后数周可出现肾炎、脑炎等。

风疹没有特效治疗,发热期要卧床休息,吃软的好消化食物。在风疹流行期间,不要让孩子去公共场所,室内要通风。

## 七、要预防幼儿急疹

幼儿急疹是婴幼儿时期常见的一种急性出疹性疾病。其主要表现是突然高热3~5日,全身症状轻;体温骤降时,全身可出现皮疹,短期内即迅速消退。

引起幼儿急疹的病原体是一种病毒。幼儿急疹的传染源除了典型病人外,无疹性幼儿急疹或隐性感染者也是重要的传染源。幼儿急疹很可能是通过呼吸道飞沫播散,冬春季发病较多,6个月~2岁小儿最为常见。本病的传染性不强,患儿家中兄妹同时或先后发病者较少。

幼儿急疹潜伏期8~14日,平均约10日。起病急,突然高热39℃~41℃,可伴咳嗽、流涕、眼结膜和咽部充血、烦躁、困倦、食欲减退、恶心、呕吐及腹泻等。部分小儿可因高热引起抽风,但多数患儿一般情况良好。本病特征是发热虽高,而全身症状轻微。于发热2~3天,枕部、颈部及耳后淋巴结肿大,无压痛,数周后逐渐消退;发热3~5日后,多数病儿体温自然骤降,少数体温逐渐下降。大多数在热退后(少数在热退时)出皮疹。

皮疹为淡红色斑疹或斑丘疹,直径2~3毫米,压之退色,散在性分布,少数可融合,不痒。出疹顺序:首先见于躯干和颈部,一日内可遍布全身,以腰臀部较多,面部及四肢远端较少。皮疹于数小时后开始消退,多数于1~2日内完全消退,不留色素,偶有脱皮。

发热期白细胞总数减低,大多为3000~6000/立方毫米也有降至1000/立方毫米左右的,中性粒细胞减少,淋巴细胞可高达70%~90%;热退中性粒细胞恢复正常,但淋巴细胞增多持续较久。幼儿急疹一般很少有合并症,预后良好。患过幼儿急疹后可获持久免疫,患两次者极为少见。

幼儿急疹以对症治疗为主。高热时给以冷毛巾湿敷或服退热药,并可给镇静剂以防抽风,应多饮水,多休息。

## 八、麻 疹

麻疹是由麻疹病毒引起的急性传染病。多见于婴幼儿。

其主要症状有发热、眼及上呼吸道发炎、出疹,口腔黏膜出现特有的麻疹黏膜斑为其特征。

引起麻疹病的病原体是麻疹病毒。此病毒存在于麻疹初期病人的血液、眼泪、鼻涕、痰以及小、大便中。含有此病毒的飞沫在体外存活时间较短,在室内空气中保持传染性一般不超过 2 小时,但在 0℃ 活力可保持数日,0℃ 以下保持活力时间更长。

病人是惟一的传染源。从潜伏期末 1~2 日直到出疹 5 日内均有传染性。但以出疹前传染性最强。

当病人说话、咳嗽、打喷嚏或哭叫时,病毒就会随着呼吸道的飞沫喷射出来,漂浮在空气中,若被易感儿童吸入,就会被传染。麻疹的传染性很强,一个房间内有一名麻疹患儿,其余未出过麻疹也未注射过麻疹疫苗者,一般很难幸免。在医院候诊室、公共汽车、电影院及商店中,这种传染也是很强的。眼泪、痰及大小便中的麻疹病毒可污染手帕、毛巾、玩具、衣服和被褥等,如果易感儿接触上述物品,也可能被传染;医护人员和家长检查或护病儿后,如果不注意消毒并接触其他孩子,也可能造成传染。

注射过麻疹疫苗的孩子发生麻疹后,常使病情减轻,症状不典型,容易误诊。这样的孩子由于有时不能及时确诊,因此对周围的易感儿童威胁更大,引起的传播机会更多。

凡是未患过麻疹的均为易感者,以小儿为最多。自麻疹疫苗接种以来,麻疹发病率已显著下降,而且发病年龄推迟。6 个月以内的婴儿,由于从母体获得抗体,故患麻疹极少。但也有 3~6 个月婴儿甚至 1 个月内的新生儿,密切接触麻疹患儿后发病的,多数是由于从母体获得的抗体不足或缺乏所致。感染麻疹病后能产生较持久的免疫力,患第二次麻疹者极为少见。

按麻疹病程可分为四个阶段。

潜伏期:麻疹的潜伏期一般为 10 天,最短 6 天,最长 21 天。注射过麻疹疫苗的使潜伏期延长。潜伏期中患者无任何症状。

前驱期:一般为 3~5 天。主要症状为发热、打喷嚏、流鼻涕、咳嗽、怕光、流眼泪、声嘶、眼结膜充血、眼睑浮肿，还可出现呕吐、腹泻，婴幼儿可出现抽风。于病后第 2～3 天可见"麻疹黏膜斑"即第二白齿（大牙）相对的颊部口腔黏膜上，有数个约 0.1～1 毫米大小，周围绕着红晕的小白点，这种黏膜斑也可见于牙龈、口唇黏膜等处。

出疹期：发病后 3～5 天开始出疹，出疹的顺序为耳后、发际，逐渐扩散到前额、面、颈、胸、背、四肢，最后达手、足心，自上而下的遍布全身。皮疹初为细小淡红色斑丘疹，直径大多为 2～4 毫米，散在分布。其后皮疹逐渐增多，呈暗红色，逐渐融合成片，疹与疹之间皮肤正常。出疹同时，体温升高，咳嗽加重，精神萎靡，婴幼儿常伴有呕吐、腹泻。舌表面红刺增大犹如草莓状。全身表浅淋巴结及肝、脾轻度肿大。

恢复期：皮疹于 2～5 天出齐，全身不适及呼吸道炎症状逐渐减轻，精神、食欲好转，如无合并症，体温渐降至正常。出疹后 5 天左右皮疹开始消退，退疹的顺序与出疹的顺序相同，疹退后留有浅褐色的色素斑，经 1～2 周可全部消失，并有糠麸状脱皮。

根据症状的轻重，麻疹分以下几种类型。

（1）轻型麻疹。由于感染麻疹病毒的量很少，故体温大都在 39℃ 以下，一般不超过 7 天；眼及上呼吸道炎症状轻微，皮疹少、色淡，1～2 日即退，极少有合并症。

（2）普通型麻疹。其症状介于轻重型之间。

（3）重型麻疹。其发热、呼吸道炎、出疹等症状均较上述普通型为重，体温持续在 39℃～40℃ 以上，疹期一般较长，皮疹密集，有时融合成片，有时不易发透，往往合并肺炎、喉炎或中耳炎等。

（4）恶性型麻疹。一般由于合并其他严重感染，或由于营养极度不良所致。主要表现高热、抽风、昏迷等中毒症状。皮疹呈暗紫色（出血性麻疹），常伴有便血、吐血或血尿，病情十分险恶。

（5）异型麻疹。主要见于接种麻疹灭活疫苗后 6 个月至 6 年，当接触麻疹病人或再接种麻疹灭活疫苗时，可发生此型麻疹。其主要症状是高热、头痛、肌痛、腹痛，口腔黏膜无麻疹黏膜斑，2～3 日后从四肢末端开始出疹，逐渐向面部及躯干发展，皮疹为多形性，呈红色斑疹、斑丘疹、荨麻疹、水疱等，常伴有肺炎。

麻疹常见的合并症为喉炎、肺炎、中耳炎、脑炎，婴儿易并发消化不良、口炎、角膜炎或角膜溃疡等。

肺炎是麻疹最常见的合并症，大多见于麻疹出疹期或恢复期。引起肺炎的病原体为细菌或为病毒。这种麻疹合并的肺炎，由于麻疹患儿的肺组织已遭受麻疹病毒感染损害，检验可帮助诊断，脑电图也可出现异常。

无合并症的麻疹预后较好。年龄是影响预后的重要因素之一，如婴幼儿患麻疹容易并发严重肺炎；此外，冬季比春末、夏秋容易合并肺炎；麻疹如并发百日咳或痢疾时，也较严重；原有佝偻病或营养不良的婴儿发生麻疹肺炎，更属危险；轻症肺结核往往在麻疹病程中转成重症。为此，进行麻疹自动或被动免疫，可以改变上述情况。

单纯麻疹可在家中休息，有合并症的麻疹患儿可住院治疗。病儿所住的房间，人不要太多，经常通风换气保持空气新鲜，且注意避免直接吹风。室内温度最好保持在20℃左右，空气不宜太干燥，光线不宜太强。

病儿在急性期，应保证充分的休息和睡眠，直至热退疹退方可下床活动。要鼓励病人多饮水，给予易消化的、富有营养的流质或半流饮食。注意保持眼、鼻、口腔的清洁。有些麻疹病儿的上下眼皮被眼内的分泌物粘住，可用氯霉素眼药水点眼，以防继发感染引起角膜炎或角膜溃疡。

病儿不要穿得太多，这样不利于散热，反而更易着凉。如患儿热度过高，可用冷湿毛巾敷于前额，必要时可服退热药。如并发喉炎可增加室内温度或用蒸气吸入。

出疹期可用香菜根煮水或芦根煎水服用，可帮皮疹发透。

麻疹患儿从出疹前5天到出疹后5天均有很强的传染性，因此，早期发现病人早期隔离，十分重要。在麻疹流行期间，不要带孩子去公共场所，更不要到处串门。要减少麻疹患儿与他人接触，以防发生合并症。如新的病原体侵袭，病情往往很重。

患儿房间的消毒方法：开窗通风3小时，被褥、衣服可曝晒；室内用具用肥皂水和清水洗净。

预防接种的适宜年龄一般为8～12月，如果过早接种，小儿体内可能还存留一部分从母体获得的抗体，从而中和疫苗的免疫作用，而使预防注射效果降低。在本病流行期间，对于6～8个月的婴儿也应同时接种,第二年应再作一次预防接种,以保证他们的安全。

## 九、麻疹患儿的护理

麻疹是一种急性传染病,孩子患了麻疹,应该隔离。此外,还要注意精心护理。

开始起病时,孩子有打喷嚏、流泪、流涕等症状,要注意不使其受凉感冒,并要保护黏膜。要保持房间内的空气温暖湿润,可以用水煮芫荽或苇根,使药气不断蒸发,使室内空气湿润,而且病儿吸入后有利于发疹。同时要注意室内通风,但不要让病人被冷风直吹。

如果孩子高烧疹子出得不好,可带孩子看中医,中医有"托疹"的治疗方法,可以使疹子尽快出齐,缩短病程。中医常用的是升麻葛根汤,升麻3克,葛根6克,赤芍3克,甘草3克。每天煎服一剂,疹子大量出现后便停药。

在孩子出疹期间,要避免吹冷风、冷水、惊吓等强烈的外界刺激,以免疹子被"激"回。在出疹期可能有腹泻、恶心、腹痛等,不用特殊治疗。出麻疹不必忌口,营养要丰富,但要清淡、易消化,避免油炸、肥腻及刺激性食物。

在发烧时,要鼓励孩子多喝水,多吃水果,可喝鲜榨果汁、肉汁等。

在出疹期间,要注意孩子的个人卫生,内衣要清洁,床单要勤换。皮肤刺痒不适、脱皮时,不要抓挠,可用湿水洗。

### 附 麻疹的食疗

初热期

白萝卜适量,白糖30克。将萝卜煎水,加白糖调服。每天2~3次,连服3~5天。

出疹期

豆腐250克,鲫鱼2条(约250克)。放沙锅内同煮汤服食。每天1次,连服2~3天。

胡萝卜100克,荸荠60克,芫荽30克,水煎代茶饮。每天1剂,连服2~4天。

退疹期

山药50克,莲子30克,鸭梨1枚。同放锅内加水炖至烂熟,分

2~3次,1天服完。每天1剂,连服4~5天。

## 十、麻疹的药膳

### 1. 初热期麻疹

从发热开始至疹点出现约3~4天。主要症状是:发热、恶风寒、流涕、喷嚏、目胞赤肿、眼泪汪汪、畏光羞明、精神困倦、食欲减退、小便短黄。发热后2~3天,在口腔颊黏膜近白齿处可见细小的白色斑点,周围绕以红晕,由少增多,有的可融合成片,舌尖红、舌苔黄、脉浮而数。宜采用辛凉透表、清宣肺卫之药膳。

#### 芫荽马蹄水

【原料】芫荽15~30克,马蹄250~500克。
【制作与服法】上二药洗净,煎水,代茶饮。
【功能】芫荽发汗透疹;马蹄即荸荠,能清热、化痰。二者合用有透发解毒作用,适于麻疹的初热期使用。

#### 荸荠芦茅汤

【原料】鲜荸荠10枚,鲜芦根30克,鲜茅根30克。
【制作与服法】将荸荠切片,芦根、茅根切段,加适量的水,煎煮取滤液;将滤液晾凉,代茶令患儿频频饮用。
【功能】清热透表,适用于小儿麻疹的初热期、出疹期使用。

### 2. 出疹期麻疹

从疹子开始出现至疹子出齐,约3~4天。主要症状是:全身疹点密布,其色红赤,高热不退,烦躁口渴,咳嗽较重,舌红苔黄,脉滑数。宜采用清热解毒,佐以透发的药膳治疗。

#### 荸荠酒酿

【原料】酒酿100克,鲜荸荠10个。
【制作与服法】荸荠去皮,切片,放入酒酿中,加水少许,煮熟食用。

【功能】荸荠清热,酒酿活血益气生津,两者相合,有清热透疹功效。

### 银菊葛根粥

【原料】净银花 30 克,杭菊花 30 克,葛根 15 克,粳米 30 克。

【制作与服法】上三味水煎去渣取汁,与粳米煮粥,入冰糖适量调味。随患儿食量,可 1 日 1 次,或 1 日 2 次。

【功能】清热透疹,适用于出疹期服用。

3. 恢复期麻疹

疹子减退,约需 3 天。主要症状是:身热下降,疹点回没,咳嗽减轻,口干,舌红少苔,脉细。宜用养阴益气之药膳。

### 竹笋鲫鱼汤

【原料】鲜竹笋,鲫鱼各适量。

【制作与服法】上二味洗净煮汤食,日 3 次。随量食。

【功能】清热,益气。适用于小儿麻疹后期。

### 麦冬粥

【原料】麦门冬 15 克,大米 60 克,冰糖适量。

【制作与服法】麦门冬煎汤取汁;将大米煮半熟后,加入麦门冬汁及冰糖适量,同煮为粥服食。

【功能】清热养阴,适用于小儿麻疹后期服用。

对于小儿麻疹,除使用上述药膳治疗外,还要注意饮食宜忌,因麻疹属于热性病,故要多饮水,饮食宜清淡,稀软,易消化。当热退后,应及时给予营养食物,如鱼汤、肉汤、鸡蛋等,同时要忌食油腻厚味或辛辣之品。

## 十一、流行性感冒

流行性感冒简称流感,是一种由流行性感冒病毒所引起的具有高度传染性的急性传染病,传播迅速,易发生流行。起病突然,常有发烧,周身酸痛等症状,呼吸道症状较轻,一般病程较短。

引起流感的病原体是一种流行性感冒病毒。该病毒分为甲、乙、丙、丁四型。

流感病毒进入人体,与呼吸道黏膜接触,病毒可进入细胞内生长、繁殖,待细胞破坏后,病毒即以同样方式侵入邻近上皮细胞,从而引起黏膜炎症而发病。

流感的传染源主要是病人,在患病最初的 1~3 天传染性最强。病毒存在于病人的鼻涕、口水、痰液等分泌物中。

流感病人的呼吸道分泌物内含有大量病毒,主要借空气飞沫传播。而由病毒污染用具、食具、衣物等间接传播者较为少见。流感除 4~5 个月以下的婴儿极少受到感染外,任何年龄的人,不分性别、职业均有易感性。患流感后均可获得不同的免疫力,病后 7 天左右开始出现,第二周达高峰,一般可维持 8~12 个月。患过甲型流感后,仅对甲型流感有免疫力,而对乙、丙、丁型流感病毒仍有易感性。

流感一年四季均可发生,但以冬春季发病较多。

流感的潜伏期为 1~2 日,最短者数小时,长者达 3 日。

流感的症状是起病急,有发热、怕冷、头痛、背部四肢酸痛、疲乏,可同时出现嗓子痛、干咳。小儿常伴有腹痛、腹胀、腹泻、呕吐等消化道症状,体温大都波动在 38℃~41℃,有时发生抽风。如无合并症,3~4 天后热渐退,症状随之减轻。

流感患者的白细胞总数大都减少,中性粒细胞百分数降低。

流感常见的合并症有肺炎、鼻炎、咽炎、中耳炎、气管炎、支气管炎等。

治疗流感应注意:

(1)病儿应卧床休息,室内空气要新鲜,防止继发性细菌感染。

(2)须注意婴幼儿的合理喂养,注意保证水入量,适当多饮用一些白开水。

(3)做好对症治疗,如高烧时可给以冰水袋冷敷头部或服用退热药。

(4)一般不使用抗生素治疗,服用中药可能减轻病情。在并发细菌感染时可用抗生素。

预防流感应注意：

(1) 婴幼儿住室要定时通风,保持空气新鲜。

(2) 居室可用食醋煮沸的蒸汽熏蒸消毒(每立方米空间用食醋5~10毫升,加1~2倍水稀释后煮沸熏蒸)。

(3) 不要将婴幼儿抱入公共场所,以免造成传播。

(4) 进入婴幼儿住室要戴口罩。

(5) 平时注意营养,常到户外活动,积极锻炼身体。

(6) 积极预防佝偻病,是预防一切疾病的积极措施。

(7) 可每年注射流感疫苗。

## 十二、预防流行性感冒

流行性感冒简称流感,是由流感病毒引起的急性传染病。此病起病突然,发热,可有呼吸道症状,病程较短。

流感病毒存在于病人的鼻涕、口水、痰液等分泌物中,主要借空气飞沫传播,一年四季均可发生,但以冬春季发病较多。

流感的潜伏期为1~2日,最短者数小时,长者达3日。此病症状是起病急、发热、怕冷、头痛、肌肉酸痛、疲乏、上呼吸道症状等,小儿常伴有腹痛、腹泻、呕吐等症状。如无合并症,3~4天后症状减轻。

患儿应卧床休息,室内空气要新鲜,防止继发细菌感染。要多饮水,对症治疗,高烧时要物理降温,患流感不用抗生素治疗,可服板蓝根冲剂、小儿清热解毒冲剂等。

在流感流行季节,小儿住室要注意通风,不要到公共场所,注意增加户外活动,晒太阳,积极锻炼身体。

**1. 流行性感冒的预防**

(1) 葱白500克,大蒜250克,上药切碎加水2000毫升煎煮,日服3次,每次250毫升,连续服用2~3天。

(2) 葱白3根,水煎服,连服3天。

(3) 黄豆20克,干芫荽3克,水煎温服,连服3天。

(4) 葱白3根,白萝卜15克,水煎温服,连服3天。

(5) 鲜青果3~5个(劈开),鲜萝卜1个(切开)煮水代茶饮,连服2~3天。

(6)芦根 30 克,鲜萝卜 120 克,葱白 7 根,青橄榄 7 个,煮汤代茶饮,边服 3 天。

### 2. 流行性感冒的食疗

(1)鲜葱白 5 节,淡豆豉 9 克,生姜 9 克,水煎服。每天 1 剂;连服 4~5 天(风寒袭表型)。

(2)豆腐 250 克,淡豆豉 12 克,葱白 15 克,调料适量。先将豆腐切成小块,放入锅中略煎,后将豆豉加入,放水 1 碗煎取大半碗。再入葱白,煎滚后取出,趁热内服,盖被取汗。每天 1 剂。连服 4~5 天(风热犯表型)。

(3)大白菜根 3 个,菊花 15 克,白糖适量。大白菜根洗净切片,与菊花煎汤加白糖趁热服,盖被取汗。每天 1 剂,连服 3~4 天(暑湿伤表型)。

## 十三、预防各种传染病

小儿 6 个月之后,来自母体的免疫球蛋白已经用光了,而小儿自己本身产生的免疫球蛋白又很少,这时最容易患一些传染病。如麻疹、水痘、幼儿急疹等。6 个月以上的小儿出现发烧、皮疹,应想到传染病的可能,及时找医生诊治。

## 十四、要预防流行性乙型脑炎

流行性乙型脑炎也称乙脑,是由乙型脑炎病毒引起的急性中枢神经系统传染病。本病通过蚊虫传染,潜伏期一般为 10~14 天。

乙脑可发生于任何年龄。人被带有乙脑病毒的蚊虫叮咬后,病毒入血,发生感染。乙脑起病突然、高热、头痛、嗜睡、呕吐、抽风,1~3 天患者可昏迷。起病 1~3 天内体温可高达 39℃~40℃以上,高热可持续 7~10 天。发热越高,持续时间越长,病情越重。

实验室检查可见白细胞明显升高,脑脊液压力增高,细胞数增多。

乙脑病情重,变化快,因此家长要密切观察患儿,及早救治,以防出现呼吸衰竭。

## 十五、要预防百日咳

百日咳是由百日咳杆菌引起的一种急性呼吸道传染病,常发生在冬春季。主要通过飞沫经呼吸道传染。百日咳的潜伏期为7~14天。

百日咳可分三期:

(1)炎症期:从发病到出现痉挛性咳,为7~10天。此时症状类似感冒。起病3~4天后咳嗽加重。

(2)痉咳期:此期一般为2~6周,不发热,出现阵发性痉挛性咳嗽,每日数次至数十次。发作后连咳不断,患儿身体缩成一团,咳完因长吸气,发出鸡鸣样的吸气声。咳重时可有呕吐。剧烈的阵咳,可引起眼睑浮肿、眼结膜及鼻出血,痰中也可带血。咳嗽以夜间最为严重。在吃饭、受凉、性气味的刺激下,可诱发阵咳。

(3)恢复期:咳嗽逐渐减少,直到不咳。

百日咳可合并肺炎、支气管炎、脑病、各种出血症状、疝气等。化验时白细胞增高。患百日咳后可获终生免疫。

治疗百日咳,一般要使用抗生素和止咳祛痰药,咳重的加用镇静药,可按医嘱服用。

患儿室内空气要新鲜,要安静,避免受凉。饮食要易消化。如症状较重或并发症较重应住院治疗。

## 十六、百日咳患儿的护理

百日咳是传染病,需要隔离,隔离期为1个月。百日咳一般一个月至一个半月能痊愈。家庭护理主要注意减少孩子痉挛咳嗽发作,减轻症状,缩短病程。

家里有百日咳患儿,就要保持室内空气洁净、新鲜,不要有烟雾和刺激性气味,使患儿免受呼吸道刺激。家长要陪伴孩子,保持孩子安静愉快,少说话,以减少咳嗽。

要给孩子营养丰富的饮食,孩子咳嗽发作了,就先不要吃,待不咳了再吃。有时咳得太厉害了发生呕吐,不必惊慌,等不咳了,安静下来再吃。但不要吃得太饱,可以多吃几顿,吃饭时要慢一些。

室内空气要湿润,有条件可买加湿器,也可用塑料浴帐,帐内放小床,在孩子睡前放一盆沸水,使帐内温度、湿度升高,孩子可舒适入睡。20分钟左右取下帐子。

## 十七、流行性腮腺炎

流行性腮腺炎俗称"痄腮",是小儿一种多发的急性呼吸道传染病。

腮腺位于颊部、耳垂的下方,是滤泡组成的腺体,呈不规则三角形。腮腺通过腮腺管将分泌的唾液收集起来,并排放到口腔中去。腮腺管口位于口腔侧面,正对上牙第二白齿处。颌下腺位于下颌两侧下方,舌下腺位于舌头下面口腔底部的黏膜下方。颌下腺和舌下腺共同开口于口腔底舌系带根部的两侧。

本病由流行性腮腺炎病毒引起,这种病毒很小,主要侵犯腮腺,存在于病人唾液、血液和脑脊液中。

流行性腮腺炎从腮腺肿胀前一周左右,直到腺体肿胀消退以前这一段时间都具有传染性。还有一种人,虽然感染了这种病毒,但没有任何症状,医学上称隐性感染者,也是本病的传染源。

飞沫传播为本病主要传播途径。病毒在腮腺和唾液中最多,当病人说话、咳嗽、打喷嚏时,病原体随飞沫被易感者吸入就会得病;易感者接触了被患者刚刚污染的食物、餐具、玩具等也可发病。人们对流行性腮腺炎病毒有普遍的易感性,由于患者没有咳嗽和打喷嚏等症状,因而它不像麻疹、百日咳和水痘那样容易传染。

流行性腮腺炎病毒进入体内后,在口腔黏膜及鼻黏膜细胞中大量繁殖,然后进入血液,再随血液到腮腺,致使腺体及其周围组织发生充血、水肿;腺体细胞发生坏死、溶解,腺体中有多量的白细胞浸润;腮腺导管水肿和上皮细胞坏死脱落往往被阻塞,使唾液排出受阻。炎症刺激又使腮腺唾液分泌增多,因此可引起腮腺的肿胀、疼痛。

患过流行性腮腺炎或受过隐性感染的人,可以获得终生免疫。

流行性腮腺炎发病年龄比麻疹和水痘等要大些,学龄前与学龄期儿童发病率较高,且易形成托幼机构或学校内流行。冬春季节发病较多。

本病潜伏期一般 2~3 周（最短 3 天，最长 30 天）。首先出现发热、倦怠、肌肉酸痛、食欲不振、呕吐、头痛，眼结膜发炎及咽部红肿等症状，1~2 天后出现腮腺肿胀。有些轻症病人，发病以腮腺肿胀开始，可以完全没有上述症状。腮腺肿胀多为双侧，一般先见于一侧，1~2 日后波及对侧，两侧同时肿胀者亦不少见。少数病人只一侧肿胀。肿大的腮腺以耳垂为中心，向周围蔓延，耳的前下方更为明显，2~3 天达高峰。肿胀部位外表皮紧张发亮、不红、边缘不清楚，触摸柔韧而饱满。张口、触压时疼痛加重，导管开口处有的红肿，但无脓性分泌物流出。由于炎症刺激唾液分泌增多，患儿常常流口水。颌下腺及舌下腺也可受累，见到双下颌肿胀，触之可有鸽蛋大柔韧的肿物。极少数病人仅有颌下腺肿胀，而无腮腺肿大，故易误诊为颌下淋巴腺炎。

多数患者发热等全身症状约持续 3~5 日即可消退，腮腺肿胀全程约 1~2 周。一般症状不严重，恢复也较顺利。极少数病人可发生下述并发症，给本病增加了危险性。

腮腺炎脑炎：是流行性腮腺炎重要并发症，由病毒直接侵入脑组织而引起。一般于腮腺肿大后 3~10 天出现症状，也有在腮腺肿大前 1~2 周或延至腮腺肿大后 2~3 周发病的。其主要表现是发热、剧烈头痛、呕吐、嗜睡，严重的可说胡话，甚至抽风、昏迷。病人因颈部疼痛而不愿让人搬动，检查时颈部发硬，医学上称颈强直。做腰椎穿刺（腰穿）检查，脑脊液细胞数增加。腮腺炎脑炎一般预后良好，多数在起病 10 日左右痊愈，不遗留后遗症。但个别严重病例，可因发生呼吸和循环衰竭而致死。

睾丸炎：是流行性腮腺炎另一个并发症。病毒对腺体组织有亲和力，除侵犯腮腺等唾液腺外，还容易累及睾丸、副睾、卵巢及胰腺等，从而引起相应的炎症。一般在腮腺肿大 1 周后发生，也可在腮腺肿大前或同时发生，多见于 12 岁以上儿童患者。睾丸炎时表现为高热、寒战、恶心、呕吐和下腹痛，睾丸肿胀、疼痛，且有压痛。一般持续 3~4 日至 1~2 周，重者可导致睾丸萎缩，影响生育。

少数患者可合并急性肾炎，但一般病情较轻，恢复也较快。症状及化验异常，多在 3 周内完全消失。

流行性腮腺炎一般不用抗生素治疗，只要护理得当均能恢复。

可以口服中药,如选用汤剂、腮腺炎片或板蓝根冲剂等。婴幼儿发热时可服用阿苯片。腮腺局部肿大可外敷如意金黄散或紫金锭,用法是将如意金黄散用醋或凉茶水调成糊状涂在布上,敷在腮腺局部,上面再盖一层布,每日1~2次。为了保持湿润,可不断用醋或茶水滴在敷用药的布上。紫金锭的用法:将药用醋调开后外敷在肿胀处,每日1~2次。

应注意保证患儿休息,轻症病儿也不应让他跑来跑去,以防病情加重和出现不必要的合并症。室内要保持安静,要经常开窗保证空气新鲜。发热患儿应多饮水。腮腺肿胀、疼痛和张口困难时,可吃软食和半流食,应忌食一切酸、辣、过甜和干硬食物,以防刺激唾液分泌,加重腮腺肿胀。要保持口腔卫生,早晚都要刷牙1次,进食后用淡盐水漱口。不会刷牙、漱口的幼儿,可多喝白开水,也能起到清洁口腔的作用。

发生脑炎、胰腺炎和睾丸炎等并发症者,一般均需住院治疗。

病人用过的餐具、毛巾等,可用开水煮沸消毒,被褥和其他不能煮沸的物品可在阳光下曝晒。

冬季在保暖情况下,应鼓励孩子到户外活动,以增强身体免疫力。流行期间尽可能避免带孩子去公共场所。

**附 中医治疗**

中医认为本病的发生与感受风瘟病毒有关,当用清热解毒的药膳治疗。

### 绿豆白菜心

【原料】生绿豆100克,白菜心3个。

【制作与服法】先将绿豆置小锅内大火煮开花,用文火炖烂,加入白菜心,再煮20分钟,取汤顿服,每日1~2次。

【功能】清热解毒,对流行性腮腺炎有效。

### 牛蒡粥

【原料】牛蒡子20克,大米60克,白糖少许。

【制作与服法】牛蒡子煎汁去渣取100毫升;大米煮粥,入牛蒡汁,调匀,加白糖适量调味,分2次温服。

【功能】清热解毒,可用于小儿腮腺炎。

### 忍冬夏枯草茶

【原料】忍冬藤、夏枯草各30克,蒲公英、玄参各15克。

【制作与服法】上药共为粗末,水煎,取汁。代茶饮。

【功能】适用于防治流行性腮腺炎。

### 黄花菜汤

鲜黄花菜50克(干品20克),洗净水煮,食盐调味。吃菜喝汤,日1次。

【功能】清热,利尿消肿,适用于小儿流行性腮腺炎。

### 银花薄黄饮

【原料】银花15克,薄荷6克,黄芩3克,冰糖15克。

【制作与服法】前三味水煎取汁,入冰糖溶化服用。

【功能】辛凉解表,清热解毒,适用于痄腮初起,发热恶寒,腮部肿胀等症。

### 银花赤小豆羹

【原料】银花10克,赤小豆30克。

【制作与服法】银花装入纱布袋,扎口;赤小豆淘净,加水先煮至熟烂,入银花袋,再煮3～15分钟,去药袋,食豆饮汤。

【功能】辛凉解表,清热散结。适用于痄腮初起,发热恶寒,身痛、头痛。

**民间流传的单方、验方:**

① 板蓝根15～30克,水煎服。

② 紫花地丁15～30克(鲜者30～60克),水煎服,日1副。

③ 夏枯草15～30克,甘草6克,水煎服,日1副。

④ 大青叶15～30,菊花10～15克,水煎服,日1副。

⑤ 蒲公英 15～30 克（鲜者 30～60 克），金银花 10～15 克，甘草 6 克，水煎服，日 1 副。

**外治法治疗：**
① 把如意金黄散（中成药）用蜂蜜调和，外敷。
② 仙人掌一片，去刺捣烂，敷患处。
③ 青黛适量，醋调外敷。

患本病后宜食清淡、流质、无刺激食物，如米汤、藕粉、豆浆、牛奶、蛋花汤、梨汁、蔗汁，要避免食热性食物，忌食酸性、辛辣、海货、河鲜等发物。

纤维素多的食物和易产生胀气的食物，如芹菜、黄豆芽、红薯、土豆、白萝卜等不可食用。

## 十八、猩红热

猩红热是由乙型溶血性链球菌引起的急性呼吸道传染病。其临床特征为发热、咽及扁桃体炎症、全身弥漫性鲜红皮疹，疹退后有明显的脱屑。

猩红热病人及带菌者是猩红热的传染源。发病前 24 小时至疾病高峰时期的传染性最强，脱屑时的皮屑本身无传染性。

猩红热主要经过呼吸道飞沫直接传播。患者及带菌者的鼻咽部分泌物通过说话、咳嗽、打喷嚏等侵入易感者的呼吸道；偶尔也可通过病菌污染玩具、书籍、饮料等间接传播。

猩红热可发生于任何年龄，多见于 2～8 岁儿童。6 个月以下的婴儿由于从母体获得的免疫力而很少发病。猩红热一年四季均可发病，但以冬、春季为多。猩红热的潜伏期短者 1 天，长者 7 天，一般是 2～4 天。

猩红热起病急，以发热、咽痛、头痛、呕吐为主要早期症状。发热多为持续性，体温高低不一，轻者在 38℃～39℃之间，重者可达 39℃以上。脉搏快，咽部普遍红肿疼痛，不仅限于扁桃体部分，而且涉及到悬雍垂及软腭。可见白色点片状脓性分泌物，易擦去。小儿不会诉说头痛、咽痛，但呕吐症状较成人多见。病初起时，舌有白苔，舌乳头充血肿胀。肿胀的舌乳头突出于白舌苔之外，亦带白色，以舌尖及舌前部显著，状如白色草莓样，故称"白草莓舌"；自起病第三日后舌苔逐渐脱落,舌面呈肉红色,舌乳头仍肿胀,状如熟透草莓样,故称"草莓舌"或"杨梅舌"。颈部及颌下淋巴结常肿大,有触痛。皮疹是猩红热最典型的症状之一,于起病1~2日开始出疹,先于耳后、颈根部及上胸部,数小时内波及胸、背、上肢,24小时左右达到下肢。典型的皮疹是,全身皮肤充血发红,在此基础上有大头针针帽大小,均匀而密集分布的点状充血性红疹,手压之则全部消退,手移开红色小疹又出现。皮疹多为斑疹,但也可见到略突起的"鸡皮样疹,"皮肤有痒感。在皮肤皱褶处,皮疹密集或有皮下出血形成红色线条,称为"线状疹"。口鼻周围显得苍白,即有"口围苍白圈"之称。皮疹出现后48小时内达高峰,然后以出疹顺序先后消退,2~4日完全消退。疹退后一周左右开始脱皮,轻者呈糠屑样脱皮,重者可呈片状脱皮,有的可呈"手套"、"袜套"状脱皮。

化验检查可见白细胞明显增高,一般在2万左右,中性粒细胞增多,达80%以上。

取咽部分泌物送细菌培养,可培养出乙型溶血性链球菌。

猩红热合并症分为三大类:

化脓性合并症:可由病原菌直接侵袭附近组织器官所引起,也可由其他细菌引起。常见的有化脓性淋巴结炎(颈及下颌部)、化脓性中耳炎、化脓性乳突炎、化脓性鼻窦炎等。此类合并症现已大大减少。但需注意婴儿时期合并中耳炎。

中毒性合并症:由毒素引起,多发于猩红热早期,表现为关节炎、心肌炎、心包炎、心内膜炎等。病变为一过性。

变态反应性合并症:有急性肾炎、风湿病风湿性关节炎,如不及时治疗可发展为慢性肾炎和风湿性心脏病。

**治疗与护理:**

(1)急性期应卧床休息,多饮水,给予流质或半流质饮食。
(2)发病2~3周时,应化验尿,观察有没有并发肾炎。
(3)可用青霉素、红霉素进行治疗。
(4)婴儿期易并发中耳炎,注意检查。

**中医疗法:**

(1)邪在肺卫型:

主要症状:发热头痛,咽红肿痛,皮疹稀少。舌淡红,苔藻白或藻芡,脉浮数。

可清热透邪,利咽解毒,用银翘散:

银花 10 克,连翘 10 克,薄荷 5 克,芦根 15 克,青黛 3 克,板蓝根 10 克,牛蒡子 10 克。

(2)热入气营型:

主要症状:高热、烦渴、咽喉充血、扁桃体红肿、疹色猩红、出遍全身、舌绛起刺、脉洪数。

可气营双清,用清营汤加减:

银花 15 克,连翘 15 克,板蓝根 10 克,黄芩 10 克,元参 15 克,生石膏 18 克,茅根 15 克,青黛 3 克,紫草 10 克,地丁 10 克。

咽喉糜烂用锡类散吹喉部。

(3)热去阴伤型:

主要症状:在恢复期,热医疗消,有皮屑、口干舌燥、舌红苔少,脉细数。

可甘寒益阴,用增液汤:

生地 10 克,元参 10 克,麦冬 10 克,知母 10 克,青果 10 克。

**预防:**

(1)一旦发现孩子患猩红热就不要上托儿所,也不要与其他儿童接触。

(2)在猩红热流行期间不要带孩子到公共场所,不要带孩子串门。

(3)如果孩子与猩红热患儿有过接触,应观察 7 天,也可用 3~4 天青霉素进行预防。

## 十九、细菌性痢疾

细菌性痢疾是由痢疾杆菌引起的小儿较常见的一种肠道传染病。其主要病变是结肠(属于大肠一部分)黏膜充血、水肿、溃疡等炎症。主要特点为起病急、发热、腹痛、腹泻、里急后重及排脓血样大便等。

引起细菌性痢疾的病原体是痢疾杆菌。痢疾杆菌在体外生存力较强,在适宜的温度下可在食品中繁殖。该菌对各种消毒剂很敏感。

各种痢疾杆菌均有内毒素。内毒素是引起人体全身反应和大肠病变的因素;有些痢疾杆菌不但有内毒素,还有外毒素。因此,可加重病情。

病人和带菌者是菌痢的传染源。

一般经水、食物、接触等途径传播,机体着凉、疲劳、饥饿以及其他疾病都可为诱发痢疾的因素。

细菌性痢疾常在夏秋季发病。无论男、女、老、幼都对痢疾杆菌易感,儿童患者较成人为多,其中尤以婴幼儿及学龄前儿童发病数为最多。

痢疾杆菌进入人体后的发展过程取决于人体情况和痢疾杆菌的数量。有的可不发病,有的发病轻,有的发病重。痢疾杆菌进入胃后,大部分被胃酸杀死。部分未被杀死的痢疾杆菌则进入小肠。小肠内的弱碱环境有利于该菌的繁殖,并产生内、外毒素。痢疾杆菌的内毒素经肠部吸收入血后,可引起发热、面色苍白、四肢发凉、周身不适等,并可引起感染性休克成为中毒型菌痢。

痢疾杆菌穿过肠黏膜的上皮,在黏膜层繁殖。引起黏膜上皮缺血、变性和坏死。进而形成黏膜的表浅溃疡,面产生腹痛、脓血便等症状。

细菌性痢疾的潜伏期短者数小时,长者7天,一般为1~3天。细菌性痢疾分为急、慢性两大类。急性菌痢分急性典型、急性非典型和急性中毒型三型。急性中毒型又分休克型、脑型和混合型三型。慢性菌痢分慢性菌痢急性发作型,慢性迁延型和慢性隐匿型。

1. **急性菌痢**

急性典型菌痢:其主要症状是起病急、发热至39℃或更高、腹痛、腹泻、大便带黏液及脓血,可有恶心、呕吐,下腹或全腹有压痛。婴幼儿在高热时可发生抽风,有的可出现脱水征。

急性非典型菌痢:此型可以不发热或低热,只有轻度腹痛、腹泻,大便内有少量脓血或只有黏液,颇似急性肠炎而易被忽视。

急性中毒型菌痢:本型菌痢多见于2~7岁的小儿,其特征为起病急,发展快,病情重。复杂多变,以严重的毒血症为主要表现。高热、精神差、抽风、昏迷、循环衰竭和呼吸衰竭等表现为主,而肠道症状如腹痛、腹泻在早期常不明显或尚未出现,常常需灌肠取大便检查才能确诊。

### 2. 慢性菌痢

菌痢反复发作或迁延不愈。病程超过两个月的即称慢性菌痢。慢性菌痢多发生在体质较差有佝偻病、寄生虫病及贫血的小儿，贻误诊断、未能及时治疗也可引起。

### 3. 治疗和护理

急性普通型菌痢的一般疗法：卧床休息。以流质饮食为主，如米汤、豆浆、藕粉等。病情好转可增加面条、稀饭。饮水量视病人发烧及腹泻程度确定，如粪便含水多可饮稀释的口服补液盐液。应注意患儿口腔卫生。每天刷牙2次，饭后漱口。婴儿便后要清洗臀部，洗后涂油或油膏以保护局部皮肤。

抗菌药物应用。急性痢疾重点在于积极控制感染，必须根据不同情况，选用抗菌药物。严重病例或细菌抗药者，可应用静脉滴注。细菌对抗菌药物的敏感性在不同地区或不同时期可能有所改变，因此要结合本地区情况应用，但一经选定，至少应用3～5日以判定疗效，不宜更换过勤。急性菌痢疗程一般为7～10日，婴儿需适当延长，如腹泻一停止，就停用抗菌药物，这样有可能引起复发或转为慢性。

中医治疗：常用清热利湿、调气和血之法治疗，用葛根芦连汤或芍药汤加减效果较好。

对症疗法：发烧可服用退烧药或枕冷水袋、冰袋等方法退烧。腹痛不严重者可不必服药，因为止腹痛药一般均为解痉药，即使肠道运动减缓，这样不利于细菌、毒素和被破坏组织等有害物质排泄。腹痛难于忍受者可口服颠茄片。

中毒型痢疾病情严重，变化快。随时有死亡危险。因此在夏秋季节，小儿高热、精神极差、面色不佳、四肢发凉；不管是否有腹泻均要及时送医院诊治，以免延误。中毒型痢疾的治疗抢救措施除使用抗菌药物外，还应采用输液、给氧、抗休克、止抽风和控制脑水肿等综合措施。

慢性菌痢患者调理饮食，使病人在短期内改善营养状况，是得以恢复的关键。要提供足够的热量，不使消瘦过甚。要注意蛋白质的供给。饮食要注意色、香、味和多样化，以刺激食欲，还要结合患儿平时习惯调配饮食。饮食品种可根据具体条件选定。乳类如母乳、脱脂奶、酸牛奶；非乳类如蛋羹、藕粉、豆浆、米粥、面条汤、饼干等。辅以菜泥、肉末，然后过渡到饮食。要注意补充各种维生素，如口服鱼肝油、维生素 B 等。患儿消化功能低下，各种消化酶分泌减少，每次饭前半小时服用，以利食物消化，如胃蛋白酶、胰酶、淀粉酶等。患儿在夜间容易发生低血糖休克，在夜间应增加一餐。此外，应加强身体锻炼、增强抵抗力。小儿还可配合捏积疗法。

慢性菌痢抗菌疗法同急性菌痢，但治疗后短期不易见效，疗程应适当延长。可采用间歇疗法，即用药 7 到 10 天，休息 4 天，重复治疗 7～10 天，休息 4 天，再重复治疗。全疗程 23～26 天。对顽固迁延病例，大便长期带有脓血或细菌培养阳性者，可改用或加用灌肠疗法。

中医治疗慢性菌痢，因病久脾肾阳虚，故采用温补脾肾、固肠收涩的方法，有时有明显疗效。可用养脏汤、桃花汤或理中汤加减。平时可服用理中丸、四神丸调理脾胃。

对于菌痢重在预防：注意饮食卫生。养成饭前、便后洗手和不饮生水的好习惯；瓜果一定要洗净、消毒或去皮才能吃；熟食要有防蝇设备，不吃苍蝇爬过的食物；剩下的饭菜一定要加温热透再吃；吃凉拌菜时清洗干净，炊具应消毒，最好拌些大蒜泥和醋再食用（大蒜和醋有杀菌、抑菌作用）。

对患儿，应做到早发现、早诊断、早治疗。

# 外科 及皮肤疾病

## 一、尿布皮炎

用尿布的婴儿经常会出现臀部和会阴部的皮肤发红、湿烂，这就是人们所说的尿布皮炎。新生儿更为多见。

尿布皮炎的发生原因主要是由于尿布洗换不勤，或者使用橡皮布、塑料膜、油布等不吸潮的材料包裹尿布，致使婴儿臀部的皮肤经常受湿热的刺激而生发皮肤炎症。另外，由于尿素被细菌分解，产生大量的氨,氨对皮肤有很大的刺激性。

尿布皮炎的早期表现只是在接触尿布的部位出现大片的皮肤发红、粗糙,如果这个时候能得到及时、得当的处理,皮炎很快可以消退。否则继续发展下去,可能出现斑丘疹、疱疹,严重的可以导致局部皮肤糜烂,甚至可以出现皮肤溃疡。

对于尿布皮炎应着重于预防。应该勤换尿布,避免潮湿的尿布长时间的接触皮肤,尿布应该用旧的细棉布制作,要有足够数量的尿布并保持清洁、干燥、柔软。换尿布时可以用无刺激性的爽身粉使皮肤保持干燥。此外,婴儿穿衣、盖被均不宜过多,衣服也不宜裹的过紧,室内的温度应该合适,这样可以降低湿和热对皮肤的刺激。

如果孩子的皮肤已经发生皮炎,切忌用热水和肥皂擦洗,热水和肥皂可以加重皮肤炎症。轻的尿布皮炎只需勤洗皮肤,保持局部皮肤干燥、清洁,一般2~3天就能治好。如果发生皮肤溃烂等现象,则应到医院治疗。

## 二、婴儿脂溢出性皮炎

婴儿脂溢出性皮炎,伴有皮脂腺功能异常,故皮肤油腻兼有鳞屑。病因尚不清楚。本病常于生后第2~10周开始发病(通常为第3~4周)。无全身症状。主要特点为皮肤经斑鳞屑损害。损害通常自头部开始,好发部位为头顶、头部额缘、眉毛、耳后以及其他皱裂处如鼻颊沟、颈部、腋部、腹股沟部、阴部、肛门等处。初起时为红色斑征,表面覆盖油腻的鳞屑。头顶部的鳞屑为黄褐色油腻性,其他部位则颜色较白,有的渗出结痂,稍有痒感,时发时愈。应与湿疹区别。注意护理,预防感染。局部应避免用肥皂。头皮厚痂可用含2%水杨酸的橄榄油揩拭(或烧开冷冻后的食用植物油),每日数次,2~3日后痂可去净,而后涂以含抗生素或含激素的软膏。口服核黄素(维生素$B_2$)或复合维生素B。愈后良好。

## 三、重视小儿皮肤保健

皮肤是人体的重要器官之一。皮肤的重要性不仅在于它占人的身体的相当大的体积,还在它的功能不可忽视。皮肤有哪些功能呢？作为身体的一道屏障，皮肤可以防止体内液体的不正常丢失，皮肤的角质层还能防止细菌和病毒的侵入。天冷时，皮肤能借助毛肌的收缩来防止体内温度的散失；天热时，皮肤又能借助汗腺排出汗液，带走体内多余的热量，皮肤的调节，为身体处于恒温状态提供了基本的条件。此外，当受到外力撞击时，皮肤还可以发挥一定的缓冲作用，减轻外力对体内重要脏器造成的损伤。

虽然皮肤在人身体中的地位不可忽视，但由于它位于人体的表层，受伤的机会较多。小儿的皮肤娇嫩，更容易受损。因此，加强对婴幼儿皮肤的保健是十分重要的。

首先，要保持孩子皮肤的清洁、干燥。冬天，每周至少洗澡一次，夏天应每天洗澡，洗澡后换上清洁柔软的衣物。用尿布的孩子要经常换尿布，以保持婴儿臀部皮肤干燥，防止尿布性皮炎。

其次，要保持居室的空气流畅，勤晒被褥和衣物。室内物品要摆放有序，防止孩子被碰伤、烫伤。多给孩子吃新鲜蔬菜和水果，特别是胡萝卜和绿叶蔬菜，以保证皮肤上皮细胞代谢所需要的维生素。

一旦孩子患有皮肤疾患，应到医院请大夫诊治，根据大夫的要求治疗。

## 四、接触性皮炎

接触性皮炎是由于外界物质接触皮肤引起的皮肤急性炎症。

孩子某个部位的皮肤瘙痒，局部出现红色的斑丘疹，或者患处明显肿胀，严重的可能发生水疱，如果皮肤的界限清楚，这就很可能是我们所说的接触性皮炎了。

接触性皮炎的发病机理有二种，一是原发性刺激，即接触物本身的皮肤的刺激引起皮肤炎症。二是过敏性反应，也就是少数人的某些物质过敏所引起的皮肤炎症。有些过敏性皮炎不马上发病，可以有几天的潜伏期，而再次接触时多在24小时以内发病。引起接触性皮炎的物质很多，可以简单地分为植物性、动物性和化学性三大类，植物类中生漆是常见的致敏原。动物类中如一些家禽的羽毛或羽毛饰物往往引起过敏。化学类中如化纤织物、肥皂、玩具等物可引起过敏。

根据突然出现皮疹、皮疹的界限清楚,有接触史,一般比较容易做出诊断。当然,有些患儿接触史不明确,给诊断与治疗带来一定的困难,这就需要家长仔细地观察孩子的生活环境,特别是再次接触发生皮疹时,则可以明确过敏原。

对于接触性皮炎的治疗主要是去除病因,如已明确致敏原,就应该避免再次接触。对于皮炎的局部治疗,可以到医院开一些对症治疗的外用药,如果病情较重,医生还会给孩子开一些内服药。应该注意的是,对已经发生的皮炎要避免搔抓、洗烫,不要用肥皂等有刺激性的液体涂抹局部,已经发生糜烂的皮炎要防止感染。

## 五、摩擦红斑

主要为皮肤皱褶处的湿热刺激和互相摩擦所致。多见于肥胖婴儿。好发于颈部、腋窝、腹股沟、关节屈侧、股与阴囊的皱褶处。初起时,局部为一潮红充血性红斑,其范围多与互相摩擦的皮肤皱褶的面积相吻合。表面湿软边缘比较明显,较四周皮肤肿胀。若再发展,表皮容易糜烂,出现浆液性或化脓性渗出物,亦可形成浅表溃疡。

预防:保持皮肤皱褶清洁、干燥。治疗:有红斑时,可先用4%硼酸液冲洗,然后敷以扑粉,并尽量将皱褶处分开,使局部不再摩擦。湿润时,可用4%硼酸液湿敷。糜烂时,除4%硼酸液敷外,可用含硼酸的氧化锌糊剂。有继发感染时,可涂以2%的甲紫或抗感染治疗。

## 六、奶　癣

在皮肤科门诊经常见到一些满月的婴儿,长得虽然又白又胖,但在头上、面部、四肢等处却长了很多疙瘩,患处糜烂、流水。婴儿因此烦躁不安,这些孩子患的就是婴儿湿疹。

婴儿湿疹,中医叫"奶癣"。"此病是胎中遗热遗毒,出生后饮食失调,脾失健运,内蕴湿热,外受风、湿、热邪所致。西医认为本病多见于肥胖渗出性体质的婴儿(尤其多见于人工哺育的婴儿)。营养过度,消化不良,对食物过敏,对空气中的飞尘、花粉以及肥皂、羽毛、化纤制品、毛织品、猫犬毛等外界刺激过敏等都可引起本病。此外这种病与遗传亦有一定关系。婴儿湿疹常常发生在婴儿满月前后,一般分为湿烂型和干燥型两类。湿烂型较多见,一般发生于饱食无度,消化不良,外形肥胖的乳婴。皮疹初起是鲜红色斑,分布在额部及两颊,境界不太明显,以后迅速出现密集的小丘疹和水疱,四肢、躯干及肘、膝部屈侧面相继出现同样皮疹。患儿瘙痒剧烈,皮疹逐渐发生成片的糜烂,流出黄色透明的浆液,干燥后结为蜜黄色薄痂。干燥型多见于营养较差,瘦弱或皮肤干燥的婴儿,皮损以红斑、丘疹、鳞屑为主,糜烂渗出较少。

预防婴儿湿疹,要从母亲妊娠期开始,古代医书《外科正宗》记载:"奶癣,儿在胎中,母食五辛,父餐炙煿,遗热与儿,生后头面遍身发为奶癣,流脂成片,睡卧不安,瘙痒不绝。"所以孕妇及哺乳期的母亲应不吃辣椒等刺激性饮食;应忌过量吃高脂肪、高蛋白食物,以免"遗热"于儿。有人还认为妊娠期间夫妻不注意节制性生活也会"遗毒"给胎儿。婴儿出生以后要科学喂养。应定时定量,限进糖类,不宜过饱,以保持其良好的消化功能。如果是因牛奶所致的过敏,可以把煮牛奶的时间延长一些或反复煮沸一二次,也可以改用羊奶、豆浆或其他代乳品。不要给婴儿穿戴尼龙化纤的衣裤、帽子、纱巾等;照料婴儿的人也应尽量穿棉布衣服,不要使用化妆品,使其避免不良刺激。要给已患湿疹的婴儿戴一副棉布小手套,防止其搔抓患处。婴儿患病期间不应进行预防接种。

药物治疗:可服犀角化毒丸、导赤丹、香橘丹等中药;亦可服乳酸钙、复合维生素B、扑尔敏、安其敏、维生素C等西药。外用药:糜烂流水的湿疹,用马齿苋30至60克煮水凉温后,用六至七层纱布蘸药液湿敷,每日一二次,每次20分钟(每五分钟在药液中重蘸一次),然后取大黄面、黄芩面、寒水石面各10克,青黛1克混匀后,用植物油调成糊状外涂。无糜烂流水的湿疹,可用黄连面1份,凡士林9份调成药膏外涂,亦可用这种药膏与醋酸去炎松软膏或肤轻松软膏按二比一的比例混匀后外涂。

## 七、长了瘊子怎么办

瘊子的学名叫疣。疣是经过病毒传染后才生出来的。常见的疣有以下几种：

（1）传染性软疣。俗称"水瘊"，多见于儿童，为米粒到黄豆大样隆起，表面有蜡样的光泽。传染性软疣灰白色或珍珠色，中心有小脐凹，用针将顶端挑破后，可挤出白色乳酪样物质，其中含有大量病毒。这种软疣可发生在躯干、四肢，症状不明显，有时有痒感。

（2）寻常疣。俗称"刺瘊"，是最常见的瘊子。多发生在青少年，开始在皮肤上出现针尖到黄豆大的隆起，表面较硬，灰褐色。这种疣的表面顶端呈乳头状、菜花状或刺状，故叫"刺瘊"。其好发于手部、足部、鼻孔、耳道内。

（3）扁平疣。俗称："扁瘊子"。为米粒到绿豆大小扁平隆起，棕色，表面光滑，数目多，多发生于面部及手背。

长了瘊子以后，数目少的可用液氮冷冻治疗，也可涂抹软膏。传染性软疣可在用针挑破挤出白色物后，涂2%～30%碘酒。有的瘊子不经治疗，几年后自行消退。有的反复发作，就需到医院治疗了。

### 附 疣的食疗

**寻常疣**

薏米50克，白糖适量。把薏米煮成粥，加白糖调服。每天1次，连服30天（肺胃积热型）。

海带15克，绿豆15克，甜杏仁9克，玫瑰花6克（布包），红糖适量。把以上诸味同煮后，去玫瑰花，加红糖调味。喝汤，食海带、绿豆、甜杏仁。每天1剂，连服20～30剂（痰淤凝结型）。

黄豆芽适量。加水煮烂，吃豆芽喝汤。每天3剂，连服3～5天。作为主食，忌食油及其他粮食。

**扁平疣**

薏米60克，红糖适量。两者同煮粥食，或煎水代茶饮。每天1剂，连服15～20天。

## 八、黄水疮要早治

黄水疮是脓疱病的俗称。在热天，特别是空气潮湿，皮肤酸度减弱，抵抗力降低，容易被传染。孩子夏天穿衣少，皮肤外露，容易被碰伤。虫子叮咬搔抓以后，也会使皮肤出现伤口，给细菌侵入皮肤创造了条件。所以，黄水疮发病多在夏季。

得了黄水疮，开始皮肤发红，不久出现零散的丘疹及水疱。1～2天内水疱很快变大，疱液变混，形成脓疱。疱壁很薄，容易被患儿抓破，露出淡红色的肉。破处会不断流黄水，水干后结成黄色痂皮。黄水疮多见于面部、嘴周围及上肢露出的地方。患儿可有不同程度的全身症状。

流出的黄水中含有大量的细菌，所以如果孩子接触了粘黄水的衣服、毛巾、手帕，以及抓了患处的手都可传染上黄水疮。所以，要特别注意隔离消毒。特别是幼儿园及学校，病人用过的衣服、毛巾、手帕、围嘴、被单都要消毒。患儿要注意个人卫生，勤剪指甲、勤洗手。病人与正常人的用具要分开，特别是玩具，也要清洗消毒。

得了黄水疮要及时治疗，治疗可根据病情轻重用药。如果全身症状明显，淋巴结肿大，淋巴管炎或发烧，应该使用抗生素治疗。如果只是局部皮肤感染，可涂外用药，并去掉痂皮，挑破水疱，用药液清洗，洗后涂药膏。每天换两次药，几天即可痊愈。

如果不及时治疗，黄水疮可在全身感染，或反复发作。还有些可继发全身性疾病，如肾炎等。

对黄水疮这种病，关键还在于预防。要注意个人卫生，保持皮肤干燥清洁，勤洗澡换衣，保护皮肤不受外伤。

## 九、玩猫狗的孩子容易长癣

癣病是由致病真菌传染的皮肤病。有些动物感染的真菌，也能感染人，使人患癣病，例如牛、马、骆驼、兔。孩子们常接触的是猫和狗。

猫狗长了癣的地方，毛稀疏脱落，并常用爪子搔抓，人们常说猫、狗长癞了，其实就是长癣了。被动物传染的癣，多发生在手、前臂和躯干上，患处为圆形或椭圆形脱屑斑片，癣的边缘由小红疙瘩或小水疱组成圆圈，所以又叫钱癣。癣再发展，圆圈皮疹融合成片，如同地图。如果长在头发里，往往到头发脱落时才被大人发现。

小儿患钱癣，因皮肤娇嫩，不要随便使用大人的外用药，应到医院请医生诊治。

为了预防小儿长癣病,最好不要让孩子饲养猫狗,更不要随便收留被人遗弃的病猫病狗。家里的宠物患病,要及时治疗,不要把患病的动物送给他人。

## 十、湿疹的食疗

湿疹是儿童常见的一种皮肤病,它可以发生在身体的任何部位。主要表现为皮肤上左右出现多形性、弥漫性、对称性的损害,即皮肤上左右对称的出现针头大小的丘疹、疱疹,且往往弥漫联合成片,伴有剧烈瘙痒。我们经常见到一些白白胖胖的婴儿的脸蛋上,眉毛长有成片的小疙瘩,有的还流水、结痂。这就是医学上所说的婴儿湿疹,也就是中医称为"奶癣"。因为湿疹的病程迁延,反复发作,常常引起孩子和家长严重的不安和焦虑。

湿疹的发病原因比较复杂。目前认为可能是皮肤对外界的一种过敏反应。可以引起皮肤过敏的因素很多,如:湿、热、冷、日光、微生物、毛织品、药物、肥皂、空气尘埃等。

食品是比较常见的致病原因。牛奶、鸡蛋、鱼肉等必需的营养品都可能引起过敏性反应。当然,我们不能盲目地忌食有营养的物品,而应该在确实证明过敏的时候才能忌食。婴儿的衣物和日用品也是引起湿疹的主要原因之一,婴儿用的肥皂、护肤油等,都可能是引起过敏的原因。此外,寻找过敏原时应注意母亲的食物,因为在哺乳期,母亲与婴儿通过哺乳相通。

总而言之,发生湿疹的原因是多方面的,同时,影响湿疹程度的因素也是多种多样的。因此,一旦孩子患了湿疹,除了要按医生指导的方法进行治疗外,还应该仔细观察,寻找导致湿疹的原因。与此同时,对已经出现湿疹的皮肤要注意保护、不能刺激局部皮肤,切忌搔抓、摩擦皮肤,否则不但会加重湿疹的程度,还会增加皮肤感染的机会。此外,不要随便使用外用药,不用肥皂、药皂等带刺激性的液体擦洗皮疹,不合适的外用药和皂液都可能刺激皮肤,加重湿疹的程度。

孩子发生湿疹应该得到及时的治疗。平时应当给孩子养成规律的生活习惯,衣物应该宽松、柔软、清洁、干燥、无刺激性,以避免和减轻湿疹的发生。

### 附 湿疹的食疗

绿豆 30 克,海带 20 克,鱼腥草 15 克,白糖适量。将海带、鱼腥草洗净,同绿豆煮熟,喝汤,吃海带与绿豆。每天 1 剂,连服 6~7 剂。

薏米 30 克,红小豆 15 克,玉米须 15 克,三味一同煮熟,饮汤,食薏米、红小豆,每天 1 剂,连服 7~8 剂(湿热俱盛型)。

冬瓜皮 30 克,薏米 30 克,车前草 15 克,三者同煎后,饮汤,吃薏米。每天 1 剂,连服 7~10 剂(脾虚湿胜型)。

桑椹 30 克,百合 30 克,大枣 10 枚,青果 9 克,共同煎服。每天 1 剂,连续服用 10~15 剂(血虚风燥型)。

## 十一、孩子患湿疹怎么办

孩子患湿疹的比较多,有的反复发作,不易治愈,家长要注意以下几点。

(1)找出致敏原因。疹前或是食物过敏,或是对化学物质过敏,也有些动物性或植物性过敏。家长要为孩子找出过敏的原因,迅速除掉。

(2)避免刺激性食物。孩子患湿疹,要避免吃辣椒、酒、浓茶、咖啡等刺激性食物和饮料。同时观察孩子是否对鱼、虾、羊肉等食物敏感,如某些食物可使瘙痒加重,应避免。

(3)不要乱用药。孩子患湿疹很痛苦,大人也很着急,常常自己找来药物或偏方涂抹。结果不一定事遂人愿,甚至使病情加重。因此,用药要经过医生指导,不要随意用药。

(4)不要用热水洗烫。有的家长认为用热水洗烫可减轻瘙痒,实际上,热水可使皮肤毛细血管扩张,红肿加重,渗出液增多,使病情加重。可以用温水洗,不要搓擦和浸泡。

(5)避免用肥皂。孩子的皮肤细嫩,不要用碱性大的肥皂洗浴,肥皂对孩子皮肤是一种化学刺激。洗浴时,尽量不用肥皂,或用婴儿皂。

(6)不要搔抓。湿疹刺痒难耐,但要说服孩子不要搔抓,因为搔抓后皮肤因受机械刺激而变厚、变粗,而且容易引起感染。过于瘙痒时,可外用炉甘石洗剂涂抹。

治疗湿疹,可按医嘱服用抗组织胺药、注射非特异性抗过敏药,还可服用中药。

## 十二、婴儿湿疹的护理方法

对患湿疹的婴儿一般采用以下护理方法:

(1)给孩子洗脸洗澡时不要用肥皂刺激,如身体、四肢湿疹较重时,暂时不要盆浴,洗后要立即涂药。

(2)给孩子换上清洁柔软舒适的衣服,枕头要常换洗,衣服被褥均要用浅色的纯棉布制作,不要用化纤制品。

(3)不要使孩子着冷受热,要躲避冷风,夏季不要暴晒。

(4)乳母应忌食辛辣刺激性食物,如辣椒、葱、蒜、酒等。

(5)喂孩子的牛奶应多煮些时间,用以破坏牛奶中的致敏物质。孩子患湿疹严重时要及时请皮科医生治疗,家长不要随便给孩子涂药,以免加重过敏。一般湿疹经治疗后容易好转,但也容易复发,不过不用着急,一般停牛奶后(大约6个月)就会逐渐痊愈的。

## 十三、脐疝可以治疗

孩子出了满月,脐带脱落部位早已愈合。但有的孩子肚脐却越来越向外突出,鼓胀出一个包,皮肤颜色正常,这就是脐疝。

脐疝是因为脐带脱落之后,脐带血管及胶样物质退化消失,腹膜与瘢痕性皮肤组织相粘连,两侧腹直肌鞘的正中纤维来形成,这样,就在脐部成为一个薄弱的环口。当孩子用力哭闹时,腹压增高,脐部腹膜向外膨出而形成脐疝。

脐疝无需治疗,随着年龄的增长,脐周围肌肉发育完好,在两岁以前可以自行愈合。但如果脐环过大就难以自愈了,需手术修补治疗。

患有脐疝的孩子,应尽量避免其哭闹、便秘、咳嗽等情况出现,因为这几种情况都会使腹压增高,加重脐疝,影响脐环的愈合过程。

如脐疝过大可用纱布包裹腹部,但注意不要过紧,以免引起不良后果。已满3岁的孩子,如果脐疝仍未愈合,应考虑手术修补。

## 十四、要注意观察男孩子的阴囊

有的男孩子阴囊一侧大,另一侧小,如果用手电筒放在大的阴囊一侧下面照一照,显示出红而透亮,能透光,这就是鞘膜积液;如果不透光,则是疝气,疝气是由于小儿腹股沟环发育不好,腹腔内肠管掉到阴囊中,引起阴囊增大的。

## 十五、胎记不需要治疗

孩子落生乃至以后的一段时间里,可以见到身上有青色的斑块,这就是俗称的"胎儿青记"。胎记多见于孩子的背部、骶骨部、臀部,少见于四肢,偶发于头部、面部,形态大小不等,颜色深浅各有差异。这种青色斑是胎儿时期色素细胞堆积的结果,对身体没有什么影响,随着年龄的增长,到儿童时期逐渐消退,不需要治疗。

## 十六、患肠套叠要及时看医生

肠套叠是指一段肠管套入邻近的另一段肠腔内,是婴儿时期的急腹症。这种病有几个特点:男孩子多于女孩;多发生在4~12个月以内的健康胖孩子身上;发病季节多在夏季7~8月份。有以下几种发病原因:婴儿对增加辅食不适应;夏季饮用冷食多,引起肠道病毒、细菌感染机会多;这个年龄抵抗力弱。以上因素均能引起肠蠕动紊乱,诱发肠套叠。

患了肠套叠,孩子是很痛苦的,肚子阵阵绞痛,孩子剧哭不止,双手紧握,四肢乱动,面色苍白。发作1~2分钟后,腹痛消失,患儿安静如常。约15分钟后,腹痛再次出现,重复循环,伴有呕吐。起病后到8~12小时,由于肠管缺血、坏死,就可出现果酱大便排出,这时切莫认为是肠道感染,应马上到医院就诊。

## 十七、家里应准备外用药

孩子学走之后,可能常会有磕碰的情况发生,家长应该备些外用药,有些轻伤小伤可以自行处理。

红汞(红药水):常用于皮肤擦伤、切割伤和伤口的创面消毒。

不能用于大面积的伤口,以免发生汞中毒;也不能与碘酒同时用,否则,两种药水相互作用会产生有毒的碘化汞,不但不能消毒杀菌,反会损伤正常皮肤,使伤口溃烂。

龙胆紫(紫药水):常用0.5%~2%浓度有杀菌作用,用于皮肤、黏膜创伤感染时及溃疡发生时,也可用于小面积烧伤的创面。

碘酒:常用1%~2%浓度。用于刚起的皮肤未破的疖肿及毒虫咬伤等。因为碘酒的刺激性很大,当伤口皮肤已经破损时,就不能再用了(对碘过敏的人也不能用碘酒)。如用碘酒消毒伤口周围的皮肤,应在稍干之后即刻用75%酒精擦掉。

乙醇(酒精):作为消毒剂使用时,常用浓度是75%,低于75%,达不到杀菌目的,高于75%,又会使细菌表面的蛋白质迅速凝固而妨碍酒精向内渗透,也会影响杀菌效果。所以,当消毒伤口周围皮肤时,应用75%浓度酒精。由于乙醇涂擦皮肤,能使局部血管舒张,血液循环增加,同时乙醇蒸发,使热量散失,故酒精擦浴可使高烧病人降温。用于物理降温的酒精浓度为20%~30%,也就是说,用一份75%的酒精兑两份水即可作擦浴用。

创可贴:用于外伤,伤口出血时消毒止血。

## 十八、预防小儿肘部脱位

1岁以上小儿活泼好奇而且好动,经常出现肘部关节的损伤,尤其是发生小儿桡骨头半脱位。因为小儿时期关节囊及肘部韧带松弛薄弱,在突然用力牵拉时易造成桡骨头半脱位。家长在给孩子穿衣服时,动作过猛,孩子不听话,大人突然用力牵拉均可造成脱位。如果出现过一次肘关节脱位,很容易再出现第二次、第三次,形成习惯性半脱位。

桡骨头半脱位以后,孩子立即感到疼痛并哭闹,肘关节呈半屈状下垂,不能活动。到医院复位后,疼痛自然消失,可以拉肘拿东西。

 **五官科** 疾病

## 一、斜视是怎么回事

正常人两只眼睛的灵活转动,是由视神经和眼球四周的6条肌肉协调动作的结果。无论是看上方、下方、左方、右方,都是步调一致的运动。如果其中某条肌肉或某条神经出了毛病,就会出现两眼不协调的现象,一只眼向前看而另一只眼则偏向一边。这种现象在医学上叫做斜视。

造成斜视的原因一般有两种,一种是由胎里带来的,叫先天性斜视。另一种是后天性的(包括外伤因素造成的)。根据两眼斜视的位置可分为内、外、上、下斜视。

## 二、内斜视儿童必须手术吗

内斜视的孩子并非罕见,不一定非要手术治疗,部分儿童经过眼科大夫的检查散瞳验光后,确定了斜视、远视和散光的度数后,配上了合适的眼镜或者经立体镜或同视机训练治疗后,是可治愈的。但如果发现治疗的晚了,斜视发展到15度以上,经1~2年配眼镜正视治疗后,仍不能纠正或不能完全纠正者,方可考虑手术治疗。

一提手术,不论是家长还是孩子都感到为难。孩子害怕,家长担心。尤其是当妈妈的担心孩子不配合,担心全身麻醉对孩子的智力有影响,又怕矫枉过正达不到治疗效果反使斜视加重。虽然这些顾虑存在,但是如果孩子经过2年戴镜或视功能训练,视力应无好转者,应当考虑手术了。有关专家认为,在两眼视觉反射形成及巩固之前,是做手术的最佳年龄。斜视矫正手术做得越晚(超过4岁),视力功能恢复越差,一般完成双眼视功能发育的年龄在5~6岁,所以医生主张在上学前进行斜视矫正手术为好。

做了眼内斜矫正手术后还用不用戴眼镜,这要根据个人的具体情况而定。可以说一部分人能够实现不再戴眼镜的愿望。如果年

龄是 12 岁以下的儿童,做了斜视矫正以后,远视或散光在 1.0 以上,再戴上眼镜后视力会有明显提高。手术后斜视矫正不足者,或者单眼弱视与双眼视觉功能较差都均应继续戴眼镜。戴眼镜前要重新验光,根据眼位矫正情况来决定眼镜的变换程度。

## 三、斜视能预防吗

斜视也能预防,但是与其他疾病的预防不一样的是在于及早发现,并且要早治疗,才能得到较好的预后效果。细心的妈妈可以从以下几个方面多观察孩子。

(1)在婴幼儿时期患感冒发热、有出疹性疾病时,可能会引起身体其他部位疾病,此时也应视察眼睛是否有异常变化。

(2)有家族斜视史的孩子,家长要特别注意,即使从外观上看无异常,也要在 2 周岁时到医院检查一下视力。

(3)一般情况下,孩子在 3 岁时应该到医院进行一次眼睛的全面检查,以便早发现问题,达到早治疗的目的。

孩子的床上悬挂玩具,可供小婴儿看和玩耍,但要注意这玩具要经常变换地方,以防孩子斜视。因为总把玩具挂在床的正中间,孩子总盯着中间看,容易出现内斜视。若把玩具挂在床一侧,会引起小儿斜视。挂玩具不要挂得太近,使孩子看得很累,最好常抱孩子到窗前或户外,看远的东西。

## 四、保护婴儿的眼睛

(1)从新生儿起,妈妈就要注意保持孩子眼部的卫生,每日用纱布蘸温开水擦拭孩子的眼角。孩子要用自己专用的毛巾和盆,毛巾要天天清洗。

(2)婴儿室的灯光不要太亮,婴儿床不要正对着灯。

(3)防止强烈的阳光直射孩子的眼睛。

(4)防止孩子看到电、气焊光。

(5)防止孩子的眼睛进异物和受外伤。

(6)家里有人患红眼病和沙眼,要避免传染给婴儿。

## 五、哪些疾病会影响孩子的眼睛

### 1. 德国麻疹可引起结膜炎

患有德国麻疹通常会发热，眼睛感觉混浊，看上去双眼红红的，结膜充血明显。这种麻疹的结膜充血较为严重，看上去和真的结膜炎很相似，不过它有一个特点，就是孩子的热一退，结膜炎也随之痊愈，一般不用药物治疗。但是，结膜炎如果使眼睛肿的很厉害，不能睁眼，产生过多的眼垢时，就要用点抗生素眼药水了。

婴幼儿患此病要倍加注意，有可能引起角膜混浊，视力障碍，甚至产生角膜软化症。不过中国小孩患此种疾病的可能性极小。

### 2. 水痘会引起结膜、角膜的出疹疾患

出水痘是小孩常见病，儿内科医生往往会忽视眼部出疹现象，这时应由眼科医生加以处理。水痘痊愈时，有时会出现暂时性虹彩炎，这种炎症一般比较轻微，有充血症状，一般不会对视力造成障碍。

### 3. 发热性川崎病会引起结膜充血

川崎病是由日本人名而命名的疾病，具有发热出皮疹、淋巴结肿大结膜充血为特点的疾病。此病除上述特点外，还会产生虹彩炎及眼底出血，但一般程度较轻，预后好，不留任何后遗症。

### 4. 白血病会造成眼底出血

不但外伤可以引起眼底出血，许多体内疾病也可以引起眼底出血。如白血病，也就是血癌常可造成眼底出血。当然出血的部位及程度有差异。出血发生在眼底中心部（黄斑部）就会使视力明显下降。如出血部位不在黄斑部或者出血量极少，对视力的影响就不大，但或多或少有些影响。

白血病还有引起虹彩炎的可能，这是由于白血病的细胞侵入了虹彩中而影响到了视力，这种情况要用抗白血病的治疗方可奏效。

还有一种情况，因患白血病的孩子免疫功能差，细菌也会乘机而入，引起视神经炎，造成视力障碍，这需要放射治疗才有效果。

### 5. 少年风湿会引发虹彩炎葡萄膜炎

患少年风湿病的孩子，常常要做眼部的检查，这是因为有合并

虹彩炎、葡萄膜炎存在的可能。这种眼病无明显不适的感觉,易被忽视,一般情况下比较轻微,有时也会较重造成视力障碍,甚至合并脑膜炎。因此要定期到医院检查。

### 6. 少年性糖尿病易合并眼白内障及视网膜症

糖尿病是由于胰岛素缺乏而引起的全身代谢紊乱性疾病。小儿糖尿病容易合并眼白内障及视网膜症,这点和大人相同。一旦合并了眼病变发展快,容易造成视力障碍导致失明,所以在治疗糖尿病的同时,不要忽视眼合并症的可能,定期由眼科大夫进行检查,有问题早发现早治疗,以控制病情发展。

全身疾病引起眼部病变并非罕见,这里只是提到一部分,还有雷克林格毫桑病,可引起虹彩出斑点;肾病综合征,引起类固醇白内障;红斑狼疮对眼部也会造成影响;就连普通的病毒性感冒也会合并眼部病变,出现角膜炎等等。因为人体各器官之间都是密切相关不可分割的,因此要从各个角度多关心、爱护孩子的宝贵眼睛。

## 六、尽量不让孩子看电视

现在几乎家家都有电视机,看电视有很多弊病,一方面彩电释放出的射线对近距离观看的人有害;另一方面,在家庭中很难调整对幼儿适宜的室内光线、收看距离和角度。婴幼儿眼肌调节能力较成人差,对于电视光线时强时弱,快速的、跳跃式的变化,他很难适应,容易造成视觉疲劳,时间长了可引起近视、远视和斜视等视力障碍。

## 七、什么叫色盲和色弱

色盲就是不能用眼睛分辨出物体的颜色。这里应分清是辨色能力丧失还是辨色能力差。根据三原色学说,不能识别红颜色的叫红色盲。如果这三种颜色都分辨不出,那就叫全色盲。

有一部分人辨认颜色比较困难,需要多看一会,才能分辨出来。这种能力比较迟钝的人,被称为色弱者。

色盲和色弱都是先天遗传因素造成的。世界发展到今天,还没有方法解决这个问题。

据多方面资料统计,男性色盲发生率为 5%,女性为 0.8%,男性明显高于女性。

## 八、"对眼"如何治疗

孩子患有"对眼"会影响到学习、生活和美观,因此要说服和鼓励孩子积极治疗。治疗方法有几种:

(1)首先要找眼科医生验光配镜子,这样可以为远视和散光找到准确的度数。配眼镜矫正视力的同时,斜视得了到了治疗。要坚持戴眼镜不能间断,无论看远处或近处都要戴着眼镜,一般坚持半年左右就可见到疗效了。以后每年要到医院检查一次,以观察视力变化,调整眼镜的度数。

(2)遮盖健眼法。可能大家见过有的小孩一只眼睛被黑镜片遮住了,这是治疗"对眼"弱视的一种方法。其原理是:由于双眼屈光参差太大,如将眼睛遮住,让斜视的眼睛看东西,让其多受一些光刺激,促使视网膜发育。如经遮盖键眼治疗后斜眼视力有所提高,需戴镜检查斜视度数,如有所减少,则需要坚持遮盖,每月查一次视力和斜视度。

(3)用同视机训练。有关专家认为斜视儿童可到医院做立体镜和同视机训练,这些训练对斜视的眼位矫正有很大帮助,而且对双眼单视功能的恢复和立体知觉的建立都起到了良好的作用。

(4)手术治疗。经上述方法治疗 1~2 年后,仍有斜视的儿童或斜视治疗过晚者,在戴眼镜的基础上仍不能纠正者,可考虑手术治疗。

## 九、"对眼"的原因是什么

"对眼"的学名叫共转性内斜视。其原因主要是由于双眼视觉形成过程中的障碍引起的,从而使双眼视觉的正常反射活动或中枢系统受到影响,这种现象叫眼位分离状态。

"对眼"的诱因与以下因素相关:

(1)高度近视。孩子出生后眼球前后径较短,看近处物体时需要强度的调节后视物才清楚,造成眼位偏斜,形成对眼。

(2)两眼发育不同。如一只眼正常,另一只眼为高度远视或散光,这样两只眼视力相比相差很大,在视物时过度调节在一个点上而引起。

(3)两只眼远视度数相差太大,仍然由于屈光参差大而造成"对眼"。

## 十、"对眼"需要治疗吗

"对眼"的孩子由于视网膜发育不良,影响到了视觉功能,常是一只眼睛看事物,这种孩子对东西缺乏立体成像感,难以准确分辨事物的远近与深浅程度。用手拿细小的东西,如火柴棍、小米、豆类时,会感觉看不准,不易拿到,有的孩子拿钢笔去吸墨水也很吃力。因此,"对眼"的孩子需要治疗,而且要早治疗。因为在早期处于内斜状态,这只眼视物能力就会削弱,久而久之将影响到眼视网膜发育,就会造成弱视的恶果。超过 7 岁后,这种弱视就难于恢复治愈了。年龄越大,视力恢复的可能性就越小,12 岁以后眼球发育基本成熟,到那时再做斜视手术,很难恢复到正常水平。

## 十一、沙眼的预防与治疗

沙眼是结膜炎症,而不是眼内有沙子。是由一种叫做沙眼衣原体的病毒引起的结膜发炎,造成结膜粗糙不平,形似沙布在结膜上,故称沙眼。患沙眼的人较多,常言十人九沙。那么沙眼到底是怎么得的呢?原来,沙眼衣原体广泛存在于大自然的空气、风尘中,还常附着在人体皮肤及病人唾味液等分泌物中。因此,如不注意个人卫生和环境卫生,这种病毒便很顺利地传播给人。由其是农村卫生条件较差,似为常见病之一。沙眼传染的途径很主要是接触传染,所以要严防乱用毛巾、公用脸盆,消除沙眼传播的途径。

得了轻度的沙眼,感觉不是很明显,常是在体检时被医生翻转眼皮时才发现。眼结膜表面粗糙不平,重者可形成滤泡样增生。在发病初期可能有发痒和轻微异物感,易流泪或早晨起床时发现眼屎(眼分泌物)发展以后成为磨痛、怕光、眼睁不开等重症。此时应抓紧治疗,否则会造成治疗困难以至引起角膜血管翳、眼睑内翻倒睫、眼球干燥、角膜混浊等症,造成视力下降甚至失明。

沙眼发展到重期会出现睑内翻倒睫、眼球干燥、睑球粘连等症状。这些症状会引起睑缘板肥厚变形,使睫毛内倒(倒睫毛),像毛刷一样刺激角膜,使角膜充血、水肿、破溃,很容易受到病毒、细菌的侵袭,导致角膜感染。日久天长角膜混浊视物不清。再加上结膜炎后瘢痕代,泪腺分泌腺被破坏造成角膜干燥、泪少,杀菌能力降低等,最后导致失明。

沙眼是很普通的病,而且对药物较敏感,所以很容易治疗。但是关键在于早治,而且要有恒心,坚持用药3个月至半年就可以奏效了。

沙眼用药常选氯霉素、利福平、磺胺醋酰钠等。每天上3~4次。晚上用膏剂,这样作用会持久些,也适合睡眠过程。一般选用四环素、金霉素眼膏。对于比较重的人,要到医院请大夫根据情况给予适当的处理。

## 十二、红眼病的预防与治疗

红眼病的起因不外乎细菌与病毒的感染,从而引起急性流行性结膜炎。有下面几种细菌,肺炎双球菌、葡萄球菌、链球菌和科-韦氏杆菌与病毒。发病期常在细菌、病毒最适合繁殖期,那就是春、夏季节了。

得病的关键在于接触了患者的污物。如毛巾、洗脸盆,患者摸过的水龙头、门把手、车把手、学习用具、玩具以及游泳区的水等等。可以说细菌是无孔不入。如果我们注意到这些传染的媒介,及时消毒,自然也就阻断了细菌传播的道路,使自身得到保护。

得了红眼病感觉很不舒服,双眼发烫、烧灼感、怕光、流泪,眼睛发红更为突出,眼皮也可发红,又肿又痛。眼屎可多了,如留心早晨起床时,双眼常被眼屎粘住睁不开眼。因为这些眼发泌物多为脓性物,所以很黏稠,重者角膜就会受到牵连了。在目前医疗水平下,一般发病轻度时就会得到控制,不会引起视力的下降,有时暂时视物不清,一旦病情得到控制,将分泌物擦掉,视力即可清晰。特殊比较严重的情况,引起视力下降的问题也是不可忽视的。

每天用生理盐水冲洗眼睛3~4次,保持清洁。之后分次点眼药水。眼药水的选择可根据分泌的药物敏感性决定。常用的有 1：10000 青霉素眼药水、0.25% 的氯霉素眼药水、0.19% 的福利平、0.5% 的卡那霉素眼药水治疗，效果是比较好的。

如果大夫诊断是病毒感染所致，会另给予选用抗病毒的眼药水。如 0.19% 肽丁胺乳剂、0.19% 疱疹净、4% 的吗啉呱等。无论那种，只要安心用药，治疗效果是显著的。

虽然红眼病传染性很强，但是可以预防的。主要从以下几个方面做起：

（1）得了红眼病，要赶快找医生治疗。

（2）做好隔离，并在患病期间不要到处乱跑，要在家中好好治疗用药，千万不要乱摸乱动，个人用的毛巾、手帕、枕巾、衣被、玩具、学习用品等，要进行消毒。如能用水煮就煮或用消毒水擦。怕湿的东西，可以放在外边，在紫外线下清毒。这样就可以杀死细菌和病毒了。

（3）健康的人要避免与病人接触，在流行期要少到公共场所去。如游泳池、商店、电影院等地方。

（4）要养成良好的卫生习惯，不但饭前便后要洗手，家长从外面回来也要洗完手再干别的事情。不要用手随便擦眼睛，要勤剪指甲。如周围有红眼病流行时，可用 0.25% 氯霉素眼药水滴眼，每日 2~3 次，就可预防红眼病。

## 十三、"针眼"的预防与治疗

人们常认为针眼不用治，让它自己排出脓来就会好的。其实这种观点不正确，有了针眼应该及时治疗。一般轻度的针眼，在早期滴用氯霉素眼药水等，再加上局部做做热敷，每日 3~4 次。如果比较厉害可加服抗生素。经过治疗，针眼会很快消退而治愈的。

用手挤压针眼是很危险的，这是因为人们的面部有丰富的血管，这些血管与眼睛的血管是相交通的，而且离颅内血管距离很近。如果我们用力挤压针眼的脓肿部位，一部分脓流被挤出来，有一部分脓流被挤进了血管，顺着血流进入颅内海绵窦引起血栓，容易造成死亡。

预防针眼的发生首先要注意眼卫生，勤洗手，不要随便用手去擦眼睛,定期消毒毛巾、手帕,以免将不洁物带入眼内;要提高全身抵抗力,多吃水果、蛋白质等营养物质,做到不挑食;每天要保持足够的睡眠和休息,不要太劳累;积极治疗眼部慢性疾病,如果经常反复地患严重针眼,不要忽视了从全身疾患找找原因。

治疗方面不外乎眼睛局部点药与口服用药。常用眼药如氯霉素、利福平、卡那霉素药水、红霉素、金霉素眼药膏等,再加上热敷会很快好的。重者配合吃抗生素。经久不愈者一定要请医生给予处理,以免造成肉芽肿、留瘢痕、眼睑外翻等后遗症,影响孩子外观。另外,得了针眼千万不能用针挑破,以免造成不良后果。

## 十四、弱视是怎么回事

有的孩子长着一双水汪汪的大眼睛看起来很漂亮,但视力很差,眼底检查也正常。如配眼镜矫正视力也达不到正常水平,一般在0.8以下,这种情况被称为弱视。

弱视的原因可分为先天性和后天性的,多是由于5岁之前视功能的发育受到影响而造成的,这是由于婴儿眼球前后径比较短,仅有12.5~18.5毫米,随着年龄的增长逐渐发育成熟。但是眼球发育过程中有一个特点就是眼球的各部位发育程度不一致,如视网膜黄斑中心凹在生后4~5个月才发育完全,生后一年眼球长得较快,到3~4岁时也只有成人的78%,一般5岁左右视力发育完善,而眼球的发育到20岁左右才逐渐停止。由此可见,视功能的发育主要是在5岁之前,所以此时期要注意到影响视力发育的某些先天或后天因素,以免造成终身的弱视。

弱视的程度分为轻度弱视(0.3~0.8),中度弱视(0.1~0.3),重度弱视(0.1以下)。

## 十五、弱视的治疗

1. **遮盖法**

把视力好的一只眼睛遮盖住,强迫用弱视的那只眼看事物。经一段时间的强迫刺激弱视眼的视力可有提高。也可用交替遮盖法(健眼与弱视眼交替遮盖)此法简便易行,如每周遮盖健眼5~6天,遮盖弱视眼 1~2 天,效果是较好的。

### 2. 后像疗法

在强光刺激下视物 10 秒钟后,闭上眼睛仍感觉该物呈现在眼前,这个影像医学上叫后像。医学上利用这种后像的原理,用后像镜的强光刺激(一般照射 20 秒至 1 分钟),使视网膜产生后像,从而提高黄斑中心凹的视功能,起到治疗弱视的目的。

### 3. 红色滤光镜治疗

用 600~640 毫微米波长光线的红镜戴在弱视眼前,同时完全遮住健眼,练习写字、画图等作业,每天 1~2 次,每次 10~15 分钟,逐渐延长时间至数小时,能够达到治疗弱视的目的。

治疗弱视的方法很多,到底哪种最好,这要根据每个孩子弱视的性质、程度、年龄及视力屈光度来选择,并注意在 7 岁前抓紧时间治疗。

## 十六、治疗弱视时患儿要与家长配合

弱视治疗的最好年龄是 3 岁左右开始,3 岁的孩子是能够听懂一些道理的,为了使眼睛能和其他孩子一样明亮,要抓紧时间治疗,千万不能有等长大了再说的想法,不然会产生不可挽回的后果。治疗时要注意以下几点。

(1)弱视治疗是慢功,疗程短则 1~2 年,长则 7~8 年。因此要树立信心坚持下去。视功能的发育过程是伴随身体同步发育的,视力是慢慢好转的,千万不能操之过急造成半途而废。

(2)要自觉坚持戴眼镜。初期要克服不适应过程,坚持下去。在戴镜时注意不要打闹,保护好眼睛。

(3)在绘画、写字、看近处物体时,一定要坚持戴镜,习惯成自然。

(4)中度、重度弱视的孩子,除了戴镜外,还要坚持找医生进行弱视治疗仪器的训练等。

(5)在治疗的同时每 3 个月到半年去医院复查一次视力,检查一下眼底有无变化,视力有无增减,以调整眼镜的最适度数。

## 十七、婴儿是不是耳聋

(1) 2 个月的婴儿听到巨大声响时,会双拳握紧,上肢抱拢,下肢屈曲。

(2) 3 个月的婴儿,听见背后有小铃声会眨眼或回头。

(3) 6 个月的婴儿睡着了能被声音叫醒,听到妈妈的说话声能寻找。

(4) 婴儿的听力有问题,可到医院检查,越早发现越好。

## 十八、孩子说话"大舌头"要及时治疗

有些孩子说话发音时一些音、字咬不清,这在一岁以内的小孩是常见的。也有一些孩子是由于舌系带过短而造成发音不清这需要检查治疗。

舌系带是舌尖下方一条纵行的薄薄的黏膜。如果舌系带过短,舌头伸展受限制,发音吐字就会受到影响。

检查舌带是否过短,方法很简单:让孩子学伸舌的动作,当舌尖是尖形或圆形时,就是正常的,若是形成 W 形的舌尖,中间有一条明显的凹陷,就是舌系带过短。

舌系带过短大多是先天性的,也有一些是由于后天创伤引起的。若确诊为舌系带过短,可进行术矫治。

## 十九、口角炎是孩子的常见病

如果孩子经常口角糜烂,甚至裂缝、出血,就是患了口角炎。口角炎常伴有舌炎,这时舌呈鲜红色,舌乳头可有部分剥落,舌面、舌尖出现明显的毛刺状小乳头。这种病多为维生素 $B_{12}$ 缺乏引起的。

经常患口角炎和舌炎的孩子要多吃新鲜蔬菜、水果,以及肉类、蚕类,同时可口服核黄素片(维生素 $B_2$)。

## 二十、乳牙晚出

第一颗乳牙应该在小儿 6 个月左右萌出。如果小儿超过 1 岁仍未长出第一颗乳牙,称为乳牙晚出。

乳牙晚出最常见的原因是维生素D缺乏性佝偻病。极度营养不良、呆小病(先天性甲状腺功能不全)、先天性梅毒也是导致乳牙晚出的原因。如果孩子超过1岁仍未长牙,家长应带孩子到医院看病,在使用了钙剂和维生素D后仍没长牙而又排除了其他疾病,则应该到医院拍X光片,以明确牙床内有无牙胚,如果有牙胚,迟早会出牙,如果没有牙胚,就要考虑无牙畸形的问题了。

## 二十一、乳牙早脱

正常情况下,乳牙从6岁起开始脱落,每个乳牙脱落都有一定的时间。要是因为外伤、龋齿等原因使乳牙过早缺失,而接替它的恒牙还不能很快的长出来,缺失牙两侧的牙就会向这个空隙倾斜和移位。这样,当这个恒牙长出来时已经没有位置或空隙位置不够了,硬挤出来的牙将导致牙齿排列不整齐,影响以后的咀嚼功能和牙齿的美观。因此,如果乳牙过早脱落,应该到医院去,医生会根据需要给孩子装一个缺隙保持器,以防止空隙缩小,使恒牙能正常萌出。

## 二十二、牙病能引起其他疾病吗

人体是一个统一的整体,各个器官、系统并非孤立的,而是彼此联系的。认为牙齿有病无关紧要的想法是不正确的。

牙齿的炎症如果没有得到及时的治疗,炎症处的细菌通过血液循环和淋巴系统将产生的毒素向全身其他部位扩散,可以发展为其他部位的炎症。以龋齿为例,龋病得不到及时的治疗将发展为牙髓炎,近而发展成根尖炎,根周脓肿等。一旦身体抵抗力降低,毒素扩散,可能引起骨髓炎、颜面组织蜂窝织炎。炎症进一步扩散,还可以导致全身性疾病,如风湿性关节炎、风湿性心脏病、心内膜炎、肾炎等。

因此,一旦患了牙病,一定要及早治疗,这对于预防因牙病引起的其他疾病有着重要的意义。尤其对婴幼儿的牙病应采取积极的态度治疗,防止疾病扩散。

## 二十三、怎样预防龋齿

对龋齿早期、及时的治疗十分重要,然而,预防龋齿的产生更为重要。目前龋病的发病率很高,可以说没有哪种疾病的发病率比龋病的发病率更高,我们国家大约有 40% 以上的人患有龋病,有的地方发病率高达 93%。学龄前儿童的发病数字也很惊人,龋齿的发病率可达 70% 以上。1989 年国家卫生部确定每年的 9 月 20 日为全国爱牙日,通过爱牙日的宣传教育活动,普及牙病防治知识,增强大家的口腔保健意识。

1. **保持口腔卫生,养成良好的生活习惯**

早晚刷牙、饭后漱口,可以及时清除口腔内积存的食物残渣和细菌。孩子从 3、4 岁起就应该养成早晚刷牙、饭后漱口的好习惯。睡觉前不要吃糖,尤其要戒除含着糖块睡觉的坏习惯。因为糖液积存在口腔,可以产生大量的酸性物质,为龋齿的形成提供了有利的条件。

2. **合理使用牙膏**

利用氟防止龋病的发生已经得到肯定。目前,世界上已有 24 个国家近 3 亿人饮用加氟的自来水,有 79 个国家允许在牙膏中加氟,占世界多数的低氟区的人们都在用各种方法利用氟来防止龋病。实践证明这是一种有效的防龋方法。

利用氟防龋的方法可以分为全身用氟和局部用氟。自来水中加氟是一种全身用氟的方法。而使用含氟牙膏则是属于局部用氟。有调查发现,长期使用质量有保证的含氟牙膏,龋病的发病率可降低 20%~30%。但是氟离子在牙膏中不稳定,如果不能保证质量,牙膏到用户手上时氟离子就已经大部分消失了,达不到预防龋齿的作用。

我们国家现有的牙膏种类很多,大致可以分为普通型牙膏和治疗型牙膏。治疗型牙膏除了有普通牙膏的成分以外,还含有有治疗作用的药物,如中草药、西药、氟化物等。长期使用药物牙膏,可能打乱口腔中细菌的生态平衡,致使口腔菌群失调。因此,合理使用牙膏是应该注意的。如果没有口腔疾患,在一般情况下,可以将含氟牙膏和普通牙膏隔月交替使用。如果有龋齿的牙疼表现,应该首选的是含氟牙膏,孩子首选的是儿童牙膏。

### 3. 饮食多样化

孩子应该不挑食,才能得到丰富的营养,保持良好的身体素质,有关调查证明,凡是患有严重龋病的儿童大多数都有偏爱甜食的习惯。在牙齿发育时期多吃甜食可以增加牙齿对龋病的敏感性。适当吃些较硬的食物,可以促使颌骨和牙齿的发育生长,而且通过牙齿的摩擦作用,能达到牙齿自洁的目的。

牙齿的健康生长需要各种营养物质。如果在牙齿生长发育期间,孩子偏食、挑食,使身体缺乏磷、钙和维生素D,影响了牙齿的钙化,造成牙齿钙化不良,抗龋能力也就减弱了。

另外要及时治疗对于位置不正的牙齿或吃东西塞牙的牙齿,要及时治疗矫正。有条件的孩子可以定期到医院做口腔检查,及时发现龋齿,及时治疗。

## 二十四、牙齿排列不齐

牙齿排列不齐主要分为三类。第一类是上牙弓前突畸形。表现为上前牙突出,下前牙咬在上前牙里面的牙床上。也就是我们平时常说的"暴牙"。第二类是下牙弓前突畸形,它的表现是下前牙咬合在上前牙的外面,医学上称之为反牙合,也就是我们平时说的"地包天"。第三类表现为上下牙咬合时,上下前牙不能合拢,称为开口咬合畸形,医学上称为开牙合。

牙齿排列不齐是怎样引起的呢?除了少数人是一些遗传的因素外,主要是由于不好的习惯引起的。

### 1. 吃指习惯

如果孩子从几个月开始就养成了吸吮手指的习惯,到3岁时,就会出现明显的牙齿畸形,由于手指经常被含在上下牙之间,牙齿受力,造成咬合时上下牙之间出现空隙。

### 2. 咬唇习惯

经常咬嘴唇是不好的习惯。有咬下唇习惯的,可以使前牙向前突出,阻碍下颌和下牙弓的发育,日子久了,形成上牙弓前突畸形。有咬上唇习惯的孩子,下颌及下牙弓前突,形成"地包天"。

### 3. 睡眠的姿势不好

有的孩子习惯于用手或用拳头枕在一边脸颊下面睡觉,或者把下巴压在枕头上趴着睡觉。这样,长期受压迫的上颌骨或下颌骨的发育就受到了影响,颌骨的发育不好,长在它上面的牙齿自然就不可能是整整齐齐的了。

### 4. 多生牙

有的人牙齿发育异常,比一般人多长出一个或者几个牙齿。这样,额外长出来的牙占了正常牙齿的位置,口腔就出现了前后重迭不齐的牙齿了。

### 5. 乳牙早脱或乳牙滞留

乳牙脱落过早,接替它的恒牙还没长出来,邻近的牙齿就会向这个空隙的地方倾斜和移动,使空隙变得狭窄。等恒牙萌时没有正常的位置而造成排列不齐。乳牙滞留,可它下面的恒牙却顶着长出来,硬挤出来的牙排列也就不整齐了。

牙齿排列不齐不仅不美观,还给身体带来不少害处。

牙齿排列不整齐,食物残渣等易存留,不容易保持口腔清洁,残留的食物在细菌作用下发酵,容易发生龋齿,也容易引起牙龈炎。由于牙齿排列不齐,咬合关系不正常,咀嚼不得力。时间长了,未经细嚼的食物加重了胃肠的负担,容易引起消化不良,以致影响身体健康。长期的牙齿排列不齐,会影响上下牙弓和上下颌骨的正常发育。例如,形成反𬌗后,将影响上颌牙弓的发育,使上颌骨的长度发育不足,面部的中1/3发生凹陷,成为月牙脸,影响面部美容。

牙齿排列不齐的害处这么多,就不得不引起我们高度的重视。其实,只要及早发现及早治疗,牙齿排列不齐和咬合关系畸形是可以预防和治疗的。

首先,要及早制止小儿的各种不良习惯,保证牙齿正常发育。对患了牙病的牙齿及时到医院治疗,对多生的牙、该脱落未脱落的牙齿应及早拔除,保持牙列的整齐。其次,要保证孩子充足的营养,及时治疗全身性疾病,使全身及上下颌骨均得到良好而充足的营养,从而减少牙列畸形的发生。

## 二十五、预防乳牙龋

牙齿的保护应该从婴幼儿时期做起。乳牙的保护亦很重要。乳牙发生病变,对孩子的健康十分不利。幼儿的乳牙常发生的一种龋病称为奶瓶龋。顾名思义,奶瓶龋的发生原因主要是孩子的牙齿浸泡在奶瓶的奶液里,在细菌的作用下,牙齿脱钙就形成了龋齿。

目前,人工喂养婴幼儿较为普遍。有些父母哄孩子睡觉时,为了图省事,让孩子含着奶嘴入睡,孩子的牙齿全部浸泡在奶液中,不知不觉的受到腐蚀,很快发展为龋齿。

保护乳牙不仅在于及时治疗它的龋病,还应该以预防牙病为主。

(1)控制使用奶瓶的时间,一般应限制在 10~15 分钟以内,并及早戒除含奶瓶睡觉的坏习惯。

(2)每次给孩子喂奶后,再喂几口白开水,以稀释口内残留的奶液,达到清洁口腔的目的。

(3)尽早停止使用奶瓶,最好在孩子 1 周岁以后就改用水杯喝水或用小匙喂水,尽量避免睡觉前喝大量的牛奶或果汁。

(4)尽早开始刷牙。3 岁以前可以由家长用纱布蘸清水为孩子擦拭牙面,把纱布蘸湿,绕在手指上,伸入小儿口腔中,上下左右的擦牙,3 岁以后就应该逐步训练幼儿自己刷牙的能力。

(5)提倡 2 岁开始定期带孩子检查牙齿,有了牙病及早治疗。

# 急症 处理

## 一、孩子发生急症时的处理原则

### 1. 呼救

发现伤病情严重时,要立即呼救,请求周围的人及邻居帮助。呼叫急救车的电话号码统一为"120"。同时要注意以下几点:

(1)讲清楚发生了什么事情和伤病情的大致严重程度。

(2)讲清楚伤病者的姓名、性别、年龄。
(3)讲清楚地点,必要时告诉行车的途径。
(4)对方接话员明确终止对话时,再放下电话。

**2. 初步处理**
(1)没有特殊情况不要随意搬动受伤的儿童,能就地处理的尽量先处理再搬运。
(2)孩子触电时,要先切断电源再抢救。
(3)救护伤者的同时,还要注意保护自己(如防触电、防烧伤等)。
(4)受伤儿童要始终有人陪伴,不可将其单独留下。

**3. 抢救生命**
(1)如果伤者有大出血,要先立即止血,再救护其他伤病。
(2)如果有骨折,要尽量先固定,再搬运。
(3)如果出现休克,要及时给予抗休克处理。
(4)迅速检查神志、呼吸和脉搏,若神志不清同时呼吸停止或脉搏触摸不到,要立即使气道畅通和做心肺复苏救护。
(5)确保没有生命危险后,再处理其他伤患,直至急救车到来。

## 二、如果孩子吃错了药

孩子好奇心强,又不懂事,有时把各种清洗剂、药水拿来喝了。家长一旦发现孩子错吃了药剂,一定要用耐心地镇定的查看孩子到底吃了什么,吃了多少,而不要打骂、训斥孩子,使他恐惧,哭闹,这样反而耽误了急救的机时。

当确定孩子吃错了药,若离医院较远,可在家先做处理,如:药刚吃下不久,可用手指刺激孩子的咽部,引起他恶心、呕吐,把药物吐出来。若是孩子错服了止痒药水、癣药水之类药物,可让孩子多喝浓茶,茶叶中的鞣酸,具有沉淀及解毒作用,若是孩子误服了碘酒,赶快让孩子多喝米汤,以淀粉类流食阻止人体对碘的吸收。经过初步处理后,抓紧时间送孩子去医院观察和抢救。

## 三、触电的处理

(1) 孩子触电后,家长首先要使患儿脱离电源。此时不能惊慌失措,而要随机应变。应先找到电源开关,把电源切断。可穿上橡胶鞋,或站在干燥的木凳、木板上,用干燥的竹竿或木棍把接触患儿的电线挑开。也可戴绝缘橡皮手套,站在板上将患儿拖开。

(2) 孩子脱离电源后,要看是否还有呼吸,应立刻作口对口人工呼吸。触电时间不长者,经半小时左右的急救,约半数可恢复知觉。

(3) 在做人工呼吸的同时,要看患儿是否还有心跳,心跳已停,应做胸外心脏按摩。直到急救车到来。

## 四、蚂蟥蜇伤的处理

被蚂蟥叮咬后,不要用手强拉硬扯,否则蚂蟥的吸盘断在皮内,更难取出。

(1) 在蚂蟥虫体上滴几滴浓盐水,或浓醋、碱水、辣椒水、烟油、肥皂水、白酒、酒精、碘酒等,蚂蟥即可缩身脱落。如无这些东西,可点燃火柴烧一下蚂蟥,也能使之松脱。或是连续轻轻拍打伤处周围皮肤,也能将其震落。

(2) 蚂蟥掉落后,叮咬处出血,可用消毒棉球放在伤口上,用手紧压,按揉,几分钟后可止血。

(3) 止血后,用碘酒涂抹伤口及周围皮肤,再用酒精擦去碘酒。

## 五、毒蛇咬伤的处理

(1) 让患儿坐下或卧下,不要乱动,不要哭闹,以免毒液吸收扩散。

(2) 点燃火柴烧伤口,对毒牙较短、排液量少的毒蛇咬伤,疗效较好。方法是在蛇毒未被吸收扩散之前,将几根火柴放在伤口上方,点燃火柴头爆灼伤口。局部高温可使蛇毒蛋白凝固而失去活性,达到减少毒液吸收的目的。

(3) 在伤口近心端扎止血带,阻止蛇毒经血液或淋巴液回流。注意每隔 15~30 分钟放松止血带 1 分钟,以防肢体缺血坏死。

(4) 用 1:5000 高锰酸钾液或清水冲洗伤口,用小刀在咬伤处作十字形切口,挤出有毒血液。也可用拔火罐等吸出毒液。

(5)使用季德胜蛇药。或用新鲜半边莲捣烂敷于伤口周围,加雄黄外敷。不宜用酸类或碘涂伤口。

(6)初步处理后,立即送医院治疗。

## 六、口腔出血的处理

当摔倒或面部受外力撞击或打击的时候,嘴唇、舌、口腔黏膜、牙齿、牙床等都会受到损伤。由于口腔内软组织血液供应丰富,所以出血常较多。

(1)让孩子坐下,头向前倾并歪向受伤的一边。

(2)用干净的纱布或手绢压在伤口上,或直接用手指压迫伤口处止血。

(3)如果牙床有出血,可用一小块或一长条纱布紧压伤口,但不要塞入伤口。纱布的尺寸必须高于其他牙齿,以避免上、下牙直接接触,减少对伤口的刺激。

(4)让孩子咬紧纱布10~20分钟。

(5)让孩子将口腔内的血液吐出来,不要吞入,以免引起呕吐。

(6)如果伤口较大,出血较多,止血困难时,要尽快送医院。

## 七、一氧化碳中毒的处理

煤炭燃烧不充分,可产生大量一氧化碳,一氧化碳进入人体,可发生一氧化碳中毒。

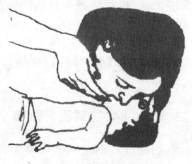

图53

（1）孩子发生一氧化碳中毒，应迅速打开门窗，把孩子抱到空气新鲜的地方，要注意保暖。

（2）如果患儿已昏迷，把口内的东西清除干净，然后做口对口呼吸。如果方便，立即给氧。

（3）立即送医院抢救，可做高压氧或换血。

# 预防接种

## 一、新生儿要注射卡介苗

孩子在出生后第二天即可接种卡介苗。接种后，可获得对结核菌的一定免疫能力。卡介苗接种一般在左上臂三角肌处皮内注射，也有在皮肤上进行划痕接种，做"廾"或"井"字形，长1厘米。划痕接种法虽方便，但因接种量不准，有效免疫力不如皮内注射法。故目前一般不采用划痕法。

新生儿接种卡介苗后，无特殊情况一般不会引起发热等全身性反应。在接种后2~8周，局部出现红肿硬结，逐渐形成小脓疱，以后自行消退。有的脓疱穿破，形成浅表溃疡，直径不超过0.5厘米，然后结痂，痂皮脱落后，局部可留下永久性疤痕，俗称卡疤。为了判断卡介苗接种是否成功，一般在接种后8~14周，应到所属区结核病防治所再做结核菌素（OT）试验，局部出现红肿0.5~1.0厘米为正常，如果超过1.5厘米，需排除结核菌自然感染。一般新生儿接种卡介苗后，2~3月就可以产生有效免疫力，大约3~5年后，在小学一年级时，再进行OT检查，如呈阴性，可再种卡介苗一次。

早产儿、难产儿以及有明显先天畸形、皮肤病等小儿，禁忌接种。

## 二、新生儿要注射乙肝疫苗

目前在世界各国，乙型肝炎的发病率均高得令人吃惊。为此，我国有关部门研究出乙型肝炎疫苗，这种疫苗没有传染性，对乙肝病毒具有很好的免疫性能,现已在新生儿中广泛应用。

整个免疫注射要打3针,第一针(一般由产科婴儿室医务人员注射)于孩子出生后24小时之内在上臂三角肌处注射,剂量为30微克。第二针在出生后一个月注射,剂量为10微克。第三针在出生后六个月注射,剂量为10微克。全部免疫疗程结束后,有效率可达90%~95%。婴幼儿接种疫苗后,可获得免疫力达3~5年之久。

免疫疫苗接种过程简单,一般没什么反应,个别孩子可能出现低热,有的在接种部位出现小的红晕和硬结,一般不用处理,1~2天可自行消失。

## 三、注射脊髓灰质炎疫苗

孩子满2个月的时候,应该服用第一丸小儿麻痹糖丸了。这种糖丸是用来预防小儿麻痹疾病的,若不服这种糖丸,孩子患小儿麻痹病的危险很大。

小儿麻痹这种病,在医学上称为脊髓灰质炎,是脊髓灰质炎病毒引起的。这种病毒经口进入胃肠,可侵犯脊髓前角,引起肢体瘫痪,致终生残疾。

脊髓灰质炎疫苗即小儿麻痹糖丸,是由减毒的脊髓灰质炎病毒制成的。小儿口服糖丸后,身体内就会形成抵抗脊髓灰质炎病毒的抗体,而免于此病的发生,因此每个小儿都应在规定的时间内按时服用。

根据免疫预防接种程序,满2个月的婴儿开始第一次服用脊髓灰质炎三价混合疫苗,满3、4月时分别服第2次和第3次,4岁时再服一次。这样就可以获得较强的抵抗脊髓灰质炎病毒的免疫力,不患小儿麻痹症了。

糖丸发放后要立即给孩子服用,不要放置,以免失效。服用的方法是:将糖丸研碎,用凉水溶化,千万不要用热水溶,以免把糖丸病毒烫死而失去免疫作用。然后用小勺给孩子喂下。

什么情况下不能服用糖丸呢?近期发烧、腹泻或有先天免疫缺陷及其他严重疾病的婴儿均不能服用,以免引起不良反应或加重病情。

## 四、注射三联针（一）

孩子在两个月时已经服用了小儿麻痹糖丸（脊髓灰质炎三价混合疫苗）的第一丸，3个月要继续服用第二丸。

从第4个月开始，要给孩子注射三联针（百日咳菌苗、白喉类毒素、破伤风类毒素混合剂），这种预防针要打3次，每次间隔30天，在3个月内连续注射完毕，才能达到预防的目的，为什么这种针要连续打3次呢？只有这样才能使机体产生一定的抗体，达到足够的抗病能力。注射三联针后，大部分孩子都有轻度的发热反应，这没关系。如果体温超过38.5℃，可服一次阿鲁退热药，1~2日后体温可恢复正常。什么情况不能注射三联针呢？孩子发热不适的情况下暂时不能注射，待病愈后再注射。另外，有过敏体质的孩子、脑神经系统发育不正常的孩子、脑炎后遗症或癫痫的孩子均不能接种，以免发生抽风等意外情况。

## 五、注射三联针（二）

4个多月的孩子应该第三次服用脊髓灰质三价混合疫苗（小儿麻痹糖丸）。应按时带孩子到所属防疫部门服用。

4个多月的孩子该注射三联针的第二针了，三联针是用来预防百日咳、白喉、破伤风疾病的。百日咳是由百日咳杆菌引起的一种急性呼吸道传染病。咳嗽时表现为一阵阵痉挛性剧咳，使孩子非常痛苦。患上百日咳2~3个月才能治愈，有的可继发肺炎。白喉是白喉杆菌引起的烈性传染病。患病后婴儿咽喉部可见白色假膜，假膜沿呼吸道蔓延，病情发展快且严重，有的很快出现呼吸困难窒息死亡，后果不堪设想。破伤风是由于破伤风杆菌引起的急性传染病。小儿皮肤嫩，容易碰伤，伤口易受破伤风杆菌污染，破伤风杆菌可产生外毒素，伤害人体神经系统，造成抽搐、牙关紧闭，甚至窒息死亡。这3种传染病，严重地威胁着孩子们的健康成长，自从广泛进行了"白、百、破"预防针的注射后，这3种传染病的发病率明显降低。所以，一定要按时给孩子进行预防接种，以防患于未然。

三联针第二针的注射时间应与第一针相隔30天以上，如果此时正巧生病,可推迟几天再去接种,但最多不要超过60天。

## 六、注射麻疹预防针

孩子8个月时应到所属地段医院保健科、街道保健站、农村卫生院注射麻疹预防针。

麻疹是一种病毒引起的急性传染病,发病时可有高烧、眼结膜充血、流泪、流鼻涕、打喷嚏等症状,3～5天后,全身出现皮疹,出麻疹的孩子全身抵抗力降低,这时若护理不好或环境卫生不良,很容易发生合并症。最多见的是麻疹合并肺炎、喉炎、脑炎或心肌损害,严重者可以死亡。得过麻疹的人可以终身免疫。

注射麻疹预防针的目的是提高小儿血中抗麻疹病毒的抗体水平,使之对麻疹产生免疫力,避免发病。个别情况即使发病也很轻微,不至于危及生命。

## 附:预防接种程序参考表

| 年龄 | 免疫制剂 | 用 法 |
| --- | --- | --- |
| 初生～2月 | 结核活菌苗(卡介苗)(初种) | |
| 2～3月 | 脊髓灰质炎减毒活疫苗(初服) | 满2个月时口服Ⅰ型糖丸<br>满3个月时口服Ⅱ+Ⅲ型糖丸 |

| 年龄 | 免疫制剂 | 用 法 |
| --- | --- | --- |
| 3～5月 | 百日咳菌苗、白喉类毒素、破伤风类毒素三联混合制剂,共注射三次(初种) | 每隔4星期注射1针,共注射三针,可同时口服脊髓灰质炎减毒活疫苗糖丸 |
| 8～12月 | 麻疹减毒活疫苗(初种) | |

续 表

| 年龄 | 免疫制剂 | 用　法 |
|---|---|---|
| 1～3岁 | 脊髓灰质炎减毒活疫苗糖丸<br>(第二、三年各分别口服Ⅰ型、Ⅱ+Ⅲ型);<br>百日咳菌苗、白喉类毒素、破伤风类毒素三联混合制剂(第一次加强);<br>乙脑流行地区,满一岁时注射乙脑疫苗,以后每年注射加强针一次 | |
| 3～7岁 | 结核菌苗(第一次复种)<br>满3岁时百、白、破三联混合制剂(第二次加强) | 复种结核菌苗时应先作结核菌素试验,阴性反应者方可复种,阳性反应者不需复种 |
| 7～12岁 | 结核菌苗(7岁、10岁时复种)<br>脊髓灰质炎活疫苗糖丸(7岁时加强一次)<br>白喉类毒素(7～8岁时加强一次) | |

# 照料护理篇
ZHAOLIAO HULIPAN

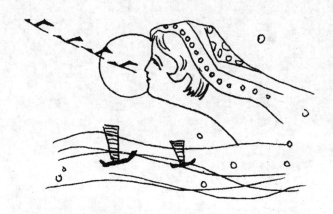

## 孩子 第1个月

### 一、给新生儿洗澡的方法

给新生儿洗澡要做好准备，室温应保持在23℃~26℃，水温一般在37℃~38℃为宜。将干净的包布、衣服、尿布依次摆好，再准备一条洗澡巾铺好。

洗澡时将孩子仰卧位放在澡盆里，用手托住头部并用手指将两耳护好以免进水引起中耳炎。先洗头部，再洗躯干，依次到四肢，动作要迅速。如在脐带未脱落前，尽量避免浸湿脐部。洗澡时可隔日给孩子用婴儿皂，严防皂水流入眼、鼻、口、耳中。如不能洗澡，也要经常用温水毛巾擦洗手脸、脖子、腋下、大腿根部，以免皮肤皱褶处污染，洗后最好不用扑粉，以免堵塞毛孔，影响皮肤排泄代谢。

### 二、小婴儿要注意保暖

常言道，要让小儿安，三分饥与寒。这是相对大孩子而言的。小婴儿的体温调节能力不成熟，必需借助室温和衣服来保暖。

婴儿室的温度在20℃，湿度在50%~60%之间最好，孩子渐渐长大，新陈代谢功能增加，体温调节能力越来越强。

新生儿在室内要比大人多穿一件衣服，2~3个月大时，可以和大人穿一样多，4~5个月的孩子，在寒冷及酷暑时最好不到室外去，他还没有这么强的调节能力。

妈妈每日与孩子做游戏时，可以将室温调节好。孩子少穿一点衣服，室温稍高一点。如果在地毯上玩，要注意热空气向上流动，冷空气向下流动。

### 三、孩子爱哭怎么办

初为父母，最怕的大概就是孩子哭了，小婴儿不会说话，父母也莫名其妙。父母要掌握孩子哭的规律，哭是孩子跟父母表达意愿的一种方式。

（1）需要爱抚。孩子有时哭了，抱起来就不哭了，这是他感到孤独，他需要母亲的爱抚。他在母亲子宫里时，无时无刻不受到羊水和子宫壁的轻抚。初来人世，孤零零地独自躺在小床上，有时他会感到害怕。抱他在怀里，接触到亲人，他感到安慰。这时妈妈可把孩子紧贴胸前，让他听到母亲心跳的声音，他慢慢就会安静下来。

（2）他饿了。饥饿是婴儿哭闹的主要原因，吃饱了就不哭了。有时孩子只差几口他也不干，不吃饱就使劲儿哭。孩子饿了就要喂，不用按时，不要教条地使用时间表。新生儿二三小时就要吃一回奶。

（3）冷或热。婴儿的房间不要过冷过热，孩子盖的被子不要太多。室内冷，孩子哭了要看他体温有无变化。

（4）尿了。孩子尿湿了或大便后，就会使劲哭，妈妈要给他换尿布，否则他不舒服。

（5）脱衣服。孩子不喜欢脱衣服，脱衣服使他感到紧张。因此妈妈给孩子脱衣换衣时尽量快些。脱衣服跟孩子说说话，转移他的注意力。

（6）累了。小婴儿睡眠时间长，吃过以后还要睡，成人不要总逗他，打扰他。累了、烦了他也会哭。

（7）惊吓。孩子受到光线、声音、物品的突然刺激感到不安全，也会哭。这时抱起孩子安慰他。

（8）疼痛。疼痛会使孩子大哭不止。妈妈要紧紧地抱着孩子，找到疼痛的原因，带他去看医生。

（9）生病。孩子不舒服，除了哭还不爱吃。新生儿生病妈妈不要大意，要尽快带他看医生。

### 四、夜哭郎怎样颠倒

有的新生儿白天睡，夜里却都醒着要玩，否则大哭大闹，这种睡眠颠倒的孩子俗称"夜哭郎"。这是因为新生儿神经反射系统不完善造成的，需要妈妈反复培养，才能建立起白天活动，夜里睡觉的规律。白天如果孩子睡得太熟，妈妈要有意识地让孩子多醒几次，引逗他多玩一些时间。必要时可看医生，吃适当的药物，就能建立起晚上睡觉的好习惯。

## 五、安排一个睡眠的良好环境

(1)妈妈在睡前给孩子换好尿布,被褥要厚薄适宜,不要过暖。
(2)室内空气要新鲜,冷暖适宜,不要有对流风,也不要有电扇和空调直吹。
(3)婴儿室夜间不用高度数灯照明,可用可调灯或地灯。
(4)孩子要单独睡在小床上,不要与父母同床睡。

## 六、新生儿睡觉不要捆

我国民间有一个传统的习惯,在孩子睡觉时,用布带把孩子两腿拉直捆好,认为只有这样才不会长成罗圈腿。再把两臂贴在身体两侧固定起来,这样孩子才睡得香甜,可不受惊吓,于是用带子把孩子上下扎紧。其实,这种做法限制了孩子在睡觉时的自如动作,固定的姿势使肌肉处于紧张状态。实际上罗圈腿是佝偻病的症状,不是捆绑可以预防的。因此,孩子在睡觉时,四肢应处于自然状态。睡眠中四肢活动活动是自然生理状态,不是受惊吓的结果。孩子睡觉时,可根据气温情况,在厚薄合适的同时,用一条带子在被外轻轻拢上即可。

## 七、初做父亲应注意什么

(1)要尽量让妻子心情愉快,这样对孩子哺乳、产妇的健康都非常必要。产妇的心情不好,就影响乳汁分泌,造成孩子缺奶吃。
(2)调理好妻子的饮食。妻子除了要吃一些稀软的食物外,在种类上要尽量丰富。肉、蛋、奶制品及新鲜蔬菜可调配食用,以保证产妇健康。
(3)产妇与孩子的衣服要清洁卫生,勤洗勤换。
(4)下班回家后,不能立刻走进妻子和孩子的房间,应该换掉外衣,洗净手、脸,再进去接触孩子。
(5)尽量避免孩子与其他人接触,要婉言谢绝亲朋好友的探视,尤其是患感冒者,更不能接触孩子,以防止呼吸道疾病传染给孩子。

(6)千万不要在孩子房间内吸烟。

## 八、要注意新生儿房间的环境卫生

中国有个传统习惯,就是把产妇与孩子严严地捂在房间里。这实际上给产妇和婴儿造成了一个昏暗和污浊的环境。尤其在夏天,室内更加闷热,很容易使孩子发热,起脓疱疹,长痱子,以及患呼吸道疾病,产妇也容易发生中暑。

科学的方法是要保持产妇与新生儿室内空气的清新。在温暖的季节,每天都要通风换气,当然开窗之前,要给产妇与婴儿适当的遮盖,不要使风直接吹在他们的身上,要避免产生对流风。在夏季要使室内空气保持在30℃以下,可在地面上洒一些水,既可降温,又可使室内空气保持一定湿度。冬季室温最好保持在20℃~22℃,也可以洒一些水来湿化空气,防止呼吸道疾病的发生。通风要谨慎,应避免穿堂风,且不可时间过长。生火炉的家庭,一定要注意烟筒通畅,不要将没有烟筒的火炉子搬进室内,以防止发生煤气中毒。

## 九、注意护理好新生儿脐带

脐带是胎儿与母亲胎盘相连接的一条纽带,胎儿由此摄取营养与排除废物。胎儿出生后,脐带被扎结、切断,留下呈蓝白色的残端。几小时后,残端就变成棕白色。以后逐渐干枯,变细,并且成为黑色。一般在生后3~7天内脐残端脱落。脐带初掉时创面发红,稍湿润,几天后就完全愈合了。以后由于身体内部脐血管的收缩,皮肤被牵扯、凹陷而成脐窝。也就是俗称的肚脐眼。

在脐带脱落愈合的过程中,要做好脐部护理,防止发生脐炎。脐带内的血管与新生儿血循环系统相连接,生后断脐时及断脐后均需严密消毒,否则细菌由此侵入就会发生破伤风或败血症,因此必须采取新法接生。脐带结扎后,形成天然创面,是细菌的最好滋养地,如果不注意消毒,就会发生感染,所以在脐带未脱落前,每日均要对脐部进行消毒。

一般在孩子生后24小时,就应将包扎的纱布打开,不再包扎,以促进脐带残端干燥与脱落。处理脐带时,洗手后以左手捏起脐带,轻轻提起,右手用消毒酒精棉棍,围绕脐带的根部进行消毒,将分泌物及血迹全部擦掉,每日1~2次,以保持脐根部清洁。同时,还必须勤换尿布,以免尿便污染脐部。如果发现脐根部有脓性分泌物,而且脐局部发红,说明有脐炎发生,应该请医生治疗。

## 十、新生儿发热的处理方法

发热对于新生儿来说是常见症状,许多疾病都可以引起发热。由于新生儿在生理上有许多特殊之处,所以父母不要随便给孩子服药。例如给新生儿服用退烧药,有时会出现周身青紫、贫血、便血、吐血等症状,严重的甚至死亡。这是吃了退烧药,造成凝血机制障碍而引起的。

新生儿发烧后最简便而又行之有效的办法是物理降温法。新生儿体温在38℃以下时,一般不需要处理,只要多喂些水就可以。如果在38℃~39℃之间,可将襁褓打开,将包裹孩子的衣物抖一抖散去热量,然后给孩子盖上较薄些的衣物,使孩子的皮肤散去过多热量;也可以让孩子的头枕一个冷水袋来降温。对于39℃以上高热患儿,可用75%的酒精加入一半水,用纱布蘸着擦颈部、腋下、大腿根部及四肢等处,高热会很快降下来。在降温过程中要注意,体温一开始下降,就要马上停止降温措施,以免矫枉过正出现低体温。在夏季降温过程中要注意给孩子饮水,白开水或糖水均可以,这是因为孩子在发热的过程中,要消耗掉一定的水分,因此要给予及时的补充。这里所介绍的是降温的办法,还要请医生检查孩子发热的原因,进行治疗。

## 十一、早产儿的特殊护理

(1)保温。早产儿的环境温度,通常在29℃~33℃。使婴儿的肛温保持在36℃~38℃之间。

(2)现在大多数医院使用传统的保温箱。妈妈可以通过保温箱壁上的窗抚摸孩子,同他说话。

(3)在婴儿出院回家之前,父母要在医务人员指导下学会哺喂早产儿的方法。

（4）溢奶可造成早产儿呼吸停顿、吸入性肺炎等并发症,要特别注意。

（5）要特别注意早产儿的呼吸,一旦发现呼吸道不通畅或呼吸停顿(停顿 15 秒以上),要立即施行人工呼吸并送医院抢救。

（6）1000 克左右的早产儿,室温要保持在 34℃～35℃,湿度为 70%。1800～2000 克的早产儿,室温要保持在 30℃～32℃,湿度为 60%。2500～3000 克的早产儿,室温要保持在 25℃～27℃,湿度为 60%。体温每 4～6 小时测一次,室温要恒定。

## 孩子 第 2 个月

### 一、剪指甲

婴儿的指甲长得很快,10 天能长 1 毫米。婴儿的指甲长容易抓破皮肤。但婴儿的指甲小,不好剪,要用小的指甲刀剪,每次少剪些,最好在洗完澡时剪。

### 二、防窒息

小婴儿自己不能照顾自己,因而家长要特别注意婴儿是否呼吸通畅,防止窒息的发生。

（1）不要让婴儿玩塑料袋类,以防套在头上,遮住口鼻造成窒息。

（2）不要给婴儿玩羽绒等软枕或软靠垫。

（3）婴儿不会翻身时,不要俯卧睡眠。

（4）婴儿枕不要太软,以防陷进去妨碍呼吸。

（5）不要把硬币、豆类、小糖粒、纽扣等给小婴儿玩,以防误入呼吸道。

（6）不要让孩子含着糖块,以防误入呼吸道。

## 三、换尿布

换尿布说起来是一件简单的事,但科学告诉我们,换尿布大有学问。

(1)选用尿布。目前市场上有各种"尿不湿"及一次性尿布,有条件的家庭可以选用。如果自制尿布,最好先用旧的纯棉白色或浅色布。婴儿皮肤娇嫩,旧棉布柔软易吸水,无刺激性,不易引起臀红、湿疹。

(2)注意尿布的温度。在天气冷时,洗过的尿布不易干,有时家长将室外晾着半干的冷尿布垫在孩子身下,可刺激小婴儿引起伤风感冒。在冬天给孩子换上的尿布不仅要干燥,而且最好用热火袋焐一焐。

(3)注意女婴会阴清洁。婴儿便后换尿布时,应用卫生纸揩拭干净。揩拭时应从上到下,先揩外阴再揩肛门。否则,易将肛门处的细菌带至尿道口及阴道口,造成尿道感染或外阴炎。在揩拭干净以后,应用清水洗净会阴部,洗的顺序也是先上后下。

(4)尿布的清洗。尿布上如有粪便,先将粪便冲掉,然后用肥皂洗净,不要用洗衣粉等洗净剂。将洗好的尿布用开水泡一会儿,放在日光下晾晒。

(5)不要用塑料布。有人用塑料布包垫尿布,这样虽然尿不易渗出湿了被褥,却使孩子的臀部遭受浸渍,不仅易发生臀红,还会因不透气、湿度高而发生霉菌感染。

(6)尿布不要太长。尿布太长易包过脐部,这样尿布湿后盖在脐部,易引起脐部感染。通常女婴的尿往下流,尿布在腰背部垫长一些,叠得稍厚一些;男婴尿向上,腹部垫厚一些即可,尿布一般为55厘米见方,叠成四层三角形或八层长方形使用。

## 四、良好的睡眠习惯

从新生儿期就要注意培养孩子良好的睡眠习惯。良好的睡眠习惯首先是按时睡觉,自然入睡。

有的妈妈对孩子"爱不释手",孩子吃饱后还要把他抱在怀里,摇晃着、拍着,或是让孩子叼着乳头、空奶嘴,这都不是好习惯。妈妈一定注意在孩子睡前不哄、不拍、不抱、不摇,更不要吃东西、叼奶头。到该睡的时候,把孩子放到床上让他自己睡。小婴儿还没有养成按时睡的习惯,可给他放些轻柔的催眠曲,使孩子建立起睡眠的条件反射。等到孩子养成按时入睡的习惯,就不必放音乐了。

## 五、小婴儿的排便习惯

从孩子两个月起就应该训练良好的排便习惯,使他按时排便,排便最好在清晨或晚上临睡前,早晨排便最好,晚上大便可使孩子夜里睡得踏实。饭前大便可使孩子吃得好,但不要饭后大便。妈妈先观察孩子排便的情况,然后根据孩子的情况,有意识地定时排便。

婴儿两个月时可训练排尿习惯。在孩子睡前睡后,饭前饭后,出去回来时可以把尿。给孩子把尿时妈妈发出一些声音,使孩子对排尿形成条件反射,以后妈妈发出这种声音孩子便有尿意。训练一段时间后,白天就不用尿布了,睡前尿一次,夜里把一次尿,夜里就不会尿床了。

## 六、孩子为什么哭

婴儿是通过安静的行为表示爱,通过哭来表示害怕、不适、痛苦。

饥饿。饿了的婴儿会不停地哭,喂奶能使他安静下来。

温度。室温过低婴儿会哭,并且不能睡眠。

裸体。婴儿不喜欢脱光衣服,穿上衣服会停止啼哭。

疼痛。疼痛及肠胃不适会引起孩子啼哭。

睡眠被打扰。孩子被惊醒会啼哭。

尿布湿。尿布湿了不舒服他会哭。

中断喂奶。孩子没吃饱会大哭。

烦躁时。孩子在烦躁时遇到别人引逗会不耐烦地哭。

加辅食。孩子第一次加某种辅食拒吃时会哭。

孤独。大人离开,剩他一人时会哭。

孩子 **第3个月**

## 一、怎样给孩子按摩

（1）室内要温暖，不要在有电话的房间，可放一些轻松缓慢的音乐。

（2）把孩子放在柔软的毛巾上。

（3）妈妈先按摩孩子的头顶，脸颊、额头，再按摩眼上、耳侧。

（4）从胸顺肋按摩。

（5）在肚脐周围做环形按摩，先由左向右，再由右向左。

（6）用手指揉孩子脊柱两侧。从颈部到尾椎。

（7）按摩腿部，从大腿到膝，从小腿到踝，轻轻拿捏。

（8）按摩胳膊如腿的手法。

（9）按摩力度的大小，依孩子感觉的程度。

## 二、抚摸对孩子的好处

（1）婴儿喜欢母亲的抚摸，抚摸使他感到与母亲的亲密，他知道这是母亲在爱他。

（2）妈妈的抚摸可以让孩子有安全感。

（3）当孩子情绪不佳时，妈妈的抚摸可以使他安静下来。

（4）与吃比起来，孩子可能更喜欢妈妈的抚摸，抚摸可解决孩子皮肤的饥饿。

（5）抚摸可使孩子活动肢体，促进血液循环。

## 三、妈妈怎样抚摸孩子

（1）在孩子吃饱睡醒以后，妈妈坐在婴儿床边用手抚摸孩子的胸、背、四肢，同时与孩子说笑。

（2）在孩子哭闹时，可抱起孩子，将孩子头贴在妈妈左脑前，一边让孩子听妈妈心跳的声音，一边用手抚摸他。

(3)将孩子抱在怀里,抚摸他的头部、小手、小脚。

(4)父母接触孩子前,一定要洗手,不要从外边一进门就用手抚弄孩子。

(5)妈妈的指甲不要太长太尖,不要戴戒指、手表。

(6)亦可隔着衣服抱紧孩子,并轻拍、抚摸。

(7)抚摸孩子对父母也是有益的,抚摸时父母会感受和增加对孩子的爱。

(8)抚摸孩子时,父母也放松了自己。

(9)抚摸可使父母更了解孩子的身体。

### 四、怎样给孩子称体重

(1)室内温度20℃左右,孩子只穿内衣。

(2)妈妈抱着婴儿站在体重秤上称体重,然后放下孩子,再称一称妈妈的体重,用第一次的重量减去第二次的重量就是孩子的重量。

(3)或把婴儿放在一个大纸盒内,放在体重秤上称,然后减去纸盒的重量。

### 五、怎样给婴儿穿脱衣服

(1)婴儿躺在床上,妈妈将手从袖口伸入,另一只手将婴儿的手送入袖中。

(2)握住婴儿小手,将袖子拉至孩子肩膀处。

(3)一只手撑开裤腿,另一只手将小脚送入裤口。

(4)穿连衣裤时,将连衣裤在床上放好,先穿腿,后穿上身。

(5)脱衣服时,妈妈一只手握住婴儿膝部,另一只手往下拉裤腿。

(6)一只手握住婴儿肘部,另一只手拉住袖口。

(7)然后一只手稍稍抬起孩子的头背部,另一只手迅速将衣服从孩子身体下抽出。

## 六、怎样抱孩子

(1)把孩子的头靠在妈妈的左肘弯处,手臂支撑孩子的肩和背,手腕和手抱住孩子。

(2)右手支撑臀部及背部。

(3)将孩子头靠在妈妈肩膀上,身体贴在妈妈胸部。

(4)妈妈的脸与孩子的脸相距 20 厘米,让他清楚地看到妈妈的脸。

(5)妈妈要向他微笑。

(6)将孩子放下时首先注意支撑孩子的头部。

(7)不要只托住孩子的颈或背,使孩子的头向后仰。

## 七、怎样摘掉婴儿头上的"脏帽子"

有些婴儿的头皮上糊有一层脏东西,特别是囟门部位。这是婴儿期常见的头皮病。

造成乳痂的原因有多种。在正常情况下,婴儿头皮上的自然分泌液可能凝结起来,形成所谓乳痂。这种正常的分泌物经过清洗,本来不会成为问题,但因为母亲在给孩子洗头时不敢触及囟门部位,所以越积越厚,形成黄褐色鳞状物,覆盖在整个头皮上,像顶肮脏的小帽子。

婴儿如果对牛奶过敏,也会引起乳痂病。现代科学证明,牛奶并不像人们认为的那样总是有益于人的健康。婴儿如果饮用不适当的牛奶,常会产生过敏反应,头皮分泌液的量就不正常,从而使乳痂增多。再加上不敢给孩子洗头,特别是不敢洗囟门,就使乳痂一天天增厚了。

乳痂可以在子宫内形成。但每个新生儿生下来时,接生人员会将新生儿身上的分泌物洗掉,一般乳痂要在出后几个星期才出现。

如何消除孩子的乳痂呢?针对孩子产生乳痂的原因,采取综合方法治疗。通过变换婴儿饮用的奶品的种类,可以减轻乳痂。每次给孩子洗澡时都要给孩子洗头,特别注意囟门部位的卫生,当然也要注意安全。最好用稀质的植物油去除乳痂。方法是用棉絮蘸油,轻轻地蘸湿婴儿的头皮。停一会后,用婴儿皂轻轻地给婴儿洗头。千万注意,洗头时只能用手掌,不能用手指。不能用粗制的成人皂。如果找不到适合的油,使用任何一种作用缓和、便于冲洗的洗发乳都可。方法与用油洗相同,必须坚持每天洗一次,直至乳痂完全消除为止。

父母患有湿疹或头垢多者,他们的婴儿往往易患乳痂。如果孩子的乳痂不易洗除或像是患有其他皮肤病时,应请医生诊治。

## 八、怎样给婴儿洗脸

(1) 用纱布或小毛巾由鼻外侧、眼内侧开始擦。
(2) 擦净耳朵外部及耳后。
(3) 用较湿的小毛巾擦嘴的四周。
(4) 擦洗下巴及颈部。
(5) 用温毛巾擦腋下。
(6) 张开婴儿的小手,用较湿的毛巾将手背、手指间、手掌擦干净。

## 九、怎样给男婴清洗会阴

(1) 用纱布或毛巾(注意不是洗脸的毛巾和盆)擦拭大腿根、阴茎。将阴囊轻轻托起,清洁四周。
(2) 清洗阴茎动作要轻柔。不要推动包皮。
(3) 用左手握住婴儿双脚,抬起婴儿双腿。清洗屁股、肛门。
(4) 涂上防护膏。
(5) 换干净尿布。

## 十、怎样给女婴清洁会阴

(1) 先用干净纱布清洁外阴,注意由里到外,由前往后擦洗。不要擦小阴唇里面。
(2) 清洁大腿根。
(3) 妈妈用左手握住她的脚向上抬腿,用纱布清洁肛门。
(4) 在臀部涂上护肤膏。

(5) 换尿布。
(6) 纱布只能用1次,可以清洗煮沸消毒后再用。

#  孩子 第4个月

## 一、婴儿流口水是怎么回事

口水是人体口腔内唾液腺分泌的一种液体,含有丰富的酶类,是促进食物消化吸收的一种重要物质。那么为什么很小的新生儿不流,大人也不流。只有此时的婴儿才流呢?这与孩子此阶段发育特点有关。

3个月以下的孩子,中枢神经系统和唾液腺发育未成熟,唾液分泌量很少,而成人呢,口腔唾液分泌与吞咽功能协调,多余的口水在不知不觉中就咽下去了。

孩子到3~4个月的时候,中枢神经系统与唾液腺均趋向于成熟,唾液分泌逐渐增多,再加上孩子到3、4个月时已长出了牙,对口腔神经产生刺激,使唾液分泌更加增多了。婴儿口腔较浅,吞咽功能又差,不能将分泌的口水吞咽下去或贮存在口腔中,口水就不断地顺嘴流出来。这是一种生理现象,不是病态。一般到2~3岁流口水的现象会自然消失。但有的孩子有口腔溃疡等疾患时,也可引起流口水,常伴有不吃奶、哭闹等,这时就要请医生给孩子看病了。

## 二、孩子的排便习惯

3个月以上的婴儿要大便时,会有一些表现,如眼发直,扭腿,小嘴用力,发出声音等。妈妈发现后,就可把大便。6个月以后,大多孩子一天只排一次大便,就可训练孩子坐在便盆上大便,妈妈在后边扶着他。但孩子坐盆的时间不能太长,最多不过5分钟。如果5分钟没有排便,抱起来过一会儿再说。不要让孩子坐在便盆上玩或吃东西。他不排便也不要呵斥他。

孩子6个月以后也可以训练坐盆排小便。养成习惯后,孩子如果有尿,他会表示要排尿。

## 三、预防孩子睡偏了头

孩子出生后,头颅都是正常对称的,但由于婴幼儿时期骨质密度低,骨骼发育又快,所以在发育过程中极易受外界条件的影响。如果总把孩子的头侧向一边,受压一侧的枕骨就变得扁平,出现头颅不对称的现象。

1岁之内的婴儿,每天的睡眠占了一大半甚至2/3的时间,因此,预防小儿睡偏了头,首先是要注意孩子睡眠时的头部位置,保持枕部两则受力均匀。另外,孩子睡觉时容易习惯于面向母亲,在喂奶时也把头转向母亲一侧。为不影响孩子颅骨发育,母亲应该经常和孩子调换睡眠位置,这样,孩子就不会总是把头转向固定的一侧。

如果孩子已经睡偏了头,家长应用上述方法进行纠正。若孩子超过了1岁半,骨骼发育的自我调整已很困难,偏头不易纠正,会影响孩子的外观美。

## 四、为婴幼儿选择合适的枕头

婴幼儿枕头长度应与其肩宽相等或稍宽些,宽度略比头长一点,高度约5厘米。枕套最好用棉布制作,以保证柔软、透气。枕芯应有一定的松软度,可选荞麦皮或蒲绒的,塑料泡沫枕芯透气性差,最好不用。质地太硬的枕头,易使小儿颅骨变形,不利于头颅的发育;弹性太大的枕头也不好,小儿枕时,头的重量下压,半边头皮紧贴枕头,会使血流不畅。木棉枕、泡沫枕通风散热性能差,不适合夏天使用。

父母在为孩子选择枕头时,要从高度、硬度、通风散热、排汗、不变形等各方面综合考虑。

## 五、孩子睡觉什么姿势好

(1)小婴儿可以仰卧睡。
(2)大婴儿最好是侧卧,长大了最好是"卧如弓"。
(3)侧卧以右侧卧为好,有利于胃中食物向十二指肠移动,减少对心脏的压迫。

（4）不要蒙头睡。

（5）孩子仰卧睡时要把孩子手放在身体两侧,不要放在胸上。

（6）婴儿喜欢朝光亮的方向睡,妈妈要注意帮孩子转换体位,以免头型发育不端正。

## 六、温水擦身

因为孩子小,所以水的温度不能太低,以35℃左右低于体温即可,用天然海绵或塑料泡沫吸水后,在孩子胸背、四肢轻轻擦,每次5分钟。可捉进全身血液循环,预防感冒。

## 七、婴儿的床

婴幼儿应该睡硬床,有的家长让孩子睡软床,铺厚垫,用软枕,害处有三,一是容易造成婴儿窒息,因为太软的床枕不宜于孩子滚动,当被褥等堵住口鼻时,孩子难以挣扎;二是不利于孩子骨骼发育;三是不利于孩子练习翻身、坐起、站立、爬和迈步。

## 八、婴儿的房间

（1）婴儿室的室温在20℃左右适宜,湿度在40%~60%为最好。温差控制在5℃以内。

（2）有较厚的窗帘来调整室内光线。

（3）婴儿头的上方不要悬挂东西。

（4）婴儿床不要放在空调、电扇直吹的地方。

（5）婴儿室要能够空气流通,婴儿床不要放在风口。

（6）婴儿室不要安装电话,以免电话铃声突然响起惊吓孩子。

（7）父母不要在婴儿室看电视。

（8）不要把婴儿床放在灯下,直接照着孩子。

（9）不要让宠物进入婴儿室,特别是猫、狗。

## 孩子 第5个月

### 一、要注意预防臀红

臀红在医学上称为尿布疹或臀部红斑,是婴儿常见的皮肤病。此病主要是由于尿布不清洁,上面沾有大小便、汗水及未洗净的洗衣粉、肥皂等,刺激孩子皮肤而引起发病的。所以腹泻的孩子常可见到此症。开始可见到臀部红嫩,继而出现红色的小皮疹,严重的可至皮肤破溃,呈片状,可蔓延到会阴及大腿内侧。男婴可见睾丸部受侵。

家长要注意预防孩子发生臀红,大小便后及时更换尿布,尤其在大便后,要用温水洗净皮肤。不要使用橡皮布、塑料布直接接触孩子的皮肤,致使尿液不能及时蒸发;每次便后,忌用热水和肥皂洗臀部,应用温水冲洗后轻轻擦干,涂些滑石粉或油膏。如果发生了臀红,每次换尿布后,需在损伤局部涂上紫草油或鞣酸软膏。

### 二、不要强行制止孩子哭

婴幼儿大脑发育不够完善,当受到惊吓、委屈或不满足时,就会哭。哭可以使孩子内心的不良情绪发泄出去;通过哭能调和人体七情。所以哭是有益于健康的。

有的家长在孩子哭时强行制止或进行恐吓,使孩子把哭憋回去。这样做使孩子的精神受到压抑,心胸憋闷长期下去,会精神不振,影响健康。

当孩子哭时,家长要顺其自然。孩子哭后就能情绪稳定,就嬉笑如常了。

### 三、不能用茶水喂药

茶是中国人最喜欢喝的饮料,具有提神、助消化和防癌等作用。尽管茶水有这些优点,但是不宜用茶水给孩子喂药。这是因为茶叶里含有鞣质,鞣质略带酸性,遇到某些药物,可引起化学变化,改变药性或发生沉淀,影响药物吸收,产生副作用。所以说不能用茶水给孩子喂药。

## 四、不要用电风扇直吹小儿

在酷暑盛夏季节,可不可以给孩子吹电风扇呢？由于年龄越小的孩子体温调节中枢尚不完善,所以婴儿既怕热也怕冷。电风扇不断地吹会使孩子感冒、腹泻、消化不良。因而天气很热,电风扇也不要直接对着孩子吹,更不能离孩子很近,吹得时间也不能过长;还要避免风流固定在一个方向,最好是让风扇摇头旋转,风量开到最小,形成柔和的自然风,促进人体散热。

另外,在小儿吃饭、睡觉、大小便、生病的时候不要吹电风扇,小儿出汗较多时也不要吹电风扇,否则容易着凉生病。

## 五、擤鼻涕

幼儿不会自己擤鼻涕,妈妈为他擤鼻涕时要轻快,妈妈不要随便给孩子挖鼻孔、掏耳朵,这都是不卫生的习惯。妈妈帮孩子擤鼻涕时,要擤完一个鼻孔,再擤另一个鼻孔。两个鼻孔一齐擤,孩子又不会用力,容易损伤耳内鼓膜。

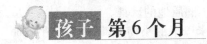

# 孩子 第6个月

## 一、不必担心婴儿口水多

小儿6个月左右,由于出牙的刺激,唾液分泌增加,而小儿又不能及时咽下,这时就会出现小儿流口水的现象,这是一种正常现象。这时要注意给小儿戴围嘴,并经常洗换,保持干燥。不要用硬毛巾给孩子擦嘴、擦脸,而要用柔软干净的小毛巾或餐巾纸来擦。

小儿在出牙时,除流涎外,还会出现咬奶头现象,个别小儿还会出现低烧,这都是正常现象,家长不必担心。

## 二、培养良好的生活习惯

家长要注意培养孩子良好的生活习惯,生活要有规律,孩子的饮食、睡眠、游戏等都在固定的时间。生活有规律的孩子,会更健康、快乐、不爱生病,也不爱哭闹缠人。这样,家长能够节省很多的精力和时间去做其他的工作和家务。

当小儿会坐之后,就要训练他坐盆大便的习惯。最好要定时、定点坐盆,并教他用力。当孩子有大小便表示时,如,突然坐立不安或用力"吭吭"的时候,就应该让他坐盆,逐渐形成习惯,不要随便在床上、玩的时候大小便。

## 三、磨牙床

6个月的孩子抓到物品后,喜欢放在嘴里啃,这为他日后自己进食打下基础。妈妈要鼓励他,不要见他往嘴里放以为不卫生就呵斥他,而是积极为他创造条件:经常给他把手洗干净,给他一些饼干、水果片、馒头干,这些食物可以帮他摩擦牙床。

孩子有了这种爱好以后,妈妈要检查一下他的用品和玩具:
(1)婴儿玩具要经常刷洗,保持卫生。
(2)拿开涂漆的木玩具。
(3)不让孩子玩涂漆的,有锐边的铁玩具,如小铲、汽车等。
(4)给婴儿买软、硬不同的,不同质地的玩具。
(5)不要让他拿到直径2厘米以下的小物品,以免他将小物品塞入身体。

## 四、长 牙

6个月的孩子可以长牙了,先长下面的门牙,再长上面的门牙。有的孩子长得晚一点,并不能说明身体有什么病。刚长出的牙还不能吃饭用,因此不能给孩子硬食,但咬起母亲的乳头来还是很厉害,妈妈不要让孩子含着乳头睡觉。

## 五、坐婴儿车

6个月的孩子会坐了,可以经常坐在婴儿车里出去玩。带孩子出去散步,妈妈要注意尽量走平坦的路,不要太过颠簸,在购车时,要买车轮大些,座位高些的车。有的车坐位很低,孩子离地面太近,很不卫生。

## 六、认 生

6个月以前的孩子不认生,这是因为婴儿还不能分辨人。只要是在他身边的人,对他友好的人,谁抱他都可以。过了6个月孩子就认人了,他对母亲更加依恋,不喜欢陌生人抱他,也不喜欢陌生的环境,他知道怕人,见生人对他有威胁,他会哭。如果带孩子出去,在晚上他可能不睡觉,他感到紧张,即使是到姥姥家也是如此。

 孩子 **第7个月**

## 一、妈妈照看孩子要仔细

孩子会爬会站以后,危险就增多了。他会在小床里转来转去,会从车里爬出来翻到地上,摔重了会留下终身残疾。孩子的床要有护栏,孩子在车里不能离开人,有时发生事故就在一瞬间。孩子和父母睡一床,孩子要睡里边。把孩子放在大床上,光靠用枕头和被子挡是挡不住的。

小粒的食物不要给孩子吃,也不要让孩子拿到这类食物。有时妈妈抱着孩子一边聊天一边吃花生,很容易让孩子拿到一颗放进嘴里。花生吸进气管造成婴儿死亡的事常有发生。

孩子烫伤的机会也增加了,饭桌上一桌饭菜,孩子一把抓住台布,就可能把饭菜扣在孩子身上。妈妈烫完衣服把熨斗放在一边,没想到孩子会去摸上一把。热水瓶放在墙角,或是一杯热水都能造成小儿的烫伤。有人把热粥锅放在墙角,不想孩子坐进去造成烫伤。

家里的水缸、水桶、鱼缸、澡盆都对孩子造成威胁。妈妈给孩子洗澡时去接电话，把孩子单独放在澡盆里，澡盆的底是滑的，孩子一滑就可能出危险。孩子扒着水桶往里看，脚底一滑就能头朝下栽进水桶。

小儿不能吃冰棍、糖葫芦，也不能自己拿筷子和勺，一旦戳进去，会造成严重伤害。

现在薄的塑料袋在家里到处都是，孩子如果抓到塑料袋，有可能套在头上造成窒息。妈妈要把家里的塑料袋收好，不要让孩子拿到。急诊曾见一个孩子端起装着玉米面的小盆，因站不稳，在往后摔的时候将盆扣在脸上，张口一吸，将玉米面吸进气管窒息而死。

做妈妈的一定要心细，要处处呵护自己的宝宝，容不得有丝毫的闪失。

## 二、学 爬

孩子开始学爬。开始时看着像爬实际是往后倒，再过一段就不往后退了，但还不会往前爬，而是转，然后才会往前爬。如果七八个月时赶在了冬天，因为孩子穿得多，可能学得慢一些。另外胖孩子显得笨一些。

## 三、乳牙萌出前

小儿在6个月左右开始长牙。乳牙萌出前几天孩子可能会有一些异常的表现，如哭闹、口涎增多、喜欢咬手指和硬的东西、睡眠不好、食欲减退等表现，有的还有低热、轻度腹泻、局部牙龈可以充血、肿大。一般来说，以上现象持续3~4天，乳牙就穿破牙龈萌出了。

这个时期的口腔保健主要由母亲来完成。在喂奶以后和晚上睡觉以前，母亲用纱布蘸温水轻轻地擦洗孩子的口腔黏膜、牙龈和舌面，除去附着在这些部位的乳凝块，达到清洁口腔的目的。当然，母亲在为孩子做这种口腔擦洗前应该认真的洗手，长的指甲应剪短，擦洗的时候动作要轻柔，不能损伤小儿的口腔黏膜。

这种哺乳外的口内刺激,可以使母亲对孩子口腔内乳牙萌出的情况有及时的了解,对小儿的牙龈形态有所认识,同时也可以增强小儿大脑的感受性。

 第 8 个月

## 一、用洗发液类物品时应注意什么

随着科学的发展,各式各样的洗发用品琳琅满目、层出不穷。用起来香味飘溢。但不知大家注意到没有,任何洗发用品都有含碱性的化学物质。有的人对某种化学物质过敏,当使用这种洗发液时就会出现痒感。有的人洗发时不小心,把洗发水弄到眼睛里,结果出现眼睛磨痛、流泪、怕光、不敢睁眼等症状,检查眼睛时可发现角膜被损伤,进一步发展将影响角膜的透明度,出现混浊,影响视力。

所以在使用这些物品时,千万不要弄到孩子眼内,如不小心进了眼内,要立即用清水冲洗干净,以免化学品长时间刺激眼组织,引起眼损伤。如遇到此情况时,应上医院治疗。

## 二、要细心观察孩子的眼睛

婴儿出生后的头两个月里出现斜视是常见的,此时孩子的视力很低,目光不会追随事物移动,吃饱了常处于睡眠状态,往往不被人注意。

到 3 个月时,孩子就会用眼睛追随人和移动的物体了,会用目光盯着喜欢的颜色,这时就容易发现有无斜视的症状,如发现存在斜视,就应迅速到医院请眼科大夫检查一下。7~8 个月的孩子,如果在爬动和玩玩具的时候,与同龄的孩子相比表现的笨手笨脚,动作迟缓,这时就要注意孩子的视力是否有问题,请医生帮助诊断一下。

### 三、孩子大便干燥的护理方法

大便干燥的孩子平时多饮温开水,多吃蔬菜和水果。另外,要训练孩子养成定时排便的习惯。

如果孩子已经两天没有大便,而且很不舒服、哭闹、烦躁、家长可以用肥皂条或"开塞露"塞入小儿肛门,塞药时让小儿向左侧躺着,左腿伸直,右腿弯曲,药物挤入肛门之后,不要马上起来,稍过几分钟,让药物充分作用,然后再去排便。但是,这些方法不要常用,不要养成靠药物排便的习惯。

另外,对较小的婴儿,除非医生允许,一般不要随便服用泻药。

### 四、怎样使孩子睡得好

(1)白天要让孩子有充分的运动,使他的精力充分发泄。
(2)睡前不要玩得太兴奋。
(3)晚上可给孩子洗澡,身心舒畅。
(4)如果孩子有午睡习惯,晚上可适当晚点睡。
(5)爸爸晚上回来喜欢与孩子玩,应将午睡时间延长些,晚上时间宽裕些。

### 五、训练孩子坐盆的注意事项

(1)不要强迫孩子坐盆,不愿坐就起来。
(2)坐过5~7分钟不排便,就不要坐了。
(3)每次坐盆时间不要太长,久坐孩子可能发生脱肛。
(4)每天最好在同一时间让孩子坐盆大便,养成习惯。
(5)孩子坐不稳时,要由妈妈扶着。
(6)训练孩子坐盆,家长要有耐心。

### 六、防止意外事故

意外事故发生的经过非常快,非常突然,往往来源于小小的疏忽,完全可以避免。

(1)不要让婴儿一个人呆在洗澡盆里,一小会也不行,很浅的水就能把婴儿淹死。

(2) 室内的门和柜子门不要用玻璃的。

(3) 不要用桌布。

(4) 将室内的电线架高,一小会儿就能勒死孩子。

(5) 抽屉和碗柜里不要放化学制剂、打火机。

(6) 水壶里的开水1小时后仍能烫伤孩子。

(7) 把电熨斗放在高处。

(8) 外出时在汽车里给孩子扣上安全带。

## 七、生活习惯的培养

(1) 大便:7~8个月的小儿已经能坐得很好了,每天要让他自己坐盆大小便,在坐盆的时候不要让他吃东西,也不让他玩,不要坐的时间太长,大小便之后就起来。

(2) 按时吃和睡:如果孩子不能按时吃和睡,也不必着急,每到该吃的时候,继续喂他吃,但不必去强迫他吃;到该睡的时候仍然把他放到床上去睡。当他做得好的时候就称赞他,长时间坚持下去,就能使孩子养成有规律的生活习惯。

## 八、玩小鸡鸡没什么

有的婴儿虽然什么都不懂,却会玩弄自己的"小鸡鸡"或外阴,可以从中得到乐趣,并可以出现勃起,这叫父母感到困惑。

实际上,小婴儿的这种行为,与成人或少年有意识的行为不同。婴儿是在摸玩自己时,发现了抚摩生殖器很舒服。其实男孩儿在子宫里阴茎就能勃起了,这是一种生物反应。婴儿玩弄生殖器与玩自己的手指一样,他不懂得通过抚摩生殖器来达到性高潮。

对婴儿的这种动作,父母不必大惊小怪,也不要呵斥孩子,使他受到抑制。可以丰富孩子的生活,在他出现这种动作时,分散他的注意力,吸引他去做别的事。不要让他感到孤独,要给他足够的爱抚,使他不至于皮肤饥饿。多跟他做一些运动性游戏,让他的精力尽量发泄。

孩子大一些,懂得了道理,爸爸妈妈也不要直接批评他的这些动作,可以让他感觉到妈妈不希望他这样。

##  孩子 第9个月

### 一、室内要注意安全

孩子会爬以后,他活动的范围大了,本领也大了,他会攀爬,会扶着移动。这时他还不懂得什么会对他造成伤害,不知道保护自己,因此妈妈要特别注意安全。

(1)凡是孩子容易碰撞的家具枝角,要包上海绵、厚棉制品等。
(2)如果有条件,空出一个房间或角落,让孩子玩耍。
(3)组合式家具要固定好。
(4)除去柜子等家具能使孩子攀爬、抓、跳的把手等。
(5)室内楼梯应加护栏。
(6)桌、椅、床要远离窗子,防止孩子爬上窗子。
(7)孩子的床栏应高过婴儿的胸部,小推车的护栏也要高些。
(8)注意卫生。把孩子爬的场所打扫干净,因为孩子不光会爬,还会把东西放嘴里啃。
(9)不要让他一个人独自四处爬。
(10)窗户要有护栏,不要让孩子上阳台。
(11)不要让孩子上厨房和餐厅,特别是有热菜、热汤时。
(12)桌子上不要放桌布,以免他拉下来,让桌上的东西砸着他。
(13)把热水瓶放到孩子碰不到的地方。
(14)不要给他筷子、勺、笔等,以免他放到嘴里摔倒。
(15)收好药品、洗涤用品。
(16)电源电器要安全。

### 二、坐盆的注意事项

(1)不要把坐盆当做惩罚手段,在托儿所里,孩子不听话,有的阿姨便罚他一边坐便盆,这会使孩子害怕排便。

（2）冬天可先用热水把便盆热一下，再让孩子坐，以免冷刺激引起孩子大小便抑制。

（3）不要让孩子坐在便盆上玩。

（4）不要在孩子坐盆时给他食物和水。

（5）最好不在吃饭时大便。

（6）孩子大便的地方要明亮，卫生间的环境尽量布置得舒服优雅些。

（7）便盆用后要洗净。

（8）孩子如发生肠炎或痢疾，便盆要用1%漂白粉液浸泡1小时。

（9）不要用擦了肛门的纸再擦女孩会阴部。

（10）揩擦肛门要从前向后。

（11）大便后要用温水给孩子清洗肛门。

## 三、婴儿勃起是自然的

有的妈妈给婴儿洗澡时，忽然看见孩子的阴茎勃起了，这会使年轻的妈妈吓一跳：这么小的孩儿怎么就这样？其实婴幼儿的勃起与成人的勃起不同，是自然反应，在他尿急时，睡觉时，都可能发生勃起。洗澡时，因小阴茎不受尿布包裹，又受到热水的冲击，这个特别敏感的器官自然就勃起了。儿子性器官敏感，是正常的反应，妈妈应放心才是。

有的妈妈因怕抚弄儿子阴茎引起勃起，洗澡时便不给孩子洗。实际上勃起没有关系，不洗阴茎会使阴茎和包皮内藏污纳垢，引起炎症。

妈妈都很关心儿子的阴茎，有的因孩子太胖，就担心阴茎太小了。这种担心根本没有必要，孩子脂肪厚，有一段阴茎没有露出来。另外，阴茎大一点小一点，只要性功能正常，并没有关系。真正有危害的，倒是妈妈的这些多虑影响日益懂事的孩子，给他的性心理落下了阴影。

## 孩子 第10个月

### 一、孩子的睡眠

睡眠能解除大脑的疲劳，使身体得到充分的休息。孩子如果睡眠不适，就会烦躁哭闹，食欲不佳，足够的睡眠是孩子健康成长的保证。

人的脑垂体在儿童时期分泌一种十分重要的激素叫生长激素。这种激素在睡眠时分泌特别旺盛，在醒着的时候，分泌相对少些，因此孩子长个子主要是在睡眠的时间进行的，从生理需要上说，孩子睡眠的时间应该长一些。

孩子10个月以后，睡眠时间会减少，而且贪玩，这时要特别注意培养孩子良好的睡眠习惯，按时睡觉，按时起床。

### 二、培养良好的生活习惯

除了非常寒冷的天气之外，应该每天让小儿外出坚持户外活动，接受阳光、新鲜空气。日光中含有红外线，可使人全身血管扩张，感到温暖，抵抗力增强。日光浴可以促使皮肤制造维生素D，帮助钙、磷吸收，使骨骼长得结实，可预防和治疗佝偻病。经常晒太阳，对小儿身体发育很有好处。

夏天晒太阳要注意防止中暑，不要在中午太阳最毒的时候出来。晒太阳时，最好给孩子戴上草帽，不要让阳光直射头部。

冬天晒太阳时，不要给孩子捂得太严，也不要衣服穿得太多，影响孩子活动。

### 三、注意护理女童的生殖器官

家长很少关心到女童的生殖器官，因为它们是没有发育完全，十几年都默默无闻的器官。实际上，女童娇嫩的生殖器官特别容易遭受各种疾病的侵袭，给孩子带来的损害常常重于成人的妇科病。

## 第八篇 照料护理

女童生殖器官发育未成熟,阴道黏膜较薄,阴道内酸度较成人低,感染的机会也多。发生感染后,女童阴道内的白带也会增多。正常女童的阴道,也有少量的渗出物,颜色透明,没有气味,如果孩子的白带发生异常,颜色发黄或发白,像脓液,有异味,量多,则有可能生了炎症。如果白带增多呈乳凝块状,阴部痒,有异味,还出现尿急、尿频、尿痛的症状,看上去发红,就有可能染上了滴虫、霉菌或淋病。如果白带多而且有臭味,有可能是幼童将异物塞进了阴道,当孩子发生生殖器肿瘤时,也可出现白带带血等变化。

预防女童生殖系感染非常重要,父母要注意以下问题:

(1)幼女不要穿开裆裤,可减少感染的机会。

(2)父母要教育女童从小养成良好的卫生习惯。

(3)女童洗会阴的盆要单用,不能与洗手、洗脚盆合用,更不能与母亲合用。

(4)女童的毛巾、床单要单用,并经常洗晒。

(5)女童大便后要先拭净小阴唇,再用纸拭肛门。在清洗时也是先洗前边,后洗肛周。

(6)带孩子出去旅游或到公共场所,不要随便使用盆浴,使用不洁的毛巾、马桶、卫生纸。

(7)如果父母患有性病,要注意隔离和消毒,不要传染给年幼的女儿。

女童生殖器官发生感染,要及时检查。这些疾病都有特效药物治疗,只要坚持用药,注意外阴清洁卫生,保持局部清洁干燥,穿宽松内裤,是可以治好的。

 孩子 **第11个月**

### 一、婴儿能不能看电视

婴儿的视力是一个发育的过程,电视机必须放在一定距离看,小婴儿还看不清。另外电视图像不清晰,有颤动,孩子也不懂,还不如让他看人或看画片。让婴儿看电视会使孩子眼睛疲劳,视力降低,最好不看。如果要看,只能看几分钟。

## 二、预防意外事故的发生

孩子会走以后,眼界大开,对于一切事物都感到新鲜、好奇,他们对什么都感兴趣,都想试探一下。因此,家长必须随时注意他们,防止意外事故发生。

1岁左右的孩子有个特点,不论见了什么,都爱放进嘴里,所以像珠子、扣子、别针、小钉子等等这类东西,家长要收好,不要给小儿玩,以免他们咽进肚里或塞进鼻孔、耳朵里。

家里的汽油、煤油、碘酒、来苏水等东西和在大人吃的药,都要放在孩子找不到,拿不着的安全地方,以免被孩子误服后发生危险。

如果孩子从高处摔下来,要观察他的神志,若出现呕吐或昏迷等情况,应该想到可能是头部受伤,要立即送医院治疗。

## 三、不要让孩子嘬空奶头

孩子嘬空奶头是一种坏习惯,嘬空奶头容易把大量空气吸入胃内,引起腹部不适、呕吐或腹泻。长期如此还易造成牙齿生长不整齐,形成反龅。如果孩子已经形成了习惯,要帮助他改掉。可以利用转移转意力等方法,使他忘记空奶嘴,即使孩子为之大哭,家长也不能让步。可以让他先哭一会儿,不去理他,过一会再和他讲道理,并用好玩的玩具哄逗他。

## 四、婴儿不宜过早学走

婴儿从卧到坐,从爬到立要12个月左右,是不是孩子学走越早越好呢?不是的。不满周岁的孩子,骨骼和肌肉发育不健全,还很软,过早站立行走,足部负荷过重,会对脚造成损伤,严重的影响脚的形成,出现扁平足。下肢也会因负担过重,小腿变形。特别是胖孩子,更不宜早走路。

## 五、气管异物的处理

气管是运进氧气,排出废气的通道,一旦进入固体或液体物质,便会发生堵塞,影响气体交换。引起孩子发生气管异物的主要原因有:儿童好奇,把小物件含在口中,不小心滑入;儿童大哭时将口中物体滑入气管;儿童牙齿未长全,因咀嚼能力差,使食物进入气管;儿童咳嗽反射不健全,咳嗽时呛入气管;跑跳、跌倒时把口里的糖等食物呛入气管。有的家长一边喂孩子一边逗孩子,也易将食物呛入气管。

异物掉入气管后,引起的症状很明显,但症状的严重程度与异物的大小、性质和掉入气管的部位有关。矿物性异物很少引起炎症反应;动物性异物,如鱼刺、骨等对气管黏膜刺激较大;有些植物性异物,如花生米、豆类等可引起严重的呼吸道急性炎症,甚至发生支气管堵塞;光滑细小的金属异物对气管黏膜刺激很小;尖锐的异物,可能刺破附近的组织,引起其他并发症,表面生锈的异物对黏膜刺激较大。异物在气管内存留的时间愈长,对身体危险害愈大。

异物掉入呼吸道后,首先引起剧烈的咳嗽,甚至咳出血,并有气喘、呼吸困难、呼吸声音异常等一系列表现。较大异物堵塞总气管时可引起窒息而死亡。随后咳嗽表现为阵发性。过一段时间后,异物可引起炎症反应,患儿出现体温升高、咳痰、呼吸困难等症状。如异物堵塞支气管,则可引起下端的肺气肿或肺不张,患儿感到胸闷,这时的情况更严重了。

总之,气管异物是危险的急症,应分秒必争地送孩子去医院抢救,决不能耽误。在医院,医生可根据异物的部位,在直接喉镜或气管镜检查下,把异物取出。

## 六、吞咽异物的处理

孩子有时玩耍时喜欢把玩具放在嘴里,不小心可滑入咽喉,吞咽下去。异物可卡在食管中,被卡的食管发生疼痛,吞咽时疼痛明显,特别是咽下困难,甚至滴水不进,大的异物可压迫气管,引起呼吸困难。异物在食管内存留时间过长,可引起局部水肿和炎症。尖锐口异物容易刺破食管黏膜,引起周围器管发炎。

孩子发生食管异物后,必须立即送医院治疗,医生会通过食管镜检查,取出异物,如果异物已滑入胃,医生会在 X 线观察下,促使异物排出。

例如发现别针不见了,可带孩子做 X 线检查,以明确别针是否被吞进,在什么位置。如果别针停留在食道中,医生可用专用设备取出。如果到了胃里,需要 2~7 天才能通过肠道,不会有什么损害。可每日仔细地检查大便,如果没有检查到别针,一周时应再次透视。别针在胃中停留几个星期的情况很少见,如果在胃中久不排出,医生可用胃镜将其取出。

### 七、咽部异物的处理

孩子在玩耍时可将小玩物、纽扣、硬币等放在嘴里,一不小心,这些东西滑下去卡在咽部。另外,家长给孩子的饭里,有小骨头或鱼刺没挑干净,也可卡在咽部。

发生咽部异物后,吞咽疼痛加重,可引起不同程度的吞咽困难。异物较大时,可压迫喉头和气管,引起呼吸困难。如果异物刺破咽壁,局部可发生感染。

孩子被异物卡住后,可让他大张嘴,将舌头压下,用镊子轻轻夹出。如果是鱼刺,可用威灵仙 30 克,米醋 50 毫升煮汤饮服。如果上述办法无效,可到医院请医生处理。

鱼刺卡住后,不要给孩子吃馒头、饭团等,因为这样做有时不仅不能带走刺,反而会将刺压得扎入更深,更不易取出。如果是硬而尖的异物,这样硬压危险更大。

## 孩子 第 12 个月

### 一、如何给孩子喂药

给孩子喂药是件难事,家长要有耐心。先把药用水泡开,调匀。用水不要太多,1~2 小匙即可。喂药可两个大人合作,一个人坐好,抱住孩子,将孩子双腿夹住,让孩子靠在自己的怀里。把孩子一条胳膊放在自己身后,另一只手握在自己手中,这样,孩子的手脚便都固定住了。大人的另一只手扶住孩子的下颌,使他不要乱晃动脑袋。另一个大人用小勺将药送入孩子口中,待孩子咽下去,再把匙从口中拿出。喂完药后,要放开孩子,喝点糖水,吃块糖,不要让孩子哭闹,以免呕吐而前功尽弃。

孩子稍大一点,便可在化开的药中加些糖或蜜,说服孩子自己吃。孩子克服了恐惧心理,习惯了,吃药并不困难。

## 二、不要常抱孩子在路旁玩

我们提倡孩子多到户外玩,多晒太阳,但不赞成常抱孩子在路边玩。

马路上车多人多,孩子爱看,大人也爱看。家长们认为,只要把孩子看好,不碰着孩子,在路边玩耍很省事。其实,马路两边是污染最严重的地方,对孩子对大人都极有害。

汽车在路上跑,汽车排放的废气中含有大量一氧化碳、碳氢化物等有害物质,马路上空气中含汽车尾气是最高的、污染是最严重的。

马路上各种汽车鸣笛声、刹车声、发动机声等,造成噪声污染,影响孩子的听力。

马路上的扬尘,含有各种有害物质和病菌,微生物,损害孩子的健康。

带孩子玩耍,要到公园、郊外空气新鲜的地方去。

 第13个月

## 一、孩子特别缠人怎么办

有的孩子总想靠近妈妈,呆在妈妈跟前,跟妈妈依偎在一起撒娇。

这一类儿童的心理状态也许是他渴望着母爱,热烈地寻求着母爱。所以妈妈让他到旁边玩去,他感到太无情了。

不理解孩子这种心理的母亲,始终在考虑如何赶走孩子,说一些冷淡疏远的话或做出推开孩子的举动。这样一来,孩子觉得他对母亲的感情遭到了拒绝,越发增强了执拗的性格。

母亲越想推开孩子,孩子就越想接近母亲,恰好产生了相反的效果。这时候,母亲就应该想一想:"这个孩子真可怜。我上班没有很多时间照顾他,所以应该加倍地爱抚他,让他相信母亲对他的爱。"

当孩子陷入这种状态的时候,母亲的温情就显得特别重要。抚爱是必要的。对于形影不离,紧紧缠着妈妈不放的孩子,除了给他极大的满足之外,别无他法。

"那样娇生惯养好吗?"这种担心是不必要的。因为这种孩子的心理,已倒退到婴儿状态,所以用这种对待婴儿的办法对待他,不必有什么顾虑。

## 二、日光浴

(1) 气温 22℃~30℃时,可结合空气浴让孩子晒太阳。
(2) 夏季在上午 10 点和下午 4 点左右,冬季在中午比较适宜。
(3) 让太阳晒到孩子尽量多的皮肤。
(4) 从每日 3~5 分钟增加到 10~15 分钟。
(5) 不要让阳光直射孩子眼睛。
(6) 不要在刚吃饱和将入睡时做日光浴。
(7) 不要隔窗在室内做日光浴。

目的:紫外线可杀菌,并能预防佝偻病。

## 三、水　浴

(1) 将浴盆放上水,水温以 35℃~36℃为宜。
(2) 孩子取半卧位,水位不超过锁骨。
(3) 妈妈用水冲洗击打孩子的皮肤。
(4) 每次不超过 5 分钟。

目的:用水调节体温。

## 孩子 第14个月

### 一、开裆裤与死裆裤

给小孩穿开裆裤,是为了他大小便方便,以免弄湿裤子。穿开裆裤,孩子容易受凉,而且不卫生。特别是小女孩,很容易发生尿道炎。所以当孩子会控制大小便之后,就可以不穿开裆裤了。最好是从夏季开始,先穿死裆的短裤,逐渐适应在大小便时脱裤子,以后再穿长裤子,到了冬季,可以在里边穿开裆衫裤、棉裤,外边套一条死裆裤,大小便时只要脱外边的裤子就行了。长到2~3岁可以全部穿死裆裤。

### 二、扎刺的处理方法

竹、木、铁、玻璃、植物都可能刺伤皮肤,扎刺后,一要将刺挑出,二要消毒防感染。
(1)将镊子或缝衣针在火上烧一烧(打火机或火柴)。
(2)将伤周皮肤擦洗干净。
(3)顺扎入方向将刺挑出或拔出(见图54)。
(4)刺挑出后,用手挤一挤,出口滴血,要涂些酒精。
(5)如果刺扎得深,或很脏,要请医生处理,并注射抗破伤风预防针。

### 三、割破手指的处理方法

割破手指是常见外伤,要注意止血后预防感染。
(1)止血注意两点,一是将受伤的手指高举过心脏水平。二是用另外一只手的两个手指捏紧受伤指的指根。
(2)把伤口周围用清水、肥皂洗干净,用纱布将伤口周围擦干。
(3)可在伤口上涂红汞,或使用创可贴包扎。不可用药棉或有绒毛的布块直接盖在伤口上。

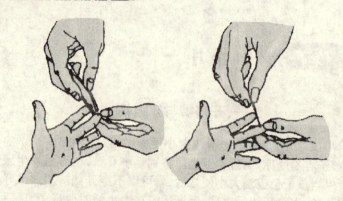

图54 用镊子或针将刺拔出

（4）包扎后的伤口，不要再沾水。第二天可打开看一看，发现伤口周围红肿，请医生处理。

##  第15个月

### 一、眼外伤的处理

（1）眼睑外伤。仅仅是眼皮受伤，可按一般皮肤外伤处理，清洗伤口，涂红药水，不要沾水。

眼受打击，眼皮出现外伤只是表面现象，要看眼眶有无骨折，眼球有无损伤，孩子有无头晕、呕吐、昏迷等。

（2）角膜损伤。黑眼球外层是角膜，角膜受伤，会出现剧痛、怕光、流泪等。角膜受伤，可影响视力，因此家长一定不可大意。孩子受伤后，不要用手去碰，如有新鲜眼药水可先点眼，然后用干纱布盖住，送医院处理。

（3）眼球撞击。眼球受撞击后可发生挫伤。眼内出血，可引起视物模糊、疼痛，导致失明。发生眼球撞击，要让孩子躺下，不要再摇动，可叫救护车急送医院。

（4）锐器伤。锐器刺入眼内，扎破眼球。一定要在最短时间内送医院。对伤口不能冲洗，对扎在眼内的异物，不要拔出，也不要把脱出的组织推回眼内。将伤眼盖住，不要压迫眼球。

(5)患者应仰卧，运送时注意平稳。

## 二、电焊晃眼后怎么办

不论是电焊光晃眼，还是紫外线灯照眼后，都会造成电光性眼炎。有的孩子对耀眼的蓝光感到很新鲜，不由得多看几眼，就在此时，这种光线就伤害了眼睛的角膜和结膜上皮组织。当时没感觉，一般4~8小时后，受伤的角膜、结膜上皮组织就会坏死脱落。并造成很痛苦的感觉。眼睑红肿，结膜充血水肿，强烈的异物感和疼痛感，怕光、流泪，难以睁眼并视物不清，重者，痛苦难忍，坐卧不安，不能入睡。

治疗办法是对症处理，眼痛可用0.5%地卡因眼药水止痛，点药5分钟后，疼痛就会消失，一般经24小时后，眼组织上皮细胞就重新修复好了。

## 三、游泳后眼睛充血怎么办

许多孩子从泳池出来后，双眼红红的，这是为什么呢？有两种可能，一是游泳池中所放的消毒剂对眼睛会造成刺激；二是强烈的阳光照射对眼睛刺激而产生的充血反应。这两种情况一般1~2天就可以消失，无须多虑。如果结膜充血持续不退，就要注意是否由细菌感染而引起的结膜炎，请找医生诊治一下。

# 孩子 第16个月

## 一、怎样护理哮喘发作的孩子

哮喘发作时的护理非常重要，应注意以下几点：
(1)发作时家长不要惊慌，更不要让孩子看出家长的不安。
(2)哮喘缓解后，让孩子慢慢喝些水，并做腹式呼吸。
(3)按医嘱服药，服药后观察20分钟。

（4）如果孩子感到胸闷,应采取坐位式半卧位。

（5）室内空气要新鲜,注意空气流通,家长不要在室内吸烟。

（6）孩子服药后睡一会儿,4个小时后再服药。如果服药后不能缓解,应带孩子看医生。

（7）缓解后如果孩子想吃饭,只让他吃八分饱,过饱胃向上压迫膈肌,引起呼吸不畅。

（8）家长要表现得很自然,让孩子感觉到缓解后就没事了。

## 二、哮喘缓解后可否参加运动

哮喘发作是由于各原因引起的,疲劳也是引起哮喘发作的原因之一,例如孩子忘乎所以地玩耍,体育活动等等,都可能引起发作。但不能因为哮喘便禁止孩子运动。家长的任务是控制孩子活动量不要太大,不要过度疲劳。孩子可以逐步增加运动的强度,使孩子的身体得到锻炼。有的家长就怕发作,不是积极地满足孩子参加运动的要求,一味限制,从长远看,对孩子的身心健康无益。

一般来说,在孩子不发作时,要让他和其他孩子一样去玩,家长要细心关注,不要让他着凉,但着装也不要太厚,早些回家。上学的孩子可以上体育课,但不要参加比赛,运动量量力而行。

# 第17个月

## 一、怎样给孩子点眼药及滴鼻药

点眼药和滴鼻药是常用的家庭护理方法,掌握起来并不难。

点眼药:让孩子坐在椅子上,头向后仰,脸向上,轻轻闭眼。家长把眼药向眼内角挤出1~2滴,然后用另一只手,将上眼皮轻轻提起来,使药水含在眼里。放下眼皮,让孩子闭一会儿眼,转动眼珠,使药水布匀。

点鼻药:让孩子躺在床上将头伸出床沿外,尽力后仰,使头与身体呈直角,然后向双鼻孔各滴1~2滴药液。只要保持头向后仰,药水就不会流到嗓子去。但要注意孩子不要经常使用通鼻剂,如果使用,也要用小儿制剂,不能将大人的药随意给孩子用。

## 二、怎样给孩子喂药

小心地按照医生告诉你的服药方法给小孩喂。你要知道药的名称、服用量、给药的方式和服用次数等,这些都可以在药瓶签上找到。应该把药物放在一个安全的地方,以防其他的孩子拿到。

首先,问一问医生或药剂师,是在给孩子喂奶前或喂奶时用药,还是在两次喂奶之间给药。喂药的时间选择对药物的吸收是有影响的。你不仅要知道为什么给孩子喂这种药。而且要知道这种药有什么副作用。医生或药剂师会告诉你如何观察小孩对药物的反应。如果婴儿服用这种药后出现了皮疹或发痒,那就要找医生看一看。

你必须仔细把握小孩服药的数量,请按药瓶签上的说明办。普通家庭所用的茶匙大小差别很大,最好用有标准量度的匙。当然,你也可以把注射器当作测量工具来使用。

给孩子喂药时要特别耐心。先把婴儿抱以怀里,让他的头略仰起或者放在喂奶时的体位。然后,用注射器或管滴慢慢地将药滴到婴儿嘴里的后中部位,轻轻地拨动孩子的脸颊,以促进他把药咽下去。也可以把药放进空橡皮奶头里,然后将橡皮头放进婴儿的嘴中来引诱他吮吸。如果喂的量较大,婴儿可能会打嗝。喂药要舍得花费时间,如果婴儿急躁、哭闹、停止吮吸,就让他歇一会儿,然后再喂。另外,喂药时要有恒心。即使婴儿不太喜欢药物的味道,但他确实需要这种药,也一定要让孩子把药吃完。孩子服药后,应该抱着孩子睡。

如果你的婴儿开始作呕,就停止下来,让他休息一会儿,安抚一下后再喂给他,孩子如果服药后呕吐,就把他的头斜向一边喂些药。轻拍其背部。呕吐后把他的嘴洗干净。看看孩子吐出来的药量有多少,问一下医生是否可以继续用这样的剂量给孩子服。切忌给吃饱肚子的孩子再喂什么药。

如果婴儿大一些,能吃些食物,你就可以把药放在少量的食物里。药片可以压碎拌在果酱里让小孩吃。但是,某些药物如和奶或食物掺和一起,就不会很好地被吸收。

### 三、鼻出血的处理

鼻出血很常见,如不是由外伤引起,可做如下处理:
(1)让孩子坐下或仰卧在床上,头稍微前倾,而不是后仰。
(2)捏鼻翼10分钟,慢慢放手。
(3)用冷毛巾敷在鼻外或脖子后面,使血管收缩止血。
(4)血止住后不要让孩子碰鼻子。
(5)如果10分钟后不能止血,尽快送医院。

## 孩子 第18个月

### 一、孩子学会骂人怎么办

大人认为是骂人的话,或者不可启齿的话,孩子却不懂,他们也没有成年人的感受。

对儿童来说,语言是借用的东西,大都是把大人的话、电视上的话以及小朋友的话拿来就用。

此外,语言还经常被当成游戏的工具,有时候也用于语言练习和学习。因此,对语言的内容不必过分计较。

家长要以冷静的态度对待儿童骂人的话或粗暴的语言。当孩子说出脏话时,不必认真对待,平心静气地问一声:"那是什么意思呀?为什么?"就足够了。

### 二、孩子呼吸不顺畅是怎么回事

对于一个2岁或稍大的孩子来说,呼吸困难的两个最基本原因是由细菌或病毒引起的急性口腔炎和急性咽炎所致。一般而言,有了这种病都会发烧或食欲减退、淋巴腺肿大或喉头肿胀等症状,但不一定总是这样。

孩子呼吸困难但其他方面都好,其原因可能是由慢性经口呼

第八篇　照料护理

吸、吸吮拇指、吸吮毯子所致。这些情形会使口腔唾液减少,而牙齿周围的牙垢和舌头、齿龈(牙床)、扁桃体周围残存物中的细菌可引起口臭。偶尔,一异物如豌豆类被孩子推入到鼻孔中而且腐烂也可引起呼吸困难。

如果以上可能性均被排除掉,那么你需要请儿科医生查明有否罕见的原因,如咽食管憩室、胃粪石、支气管扩张、肺脓肿所致。然而,幸运的是这些较严重的疾病发生的几率比较少。

### 三、孩子啃指甲怎么办

孩子吮指和啃指甲的毛病,是由许多原因造成的。例如有的孩子吮手指感到"舒服",也就是快感。吮手指是婴儿自我抚慰的行为。如果三四岁依然这样做,那就是由于感到无聊、困倦和欲望得不到满足所致。其中,多数是由于感到无聊、困倦,少数由于欲望得不到满足。

还有的孩子啃指甲,是由于精神紧张,为了消除紧张情绪而啃指甲。虽然通过啃指甲可以消除紧张情绪,但是没有快感。

使用"警告"办法来纠正孩子的坏毛病,不仅不起作用,还会给孩造成罪恶感和无能为力感,其结果适得其反。

发困时和无聊时的吮指,可以不理他,视而不见。至于有些孩子在欲望得不到满足时,不分时间、地点,热衷于吮手指,甚至达到不想做儿童游戏的程度,则多半是由于他感到谁也不注意,谁也不理自己。这种情况,通过适当的关注和爱护可以纠正。仅仅警告孩子不要吮手指,不仅不起作用,而且效果更坏。

 第19个月

### 一、怎样给孩子选择衣帽

给孩子选购衣物,首先要注意穿着舒服,厚薄合适。

由于小儿皮肤娇嫩,出汗多,所以给孩子穿棉布衣服最好。棉布衣服具有柔软、吸汗透气性好,保暖性强,好洗等优点,在价格上也便宜。孩子的内衣要穿纯棉衣裤,轻柔暖和,洗换也方便。孩子的毛衣不要高领的,否则会刺激孩子的皮肤。冬季,孩子一般都要穿棉衣裤,棉花要松软,不要做的太厚,便于孩子玩耍活动。夏季,应给孩子用浅色的小薄棉布做汗衫、短裤、背心。孩子穿着舒服、吸汗,也容易散热,不宜穿涤纶料的衣裤,因为化纤制品不吸汗,有时还会产生静电刺激孩子皮肤。在款式上,要选择简单、宽松、便于脱穿的式样。要考虑到小儿生长发育的特点,由于小孩的关节和骨骼正处在生长发育阶段,如给孩子选择类似牛仔裤、紧身衣式的衣服,会影响血液循环,不利于孩子生理的发育。在选择帽子、大衣、披风时,可以选些美观大方新颖别致的款式,同时也要注意脱穿方便,这样既可以体现孩子的朝气蓬勃、天天向上的气质,又照顾了孩子的生理特点。孩子的鞋子要大小合适、跟脚、柔软、轻便,鞋面透气性要好,鞋底不宜太厚,也不宜太软。随着孩子的生长发育,一般3个月需要换一号鞋子。

## 二、防止孩子烫伤

1岁多的孩子,对于周围的事物似懂非懂,事事好奇,常常喜欢摸这动那,模仿大人做事。因此,家长要处处注意把可能危害孩子的危险品和障碍物排除。例如,热水瓶要放在孩子碰不到的地方,而且要经常给他讲,这个烫手,不能动;喂奶吃饭时要注意温度;吃饭时要把热粥热饭尽量往中间放,以防孩子在桌边乱扒时烫伤孩子。生炉子的家庭,最好在火炉周围放个防护网,还要注意千万不能把孩子一个人留在房子里。

总之,像热水、烫饭、热锅、开水、炉火等都要放在孩子碰不到的地方。为了孩子的安全,家长要在点点滴滴的小事上,多加小心为宜。

## 三、小烫伤的处理方法

小烫伤指很小的局部受伤,皮肤发红或起泡。

(1)发生烫伤后,要立即冷却,将伤处泡入冷水中,或用冷水冲

10~30分钟。如果还疼,可再泡20分钟。这个方法不仅可止痛,而且可使烫伤减轻。但要注意,不要使孩子着凉。

(2)烫伤后伤处起的水泡,不要挑破。水泡的皮完整,便可保护伤口,减少感染。

(3)将伤处用肥皂轻轻洗净,可抹上獾油,然后用绷带轻轻包扎。

(4)如果水泡已破,衣服粘在皮肤上,不可往下撕。

(5)不可在伤口上乱涂东西,什么食油、白糖等。

(6)不可在伤口上贴橡皮膏或创可贴,不能用棉花或有绒毛的纺织品盖在伤口上。

 第20个月

## 一、要注意观察孩子的大便

母乳喂养的小儿大便是黄色或深黄色,水分稍多些。人工喂养的婴儿大便为黄褐色,稍粘。大便的颜色与食物有关,橘汁使大便发绿,番茄汁使大便稍发红,正常大便每日1~2次。

以下情况为不正常大便:大便带脓、有血,可能是痢疾。大便黑色像柏油样或暗红,可能是上消化道出血。大便带血,血色鲜红,可能是下消化道出血或肛裂。大便发绿,有泡沫,可能是消化不良。大便稀水样或粥样稀便,可见于各种原因引起的腹泻。大便褐色球状硬便,是便秘。

## 二、化学烧伤的处理

孩子受到化学烧伤后,要先做处理,再送医院。

(1)皮肤沾了强碱或强酸等,要迅速泡入水里,越快越好。不能泡的话,可用清水冲。水要更换,水量要大。

(2)如果眼睛里溅入强酸强碱,要用手把眼皮分开,用壶冲洗10~15分钟以上。一时来不及,可将头浸入盆内,叫孩子睁开眼睛,左右晃动。这样来争取时间,再改为用壶冲洗。冲洗时孩子要不停地眨眼睛。

(3)如果眼内进了生石灰,应先把石灰粒用棉棒擦出,再用水冲。冲后用纱布盖在眼上送医院治疗。

(4)衣服上有强酸强碱,要将衣服脱掉,并注意不可粘皮肤。

(5)冲洗后请医生做进一步处理。

### 三、孩子碰头后昏睡正常吗

孩子头部伤后昏昏欲睡是非常普遍的症状。孩子伤后昏睡,但你应每隔两小时将其唤醒,以观察他的反应,头部受伤常有呕吐、昏睡和烦躁症状。如果小儿不容易被唤醒,如果上述的症状持续8小时以上,那么,这种情况应引起医生注意。

# 孩子 第 21 个月

### 一、孩子为什么爱抱枕头睡觉

抱枕头睡觉的孩子并不少,还有的孩子抱毛巾,抱手绢。这些孩子时常和他的枕头、毛巾等说话,俨然像对待一个他最亲近的朋友。如果把孩子怀中抱着的物品强行拿开,结果常会引起孩子极大的不满,而且这也改变不了他们的这种习惯。这是怎么回事呢?

首先应该肯定,这不是一个好习惯,但是这个现象的产生不是毫无缘由的。孩子和成人一样,具有社会交际的要求,这种愿望在孩子三四岁时就已开始强烈起来。他们渴望有自己的伙伴,特别是孩子世界中的伙伴,而不是生活在他身边百般照顾他的大人们。但是,在某些家庭中,父母出于对孩子的强烈的爱和关心,总怕孩子在外面会出现种种不可预测的危险。因此,他们担心、害怕,最后索性把孩子关在家中,极力使自己去充当孩子的伙伴。实际上这种作法是行不通的。孩子在缺乏伙伴的孤独状况下,他们内心燃烧着的社会交往的火焰无处发散,就会把一些不能成为朋友的东西,如枕头、毛巾、手绢这些他们生活中最常接触的东西当做想像中的朋友。他们也同这些朋友对话,给它们喂饭,嘘寒问暖,煞有介事,俨然生活中真存在这样一些小朋友。甚至有的孩子一旦失去了这些依赖物,便不吃饭,不睡觉,大吵大闹,情绪反常。以至使父母们无计可施,只好把东西样样还给他们才能风平浪静。

如果理解了这种情况产生的缘由,就应该因势利导,让孩子正常的心理发展特点——要求社会交往的愿望得以实现。当然,现在独生子女日益增多,往往在一个家庭中难以找到自己的小伙伴,那么,父母们就应该给孩子创造条件,最好的办法是送他去幼儿园。幼儿园是孩子的天地,他在那里可以有很多同龄伙伴。当然,一个惯于在家庭中独往独来的孩子,尽管内心存在着要求交往的强烈愿望,但当他刚到幼儿园时,常常因为以自我为中心、不理解他人而不能适应,这需要一个慢慢习惯熟悉的过程。最好在孩子进入幼儿园之前,让他积累些经验,也就是说,父母们应早早地让孩子多接触些邻居、朋友的孩子。你也许会注意到,当孩子接触到与他们年龄差不多的孩子时,所流露出的内心的喜悦是溢于言表的。

孩子如果有许多小伙伴,他就会自然而然地放弃在孤独中想像出的"朋友",而投入到活泼泼的有趣的孩子世界中去。

## 二、眼入异物的处理

异物进入眼里,可引起刺痛、流泪,较大较硬的异物还会伤害眼结膜。

(1)异物进了眼里,叫孩子不要乱揉,应该提起眼皮轻轻动,让眼泪把异物冲出来。

(2)可往眼里滴 1~2 滴眼药,既可预防发炎,又可冲异物。

(3)家长可把手洗净,让孩子向上看,用手按住下眼皮往下拉,可看下眼睑内有无异物。

用拇指和食指提起上眼皮,食指轻轻一按,拇指将眼睑往上翻,可看上眼皮内有无异物。如有异物,可用棉棒蘸水将异物沾出。

## 三、孩子语言滞涩,说话困难怎么办

有时孩子想说什么,但说不出来。

大家可以想一想,在这种情况下,儿童的心理是什么状态?——焦急。越是催他快点说,焦急的心情越严重,越说不出话来。

儿童有好多话想说,想聊。这个也想告诉妈妈,那个也想讲给妈妈听。可是话不能流畅地说出来,第一句话就堵住了。他拼命努力,急于把话说出来。可是,结果恰好相反,越着急越讲不出话来。

在这种时候,你越是催他快说,说清楚,快快说,他越发紧张,也就更不能流畅地说出来。这是由于他有意识地努力去讲的结果。催促的效果,适得其反。

语言贵在自然地脱口而出。有意识地努力去讲,就会变得不自然起来,因而不可能讲得好。切忌会引起心理紧张的语言。要为幼儿建立不着急、心情舒畅的谈话气氛,也就是要耐心地等待。因为在幼儿的头脑里,想说的话很多,可是"表达技术"尚未充分掌握。二岁以后的幼儿,大多容易陷入这种状态。

这种情况,极其类似于众多乘客一下子涌到狭窄的检票口,当然会出现堵塞现象。这种现象称作"语言滞涩",与口吃有所区别。

在这种状态下,如果以催促或性急的态度对待孩子,会加强他的心理紧张程度,最后把他逼成真正的口吃。可以在不抢先的情况下,对他讲的话加以补充。重要的问题在于用宽容的态度耐心地等待着,高高兴兴地听他谈话的内容。

## 孩子 第 22 个月

### 一、什么样的孩子容易晕车

幼儿晕车的情况比较多,有以下情况的孩子容易晕车,晕车是直立性脑贫血造成的。

(1)早晨睡醒不想起床。
(2)站时间长了觉得恶心头晕,可晕倒。
(3)突然站起来眩晕、恶心,眼前发黑。
(4)看见脏东西或许多血时,心里不好受。

(5)面色苍白。
(6)食欲有时不好。
(7)肚脐和脐周经常疼痛。
(8)常头痛,容易疲劳。
怎样改善晕车的体质呢?
(1)少吃不易消化的甜零食。
(2)经常用冷水或干毛巾擦身体。
(3)多吃黄绿色蔬菜。
(4)养成早睡的习惯。
(5)每日早晨醒来,用几分钟时间在床上使劲活动手脚,加速血液循环。
(6)每天早晨坚持跳绳和作操20分钟以上。
(7)乘车前给孩子不会晕车的暗示。

## 二、耳内异物的处理

幼儿常会把小的物件塞在耳内,也可能有小虫爬进耳内,如不处理,可发生感染。
(1)让孩子把头歪向一侧,患耳向下,让异物滚出来。
(2)如果是小虫入耳,可向耳内滴几滴温水或植物油,使小虫浮出来。
(3)如果在家里不能排除异物,要尽快去医院检查,千万不要自己试着用镊子或耳挖勺取。

## 三、鼻孔内异物的处理

小幼儿有时把纸团、豆子、小球等塞入鼻孔,如家长不发现,会引起感染、出血。
(1)豆粒、纸团等如未泡胀,可用擤鼻涕的方法将其擤出。如已泡涨,则需医生处理。
(2)如果是小虫子进鼻腔,可用纸捻刺激鼻腔,使孩子打喷嚏,使虫子喷出。
(3)不要自己胡乱给孩子掏,否则进入咽喉部、气管,引起窒息。

孩子 **第23个月**

## 一、游乐场所的安全

（1）要先检查一下游戏的设备是否安全,如滑梯的滑板是否平滑,秋千的吊索是否牢固,是否有锐利的边缘或突出物。

（2）如果是新修过的设备,要检查油漆是否已干,安装是否结实,如转椅、荡船要先空转或空摇试一试,再让孩子使用。

（3）孩子在游戏前,要简单地告诉几条安全注意事项,如手要抓牢、脚要蹬稳、注意力要集中等。

（4）孩子游戏时要穿好衣服,以免快速下滑或旋转时,衣服被挂住而造成危险。

（5）大孩子在参加刺激性较大的游乐项目时,要按管理人员的要求系好完全带。

## 二、选择安全的玩具

（1）玩具不应有锐利的尖或边缘。

（2）玩具应由卫生、无毒的材料做成。有的玩具易退色,容易引起皮肤过敏。

（3）有较长绒毛的玩具易藏有细菌等微生物,儿童接触后会增加感染的机会,不宜选用。

（4）玩具要易于清洗,以保持清结。

（5）对玩具要经常检查,已损坏的玩具有时易损伤儿童皮肤;装有电池的玩具要注意电池是否有泄漏,因流出的液体有腐蚀性。

（6）告诉儿童玩玩具的正确方法,避免不完全的使用。

## 三、中暑的处理

刚刚中暑时,可出现恶心、心慌、胸闷、无力、头晕、眼花、汗多等症状。

轻度中暑,可有发烧、面红或苍白发冷、呕吐、血压下降等症状。

重度中暑,症状不完全一样,可分以下三种:① 皮肤发白,出冷汗、呼吸浅快、神志不清,腹部绞痛;② 头痛,呕吐,抽风,昏迷;③ 高烧,头痛,皮肤发红,说胡话,昏迷。

(1)刚中暑者可立刻到通风荫凉处躺下,喝淡盐水。

(2)轻度中暑者也要到荫凉通风处,除喝淡盐水外,吃些人丹、十滴水、风油精,如发烧,用湿毛巾敷头部,物理降温,如血压下降,急送医院。

(3)重度中暑,迅速放医院抢救。

 第24个月

## 一、多给孩子一些父爱

父爱就是父爱,它与母爱有明显的区别。父爱就是以父亲的、男性的自然性别特征去爱孩子,去影响孩子。父亲跟孩子说话,不要像母亲那样娇、嗔,什么"小乖乖、小宝贝、小心肝"之类,而应是操着粗犷的男性声调,或者直呼其名,或者高声喊叫,其行为动作也应是果断而有力,毫不含糊。父亲的表情也要丰富,时而严峻、坚决,时而热情、微笑,处处自然地流露出男性风度,使孩子感到男性的力量。

## 二、防止失火和烧、烫伤

(1)经常检查居室和活动场所是否存在失火的隐患。

(2)易燃、易爆品要妥善处理,家用汽油、煤油等要放到专门的地方,防止被儿童拿去玩耍。浸有油的布或纸要及时清理掉。

(3)夏天的时候,要将点燃的蚊香放到离床较远的地方,周围不要有易燃的东西。

(4)不要让儿童在厨房里或炉火旁玩耍,以免被开水或热饭锅等烫伤。

(5)刚使用过的熨斗,要放到孩子不易接触到的地方,避免烫伤。

## 三、失火时的紧急措施

(1)告诉大孩子,发现失火不要惊慌,要大声呼喊,同时快速离开起火地点。

(2)一旦衣服被烧着,要停止奔跑,以防火越烧越大,要立即躺倒在地上不停地滚动,直到火熄灭为止。

(3)如果起火后被困在室内,外面火大烟浓,跑出去有危险时,要立即将房门关上,以隔挡烟和火侵入室内,再设法逃出去,或跑到阳台呼救。

## 四、防止孩子从高处摔落

(1)无人守在小儿旁边的时候,小儿床的栏杆要竖起来并拴牢。
(2)小儿单独在室内时,窗户和阳台门要关好。
(3)不要让儿童单独在桌子上或高椅子上玩耍。
(4)不要让儿童在楼梯上玩耍。
(5)家具的摆放不要构成儿童容易攀爬的阶梯状,避免孩子爬上去。
(6)告诉儿童不要自己蹬着不牢靠的凳子或椅子去够高处的东西,避免摔伤和被高处的东西砸伤。

孩子 第25个月

## 一、外伤的一般处理

(1)先洗干净双手,再把孩子的伤口周围用清水、肥皂洗干净,用药棉、纱布或干净的毛巾、手绢将伤口周围擦干。

(2)用干净的纱布或手绢暂时覆盖伤口,避免细菌侵入。不要对着伤口咳嗽、打喷嚏。

(3) 伤口内若藏有沙土或异物（如玻璃碴、金属屑等），要用干净的纱布或手绢将其轻轻地擦出来。

(4) 用纱布垫、绷带或干净的手绢包扎伤口，再用胶布固定。包扎时，不要触摸纱布垫与伤口接触的部分，以免污染伤口（图55）。

(5) 不要用药棉或有绒毛的布块直接覆盖在伤口上，也不可用其他止血物品（如烟丝、止血散等）敷在伤口上。可以在伤口上涂红汞（红药水），或使用创可贴包裹伤口。

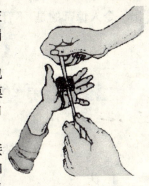

图55

## 二、孩子摔倒时门牙碰破了嘴唇怎么办

活泼的幼儿和刚学走路的孩子，不小心跌倒碰嘴是常有的事，碰伤后，要压住伤口使流血停止后，然后检查确定伤口的程度。首先需要检查牙齿，即使是乳牙，也要立刻请牙医检查孩子的牙齿是否松动、移位或断裂。这是最重要的。其次立即检查嘴唇周围的皮肤，被碰伤的嘴唇及周围皮肤通常容易裂开而不易愈合。一般来说，为了美观，需要细心地缝合伤口。碰破的嘴唇和邻近的皮肤需要医生处理。有时1个或几个牙齿碰破了嘴唇内侧，且很深，这种撕裂伤口一般也需要精心地缝合。在所有情况下，轻压或将冰块放在伤处都能减轻肿胀。

## 三、孩子吞进了一只没打开的别针有害吗

应该做X线透视，以明确别针在哪里。若别针停留在食道中，需要用一种专门的设备取出，如果到了胃里，几乎需要2~7天才能通过肠道，且不会有任何损害。通过仔细的大便检查，如果别针没有找到，到一周时应再次透视，多半发现别针已经消失了。别针在胃中停留几个星期的情况很少见，若真是这样，可以用胃镜将它取

出。令人惊奇的是,不管安全别针是否扣起来,结果通常都是一样的。

## 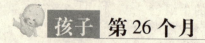 孩子 第26个月

### 一、孩子的卧具有讲究

**1. 床**

(1)孩子的床应该有护栏,护栏不能低于孩子身长的2/3。
(2)护栏的木栅不能太窄,以防卡住孩子的头。
(3)木床要光滑无刺。
(4)孩子不能睡软床。

**2. 枕头**

(1)孩子的枕头不能太硬,过硬的枕头容易使孩子睡偏了头。
(2)孩子的枕头不能太软,太软使孩子的面部陷进去容易发生窒息。
(3)枕头的高度在3~4厘米为好。
(4)枕头应吸汗、通气,防止头部生痱子。
(5)枕芯可选木棉、茶叶、荞麦皮等。

**3. 褥子**

(1)孩子的褥子可用棉布及棉花做成。
(2)褥子上不要放塑料布,以防孩子用塑料布蒙住头发生意外。另外塑料布不透气会出现皮肤感染。

**4. 被子**

(1)被子应该是全棉的。
(2)被子大小要依孩子的身长制作。太大太长很不方便,也易使孩子蒙了头。
(3)孩子易出汗,被子不要太厚。薄被子更贴身。

**5. 床单**

床单要全棉的,浅色,少花。

## 二、沙发对小儿不宜

沙发是一种软体坐卧类家具,它具有美观、舒适等优点,然而,小孩不宜坐。因为小孩的身体正处在生长发育阶段,关节软骨较成人厚,关节囊较薄,关节周围的韧带薄而松弛,骨骼有机质含量较高,骨骼富有弹性,可塑性很大,因此,这个阶段是决定体形的关键时期,无论是坐、站、走都应当严格要求。一定要做到坐有坐相,站有站相。由于小孩腿短,坐在沙发上往往双脚不着地。身体靠着沙发背,在重力的作用下,身体呈 S 形,脊柱弯曲呈弧形,这种姿势对小孩的生长发育是非常不利的。又因臀部下陷,脊柱两侧肌肉、韧带受力不均,还容易引起腰部肌肉慢性劳损。

所以,父母不要让孩子长时间蜷卧在沙发里,否则会影响孩子的生长发育。

## 三、头皮出血的处理

由于头皮的血液供应很丰富,外伤时常出血较多。值得注意的是严重的头部外伤会引起颅骨骨折,有时还会出现脑震荡。

如果有颅骨骨折的话,可出现以下症状:

(1)耳或鼻孔有血液或混有血液的液体流出。

(2)头皮损伤广泛,出血多,严重时出现休克。

(3)脉搏缓慢。

如果发生脑震荡的话,可出现以下症状:

(1)出现短暂的意识丧失,一般在几分钟到半小时之间。

(2)清醒后记不清受伤经过和受伤以前的事情。

孩子头部出血,如果神志清醒、呼吸、脉搏正常,头皮损伤不严重,可用双手拇指对伤口两侧加压止血,或用干净的纱布垫盖在伤口上,再用绷带或毛巾包扎止血。

如果出现意识丧失,要保持呼吸道通畅,密切注意呼吸和脉搏,尽快送医院。

孩子 **第27个月**

## 一、天热时孩子要长痱子怎么办

痱子又称红色粟粒疹,是夏天最常见的一种急性皮肤炎症。
在天气闷热时,空气温度高,湿度大,这时人体内排出大量的汗液,维持体温的恒定。如果皮肤不清洁,汗腺阻塞,在出汗多的情况下,容易使皮肤发红,出现针头大小的痱子。

孩子的皮肤比较娇嫩,而且汗多,容易在头部、额前,背部及皮肤褶处长痱子。

首先要防止孩子长痱子,天热要常洗澡,保持皮肤清洁卫生,洗澡要用温热水,水中可放数滴十滴水或防痱子的花露水。夏天要给孩子穿宽大细薄的衣服,最好是旧的薄棉织品,不要穿化纤衣服。不要长时间把小儿抱在怀里,不要带孩子长时间外出,特别是在拥挤的公共汽车、火车内,很容易使孩子长痱子,孩子出汗要及时擦干,如果衣服被汗水浸湿,要及时换洗,夏季要多给孩子喝些绿豆汤和西瓜汁等清热。

孩子生了痱子,可选用以下方法治疗:

(1)枇杷叶60克,煎汤,加入浴水中洗患处。
(2)鲜黄瓜一条,洗净切片,擦患处。1日2次。
(3)鲜丝瓜叶60克,洗净捣烂,用纱布绞汁,涂患处。
(4)花椒30克,加水煮,温后洗澡。
(5)鲜苦瓜叶适量,捣烂绞汁,涂患处。
(6)冬瓜60克,苡米30克,加水煎汤饮服,每日一剂。
(7)绿豆30克,海带15克,加水煮汤,放红糖适量,待凉后饮汤,每日1次。
(8)绿豆60克,滑石30克,共研细粉,外敷患处。
(9)冬瓜适量去皮切片擦患处。
(10)马齿苋煎汤洗。

另外,平时坚持冷水浴和日光浴,是增强皮肤抵抗力,防止出痱子的好办法。

**附：治疗小儿痱子的药膳**

能清热解暑,利尿除湿的药膳治疗

### 清凉绿豆汤

【原料】绿豆100克,干荷叶15克,薄荷叶、甘草各少许,白糖适量。

【制作与服法】薄荷、甘草同煎取汁,荷叶装入纱布袋,扎口,与绿豆加水同煮至豆烂,去药袋,兑入薄荷甘草汁,待凉食。

【功能】清热解暑,祛湿,适用于小儿痱子。

### 蜜糖银花露

【原料】蜜糖30克左右,金银花15～30克。

【制作与服法】先洗净金银花煎水,去渣放凉,分次加入蜜糖溶化后饮用。煎时不要太浓,一般煎成两碗银花汁,瓶贮分次冲蜜糖服。

【功能】蜜糖,即蜂蜜,它对于身体需要高热量和易于消化食物的儿童特别有益,且能解毒,和金银花同用,能清热利湿解毒,可用于小儿痱子、暑疖等病。

### 荷叶茅根粥

【原料】鲜荷叶一个,白茅根30克,粳米一小撮,白糖适量。

【制作与服法】先将白茅根洗净,加水1000毫升煎煮30分钟,去渣取汁,用药汁煮米粥至烂熟时,放入洗净的鲜荷叶,略煮即成。吃时放少许白糖调味。

【功能】清热利湿,对小儿痱子有效。

### 紫草茸糖水

【原料】紫草茸3～5克,白砂糖适量。

【制作与服法】上二味加水2碗煮至1碗,去渣饮用。

【功能】清热凉血,解毒,可用于小儿痱子。

## 二、孩子不用刻意装扮

健康的孩子皮肤细嫩,面白唇红,看上去自然可爱,不要刻意装扮。

(1)许多化妆品会损害孩子的皮肤。
(2)不要给孩子用口红。
(3)不要为孩子烫发。
(4)剪睫毛对孩子没有益处,也不要给孩子涂睫毛油。
(5)儿童墨镜制作粗劣,多数没有阻隔紫外线的功能,使孩子眼睛疲劳。
(6)金属饰物对孩子的皮肤有刺激性,磨破后还易造成感染。

## 三、耳出血的处理

耳的外伤出血一般不很严重。如果从耳道内流出血液或带有血液的液体,则有可能是颅骨骨折或鼓膜破裂。鼓膜破裂常因向耳内塞入木片、铁丝等尖锐物体,或跳水,或爆炸振动而引起。

此时孩子可有以下症状:
(1)耳部及耳道深处疼痛。
(2)耳聋。
(3)耳部出血,或流出混有血液的液体。
(4)头痛。

处理方法是:
(1)让患儿半躺半坐,头歪向出血的一侧,以利于液体流出。
(2)用干净的纱布垫或手绢盖在伤耳上,用绷带绕头缠绕,用橡皮膏固定。
(3)尽快送医院。
(4)注意不要为止血往耳道内塞任何东西。

## 孩子 第28个月

### 一、孩子的衣服

(1)孩子的衣服袖子不要太瘦,太瘦穿脱不方便。
(2)会走的孩子裤裆要长些,臀围要大些,以免摩擦刺激孩子的生殖器。
(3)会走以后要穿死裆裤,这要提前训练。最好是在夏季,尿了可以换换,也不易着凉。
(4)男孩裤子的前门不能用拉链,可以用按扣。
(5)孩子的衣物最好是纯棉的,透气好、吸汗也柔软。
(6)夏季孩子要有遮阳帽,不要以为做日光浴就能直晒。
(7)孩子的衣物上不要有太多的小零碎装饰,这些东西不安全。
(8)孩子的衣物中不要放防蛀剂,特别是卫生球。
(9)内衣最好用肥皂洗。

### 二、孩子的鞋

(1)孩子的鞋不要买大1号的,要舒适、合适。
(2)不要给孩子凑合穿别人的旧鞋,特别是小鞋。
(3)孩子不能穿高跟鞋,要穿平跟鞋。
(4)鞋底要有防滑纹,要稍软有弹性。
(5)孩子的鞋要通气不捂脚。
(6)孩子最好不穿皮鞋,皮鞋较硬较紧,影响脚的发育。
(7)婴幼儿的鞋最好不用系带的,可选搭扣或扣紧带的。
(8)要到大商场去买鞋,不要买小贩的鞋,便宜的鞋常常使用了有害粘合剂和再生塑料。
(9)不要买有机溶剂味特别大的鞋。

## 三、三种危险的服药方法

一忌在小儿睡眠状态下喂药。小儿一般拒服药,这是一个使大人很伤脑筋的问题,因此有些大人就趁小儿睡熟后掰开嘴巴喂药。这是非常危险的。因为小儿的神经系统发育还不完全,且咽喉较狭窄,若突然刺激咽喉的神经,会引起喉痉挛而窒息(低血钙时更容易发生),所以,给患儿喂药时应将其唤醒。

二忌捏鼻子喂药。拒服药的小儿常常将小嘴紧闭,捏住鼻子使其张口后灌药是很多家长喜欢采用的方法之一。患儿的鼻孔被捏,呼吸只好以嘴巴代劳,这样容易把药液呛进气管或支气管,轻则引起呼吸道或肺部的发炎(如吸入性肺炎),重则药物堵塞呼吸道引起窒息。

三忌卧床病人的仰卧位服药。一些卧床病人往往仰卧着服药,有些人甚至连水也不喝,这是不科学的,患者仰卧位吞服片剂、胶囊剂,易使药物粘着食道造成直接刺激而引起溃疡。因此病人在咽下药物后要保持身体直立最少 90 秒钟,饮水至少 100 毫升。

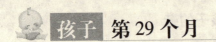
孩子 第 29 个月

## 一、肌肉注射后的硬块怎么办

为什么肌肉注射后局部会出现硬块呢?这主要是某些药物,尤其像青霉素 G 钾盐和某些中药制剂等对人体组织有一定的刺激性;加上小儿在注射时不能很好地合作,使注射发生困难;注射部位选择不当以及针头较小等,使药液注入脂肪组织中,而人体脂肪组织中的血管分布较少,药物就不能很好地被吸收。另外长期肌肉注射用药,进一步加重药物的刺激性,使注射局部组织产生炎性肿胀形成硬结。注射局部出现硬块,不仅会使病孩感到疼痛,而且局部可出现红、肿、热、痛等炎症反应,还会出现局部组织坏死。个别病人硬块中心会产生"无菌性脓肿",甚至发热等全身性反应。因此,对

第八篇　照料护理

于小儿肌肉注射后的硬块必须及时采取措施。采用以下简单易行的方法进行处理,可使硬块很快变软,直至消失。

热敷:注射局部产生疼痛或刚出现硬块时,可以及时热敷。方法是用热毛巾或热水袋(水温50℃~60℃)敷于硬块部位,每天早晚各一次,每次20~30分钟。也可同时局部按摩。热敷和按摩的目的在于促进局部血液循环,加速药液的吸收。

硫酸镁溶液外敷:可在药房或医院购买50%硫酸镁溶液。每次取硫酸镁溶液50毫升倒入搪瓷碗中,加热水约10毫升,然后用纱布或小毛巾两块交替使用,先在容器内浸湿,取出后稍拧干,随即敷于有硬块的地方,上面再用热水袋压住保温,5分钟更换一次,连续15分钟,每天3~4次。用硫酸镁溶液作温热敷可使肌肉放松,血管扩张,促进血液循环,帮助药液吸收,使硬块很快变软,直至消失。

艾叶煎水敷:艾叶即艾蒿,味苦辛,性温,有理气血,逐寒温,温经,止痛的效用。方法是用艾叶加水适量煎煮,待温后将敷布(布块、纱布、毛巾等均可)浸湿后,热敷于硬块的部位。敷布湿度以无水流下为宜,温度以不感灼热即可,但须注意预防烫伤。每隔3~5分钟更换一次,每次热敷30分钟,每日敷二次。

理疗,如果有条件的话,可去医院做几次理疗,一般能收到较好的效果。

应该注意的是,如发现硬块部位有"波动感"或出现脓头,必须立即去医院检查治疗,不可随便热敷。

## 二、要保护孩子的听力

耳朵是人的重要感觉器官。听觉器官有一套敏锐精确的装置。首先,耳翼把声音收集起来,经外耳道传到耳膜,振动中耳腔里的三个小听骨,它们把声音扩大,再传到内耳。内耳像一部电话机,把声能变为电能,通过像电线一样的听神经传到大脑神经中枢,这样就听到了声音。这套装置的任何一个部件发生故障,都会影响听力。

外耳道及中耳传导故障引起的听力下降,叫传导性耳聋。如有耳屎、耳疖、外耳道闭锁等,使声音不能传入。听骨有了毛病声音也不能传入内耳。内耳、神经、大脑的疾病引起的听力下降叫神经性耳聋。如链霉素和噪声可损伤内耳，腮腺炎损害一侧听神经，大脑炎可使听觉中枢失去辨别声音的能力。

幼儿的耳咽管较直、短而且宽，开口又低，细菌容易通过这个管子进入中耳，引起化脓性炎症，出现耳膜穿孔。因此喂奶时，防止奶及呕吐物呛入中耳发炎。要教会孩子一个鼻孔一个鼻孔地擤鼻涕，否则会将鼻涕挤进耳咽管。要防治鼻炎、鼻窦炎、扁桃体炎、腮腺炎、脑膜炎，减少中耳发炎的机会。

在日常生活中，要净化孩子生活的环境，减少噪声。家里的音响音量要适度，特别是不要在孩子房间放高音。在孩子活动时，要注意安全，防止孩子把小粒物塞入外耳道，小心尖锐物扎进耳内。不要随便使用链霉素、庆大霉素等药物，保护孩子听力健康。

### 三、孩子包皮过长或包茎怎么办

正常婴幼儿都可能有包皮过长的情况，但包皮应该能够向阴茎龟头后方翻转。若包皮口狭窄，紧包阴茎龟头，不能上翻，就称为包茎。对先天包皮过长的孩子，家长可经常反复给孩子翻包皮，以扩大包皮口。但手法要轻，使孩子能够接受。露出龟头后，要清洗聚积的污垢，然后复位。如果将包皮强行上翻，又未及时复位，包皮口会卡在阴茎沟处，使包皮和阴茎头血液、淋巴回流受阻，引起充血水肿，容易发生感染甚至坏死。

## 孩子 第30个月

### 一、学习刷牙

20颗乳牙出齐时，就应该学习刷牙。刷牙可清除食物残渣，消除细菌滋生的条件，防止龋齿，同时能按摩牙龈，促进血液循环，使牙周组织更健康。

刷牙要用竖刷法，将齿缝中不洁之物清除掉，刷上牙床，由上向下，刷下牙床由下向上，反复6~10下，动作不要太快，要将牙齿里外上下都刷到。选用两排毛束,每排4~6束,毛较软的儿童牙刷,每次用完甩去水分,毛束朝上,放在通风处风干,避免细菌在潮湿的毛束上滋生。每天早、晚都要刷牙,尤其晚上更重要,避免残留食物在夜间经细菌作用而发酵产酸,而腐蚀牙齿表面。

## 二、严重内出血的处理

孩子的身体受到外力的伤害,皮肤可能没有很严重的伤口,但却有可能出现内出血。轻的内出血只是皮下瘀血,经过冷敷止血后,可以慢慢吸收。严重的内出血很危险,多是因为重要脏器破裂出血或颅内出血,会危及生命。

1. **内出血的表现**

(1)受到过外力打击或撞击。受外伤的部位疼痛、肿胀,触摸时疼痛加重。皮肤表面无明显破损,但颜色变为青紫。

(2)严重时出现休克症状,如皮肤苍白、湿冷、呼吸变浅、烦躁不安、口渴等。

(3)有时血液从一个或多个孔道流出,如口腔、鼻孔、耳道等。

2. **严重内出血的处理**

(1)立即呼救。

(2)让孩子躺下,以使大脑有较多的血液供应,安慰患儿,使其尽量保持安静。

(3)如果下肢没有严重损伤,可将下肢抬高(高于胸部)。以保持血液流向重要的脏器。

(4)每10分钟检查一次神志、呼吸、脉搏。

(5)如果孩子出现呼吸困难,要将其放到侧俯卧位,以保持呼吸道通畅,如有呕吐物亦便于排出,防止误吸入呼吸道。

(6)不要给孩子吃东西,可少量喝一点水。

表24 内出血的鉴别

| 孔道 | 流出方式 | 液体颜色 | 可能的原因 |
| --- | --- | --- | --- |
| 鼻腔 | 大量地流出 | 鲜红色 | 鼻腔损伤或鼻骨骨折 |
| | 滴、淌或缓缓流出 | 淡黄色(血液与脑脊液混合) | 颅骨骨折 |

续 表

| 孔道 | 流出方式 | 液体颜色 | 可能的原因 |
|---|---|---|---|
| 耳道 | 持续地流出 | 鲜红色 | 鼓膜穿孔 |
| | 小量流出 | 淡黄色(血液与脑脊液混合) | 颅骨骨折 |
| 口腔 | 咯出或唾液带血 | 鲜红色(小量) | 下颌骨骨折 |
| | 咳出或痰中带血 | 鲜红色 | 肋骨骨折引起肺部损伤 |
| 尿道 | 尿中带血 | 有血色 | 肾或膀胱损伤 |
| | | 血呈凝块状 | 骨盆骨折引起尿道或膀胱损伤 |

# 孩子 第 31 个月

## 一、纠正孩子用口呼吸

有的孩子以口呼吸,易感冒,易患咽炎。

呼吸应通过鼻子来完成,鼻腔有温暖、润湿和洁净空气的作用,保护呼吸道。不论严冬还是盛夏,空气经过鼻腔到达肺里,都可接近体温。鼻腔黏膜上皮有许多腺体,它们不断分泌液体,成人 24 小时鼻腔排出的液体达 1000 多毫升,使吸入的空气湿度保持在 75%。鼻毛不断地将阻挡住的灰尘、细菌推向口腔,鼻中还分泌溶解细菌的酶,增强了鼻腔的防病功能。

如果孩子用口呼吸,不仅鼻腔的作用用不上,而且会唇干舌燥,咽干,容易患呼吸道疾病。

孩子用口呼吸,有的是坏习惯,有的是因为疾病,如鼻腔或副鼻窦炎症、慢性扁桃体炎、增殖腺肥大等。如果幼儿时不及时治疗这些病,纠正孩子用口呼吸,长期下去,孩子容易长成张口、上唇短向上翘,露齿的面容。

因此,如果孩子用口呼吸,家长应及时带孩子去耳鼻喉科检查。

## 二、怎样教孩子上厕所

在小孩具有以下条件时就可以训练孩子上厕所了：能够自由地在房间走动；有能力轻松地在马桶上坐上和下来；能够很容易地自己穿上和脱下内裤；同时知道许多诸如"干"、"湿"、"尿"、"屎"等词意思；能够在不被责骂训斥的情况下按照父母的简单指示办事；能够每天排几次小便，而不是一天点点滴滴到处小便。

平时穿衣服、脱衣服，尤其是提裤子、脱裤子时，应尽量鼓励小孩自己动手。当你上街买东西时，可以带小孩去公共厕所，目的是让孩子知道使用公共厕所是很方便的。父母应该改掉一定回到家里才上厕所的习惯，因为小孩子没有那么久的控制能力。

在正式开始训练前，应做一些准备工作。父母要确保孩子有一个使用方便的便盆，因为孩子在大小便时不易保持平衡。应为孩子准备很多内裤，大约10条左右。这样就可以应付许多意外弄脏内裤的情况。同时，洗这么多内裤比一次只洗二三条内裤经济得多。孩子的内裤不应太大或太小，使孩子能很容易地将内裤脱过臀部及大腿根部但又不至于掉下来。

当孩子需要使用厕所时，父母必须让孩子自己独立做每一件事情。而且通常让孩子多吃一些流质食物来鼓励他们多上厕所（注意避免吃任何易引起腹泻或腹痛的果汁）。当父母小便时让孩子注意听一听，来帮助孩子了解上厕所究竟是怎么一回事。这样训练有助于使孩子直观地明白在厕所里大小便与在便盆上大小便是一回事。

一开始应该教男孩坐下来小便而不应站着撒尿。否则，一听到响声或受到惊吓，他们常常会把浴室弄得到处都是小便。

在入厕训练结束后6个月左右的时间里，孩子偶有一次反复，这是预料中的事，与入厕训练的方法无关。许多孩子在6或7岁之前仍有许多麻烦事发生。3岁以下的儿童夜尿多或尿床（遗尿），应该是意料中的事，也与入厕训练无关。孩子并非故意要弄湿他们的床，因此不应该因为尿床而责骂他们。

大多数孩子在大便后不能擦干净他们的肛门，尤其是在大便稀软的情况下，对很多孩子来说，这种情况要到4岁才会得到改善。如果你的孩子排便困难或便秘，甚至便后喊大腿酸痛，你就应该考虑每天饮食中给予更多的植物纤维或粗粮。在入厕训练中，没有比小孩便秘引起的麻烦更糟的了。如果孩子经常便秘或排便困难，你就应该在进行入厕训练前带小孩找医生看一看。

## 三、手掌外伤的处理

当手掌接触尖锐的铁器，碎玻璃或摔倒时掌心触地，都会引起手掌外伤。

(1) 手掌伤口处疼痛，且出血较多。

(2) 损伤严重时，手指和手掌的活动受限。

(3) 将患儿手臂高举超过胸部，用手指按压伤口以减少出血。

(4) 在伤口上盖一块干净的纱布或手绢，再用绷带包扎。包扎时，将绷带短的一端下垂，用长的一端缠绕握住纱布的拳头。

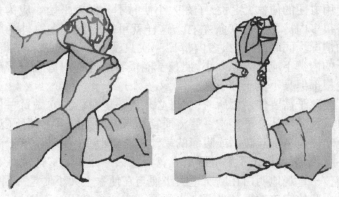

图 56　　　　　　图 57

(5) 缠绕稳固后，将绷带两端在手拳上部打一个节。

# 孩子 第32个月

## 一、给孩子找什么样的幼儿园

给孩子选择幼儿园时，不要光看他的广告做得怎么样，他们介绍得怎么样,父母还要亲自到那里去看一看。

(1)幼儿园里的教职工是否受过专业训练?

(2)幼儿园里气氛怎么样,是很活跃,还是管理得死气沉沉,把孩子管得像小学生。

(3)教员能否和孩子亲切相处?

(4)在幼儿园的所有角落是否都充满温暖和爱护?

(5)幼儿园的教学是否组织得好?各种活动是否有教学目的。

(6)幼儿园的环境、设备、教具是否很好。

(7)幼儿园的营养师是否有专业水平。

## 二、保护皮肤,从小做起

皮肤覆盖着人的整个身体,是人的门面,也是人体抵抗细菌入侵的第一道防线。一个人从小到大,经历千千万万个日子,皮肤保养着身体,功劳可大了。不管什么部位受到损伤,首先被伤害的是皮肤,外出时日晒风吹,遮掩身体的又是皮肤。一个人从小到大到老,皮肤从鲜嫩趋向衰老,如果不爱护皮肤,不能从小就注意皮肤的保养,那么,皮肤就会过早的衰老,看上去人就比实际年龄要大,也就是说,过早地衰老了。

应当怎样保护皮肤呢?

首先,要保持皮肤的干净、清洁。每天洗脸,经常洗手,尤其是饭前饭后要认真洗手。有的人做过试验,用清水冲手可以冲掉手上的细菌,效果与用消毒水泡手相差不明显。所以我们在洗手时应该多冲一会。

洗澡既能保持皮肤的清洁,又能促进皮肤的血液循环,增加皮肤的抵抗力。因此,孩子应该养成每星期洗澡 1~2 次的习惯。洗澡时不要使含碱量大的肥皂,只需要使用含碱量小的香皂,或婴儿浴皂和浴液。因为小孩子的皮肤嫩,碱大了会刺激皮肤,同时碱大了会降低皮肤的酸性,而皮肤酸性降低有利于细菌繁殖。值得注意的是,用过浴液后要用清水冲洗干净。

合理的营养是皮肤保持健康的重要保证。孩子应该做到不挑食,多吃瘦肉、牛奶、鸡蛋、青菜、胡萝卜、西红柿等富含营养和维生素的新鲜食品,以保证自己的皮肤得到充足的营养。

足够的阳光有增加皮肤健康、杀死细菌的功效。阳光中的紫外线有助于人体骨骼的正常发育,紫外线还能刺激血液再生,使血红蛋白升高,使皮肤红润。此外,紫外线还能增强机体的免疫能力,减少疾病的发生。孩子应该经常到室外活动,锻炼身体。合理的日光照射可以使人体魄强壮,皮肤健康。

有的孩子很羡慕大人的浓妆艳抹,觉得画了眉毛,抹了红脸蛋、红嘴唇"漂亮",小小的年纪也热衷于化妆打扮。其实,小孩是不应该化妆的。化妆品是成年人在一些社交场合使用的,通过化妆给人以美感,但这毕竟只是暂时的,绝不能保持长久的美容功效。小孩的皮肤细嫩,天生丽质,本来就有一种清纯、天真的美,可谓人见人爱,并不需要用化妆品增加"姿色"。何况化妆品中不可避免的含有一些对皮肤有害的物质,对皮肤的营养大有妨碍,时间长了,会损害皮肤。总而言之,小朋友没有必要使用化妆品,可以根据气候的不同选用一些保护皮肤的护肤品。

## 三、狗咬伤的处理

狗咬伤以后,有感染破伤风或狂犬病的可能。

(1)狗咬后皮肤上可有 1 个或数个小洞样的伤口,有的发生撕裂伤。出血多不多,与咬伤部位有关。

(2)孩子被狗咬伤后,立即用带子将伤口的以上及以下扎紧,扎的时间不超过 40 分钟。家长可用口吸吮伤口的血液。然后用高锰酸钾水或肥皂水、醋、清水反复冲洗伤口 10 分钟。用纱布盖好伤口立即送医院。

## 四、蝎子蜇伤的处理

蝎子蜇伤非常疼,伤处有出血点,周围红肿,如淋巴管发炎,还可有红线。严重的可出现高烧、头痛、恶心呕吐、四肢抽搐、呼吸麻痹。

(1)立即用手将毒汁挤出,或用拔火罐等吸出。用肥皂水清洗伤处。

(2)立即送医院。

## 五、蜂蜇伤的处理

蜂蜇伤包括马蜂、蜜蜂、黄蜂等的蜇伤。

(1)伤处有出血点或红疙瘩、水泡,周围皮肤红肿,疼痛或剧痒。重者可发烧、头晕、恶心、呕吐、四肢麻木。还可出现全身过敏反应如荨麻疹、喉头水肿,休克等。

(2)用镊子将刺拔出,不要碰破伤处的水泡,冷敷伤口,减轻疼痛。如果过敏,应送医院。

# 第33个月

## 一、看电视时应注意什么

看电视是孩子生活与学习中不可缺少的部分,通过看电视可以学到许多知识,但如果观看不当,会给眼睛造成负担,引起眼部疾患,因此在看电视时要做到以下几点:

### 1. 观看电视时要保持一定距离

让父母将电视置于光线较柔和的地方,位置放的不要太高或太低。电视机的屏障中心最好与眼视线处在同一水平位置上。由于在看电视时眼部肌肉是处于紧张状态,眼睛和电视机要保持一定距离,以电视屏幕对角线的4~6倍为适。观看时应坐在屏幕的正前方,斜看角度不应大于45度。

### 2. 看电视时,室内光线不要太暗

有人喜欢看电视时把屋里的灯都关掉,这样使屏幕的亮度和周围的黑暗形成较大反差,长时间观看造成眼睛疲劳。相反,如房间灯光很亮,图像就显得灰暗,而且也看不清楚。因此看电视时,屋子里的光线不要太暗,也不要太亮,可以在屋子里开一盏柔和的小灯,这样眼睛就不容易疲劳。

### 3. 看电视的时间不要太长

儿童看时间不能超过一个小时,就要到别处转一转,喝点水,上

厕所或站在窗前向外眺望一会后再看,也可以利用放广告节目时,闭目养神,使眼睛得到一定时间的休息。

## 二、学龄前儿童的正常视力是多少

眼科医生非常强调在孩子3~4岁时做一次视力检查,这是为什么?就是为了有问题早发现、早治疗,否则发现晚了治疗起来的也就比较困难。

有个名叫李菲的孩子,今年3岁半,他妈妈发现他视力不太好,带他来查视力,双眼结果均为0.8,眼底、眼球均正常。所以医生说孩子的眼睛很好没问题。李菲的妈妈很纳闷,心想0.8的视力还说没问题,这是为什么呢?

原来这要从眼球发育谈起。刚出生的孩子,眼球的前后径比较短,为远视眼,视力发育未成熟,随着年龄的长大,眼球前后径也随着变长,所谓的远视眼也逐渐得到纠正,这个纠正的过程大体如下:

出生后3个月视力为0.01~0.02,6个月的约为0.05,1岁时约为0.2,以后每增加1岁视力大约增加0.2,5岁时视力应达到1.0以上。

## 三、预防异物吸入

小儿年龄小,自控能力差,尤其是小儿在玩时,出于好奇心,可能会将小豆豆、小纸团等物品放入自己的鼻腔中,有时就拿不出来了,又怕大人责骂而不跟家长说。异物长时间留在鼻腔内,可出现局部感染的可能,流脓样或血性分泌物,时间久的常伴有异味。如吸入深部,会有引起气管异物的可能,危险性更大。所以家长和幼教老师要警惕这方面的问题,以免使孩子造成不应有的痛苦。

平时不要给小儿玩豆类的东西,纽扣、图钉等物都要保管好,在小儿进食时,不要嬉戏打闹,更不要含着食物到处乱跑,尤其是2岁以下的孩子在食用西瓜、花生、瓜子等小吃时,要想办法加工好,再给孩子食用。

如果发现孩子口中含异物时,应想办法诱其吐出,不可强行用手指取出,否则很易出危险。

# 孩子 第34个月

## 一、冬天要不要给孩子戴口罩

有的家长在冬天天气寒冷时,出门就给孩子戴上口罩,怕孩子着凉,患感冒。但正是平时戴口罩的孩子更易患感冒。这是因为人的鼻腔血管丰富,鼻咽部有对冷空气加温的能力,所以我们吸到肺里的空气并不凉。经常戴口罩的孩子,鼻咽部得不到锻炼,受到冷空气刺激就会感冒。

所以,平时不要给孩子戴口罩,只有在传染病流行季节,如果到公共场合或污染严重的地方,可以戴上口罩。

## 二、放手让孩子多活动

有的孩子在动作较大的运动中,不如其他同龄孩子那么自如,不准确,爱摔跤。在精细动作上,也不如其他孩子精巧。这可能是因为孩子发生了感觉统合失调,这样的孩子动作笨手笨脚,协调性差,注意力也难以集中。

孩子发生感觉统合失调,可能与出生时难产窒息,曾患脑部疾病及外伤有关。更多的,是由于不当的教育方式造成的。

(1)过度的"智力开发",限制了孩子活动能力的发育。

(2)婴幼儿时期过多地在楼房内活动,看电视,活动量小。

在我国,父母拔苗助长的事时有发生,他们急功近利,将婴幼儿养育的注意力过度地放在营养和所谓的"智力"上,让孩子背诗、识字、画画、学音乐忽视了幼儿智力的发育是各方面协调的发育。因此,从小婴儿开始,就要重视孩子各种感觉器官的训练,特别是俯卧和爬,对孩子的发育有积极的意义。各种游戏,如在地上翻滚、滑梯、荡秋千、跳等,看似简单,但对于孩子空间感觉的训练却是很重要的。

3岁以前是儿童预防此病的最佳时期,因此家长不要忽视了幼儿的追跑打闹、摸爬滚打。

## 三、孩子怕晒太阳怎么办

有的孩子在春末夏初,经过日晒以后,被晒处皮肤出现红斑体,又痒又疼。有的孩子是在吃了某种蔬菜或某种药物后,晒太阳时会出现红斑、水疱。这种情况叫日光性皮炎

患日晒性皮炎多是在太阳下暴露皮肤2~6小时以上,皮肤发红,出现红斑、水疱丘疹,并有痒痛感。经过3~4日后,红斑逐渐变为暗红色,逐渐消退。水疱破裂后干燥结痂,表皮脱屑,留有色素沉着。

患日光性皮炎的孩子可注意以下问题:
(1)经过户外活动,增强皮肤耐受力。
(2)严重者避免日晒,外出时注意遮阳,穿长袖衣服,长裤,浅色衣服。
(3)在外露的皮肤上涂防晒护肤品。
(4)每日服维生素C。
(5)日晒出现红斑后,立即用冷水浸湿局部,以减轻反应。

## 四、小儿鼻出血的常见原因及处理

小儿鼻出血的常见原因有:① 当天气干燥,小儿穿衣过多时,内热有火,小儿鼻黏膜干燥常会引起鼻腔出血。② 孩子用手挖鼻孔,挖破鼻黏膜而引起出血或外伤了鼻腔,鼻黏膜下血管破裂而流血。③ 当孩子发烧、感冒时,鼻黏膜充血、肿胀、黏膜下浅表血管破裂出血。④ 孩子把异物塞入鼻腔,刺激鼻腔黏膜糜烂出血。⑤ 患有鼻腔肿瘤或血液系统的疾病如:再生障碍性贫血、血小板减少性紫癜、白血病等。

当孩子鼻出血时,可采用下列方法止血:① 冷敷:将凉毛巾敷在孩子的前额、鼻根和颈部两侧。② 用两手指紧捏鼻翼约3~5分钟。③ 用食指紧压鼻腔旁边的迎香穴或手的合谷穴。④ 左鼻腔出血举右手,右鼻腔出血举左手,约3~5分钟。若出血不多用以上方法可以止住,如出血数量较多,就要去医院用沾有止血药的纱布填

塞鼻腔、压迫止血。如果孩子经常鼻血,就要找医生检查原因,对症治疗。

 ## 第35个月

### 一、孩子为什么睡觉爱出汗

孩子睡觉时,可出满头大汗,这是怎么回事呢?

成年人睡觉时,由于代谢率降低,一般不会出汗。但婴幼儿处于生长发育的旺盛期,新陈代谢快,产热多。另外,婴幼儿睡眠时间长,在睡眠时照样发育,因此在睡眠时往往会出汗。

但是,佝偻病、结核病等患儿也会多汗。因此如果发现孩子有其他症状,应请医生诊治。

### 二、孩子不要睡软床

(1)孩子处于生长发育期,如果长期睡软床,骨骼容易发生变形。

(2)床垫软,使韧带和关节负担加重,孩子得不到很好休息。

(3)孩子独自在软床睡,常会蒙头,轻则缺氧而得不到休息,重则窒息。

### 三、给孩子一个广阔的天地

对于幼儿来说,久居高楼,与祖辈一起生活,限制了他们活动的空间,成为影响他们健康成长的因素。户外活动,不仅能加强孩子肌肉、骨骼等运动器官的发育,同时,还可以丰富对孩子的刺激,使孩子把许多看到的,听到的,摸到的,闻到的许多信息,传递到大脑。大脑接到这些信息,进行比较、分析和综合,促进了大脑的发育。

而室内活动,范围受到限制,内容也是日日相同,不可能有户外那么多种多样。在户内生活时间长的孩子,活动的欲望受到限制,与祖辈在一起,交流也比较少,很易自闭、胆小、内向,严重的影响孩子个性的发育。

住高层楼的家庭,妈妈要在儿童房中尽量丰富孩子的天地,多给孩子准备些可以运动的玩具,多让他们蹦蹦跳跳,少一些画画、看书的时间。给他们饲养一些小动物,虽然在楼房中养动物很麻烦,但可想办法养一些比较小的动物。常给孩子请来小朋友,让孩子学会交往。当然,最好是给孩子创造更多的机会到户外活动,到公园和郊外让孩子尽情地跑,使孩子的天性能自由发展。

## 四、手指戳伤的处理

手指戳伤是手关节的扭挫伤,是在指头碰在硬物时发生的。

(1)手指挫伤后,可用冰冷敷在伤处,每次10~15分钟,可以消肿。如果已受伤三四个小时,就不能冷敷了。

(2)冷敷后,可贴敷消肿止痛贴剂,如伤湿止痛膏、七厘散等。

(3)为了使伤指减少活动,避免再受伤害,可用厚纸裹住伤指。消肿后,可轻轻按摩,并缓缓活动。

(4)如果肿痛严重,可能有骨裂或骨折,应用较厚的纸片裹住伤指,以免伤指再活动,请医生诊治。

(5)手指夹伤或砸伤如无出血,也可如上处理。

## 五、脚扭伤的处理

孩子活动量大,不小心踏空,脚向内翻,发生扭伤是常见的。扭伤后,外踝可出现肿胀,皮下发青等。

(1)受伤后,可冷敷,使肿胀减轻。

(2)让孩子卧床,不要再下地活动。足要抬高,垫上棉垫,使伤脚高过心脏。如脚下垂,会加重肿胀。

(3)可请医生诊治,外敷药并内服七厘散、跌打丸等。

(4)如无骨折,只是部分韧带撕裂,可用手指轻轻按揉伤处至小腿。

(5)如韧带撕裂较重或完全断裂,或出现骨折,要固定1~1.5个月。

(6)有过脚扭伤的孩子,注意不要再次扭伤。

## 六、冷敷法

冷敷法主要用于瘀血或扭伤初期。施行冷敷时,将冷敷物(冷毛巾或冰袋)敷在伤口处约 30 分钟,冷敷物上面不必遮盖,但必要时,可用绷带固定其位置。

(1)冷毛巾:将毛巾浸入冷水中,再将水拧出,以湿透但不滴水为度。将毛巾折叠,敷在伤处。每隔 10 分钟更换一次,或不断用冷水滴湿毛巾,保持清凉。

(2)冰袋:将冰放入塑料袋内,加少许盐,使冰块加快溶化。将袋内空气挤出,袋口封紧,用毛巾包裹,放在伤处。

# 孩子 第 36 个月

## 一、给孩子检查视力

宝宝到 3 岁时,应进行一次视力检查。我国大约 3% 的儿童发生弱视。孩子自己和家长不会发觉,在 3 岁时如果能发现,4 岁之前治疗效果最好。5～6 岁仍能治疗,12 岁以上就不可能治疗。孩子失去立体感和距离感,以后学习和从事许多职业都难以胜任,如司机、飞行员等。学习精密机械、医学等也都困难。

视力检查可发现两眼视力是否相等。如果因斜视或两眼屈光度数差别太大,两只眼的成像不可融合,大脑只好选用一眼成像,久之废用的一侧视力减弱而成弱视。或因先天性一侧白内障、上睑下垂挡住瞳孔,或由于治疗不当,挡住一眼所致。检查时发现异常,可及时治疗。

## 二、怎样预防痱子和痱毒

在炎热的夏天,气温高、湿度大,如果汗不能及时蒸发,就容易使汗腺堵塞,汗液排泄不通畅,引起汗管破裂,造成皮肤轻度发炎,产生痱子。痱子好发于颈、肘旁、腿窝、胸背和头面部,密集排列,互不融合。痱子周围稍红,有痒和灼热的感觉。如果孩子搔抓,容易感染,引起汗管及汗腺发炎、化脓,形成痱疖,俗称痱毒。痱毒有豆子大小,大的可有葡萄大小,表面红紫色,疼痛、发烧,局部淋巴结肿大,严重时可引起败血症。

在夏季,要预防痱子和痱毒的发生,关键是要保持皮肤清洁干燥,勤用温水洗澡,不要用冷水。温水不会刺激汗腺,不引起血管收缩,洗后容易干爽。在炎热时,不要让孩子赤裸,皮肤没有衣服的保护,更容易生痱子并发生感染。孩子夏季的衣服要宽大,室内要通风,多喝水,特别是绿豆汤、红豆汤等。如发生痱毒,要在医生指导下使用抗生素,并外涂10%鱼石脂软膏或如意金黄散,成熟后,切开排脓。

# 智能训练篇
ZHINENG XUNLIANPAN

# 孩子 第1个月

## 一、帮孩子练"行走"

小婴儿身体很软,头还抬不起来,怎么能行走呢?其实孩子先天就有行走反射,这种反射在56天左右消失。在早期可充分利用孩子的这一能力进行锻炼。

(1)可从出生后第8天开始,每天锻炼3~4次,每次2~3分钟。

(2)吃奶后半小时,或睡醒以后。

(3)妈妈双手托在孩子腋下,大拇指扶好孩子的头,不要给孩子穿鞋袜,让他光脚接触平面。这时,你会发现孩子竟能协调地迈步。

(4)早产儿不宜做此训练。

(5)妈妈要当作游戏来做,一边引逗孩子,一边有节奏地喊"一二一"。

(6)孩子如果不喜欢走不要勉强。

(7)孩子生病时不要做此训练。

## 二、新生儿的能力训练

**1. 抬头**

(1)竖抱:妈妈喂奶后将孩子竖抱,使孩子头靠在自己肩上,轻轻拍打孩子的后背,让他打几个嗝。然后妈妈不扶孩子的头颈部,让孩子的头自然立起片刻,每次如此,训练颈部肌肉发育。

(2)俯卧:孩子未吃时,妈妈仰卧床上,将孩子放在妈妈胸腹部,俯卧,逗孩子抬头。孩子抬头还很困难,只要他努力做就可以了。

(3)俯卧:让孩子俯卧在床上,用玩具逗头左右转动并稍抬。

**2. 抓握**

(1)玩手。将孩子平放在床上,他会把左手放在右手里,把右手放左手里,百玩不厌。

（2）抓握：妈妈轻抚孩子的手，孩子会握住妈妈的手指不放。

### 3. 逗笑

越早会笑的孩子越聪明，新生儿一般在第 10~20 天时学会笑。如果到 1~2 月时还不会笑，需要请医生检查。

孩子的笑需要学习，从出生第 1 天起爸爸妈妈要向孩子笑，并逗引孩子笑。妈妈要经常与孩子面对面地说话、逗笑、孩子初生时的视力较差，距离远的面孔他还看不清楚。

孩子哪一天学会笑，应记入成长记录。

### 4. 说话

孩子不会说话只会哭，孩子哭时，爸爸妈妈可以学着孩子的声音发声，孩子对这种反应很敏感，他会停下来听，然后再哭。经常对答孩子的声音，孩子会对爸爸妈妈的声音注意。以后他出"啊"、"噢"的声音时，爸爸妈妈也发出这种声音对答，这是谈话的开始。

妈妈可以与孩子细声低语悄悄话，叫他的名字。

妈妈离孩子 20 厘米的地方，嘴做夸张的动作，教孩子嘴唇张合。

## 三、认妈妈

从孩子出生一两周后，就可以在孩子醒着的时候抱起他，脸对着妈妈的脸，相距 20~30 厘米。妈妈的眼睛对着孩子的眼睛看着，轻轻地跟他说话，同时轻轻地抚摸孩子的小脸，或把食指让孩子握着，慢慢地摆动。这时，妈妈可以哼着儿歌，或说些亲昵的话，可每日抱他这样玩一会儿。

这个游戏看似简单，但它可增进母子间的感情交往，使孩子在母亲的怀中感到安全、温暖，感受到母亲的爱。母亲的爱抚让孩子感到在子宫内包裹时的安详与温暖，这对婴儿刚来人世间这个新环境中产生的孤独恐惧极有好处，对孩子脑的情绪中心的发育起着重要作用。

这个游戏可促进孩子感知能力的发育。1~2 个月内的婴儿只能看清 20~30 厘米以内的东西，母婴面对面的相看，使孩子清楚地看到了妈妈微笑的、亲切的脸，训练了他的视力和眼的活动。妈妈面对面的呼唤，妈妈唱的儿歌、亲切的话语，给孩子丰富的声音刺激。孩子可渐渐熟悉妈妈的语音,并注意到妈妈嘴的动作和声音的联系,也会学习着嘴的动作。经常做这个游戏,孩子会感到母亲亲切的音调是对他的爱,亲情给他带来愉快。孩子在妈妈怀中,他的小手握着母亲的手指,或抚摸母亲的脸,可帮助他接受触觉刺激。

这里所介绍的游戏,成年人可能觉得简单枯燥,毫无乐趣,但只要你高高兴兴地跟孩子玩,孩子会跟你玩得有滋有味。孩子就是在这些游戏中,一步一步跟着你长大。

## 四、游乐园

1. **笑一笑**

刚出生的小婴儿,只要他醒着,妈妈就应该在照顾他时,和他亲切地说话,抚摸他,向他露出微笑,这就是游戏。但睡眠的时候不要将他抱起来玩耍。

目的:发展感觉。

2. **听妈妈说话**

喂奶是母亲与婴儿沟通的最好时机,妈妈要一边喂奶一边与孩子说话,孩子饿了,吃奶时非常高兴,再听妈妈的话音,自然是很喜欢的了。

目的:培养母子感情。

3. **看一看**

妈妈抱着婴儿,面对面说话,婴儿看着妈妈的脸。妈妈把脸移向一边,让孩子的眼睛随妈妈移动,左右来回移动二三次。

目的:训练视觉。

4. **看妈妈**

妈妈叫着孩子的名字,跟他说着话走向小床,看孩子是否注视自己。也可以在小床边与孩子说话,让孩子注视妈妈,再慢慢离开,看孩子是否用眼睛追逐。

目的:训练视觉和听力。

5. **说悄悄话**

孩子睡醒后,妈妈轻柔地与宝宝讲悄悄话。在离孩子10厘米左右的地方与他说,如:"宝宝睡醒了,宝宝真高兴,宝宝真美丽,宝宝是妈妈的宝宝"等,每日3次,每次2~3分钟。

目的:言语训练。

### 6. 听铃声

将铃放在孩子一侧摇,节奏时快时慢,音时大时小,不让孩子看到铃,注意其对铃声有无反应,是否用眼睛寻找声源。

目的:检查听力。

### 7. 真舒服

妈妈一边与孩子说话,一边抚摸孩子的小手、小脚、抚摸他的每个小指(趾)头、手掌、手背、手腕。

目的:发展孩子的触觉。

### 8. 追着看

孩子睡醒以后,用一个鲜红色的玩具,如一个红色的绒布娃娃、十几厘米大的球等,逗引他,看他有无视觉反应。孩子看到玩具后,盯住它看。妈妈把玩具慢慢地移动,让孩子的视线追随玩具移动,玩2~5分钟。

目的:发展视觉。

### 9. 听音乐

孩子吃饱睡醒后,给他放胎教音乐,音量比妈妈的话音稍大些,孩子会静听5~8分钟。

目的:情感训练。

### 10. 学"行走"

把孩子抱起,妈妈坐在椅子上,让婴儿的脚沾到妈妈的膝盖上部,孩子就会跳起。妈妈配合他的动作,让他一上一下地跳跃。

目的:训练腿部。

### 11. 微笑

洗完澡,婴儿很舒服愉快。将他放在大床上,妈妈轻轻地搔痒逗他,让他笑。

目的:训练面部表情。

### 12. 在这儿呢

妈妈用手挡住自己的眼睛说:"兰兰哪儿去了?兰兰哪儿去了?"然后把手拿开:"哇,在这儿呢。"要孩子观察妈妈的表情变化,并引她笑。

目的:让孩子发出笑声。

##  第2个月

孩子在1个多月的时候,观看东西的能力、双耳的敏感度都较前有一个飞跃。此时,家长可以在孩子床前上方挂些五颜六色的彩条、彩球等,还可以挂些带响声的玩具来吸引孩子,他能较长时间地注视这些东西,两只小手还会不停地挥动,好像是要抓玩具似的。如果妈妈把玩具在他面前摇晃,他的小手也会跟着挥舞,并皱着眉头没有笑意,双眼紧紧盯住这件玩具,不知是何物。其实这是孩子在认识、在思索一件新鲜事物。

1个多月的孩子不会说话,大人们只能从他的视觉、听觉、动作几个方面着手教育,用彩色玩具训练目光固定,两眼协调集中在物体上的能力和追视能力。以唱歌、听音乐等方式训练孩子的听觉能力。

母亲是孩子的第一个老师,这是由母亲得天独厚的条件决定的。比如孩子睡觉时总是喜欢向着母亲方面,喜欢看到妈妈慈祥的目光和亲切的面容,喜欢听妈妈柔和的语音,最愉快的时候是在妈妈的怀抱之中。这些都来自喂养中感情的交流,由一开始的条件反射到后来的完全信任。因此,妈妈的一举一动都在影响着孩子,教育着孩子。做母亲的应该充分地认识这一点。可以在宝宝的床边悬挂一些鲜艳的玩具,如气球、小动物、彩带等(最佳视距为20厘米)。当宝宝每天睡醒之后,用这些玩具逗引他,每天2~3次,每次时间因孩子精神状态而异,一般3~8分钟即可。

### 一、婴儿操(2~6个月婴儿使用)

准备活动:孩子仰卧在床上,妈妈一边轻轻抚摩孩子,一边轻柔地跟孩子讲话,使孩子很愉快,很放松,就像做游戏一样。

第一节　伸展运动

做二八拍。

预备姿势:妈妈双手握住孩子腕部,拇指放在孩子手心里,让孩子握住,孩子两臂放在身体两侧(图58)。

说明:

(1)妈妈拉孩子两臂到胸前平举,拳心相对(图59)。

(2)妈妈轻拉孩子两臂斜上举,手背贴床(图60)。

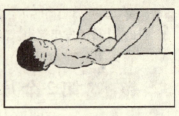

图58

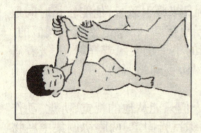

图59

图60

(3)复原(1)的动作。

(4)复原成预备姿势。

(5)重复以上动作。

运动要求:孩子两臂前平举时,两臂距离与两肩同宽。妈妈动作要轻柔,斜上举时要轻轻使孩子两臂逐渐伸直。

第二节 扩胸运动

做二八拍

预备姿势:同第一节。

说明:

(1)妈妈轻拉孩子两臂,向身体两侧放平,拳心向上,手背贴床(图61)。

(2)两臂胸前交叉,并轻压胸部(图62)。

(3)同(1)的动作。

(4)还原成预备姿势。

(5)重复以上动作。

第三节 上肢屈伸运动

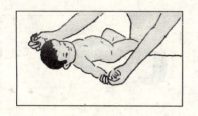

图 61

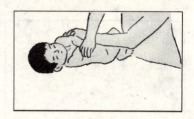

图 62

做二八拍。
预备姿势:同第一节。
说明:

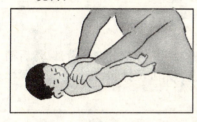

图 63

(1)妈妈将孩子左臂向上弯曲,孩子的手触肩(图63)。
(2)还原成预备姿势。
(3)妈妈将孩子右臂向上弯曲,孩子的手触肩。
(4)还原成预备姿势。
(5)重复动作。
运动要求:屈肘时家长稍用力,孩子的上臂不离床,臂伸直时要轻。

第四节　双屈腿运动
做二八拍。
预备姿势:孩子仰卧,两腿伸直,家长两手握住孩子脚腕(图64)

说明:
(1)妈妈将孩子两腿屈至腹部(图65)
(2)还原成预备姿势。
(3)同(1)的动作。
(4)还原成预备姿势。
(5)重复动作。
运动要求:孩子屈腿时两膝不分开,屈腿时可稍用力,使孩子的腿对腹部有压力,有助于肠蠕动,屈、伸都不能用力过大,以免损伤孩子的关节和韧带。

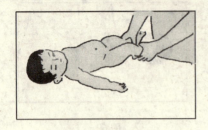 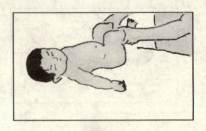

图64　　　　　　　　　图65

**第五节　翻身运动**

做二八拍。

预备姿势:孩子仰卧,妈妈将孩子四肢摆正。

说明:

(1)妈妈一手握住孩子的两脚腕,另一手轻托孩子背部,然后稍用力,帮助孩子从身体右侧翻身,成为俯卧位,同时将孩子的两臂移至前方,使孩子的头和肩抬起片刻(图66)。

(2)再将孩子两臂放回体侧,妈妈一只手握住孩子两脚腕,另一手插到孩子的胸腹下,帮助孩子从俯卧位翻回仰卧位。

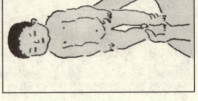

(3)同(1)动作,但孩子身体从左侧翻身。

(4)同(2)动作。

(5)重复动作。

图66

运动要求:家长帮孩子做操时要轻柔、缓慢,翻身或俯卧时逗引孩子练习抬头。

**第六节　举腿运动**

做二八拍。

预备姿势:孩子仰卧,两腿伸直,妈妈握住孩子膝部,拇指在下,其余四指在上(图67)。

说明:

(1)妈妈将孩子两腿向上方举起,与腹部成直角(图68)。
(2)还原成预备姿势。
(3)同(1)动作。
(4)还原成预备姿势。
(5)重复动作。

运动要求:孩子两腿上举时,膝盖不弯屈,臀部不离床。

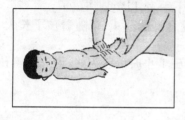

图67

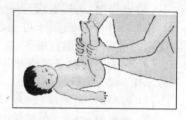

图68

第七节　体后屈运动

做二八拍。

预备姿势:孩子俯卧,两臂放前方,两肘支撑身体,妈妈两手分别握住孩子脚腕。

说明:

(1)妈妈轻轻提起孩子双腿,身体与床或近似45°角(图69)。

(2)还原成预备姿势。

图69

(3)妈妈轻轻握住孩子肘部,将上体抬起,身体与床面成近45°角(图70)。

(4)还原成预备姿势。

(5)重复动作。

运动要求:提腿和抬肘时,孩子身体要直,不能歪斜,以免损伤脊柱。这一节难度较大,须在孩子有一定体能时再做。做这一节时,家长也要小心、轻柔,不要勉强。

图70

#### 第八节　整理运动

妈妈两手轻轻抖动孩子的两臂和两腿,或让孩子在床上自由活动片刻,使全身肌肉放松,不要做完操立刻抱起。

注意事项:

(1)做操时,妈妈的动作一定要轻,态度要亲切,一边做一边与孩子说笑。

(2)做操前,妈妈要洗净手,摘下手表,以免划伤孩子。

(3)2~4个月的孩子可先学这套操的前4节,随着孩子长大,再逐渐一节一节增加到做8节。

(4)做操要在孩子进食半小时到1小时以后为好,做完操将孩子放小床休息,然后哄他入睡。

(5)做操时,孩子尽量少穿些。

(6)做操时如能放些音乐更好。

## 二、游乐园

**1. 声音在哪里**

妈妈拿一个彩色的,较大些的花铃棒,一边摇一边慢慢移动,从孩子左边到孩子右边,再从右边到左边,开始孩子的眼跟着玩具转,而后是头随着玩具从左到右,从右到左。

目的:视听定向。

**2. 妈妈在哪里**

妈妈经常俯身对孩子微笑,让孩子看妈妈的脸,然后妈妈转在一边,轻轻叫孩子的名字,引导孩子将头转过去看妈妈。

目的:训练追视。

**3. 踢被子**

男孩子比较好动,将他仰卧在床,他会两腿轮番踢,好似踏三轮车。妈妈可在孩子身上放小薄毯,让孩子踢,踢掉再放上,反复踢。孩子会高兴得手舞足蹈,活动全身。玩时妈妈不要离开,防止孩子将毯子盖在头上。

目的:训练下肢运动。

**4. 抓一抓**

将孩子放在沙发上,用枕头靠好。拿花铃棒摇着递到他眼前,引逗他伸手抓。

目的:锻炼腰背肌肉。

### 5. 读歌谣

妈妈将孩子抱在怀里,轻轻地摇,一边口中念儿歌:

　　　　摇啊摇,摇啊摇,
　　　　摇到外婆桥。
　　　　我给外婆行个礼,
　　　　外婆夸我好宝宝。

不管孩子懂不懂,只要他在听。妈妈声音柔和,儿歌押韵,就可培养孩子的语感。

目的:培养语感。

### 6. 蹦蹦跳

扶孩子腋下,让他站在妈妈腿上,举着孩子让他蹦,逐渐发展成他主动蹦,妈妈帮助他。蹦的同时妈妈可有节奏地说:"蹦蹦跳,蹦蹦跳。"

目的:发展腿的力量。

### 7. 拿着玩

妈妈抱孩子在怀里,将一件有把能响的玩具用松紧带挂在孩子胸前,让他拿着玩。玩后妈妈要记住摘下玩具。

目的:训练手眼协调。

### 8. 两手抓

将两个玩具放在桌子上,让孩子两手一手抓一个玩。

目的:训练两只手。

### 9. 教说话

把孩子抱在怀里,将孩子脸对着妈妈,发出"爸——"、"妈——"的音,并让孩子看见妈妈发音的口形,让孩子模仿发音。

目的:发展语音。

### 10. 一动就响

妈妈用一宽布条,一端系在能发声响的玩具上,一端系在孩子的裤腿上。然后将玩具吊在床上方,孩子腿一动,玩具就发出声响。

目的:激发孩子的自我意识。

### 11. 看看是什么

用硬纸片画黑白线条，或几何形状，孩子此时对黑白反差大的图片更有兴趣。将图片放在距孩子眼睛 20～30 厘米处，让孩子注视数秒。

目的：发展知觉与注意力。

### 12. 听见了吗

用小铁盒或小塑料盒内装绿豆数颗，在孩子睡醒高兴时，在孩子身后 30 厘米处摇动，发出声响，看孩子有无反应。孩子听力正常，可有相应的面部反应。如无反应，可重复几次，仍无反应，应请医生检查。

目的：检查听力。

### 13. 一碰就响

在孩子吃饱睡好以后，抱着他，拉着他的手去触摸玩具，特别是一碰会发出声音的玩具，妈妈一边说："真好听。""多好看呀。"

目的：发展触觉。

### 14. 摸一摸

拿一件柔软的玩具放在孩子手里让他摸，然后放在他眼前让他看。

目的：发展视觉和触觉。

### 15. 几个小手指

孩子吃饱后躺在床上，妈妈轻轻按摩孩子的手指，并把小手张开、合拢。

目的：发展手的感觉。

### 16. 握握手

让婴儿捧住妈妈的手指，妈妈一边轻轻摇晃一边唱歌。记住摇晃的幅度不要大。

目的：锻炼握手。

### 17. 拉拉看

将一副挂铃挂在孩子床上，妈妈抱着孩子，拉着他的手拍打挂铃发出声响，再把一根能牵动挂铃的绳放在孩子手里让他握住。孩子握住后不自主地拉动，挂铃发出声响，他会很高兴。

目的:练习抓握。

## 孩子 第3个月

### 一、室内布置与综合感官训练

2个多月的婴儿对周围的环境更有兴趣感了,他喜欢用目光追随移动颜色鲜艳明亮的玩具,特别是红色。对暗淡的颜色冷漠、不感兴趣,更喜欢立体感强的物体。

两个多月婴儿的视觉与听觉比以前灵敏了许多,此时,可以在孩子床的上方25~50厘米处,悬挂色彩鲜艳的玩具,如各种彩色气球,彩色布球具、灯笼、哗啦棒、花手帕等,但注意不要总将这些玩具挂在一起,要经常变换位置,以免引起孩子斜视。逗孩子玩时,可将玩具上下左右摇动,使孩子的目光随着玩具移动的方向移动,左右可达45度。这样做是促进孩子视觉发育的好方法,但应注意不要让强光直射孩子的眼睛。

为了促进孩子的听觉发育,可以给孩子多听音乐。当妈妈的也可以给孩子多哼唱一些歌曲,也可以用各种声响玩具逗孩子。声音要柔和、欢快,不要离孩子太近,也不要太响,以免刺激孩子引起惊吓。剧烈的响声,会对孩子产生不良刺激,而轻快悦耳的音乐,可使孩子精神愉快并得到安慰。每天给孩子做操时,可以给孩子播放适宜的乐曲,优美的旋律对孩子的智力发育十分有利。如果孩子经常自己躺在一边没人理睬,对他的要求不主动理解,没有哄逗,就会影响其心理发育,表情会显得呆板,反应相对迟钝。

### 二、抓在手里的是什么

孩子从3~4个月时起,就会试着抓东西。这时可每日将他抱在怀里,用玩具或食物逗引他伸手抓。不要把东西放在他抓不着的地方,只要能抓到手,游戏的目的就达到了。孩子把东西抓到后要让他玩一会,然后慢慢从他手中拿出,再让他伸手抓。如果他不放手,就多让他玩一会儿。也可以在童床上悬挂两件玩具,使孩子躺在床上伸手抓。要注意玩具要常变换,使孩子感到新鲜,还要注意绳子不可太长,以免缠绕在孩子手臂上。

孩子大一点,能俯卧或能挺胸坐在妈妈怀里时,可把玩具放在他伸手能抓到的地方,让他主动抓来玩。然后把玩具换个地方,让他转头转身去找。每当孩子抓到玩具后,他会很高兴,妈妈要用语言、微笑、爱抚鼓励他。这一小小的成功,对大人来说真算不得什么,但对孩子来说,是了不起的大事,是长了一个很大的本领。他自己也会很高兴。

这个游戏,可训练孩子手眼协调,他去抓东西,是他会使用手去探索周围事物的第一步。还可以锻炼孩子的头、颈、上肢的活动能力,特别是手的动作。

玩这个游戏,要注意以下问题。一是要注意让孩子抓的东西一定要清洁卫生,因为孩子抓到手后,常常会放在手里玩一会儿,或是放在嘴里啃。玩具或物品还要安全,不要是小颗粒,小球,以免孩子咽下去;不要有锐利的尖;要无毒无害。二是让孩子抓的东西要常变换,多种多样,这样使他提高感知能力,如硬、软、光滑可增加触觉;颜色、形状、大小可训练视觉;水果、点心可增加他的嗅觉;有声音、有音乐的玩具可训练听觉等。

## 三、游乐园

### 1. 找妈妈

让孩子卧在床上,妈妈拿着色彩鲜艳的玩具,如花球,彩色的绒娃娃等,放在孩子眼前30厘米处,让孩子注视玩具。片刻,将玩具移到一边,并对孩子说:"来,看这里,看这里。"训练孩子学习转头用眼睛找寻物品。

以后,妈妈可逐渐站在离孩子稍远的地方,摇动带声响的玩具,或轻声呼唤孩子的名字,引起孩子转头寻找妈妈。当孩子转头寻找到妈妈时,妈妈要夸奖他,亲亲他,这样来鼓励他。

找妈妈的游戏可以训练孩子学会注视,学习分辨不同方向的声音;锻炼孩子头,颈部肌肉;训练视、听觉和头颈部动作的协调。当然,妈妈与他一起玩可使孩子活泼愉快。

## 2. 声音在哪儿(1)

拿一个花铃棒在妈妈身后摇,让孩子听到,然后慢慢拿到孩子眼前摇,如果他喜欢,就让他握住。

目的:培养听力和握力。

## 3. 声音在哪儿(2)

妈妈左右手各拿一个会响的玩具,一会左手的出声,一会右手的出声,让孩子专心听,分辨不同的声音。

目的:培养听力。

## 4. 用脚踢

将一个滚动后能发声的球或其他玩具放在孩子脚边。开始时孩子无意碰到它,它发着声音滚开了。妈妈把球仍放在孩子脚边,反复以后,孩子就会主动用脚踢球了。

目的:增加运动。

## 5. 拉过来

在拖拉玩具的绳端绑上一个环,妈妈先拉着玩具走,表现得非常愉快。然后将环放在孩子手里,让他拉住玩具。

目的:练习抓握。

## 6. 抓一抓

妈妈将几件新鲜玩具放在孩子面前,一开始他抓起一个,掉下,再抓起一个,以后,他可以两只手,一手拿一个。这时妈妈再给他一个,看他怎么办。

目的:练习抓握。

## 7. 玩水

妈妈抱孩子坐在浴盆里,放一些玩具在水上漂浮,让孩子拍打热水,抓玩具。母子两人都舒服愉快。

目的:锻炼肌肉。

## 8. 抬头

让宝宝爬在大床上,妈妈与他头顶头爬下。妈妈拉住孩子的小手抚摩,孩子抬起头来看妈妈,妈妈对他微笑并说话。孩子抬头片刻就累了,可休息一下再玩,玩的时间几分钟即可。

目的:练习俯卧抬头。

### 9. 用脚蹬

将一块厚纸板式三合板用松紧带系在小床栏上,将板触到孩子脚底,让孩子用脚蹬。蹬后板弹回,触到孩子腿他会再蹬。

目的:锻炼腿部运动。

### 10. 会踢球了

把一个球挂在大床上,妈妈抱着孩子坐在一边,把住孩子的脚,轻轻地使他的脚碰球,两条腿换着踢。反复以后,孩子就能主动伸出脚去踢球了。

目的:练习腿的动作。

### 11. 起来

孩子坐在妈妈膝盖上,妈妈手扶孩子腋下,将孩子慢慢往后放倒,再往前托起。

目的:练习平衡。

### 12. 你好

妈妈将手指放在孩子手心,让孩子握住,然后轻轻摇动,口中说:"你好,你好。"或说:"摇啊摇,摇啊摇,摇到外婆桥。"孩子会很愉快。

目的:发展触觉和手的技能。

### 13. 抓一抓

将玩具放在孩子胸前,他就能抓握住,但他还不会玩,很快松开手,玩具滚到一边。妈妈再给他放在胸前。

目的:训练抓握。

### 14. 用力踢

孩子仰卧,妈妈手掌贴着他的脚底,微微用力,孩子就会开始踢动。

目的:训练腿部。

### 15. 学倒立

孩子俯卧,抓住他的双踝慢慢提起来,孩子会用双臂支撑,呈倒立姿势,片刻轻轻放下。

目的:训练上臂。

注意:此游戏要轻揉,以孩子用力为主适可而止,不要猛地拉住孩子腿倒过来。

**16. 灯**

孩子室内的灯不要太亮,离孩子远些。每天开灯的时候妈妈就说"灯"。几天以后,妈妈说"灯",孩子就会用眼看灯。

目的:发展认知能力。

**17. 藏猫猫**

妈妈把孩子抱在怀里,爸爸用方巾遮住脸,然后突然拉下方巾,叫孩子的名字,逗他笑。再把方巾放在孩子脸上,看他会不会拉下方巾逗爸爸笑。

目的:诱发愉快情绪。

**18. 找一找**

妈妈拿小拨浪鼓跟孩子玩,然后拿着玩具走到孩子看不见的地方,摇响玩具,孩子会转头去找。

目的:发展感知能力。

**19. 蹬一蹬**

在孩子床上方脚部挂一个彩色充气玩具。让孩子双腿像蹬自行车一样轮番去蹬玩具。

目的:锻炼双腿。

## 第4个月

3个多月的孩子由于神经系统的发育,双手抓握东西已出现了随意性的变化,去抓自己想要的东西。对颜色有了初步的分辨能力。视觉也有了一定的发展,视野范围由原来的45°扩大到180°。在语言上也有了一定的进步。根据这些特点,可以在孩子床上距离孩子能用手抓到的高度系上各种色彩鲜艳的小玩具,当婴儿伸手去抓时,玩具被碰得来回摆动,发出声响,孩子会很高兴。由此锻炼孩子的眼、耳、手的协调能力。另外可以让孩子趴在床上或桌子上,孩子的双手可以支撑起上半部身体,头部也能抬高,这样可以促进血液循环和呼吸功能的发育,也为以后的爬行打下了基础。此时,可以在孩子面前放一些能引起他注意的玩具,他想用手去抓,颈部、胸部肌肉都在用力,从而锻炼这两部位的肌力。还可以锻炼孩子坐在妈妈的怀中,但时间不能太长。孩子处在坐位时,头还有点摇摆不定。但也有的婴儿颈肌较发达,立抱时,头能很稳。为了锻炼孩子的手劲,可以先把哗啦棒放在他手里,开始时,孩子握住的时间很短,以后逐渐能握很长时间了。

要和孩子多说话,虽然孩子还不会说话,也不理解语言的意思,但是反复地把一些语言输送到孩子大脑皮层,贮存起来,这也是为以后的语言教育打下良好的基础。

## 一、为小婴儿选择玩具注意什么

(1)色彩要鲜艳,色块大,不乱。
(2)无毒无污染。
(3)玩具上尽量少有小装饰物,如果有眼睛,应是不易摘下来的那种。
(4)易于清洗消毒。

## 二、怎样按孩子的年龄选玩具

玩具是孩子的玩具,要孩子喜欢玩才行。孩子的智力发育、性格、兴趣爱好不同,喜爱的玩具也不同。以下仅供参考。

新生儿:八音盒,会动带响声的玩具。
3个月:颜色鲜艳,能发声的玩具。
4个月:用手捏便会叫的塑胶玩具。
5个月:能让孩子用手抓住的玩具。
6个月:长毛绒玩具,孩子能拿住即可,不要太大。
8个月:图片、镜子。
10个月:积木,简单的插接玩具。
12个月:拖拉玩具。
13个月:汽车、球。
24个月:玩水和沙土的玩具,画画用的文具。
24~36个月:模仿玩具。

## 三、游乐园

**1. 抓一个**

将各种玩具放在桌子上,妈妈抱孩子看,然后让他伸手去抓,抓到什么妈妈就说这个玩具的名字。然后跟他一起玩这个玩具。

目的:训练手抓能力与手眼协调。

**2. "斗斗飞"**

把孩子放在怀里,妈妈双手握住孩子双手,使孩子握拳伸出食指,将孩子两食指相碰再离开,同时妈妈说:"斗、斗、斗、斗、双连飞。"反复玩,使孩子一听到妈妈念"斗斗飞",就会把两食指相碰。

目的:发展言语动作协调。

**3. 听听自己说什么**

把孩子"咿咿啊啊"的声音录下来,在孩子高兴时放给他听。

目的:促进孩子发声的兴趣。

**4. 拍拍打打**

将色彩鲜艳,能发声的玩具挂在孩子胸上方伸手能抓到的地方,使孩子拍打、抓握。玩完后摘下来,下次玩时再挂上。

目的:发展触觉与手眼协调。

**5. 节奏感训练**

放一曲轻柔舒缓的音乐,妈妈把孩子抱在怀里,嘴里哼着,按节拍迈着舞步前后,旋转。

目的:发展听觉和节奏感。

**6. 试着翻**

孩子仰卧,把孩子的左腿放在右腿上,妈妈手托孩子腰部,使孩子转身,成俯卧。将玩具放在孩子眼前,引逗他抬头片刻,再翻过身来。然后把孩子的右腿放在左腿上,往左翻。

目的:练习翻身和俯卧抬头。

**7. 外面真奇妙**

把宝宝抱到户外,让他看眼前的景物,妈妈反复地跟他说话,讲周围的事物,每次2~3分钟。

目的:发展视觉,开阔眼界。

### 8. 看口形
妈妈向孩子发出啊、喔的声音,并让孩子看到妈妈的口形,孩子有时也会模仿,做出相应的口形,逐渐发出声音。

目的:促进语言发展。

### 9. 看看妈妈的脸
妈妈把孩子抱在胸前,对着孩子的脸做各种表情,并向他微笑。

目的:促进表情发展,丰富情感交往。

### 10. 握住
妈妈拿一个会发声的塑料环,放在孩子手中,有时他不抓握,只握住他的小拳头。妈妈可抚摸他的手背到手指。这样孩子张开手,再把玩具放在他手中让他握住。

目的:发展触觉的手的技能。

### 11. 拉过来
让孩子坐在桌旁,妈妈把一件玩具放在他够不着的地方让他拿。见他拿不到,妈妈就用一根布条系在玩具上,把布条的一端交到孩子的手里让他拉。孩子将玩具拉过来很高兴。

目的:发展孩子解决问题的能力。

### 12. 小鼓咚咚
给孩子买一只小鼓,妈妈一只手拿鼓,一只手拿锤,敲给孩子看。然后让孩子模仿。

目的:训练两只手的配合。

### 13. 不倒翁
不倒翁是一件传统玩具,现在有各种形态,但道理都是一样的。给孩子玩不倒翁,让孩子体会推得重就摇动幅度大,推得轻就摇动幅度小,但总不会倒。

目的:引起孩子的好奇心。

### 14. 藏猫猫
妈妈将自己藏在窗帘后面,大声说:"妈妈哪儿去了?妈妈不见了。"让婴儿顺妈妈声音寻找。妈妈藏的时间不要长,否则婴儿就会不安、啼哭。

目的:寻找声源能力。

### 15. 荡起来

把孩子放在毛巾被上,爸爸妈妈拉住毛巾被四角,将孩子抬起离床面20厘米。轻轻来回摇荡。

爸爸将孩子抱在怀里,坐在秋千上,由妈妈轻轻的小幅推动。

目的:训练平衡能力。

### 16. 说儿歌

妈妈轻轻地叫孩子的名字,跟他轻声说话,给他念儿歌。

小娃娃,
甜嘴巴,
喊妈妈,
叫爸爸,
叫得奶奶乐哈哈。

小宝宝,
妈妈抱。
妈妈一逗他就笑,
不逗他不笑,
老逗他老笑。

# 第5个月

宝宝已经4个多月了,很有必要改变一下他周围的生活环境。重新布置的房间要有新鲜感,物品要多样化,以提高宝宝的观察能力。有关资料显示,在明快的色彩环境下生活的婴儿,其创造力比在普通环境下生活的婴儿要高出许多。白色会妨碍孩子的智力创新,而红色、黄色、橙色、淡黄色和淡绿色等确能拓展孩子的智力。

4个多月的孩子双下肢更加有力了,躯体肌肉也增加增强了,仰卧位时,手脚乱动,用力翻身但还翻不过来,但可以从侧卧位转为仰卧位。可以扶着坐在母亲怀中10~15分钟,时间不要太长,以免造成脊柱畸形。

4个多月的孩子显得很懂事了,喜欢让人抱会把头转来转去地找人,如没人在身边会不高兴,又哭又闹。这时可以给孩子买些有趣的玩具,如电动狗熊、花狗等,打开开关可以移动,并伴有音响,孩子会认真地观察玩具。当孩子仰卧位时,喜欢双手相握,在眼前玩耍,给孩子一个哗啦棒,他会两手一起拿在眼前玩弄,还会用力摇晃哗啦棒,这说明孩子的眼、耳、手的协调功能发展了。

当有人逗他时,会大声发笑;如果不高兴,他会以大笑大叫来向人发脾气。家长要尽量多与孩子说话,给孩子播放优美的音乐,使孩子头脑贮存更多的语言信息。

4个多月的宝宝。在抱着的时候,头能完全挺起,可以竖抱了。俯卧时能抬头挺胸,两上肢能支撑起上半身,两臂灵巧自如,两侧动作对称。抓握玩具不但较前牢固,而且双手都可抓起,抓到一张纸时会揉搓成一团。抓到带响的玩具会胡乱摇动。此时的孩子,还不能用指头活动,5个手指头没有分工;眼睛不协调,能看到的不一定能拿到。这时要把玩具放在孩子面前,不但让他看到,而且还要让他用手摸到,训练他眼与手的协调能力。

## 一、翻 身

婴儿到了5个月就会学翻身了,但这时多数婴儿,只会从仰卧位翻到侧卧位,或从俯卧位翻到侧卧位。6个月时才能灵活地作翻身的动作。翻身使孩子随意便动体位,扩大了视野,促进了智力的发展。帮助孩子早日学会翻身,对他的发育是十分有益的。孩子会翻身后,必须放在有床栏的床上,以防摔伤。

## 二、发 声

5个月的婴儿能发出一些元音和简单辅音拼出的音如"ma"、"ba"、"da"等。能对周围人对他说话做出反应,听到声音会很灵敏地寻找说话的人,当父母跟他说话时他会很高兴,也滔滔不绝、大声地发声。耳聋的婴儿在发声上与正常婴儿没有什么不同,只是他们听不到自己的声音和别人的反应,发声的兴趣才逐步消失。

## 三、看 图

当孩子视觉发展以后,彩色图片对他有足够的吸引力,妈妈可以通过图片教他认识事物。开始时可将孩子抱在怀里给他看一些简单的画。这些画色彩简单明快,画中的物要大而清楚,比如画上只是一只猫、一条鱼、一个杯子。在看图片时,妈妈要告诉孩子图片上东西的名称,告诉他图片上主要的颜色,并可就图片的内容编个儿歌、小故事说给孩子听。如果是小动物,就学着动物的声音叫几声:"小猫咪咪咪,""小狗汪汪汪,""小鸭呷呷呷",增加游戏的乐趣。也可讲解图片:"小猴吃桃,猴子最爱吃水果,小猴淘气,爱上树,"等等。不要担心孩子听不懂,慢慢他会明白的。

妈妈跟孩子一起看图可教会他不少东西,图片中的内容可由简单到复杂,一张图片中可有多种物品和学物,帮助孩子认识世界。看画也是训练语言发展的手段,妈妈边看边说,让孩子听着各种不同的声音,他也慢慢学着发声。家长应了解,小婴儿注意力集中时间很短,孩子显的不爱玩了,不要勉强。

## 四、坐着玩

孩子5个月时可让他靠在妈妈身上,或背坐在大沙发上玩,开始时,他坐不了多一会就会倒下,慢慢的坐的时间长了,能放手稳坐10来分钟,就可以训练他自己独坐着玩了。当然,如果独坐在沙发上要有人在旁边看着,孩子歪倒时给他扶好,注意不要摔下来。坐得再稳当些以后,可以将孩子放在地毯上,让他拉着妈妈的手往起坐,注意不是妈妈用力拉他,小心拉得孩子关节脱臼。

孩子靠坐在妈妈怀里,可用新鲜玩具逗引他,让他伸手拿不到,使上身随着抬高,不再靠在妈妈身上,然后把玩具给他,能坐以后,让他两只手拿玩具,或拍手,训练坐的平衡。还要训练他点头、摇头,这样可逐渐帮他坐稳。

这个游戏,可训练孩子的躯干肌肉,使背胸、腰肌发育,支撑整个上身。人要学会坐,必须保持体位平衡,这要有中枢神经系统的调节才能做到,孩子能独坐后才能使两手活动更加自由,从而促进手的进一步发育和手眼协调的发展。两手活动的增加,使孩子的许多想法得以实现,又促进了脑的发育,孩子独立行动的本领与意识都增强了。

## 五、游乐园

**1. 学翻身(1)**

孩子仰卧,妈妈把一件新鲜的玩具放在他的一侧,逗他翻身去取,妈妈可帮他一臂之力。

目的:从仰卧到俯卧。

**2. 学翻身(2)**

将孩子仰卧在地毯上,用玩具引逗孩子,从仰卧到俯卧,再从俯卧到仰卧,反复翻身打滚。

目的:训练翻身。

**3. 怎么响**

给孩子买一个八音盒玩具,妈妈抱着孩子舒服安静地听,反复几次,孩子就知道启动开关就能响。

目的:培养欣赏。

**4. 听音乐**

给婴儿听的音乐要舒缓、优美、孩子不适合听流行歌曲、摇滚乐等。以下乐曲可供家长选用:

《圣母颂》

《摇篮曲》

《春江花月夜》

《梦幻曲》

**5. 递来递去**

妈妈和孩子坐在床上,妈妈给孩子一块积木,待他拿好后,再递给他一块。他也许将右手拿着的积木放在左手,右手再去接新积木。也可能扔下手里的积木,再接新积木。妈妈引导他将积木换手接新的。

目的:培养手的能力。

**6. 往外拿**

妈妈把玩具装进纸袋,将纸袋交给孩子。如果他不知怎么办,妈妈可示范从开口处往外拿,并告诉他玩具都在口袋里。引逗他一件一件往外拿。

目的:练习拿东西。

### 7. 听音乐

妈妈选择一个节奏鲜明的音乐,抱孩子一起听,并随着音乐打拍子。

目的:训练节奏感。

### 8. 哪儿响

把孩子放在地毯上,将一个空时器或闹钟上好铃,铃声闹起来,妈妈问孩子:"哪响了?是什么声音。"孩子会做出寻找的相应动作。妈妈把闹钟拿来,对孩子说:"这是闹钟。"

目的:训练听力。

### 9. "再见"

家里来了客人,或爸爸妈妈出门,要教孩子"再见"。孩子不会说时,大人抱着他,挥动他的手,大人口中说:"再见"。会说话以后,他就能主动摇手并说"再见"。

目的:理解简单语言。

### 10. 球跑了

让孩子俯卧,妈妈将一滚就发声的球放在孩子手边,孩子伸手触球,球滚开了,妈妈将球滚过来,孩子会有追球的动作。

目的:练习俯卧。

### 11. 你好!

妈妈将孩子抱在怀里,左手拿一个毛绒玩具或木偶玩具,对孩子说:"小熊来了,小熊来看羊羊。"然后用玩具的腿拍拍孩子的头,让孩子握住玩具,妈妈说"你好!你好!"

目的:与孩子说话。

### 12. 指鼻子

孩子坐在妈妈膝盖上,妈妈念歌谣:

　　宝宝的小鼻子,
　　一边一个红苹果,
　　两只黑眼睛,
　　上边是大脑门。

妈妈念到什么,要求孩子在自己脸上指什么。

**13. 手指游戏**

妈妈抱着孩子,妈妈歌谣:

老大扛猎枪,
老二打灰狼,
老三去炖肉,
老四吃得香,
可怜小老五,
只能喝点汤。

妈妈念到哪个手指,让孩子伸出哪个手指。

## 孩子 第6个月

家长可以给孩子准备一些色彩鲜艳,图较大的婴儿画报,给孩子边看边讲,开始时先看一些简单的画,如一只猫、一个苹果,以后逐渐看其他的物品、景色、花草等。

5个多月的孩子能俯卧抬胸时,可把玩具放在他伸手能够到的地方让他抓,再把玩具换个地方,让他转头或转身去找。当他找到时,就要鼓励他。这样做是锻炼孩子头、颈、上肢的活动能力及手的动作,训练手眼协调,另外也能促进他的触觉发育和记忆能力,看过的东西还想再去看,再去找。

5个多月的孩子如果还不能很好地翻身,就应该训练他,可以在大床上或在地上铺席子,让孩子仰卧在上,拿一个有趣的新玩具逗他,当他想抓时,将玩具向左侧或右侧移动,这时孩子的头也会随着转,伸手时上肢和上身也跟着转,最后下身和下肢也转,全身就翻了过来。开始时大人可以助他一臂之力,但主要还是鼓励他自己翻身。当他翻过来了,就要表扬他,抱抱他或亲亲他,然后把他放回原位,让他重新再翻。当他能够自由仰卧变俯卧位之后,就大大开阔了自己的视野,开始了认识世界的一个新阶段。

认识日常物品、玩具,发展认识能力。如果让孩子认识"灯",大人可以指着灯让宝宝看,并且告诉他这是灯,每天练习5~6次,直到你说一声"开灯",并且按开关,灯就亮了,你说:"关灯",灯就灭了,这时孩子就会用眼睛盯住灯,慢慢孩子就会认识灯了。

## 一、翻身可以看到更广阔的世界

孩子四五个月时,在床上或在地毯上、户外铺上席子,让他仰卧。妈妈用一个新鲜的玩具,逗引孩子注意,让他伸手去抓。然后将玩具放在孩子一侧,跟他说:"看它跑了,跑到这边来了。"孩子的眼盯着玩具,头也会转过去,他会伸出上臂去抓玩具,抓不到他会努力,妈妈可帮助他侧身,他再一努力,可变为俯卧。

孩子翻过身来,虽然他得到妈妈一点帮助,但终究是成功了。这时要将玩具给他玩,高兴地拥抱他,亲亲他,夸赞他说:"你真棒!"孩子会感觉到他做了一件让你高兴的事,他也会愉快,发出声音表示高兴。玩这个游戏可将玩具放在孩子左侧或右侧,使他练习向两侧翻身。

玩这个游戏,可训练孩子翻身,仰卧、俯卧互换姿势,这是学爬的第一步,是动作发育的重要过程。翻身可促进头、颈、上肢、下肢各部分肌肉发育,训练动作协调和平衡。俯卧看到了另一片天地,扩大了孩子的视野,促进脑的发育。

## 二、往前爬

孩子6个月以后可以经常训练他爬。把孩子放在地毯上,收拾好周围的用品,收好地上的插座等危险品。把孩子喜欢的玩具放在他够不着的地方,但不能太远,他要想拿,往前移动即能拿到。孩子必须先翻身俯卧,然后伸手够。开始时,孩子肚皮贴地往前移,前肢后肢都用不上力。妈妈这时用手推着他的脚,鼓励他用力向前,渐渐的,孩子会用上肢支撑身体,用下肢使劲儿蹬,协调地向前爬行了。学爬是一个过程,妈妈要很有耐性地每日跟他玩一会,孩子可逐渐熟练起来。

孩子会爬以后,便扩大了他活动的范围。不再是妈妈把他放在哪就呆在哪儿了,妈妈可以把孩子的玩具藏在身后,逗引孩子爬过来寻找,对他说:"它哪儿去了,它躲在哪儿宝宝都能把它找出来。"

当孩子把玩具找出来后会非常高兴。爬的游戏可从易到难,从近到远,变换玩具和方法,给孩子带来愉快。

与婴儿玩游戏,不要担心重复,反复玩一个游戏孩子才能学会本领,他不会烦。

这个游戏是对孩子爬行的训练,爬行比坐更能扩大孩子的认识世界的范围,因此爬是独立行走前助长脑发育十分重要的阶段,家长应该重视。爬行可训练身体和四肢肌肉动作,并通过脑的指挥,协调向前爬行、后退和移动。爬着寻找玩具使孩子意识到东西看不到但可以找到,这是他认识物质的一个起点。

图71

## 三、要学说话

语言是人们交往的工具,智力活动的武器。言语是人们运用语言的过程,是交往中学会的。中国人学外语困难,因为不常听,更不常用。小孩子说话是先听懂才会说,先模仿才发音。早会说话早聪明。

乳儿期已有学话的心愿,开始积极交往。但学话有个过程:

出生时,为了得到足够的氧气,用力呼吸,气流冲向声门、声带和口腔,就发出哭声。但这不是语言二三个月,吃饱睡醒时,便快活地发生"a——a——,e——e——,m——m——",像在说什么,特别是有人在旁边,更常常喜欢发这些音,这是他的需要得到满足以后的表现,而不是语音。

四五个月开始用声音招引别人的注意,但还不能理解词汇。当听到成人说话时,虽然转过头来,但还听不懂在说什么。六七个月逐渐理解一些简单的词义。如烫、拿、吃、香等与自身有直接利害关系的单音词。成人说话时,他努力看着你的面容、口形动作,随之做些口腔动作模仿,但只是唇舌动,还发不好音,模仿多了,听得多了,就会"冒话"。因此,成人说话时要尽力让孩子看清口形,有意引导他模仿。孩子在模仿语音时情绪很高兴,应保护这种积极性。

## 四、游乐园

1. **骑大马**

让孩子坐在妈妈腿上,妈妈颠动腿部,一边颠一边念歌谣:

骑大马,呱哒哒,
一跑跑到外婆家。
见了外婆问声好。
外婆对我笑哈哈。

目的:训练语感。

2. **走来走去的玩具**

买一件电动玩具,打开表演给孩子看。看着电动玩具自己在地上走来走去,孩子很高兴。

目的:训练观察力和注意力。

3. **搭积木**

给孩子积木,引导他叠起来,看他能叠多高。

目的:练习手的精细动作。

4. **五个小朋友**

妈妈做5个小纸卷,在一头用彩笔画上小动物、植物等,然后把纸卷套在孩子手指上。妈妈可以搬着孩子的手指,彼此谈话做游戏,或讲故事。

目的:发展言语能力。

5. **放球**

给孩子几个乒乓球和两个盒子,让他把球放进盒子里。

目的:训练手指功能。

6. **小熊哪去了**

将孩子放在地毯上,用毛巾把玩具盖住放在他身边,问他:"小熊哪里去了?"妈妈做寻找状,然后拉开毛巾说:"哇,在这里。"

目的:快乐。

### 7. 拨算珠

给孩子买一个带算珠的计算玩具,教他用手指拨算珠,从一边拨到另一边,拨一个或拨几个。

目的:训练手指精细动作。

### 8. 扔进去

给孩子一些体积较小的玩具,如积木、插块等,再给他一个空纸盒,在盒盖上开一个圆洞。让孩子将玩具从洞口扔进盒里去。

目的:训练手指精细动作。

### 9. 向前爬

把孩子放在地毯上,脚踏住家具或墙壁,妈妈叫他到妈妈这里来。孩子会用脚蹬住墙做努力的动作。

目的:练习爬。

### 10. 找玩具

孩子在他的小床里,妈妈当他的面藏一件玩具,比如藏在枕头下,被子里,然后让孩子找出来。也可同时藏两三件,让他都找出来。

目的:训练理解。

### 11. 户外玩

把孩子抱到户外,让他看小朋友们玩,这对他来说既是游戏又是学习。

目的:学观察。

### 12. 玩娃娃

妈妈抱个布娃娃,做爱抚状,然后交给孩子,让她抱抱。

目的:培养情感。

### 13. 爸爸在哪儿,妈妈在哪儿

孩子坐在中间,爸爸坐左边,妈妈坐右边。爸爸妈妈都拉着孩子的手。先引孩子看爸爸,然后爸爸说:"妈妈在哪儿?"孩子转头看妈妈,妈妈问:"爸爸在哪?"孩子转头看爸爸。

目的:增进家庭欢乐。

孩子 **第7个月**

### 一、游戏训练

（1）训练全身活动，利用翻身运动锻炼宝宝头、颈、身体及四肢肌肉的活动。

宝宝仰卧，可用一个他感兴趣的玩具，引逗他翻身运动，从仰卧变为侧卧，到俯卧，再从俯卧到侧卧到仰卧。这是让宝宝练习翻身运动。请注意做好保护。

（2）传递积木，训练手与上肢肌肉动作，培养用过去的经验解决新问题的能力。训练双手传递功能。

让宝宝坐在床上，妈妈给他一块积木，等他拿住后，再向同一只手递第二块积木，看他是否将原来的积木传到另一只手里，再来拿这块积木。如果他将手中的积木扔掉再来拿这块积木，就要引导他先换手，再拿新积木。

### 二、动作训练

大人可以抓住孩子的双手，帮助他练习站起来的动作，一是从俯卧位或仰卧位爬起来坐下，一是从直立状态坐下。大人还可以把孩子扶坐在自己的膝上，或放在特别的座位里，使他不会前后左右倾斜，保证坐姿正确。但也不要让孩子坐的时间过长，以防脊柱弯曲。

家长扶着孩子腋下让他站在大人腿上跳跃，或接小儿双手使之随力站起试做踏步的姿势，都能够锻炼小儿的骨骼和肌肉，加快动作发育。

6个多月的孩子已经能够由仰卧位翻转成俯卧位。但也有的孩子还翻不好，家长应该助他一臂之力，使他学会翻身。当孩子会翻身后，家长千万注意看好孩子，不要从床上摔下来，最好给床加上床挡。

如果孩子能熟练翻身,家长可以训练孩子往前爬,在开始爬的时候,家长可以把一只手顶住孩子的脚掌,使之用力蹬,这样孩子的身体可以往前移动一点。然后,再把手换到孩子另一只脚下,帮助他用力前进,使小儿慢慢体会向前爬的动作。发育较好的孩子很快就能够学会爬。

为了锻炼孩子手的活动能力,可以给他一些纸,让他去撕,这能够训练他手指的灵活性。

## 三、语言训练

6个多月的孩子已经能够喃喃发音,这时,要多和孩子说话、交谈。让孩子观察说话时的不同口形,为以后说话打下基础。

6个多月的孩子能够知道自己的名字,如果叫他没有反应,家长应该告诉他:"××是你的名字,这是叫你啊!"然后再叫他,如果他有反应就鼓励他,抱抱他或亲亲他,反复几次,孩子听到他的名字就会有反应了。

家长要教孩子认识身体的各部位,比如和孩子一起玩游戏,教他指出自己身体上的部位,告诉他:"这是手,这是脚,这是耳朵,这是鼻子……"这样反复教他几次后再问他:"手在哪儿?"让他指出来。

## 四、婴儿操(7~12个月时使用)

第一节　伸展运动

做二八拍。

预备姿势:妈妈双手握住孩子手腕,拇指放在孩子手心里,让孩子握住。孩子两臂置于体侧(图72)。

说明:

(1)妈妈拉孩子两臂至胸前平举,拳心相对(图73)。

(2)轻拉孩子两臂斜上举,手背贴床(图74)。

(3)同(1)动作。

(4)还原成预备姿势。

(5)重复动作。

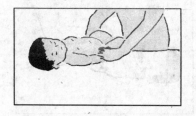
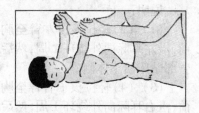

图72　　　　　　　　图73

运动要求：孩子两臂前平举时，两臂距离与两肩同宽，动作要轻柔，斜上举时要轻轻使孩子两臂逐渐伸直。

第二节　扩胸运动

做二八拍。

预备姿势：同第一节。

说明：

图74

（1）轻拉孩子两臂侧平举，拳心向上，手背贴床（图75）。

（2）两臂胸前交叉，并轻压胸部（图76）。

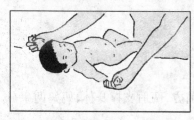
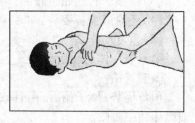

图75　　　　　　　　图76

（3）同（1）动作。

（4）还原成预备姿势。

（5）重复动作。

第三节　肩部运动

做二八拍。

预备姿势：妈妈双手握住孩子手腕，拇指放在孩子手心里，让孩子握住。孩子两臂置于体侧（图77）。

说明:

(1)、(2)轻拉孩子左臂至胸前,沿左耳际向外绕环1周,然后臂部贴床回于体侧。

(3)、(4)轻拉孩子右臂至胸前,沿右耳际向外绕环1周,然后臂部贴床回于体侧。

(5)重复动作,但臂向内绕环。

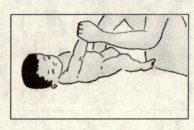

图77

运动要求:单臂绕环时,应以肩关节为轴,动作要轻柔。

第四节　单屈腿运动

做二八拍。

预备姿势:孩子仰卧,两腿伸直,妈妈两手握住孩子脚腕(图78)。

说明:

(1)将孩子左腿屈至腹部(图78)。

(2)还原成预备姿势。

(3)将孩子右腿屈至腹部。

(4)还原成预备姿势。

(5)重复动作。

第五节　体后屈运动

做二八拍。

预备姿势:孩子俯卧,两臂放前方,两肘支撑身体,妈妈两手分别握住孩子脚腕。

说明:

(1)妈妈轻提孩子双腿,身体与床成近45°的角(图79)。

(2)还原成预备姿势。

(3)妈妈轻握孩子肘部,将上体抬起,身体与床面成近45°角(图80)。

(4)还原成预备姿势。

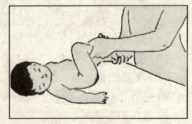

图78

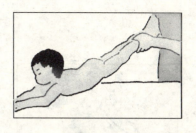 

图 79　　　　　　　　图 80

(5)重复动作。

要求:提腿和抬肘时,孩子身体要直,不能歪斜,以免损伤脊柱。

第六节　起坐运动

做二八拍。

预备姿势:妈妈两手握孩子手腕,拇指放在孩子手心里,孩子握住,然后将孩子两臂拉至胸前(图81)。

说明:

7~9个月孩子按以下动作做操。

(1)妈妈轻拉孩子两臂,使孩子从仰卧坐起(图82)。

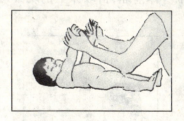 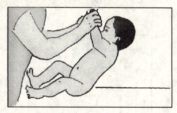

图 81　　　　　　　　图 82

(2)还原成预备姿势。

(3)同(1)动作。

(4)还原成预备姿势。

(5)重复动作。

(6)1~12个月孩子按以下动作做操。

(1)妈妈轻拉孩子两臂从仰卧坐起。

(2)妈妈继续拉孩子两臂,以坐姿站起(图83)。

(3)还原成坐姿。
(4)还原成卧姿。
(5)重复动作。

要求:孩子由坐姿成卧姿时,妈妈要用手垫着后头部。孩子由卧到坐,不是妈妈拉起来的,而是主要由孩子用力,妈妈顺势帮助。妈妈用力往起拽,会损伤孩子的关节。

第七节 拾物运动

做二八拍。

预备姿势:孩子面朝前站在妈妈面前,妈妈一手扶孩子膝盖,一手扶孩子腹部。在孩子前放一玩具,诱导孩子身体前屈去拾取(图84)。

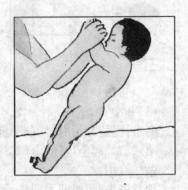

图83

说明:

(1)、(2)妈妈稍帮助,让孩子身体前屈,拾取床上的玩具(图85)。

图84

图85

(3)、(4)还原成预备姿势。
(5)重复动作。

要求:妈妈诱导孩子身体前屈拾取玩具时,尽量让孩子主动用力弯身和直身。

### 第八节　跳跃运动

做二八拍。

预备姿势:妈妈扶孩子两腋下,面对面站立(图86)。

说明:妈妈扶住孩子腋下,逗引他主动上下跳动。每次可跳5~6次,可反复跳2~3遍(图87)。

图86

图87

### 第九节　整理运动

妈妈两手轻轻抖动孩子的两臂和两腿,可让孩子仰卧在床上自由活动片刻,使全身肌肉放松。

注意事项:

(1)在做好第一套操的基础上再学第二套操。7~9个月的孩子先学前四节,逐渐增加。

(2)其余注意事项与第一套操的注意事项相同。

## 五、游乐园

### 1. 藏猫儿

孩子在地毯上玩,妈妈坐在沙发上看报,妈妈说:"兰兰在哪儿?"然后从左边探头来说:"在这呢!"过一会再从右边探出头来。

### 2. 玩水

将孩子放在浴盆中,放上35℃~36℃温水,水深至孩子胸前。妈妈给他一个充气鸭子。孩子会在水中拍打嬉戏,妈妈一边跟他玩一边念儿歌:

> 小鸭子叫嘎嘎,
> 嘎嘎叫着找妈妈。
> 一找找到小河边,
> 妈妈就在水里哪。

### 3. 看看里面是什么

给孩子带盖的纸盒,里面装一些东西。妈妈把盒子摇摇发出声响,孩子会想办法将盒子打开。

目的:培养好奇心,练习手指。

### 4. 抠洞

做一个纸盒,纸盒六面画上图案,并剪出小洞,让孩子用手指抠洞玩。

目的:练习手指动作。

### 5. 拍拍手

妈妈与宝宝面对面坐,握住他的小手边拍边说:"拍拍手。"反复做几次以后,叫他"拍拍手",孩子不用妈妈就自己拍手。

目的:训练模仿能力。

## 孩子 第8个月

家长要注意培养孩子的观察能力,除引导他观察说话时的不同口形,为以后学话打基础之外,还要让他观察成人的面部表情,懂得喜、怒、哀、乐。家长在与孩子说话时,一定要脸对着孩子,使他注意到大人的面部表情。

要经常给孩子听优美的音乐和儿童歌曲,让他感受音乐艺术语言,感受音乐的美,用音乐启发孩子的智力。

## 一、动作训练

7个多月的婴儿已能独坐了,应该开始训练他爬。爬是一种全身的运动,可以锻炼孩子胸、腹、腰和上、下肢各组肌群,为今后站立做准备。爬可扩大孩子认识范围,增加孩子的感知能力,促进心理发展,爬对孩子来说,并不是轻而易举的事情。有些孩子不爱活动,可以在他面前放些会动的、有趣的玩具,启发、引逗他爬。

学习匍行会促进脑发育。家长可以采用游戏方法训练宝宝爬行。如让宝宝俯卧,用两臂支持前身,腹部着床,可用双手推着孩子的脚底向前爬。在他前面用玩具逗引他,并使他学会用一只手臂支撑身体,另一只手拿到玩具。

当孩子会爬之后,就要为他爬创造条件,如:把他放在有床栏的大床里或放在地毯上,让他自由活动。

## 二、挑选自己喜欢的

孩子会爬和会坐以后,活动范围扩大了,认识了不少东西。玩这个游戏,就是让他从自己认识的物品中,挑选喜欢的,这个游戏训练孩子做出决定的能力。妈妈拿起两个大小不同的勺,说:"乐乐,你要哪一个自己挑。"让孩子自己伸手拿他要的那个。他拿到了就给他,并夸赞他挑得好。每次可让他挑不同的物品,如食物,不同颜色的手帕、毛巾、画片等等。这样经常让孩子按自己的喜爱决定自己的选择。

这个游戏可以训练孩子对物品的形状、颜色进行观察和辨别。也训练孩子注视小物品,并用手指取东西的能力。选择是培养孩子独立自主能力的开始,让孩子自己有决定自己行动的主动权,养成独立的人格,对将来独立思考问题,独立解决问题打下基础。当然,对于父母来说,也要在家庭中保持这种民主的作风,永远给孩子留有选择的余地,孩子才能真正完成这种独立的人格。

## 三、来,往这边走

孩子会爬会坐,接着便能在妈妈的扶助下站起来,然后能自己独自站立了。首先让孩子扶着牢固的小桌子、床栏站立,以后可让他独自站立片刻,当他跌倒时,赶快将他扶住,这样每天练几次,当他独站得好时就鼓掌,当着大家表扬他。可以试着让孩子扶着床栏去拿稍远些的玩具:"乐乐你看,小狗熊向你招手呢,你过去跟它玩!"或是妈妈站在床的另一头,说:"乐乐,来,往这边走!"多次训练以后,孩子就可以慢慢扶着向前迈步了。最初他走不稳,腿一软就摔倒,但他会自己爬起来。以后不但能扶着走稳,速度也快了。这时妈妈可以牵着他的一只手臂,拉着他慢慢走。妈妈的手臂是软的,比扶着家具走难度大。

这个游戏主要是锻炼下肢肌肉及全身协调动作,使孩子从坐爬到站、扶走、独行。当他能够站立、行走后,活动范围扩大了,动作范围有了一个大的飞跃。行走的训练有时要延续几个月,妈妈每日与孩子玩一会儿,不要操之过急。

### 四、游乐园

1. **钻山洞**

爸爸趴在地毯上,双臂支撑,腹部抬高,妈妈让孩子"钻山洞",从爸爸腹下爬过去,爸爸仰卧在地毯上,妈妈说:"爬大山。"让孩子从爸爸身上爬过去。

目的:练爬,培养亲情。

2. **小鸟飞**

在户外,妈妈扶孩子站立,让他学小鸟扇动两臂,往上蹦。

目的:锻炼四肢。

3. **揉纸**

给孩子不同的纸,注意不要用比较脆的纸,如铜版纸。让孩子揉、撕,他会感觉到不同的声音。

目的:练习手指。

4. **掏出来**

将一只空盒子剪几个洞,洞的大小以孩子的手能伸进去并能拿出玩具为宜。在盒里放几件玩具或物品,让孩子从盒里摸东西出来。

目的:练习拿东西。

### 5. 过大山
妈妈卧在地毯上,让孩子从妈妈身上爬过去。

目的:练习爬。

### 6. 爬坡
将枕头放在地毯上,支起一块光洁的板,让孩子在这块有坡度的板上爬。

目的:练习爬。

### 7. 里面有什么
将手帕、布头、孩子的小袜子之类放进空面巾纸盒,让孩子一件一件扔出来。

目的:自由玩耍。

### 8. 挑绳子
桌子上放粗细两根不同的绳子,一根系着玩具,一根没有。妈妈让孩子拉绳子,反复拉,孩子就能记住哪根绳上有玩具。

目的:训练记忆力。

### 9. 敲敲响
妈妈把塑料盒、铁罐、玻璃碗等扣在桌子上,给孩子一根小棒,让他随意敲打。

目的:感受不同东西发出不同声响。

### 10. 小熊呢
在盒子内放 10 件玩具,其中有小熊,妈妈对孩子说:"小熊呢?小熊藏哪儿了?乐乐把他找出来。"让孩子将小熊从玩具中挑出来。

目的:认识物品。

### 11. 往前爬
孩子俯卧,腹部贴床,用前臂支持上身,妈妈用手推他的脚底,让他往前爬去抓前面的玩具。

目的:学爬。

### 12. 扶着站
婴儿会扶站以后,可以给他一张矮桌子,可以扶站,也可以钻到桌下爬。

目的：练习站和蹲。

**13. 撕纸**

妈妈将画报用缝纫机轧直径 10 厘米的圆形，然后将孩子抱在怀里，妈妈先拿一张撕下的圆来给孩子看，最后让他自己学会将圆形撕下来。

目的：发展手的精细动作。

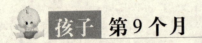

## 孩子第 9 个月

### 一、动作训练

8 个月的孩子已经爬得很好了，家长应该训练他站起来。开始先训练他扶栏杆站立。站立是行走的基础，只有当孩子的肌肉和骨骼系统强壮起来时，才能扶栏杆站立，并逐渐站稳。

开始，孩子站不起来，家长不要着急，可以给他帮帮忙，但要让他逐渐学会用力。当孩子能够扶着栏杆站起来的时候，家长要表扬他，称赞他，让他反复地锻炼，一直到能够很熟练地一扶栏杆就站起来，并且站的很稳。

要继续训练孩子手的动作，如让他把瓶盖扣到瓶子上，把环套在棍子上，把一块方木叠在另一块方木上……家长可以先做示范动作，然后让孩子模仿去做。在反复的动作中，使小儿体会对不同物体不同动作，发现物体之间的关系，促进智力发育，同时也锻炼手的灵活性和手眼的协调。

### 二、感知能力的训练

可用多彩的玩具和孩子感兴趣的物品，引导小儿去摆弄，边玩边看，提高感知能力。

### 三、语言训练

教小儿把动作和相应的词联系起来，如说"再见"，一边说一边让孩子摆手,大人也边说"再见"边向他摆手,使孩子把摆手的动作和再见联系起来,逐渐懂得这个词的意思。还可以教他拍手"欢迎",点头"谢谢"等。训练他按照家长的话做出相应的动作,加深对语言的理解。

## 四、走来走去真快乐

在周岁前后孩子就会独站,要让他站在安全、平整、清洁的地毯或草地上,周围要收拾好,不要有能够损伤他的东西。要把药瓶、化妆品、清洗剂之类的东西放在高处,不要让孩子拿到,在给孩子穿衣、洗澡、说话时可让他站着,这时他的注意力集中在活动上,可延长站立的时间。孩子能站稳,就鼓励他走。妈妈摇动玩具说:"乐乐真棒,乐乐自己来拿。"他就会克服困难摇摇摆摆往妈妈身边走。在独站和独走的游戏中,妈妈一定要在他身边随时帮助他,鼓励他,给他保护又给他勇气,不能让他跌痛了,对行走产生恐惧。而要让他自信、勇敢。在户外,要给孩子穿上厚底鞋,在室内地毯上,可以不穿鞋,请注意,软床不适合孩子学爬和行走。

这个游戏主要是训练孩子下肢的站和走的能力,使他能在没有依靠的情况下,自己逐渐掌握身体与四肢的平衡和协调。要鼓励孩子有信心和勇气,不怕摔倒,要让孩子感到自由行走非常愉快。

## 五、游乐园

1. 照镜子

妈妈抱孩子在穿衣镜前,指着他的脸反复叫他的名字,指着孩子的五官让他认识。然后问他:"妈妈在哪?"

目的:认识身体。

2. 钻山洞

大纸箱开几个口,让孩子钻来钻去,爬进爬出。

目的:训练身体的柔软性。

3. 开抽屉取物

将孩子的玩具放进一个有滑道的抽屉里,关好抽屉让孩子取出来。有滑道的抽屉比较轻,易于拉开。

目的:训练手臂。

4. **爬楼梯**

将台阶或楼梯擦干净,让孩子往上爬

目的:锻炼四肢。

 # 孩子 第10个月

## 一、动作训练

9个多月的孩子如果已经能够扶着床栏站得很稳了,就该训练他扶着床栏横着走。这看起来很简单,实际上也很不容易,这毕竟是小儿跨出的第一步,但是须有这第一步,以后才能够扶着床栏走来走去。开始家长可以拿着有趣的玩具在床栏的一头来引逗孩子,孩子为了拿到玩具,就要想方设法地移动自己的身体,如果失败了,家长要鼓励他,如果成功了,家长要赞扬他。

本月要继续训练孩子手的动作。如把小棍插进孔里,再拔出来;把玩具放在小桶里,再倒出来;两手同时拿玩具并将东西换手拿。锻炼小儿同时用两种物体做出两种动作,手眼协调一致。还应训练他学用杯子喝水。

大人可以通过游戏来训练孩子。当着孩子的面,让他眼睛看着,把玩具藏起来,然后告诉他"没了!"吸引孩子到处找,这样可以培养他追寻和探究的兴趣。

## 二、语言训练

9个多月的孩子不但要教他听懂词音,而且该教他听懂词义,家长要训练孩子把一些词和常用物体联系起来,因为这时小儿虽然还不会说话,但是已经会用动作来回答大人说的话了。比如,家长可以指着电灯告诉孩子说:"这是电灯"。然后再问他:"电灯在哪?"他就会转向电灯方向,或用手指着电灯,同时可能会发出声音。这虽然还不是语言,但对小儿发音器官是一个很好的锻炼,为模仿说话打基础。

家长还可以联系吃、喝、拿、给、尿、娃娃、皮球、小兔、狗等跟孩子说简单词语,让他理解并把语言和物体与动作联系起来。

## 三、培养良好的品质

(1)不要呵斥和打骂孩子。当婴儿要动什么东西时,家长突然大声呵斥,会吓得孩子不敢去动了,这种作法是错误的,这会使孩子受到惊吓。正确的方法是告诉他为什么不能动这东西,并且拿其他的东西代替它,比如一个玩具等。另外,经常呵斥孩子等于给孩子作了一个坏榜样,等孩子长大一点,也会学着呵斥别人,并且吵闹、发脾气。因为婴儿的模仿能力特别强,所以父母想让孩子学好,必须言传身教。

(2)培养良好的生活习惯。家长在每次饭前要给孩子洗手,晚上睡觉前也要洗脸、洗手、洗屁股、洗脚,然后才能让孩子去睡觉。

孩子在夏天要每天洗澡,最热时可以每天洗两次澡,即午睡前和晚上睡觉之前。

天气冷了,也要每星期洗一次澡,洗澡时注意室温和水温,动作要快,不要让孩子受凉。

孩子的头发要每天梳理,经常洗,因为孩子还小,所以女孩子也不要留长头发。

## 四、游乐园

### 1. 指认眼睛和鼻子

让孩子和妈妈对坐,妈妈问:"眼睛在哪儿?"孩子指自己的眼睛或妈妈的眼睛,指对了妈妈要鼓励他。然后再问:"鼻子在哪儿?"孩子认了眼睛和鼻子,可以反复指认。一次不要让孩子把五官都认下来。妈妈要记住,教孩子不能心急,一次不能教太多,即使孩子学得又快又好,也不能学到他厌烦才停止。

目的:认识五官,训练手眼协调。

### 2. 戴帽子

妈妈准备各种各样的帽子,放一排,让孩子往头上戴。每戴一顶,妈妈就告诉他或问他:"这是什么?这是帽子。"使孩子懂得尽管大小样子不同,都是帽子。

目的:使孩子学习归类,训练逻辑思维。

3. **读书**

婴儿怎么能读书?妈妈可给孩子选购塑料制的图书和布制的图书。这些图书是专门给婴儿做的,无毒,不怕孩子撕和咬,又可以清洗。妈妈也可以买一些儿童手绢,缝成书给孩子读。

目的:提高孩子认物的能力。

4. **套环**

给孩子选购一件套环玩具,可以是木的,也可以是塑料的。这件玩具有一根立柱,有几个环,孩子用环套在立柱上即可。孩子一边套,妈妈一边数:"一、二、三。"

目的:训练手眼协调能力,学数数。

5. **找找苹果在哪里**

给孩子买一套幼儿识字的图片,让他找哪张是苹果,哪张是鸡蛋。也可让孩子把他认识的物品图片挑出来,并一一指认给妈妈看。

目的:训练记忆力。

6. **踢球**

将一个纸球挂起来,让孩子扶着栏杆用脚踢。

目的:练习独脚站和胎腿。

7. **插钥匙**

每次妈妈抱孩子回家,把钥匙交给孩子,让他将钥匙插进锁眼,插入以后,妈妈将门打开,母子都很高兴。

目的:训练手的精细动作。

8. **表演**

妈妈选择一个对话比较多的故事,反复讲熟以后,母子两人将这故事表演,各扮演一个角色。

目的:发展言语。

9. **鼻子耳朵鼻子**

妈妈和孩子对坐,妈妈说"**鼻子**",两人一齐指鼻子,妈妈说"耳朵",两人一齐指耳朵。然后让孩子说,妈妈跟着他指。

目的:认识身体。

10. 玩积木

妈妈和孩子玩积木,妈妈说:"把红色的都给我,把绿色的都给你,"或说:"把大块的都给你,把小块的都给我。"帮助孩子辨认,玩一次只能认一样。

目的:认识事物。

#  孩子 第11个月

## 一、动作训练

10个多月的孩子大部分的动作仍是爬,有时扶栏站立和横走。身体很好的孩子,往往有独自站立的要求,扶着栏杆站立起来之后,会稍稍松手,以显示一下自己站立的能力,有时他能够站得很稳,甚至还会不扶任何东西自己站起来。这时,家长不要去阻止他,随他去站好了。为了训练他独自站立,家长可以先训练他从蹲到站起来,再蹲下再站起来。开始可以拉他一只手,使他借助一点力。独立站立是小儿学走的前奏。

家长要训练孩子配合大人穿衣服、穿袜子、洗脸、洗手和擦手等动作。因为这时小儿已经能够模仿大人动作了,手的动作也更加灵活了。

## 二、感官功能的训练

可以用多种人物及动物的色彩鲜艳的图片,让小儿观看,并结合看到的东西讲给他听,这时孩子虽然说不出,但完全看得懂。

## 三、语言训练

10个多月婴儿已经能够听懂成人的话了,应该教他模仿成人发音。

模仿语言是一个复杂的过程,小儿要看成人的嘴,模仿口形,要听发音,注意发音过程中的口形的变化,协调发音器官唇、舌、声带的活动,控制发声气流等。这么多的环节,需要听觉、视觉、语音、运动系统协调,任何一个环节发育差,都给发音带来困难,家长教小儿说话时,一定要表情丰富,让孩子看清成人说话时的口形、嘴的动作,加深对语言、语调的感受,区别复杂的音调,逐渐模仿成人发音。此外,还可让孩子多听些儿童歌曲,使他们感受音乐艺术语言。

## 四、帮助孩子学用工具

当孩子伸手拿什么拿不到时,妈妈可以帮助他,不是简单地替他去拿,而是引导他使用"工具"去拿。比如饭桌上有一块糖,孩子想拿够不着,这时他很急,妈妈不要替他拿,而是给他一根筷子或一个长柄勺,孩子可用勺把糖拨到近处拿到。如果孩子不明白,妈妈可以提醒他去做。如果小汽车跑到沙发下去了,怎么拿出来? 妈妈可暗示孩子找他的长枪把汽车从沙发底下拨出来,一次不成功,鼓励他动脑另想办法。

帮助孩子利用"工具"来做他直接做不到的事,会使孩子的思路开阔,养成用脑筋思考问题的习惯。

## 五、撕纸训练手巧

给孩子准备一个小凳子,妈妈和他一起坐在小凳子上玩。准备一些旧画报或报纸,注意纸不要太厚太脆太光滑,太脆的纸也锋利,会割破孩子的手。让孩子随意撕纸,因为周岁左右的孩子很喜欢撕东西。妈妈可以跟他一起撕,妈妈自然不能也随意撕,而要撕成一定的形状。比如用绿纸撕成树的形状,用花纸撕成小孩子的形状,用红纸撕成球状等。撕好就给孩子看,一边跟他说话,一边教给他撕。不管孩子撕得像不像,只要他不是胡乱撕,而是开始模仿妈妈,就应该得到表扬。

这个游戏可以训练孩子的注意力,使孩子的注意力集中的时间延长。用手撕东西不管撕得好不好,像不像,都训练了十指,手指的发育对脑的发育有很好的刺激作用。

## 六、游乐园

**1. 捉迷藏**

捉迷藏是孩子百玩不厌的游戏,不仅会走的孩子能玩,1岁以内的孩子也能玩。

(1)妈妈和孩子相对而坐,妈妈用丝巾盖住自己的脸,问孩子:"妈妈哪儿去了?"接着自己拿下丝巾,对孩子说:"妈妈在这儿呢。"孩子先是惊,接着会咯咯咯地笑。反复玩几次后,孩子便会伸手去拉妈妈脸上的丝巾。也可把丝巾盖在孩子头上,妈妈问:"丫丫在哪儿呢?"孩子会笑着立即拉下头上的丝巾。

(2)孩子会爬以后将他放在地毯上,妈妈让孩子看着躲在他能看见的地方,然后叫他快点找妈妈。当孩子爬几步能看见妈妈时,要表扬鼓励他。

(3)孩子学步时,妈妈可以躲到孩子能找到的地方,但要注意把周围收拾好,使孩子无障碍行走。

**2. 数数给孩子听**

妈妈抱着孩子做事时,不要忘记数数,比如吃饭时往饭桌上放碗,放一个数一个数;下楼梯时,下一级数一个数,让孩子熟悉数数的顺序。

目的:学数数。

**3. 抓住了**

将玩具用绳拴住,妈妈拎着绳,使玩具在孩子面前晃动,让孩子去抓。

目的:训练平衡。

**4. 转来转去**

妈妈坐在桌子的一面,将孩子放在桌子的另一面,让他扶着桌子站好。妈妈说:"到妈妈这边来。"孩子会慢慢扶着桌边转过去。

目的:练走。

**5. 玩水**

水是孩子百玩不厌的玩具。妈妈给孩子一盆温水,放进小瓶、小碗等,让孩子把水倒来倒去。这个游戏最适宜在夏天玩。

目的:学习数的最基本知识。

### 6. 哪个大

每个图上有两个物,指一指哪个大?
目的:锻炼数量感觉。

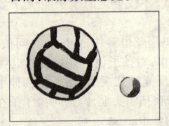 

图 88

 孩子 **第 12 个月**

这一时期主要培养孩子做大动作并掌握平衡能力,通过学摆摆舞培养节奏感。

让宝宝坐在床上或扶沿站在床边,打开收录机放一节奏感较强的婴儿音乐。大人可以用手扶着他的两臀腋下,左右摇摆。经反复多次练习,逐渐让他自己学会随着音乐的节奏而摆动。

## 一、动作训练

11 个月的孩子如果已经站得很稳了,就该训练他跨步向前走。开始,大人可以扶着他两只手向前走,以后再扶一只手,逐渐过渡到松开手,让他独立跨步。如果孩子胆小,大人可以保护他,使他有安全感。开始练时,一定要防止孩子摔倒,以使孩子减少一些恐惧心理,等他体会到走路的愉快之后,他就会大胆迈步了。

若赶上冬季,刚开始学走路的孩子,衣服不要穿得太多、太厚,以免行动起来很不方便。孩子的鞋要轻、合适,不要太大或太小,训练孩子走路的地方要平坦,每次训练时间不要过长,不要太劳累。

## 二、认识训练

给宝宝两块积木,一个乒乓球,教他把积木搭起来。再试着把乒乓球放在第二块积木上,但乒乓球总是会掉下来滚走,这时再给他一块积木放在第二块积木上,这次他成功了。这样可训练宝宝的观察力和肌肉的动作,认识物体的立体感,物与物之间的关系,圆形物体可以滚动的概念。

## 三、语言训练

对12个月的孩子,家长要给他创造说话的条件,如果孩子仍用表达出手势、动作提出要求,家长就不要理睬他,要拒绝他,使他不得不使用语言。如果小儿发音不准,要及时纠正,帮他讲清楚,不要笑话他,否则他会不愿或不敢再说话了。

孩子模仿能力很强,听见骂人的话也模仿,11个月的孩子脑中还没有是非观念,他并不知道这样做对不对。当他第一次骂人时,家长就必须严肃地制止和纠正,让他知道骂人是错误的。千万不要因为孩子可爱,认为说出骂人的话也挺好玩,就怂恿他。这样,小孩会把骂人的事当作很好玩的事来干,养成坏习惯。

## 四、游乐园

### 1. 涂涂画画

给孩子几支油画棒,让他在纸上随意画。不一定会握笔,只能拿住画就行。也不要管他画成什么,只要画出来就赞扬他。

目的:培养写画的兴趣

### 2. 追易拉罐

将空易拉罐里放一件东西,妈妈手拉着孩子,让孩子踢易拉罐。易拉罐滚动可发出的响声,而且没有球那么滚动。

目的:练习走。

### 3. 玩滑梯

妈妈带孩子到儿童乐园,选婴儿用的小滑梯(1米以下高矮),将孩子抱上去,或扶孩子爬上去,然后保护他滑下来。

目的:培养勇敢精神。

### 4. 拉大锯

孩子坐在妈妈腿上,与妈妈对面而坐。妈妈拉住孩子的双手,让孩子向后仰,再拉回来。妈妈在一拉一放同时念儿歌:

拉大锯,扯大锯,
姥姥家,唱大戏,
妈妈去,爸爸去,
小宝宝,也要去。

后仰及向前,是孩子主动动作,妈妈顺着孩子的劲,不要生拉硬拽,造成孩子脱臼。

目的:锻炼手臂及腕部肌肉。

### 5. 画圈圈

妈妈握住孩子的手,在大纸上用笔画圆。以后可让他自己画。

目的:练习画画。

### 6. 涂抹

给孩子一本旧挂历,让他在挂历反面用颜色随便涂抹,可以用手指,也可以用笔。妈妈要在一边看着,以免孩子把颜料吃下去。

目的:练习手的精细动作。

### 7. 盖盖子

妈妈放好大中小3个杯子,把杯盖放在一边。妈妈先示范一次,将盖子盖在杯子上。然后叫孩子反复盖。

目的:发展思维活动,认识大人。

### 8. 学儿歌

小白兔

一只白兔长得美,　　两只耳朵三瓣嘴。
前腿短,后腿长,　　蹦蹦跳跳四条腿。

### 9. 哪个大

每个图上有两个,指一指哪个大?

目的:锻炼数量感觉。

图 89

 第 13 个月

### 一、模仿训练

模仿动物的动作与叫声,发展语言能力兴趣,锻炼运动的平衡能力。

从动物图片上,找到他喜欢的图卡。如小狗、小猫、小鸡、小鸭、小羊等。可以给他讲故事、唱儿歌。一边讲,一边让孩子出示图片。如:

小鸡唱歌叽叽叽,
小鸭唱歌嘎嘎嘎,
小狗唱歌汪汪汪,
小羊唱歌咩咩咩,
小猫唱歌喵喵喵。

一边说还可以一边做动作,这样反复游戏后,再让宝宝模仿动物的叫声和动作。

## 二、滑梯运动

培养宝宝勇敢进取的精神,锻炼平衡技巧能力。

在儿童游乐场,找一约有成人腰高的小滑梯,大人从侧面将宝宝抱上滑梯,再扶着他从上慢慢滑下来。经过一段时间的练习,孩子就会自己玩耍了。

## 三、学走路

周岁孩子90%可迈出第一步,在良好的训练下可走得好。

独立走路,不是一件轻而易举的事,走得好就更难了。初练行走,不免有些胆怯,想迈步,又迈不开。成人伸出双手做迎接他的样子,孩子大着胆子跟跟跄跄能走几步,赶快扑进成人怀里,非常高兴。如果成人站得很远,他因没有安全感仍不敢向前迈步。因此成人要靠近些给予协助。迈开步子以后,仍不能走稳,好像醉汉左右摇晃,有时步履很慌忙,很僵硬,头向前,腿在后,步子不协调,常常跌倒,仍需成人细心照料。

行走要具备必要的条件:

1. **头和身的比例发育协调**

周岁左右的孩子,相对来看头大脚小。因此走起路来东摇西晃,难以平衡。

2. **全身骨骼肌肉发育成熟**

周岁孩子骨骼系统布满血管,组织不坚实,骨的纤维组织基本由软骨组成。因此,还无力支持直立行走的姿势。

3. **两腿和全身的动作必须协调一致**

初学走路,各部位很不协调,不会平衡,有时两只胳臂伸开,有时横着走,以保持平衡。

在这个阶段,应鼓励孩子喜欢走路,创设条件,使他安全地走来走去。对那些大胖子和"小懒蛋"更该多加帮助,使他早些学会走路。

## 四、户外游戏

孩子大些便喜欢活动,但他的手脚、躯干动作的协调还需要训练。妈妈要常跟孩子到户外玩,除了让他自由活动外,还可以做一些游戏。这些游戏由妈妈和孩子一起做,或比赛做:

原地双脚跳,看谁跳得多。妈妈可以说:"我们都是小青蛙,呱、呱、呱。"

独脚站。妈妈说:"我们俩是大公鸡,金鸡独立。"左右脚轮流站立。

左脚原地跳3次,右脚原地跳3次。

正步走。妈妈口里喊着一二一,一二一。

在地毯或草地上前滚翻,前滚翻不要要求姿势正确,不要勉强翻过去,只要一滚即可。

玩的时候要注意孩子的安全,不要太勉强,时间不要太长,玩10~15分钟即可。孩子不要穿皮鞋,玩的场地要平整。

户外游戏为孩子提供训练四肢和躯体肌肉的机会,使其在大脑指挥下更协调地活动,对锻炼小儿的耐力、灵敏性、反应性也很有益。

## 五、游乐园

### 1. 听口令

在日常生活中和游戏时,妈妈要留心,经常给孩子一些指令,命令他去做什么,如:"再往前走三步。""把板凳拿过来。""拿一个苹果。"等等。

目的:锻炼孩子对语言的理解,让孩子习惯听从命令。

### 2. 学翻书

给孩子买一些纸比较厚但软而不脆的书,妈妈给孩子讲,让孩子自己翻页。

目的:练习手的精细动作。

### 3. 当医生

给孩子一个娃娃,一套医生用具。让孩子当医生,妈妈抱娃娃看病,或孩子抱娃娃看病,妈妈当医生。模仿医生用体温表量体温,用听诊器听诊,用注射器打针。

目的:模仿角色。

### 4. 包糖

平时把糖纸留下,放在书中压平。玩时让孩子用橡皮泥做糖的样子,用糖纸一块一块包起来。

目的:练习手的精细动作。

### 5. 找东西

用一块桌布把几样物品盖起来,这几件东西是妈妈特意找来让孩子猜的,如茶壶、杯子、勺、笔等。这些东西不全盖住,每样东西露出一小部分,如茶壶的嘴、杯子的把、勺子的头,笔的笔帽露在外边。然后妈妈让孩子一样一样猜:"丫丫,你猜猜这是什么?"孩子有的能猜出来,有的不能猜出来。猜错了不要紧,可以让她再猜。

这个游戏可让孩子锻炼从物品的某部分特点来认识物品的整体,训练了孩子的观察力和记忆力,使他学会了认识事物要注意这个事物的形态。

## 孩子 第14个月

### 一、发音训练

如果孩子j、k、g发音困难,妈妈可反复给孩子讲下面的故事,帮助他练发音。

有一天,鸡妈妈鸡爸爸和小公鸡一家三口开家庭演唱会,请来鸭子做观众。

鸡妈妈第一个开口唱:"咯咯咯,咯咯咯……"(妈妈问孩子:"丫丫,你学一学鸡妈妈怎么唱。")

鸭子听了说:"鸡妈妈你唱得太好了,我也唱一曲。"于是她"嘎嘎嘎,嘎嘎嘎"地唱起来。(妈妈问孩子:"丫丫,你会学鸭子唱吗?")

小公鸡跳着说:"鸭阿姨唱得真好听,鸭阿姨你听我唱,叽叽叽,叽叽叽"（妈妈问孩子："丫丫，你会唱叽叽叽，叽叽叽吗？"）

最后，公鸡不慌不忙走过来，高声唱道："喔喔喔，喔喔……"大家一齐拍手："真好听，真好听！"

## 二、一起来玩大皮球

妈妈和孩子相隔 1～2 米对面站好，妈妈将一个大皮球向孩子滚过去，孩子抓到它，再向妈妈推回来。开始时孩子拿到球可能不肯再给妈妈，他怕球滚走了就回不来了。妈妈可向他讲，游戏就是他推给妈妈，妈妈再推给他。这样来回滚球玩，两人都会玩得很高兴。孩子玩一会儿就会感觉到两人玩的确比一个人抱着球跑来跑去更有趣。当孩子接球的技术进步以后，二人的距离就可渐渐拉开，可从用手推球到用脚踢。

这个游戏使孩子尝到与伙伴合作的乐趣，初步建立起与别人一起玩更好的概念，为将来的社会交往打下基础，在游戏中，没有二人的合作不能玩下去，也使孩子懂得了要与他人合作。玩皮球能促进上下肢和身体协调配合的功能。

## 三、游乐园

1. 拉小车

孩子会走以后给他一个拖拉玩具是传统游戏，这个游戏可增强孩子学走的兴趣。过去有简单的小鸭车，现在有各种有声响的玩具，色彩鲜艳，更能引起孩子的兴趣。

2. 推车走

用童车将孩子带到平坦的户外，让孩子下来自己推着车走。孩子还走不好，把握不了手推和迈步的协调关系，因此妈妈还要帮他扶着车。

目的：练走。

3. 到公园去

妈妈带孩子到公园散步，妈妈要常提出问题，然后自己说答案，比如："这是什么？""这是花。""这花是什么颜色？""这花是红色的。""那人是谁？""那是老爷爷。"等等，启迪孩子思考。

## 孩子 第 15 个月

### 一、增加孩子玩的内容

15～17个月的孩子，活动范围增大，家长可以给孩子选择一些小铲、小桶、小圈环等玩具，从而增加孩子玩的内容，开发孩子的智力。为了锻炼他手脑协调能力，在家长的监护下，可以用一个小瓶装上一些五颜六色的扣子，让孩子将扣子倒出来再装进去。还可给孩子准备两个方盒，里面放一些小木棍和水玩具，把球投进一个较大的箱内，看谁投进的多。这样通过弯腰、蹲下、站起、举手等动作的训练，达到促进大脑和体能的锻炼。

### 二、语言训练

在语言上，孩子在学说话的时期，常以词代替意思，大人很难理解，只有孩子自己知道。比如叫"妈妈"，可能是要妈妈与自己一块玩，也可能是要吃的或喝的，说"上外"，可能是要上外边玩，也可能要到商店买吃的，影响与成人的思想交流。因此，大人们从一开始教孩子说话时，不要用小儿语教。所谓小儿语是指"猫猫"、"狗狗"、"吃饭饭"、"喝水水"等。这样教习惯了，对以后说话的准确性有影响。所以从一开始就要教孩子说完整准确的句子，开始说一些很短的句子，以后再说长一点的，慢慢就会提高孩子的语言表达能力和语言准确性。

在教孩子说话过程中，采取从一些孩子喜闻乐见的方式入手。可以给孩子带上一个小狗的头饰，让他汪汪叫，问他："你是谁"？他回答："是小狗"。大人可以纠正他说："我是小狗。"孩子也会跟着学说一遍。家长再问："小狗喜欢吃什么呀？"孩子会说："骨头"。家长可以教他："我爱啃骨头。"这样反复说几次，玩几次就能掌握了。又比如可以结合一些动作教孩子说话，让孩子学小白兔蹦蹦跳跳，大人问他："你是谁呀？"孩子回答："兔"。大人可以教他说："我是小白兔。"家长问他:"小白兔怎么走路呀?"孩子会说:"蹦蹦"。家长可以教他说:"一蹦一跳地走路。"孩子会跟着学。有的孩子学得慢一些,家长千万不要吓唬他,责备他,要耐心,以免孩子内心紧张,有负担,反而对孩子语言发育不利。有的操之过急会引起口吃。

总之,教孩子学东西方法要多样化,以他喜欢的形式来教,增进孩子的兴趣和主动性,这样才容易吸收学会。

## 三、培养幼儿良好记忆的方法

### 1. 所记材料必须富于趣味性

年龄越小,趣味性越浓。对小孩子来说,没有趣味,也就没有记忆。兴趣是幼儿记忆的推动力。生动有趣的事物容易形成兴奋灶,留下巩固的痕迹。

### 2. 多种感官协同记忆

要幼儿记住的东西,就该让他们多种感知,使各种感官从一个目标接受刺激,在皮层的各个相应区域同时兴奋,形成多方面的信息联系,联系通路越多,痕迹越巩固,记忆保持的越长久。

### 3. 多用重复记忆法

幼儿记东西需要多重复,重复就是对神经联系的强化,使记忆不断巩固。

### 4. 常用联想法

联想即回忆,再现,联想能力即记忆的准备性。通过联想旧的,帮助识记新的,发挥经验在记忆中的作用。

总之,培养良好的记忆力,使幼儿学会各种记忆方法,为入小学正式学习做好智力技能准备。

## 四、认识自己

妈妈和孩子对面而坐,妈妈指着自己的嘴说:"这是我的嘴。"孩子要跟随妈妈指着自己的嘴也说:"这是我的嘴。"妈妈指着自己的鼻子说:"这是我的鼻子。"孩子也指着自己的鼻子说:"这是我的鼻子。"孩子动作慢一些不要紧,只要不错。错了妈妈要帮助他纠正,再指一回看。这样五官、手、脚、头、发等,一点点学习。玩时妈妈要注意,要玩得高高兴兴,不管孩子会不会,不能急;如果孩子做得好,要表扬;可也边玩边笑边唱儿歌。

训练孩子学会说出自己身体各部分的名称,使他学会把每一事物都和说话联系在一起,懂得词汇里所含的意义。命名他逐渐认识自我,自己与别人分开,逐渐形成个性。

## 五、学说话

1岁多的孩子还不能讲完整的句子,他能理解妈妈的话,但他讲不出那么多词汇。妈妈与孩子讲话时要注意自己的语言,说话要简洁完整,使孩子能听懂能模仿,不要随便说:"拿过来。""站那边去。"而是说:"把小狗熊拿过来。""你站到门外去。"

孩子没有那么多词汇,也不会将词汇连贯起来,他说的话常常是:"饿。""花儿。""公园。"妈妈要帮他把句补齐:"丫丫饿了。""花儿真好看。""妈妈和丫丫上公园。"并让孩子复述一遍。家长切记不要随着孩子说:"丫丫吃包包。""丫丫上梯梯。"等,一定要用标准的句子和词汇教孩子说话。

## 六、游乐园

### 1. 玩积木

玩积木时,将积木叠起来,看孩子能叠几层,然后将积木排起来,排成长队。

目的:练习手的动作。

### 2. 听口令

让孩子站好,听妈妈口令,妈妈说"矮了",他就蹲下去,妈妈说:"高了",他就站起来。

目的:练习反应速度。

### 3. 学动物叫

拿一套识字卡片,挑出猫、狗、鸡、鸭、羊、牛等,问孩子:"猫怎么叫?""狗怎么叫?"让孩子一一学叫。

目的:认动物、发音。

4. 开口说

在孩子有什么要求时,他会做出表示,但没有用语言。妈妈要鼓励他用简单的词汇表达出来,而不是轻易满足他。

目的:鼓励孩子开口说话。

5. 认红色

妈妈拿一个红色的球,告诉孩子这是红色,然后把各种玩具摆在他面前,让他将红色的挑出来,如红色的积木、插块、布块、瓶盖等等。一次只能玩一种颜色。

目的:学习抽象概念,发展概括能力。

 第16个月

## 一、左撇子

"看,你又用左手!"

妈妈拼命指导孩子用右手做事情,但是孩子就是改不过来。

"我用左手得劲儿,右手却不听使唤,为什么就不能使用左手呢?"

孩子的心情是无可非议的。对于他提出的疑问和意见,我们应该理解。

家长的责骂,使孩子对使用左手似乎有一种罪恶感。每逢受到指责时,就像什么坏事被人发现了似的,吓得心惊胆战。

如果这种情况持续下去,使挫折感、罪恶感,以及劣等感郁积在胸,总有一天会在行动上发生不良问题。对于这种天然的、不可抗拒的问题,如此挑剔指责,也会给儿童带来走投无路的绝望感。

首先,做母亲的必须抛弃蔑视左撇子的成见。

人的能力发挥在右手上也好,左手上也好,这是无关紧要的问题。应当允许孩子们自由地使用左手。用左手做事已不会发生任何困难,现在左手用剪刀、机器等各种用具已应有尽有。

我们也可以设法取得儿童的合作,让他们也愿意练习使用右手,从而达到左右两手都能使用用具。使他们感到"两只手都可以用,真方便呀",产生一种喜悦之情。

**专家认为:**

(1)善待使左手的孩子。

(2)发展孩子利用左手的特长。

(3)不要强制孩子用右手或左右手交替使用。

(4)左手在音乐、体育、直觉、创造思绪上都有优势。

(5)左手的左优势在婴幼儿期要得到挖掘和培养。

(6)要注意训练左手的孩子语文、数学和推理能力。

## 二、朗诵儿歌

孩子们都喜欢朗诵儿歌。儿歌词句简短,内容生动,想像丰富,节奏优美,朗朗上口,适合孩子的接受能力。儿歌可以发展孩子的想像、思维和记忆,还可以训练孩子发音,学说普通话。家长教孩子朗诵儿歌,一是注意选择。当孩子有些毛病时,不宜批评他,可以和他一起读儿歌,用儿歌来教育他,让他知道什么是对,什么是错。例如孩子在大人睡午觉的时候闹着要玩。可以教他《小花猫,别咪咪》

小花猫,别咪咪,
小弟弟,别哭啼,
爸爸昨夜打夜班,
现在正在睡觉呢,
爸爸一觉睡得香,
醒来干活有力气。

二是在朗诵时要指导孩子,不要急于逼他背诵,而是反复朗诵自然记忆。逼他背诵,他就不喜欢读儿歌了。

## 三、以兴趣引导孩子

孩子的活动以兴趣为转移,持续的时间短。只要是他感兴趣的,就主动,有积极性,情绪保持在最佳状态,也能克服困难。而他不感兴趣的事,就是能干好,他也希望少干一些,或是爸爸妈妈帮助干。独立性较强的孩子好一些,而依赖性强的孩子,表现得就突出些。比如孩子做游戏时,他可以费很大的力气把东西搬来搬去,把玩具柜翻个底朝天,一点也不烦,不觉得累,但如果妈妈说:"我们收拾吧。"他立刻变得懒洋洋的,告诉妈妈他累了。

对于孩子的这一特点,妈妈要把"教育"、"学习"这一枯燥的活动,转化为孩子或兴趣的活动,使他被动变为主动,由他自己的浓厚兴趣调动积极性。督促孩子,呵责孩子很容易,真正"寓教于乐"就很难了,需要妈妈事事都动脑筋,精心设计适合你的宝宝的教学方案。

## 四、哪个大

妈妈可以准备些各种杯子、球、盒子等物品,每次游戏时选一种,比如球,选两个大小不同的球,告诉孩子哪个大,哪个小。然后母子两人扔球玩或踢球玩,运动一会儿,再把球捡回来问孩子:"你告诉妈妈哪个是大球,哪个是小球?"再比如拿两个塑料玩具碗,一大一小,让孩子比一比哪个大哪个小,让孩子把小碗装在大碗里,使孩子理解什么叫大,什么叫小。反复比较,反复装进去倒出来,孩子慢慢会晤出大小的意义。

玩这个游戏是让孩子通过游戏对物品大小有个概念,并能把物品从小到大排列起来,使他明白不仅有数,还有大碗小碗之分,小的比大的小,能放在大的中间。这是数字的最基本最形象的认识,有了大小的概念,孩子才知道排列,逐渐才有对顺序的理解。

认识世界上的东西有大小不同,是最初级的根据外表的分类方法。记忆是靠特点分类来记忆的,这是学习和记忆的开端。

妈妈除了跟孩子玩识大小的游戏外,还可玩分别形状、色彩的游戏。妈妈可以制作小的简单的教具,一点点帮助孩子认识形状,认识色彩,然后分门别类地归在一起。孩子在游戏中,在自由地、随意地摆异各种东西的同时,可逐渐认识木头、金属、塑料、棉布等等,在游戏中学到很多。

## 五、游乐园

1. 扔飞机

用彩纸折成飞机,妈妈先扔几次,然后孩子会模仿着扔。

目的:练习上臂。

给孩子一个空塑料瓶,让他把木块、塑料块投进瓶里,再倒出来,反复玩耍。

目的:练习手的精细动作。

### 2. 听指令做事

妈妈把一件物品放在孩子一边,然后要求他:"帮妈妈把小球拿过来。"或"帮妈妈把小球放那边去。"

目的:训练孩子按大人的要求做。

### 3. 学动物叫

妈妈可准备几只动物玩具,或是识字卡片中的动物图片,给孩子讲学动物听声的故事或儿歌。

目的:发展语言能力,练习发音。

### 4. 看一看

图上有3只鸭子,哪只最大?哪只最小?

目的:锻炼数量感觉。

图90

## 六、学画画

妈妈和孩子一起画,孩子无意画个圆,妈妈就往上添几道画成太阳,孩子画一条曲线,妈妈就在线的一端添一个飞筝。

目的:增添孩子画画的乐趣。

第17个月

### 一、家长怎样和孩子一起做游戏

许多家长把和孩子一起做游戏看作是"哄孩子",其实"哄孩子"只是一个方面,更主要的是通过游戏了解孩子,帮助孩子学习。

(1)在与孩子一起游戏时,要观察孩子是否合群,是主动还是被动。

(2)做游戏时,父母不要敷衍孩子,应付孩子,也不要指挥孩子,要作为参加游戏的一员平等地玩。

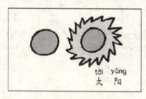

图91

(3)父母应知道,和孩子一起做游戏,不仅可享受天伦之乐,而且也增进了夫妻感情。

(4)家长要精心设计一些游戏,甚至准备些道具,在游戏中教育孩子。

### 二、学脱鞋袜,脱衣裤

孩子对脱鞋袜最感兴趣,在睡觉前可把这当做游戏。开始时妈妈先帮孩子解开鞋带,把鞋子脱出后跟,让他自己用手把鞋子从脚上拉下来,这样容易取得成功,会使他感到高兴,产生信心,他就能愉快地和你配合做这个游戏。脱袜子时也要帮他先脱过后脚跟,脱衣服先从单衣开始学,首先妈妈帮助他解开纽扣,再让他把手臂向后伸直,教他如何拉袖子脱出手臂。以后就可叫孩子自己试脱。脱裤子比较难,可让他把裤子拉下臀部退到小腿处,再坐下来把裤腿从脚上拉下来。每次脱时妈妈要在一边协助孩子,轻柔地指导他,一边告诉他衣物的名字:鞋、袜子、衬衫、短裤、背心、毛衣等。在孩子脱衣不成功时妈妈不要急躁,不要说:"你怎么这么笨"这样的话,因为脱衣的游戏就是要孩子克服困难,培养孩子独立性格,而不仅仅是学习脱衣服。

## 三、游乐园

**1. 捡树叶**

妈妈和孩子各拿一个小篮子,到户外干净的广场上捡飘落在地上的树叶,两人比赛,看谁捡得多。

目的:练习动作准确性。

**2. 开商店**

妈妈和孩子玩买卖东西的游戏。准备各种零碎物品和用纸片做的"钱",母子俩一个买一个卖。

目的:角色游戏,让孩子理解物的所属关系。

**3. 跳下来**

让孩子站在10~15厘米处往下跳。

目的:练习平衡和跳跃。

**4. 逛动物园**

带孩子到动物园,让孩子主要认识几种他在图书上认识的动物。

目的:认识动物。

**5. 猜猜看**

妈妈一只手里有糖,一只手里没糖,有糖的手握得大些,让孩子猜哪只手里有糖。

目的:练习判断。

## 6. 照着画

按照图92的样子,在下边的方框中连线。
目的:锻炼空间知觉。

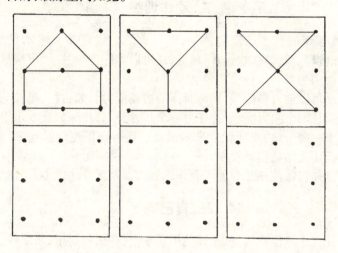

图92

 **第18个月**

1~3岁是人的幼儿时期,是小儿智力发展非常迅速的时期。这一年龄段的孩子对外界事物、周围环境都相当敏感。家长的言行、穿戴、情感等都会对孩子产生很大的影响。如果对孩子过于放任,孩子就会散漫;过于溺爱,会使孩子任性;过于严厉,又会使孩子呆板。只有教育得当,孩子才能在日后成才。

## 一、语言训练

1岁半的孩子喜欢与成人讲话,家长应该把握时机,通过画片、实物等耐心、反复地教孩子认识事物,增加词汇;使孩子的知识面加宽,增加语言的内容。但1岁半的孩子记忆力有限,所以,也不能教得太多。

对于口齿不清的孩子,家长要用标准语音给孩子纠正,反复教他念。

## 二、动作训练

1岁半的孩子已经会跑了,可以训练他做许多大运动量的活动,如跳舞、双脚跳、快跑、踢球等,还可以训练他单独上、下楼梯,以增加肌肉力量。

还可以通过做游戏,训练身体的协调能力。如:找一条长毛巾,家长拉住两个角,让孩子拉住另两个角,把一只皮球放在毛巾中间,让孩子一蹲一站,皮球就会来回滚动。还可以把皮球抛起来,和孩子一起用毛巾把皮球接住。

这样可锻炼孩子与他人合作的能力以及自身动作协调的能力。

## 三、自己吃饭

让孩子自己吃饭,可先让他用手拿食物吃,如饼干、水果等。以后在吃饭时可给他一个小勺,在小碗里放一点饭菜,让孩子自己拿小勺试着吃,他开始会把食物弄碎、压薄,把碗弄翻,撒得一身一地,比妈妈喂他麻烦多了。但妈妈不要怕麻烦,孩子自己用勺吃饭的意义比吃饭本身重要得多。不论他怎样吃得不好,弄得一塌糊涂,都不要批评他,他不愿妈妈喂也不要勉强他,要始终让他在愉快的气氛中进食。

让孩子学会为自己服务,使他对自己的能力建立信心,这对培养孩子的独立性格是十分重要的,在为自己服务中锻炼了孩子的全身协调动作,特别是手的功能。如果孩子用手拿食物,手就能直接接触食物,感觉各种食物软硬、轻重、干湿的不同。吃饭也有技巧、对孩子来说是很难的事。学习要有过程,妈妈要比孩子更有耐心。

## 四、搭积木

搭积木是孩子的传统游戏,这一游戏经久不衰,是因为它确是对孩子极有益,孩子又喜欢玩的游戏。

妈妈和孩子一起搭积木,开始可帮孩子搭火车、搭塔、牌楼、围墙、楼房等。孩子知道搭积木的技巧以后,玩时一定要注意让孩子拿主意,妈妈不再是带着孩子玩,而是跟他一起玩。妈妈要把孩子作为一个平等的游戏伙伴来对待,不能在玩的时候让孩子做配角,要孩子发挥想像,让他有独立想法,听他出主意,妈妈可以启发他,帮助他。

搭积木可锻炼孩子双手的精细动作,积木搭得越高对手的抓取和放置动作要求就越高。

## 五、游乐园

1. **玩拼图**

给孩子买一套拼图板或拼图积木。先买简单一些的,让孩子自己安安静静在一边研究。或是妈妈用硬纸板,刻下三角形、圆形、正方形三块。让孩子把三块纸片分别放回硬纸板的糟中。

目的:理解物的整体。

2. **玩娃娃**

给孩子一个漂亮的娃娃,一块沙巾,一个玩具碗和勺。妈妈与孩子一起玩,先将娃娃用纱巾包好,然后拍他睡觉,睡醒后喂它吃饭。让孩子模仿。

目的:培养情感。

3. **投球**

找一只大盒子,给孩子准备几个小球,让孩子将球投进盒子里,妈妈和孩子一起玩,会玩得非常高兴。

目的:练习上臂。

4. **玩沙**

妈妈不要怕孩子玩沙脏,给他一只小桶、小铲,让孩子把沙铲进桶里再倒出来,还可用湿沙做各种形状的东西。

目的:学习量的概念。

5. **穿珠子**

妈妈和孩子玩串珠游戏,妈妈串黄色的,孩子串红色的。

目的:训练手的精细动作并认识色彩。

6. **双脚跳**

妈妈拉着孩子,在比较宽的台阶上,双脚一级一级跳。

目的:练习双脚跳。

### 7. 照着画

按照图93的样子,在右边连线。

目的:锻炼空间知觉。

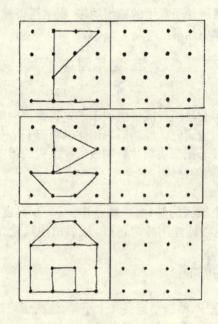

图93

 **孩子 第 19 个月**

### 一、运动游戏

丫丫怎么也不肯离开秋千,妈妈再也忍受不了了。孩子没完没了地打秋千,妈妈可等得不耐烦了。

秋千究竟给丫丫带来了什么快乐呢?

一般来说,游戏本身没有其他的目的。打秋千是一种运动游戏,在这种情况下,运动本身就是目的。身体飘飘摇摇的运动,乘风荡漾的快感,使丫丫欲罢不能。

通常,有节奏、有韵律的运动或感觉总是要持续很长时间的。运动的反复能给人以乐趣。

一岁前后的婴儿开始学步时,一刻也不安宁,老想走。他不是为了到哪儿去而走,走本身就是一种运动游戏,儿童愿意无休止地享受这种乐趣。

对待这种具有持续性的运动游戏,最好是让孩子彻底地玩儿个够,半途让他中止,会起反作用。

可以对孩子说:"再过几分钟以后,妈妈来接你,你不要着急,慢慢地玩儿吧!"给孩子充分玩儿个够的体验机会。

有许多父母以危险为理由,企图中断一周岁儿童的走路游戏。好容易学会了一种新的运动游戏的儿童,遭到这种粗暴的干涉,是很可怜的。儿童的走路游戏本来会产生出步行技能得以提高的结果,可是这样一来就完了。

## 二、涂涂画画

幼儿在涂画前,妈妈先给孩子穿上件旧罩衣或大围嘴。如果在户外,可给他准备彩色粉笔,让他在砖地上任意涂画。在家里可准备彩色水笔,一本旧挂历,让孩子在挂历背面乱涂乱画。

妈妈可先向孩子示范一下,然后由他随意去画,爱怎么画就怎么画。妈妈偶尔可参与一下,比如孩子画了一条线,妈妈也画一条线,说:"咱们比一比谁画得直。"在他画曲线时,可提醒他的手和手臂转变方向,这时他乱画出螺旋圈,妈妈可用鼓励的口气说:"一圈,一圈,又一圈。"妈妈也去画一个标准的圆。等孩子有兴趣地自己乱画乱涂时,妈妈就可以离开他在附近做事。孩子会兴致勃勃地拉妈妈去看他画的画,妈妈不要不耐烦。孩子越画越多,越画越好,对于他的手臂和手的控制能力也就越来越强。也许孩子画一会儿,又去玩别的,一会儿又回来画,妈妈不要干涉他,因为孩子关注一件事的时间也就在 10~15 分钟。孩子画完妈妈要跟他一起把用具收拾起来,放好,以备下次再玩。

孩子涂画可训练手的精细动作,在反复涂画的过程中学会如何控制使用他的手,以后越来越精巧熟练。在乱涂乱画过程中,孩子可建立对自己能力的信心,他发现自己可以用手创造各种各样的图形,使他增强对自己能力的信心。所以妈妈不要评价孩子画的像不像,幼儿涂画没有像不像的问题。爱画什么画什么是培养孩子创新精神的开始。妈妈的任务只是鼓励孩子自由地表现自己的感觉和想法。另外,妈妈不要怕孩子把色彩涂在身上和脸上。

## 三、好玩的不一定是买来的玩具

对孩子来说,好玩的不一定是买来的玩具,有时他更喜欢能发挥他的想像力,有自己创作余地的东西。

妈妈可以找几个清洁的纸盒给孩子去玩,看他会不会用盒子玩出新花样,例如有的孩子把盒子扣在头上当帽子,有的孩子爬进装电视机的大盒子里,把大盒子当作自己的"小木屋",有的把盒子当成汽车房、动物窝、娃娃屋。

家长要给孩子自己玩,自己创造新玩法的机会,发展他的想像力。独自玩,特别是创造性地玩,对开发孩子的智力,养成独立思考和独立解决问题的良好习惯都是非常重要的。

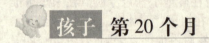

# 孩子 第20个月

## 一、玩起来有输有赢

儿童游戏免不了有输赢。输赢不是目的,也不是什么大问题。无论赢了、输了,都感到有意思。这就是儿童心理。

然而,大人却不行,特别计较胜负,往往忘记了奥运会的精神是"重在参与",甚至还教给孩子去斤斤计较输赢。

从表面上看,孩子的游戏似乎也是计较输赢的,但实际上他们并不真的计较输赢,其证明是,即使输了,还要再玩,而且玩得很开心。

大人只要一输,玩兴便丧失殆尽,儿童却满不在乎。他们玩儿不是为了胜负,而是为了游戏。游戏本身就是目的,游戏便是这样一种活动。大人似乎应该学一学不以胜负为目的的儿童心理。着眼点应放在游戏本身上,跟孩子说:"你玩得很好呀!"至于胜负,附带问问就可以了。大人不计较,儿童就松了一口气。若是孩子在游戏上也表现出竞争心,那么对待其他"学习"岂不更变成一个竞争主义者了吗?如果斤斤计较和与人攀比,这种人生就会变得乏味无聊。游戏之中得到快乐,人生之中也有乐趣。做父母的应该领悟到这个意义。

儿童的生活与游戏活动有着不可分割的密切关系。因此,对这二者都不要去计较什么"胜负"或讲什么"优胜劣汰"。

如果一个人被迫为了竞争或胜负去做某种事,那么,他将成为竞争和胜负的奴隶。人被迫去充当手段、工具,是可悲的。希望做父母的在平时就能很好地思考目的和手段的关系。

## 二、认识颜色

我们的环境中有各种不同颜色,两岁的孩子早就感受到并且认识颜色。这个游戏是把不同颜色分类。妈妈拿出孩子的塑料拼块,再拿两个盒子,让孩子把红色的塑料块放一个盒子里,把绿色的塑料块放另一个盒子里。如果他拿几块拿对了,就夸奖他,反复地说:"这是红的,这是绿的。"然后让孩子把红色拼块排一列火车,绿色的拼块排一列火车。以后再玩这个游戏时,可逐渐增加颜色品种,凡是同一颜色的归在一类。

玩这个游戏,一开始是让孩子通过游戏认识不同的颜色,从一两种,到多种色彩。而后的目的是让孩子学会归纳和分类,使孩子的逻辑思维得到锻炼。

## 三、认识身体

用彩纸先剪一个人头大的圆形,再剪两个一样大的小圆形和一个月牙形。妈妈问孩子:"你看这个大圆纸像不像你的脸?"孩子会高兴地在脸上比来比去。妈妈再问:"你看这个脸上还少什么?"孩子看看妈妈,如果他答不上来,引导他去照照镜子。照过镜子,他会捡起一个小圆片放在纸脸上。妈妈问:"乐乐是一只眼睛,还是两只眼睛?"孩子会再放一个小圆片在脸上。"那么,这个脸上还缺什么呢？他用什么吃饭?"妈妈这一问,孩子会想起来把月牙形的纸片贴在纸脸上。这个脸形基本做好,妈妈帮他用胶水贴好,让孩子拿着给爸爸或奶奶看。再做这个游戏时,还可剪些鼻子、耳朵、头发、花结之类的纸片,一一贴上去,并可变换人物,做一个男孩或女孩,可长头发也可短发,可戴眼镜或有胡子等等。以后还可以用同样的方法认识身体的其他部分。

这个游戏使孩子逐渐从对实物的认识发展到对非实物的认识,逐渐扩大到抽象的概念,有利于促进小儿认识物和人的特征与异同点,开发他的想像力。

## 孩子 第21个月

### 一、旁观游戏

这一阶段的孩子,喜欢站在一边看大孩子们的游戏。在家长看来,孩子并没有玩儿,可是他却说:"我在玩儿哪。"家长感到这是很奇怪的现象。

在孩子自己看来,他在享受"旁观游戏"的乐趣,的确也是在玩儿。当他专心致志地观察着别的孩子做沙坑游戏的时候,自己也沉浸在沙坑游戏里了。

这是由于同龄儿童之间的人际关系还没有形成,孩子的心理还处于不会积极主动地参加其他孩子的游戏的状态。儿童心中,似乎有一种看不见的心理障壁还不能打破,暂时只能看到别人玩儿,即处于"旁观游戏"阶段。

在家里只和母亲打交道的孩子,还不可能马上与外边的孩子建立起朋友关系。这种旁观游戏不是由于他胆怯或懦弱,应该把这看成是正在培育着人际关系的抵抗力。

当孩子处在这种阶段的时候,绝对不许催促他。最好的教育秘诀是等待他自然地习惯起来。比如,母亲可以把他带到公园之类的地方去,然后自己尽管读书或织毛衣。把孩子放开,不要管他,任他自由行动。

孩子暂时会处于旁观状态,这是儿童游戏的一个发展阶段,必须让他充分地体验这个阶段的生活。儿童的智力发育是不能越过任何一个阶段的。

等到儿童的心理抵抗力培植起来以后,会很自然地跳进沙坑里去玩,并过渡到下一个阶段——"平行游戏"阶段。

## 二、教孩子计算要准备"教具"

数是很抽象的,教孩子计算时,妈妈要事先准备些教具。如实物、图片、瓶子盖、小盒子、冰棒棍、扣子等等。玩的时候动手数一数,摆一摆。比如在学"多、少、一样多"时,可以摆摆看,妈妈摆3个瓶盖,让孩子摆扣子,先把扣子摆在瓶盖里面,数一数是不是一样多。再要求孩子把扣子摆在瓶盖下面,一对一地摆齐,反复练习,让孩子知道3个瓶盖和3个扣子一样多。

妈妈还需要为孩子制作一些教具,如数字卡(图94)和圆点图片(图95)。"1~10"的圆点卡片,可以用各种彩色硬纸片做成。数字卡片可使用识字卡片。

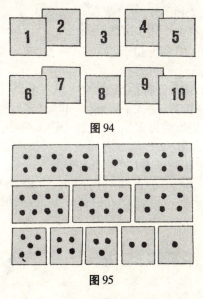

图94

图95

圆点卡片要在孩子对数有了初步认识后,逐渐拿出来,不要一下拿出10张,让孩子看得眼乱。圆点卡片可以和扣子一齐使用,以引导孩子对数的认识由感性到理性,从具体到抽象,而且要通过实物和卡片结合起来反复练习一段时间。继而用扣子、圆点卡片、数字片交叉,使孩子懂得数字的意思。这样使孩子逐渐摆脱实物的支持,只需要在语言的指导下,运用头脑中已形成的数的概念进行分合。开始孩子的思维活动不能脱离具体的事物和自己的动作,脱离了实物和动作,他就不会想,不会记忆,所以一定要广泛使用教具。在教孩子计算的过程中,一定要把动作和语言讲解结合起来。妈妈一边摆实物,一边口里说着、数着。在孩子摆放实物时,也要求他把动作和结果说出来,不管学什么,让孩子把动手和口说、眼看、耳听等多种感官都活动起来。让孩子既动手又动脑,一定能提高学习效果。

## 三、教孩子认识"1"和"许多"

将一堆扣子放在桌子上。给孩子一个扣子。
问:"你有几个扣子?"
孩子说:"我有1个扣子。"
再问:"桌子上有多少扣子。"
孩子说:"桌子上有许多扣子。"
然后反过来,把扣子都给孩子,桌上只留1个,再问一遍。同样用其他物品,反复练习,使孩子理解"1"和"许多"的概念。

也可以在口袋里放许多扣子,让孩子摆1个扣子出来。每次摆1个,最后摆出"许多"。

此外,还可以让孩子敲打"1"下和敲打"许多"下。跳"1"次和跳"许多"次。知道"1"个人和"许多"人。"1"朵花和"许多"花。通过大量练习,孩子才能将"1"和"许多"从具体物体抽象出来成为概念。

孩子 **第22个月**

## 一、语言训练

快2岁的孩子,已经很喜欢说话了,但是词汇量还不够表达他的意思。这时,家长要想方设法帮助他丰富词汇,提高语言表达能力。家长可以在游戏中锻炼孩子的语言能力,如玩"打电话游戏",通过打电话教孩子说自己的姓名、住址、爸爸妈妈是谁、正在做什么等。家长还可以教孩子说儿歌,以丰富孩子的词汇。

家长可以给孩子买一些图书、画报等少儿读物,讲给宝宝听,讲完后可以让孩子再讲给你听,这可以锻炼孩子的记忆力和表达能力。也可以结合宝宝日常生活中经常遇到的问题让孩子回答,可以问:如果你把别人的玩具弄丢了怎么办,如果把别人的玩具弄坏了怎么办,把别人的玩具带回家里了应该怎么办,你向别人借玩具,别人不借给你怎么办,别的小朋友打你怎么办等类似的小问题。训练孩子解决问题的能力。

若是孩子到2岁仍不能流利地说话,要考虑是否言语发育迟滞,最好带孩子到医院检查一下,听力是否有问题,神经系统发育是否健全,也可能孩子一切发育正常,只是缺少语言训练罢了。

## 二、空间知觉训练

快2岁的孩子应逐渐发展空间知觉,小儿一般是先学会分辨上下,而后是分辨前后,最后才懂得左右。

为了发展孩子的空间知觉,家长要有意识地训练孩子。例如:"把桌子底下的画片捡起来。""把床上的毛巾递给我。"这样做可使孩子理解上和下。和孩子一起玩游戏时,一边跑一边喊:"后边有人追来了,咱们快往前跑吧!"或者说:"你在前边跑,我在后面追。"让孩子掌握前和后的概念。戴手套的时候,一边戴一边说:"先戴左手。哟,右手还没戴手套呢!咱们再戴右手吧。"穿鞋、穿袜子时也这样，一边穿一边说。脱袜子时可以告诉他："先脱左脚呢？还是先脱右脚？"反复训练，孩子很快也会记住左右。

让孩子掌握空间概念是比较困难的，如果只是空洞地讲，孩子很难理解，必须结合实际，反复训练，才能逐渐掌握。

## 三、认知能力训练

2岁小孩的兜里，什么破烂都有：糖纸、瓶盖、石头子、画片等，他们把这些破烂都视为"宝贝"，也正是通过玩这些"宝贝"发展了孩子的观察能力和认识能力。

家长可以结合这些零零碎碎的东西教孩子认识事物特征。例如：这张糖纸是透明的，这张是不透明的；这个瓶子是圆的，那个瓶子是方的；这个瓶盖是铁的，那个瓶盖是塑料的……无形中就能够教孩子很多知识，培养了孩子对事物的认识能力。

另外，带孩子上街、上公园时，一路上见到的东西，都可以讲给孩子听。如：这是公共汽车，这是卡车，这是小汽车，那是松树、杨树……。还可以教孩子识别颜色。这一切都会使孩子的观察能力逐渐地敏锐起来。

## 四、培养小儿数学的概念

很多孩子到2岁已经会数1、2、3、4、5甚至更多了。但他们根本不理解数字的概念。因此必须联系与数字有关的生活小事，反复训练，才能逐渐对数字有所认识。

家长可以拿两个苹果，告诉孩子："这是几个苹果啊？我们数一数，1、2，是2个。""现在你拿一个苹果给爸爸。"还可以拿其他的实物或玩具，反复训练，让小儿感知1和2的实际意义。等他对1和2的概念明确了，再教3、4……也可以通过扑克牌游戏，提高孩子学习的兴趣。

准备一副比较漂亮的扑克牌，增加宝宝的兴趣，教宝宝分辨每张扑克牌的不同点。如颜色区分、点数之分、图案区分等。还可以教他玩拉大车的游戏或从小排到大、从大排到小的顺序排列。根据孩子每天玩的情况给予适当鼓励。这个游戏可以训练孩子对物体的分辨能力和对数字的识别能力。

### 五、动作训练

快2岁的孩子已经走得很稳,跑得很好了。应该训练他单脚站立,开始会站不稳,因为他还掌握不了身体的重心变化。训练一段时间后,他就会站得很稳了。还可以训练他蹬小三轮车,骑车的时候,眼睛要平视前方,手要扶车把,脚要蹬,身体要坐正,哪一点没有弄好,车都无法前进。这使全身肌肉都必须协调,同时也锻炼眼睛,锻炼头脑的灵敏度和反应能力。

### 六、教孩子比较"多"、"少"和"一样"

取6个黑扣子和6个白扣子,放在桌上。

妈妈用3个黑扣子摆一排,让孩子用"一样多"的白扣子一对一地摆,然后问他是不是一样多。

妈妈拿3个黑扣子,给孩子4个白扣子。妈妈将黑扣子摆一排,让孩子一对一对地摆,看看谁多谁少。

给孩子4个黑扣子,3个白扣子,让他配对,问他最后哪个多了,哪个少了。谁比谁多,谁比谁少。

可反复玩反复练习,不仅要懂得多、少、一样的意义,还要懂得谁比谁多,谁比谁少,谁跟谁一样中比较的含义。

## 第23个月

### 一、训练孩子思维的游戏

目的:分类。

材料:18张红、蓝、黄、绿方形、圆形、三角形卡片。

说明:卡片为4种颜色,3种形状。但不按形状分类,只按颜色分类,比1种形状4种颜色的玩法增加了难度。

玩法:把18张卡片混放在桌子上。

妈妈问:"你能找出红色的卡片吗?"

孩子将红色不同形状的卡片全部挑出后,再挑蓝色和黄色。这个游戏比较难,也要由妈妈指导来做。

## 二、在日常生活中学计数

在生活中,各种事物都有数量关系。比如家里有 1 个妈妈,1 个爸爸,孩子有 1 张床,爸爸妈妈有 1 张床;吃饭时每人有 1 个碗,1 双筷子等等。妈妈要充分利用日常生活中的各种事物来教孩子认数。特别是对 3 岁以前的孩子,需要让他们在直接接触的事物中获得数的感性认识。可以通过感觉器官,如视觉、听觉、运动觉、触摸觉等活动,认识事物。

教孩子在日常生活中认识 1 是很重要的,1 是数的基本单位,任何数都是由若干 1 组成的。1 也是一个数学概念,把 1 搞懂了,其他数就不困难了。

在生活中,还要让孩子懂得事物有的多,有的少,有的一样多。比如摆放餐具,妈妈放好碗,让孩子放勺,放好后看看哪个碗里放多了,哪个碗里放少了,还是放得一样多。

日常还可让孩子懂得分类和排序,把一堆水果分一分,苹果放篮子里,橘子放果盘里。把用过的旧电池按 1 号、5 号、7 号分开。把彩笔按长短不同排成一排。分类和排序是孩子学习计数的前提,孩子有了丰富的生活体验,学习计数就不困难了。

图96

## 三、游乐园

**1. 学数数**

妈妈和孩子坐好,妈妈用彩纸包孩子最喜欢吃的糖,一包包1块,一包包2块,一包包3块。包好后将三包位置打乱,让孩子挑一包,打开一看是1块,就告诉他:"1。"然后再玩,反复1、2、3。

目的:学数数。

**2. 每天都要和孩子一起看书**

孩子很喜欢和妈妈一起看书,书也是他的玩具,妈妈讲书中的故事,他听几遍都不烦。妈妈要养成天天和孩子看书习惯,给他读儿歌,讲故事。选择那个图画得精美,色彩鲜艳,故事简单,文字便于叙述,有简单对话,情节适于孩子模仿的书。

在和孩子一起看书时,可以教孩子学着翻页,最初他可能乱翻,倒着拿书,或者是将书弄撕了,不要批评他,渐渐地他就学会了。

**3. 钓鱼**

用硬纸片剪几条小鱼,鱼头部别一根曲别针。做一根钓竿,线的末端系一块小磁铁,让孩子钓鱼。

目的:练习准确性。

**4. 数学游戏**

目的:理解"一个"

材料:各种颜色小球10个,木盒1个,塑料盒1个。

玩法:让孩子从木盒里把小球一个一个放到塑料盒里,孩子一边拿,妈妈一边说:"拿一个,放一个。再拿一个,再放一个。"反复玩,让孩子明白一堆小球可分成一个一个的球。

**5. 数学游戏**

目的:认识1和2。

玩法:妈妈先教孩子用手指着自己身上部位,然后说:"我有一个鼻子。"、"我有一张嘴。"、"我有两只眼睛。"、"我有两只耳朵。"、"我有两只手。""我有两只脚。"反复玩,认识1和2。

**6. 少了什么**

姐姐端着饭碗在找东西,她在找什么?

目的:锻炼想像力。
7. 学折纸(图98)
折纸的几种基本折法:单菱形折、双菱形折。

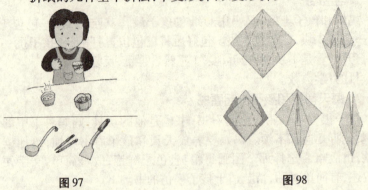

图97　　　　　　　　　　　图98

 **第 24 个月**

## 一、语言是孩子智慧发展的金钥匙

幼儿言语能力是智力发展的重要标志,凡是充满自信敢于大胆交谈的孩子,智力发展速度远远超越言语迟钝的孩子。语言对发展创造性思维能力,起着直接的而重要的作用。

2~3岁的孩子,体格和神经发育日趋完善,思维方式由直觉行动性逐渐向具体形象性发展。词汇量不断增加,并出现了积极词汇。

但听觉辨别能力不够精确,对发音器官某些部位控制方法不当,舌尖音有困难。生活经验贫乏,消极词汇较多。对各类词以及语法结构的掌握都有一定困难,所以说起话来断断续续,想说又说不明白,有时喜欢用手势示意,或摇头、点头等动作示意。个别的还要用哭声代替语言。据此,发展孩子语言的具体任务是:

(1)发展语言听觉能力,训练会听别人的话。
(2)教会正确发音,学会难发的音。

(3)丰富词汇,并掌握简单语法结构。

两岁左右最爱说,不住嘴地讲。喜欢同周围人交谈,说话速度快,听起来滔滔不绝,实际上没说出几件事。多数语句不成句,虽然胡乱瞎扯一气,说得却很起劲,管你爱听不爱听,他总是说个没完。有时自言自语,对着玩具说,对着小人书说,自己对着自己说。特别是学会一个新词汇,表现非常高兴,到处滥用,反复重述,说个不停。总的看来,已经掌握了基本语法结构,句子中有主语、谓语,熟悉他的人,基本可以听懂他说些什么。

孩子两岁多,妈妈总得要多准备些小故事,这个年龄最喜欢听故事,听得极为认真、细心、耐心,一遍不行,二遍也不满足,一个故事重复十几遍也不会厌烦。但每一遍讲述时,可不能马虎,更不能改变,谁喜欢给孩子讲故事,谁就能成为他最信赖的人。

这个年龄说话富有"创造性",这种造词现象不是创造能力,正是词汇贫乏的表现,应注意多为孩子丰富词汇。

他们在交谈中,也常出现逻辑错误,比如我睡觉了天就黑了,我长大了妈妈就长小了。所以出现语言的逻辑错误,是因他还没掌握事物间的因果关系。

孩子说话也常出现错误发音和发音不清。因为发音器官的调节功能很差,特别是平舌音和越舌音很难发。可以多教孩子学说儿歌和绕口令,纠正发音。

根据这些特点,在与孩子交谈中,应注意丰富正确恰当的词汇,成人语音要准,给孩子提供标准语音的楷模。

## 二、学泥工

玩泥是孩子们都喜欢的,妈妈可以给孩子买些橡皮泥,锻炼孩子手的精细动作,发展手腕、手指和手掌的活动能力,使手脑协调。

教孩子做泥工要一步步来,不能一下就让孩子做出一个什么。实际上只要孩子拿泥在玩,就对他有益。

(1)学团泥。把泥放在手心,双手揉,把泥揉成球。用红色可做糖葫芦,用其他颜色可做皮球;长圆一点做鸡蛋,扁一点做橘子。

(2)学搓泥。把泥放在手心里,两手把泥搓成棍。棍搓得一样粗细也不容易。可以搓成笔,一头粗一头细做成胡萝卜,也可做成

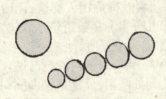

图99

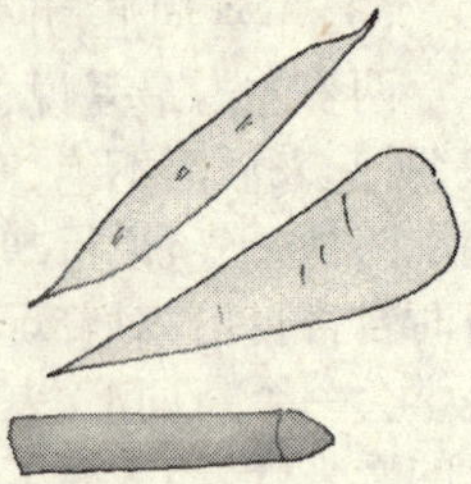

图100

小蜡笔。把棍按扁就是扁豆。

（3）学压。把泥揉成球以后，放在手心里，两手一合，压成圆饼状。可以用两片圆饼做夹心饼干，做蛋糕，做烧饼，做月亮。

（1）学用手指捏。揉成泥球以后，可以在中间按一个坑，用手指将边捏薄，做成小盆、小碗。可以在球的上边捏耳朵做猫等等。

（2）使用以上技巧塑像。如揉成球做头，搓成棍做腿，压成片做翅膀等等。

做小鱼。用泥搓成短棍，再搓成两头尖，压扁，安上眼睛，捏出鱼尾和鱼鳍就行了。

做麻花。将橡皮泥搓成细长圆棍，把两头并在一起，用手一拧即可。

做小刺猬。将橡皮泥揉成鸡蛋形，插上火柴棍，安上眼即可。

图101

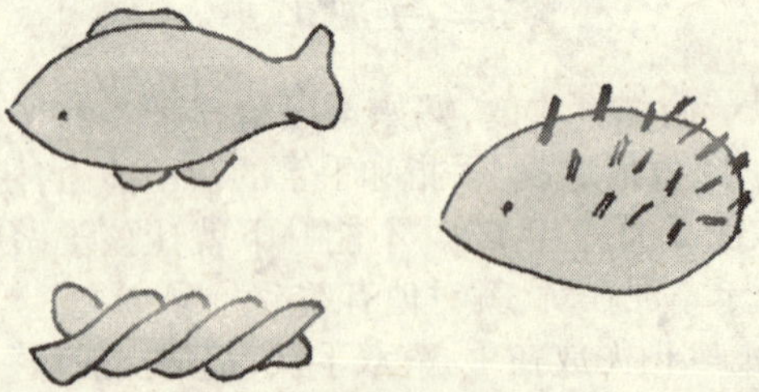

图102

做小鸭子。用泥揉成一个大椭圆和一个小椭圆，再压两个小片。把小椭圆粘在椭圆上做头,把小片粘在大椭圆两边做翅膀。安上眼睛和嘴就行了。同样可做小兔子。

图 103

第 25 个月

## 一、大动作训练

**1. 训练立定跳远**

与孩子相对站立,拉着孩子双手,然后告诉孩子向前跳,熟练后可让孩子独自跳远,并继续练习从最后一级台阶跳下并独立站稳的动作。

**2. 训练跑与停**

在跑步基础上继续练习能跑能停的平衡能力。

**3. 训练上高处够取物品**

将玩具放在高处,在父母监护下,看宝宝是否学会先爬上椅子,再爬上桌子站在高处将玩具取下。让宝宝学会四肢协调,身体灵巧。训练前,家长要先检查桌子和椅子是否安放牢靠,并在旁监护不让宝宝摔下来。学会了上高处够取物品之后,家长要注意洗涤剂、化妆品、药品等凡是有可能让孩子够取下来误吞误服的东西,都应锁入柜子内,不能让宝宝自己取用。当宝宝能取到玩具时应即时表扬:"瞧我们宝宝多棒!真能干!"

**4. 练习踢球**

用凳子搭个球门,先示范将球踢进球门,然后让孩子试踢,踢进去要给予鼓励。

## 二、精细动作训练

### 1. 学穿珠

用尼龙绳或纸绳穿木珠。选择2厘米以上的木珠,珠孔口径约5毫米以便穿入,防止宝宝吞咽木珠。或选用粗塑料导管,剪成2厘米大小,让宝宝学习穿珠。

### 2. 玩套叠玩具

如套碗、套桶等玩具,按大小次序拆开和安装,父母可以先示范,指导孩子按次序拆装,孩子会聚精会神地装拆,可培养孩子的专注能力,学会大小顺序。通过手的操作,实地观察到套叠玩具一个比一个大,逐渐体会到数的顺序和对空间的认识。

### 3. 学画圆圈

用一张大纸放在桌上,让宝宝右手握蜡笔,左手扶纸在纸上涂画。家长示范在纸上画圈,握住宝宝的手在纸上做环形运动,宝宝就开始画出螺旋形的曲线,经过多次练习,渐渐学会让曲线封口,就成了圆形。

### 4. 学习物品或图片配对

先从已经熟识的物品和图片开始。先找出2～3种完全一样的用品或玩具,如两个一样的瓶子,一样的积木,一样的盒子乱放在桌上。妈妈取出其中两个一样的东西摆在一起,说:"这两个一样",鼓励宝宝找出第二对和第三对。

再找出以前学习认物的图片,先选择3对乱放在桌上,请宝宝学习配对。以后一面学习新的物品和图片,使宝宝能从10、12、14、16～20张当中将图片完全配成对子。

## 三、语言能力训练

### 1. 学习记住家人的称谓

教孩子记住爷爷、奶奶、小姨等称呼。学会自我介绍,说出自己的姓和名,同时学会爸爸妈妈的姓和名。学会用手指表示自己几岁,并用口说出来。如果学话顺利,还可以进一步要求孩子说出自己是"女孩"还是"男孩"。

### 2. 教学说完整句

教小孩学说完整句,包括主语、谓语、宾语的句子。如"妈妈上班去了","我要上街","我要上公园",并教孩子使用一些简单的形容词。如"我要红色的球"、"我要穿红色衣服"、"我要圆饼干"等,这些形容词一定是简单、形象,是孩子生活中最常见的。

### 3. 学习辨声音

让孩子听周围会发出声音的东西,如鸟叫声、汽车声、钟表声、电话声等,听到这些声音时,问孩子是什么东西发出的声音,答不出来就直接让孩子边看边听,并告诉他,什么是大人讲话的声音,什么是走路的声音,逐渐学会辨听。

### 4. 背诵儿歌

教孩子念儿歌,每首儿歌四句,每句3个字,听起来押韵,读起来顺口,反复练习。注意,要完全会背诵一首后再教新的。这样提高了孩子的语言能力,增强了韵律感、记忆力,同时也激发了小儿的学习兴趣。也可以让孩子多听英语歌,戏耍中锻炼了语感。

## 四、认知能力训练

### 1. 学数数

幼儿对物品大小数量的认识是在对实物的比较中形成的,准备各类大小质地不同的小物品,如积木块、纽扣、瓶盖、塑料球等,尽量让孩子用眼看,动手摸,张口讲,通过多种感观参与活动,比较认识物品的大小和数量。还可配合教点数,如口读数1,手指拨动一个物品,读2,用手指再拨动一个物品,读3,再拨动一个物品,教点数1~3。学拿实物"给我一个苹果","给我拿两个苹果"等。

### 2. 学习认识性别

结合家庭成员教孩子认识性别,如"妈妈是女的,姥姥也是女的,你是男的,爸爸也是男的",逐渐让小孩能回答"我是男孩"。也可以用故事书中图上的人物问"谁是哥哥?""谁是姐姐?"以认识性别。

### 3. 学习前后和上下

让孩子将两手放在身体的前面和后面,或把物品放在身前和身后,使孩子明白前后。然后让孩子将物品分别放在桌上面或桌子下面,练习分辨上和下。

**4. 学认两种颜色**

2岁前孩子最先学会的是红色,孩子熟记红色后,再教孩子认黄色或黑色的玩具,如先认黄色玩具、黄色手绢、黄色积木等,多次反复认识黄色后,然后挑出红色和黄色玩具或手绢,让孩子辨识,看认识是否能正确地挑出所说出的颜色,学会后要连续再练5~6天,直到巩固为止。千万不要一次同时教认几种颜色,否则容易混淆。

## 五、情感和社交能力训练

**1. 认识环境**

外出散步时要让孩子熟悉认识居住的环境、标志物,先认识家门,再让认识家门的几条路,附近的商店等以及父母常去的地方,再让孩子顺利找到家。

**2. 区分早上和晚上**

早上起床时,妈妈说"宝宝早上好"。让宝宝说"妈妈早上好"。边起床边向宝宝介绍"早晨天亮了,太阳也快出来了,咱们快穿好衣服出去看看"。白天要开窗户,使宝宝享受新鲜空气,白天天很亮,不必开灯,到晚上也要向宝宝介绍"天黑了,外面什么都看不见了,要开灯才看得见,咱们快吃晚饭,洗澡睡觉"。使宝宝能分清早上和晚上,并让宝宝学习说"晚安"才闭上眼睛。此时可多说几遍"晚安",让宝宝将词汇学熟练。

**3. 学习广交朋友**

带孩子室外散步时,鼓励他与其他小朋友交往,互换玩具,一起背儿歌。选择讲述小朋友团结友爱的故事讲给他听,让他和其他小朋友玩耍时做个好孩子,不打人、不咬人、不哭闹。

## 六、生活自理能力训练

**1. 学习刷牙漱口**

教孩子刷牙时,家长孩子各拿一把牙刷,家长一边帮示范动作,一边讲解,应采取竖刷法,顺着牙齿的方向才能将齿缝中不洁之物清除掉。刷牙时应照顾到各个牙面,还要将牙刷的毛束放在牙龈与牙冠处,轻轻压着牙齿向牙冠尖端刷,刷上牙由上向下,刷下牙由下向上,反复6~10下。要将牙齿里外上下都刷到,刷牙时间不要少于3分钟。开始不要用牙膏,待孩子掌握方法之后再加上牙膏。每天早晚各刷一次,晚上刷牙后不宜再吃食物。每次吃完饭后要用温开水漱口,以保证口腔清洁,预防龋齿。

### 2. 学用筷子

给宝宝一双小巧的筷子作为玩具餐具,同宝宝一起玩"过家家"时,让宝宝练习用手握筷子,用拇、食、中指操纵第一根筷子,用4、5指固定第二根筷子,练习用筷子夹碗中的糖块和枣子,反复练习,用餐时也准备一双筷子,只要能将食物送到嘴里就要赞扬。

### 3. 学给娃娃更衣

无论男女孩子都喜欢娃娃,而且更喜欢与自己性别相同的娃娃。妈妈可以替宝宝购置塑料的大光身娃娃自制衣服以备更换,宝宝学习为娃娃更衣可学习穿脱衣服。娃娃的衣服最好稍宽大,用松紧带固定,如宽大套头衫、松紧带裤子等,或用粘贴尼龙代替扣子更便于穿脱。平时鼓励孩子自己脱掉衣服鞋袜,也可以学习穿无扣的套头衫和背心,鼓励孩子自己穿无跟袜和鞋。

## 七、游乐园

### 1. 投球

在地上放一个篮子或纸箱,让孩子把球投进去,开始时可距离近些,以后逐步向后移。

目的:练习投的动作。

### 2. 摸一摸是什么

拿一个布袋,将孩子熟悉的玩具放进去,然后让孩子伸手去摸,摸到一个玩具便说出这个玩具的名字,说对有奖。

目的:训练孩子的分辨能力。

### 3. 添几笔

妈妈和孩子一起画画,妈妈画一个圆,让孩子画上尾巴便是蝌蚪,画上一些线便是太阳,画成盘子或碗等。

目的:练习动笔能力及想像力。

4. 涂色

带孩子到户外看一看草坪,然后妈妈在大挂历的背面画上草,让孩子挑选颜色涂上。

目的:对颜色的感知力。

5. 数学游戏

目的:理解5以内数。

材料:扑克牌红桃、梅花、方块、黑桃1到5各5张,积木1盒。

玩法:

(1)任意取1张牌,让孩子说出是几,并取出同样数目的积木。反复玩。

(2)给孩子同一种花样1到5五张牌,让孩子按数的大小顺序摆好,让孩子熟悉1到5的数目顺序。

(3)把四种花样的20张牌混放在一起,让孩子把"1"都找出来,依次找出2、3、4、5各4张,使孩子知道尽管花样不同,但数目是一样的。

# 孩子 第26个月

## 一、角色游戏和建筑游戏

### 1. 角色游戏

角色游戏是一种有主题、有角色、有情节、有规则的创造性游戏。如玩商店、公共汽车、儿童医院、动物园、电报局等游戏,这些游戏最能适应幼儿好模仿的心理特点,他们喜欢学习成人做事,最好的途径是到角色游戏中来尽职尽责,体验成人的劳动、生活和道德规范,学习办事的方法,锻炼社会性活动能力。

二三岁的孩子在玩角色游戏时,仍近似于婴儿期,反映一些琐事,模仿成人使用物体的动作。如玩医院游戏时,总是满足于摆弄听诊器、打针等动作,随着年龄的增长,逐渐产生目的性。三四岁反映成人的劳动和人与人之间的关系,妈妈怎样照顾孩子,医生怎样关心病人,四五岁能反映技能技巧时的细节,如打针时细心地"消毒",并安慰"病儿"说不疼,能表现出内心体验。

二三岁的孩子玩时开始有角色,但角色不稳定,看到什么玩具就玩什么游戏,以模仿成人动作为主,对规则很难理解,也不易记清。三四岁开始注意角色,有初步计划,逐步明确规则,但受到外界影响,还是容易忘掉规则,常因争当角色而争吵,四五岁时已经出现计划性、目的性,事先商量分配角色,理解并坚持规则,常因违犯规则而争吵。

### 2. 建筑游戏

这是一种利用某些材料进行建筑活动的创造性游戏。幼儿非常喜欢利用木片、砖瓦、空盒、砂土等堆积各种东西,在幼儿园里最常玩的有小型积木、大型箱式积木,进行有趣的土木建筑。这种游戏对心理发展的作用:

(1)培养丰富的想像力,满足表现欲望。积木的特点形状多样,使用灵活,可以随心所欲地堆积、排列和调换位置,有助于诱发幼儿的自由想像。

(2)培养喜悦的情绪和表现力。当幼儿拿起一块块的积木进行堆积时,两只小手轻巧地活动,可使有发自内心的喜悦。为了不使积木倒塌,需要保持适度的紧张感,从而培养幼儿较强的表现能力。

(3)培养创造性的构造能力。在多种多样的积木里,挑选什么形状,用几块,按什么顺序,怎样排列堆积、组合,甚至还要加些美化装饰,都要费一番心血,而且要耐心,不慌忙,细思量,稳妥地使用手劲,方能建成理想中的建筑物,从而锻炼出创造的构思能力。

(4)发展对数量和图形的理解能力。在积木游戏过程中,通过双手的活动,自然分解或合成立方体、长方体、圆柱体等多种几何形体,从而加深了对几何形体的认识,加强对数的感知能力。

幼儿使用积木要经历一个发展过程:

开始,喜欢直线向高堆,当倒塌时,也会因倒塌而高兴,有时还故意推倒来取乐。但在这搭起推倒的简单重复过程中,也取得了经验,锻炼了手眼的协调能力。

然后,学会平面排列。摸到那块排那块,不加选择,经过多次练习,才会逐渐对形状、颜色、大小分辨使用。

而后,学会立体组合。多次游戏后,才会使用立体形体堆积,发现立体的特征,搭出各种造型。如桥梁、亭子、交通工具、宅院、楼阁、宫廷、公园、宾馆等复杂建筑。

角色游戏和建筑游戏,对孩子认识社会和提高思维能力均极有好处,因此,家长可以给孩子准备这两类玩具,使孩子的游戏更丰富多彩。

## 二、学计算在于理解

我们知道,学计算的意义在锻炼孩子的思维,培养孩子的能力,所以,教孩子认数、计数不在于多,而在于理解和运用。有的家长以为教得越多越好,他们把数学当成一种死的知识来教,让孩子数100以内的数,背口诀,做加减法。孩子由于模仿性强,机械记忆的能力好,所以在家长指导下不断重复模仿,也可以记住数,记住几加几等于几。但他们并不真正理解数和数之间的关系,不是用脑算出来的,而是背出来的。比如有的孩子能背数到几十,却不会从一堆扣子里拿出6个扣子。有的孩子能计算10以内加法,却分不清6和9那个大,那个小。

这种死记硬背学数学的方法,不仅仅是使孩子学到了死板的知识,而且这种方法还会使孩子的思维呆滞,不灵活,缺乏举一反三的能力和创新精神,影响孩子智力的发展。

例如在一次幼儿智力赛中,要小选手做"15 + 18 = ?"这么一道题,几个孩子都算对了,但在问他们怎么算出来的时候,孩子之间有明显的差异。

一个孩子说,他是把18变成13和5,5加15等20,再加13等于33。这个孩子是纯粹用数的概念在脑中分析运算的。

一个孩子说,他在纸上划道道,先画15个,又画18个,然后一起数,总共33。这个孩子不是靠运算,而是靠数实物得出答案的。

一个孩子说,他是靠数手指和脚趾来算的,他从19开始,数10个手指和5个脚趾。这个孩子和上一个差不多,只是更依靠具体实物。

可以看出,孩子的计算能力和智力水平由于训练方法不同而有着明显区别。所以在教孩子计算时,要教孩子理解数的意义,弄清数和数之间的关系,掌握数的概念。要孩子动脑,家长要先动脑,孩子虽小,教好他也不是很简单的事。

## 三、游乐园

**1. 排队**

拿一盒扣子,让孩子将扣子按大小排队,或按颜色排队。

目的:练习分类的能力。

**2. 玩插块**

给孩子买些插块,妈妈与孩子一起插最简单的物体。

目的:锻炼手指的精细动作。

**3. 击球**

将一个球放在网袋里,悬挂在孩子伸手够不着的高度,让孩子每日跳起来击球。

目的:练习跳跃。

**4. 过家家**

给孩子准备过家家的玩具,可买成套的,也可将零碎的凑成一盒,如炊具、娃娃等。还可给孩子买一套医院用品的玩具,如注射器、听诊器、体温表等。给孩子找来小伙伴,让他们玩过家家。

目的:学习模仿,理解生活。

**5. 数学游戏**

目的:认识上下和里外。

材料:玩具小熊、小桌、纸盒做的小房子。

玩法:妈妈说:"小熊和我们玩捉迷藏。"让孩子闭上眼,妈妈把小熊放在桌下,让孩子睁开眼找一找,小熊藏在哪儿了。孩子找到后说:"在桌子下面。"用同样的法子教孩子说出"桌子上面"、"房子里边"、"房子外边"等等。

**6. 数学游戏**

目的:分辨高矮。

材料:两个形状相同,不同高矮的杯子,用积木搭两座不同高低的房子。

玩法：
把两个杯子并排放在桌子上，让孩子比较哪个高，哪个低。
比较两座房子哪座高，哪座低。
让孩子看一看爸爸妈妈和孩子，谁高谁矮。

##  孩子 第27个月

### 一、学儿歌

**爱清洁，讲卫生**

你拍一，我拍一，不睡懒觉早早起。
你拍二，我拍二，自己学会洗手绢。
你拍三，我拍三，指甲长了剪一剪。
你拍四，我拍四，打死苍蝇和蚊子。
你拍五，我拍五，消灭臭虫和老鼠。
你拍六，我拍六，瓜皮、碎纸别乱丢。
你拍七，我拍七，吃饭细嚼别着急。
你拍八，我拍八，桌子椅子要常擦。
你拍九，我拍九，饭前便后要洗手。
你拍十，我拍十，大家不要吃零食。
爱清洁，讲卫生，身体健康不得病。
身体好，学习好，人人夸我好宝宝。

### 二、仔细看

仔细看一看左边框里的画是在右边图里的哪一部分。
目的：锻炼注意力。

图 104

## 三、游乐园

**1. 分类**

买一盒看图识字卡片,挑出碗和勺、笔和纸、菜和篮子、床和被子之类的图片,将它们打乱后摆在桌上,让孩子将它们按对应关系分别放好。

目的:理解物与物的关系。

**2. 玩橡皮泥**

给孩子一盒橡皮泥,他喜欢捏什么就捏什么。

目的:训练手的精细动作。

**3. 过小桥**

在平坦的地上画两条平行线,间距 30 厘米。告诉孩子这是一座小桥,两边是流水,让他准确地在桥上来回通过。

目的:练习平衡。

**4. 分类**

拿一盒识字卡片,挑出兔子和菜、猫和鱼、狗和骨头、鸡和米等,将这些图片打乱后摆在桌子上,让孩子将它们按对应关系分别放好。

目的:理解物与物的关系。

### 5. 数学游戏

目的:知道7的分合。

材料:用硬纸做1个立方体大骰子,在6面上涂不同数量的红点,每一面和它的反面的红点加在一起都是7。再做6张画有1个点到6个点的卡片。

玩法:让孩子看骰子有一点的画,再从卡片里找出相应的一张。让孩子看骰子的反面是几点,并找出相应的卡片。用同样的方法找出3组卡片,对应排好,让孩子算一算每组两个数合起来是几。

### 6. 花草的游戏

在假日,父母可与孩子到郊外去玩,跑跳之余,可以与孩子一起做采花的游戏,妈妈采下花草,编成一个花环,孩子一定很羡慕。妈妈便和孩子一起采集野花,做成花环戴在孩子头上,采集野草做成毛茸茸的小兔子,或编小花篮。孩子会因这些各式各样的创造而愉快,因为他从观察自然事物、学习模仿制造中得到无尽的喜悦。

### 7. 剪五角星

剪五角星最好用红色或金黄色的纸。先教孩子跟着家长一步步地将纸折为10层,这是剪五角星最关键的地方。折法:先将方形纸对角折成三角形,再将三角形靠整边的一个角折进2/3,在原处再折一次,成为8层的角,最后将余下的1/3的一个角反着折过去,折成10层,才能剪。剪纸时必须用左手捏住尖角剪整齐,如图105。

图105

## 孩子 第28个月

### 一、大动作训练

**1. 足尖走路**

练习身体平衡,学会单足站稳后开始学习。

方法:先学习提起一个足后跟,学习用一个脚尖走,一只脚学会后再提起另一只脚后跟,学习用两个脚尖走路。

刚学走路的孩子,由于要保持身体平衡,走路时两脚分开到与双肩宽。学习用脚尖走路要求将身体的重心从整个脚底移至脚的前半部,脚后跟提起,练习时要求身体伸直,不能前倾。否则在走路时抬起一足,身体重心就会完全落在孩子另一脚底的前半部分。需要保持身体平衡的小脑、大脑和脊髓运动神经有良好协调。促进各神经系统间的联系和协调动作,为以后更复杂的体能打基础。

**2. 走平衡木**

练习高空控制,为身体平衡能力打基础。

方法:在离地10~15厘米的平衡木上学习行走。可先扶宝宝在平衡木上来回走几次,使宝宝习惯高处行走,渐渐放手让宝宝自己在平衡木上走。鼓励宝宝展开双臂以协助身体的平衡。

### 二、精细动作训练

**1. 手的操作训练**

按大小顺序套上6~8层的套桶,能分辨一个比一个大的顺序,而且手的动作协调,能将每一个套入并且摆好。

**2. 倒米和倒水训练**

用两个小塑料碗,其中一只放1/3大米或黄豆,让孩子从一只碗倒进另一只碗内,练习至完全不洒出来为止。然后再学习用两只碗倒水。

## 三、言语能力训练

**1. 看图说话**

与小儿一起看生活日用品图片,边看画片边讲各种物品的特点及用途,让孩子模仿大人的语言,边指画片边练习说。

**2. 练习表达**

和孩子一起看图画,讲出画上的内容,让孩子回答图画上如"这是什么动物",能用语言表达。

**3. 学会耳语传话**

妈妈在宝宝耳边说一句话,让宝宝跑到爸爸身边,告诉他妈妈刚才说的什么,由爸爸将话再讲出来,看宝宝是否将话听懂了,并能正确将话传出去。耳语是一种特有的方式,它声音低,不让他人听见。同时听者只能用听觉去理解,不能同时看眼神和动作。孩子很喜欢耳语,因为它有一种神秘感。2岁半的宝宝正处于语言学习阶段,光靠听觉,没有其他辅助动作,要听懂耳语有一定难度,开始先说一个物名或两三个字的短句,让孩子第一次传耳语成功,增强孩子信心,以后再逐渐增长句子并增加难度。

## 四、认知能力训练

认识数字1、2、3和若干汉字。幼儿容易以形象区分事物,如"线条1","鸭子2","耳朵3",等汉字近似图形,容易学习和分辨。

容量多少。用一大一小的塑料瓶,让孩子用水将小瓶装满,再倒入大瓶,再从大瓶倒入小瓶,以建立容量大小的概念。

继续复习圆形、三角形、正方形、长方形等。在巩固红、黄、黑三种颜色的基础上再学认绿色、蓝色、白色等色彩,要反复练习。

训练幼儿懂得日常需要。要教会幼儿口渴要水喝,饿了要吃饭,困了要睡觉。当天气变化,感到冷要加衣,感到热要脱衣,生病了要上医院看病等日常生活需求。还要懂得鱼在水中游,鸟在天上飞,狗在地上跑等知识。

## 五、情绪和社交能力训练

### 1. 训练幼儿会安静片刻

幼儿生性好动,只要睡醒后睁开双眼,总是不停地活动,很难控制自己安静片刻,因此应加以训练。

方法:家长和幼儿都做好准备,关上门,关上一切音响设备,安安静静地坐好,闭上眼睛。此时一切杂乱的紧张心情都会渐渐消失,而且可听到许多从前未感受到的细微声音,如远方车过马路声、风吹树叶声。幼儿经过几分钟的安静训练后,懂得保持安静才能更集中注意,才听得到以前听不到的细微声音,并学习保持安静的方法。开始每次安静训练 3 分钟结束,以后渐延至 5 分钟结束。安静训练时,可用耳语说话声或用手势表示结束。然后站起来,轻声离开屋子,开始进行户外的欢腾的活动。这种安静训练,每周 1~2 次。受过安静训练的孩子会自觉安静,减少活动和发声,学会约束自己。同时也培养专注力,对以后学习有好处。保持安静也是教育幼儿文明礼貌的行为。让孩子学会该活动时尽情活跃,该安静时能保持安静。

### 2. 学习做家务和学说文明用语

幼儿在家中应培养帮助大人做事的习惯,如大人扫地,他拿簸箕,大人擦桌椅,他擦玩具等。大人与人交往中说"您好",要让幼儿学习,在家中对长辈要称呼"您好",接受帮助时说"谢谢",早晚均要道"早安"、"晚安",分别时要说"再见"。孩子在接受礼物时要听从家长命令并说"谢谢"。

### 3. 继续培养交往能力

在和同伴一起玩耍中,如出现打人、咬人等行为时,大人要用语言、手势和眼神给予批评,增强孩子的控制能力,来终止这种行为,对孩子不良行为的制止要及时,态度要坚决,不要打骂,不能庇护、娇纵,培养幼儿在友好的气氛下与同伴交往玩耍。

## 六、生活自理能力训练

### 1. 学会穿背心和套头衫

培养幼儿自己穿衣服的自理能力。

方法:先找出一件前面有图或动物的背心和套头衫,让孩子识别前后,同时看清领口前开口比后面大些,将两手伸到袖洞或背心的袖口内,双手举起,将衣服的领洞套在头上,用手帮助使衣服套过头而穿上。这种学习最适合从夏季开始,夏季衣服简单,天气暖和,孩子动作再慢也不耽心着凉。夏天让孩子学会穿衣服和松紧带裤子,到秋天渐渐加衣服时,也是渐渐学习的过程。

### 2. 学会擦屁股

培养孩子大便时自己解开裤子,蹲在便盆上大便,便后学习自己擦屁股,开始练习时,大人在旁边监督,但不可包办代替,让孩子拿纸擦,若未擦干净,再给纸擦,直到擦干净为止。并及时表扬孩子能干,自己的事自己做。

## 七、游乐园

### 1. 模仿操

让孩子模仿一些动作在户外玩耍,如伸开两臂模仿飞机,两臂在胸前摇模仿划船,两腿往前蹦模仿小兔子,头向前伸模仿老牛等,同时嘴里可学发各种声音。

目的:锻炼身体。

### 2. 串珠

给孩子买一盒串珠玩具,让孩子用绳将珠子一颗一颗串起来。

目的:练习手的精细动作。

### 3. 单脚站

在户外玩时,可牵住孩子一只手,让他单脚站稳片刻,以后,可让他独自单脚站立。

目的:练习平衡。

### 4. 小板凳,摆一排

教孩子用小椅子板凳摆一排,让孩子坐在第一个椅子上,学做

司机,同时唱:

小板凳,

摆一排。

小朋友们坐上来呀,坐上来。

我当司机跑得快,

大家坐好就开车。

呼隆隆,呼隆隆,呜——!

**5. 玩纽扣**

把妈妈的纽扣盒扣在桌子上,妈妈和孩子一起玩。先让孩子把纽扣分成大、中、小三堆。然后再分成两孔和四孔二种。

玩这种游戏的目的是训练孩子归类。

**6. 数学游戏**

目的:理解数。

材料:10张数目不同的图形卡片、小鼓。

玩法:

(1)把图形卡片按数的顺序一张一张地取给孩子看,让他按图形的数目拍手。如卡片是一个圆形,拍一下手,两个三角形,拍两下手,三个正方形,拍三下手。

(2)任意取一张卡片出来,让孩子按卡片上图形的数目敲鼓,图形是几,就敲几下。

(3)妈妈拍手或敲鼓,让孩子听是几下,就找出相应的图片来(图106)。

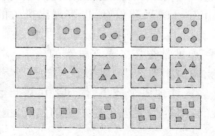

图 106

## 7. 折纸——鸭子(图107)

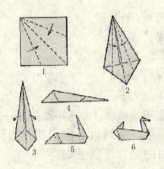

图107

## 孩子 第29个月

### 一、幼儿独立能力的发展

幼儿时期各种心理活动都在迅速发展。他们能逐渐控制自己的情绪,能做应该做而自己不喜欢的事。

幼儿独立性最突出的表现是模仿。模仿可以更快地发展个性才能。幼儿的模仿带有很大的独立见解,他们模仿自己喜欢的,感到新奇的,表现出自己的兴趣爱好,也表现出极大的积极性、主动性。喜欢听故事的孩子,模仿妈妈讲故事是那样逼真,说话的风度、语气、声调、语音、速度都很像。喜欢跳舞的孩子,对舞蹈演员的动作看得极为细心,模仿相当真切。喜欢武术的孩子,携枪带棒,手脚动作灵巧。来了客人让他讲个故事,他却要讲讲自己编的,而不是妈妈教的。可见,独立能力促进个性才能的发展,也是个性才能的发展标志。

这种独立性促使他们事事要自己试试,反对成人过多干涉和束缚,越是成人限制的事,他们越要想方设法寻机试试,常在成人离开时开始动手,有时不免要闯出大祸来。

在游戏里,他们扮演得非常认真,努力使自己的语言、动作、行为像真的一样,从而满足自由行动的心愿,满足好奇、好动、好模仿的心理欲望。因此,父母应为孩子创设游戏的方便条件,吸引他们参加成人的活动,多给锻炼独立做事的机会,正面引导总比消极制止好处多,不仅少惹是非,更有助发展孩子们的才能。

## 二、游乐园

**1. 拍打球**

把小球挂起来,高度与孩子视线平,让孩子拿板羽球拍拍打悬挂的球。

**2. 绕着小树走**

妈妈带孩子散步时,可以带着孩子绕着大树走,不走直线,这样可训练孩子身体的灵活性。

**3. 举旗一二一**

给孩子做一面小彩旗,让他学着运动员入场的姿势向前走,妈妈在一边喊"一二一"的口令,可使孩子走得有节奏感,也可让孩子打着小旗与妈妈排着队走,他在前,妈妈在后,两人一齐喊着"一二一"的口令。

**4. 捉尾巴**

在孩子的腰上系一条带子,在屁股上方留出一段做尾巴,让孩子装成小狐狸,妈妈去捉尾巴,妈妈不要一下子就抓到孩子,而是要逗孩子四处跑,最后捉到尾巴抱起孩子,然后妈妈把尾巴系在自己腰后,让孩子来捉。

**5. 数学游戏**

目的:把一件物品分成大小相同的两份和四份。

材料:月饼或方蛋糕各一块,圆形纸片、方形纸片各一张。

玩法:妈妈让孩子分月饼,先分成两份,把圆形纸片对折剪开。让孩子比一比剪成两个半圆的纸片是不是一样大。再把月饼分成四份,同样把纸片剪成四份。

方纸片也可用来教孩子学习分二等分和四等分。先让孩子折纸,看二等分可折成什么样,四等分可折成什么样,可以对边分、对角分。告诉孩子部分和整体的关系,知道东西可以分开,分开后比原来的小。

# 孩子 第30个月

## 一、对孩子口语表达能力的要求

(1) 会听。要培养孩子安静,有礼貌地注意听别人讲话,不打断别人的话,不在别人说话时乱闹。能听得准确,对于简单话和简单意思,能够复述。

(2) 会说。一是对话,要培养孩子能按要求回答问题,不论回答得对不对,但要切题。二是有讲述能力,能够把要求、经过谈清楚。

(3) 有良好的讲话习惯。培养孩子喜欢讲话,能在众人面前开口讲话。讲话时表情合适,语句中没有过多的停顿和重复,不说脏话。

3岁的孩子可掌握1000个左右词汇,以名词和动词为主。形容词主要是"大、小、冷、热、红、白、蓝"等常用词,但用起来还不十分准确。3岁孩子主要应掌握以下范围的词汇。

(4) 名词和动词,掌握生活中常见物品名,如家具、电器、食具、食物;环境中的植物、交通工具、建筑等。动词是常见动词,如吃饭、上街、穿衣等。

(5) 形容词,要教孩子易于理解,能直接感知的词,如大小、方圆、颜色、味道,反映感觉的饿、疼、渴等,表示味道的甜酸苦辣等。

(6) 数词,十以内的数可以正数倒数,并可以应用。

(7) 副词,能应用说明时间的先、后、早、晚,能使用"最、很、都"等。

## 二、游乐园

### 1. 找错

目的:培养孩子的观察力。

玩法:妈妈在纸上画画,让孩子看,故意把画画错,如把鸭子画成尖嘴,把兔子画成长尾巴,把壶嘴朝下,画小猫圆耳朵。看孩子能不能挑出错来,如图108。

图 108

**2. 数学游戏**

目的:辨别高矮、大小、远近、左右、前后。

材料:画报。

玩法:妈妈找一本大画报中的照片,可以是合影,或许多人物。跟孩子一起看照片中有几个人,几个大人,几个小孩,几个男的,几个女的,前面几个,后边几个,左边是谁,右边是谁,谁比谁高,谁比谁矮。还可以看一看近处有什么,远处有什么。使孩子复习各种数的概念和空间概念。

**3. 把小鸡装笼子**

妈妈先画一只小鸡,然后让孩子如下图画横、竖线,给小鸡做笼子(如图109)。

目的:练习拿笔。

图 109

## 4. 折纸——蜗牛（图110）

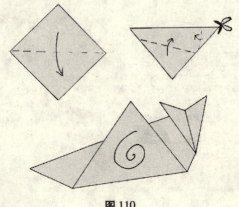

图110

# 孩子 第31个月

## 一、大动作能力训练

### 1. 让幼儿自如的走、跑、跳

让幼儿与小伙伴玩"你来追我"游戏。练习跑跑停停。让幼儿练习长距离走路。

### 2. 训练上攀登架

锻炼幼儿勇敢的性格，学习四肢协调，身体平衡。学习爬上三层攀登架。

方法：将三层攀登架固定好，每层之间距离为12厘米（不超过15厘米），家庭中可以利用废板材或三个高度相差10～12厘米的大纸箱两面靠墙让宝宝学习攀登。攀登时手足要同时用力支撑体重，利用上肢的机会较多，可以锻炼双臂的肌肉支撑自己的体重。同时锻炼脚蹬住一个较细小的面也要支撑全身的平衡。

攀登要有足够的勇气和不怕摔下去的危险，因此要检查攀登架是否结实可靠，支撑点不会打滑等安全因素，家长要在旁监护，鼓励孩子勇敢攀登。

### 3. 钻洞训练

使宝宝能钻过比身高矮一半的洞,培养克服困难的勇气。

方法:在家庭内利用写字台的空隙或将床铺下面打扫干净让宝宝练习钻进去,或利用大的管道或天然洞穴。钻洞时必须四肢爬行,低头或侧身才能从洞中钻过,孩子都喜欢钻洞,孩子有时还将一些玩具带到床铺下面钻进去玩,宝宝也喜欢一个属于自己的小空间,因此可用一只大纸箱如冰箱、洗衣机的大包装箱,在箱的一侧开"门",一侧一小窗户透入光线,以满足孩子的需要。宝宝可以钻进这个小门作为自己的家,将一些小东西带进去玩,也可带小伙伴进去玩。孩子在钻进钻出的同时,锻炼了四肢的爬行和将身子和头部屈曲的本领,四肢轮替是小脑和大脑同时活动的练习。

### 4. 骑足踏三轮车

练习驾驶平衡和四肢协调。2岁半到3岁的孩子由于平衡的协调能力差,骑老式三轮车更为安全。孩子先学习向前蹬车,家长在旁监护,尽量少扶持,熟练之后,自己会试着左右转动和后退。双足同时踏,配合双手调节方向,身体依照平衡需要而左右倾斜。这些都是很重要的协调练习。

## 二、精细动作训练

### 1. 定形撕纸

锻炼手眼配合,练习手的技巧。

方法:将纸在缝纫机下轧成条状的孔,圆形、方形、三角形、长方形的孔,让宝宝先将条状针孔纸撕成条,熟练之后,再撕其他形状的针孔纸。练习至熟练后,用铅笔画成各种形状,小心撕成画的形状。

### 2. 拼出4~6块切开的图

方法:用一张动物图片或一张房屋图片,将其裁成4~6块,让孩子自己去拼上。拼图能锻炼孩子观察事物从局部推及整体的能力,还可锻炼手的敏捷和准确的能力。

## 三、认知能力训练

### 1. 学写数字和简单汉字

方法：先学写近似的数字，如1和7，再学写4，这3个数字都以直线为主，也容易辨认，然后学写2和3，2似鸭子，3似耳朵，注意3的方向，开口向左，勿写成ε，再学写5，5与3方向相同，上加一横，然后学0和8。许多小孩用两个小圈连成8，经过教导才会旋转成8，要注意3和8的区别在于3是两个半圈，向一边开口，8是封口的圆。最后才学写6和9，6头上有小辫，9下面有脚，有些孩子会写成方向相反的∂和ρ，要经过纠正才能写正确。也可学写简单汉字，如一二三工土大人等。

### 2. 学习认识人的不同职业

家长要随时给孩子介绍不同职业的人，所做的工作和作用。如乘公共汽车时，认识司机是开汽车，售票员是给乘客卖车票。种地的是农民。修路的是筑路工人等。使宝宝学会尊重做不同工作的人，和各种不同的人配合，如早晨看到清扫马路的阿姨，告诉他不要随便扔物品，要扔到垃圾箱等。

### 3. 理解时间概念的培养

宝宝习惯于有规律的生活，他懂得每天早饭后可以玩耍，到10点吃过东西后可以到外面去玩耍，回来时总是随大人买点菜或食品，准备午饭。饭后午睡，起床后吃一点东西再去玩耍，然后爸爸或妈妈回家，很快再吃晚饭，饭后全家人在一起游戏，再吃水果，然后洗澡睡觉。当宝宝有一些要求时，大人经常告诉他"吃过午饭"，或"爸爸下班回来"，"午睡之后"等，以作为时间概念，这样宝宝容易听说，也能耐心等到应诺的时间。幼儿的时间概念，就是他经历的生活秩序。幼儿还不认识钟表，也不懂得几点钟是什么意思。上托儿所的孩子会模仿大人看钟，他会从针的角度和自己的生活日程，知道下午吃完午点后当针指到那个位置妈妈就会来接他，所以快到时间就会竖起耳朵听脚步声，拿上自己的衣帽准备回家。

规律的生活是十分重要的。如果突然换环境，或改变了生活规律，孩子会感到不习惯，不睡觉，甚至哭闹不安。3岁前应少变更生活环境,晚上要与父母或亲人在一起。

#### 4. 收取物品训练

锻炼宝宝的自理能力和良好的生活习惯。

方法:当妈妈把全家人洗好的衣服放在床上时,一定要请宝宝来帮助收拾,从日常生活和观察中,宝宝能认识妈妈的衣服,爸爸的袜子,宝宝的衣服等,学叠衣服,分清属于谁的,就放到谁固定的地方,让宝宝认识每个人放东西的地方后,还可随时帮大人取东西。学会家中东西放在固定的地方,不能随便乱放。自己的玩具也要放在固定的地方,这种家中物品分类收放的过程,也是养成生活有条不紊的好习惯。

## 四、情绪和社交能力训练

#### 1. 购物助手训练

让宝宝认识各种商品和购物的程序。

方法:带宝宝去超级市场,让他当助手,取商品时,可让他取,当他对买到的东西感兴趣时,可一一介绍,使他认识许多物品。出门时,让他看计算器如何显示,若会认数字,让他念出来,促进他认数字的兴趣,让他看看付钱和找钱。在自由市场购物时,介绍一二种他不认识的蔬菜,购买一些回家尝。让他听卖菜人介绍,怎样讨价还价,怎样用秤来称菜,这些宝宝都感兴趣,回家后会将所见所闻在游戏中重演。

#### 2. 学习等待

锻炼忍耐的性格。2岁多的宝宝,脾气急躁,尤其想要的东西得不到时,就会发火,因此要让宝宝学会等待。

方法:带宝宝去游乐园,玩上滑梯,坐碰碰车或坐飞机等,都要经过排队、买票才能轮到玩,教孩子耐心等待,才可享受玩的快乐。等待在生活中是免不了的,要经常找机会让孩子学习忍耐。

## 五、生活自理能力训练

#### 1. 自己洗脚的训练

培养自理能力。

方法:妈妈口头指导宝宝脱去鞋袜,将脚放入盆中,用肥皂将脚趾缝、脚背、脚后跟都洗干净,用毛巾擦干,穿上干净袜子和拖鞋。鼓励孩子自己将水倒掉,让孩子自己洗脚,学会生活自理。

### 2. 学会穿有扣子的衣服

练习自己穿脱衣服的能力。

方法:先学穿前面开口有扣子的衣服。让宝宝先套上一只袖子,将另一胳臂略向后伸入另一袖内,将衣服拉正。让宝宝先从衣服下方两边对齐,结上最下方的扣子,逐个往上结。领口的扣子不会结,可请大人帮助结。

## 六、幼儿的语言训练

3岁前孩子常用的口语训练方法,主要是讲故事、看图说话,说儿歌等。

(1)讲故事。给3岁前的孩子讲故事,与学前儿童讲故事不同,最好能准备些玩具和图片,边讲边演示。比如讲《小猫钓鱼》,就找来小猫的玩具,讲《胡萝卜糊了》,就准备小熊、小狗、小鸡、小兔子等几个玩具,也可买几个布袋木偶,一边讲一边表演,帮助孩子理解和记忆,表演的时候必然靠语言丰富,有利于孩子掌握有关词汇和言语表达。如果像给大孩子那样讲故事,纯粹语言描绘,然后由孩子去联想,理解起来比较困难,因为这个时期孩子的思维十分具体。

(2)说儿歌。孩子很喜欢说儿歌,儿歌上口好记。3岁前孩子说的儿歌应短小,顺口,内容浅显易懂,形象要鲜明生动。儿歌不光妈妈说,还可以教孩子背诵,孩子背儿歌不困难。

(3)看图说话。3岁以内的孩子可以看单幅图,图的色彩新艳,形象有趣。有因果联系双幅及多幅,孩子看起来还比较困难,因为3岁前的孩子对事物间的理解还不强,观察复杂事物比较困难。他们主要还处于了解"是什么"阶段,还不到问"为什么"的阶段。有的孩子智力发育较好,另当别论。

## 七、游乐园

### 1. 钻豆芽

目的:引起孩子对植物的兴趣,知道植物需要阳光。

准备:

黄豆或蚕豆的两三粒。

小杯子一个,纸盒1个。

做法:

小杯子中放湿土,种入种子(或杯子中放水,水不淹过种子),放入纸盒中。

纸盒盖好,开一个洞,洞口能进阳光。

豆子发芽以后,会从洞口钻出。

### 2. 数学游戏

目的:认识正方形、三角形、四边形。

材料:用硬纸做一幅七巧板。

玩法:

教孩子认识七巧板中每块板的形状。

教孩子把打乱的板块拼成正方形。

和孩子一起拼各种形状。

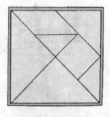

图 111

### 3. 会跳舞的娃娃

目的:使孩子知道磁铁能吸住铁。

准备:曲别针、纸、铅笔、玻璃板、磁铁等。

玩法

用硬纸做一个娃娃,将曲别针别在娃娃腿上。

使娃娃能在玻璃板上站住。然后用磁铁在玻璃板下不停地移动,娃娃就会来回移动,好像跳舞。

图 112

## 4. 折纸——飞标(图113)

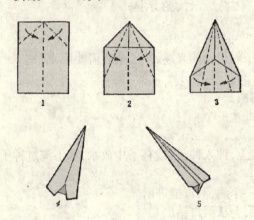

图113

## 孩子 第32个月

### 一、讲故事

⊙ 狐狸请客

一天,狐狸对白鹤说:"白鹤妹妹,最近我学会做一种很好喝的汤,今天下午欢迎你来作客。"白鹤以为狐狸是真心实意地请它,便按时来到狐狸家。狐狸让白鹤坐下,说:"我去烧汤,你先坐着等一会儿。"说着,狐狸走进了厨房。

过了一会儿,汤烧好了。狐狸把汤盛在一个很浅很浅的盘子里,放在桌子上,还一个劲儿地说:"快喝吧,要不就凉了。"白鹤眼看着那香味扑鼻的汤,但是没法喝。狐狸心里暗暗得意,脸上却装出一副不安的样子说:"你怎么不喝呢?噢,你大概嫌我做的汤没味吧!那么,我替你喝了吧!"白鹤已经知道狐狸在捉弄自己,但也没有办法,只好饿着肚子回去了。

第二天,白鹤对狐狸说:"昨天你那么热情地招待我,我实在过意不去。今天下午请你去我家作客。"下午,还不到四点钟,狐狸就来到了白鹤家。它一进屋就说:"本来不想给你添麻烦,但既然你那么热情地邀请我,我就只好来了。"它嘴上这么说,心里却想,今天我一定要把它的菜吃个精光。

菜做好了,白鹤把菜盛在一个又细又长的瓶子里,放在桌子上,还一个劲地说:"快吃吧,要不就凉了。"狐狸眼看着瓶子里那香喷喷的菜,可就是嘴伸不进去。白鹤故意说:"你怎么不吃呢?噢,你大概嫌我的菜没味吧!那么,我替你吃了吧!"狐狸干生气,没有办法,只好饿着肚子,灰溜溜地走了。

⊙ 农夫和蛇

农夫在冬天发现一条冻僵的蛇,很可怜它,捡起来放在怀里。

蛇苏醒过来,回复了本性,朝它的恩人咬了一口。农夫受到致命的伤,不一会儿就死了。他临死时说道:"我怜惜恶人,真是自作自受。"

至诚至善之心,本是人间美德,但施于恶人,就难免不受伤害。

## 二、游乐园

### 1. 谁的船

小青蛙和小乌龟在湖边玩,拴船的绳子混在了一起,你能帮助它们分清哪条船是青蛙的,哪条船是乌龟的吗?(图114)

图114

## 2. 钓鱼

目的：使孩子知道磁铁能吸铁。

准备：纸、曲别针、小棍、磁铁、线等。

玩法：

用硬纸片做几条鱼。

用曲别针夹做鱼头。

用小棍做鱼竿，用小磁铁作鱼钩。

将鱼放在地板上，用竿钓鱼，看谁钓得多。

## 3. 数学游戏

目的：认识硬币。

材料：各种玩具，硬币（新的或洗干净）。

玩法：把孩子的玩具拿出来"开商店"，妈妈当售货员，孩子来买玩具。开始玩具都是一分、二分、五分。以后，玩具可以卖三分、四分、六分等。或孩子当售货员，妈妈来买玩具。

孩子有了简单的加减能力以后，妈妈可以一次买两样，三样玩具，算算该交多少钱。

## 4. 折纸——振翅鸟（图115）

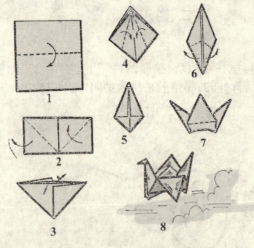

图115

## 孩子 第33个月

### 一、看图说话

从孩子不会说话时,妈妈就可以跟孩子一起看图片,说话。孩子会说话了,则在妈妈的引导下,让孩子来讲画。看图说话,是提高孩子口语水平的有效方式。

让孩子讲的画,要有意义,画面人物要简单、突出、色彩鲜明。先让孩子把画里的内容讲清楚,孩子大些,可以根据画面的内容,编成小故事。这对发挥孩子的想像力,提高描述和连贯讲述能力,都是一种训练。

开始时孩子不会说,妈妈要不断发问"图片上这是什么?""在干什么?""穿什么衣服?""什么颜色?""是男孩是女孩的?"这样来提醒孩子,帮助他观察。一本书,一幅图可反复看,反复讲,孩子一般不会厌烦。

### 二、游乐园

1. **冰变水,水变冰**
目的:引起孩子对自然变化的兴趣。
准备:小杯子一个,冰块数块。
玩法:
从冰箱里拿出冰块,放在小杯里。让孩子看冰块融化。
将融化的水放冰箱,冻成冰块给孩子看。

2. **数学游戏**
目的:按长短排序。
材料:6根吸饮料的麦管,每一根比前一根剪短1厘米。
玩法:把6根长短不同的麦管混放在一起,让孩子按长短顺序排成阶梯,一头摆齐,找出最长的和最短的。

### 3. 摆脸

目的:了解五官的位置。

准备:磁铁棒一根,塑料垫板一块,纸、曲别针或小铁片数个。

图 116

玩法:

在塑料垫板上画一个人头轮廓,再按人头大小在纸上画眼、鼻、口、发等,各自剪下来,在背面贴上曲别针或小铁片。

将画五官的纸片放在垫板上,在垫板下面移动磁铁,使五官纸片移到相应位置。

### 4. 折纸——小狗(图117)

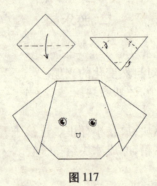

图 117

## 孩子 第34个月

### 一、大动作训练

**1. 玩球**

2岁后宝宝学会接滚过来的球。后又学会远方扔过来先落地后反跳过的球。由于球先落地,已经得到缓冲再接球时已作好准备,所以较容易。学习直接抛球。大人站在小孩对面,将球抛到小孩预备好的双手当中,球的落点最好在小孩肩和膝之内,使孩子接球时可将双手抬高,或有时略为弯腰。开始练习,距离越近越容易接球,反复练习。以后逐渐增加抛球距离,可渐增至1米远。

**2. 跳高**

练习跳跃动作,将10厘米高的小纸盒放在地上,让孩子跑到近前双足跳过去,反复练习。要注意保护孩子。

**3. 学跳格子**

在单足站稳的基础上,练习单足跳,也可教小孩从一个地板块跳到相邻的地板块。或在地上画出田字形格子,让孩子玩跳格子游戏。

**4. 荡秋千**

带小孩到儿童游乐园荡秋千,跳蹦蹦床,扶宝宝从跷跷板的这一边走到那一边,或坐在跷板的一头,大人压另一头,训练平衡能力及控制能力。

### 二、精细动作训练

**1. 学画人**

宝宝学会画圆圈后,已画过许多圆形物品。有些孩子会画上下两个圆表示不倒翁。这就是画人的开始。让宝宝仔细看妈妈的脸,然后在圆圈内添上各个部位。多数孩子先添眼睛,画两个圆圈表示,再在圆顶上添几笔、表示头发。这时家长再帮助他添上鼻子和嘴,再让宝宝添耳朵。家长可示范画一条线代表胳臂,叫宝宝添另一个胳臂。又示范画一条腿,让宝宝画另一条腿。这种互相添加的方法可逐渐完善,使宝宝对人身体各个部位会进一步认识。

**2. 学用剪刀**

学会用剪刀,锻炼手的能力。

方法:选用钝头剪刀,让孩子用拇指插入一侧手柄,食指、中指及无名指插入对侧手柄。小指在外帮助维持剪刀的位置。3岁孩子只要求会拿剪刀,能将纸剪开,或将纸剪成条就不错了,在用剪刀过程中要有大人在旁监护,防止孩子伤及自己或剪刀伤及别人。

**3. 练习捡豆粒**

将花生仁、黄豆、大白芸豆混装在一个盘里,让孩子分类别检出。开始训练时可用手帮助他捡黄豆,随着熟练,就让他独立挑选,但要成人在旁监护,防止孩子将豆吃进,或塞入耳鼻。

## 三、言语能力训练

**1. 学习复述故事**

教孩子看图说话。开始最好由妈妈讲图片给他听,让他听并模仿妈妈讲的话,逐步过渡到提问题让他回答,再让孩子按照问题的顺序练习讲述。

**2. 猜谜和编谜的训练**

促进幼儿语言和认知。家长先编谜语让孩子猜,如"圆的、吃饭用的","打开像朵花,关闭像根棍,下雨用的",孩子会高兴地猜出是什么。启发孩子自己编,让家长猜。如果编得不对,家长可帮助更正。轮流猜谜和编谜。可促进孩子的语言和认知能力。

**3. 训练初步推理**

与小孩面对面坐下讲故事或讲动物画片时,不断提问,引导孩子回答如果……后面的话,如龟兔赛跑时,小白兔不睡觉会怎样?小兔乖乖如果以为是妈妈回来了,把门打开后又是怎样?通过训练,学会初步推理。

**4. 学说英语**

当宝宝能够自如的用母语与人对话、背诵诗歌时,就可以开始学外语了。双语学习可以开发儿童的潜能,促进大脑半球言语中枢的发育。言语中枢位于大脑左半球。从小掌握双语的儿童,大脑的两个半球对言语刺激都能产生电位反应。能够用双语进行"思维"。5岁前,孩子存在着发展言语能力的生理优势和心理潜能。幼儿学外语,以听说为主,不要求学字母,也不学拼写,只要求能听懂,能说简单的句子、会唱儿歌即可。教唱英语歌是幼儿学英语的好方法。

## 四、认知能力训练

### 1. 学习点数

继续结合实物练习点数,让孩子能手口一致地点数1～3,训练按数拿取实物,如"给我一个苹果","给我二块糖,""给我三块饼干",反复练习,待准确无误后,再练习4～5点数等。

### 2. 学玩包、剪、锤游戏

这是古今中外儿童都喜欢玩的游戏。先让孩子理解布包锤、锤砸剪、剪破布这种循环制胜的道理。边玩边讨论谁输谁赢。让孩子学会判断输赢。当两个孩子都想玩一种玩具时,就可用包、剪、锤游戏来自己解决问题。

### 3. 学找地图

找到自己居住的城市和街道。

方法:先让孩子在地球仪或中国地图、本市地图中找到经常在天气预报时听到的地名。重点是多次在不同的地图和地球仪上找到自己住的地方。要学认本市地图找出自己居住的街道。3岁孩子受过这种教育是可以记住的,也让孩子记住家中电话号码。

## 五、情感和社交能力训练

### 1. 学习礼貌作客

到了周末,全家准备到奶奶家做客,应事先做一些指导,使宝宝表现有礼貌。进家门口,先问爷爷奶奶好。当爸爸妈妈给爷爷奶奶送礼物时,不可争着要先打开。当爷爷递来吃的东西时要先拿最小的,并且马上说"谢谢",不要作客时乱翻抽屉和柜子里取东西,需要什么用具,要"请"奶奶拿。离开爷爷奶奶家时要说"再见"。作客表现好应该回家后及时表扬。

### 2. 学做家务劳动

教孩子做一些简单的,力所能及的劳动。如择菜、拿报纸、倒果皮等,培养爱劳动、爱清洁习惯。

### 3. 训练做事有条理

让小孩在睡觉前,将脱下的衣服、裤子叠好,按照顺序摆放在椅子上,起床时按摆放顺序重新穿上。学会怎样按秩序收放自己的东西。培养工作的条理性,不乱扔乱放。

## 六、生活自理能力训练

### 1. 管理能力训练

培养训练管理能力,在日常生活中帮助妈妈收拾房间整齐,把洗过的衣服分别放入柜中或其他固定的地方。

### 2. 培养良好卫生习惯

自己学会洗脸、洗手、刷牙等良好卫生习惯。还可学会洗小手绢、自己的袜子等小物品。学会自己擦屁股。

培养自己脱衣服、自己系扣子、会自己脱鞋袜。

## 七、游乐园

### 1. 水会流动

目的:使孩子了解水的特性。

准备:脸盆、盘子、水壶。

做法:

将盘子放在脸盆里,妈妈将壶水倒入盘子,让孩子看盘中的水满了以后,会流到脸盆里。

然后给孩子一些小瓶,让他试试看,小瓶的水满了以后会怎样。

### 2. 数学游戏

目的:比较多少。

材料:4个黑扣子,3个白扣子。

玩法:

把3个黑扣子和3个白扣子混在一起,让孩子一一对应摆成两排,数数是不是一样多。

4个黑扣子和3个白扣子混在一起,让孩子分清哪个多,并且要知道多多少。

### 3. 做花篮

目的:培养孩子对植物的兴趣。

准备:选一个红皮萝卜,一个带菜心的白菜根。

做法:

将萝卜拦腰切成两半,把上半部分挖空。

把白菜根放进"萝卜碗"内,"碗"内放水。

将"萝卜碗"挂在能晒到太阳的地方。

几天以后,萝卜白菜开始发芽。

图118

 第35个月

## 一、幼儿情感的发展及培养

幼儿时期已经产生了明显的道德感、美感和理智感。这些都属高级社会性情感。

### 1. 道德感的发展

道德感,是人们评价自己和别人的行为是否符合社会道德标准时所产生的体验。它是掌握道德标准以后产生的。幼儿的道德感,也是在道德认识基础上形成的。婴儿期只有同情感、怕羞等简单道德感萌芽。到幼儿期,懂得集体纪律、规则,在集体活动中,逐渐形成了责任感、义务感、荣誉感。

### 2. 美感的发展

美感,是人对事物审美的体验,它是根据一定的美的评价标准而产生的。

孩子出生不久,就喜欢看色彩鲜艳的玩具,形象美观的物体,对那些不成样子的乱糟糟图形躲避不看。八九个月时,给他洗干净脸,梳梳头发,然后给他照照镜子说:"多白呀!多漂亮呀!"他便高兴地美美地笑起来。到幼儿期,伴随着乐曲做律动,面带笑容,节奏感鲜明,懂得小手弯弯上翘,表现出内心的欢乐。角色表演时,会用眼神、面容、手势协调动作;唱歌时强弱适宜、音调准确,体验到歌曲的性质那么欢快、悠扬。在绘画作品中,不单单追求颜色好不好,还要追求形象美不美、像不像。

在建筑游戏中,开始追求设计上的美,不再限于往高塔垒,而要搭出凉亭、楼阁、围栏……显得格外别致。做体操时,如果在优美的音乐伴奏下,神态更加抖擞,刚健有力、协调健美。幼儿要比成人更加喜欢美,只有美好的东西,才会吸引他们的注意。

### 3. 理智感的发展

理智感是与人的认识活动、求知欲、认识兴趣、解决问题等需要是否满足相联系的体验。它是在智力活动中产生的心理活动。他们对一些问题的答案总要追根问底:人是哪来的?妈妈说:生的。怎么生的?直到问得成人答不出为止。他们喜欢破坏,废电池拆开看看,里面有什么会发电?电动玩具玩不了一天,就得解剖开看看里头什么样?为什么一亮一亮就会动?更喜欢猜迷语、编谜语,玩各类动脑筋的游戏。在这些智力活动中所产生的好奇、疑问、探究等理智感,成为以后智力开发的重要基础。

家庭早期教育多数着重知识,有的喜欢用"填鸭式",不管什么都塞给孩子,好像唐诗背得越多越出众,汉字认得越多越聪颖。其实不然。应该把培育的重点放在智力技能方面,教会他们动脑,学会怎样去感知新鲜事物,怎样去观察大自然,怎样把美好的一切记进大脑,已经记住的材料怎样去组织,学会联想,大胆而科学地去想像。特别要会用脑思考,学会推理、判断,学会分析综合,学会认识事物的本质和内在规律。

## 二、游乐园

### 1. 盐和糖哪儿去了

目的:使孩子知道盐和糖是可以化在水里的。

准备:盐、糖若干、温水、杯子、筷子等。

方法:

给孩子一杯温开水,让他尝尝水的味道。

取少许盐放在杯里,再尝尝水的味道。

倒掉盐水,取一点糖放进杯子,再倒上温水,用筷子搅一搅,糖也不见了,让孩子再尝尝水的味道。

### 2. 数学游戏

目的:比较多少。

材料:3个小盒,4朵小花。

玩法:妈妈把小盒和小花都放在桌子上,让孩子看哪个多。孩子不能正确回答的话,让孩子一个小盒里放一朵花,最后还剩1朵花。妈妈问:"盒子多还是花多?"孩子会说:"花多。"再问:"多多少?"回答:"多1朵。"

# 第36个月

## 一、3岁孩子智力的检验

给孩子一张A4的白纸,一只彩色蜡笔,坐在安静环境里,自由地画,不需成人启发干涉,他要怎么画就怎么画。成人只在一旁细心观察。如果他的动作控制较好,手眼动作比较协调,能控制线条的方向和长短,发现自己的动作和纸上出现线条的关系,有意掌握圆形、椭圆形、正方形、长方形、直线,并且态度很认真,情绪很愉快,就表明他的智力活动正常。如果他所画的画面上出现基本形状的组合,图象很多,还会给图象起名字,并做些解说,就表明他已经绘出初期画,手指动作运用自如,大脑的智慧活动很复杂:会观察、会记忆、会想像和思维。如果喜欢画人,画出人体三部分,他的智力合格,画出五部分超常,画出七部分以上,可能智慧高超。如果坐不稳,不爱画,只是乱糟地画几笔,看不出形状,可能他的智力较落后。

上述这种绘画智力检验法很有趣,但不能测定孩子的全部能力。

## 二、3岁的孩子应会什么

### 1. 语言

3岁的孩子能说 1000~1500 个词。说出的简单句符合语法规则,但对词和词的关系仍掌握不好。他们说话还不流畅,说话不连贯,词的搭配不一定正确。可以经常做看图谈话的游戏,或选词游戏,使他们的表达更细致、完整、准确。

### 2. 识字

孩子识字多少与智力无关,喜欢读书识字可以多识,不喜欢不必勉强。因为早期认的这几个字,对于学龄儿童算不了什么。家长要认识到,对于幼儿,识字并非学本领,不过是游戏而已。3岁的孩子认字,要从最基本的常用字开始,比如一、二、三、四、五、六、七、八、九、十、日、月、天、山、石、水等。

### 3. 认数

认数及学习数学的基本概念,对于发展孩子的逻辑思维很重要,家长可多下一些功夫,多与孩子玩这方面的游戏。对于3岁的孩子,主要掌握以下概念:

(1)识数。从1数到20,不重复,不遗漏。可以用手点着实物,手口一致地由1数到20。能复述家长念出的两位数或3位数。有的孩子可连贯地数到100,但并不一定能理解。

(2)多少,能区分"1"和"许多",知道"许多"中有"10",好多个"1"合起来是"许多"。

能比较6以内的"多"、"少"、"一样多"。懂得6以内数的形成、序数和实际意义。

(3)认识图形、三角形、正方形。

(4)会比较物体的大小、长短。

4. **常识**

(1)认识家庭。能说出自己的姓名、年龄、父母姓名、家庭地址、电话。懂得长幼、尊重老人,有礼貌。

(2)认识日常用品。炊具、餐具、家具、衣物的名称和简单用途。

(3)了解成人的劳动。认识炊事员、司机、售票员、售货员、医生、解放军、警察、老师、工人、农民等。知道他们的主要劳动任务和使用的工具。

(4)认识祖国。知道我们的国家叫中国,我们是中国人。知道国旗是红色,首都是北京,认识天安门。

(5)认识四季。知道四季的特征。

(6)认识动物。认识主要的家禽家畜,如鸡、鸭、兔、猪、牛、羊、猫、狗,知道它们的特征,吃什么食物。认识野兽,如虎、熊、狮子、猴、大象、狼等,知道它们的特征,吃什么食物。

(7)认识时间和空间。主要是知道上、下、前、后,知道早上和晚上,白天和夜里。

5. **音乐**

3岁的孩子会用自然的声音有表情地唱歌,学会分清音的高低、长短和快慢,做到不念歌,不喊歌。能唱准曲调,吐字正确、清晰,呼吸正确。对歌词内容能了解,能独立唱完一首歌。能有节奏感。

6. **美工**

(1)绘画。学会正确用笔,学习正确的画画姿势。

认识几种颜色,如红、黑、绿、蓝、白、黄等。

会画横线、竖线、斜线、画平行线、交叉线和圆。会用线条构成简单物体,笔道清楚,不出纸面。简单涂色。

(2)折纸。会对边折、对角折、四角向中心折等折纸方法。能折几种简单玩具,如被子、小船、房子、球等。

会用对折法找中心线,会用两次对折法找中心点。

(3)泥工。会用两手掌搓泥。会把泥放在手心上团泥团,并用两手掌将泥团揉圆。会把揉好的泥球用手掌压扁。会把揉好的泥球用大拇指按坑,并会提出边。会制作几种物品,如面条、麻花、球、花盆、碗等。

## 附　儿童能力测试

| | 目的 | 问题 | 做　　法 | 评分标准 |
|---|---|---|---|---|
| 年龄2岁 | 自我认识 | 指出身体的部分 | 1. 你的鼻子在哪？<br>2. 你的眼睛在哪？<br>3. 你的嘴在哪？ 4. 你的耳朵在哪？<br>如果说不出可用手指。问："这是你的鼻子吗？"如果回答不对。再问你的鼻子在哪？这样问答不出时可用画片上的人,玩具、狗等问"它的鼻子在哪？" | 四问三对为合格。如果用眼动。张口也算对 |
| | 的理解语言简单 | 说出事物常见名称 | 1. 茶杯　2. 筷子　3. 一分钱<br>4. 拖鞋　5. 袜子<br>要一件一件出示给儿童。出示后问这是什么？叫什么？ | 5个对3个合格。说出名称即可,发音不正也行 |
| | 认识性别 | 别说出自己的性 | 对男孩问:你是男孩还是女孩？<br>对女孩问:你是女孩还是男孩？<br>答不出时对男孩问:你是男孩吗？<br>对女孩问:你是男孩吗？如果还说不出时。男的则问:那么你是什么呢？男的还是女的呢？女孩则相反问之 | 说对即可 |
| | 观察画片 | 列举画中事物 | 1. 家庭用具(花瓶、椅子、猫钟、水杯)<br>2. 河的画(河中小船、人划船、树、亭子、鱼)<br>3. 报上的画(人物插图)<br>出示一张图片后,对孩子说:"你看这张有趣的画上面画的是什么？"如答不出时,指图中东西说:"××在哪儿？"只可一次启发。如果说出1～2个后再问:"没有别的了吗？"看完第一张后,可说"再看一张更好的画",要求按顺序不提问,自发地说出画中事物 | 每张列举三个事物合格 |

续表

| | 目的 | 问题 | 做法 | 评分标准 |
|---|---|---|---|---|
| | 自发状态教育 | 说出自己的姓名 | "你叫什么名字?"或"你叫××吗?" | 答对合格 |
| | 图形认识对比 | 认识几何图形 | 一张纸画上面10种图形。着色,然后将与图中同样小大、同样形状、同样颜色的十卡片放在儿童面前。问:"这样的在哪? 找看看? 哪个和这个一样?"十种全错可以纠正一次。第二回错了不纠正 | 十种答对7种合格 |
| 年龄3岁 | 语言的记忆能力 | 重述句子 | ① 今天天气好!<br>② 到中午就饿。<br>③ 狗跑得很快。<br>告诉小儿:"我说一句话,你认真听,我说完了你说,要和我说的一样一样的。"要一句一句重述,如果一遍说不全可说2~3次 | 一字不多不少为合格 |
| | 注意力、比较能力、观察力 | 比线长短 | 将画有长短线的3张卡片放在儿童面前问:"你看这两条线哪一条长? 指一指长的在哪?"然后看第二张,再看第三张 | 3张会对合格,或6次对5次,但后3次中有1次错了不合格 |
| | 自发趣味数数能力 | 点数一至四的硬币 | 将四个一分钱,横排一列。让孩子用手指点,一个数一个,要口数与手指一致。从左向右一个一个地数出来,不要算出来 | 口、手一致数对合格 |

## 三、游乐园

**1. 吹泡泡**

目的:知道肥皂可溶化在水里。

准备:肥皂薄片、温水、筷子、杯子、吸管。

方法:

给孩子一个小杯子或小瓶,放上温水,让他把肥皂放进去搅动,直到溶化。

让孩子用吸管蘸一点肥皂水,轻轻一吹,吹出肥皂泡。

**2. 火柴游戏**

目的:发挥孩子的想像力。

材料:火柴一堆。

玩法:妈妈先用火柴摆些图样,然后让孩子随意摆。不要给孩子火柴盒,火柴玩后要收回,以免发生意外。

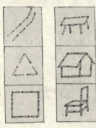

图 119

**3. 数学游戏**

目的:练习分类。

材料:12 张卡片。其中 4 张圆形,4 张三角形,4 张正方形。每一种又分成红、黄、绿、蓝 4 种颜色。

玩法:12 张卡片混致一起,让孩子按形状分类,摆成三排,上下对齐,再让孩子把每种形状的卡片都按红、黄、蓝、绿的顺序排列起来。

妈妈让孩子闭上眼,取走一张卡片,让孩子仔细看一看,想一想,妈妈取走的是一张什么样的卡片。

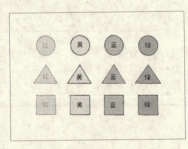

图 120